8.V
6993

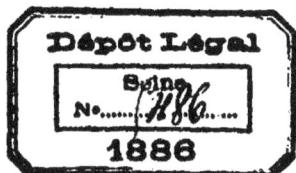

ENCYCLOPÉDIE DES TRAVAUX PUBLICS

STABILITÉ DES CONSTRUCTIONS

RÉSISTANCE DES MATÉRIAUX

ENCYCLOPÉDIE

DES

TRAVAUX PUBLICS

Fondée par M⁺.-C⁺. LECHALAS, Inspecteur général des Ponts et Chaussées.

STABILITÉ DES CONSTRUCTIONS

RÉSISTANCE DES MATÉRIAUX

PAR

A. FLAMANT

INGÉNIEUR EN CHEF,
PROFESSEUR A L'ÉCOLE CENTRALE DES ARTS ET MANUFACTURES
ET A L'ÉCOLE NATIONALE DES PONTS ET CHAUSSÉES.

PARIS

LIBRAIRIE POLYTECHNIQUE

BAUDRY ET Cⁱᵉ, LIBRAIRES-ÉDITEURS

RUE DES SAINTS-PÈRES, 15

MÊME MAISON A LIÉGE

1886

TOUS DROITS RÉSERVÉS

TABLE DES CHAPITRES

IIe PARTIE.

RÉSISTANCE DES MATÉRIAUX.

PRÉFACE

Le titre de ce volume en indique le but et les divisions principales. Il a pour objet de donner les principes au moyen desquels le constructeur pourra déterminer les dimensions d'un ouvrage, de manière à lui assurer toutes les garanties de durée.

Deux conditions sont à remplir pour cela : la stabilité de l'ouvrage, sa résistance. Elles répondent à deux ordres d'idées distincts et peuvent être satisfaites indépendamment l'une de l'autre. Un mur vertical, à section rectangulaire, n'ayant à supporter aucun effort extérieur, sera stable, et il conservera une égale stabilité, quelle que soit sa hauteur, si son épaisseur y reste proportionnelle. Il sera résistant si la pression par unité de surface, sur chacune de ses assises, ne dépasse pas la limite que peuvent supporter les matériaux dont il est formé, et cette condition impose à sa hauteur une limite qu'il est impossible de dépasser sans voir l'assise inférieure s'écraser sous le poids de celles qui la surmontent.

Au contraire, si ce mur est soumis à une pression latérale, comme celle de l'eau ou du vent, il devra, pour être stable, avoir une épaisseur telle que la résultante de cette pression et de son poids passe dans l'intérieur de sa base, sans quoi il sera infailliblement renversé, quelle que soit la résistance des matériaux qui le composent.

Les dimensions d'un ouvrage doivent donc satisfaire, à la fois, aux deux conditions de stabilité et de résistance, et s'il est possible, en théorie, de les considérer isolément, on ne peut plus le faire dans la pratique. Les calculs qui précèdent l'établissement d'une construction doivent, pour être complets, tenir compte de l'une et de l'autre.

Toutefois, pour certaines constructions, celles en maçonnerie, par exemple, c'est la condition de stabilité qu'il importe de considérer d'abord ; celle qui est relative à la résistance se trouve généralement satisfaite lorsque la première l'est elle-même, ou du moins il suffit ordinairement, pour y satisfaire, d'accroître un peu la stabilité du massif. Ces constructions feront l'objet de la première partie, consacrée à la Stabilité, quoique cette classification ne veuille pas dire que l'on y ait fait abstraction de la résistance des matériaux. Dans la même partie se trouveront étudiés les systèmes articulés, dans lesquels la question de stabilité a évidemment une importance prépondérante. L'étude de toutes ces constructions a un caractère commun, c'est qu'on les considère comme de forme invariable, ou bien que les conditions de leur stabilité et de leur résistance se déterminent sans tenir compte des déformations qu'elles subissent.

Dans la seconde partie, consacrée plus spécialement à la Résistance des matériaux, au contraire, les dimensions des différents éléments des constructions sont déterminées en considérant les changements de forme, toujours supposés très petits, qu'ils éprouvent sous l'action des forces extérieures. C'est alors la condition relative à la résistance qui a le plus d'importance, l'autre se trouvant satisfaite naturellement lorsque celle-ci l'est elle-même

La théorie de la résistance des matériaux se rattache donc intimement à celle de l'élasticité des corps solides, et un traité de résistance devrait avoir pour base une théorie de l'élasticité. Ce n'est pas ainsi cependant que l'on procède généralement, et cette anomalie est la conséquence de l'historique de ces deux sciences. La théorie de la résistance des matériaux a devancé, sur beaucoup de points, celle de l'élasticité ; et, pouvant se contenter d'une moins grande exactitude, elle a cherché, pour chaque problème, une solution spéciale, en admettant des hypothèses particulières, suffisamment approximatives pour le but qu'elle poursuit et indépendantes des principes déduits de la théorie de l'élasticité.

Cette dernière théorie est restée, jusqu'à présent, dans le domaine de la science pure, quoique des travaux récents l'aient rendue abordable aux ingénieurs. Mais elle n'a pas encore pénétré dans l'enseignement technique et on se borne à l'invoquer d'une manière exceptionnelle pour lui demander l'établissement de quelques principes nécessaires. Je n'ai pas voulu modifier cette manière de faire qui a pour elle une longue tradition. Cependant, la démonstration, faite élémentairement, des équations générales de l'équilibre élastique, en admettant même qu'elles ne soient pas utilisées directement, aurait l'avantage de fournir à l'ingénieur, pour l'étude des problèmes qu'il a à résoudre, une base solide sur laquelle il pourrait appuyer ses nouvelles recherches. C'est une tentative que je ferai peut-être un jour.

La partie de cet ouvrage consacrée à la résistance des matériaux se subdivise en trois sections d'importance très inégale : l'extension et la compression simples, le glissement et la flexion. Cette dernière étude comprend à elle seule plus des trois quarts de l'ensemble. Appliquée aux travaux de l'ingénieur, la théorie de la résistance des matériaux n'est guère qu'une théorie de la flexion des poutres droites, des arcs, des poutres composées et des surfaces.

L'ouvrage se termine par une étude sur les effets des chocs et des charges roulantes.

Pour quelques-unes des questions, la solution est simplement indiquée, sans développements, afin de ne pas faire double emploi avec les études qui font partie des autres volumes de l'Encyclopédie, principalement de ceux qui sont consacrés aux ponts métalliques et aux ponts en maçonnerie.

Tous les problèmes traités dans cet ouvrage l'ont déjà été un grand nombre de fois dans des ouvrages analogues et je me suis abstenu d'innover sans nécessité. Je me suis borné à rassembler les solutions, à les exposer dans un ordre méthodique et de la manière qui m'a paru la plus claire. J'ai d'ailleurs cherché bien moins à réunir toutes les formules qui peuvent être employées dans les applications qu'à indiquer l'esprit de la méthode qui sert à les établir, afin de permettre à l'ingénieur de les modifier suivant les circonstances et d'en trouver de nouvelles.

L'ingénieur, véritablement digne de ce nom, ne doit pas en effet se contenter, comme le praticien, d'appliquer des formules toutes faites déduites d'hypothèses plus ou moins différentes de la réalité, et des circonstances particulières dans lesquelles il se trouve. Il doit pénétrer plus avant dans l'étude de la nature des opérations qu'il exécute, et chercher à se rendre compte de la manière dont se comportent, dans les constructions, les matériaux qu'il y met en œuvre. J'espère que le présent ouvrage pourra lui servir de guide dans ces recherches souvent fort difficiles.

Pour un grand nombre de questions, j'ai indiqué des solutions déduites de la statique graphique en donnant simplement les démonstrations strictement nécessaires pour le problème traité, afin d'éviter, autant que possible, un double emploi avec le volume de statique graphique qui doit faire partie de l'Encyclopédie.

L'étude de la stabilité des constructions, qui forme la première partie, est précédée de deux chapitres du domaine de la géométrie, consacrés à rappeler les principes au moyen desquels on peut trouver le centre de gravité et le moment d'inertie des surfaces planes, et à donner la solution d'un problème qui y est intimement lié et qui consiste à trouver la répartition des efforts sur une surface plane.

J'ai cherché autant que possible à citer les sources originales où j'ai puisé la solution des divers problèmes particuliers que j'ai traités. Pour ce qui est des principes généraux, de la manière dont ils sont exposés, j'ai eu recours à des ouvrages analogues déjà publiés sur le même sujet et ceux que j'ai surtout consultés sont les suivants :

Cours (lithographié) de résistance des matériaux, par Bélanger.

Cours de Mécanique appliquée, par Bresse.

Cours de Mécanique appliquée, par M. Collignon.

Cours de résistance appliquée, par M. Contamin.

Traité de Statique graphique, par M. Maurice Lévy.

Cours (lithographié) de Construction, par M. le commandant Petit, professeur à l'Ecole d'application de Fontainebleau.

Traité de Mécanique générale, par M. Résal.

Traité de Mécanique appliquée de Navier, annoté par M. de Saint-Venant.

Théorie de l'Elasticité des corps solides de Clebsch, avec les notes de M. de Saint-Venant.

Applied Mechanics, par Rankine.

Civil Engineering, par le même.

NOTIONS PRÉLIMINAIRES

CHAPITRE PREMIER

DÉTERMINATION DES CENTRES DE GRAVITÉ
ET DES MOMENTS D'INERTIE DES AIRES PLANES

§ 1er

CENTRES DE GRAVITÉ

1. Définition et formules générales. — Si, dans le plan d'une surface plane quelconque, nous prenons arbitrairement deux axes rectangulaires, et si nous supposons la surface divisée en éléments rectangulaires infiniment petits $dx\,dy$, le centre de gravité est le point dont les coordonnées x_0, y_0 ont pour expressions :

$$x_0 = \frac{\int\int x\,dx\,dy}{\int\int dx\,dy}, \quad y_0 = \frac{\int\int y\,dx\,dy}{\int\int dx\,dy}.$$

Le dénominateur $\int\int dx\,dy$ n'est autre chose que l'étendue Ω de la surface plane.

Lorsque celle-ci a un centre de figure, ce point est en même temps son centre de gravité; lorsqu'elle a un axe de symétrie, son centre de gravité se trouve sur cet axe, et lorsqu'elle en a deux, il se trouve, par suite, à leur point d'intersection.

Quand la surface donnée peut être divisée en plusieurs autres de dimensions fines dont on connaît les centres de gravité, on obtient immédiatement le centre de gravité de la surface totale, au moyen de formules analogues à celles qui précèdent. Si Ω_1, Ω_2,.... Ω_n sont les étendues des surfaces partielles dont la somme forme la surface Ω et si x_1, y_1 ; x_2, y_2 ;... x_n, y_n sont les coordonnées de leurs centres de gravité respectifs, on aura :

$$x_0 = \frac{\Omega_1 x_1 + \Omega_2 x_2 + ... + \Omega_n x_n}{\Omega_1 + \Omega_2 + ... + \Omega_n} = \frac{\Sigma \Omega_m x_m}{\Omega}$$

$$y_0 = \frac{\Omega_1 y_1 + \Omega_2 y_2 + ... + \Omega_n y_n}{\Omega_1 + \Omega_2 + ... + \Omega_n} = \frac{\Sigma \Omega_m y_m}{\Omega}.$$

Quelques-unes des surfaces de division peuvent être négatives, la surface Ω dont on cherche le centre de gravité étant alors une différence de surfaces dont les centres de gravité sont connus. Les mêmes formules s'appliquent en ayant soin d'attribuer le signe — aux surfaces à retrancher, aussi bien au numérateur qu'au dénominateur.

Au lieu de diviser la surface en éléments infiniment petits

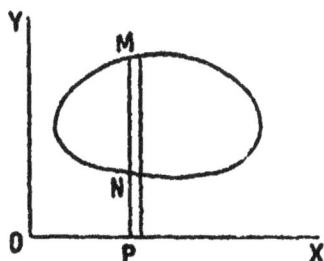

Fig. 1.

dans les deux sens, nous pouvons simplement la diviser en bandes infiniment étroites de largeur dx. Si nous désignons par y_1, y_2 les ordonnées MP, NP (fig. 1) des deux points MN du contour ayant la même abscisse OP$=x$, la surface d'une de ces bandes sera $(y_1 - y_2) dx$, l'abscisse de son centre de gravité sera x et l'ordonnée sera :

$$\frac{y_1 + y_2}{2}.$$

En appliquant les formules générales, nous aurons alors :

$$x_0 = \frac{\int x (y_1 - y_2) dx}{\int (y_1 - y_2) dx} ; \quad y_0 = \frac{\int (y_1{}^2 - y_2{}^2) dx}{2 \int (y_1 - y_2) dx}.$$

Cette dernière valeur de y_0 peut s'écrire plus simplement :

$$y_{\text{o}} = \frac{\int y^2 dx}{2\int y dx} = \frac{\int y^2 dx}{2\Omega}$$

en spécifiant que l'intégrale $\int y^2 dx$ doit être effectuée tout le long du périmètre de la surface, en parcourant ce contour dans le sens des aiguilles d'une montre et en attribuant à dx le signe + ou le signe — suivant que, dans ce parcours, les abscisses x des points vont en augmentant ou en diminuant.

Enfin, si l'on a rapporté la surface à des coordonnées polaires r et θ, les coordonnées x_{o} et y_{o} du centre de gravité, par rapport à des axes rectangulaires menés par le pôle, l'axe des x coïncidant avec la ligne à partir de laquelle se comptent les angles θ, seront

$$x_{\text{o}} = \frac{\int\int r^2 \cos\theta\, d\theta\, dr}{\int\int r\, d\theta\, dr}, \quad y_{\text{o}} = \frac{\int\int r^2 \sin\theta\, d\theta\, dr}{\int\int r\, d\theta\, dr}.$$

2. — Cas particuliers. — La détermination des centres de gravité peut, dans certains cas, se simplifier par l'application des propriétés projectives des figures. Si la surface dont on cherche le centre de gravité peut être considérée comme la projection d'une autre suface dont on connaît le centre de gravité, il suffira de déterminer la projection de ce point pour avoir celui que l'on cherche. Soit, par exemple, à trouver le centre de gravité d'un secteur elliptique AOB (fig. 2), compris entre un arc d'ellipse AB et deux rayons vecteurs OA, OB. Ce secteur peut être considéré comme la projection d'un secteur circulaire A'OB' faisant partie du cercle décrit sur le grand axe de l'ellipse comme diamètre et dont les extrémités A', B' sont déterminées par les parallèles AA', BB' au petit axe. Le centre de gravité de ce secteur circulaire se trouve sur le rayon OC', bissecteur de l'angle A'OB', à une distance OG', facile à calculer et dont la valeur, si 2α désigne l'angle A'OB' et r le rayon OA', est égale à

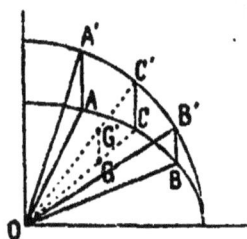

$$\frac{2}{3}\frac{r\sin\alpha}{\alpha}.$$

Ce point G' étant ainsi déterminé, il suffira de le projeter en G

Fig. 2.

sur la ligne OC, projection de OC', pour avoir, au point G, le centre de gravité du secteur elliptique.

Enfin, la surface dont on cherche le centre de gravité peut quelquefois être ramenée à une autre, dont le centre de gravité est connu, par le déplacement d'une de ses parties. On obtient alors le centre de gravité par la règle suivante. Soit par exemple une surface ABCD (fig. 3) dont on connaît le centre de gravité, G. Supposons que l'on ait transporté, en AEF, une partie BKH de cette surface et que l'on cherche le centre de gravité de la surface AEFHKCD. Si g et g_1 sont les positions du centre de gravité de la surface qui a été déplacée, avant et après son déplacement, et si a est l'étendue de cette surface, celle de la surface totale ABCD = AEFHKCD étant représentée par A, il est facile de reconnaître, en prenant les moments des diverses parties par rapport à un axe perpendiculaire à gg_1 que le centre de gravité G_1 de la surface nouvelle sera sur une parallèle à gg_1, menée par le centre de gravité G de la surface primitive et à une distance

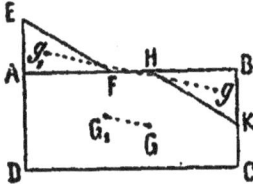

$$GG_1 = gg_1 \cdot \frac{a}{A} \cdot$$

Après ces principes généraux, nous allons rappeler quelques exemples de détermination de centres de gravité de surfaces planes.

3. — Exemples. — I. _Triangle._ — Le centre de gravité est au point de concours des trois médianes, soit au tiers de la longueur de chacune d'elles à partir de la base.

II. _Polygone quelconque._ — On trouvera son centre de gravité en le décomposant en triangles, et en opérant sur tous ces triangles comme il est dit au numéro 1 (page 8).

III. _Trapèze_ (fig. 4). — Si B et b sont les longueurs des deux bases parallèles, B > b, le centre de gravité se trouve sur la ligne EF qui joint leurs milieux; sa distance EG à la plus grande de ces bases, est

$$EG = EF \cdot \frac{B + 2b}{3(B + b)} \cdot$$

Ou bien, sa distance au point H, milieu de la ligne EF, du côté de la plus grande base, est

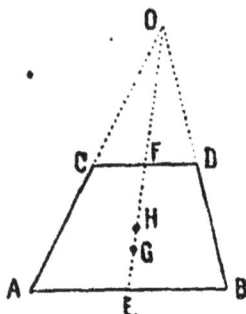

$$GH = \frac{EF}{2} \cdot \frac{1}{3} \cdot \frac{B-b}{B+b} = \frac{FH}{3} \cdot \frac{B-b}{B+b}.$$

Si les côtés latéraux du trapèze sont prolongés jusqu'à leur intersection en **O**, on a

$$GH = \frac{\overline{FH}^2}{3.OH}.$$

Fig. 4.

IV. *Secteur circulaire* **AOB** (fig. 5). — Le centre de gravité se trouve sur le rayon OC bissecteur de l'angle AOB et la distance OG au centre O du cercle, si r est le rayon du cercle OA et si 2α est l'angle AOB de sorte que AOC = COB = α, est exprimée par

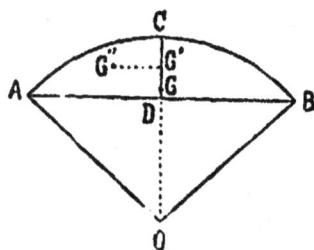

$$OG = \frac{2r\sin\alpha}{3\alpha}.$$

Fig. 5.

V. *Segment de cercle* **ACB.** — Le centre de gravité G' est encore sur le rayon bissecteur OC et sa distance au centre O est exprimée par

$$OG' = \frac{4r\sin^3\alpha}{3(2\alpha - \sin 2\alpha)}.$$

S'il s'agit du demi-segment ACD, le centre de gravité G' se projette sur le rayon extrême CD au point G' défini ci-dessus, et sa distance G"G' à sa projection a pour valeur

$$G''G' = 2r \cdot \frac{2 - 3\cos\alpha + \cos^3\alpha}{3(2\alpha - \sin 2\alpha)}.$$

VI. *Segment parabolique* **ACD** (fig. 6). — Le centre de gravité G se trouve sur le diamètre CD de la parabole qui divise en deux parties égales les cordes parallèles à AB et à une distance du point C, sommet de ce diamètre, égale aux trois cinquièmes de sa longueur.

$$CG = \frac{3}{5}CD.$$

Pour le demi-segment ACD, le centre de gravité G' se trouve sur une parallèle à AB menée par le point G et à une distance

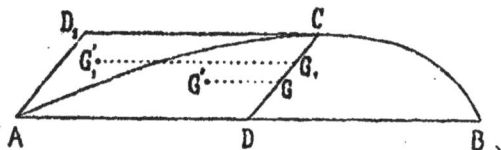

Fig. 6.

$$GG' = \frac{3}{8} AD.$$

S'il s'agit du segment extérieur ACD_1, son centre de gravité G'_1 se trouve sur une parallèle $G'_1 G_1$ à CD_1 distante de cette ligne de la moitié de la distance de la ligne GG', soit

$$CG_1 = \frac{3}{10} CD$$

et à une distance du point G_1 égale au double de GG', soit

$$G_1 G'_1 = \frac{3}{4} AD.$$

VII. *Aire comprise entre une branche d'hyperbole, l'asymptote correspondante et deux ordonnées parallèles à l'autre asymptote.* — Si $xy = a^2$ est l'équation de l'hyperbole rapportée à ses asymptotes, et si x_1 et x_2 sont les ordonnées parallèles à l'axe des y qui limitent la surface considérée, log désignant les logarithmes népériens, on a :

$$x_0 = \frac{x_2 - x_1}{\log x_2 - \log x_1}, \quad y_0 = \frac{a^2}{2 x_1 x_2} \cdot \frac{x_2 - x_1}{\log x_2 - \log x_1}$$

VIII. *Aire comprise entre un arc de la sinusoïde $y = \sin x$ et l'axe des x.* — Les coordonnées sont, pour l'arc limité à l'origine et à l'abscisse π :

$$x_0 = \frac{\pi}{2}, \quad y_0 = \frac{\pi}{8}.$$

IX. *Aire comprise entre la droite $y = mx$ et la parabole $y^2 = 2px$.* — Les coordonnées sont

$$x_0 = \frac{4p}{5m}, \quad y_0 = \frac{p}{m}.$$

4. Méthode graphique. — *Propriétés du polygone funiculaire.* — La recherche du centre de gravité est, en résumé, celle du point d'application de la résultante d'un certain nombre de forces, et elle peut se faire par les procédés de la statique graphique dont nous allons rappeler brièvement les principes.

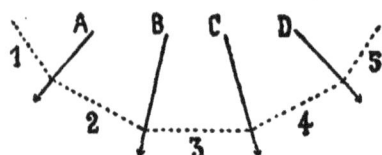

Des forces quelconques situées dans un même plan étant représentées par leurs lignes d'action ABCD (fig. 7), le polygone formé en les portant bout à bout à la suite les unes des autres avec leur direction et leur sens, en a, b, c, d (fig. 7 bis), porte le nom de *polygone des forces*. Si on prend un point arbitraire quelconque O, appelé *pôle*, et une force auxiliaire représentée par la ligne 1, joignant le pôle à l'un des sommets du polygone des forces, on pourra, en menant des parallèles aux lignes 1, 2, 3, 4, 5 qui joignent le pôle à tous les sommets de ce polygone, construire un polygone funiculaire des forces données. Le pôle O étant choisi arbitrairement, le nombre de polygones funiculaires est infini.

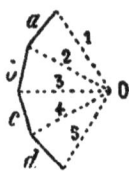

Fig. 7.

Fig. 7 bis.

Le polygone des forces fait connaître immédiatement la grandeur, la direction et le sens de la résultante C de deux forces données A et B (fig. 8). Cette résultante est représentée par la ligne c (fig. 8 bis) qui ferme le polygone des forces a,b ; quant à sa position dans le plan des forces, elle est déterminée soit par le point d'intersection des forces A,B, soit, ce qui est plus général, par l'intersection des côtés 1, 3 du polygone funiculaire. On voit en effet que, si ces lignes 1, 3 sont supposées représenter des forces, la résultante C est leur résultante, en même temps que celle des forces AB puisqu'elle ferme le polygone de ces deux forces 1, 3.

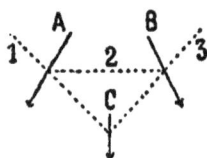

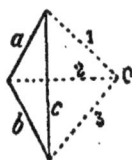

Fig. 8.

Fig. 8 bis.

Il en est de même pour un nombre quelconque de forces. Leur résultante est représentée en grandeur, en direction et en sens par la ligne qui ferme le polygone de ces forces ; et elle passe par le point d'intersection des côtés du polygone funiculaire qui comprennent entre eux les forces dont on veut avoir la résultante;

Lorsque le polygone des forces est fermé naturellement, la résultante est nulle. Si, en même temps, les côtés extrêmes du polygone funiculaire coïncident,

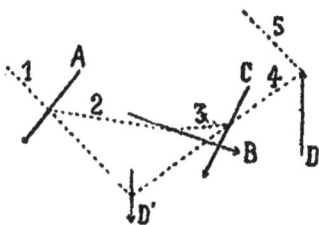

Fig. 9.

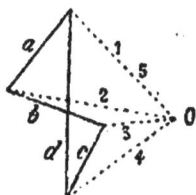

Fig. 9 bis.

les forces données sont en équilibre et si ces côtés extrêmes sont simplement parallèles, les forces données se réduisent à un couple. Soit par exemple les quatre forces ABCD (fig. 9). Leur polygone *abcd* (fig. 9 *bis*) se ferme naturellement et leur résultante est nulle. Si nous construisons leur polygone funiculaire 1, 2, 3, 4, 5, avec un pôle O quelconque, nous voyons que la résultante des trois premières forces A, B, C serait égale à D en grandeur, en direction, mais de sens opposé et qu'elle passerait par le point d'intersection des côtés 1 et 4 du polygone funiculaire. Elle serait donc en D', de sorte que les forces données se réduisent à un couple formé des forces D et D'. Pour qu'elles fussent en équilibre, il faudrait que D' coïncidât avec D, c'est-à-dire que les deux côtés extrêmes 1 et 5 du polygone funiculaire se confondissent sur une même ligne droite.

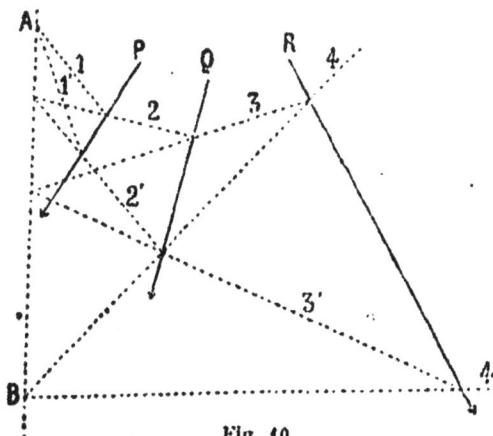

Fig. 10.

Si, au lieu du pôle O (fig. 10 *bis*), on avait pris un autre pôle O', on aurait eu, au lieu du polygone funiculaire 1, 2, 3, 4 (fig. 10), le polygone funiculaire 1', 2', 3', 4'. La ligne OO' du polygone des forces peut être considérée comme la résultante des forces 1 et 1'; cette résultante se représentera donc par une ligne AB, parallèle à OO' et menée par le point d'intersection de 4 et de 1' ; mais cette même ligne OO' peut être considérée comme représentant la résultante des forces 2 et 2', 3 et 3', 4 et 4'. Ces forces ont donc deux à deux la même résultante, c'est-à-dire que la même ligne AB passera par les points d'intersection des lignes qui les représentent.

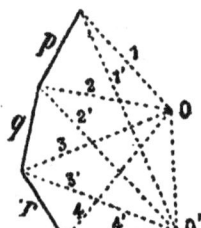

On en conclut que les côtés homologues de deux polygones funiculaires se coupent sur une même ligne droite parallèle à la ligne qui joint leurs deux pôles ou bien que, si le pôle se déplace en décrivant une ligne droite, les côtés du polygone funiculaire pivotent autour de points fixes situés sur une parallèle à cette droite.

Fig. 10 *bis.*

Ces propriétés sont générales et s'appliquent lorsque les forces données sont parallèles. Le polygone des forces se réduit alors à une ligne droite sur laquelle les forces données se portent bout à bout, suivant leur sens. La distance du pôle à cette ligne porte le nom de *distance polaire.*

5. Exemples. — Les règles servant à la détermination de la résultante s'appliquent à la recherche du centre de gravité. Soit, par exemple, à trouver le centre de gravité d'une surface composée de trois rectangles ABKI, FGHI et CDEK disposés comme ci-contre (fig. 11), les deux rectangles FGHI et CDEK étant supposés égaux. Le centre de gravité, par raison de symétrie, se trouvera sur l'horizontale menée par le point O, et le problème se réduit à chercher la résultante des trois forces parallèles appliquées aux centres de gravité O, O', O" et proportionnelles aux surfaces des rectangles. Soient ces forces représentées par les lignes verticales MN. Construisons leur polygone des forces *m, n* (fig. 11 *bis*), puis un polygone funiculaire 1, 2, 3 avec un pôle O quelconque ; l'intersection des côtés 1, 3 donnera un point de la direction de la résul-

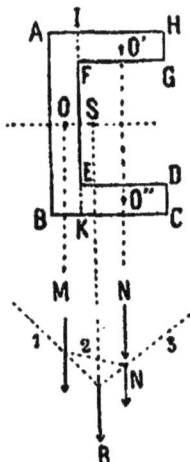

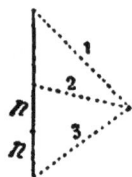

Fig. 11 *bis.*

Fig. 11.

tante R et, en le projetant sur l'axe de symétrie, on aura en S le centre de gravité cherché.

S'il n'y a pas d'axe de symétrie, en opérant successivement de la même manière dans deux directions différentes, on trouvera de même le centre de gravité. Ainsi, dans la figure 12, si les surfaces des trois rectangles dont se compose la surface totale ABCDEFGH, sont représentées respectivement par les droites M, N, P, on pourra, en considérant d'abord la figure dans le sens vertical, construire, au moyen du polygone des forces représenté par la figure 12 *bis*, un polygone funiculaire 1, 2, 3, 4 et l'intersection des côtés extrêmes 1, 4 de ce polygone donnera un point de la résultante des forces M, N, P, laquelle sera, par conséquent, une verticale menée par ce point d'intersection. En considérant ensuite la figure dans le sens horizontal, on aura un nouveau polygone des forces représenté par la figure 12 *ter* qui permettra de construire un nouveau polygone funiculaire 1', 2', 3', 4', et l'horizontale menée par le point d'intersection des côtés extrêmes 1', 4' de ce polygone sera la résultante des forces horizontales M, N, P. Le centre de gravité se trouvera donc au point d'intersection S de ces deux résultantes.

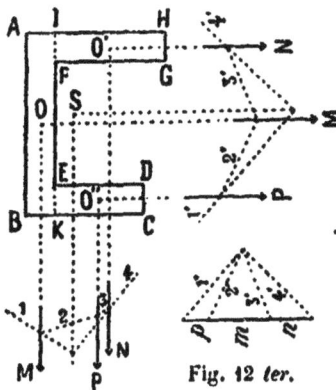

Fig. 12 *ter.*

Fig. 12.

Fig. 12 *bis.*

Lorsqu'il s'agit d'une surface irrégulière qui ne peut être divisée en rectangles, on peut toujours la diviser, par des parallèles équidistantes, en trapèzes dont les surfaces sont proportionnelles aux ordonnées moyennes, et dont les centres de gravité peuvent, si ces surfaces élémentaires sont petites, être pris, très approximativement, au milieu de la ligne qui joint les milieux des deux côtés parallèles. La détermination du centre de gravité se fait alors, graphiquement, avec la plus grande facilité.

§ 2

MOMENTS D'INERTIE

6. Définition et Formules générales. — Le moment d'inertie d'une surface autour d'un axe quelconque est la somme des produits de chacun de ses éléments par le carré de la distance de cet élément à l'axe considéré. Si $dx\,dy$ est un élément rectangulaire quelconque, y sa distance à un axe OX (fig. 13), le moment d'inertie de la surface par rapport à cet axe est

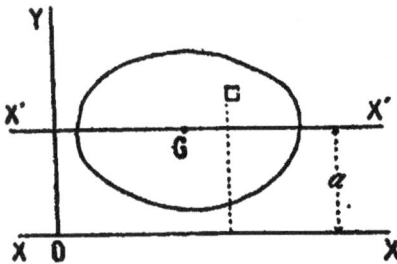

Fig. 13.

$$I = \int\int y^2 dx\,dy.$$

Le moment d'inertie d'une surface par rapport à un axe quelconque XX est égal au moment d'inertie de cette surface par rapport à l'axe X'X' parallèle au premier et mené par son centre de gravité, augmenté du produit de l'étendue de la surface par le carré de la distance a de ces deux axes. En effet, le moment d'inertie autour de l'axe X'X' passant par le centre de gravité étant $\int\int y''^2 dx\,dy$, et la distance y étant, pour un élément quelconque, égale à $y' + a$, on aura :

$$y^2 = y''^2 + 2ay' + a^2,$$

ou bien : $\int\int y^2 dx\,dy = \int\int y''^2 dx\,dy + 2a\int\int y' dx\,dy + a^2\int\int dx\,dy$;

l'intégrale $\int\int y' dx\,dy$ est nulle puisque l'axe X'X' passe par le centre de gravité, et l'intégrale $\int\int dx\,dy$ n'est autre chose que l'aire Ω de la surface. Alors, si nous désignons par I_0 le moment d'inertie $\int\int y''^2 dx\,dy$ autour de l'axe X'X' passant par le centre de gravité, nous aurons :

$$I = I_0 + \Omega a^2.$$

Nous pourrons donc nous borner à chercher les moments d'inertie autour des axes passant par le centre de gravité des surfaces.

7. Moments d'inertie principaux. — Nous pouvons encore simplifier cette recherche en choisissant la direction des axes de manière à annuler l'intégrale $\int\int xy\,dx\,dy$, direction qui est celle des axes principaux d'inertie.

Pour cela (fig. 14), supposons la figure rapportée à deux axes rectangulaires quelconques OX', OY' passant par le centre de gravité. Si x' y' sont les coordonnées d'un point quelconque M du plan, et si nous faisons tourner ces axes dans leur plan, autour de l'origine, nous aurons, en appelant α l'angle du nouvel axe des x avec l'ancien et x, y les coordonnées du point M par rapport aux nouveaux axes :

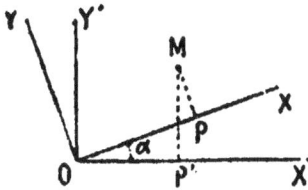

$$x = x'\cos\alpha + y'\sin\alpha,$$
$$y = y'\cos\alpha - x'\sin\alpha ;$$

Fig. 14.

ou, en multipliant membre à membre et réduisant :

$$xy = x'y'\cos 2\alpha - \frac{1}{2}(x'^2 - y'^2)\sin 2\alpha.$$

Multiplions ce produit par l'élément superficiel $dx\,dy$, faisons la somme pour toute la surface et égalons à la somme correspondante du second membre par l'élément $dx'\,dy'$, nous aurons :

$$\int\int xy\,dx\,dy = \cos 2\alpha \int\int x'y'\,dx'\,dy' - \frac{1}{2}\sin 2\alpha \int\int (x'^2 - y'^2)\,dx'\,dy'.$$

Le second membre sera nul si l'on a :

(1) $$\tan 2\alpha = \frac{2\int\int x'y'\,dx'\,dy'}{\int\int x'^2\,dx'\,dy' - \int\int y'^2\,dx'\,dy'},$$

ce qui donne pour α une série de valeurs différant entre elles de $\frac{\pi}{2}$ et définissant l'orientation des nouveaux axes qui annule l'intégrale $\int\int xy\,dx\,dy$.

Si donc, après avoir pris deux axes rectangulaires quelconques, nous calculons, par rapport à ces axes, les trois intégrales

$$I'_{y'} = \int\int x'^2 dx'\,dy', \quad I'_{x'} = \int\int y'^2 dx'\,dy', \quad J' = \int\int x'y'\,dx'\,dy',$$

nous pourrons, au moyen de la formule précédente qui revient à

(2) $$\tan 2\alpha = \frac{2J'}{I'_{x'} - I'_{y'}},$$

trouver la direction des axes principaux d'inertie. Les valeurs des moments par rapport à ces axes, ou moments d'inertie principaux, si nous les désignons par I_x, I_y, seront

$$I_x = \iint y'^2 dx dy \qquad I_y = \iint x'^2 dx dy,$$

soit, en mettant pour x et y leurs valeurs précédentes en fonction de x' et de y'

(3)
$$
\left\{
\begin{aligned}
I_x \text{ ou } I_y &= \frac{I'_x + I'_y}{2} \pm \sqrt{\frac{(I'_y - I'_x)^2}{4} - J'^2} \\
&= \frac{I'_x \cos^2 \alpha - I'_y \sin^2 \alpha}{\cos 2\alpha}, \\
\text{ou bien} &= \frac{I'_y \cos^2 \alpha - I'_x \sin^2 \alpha}{\cos 2\alpha}.
\end{aligned}
\right.
$$

Inversement, si la position des axes principaux est déterminée, ainsi que les valeurs I_x, I_y, des moments d'inertie principaux, le moment d'inertie I_v autour d'un axe quelconque OV (fig. 15) mené par le centre de gravité et faisant un angle α avec l'axe des x, aura pour expression

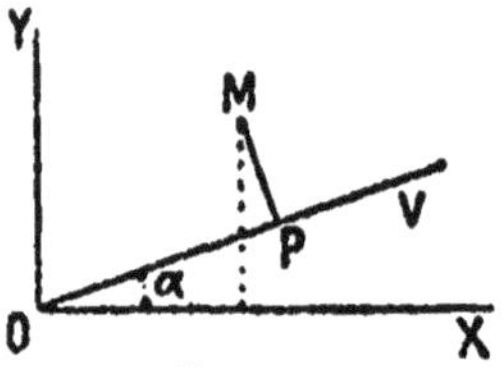

Fig. 15.

(4)
$$I_v = I_x \cos^2 \alpha + I_y \sin^2 \alpha.$$

Nous avons en effet

$$I_v = \iint \overline{MP}^2 dx dy,$$

or

$$MP = y \cos \alpha - x \sin \alpha;$$

par suite

$$I_v = \iint (y \cos \alpha - x \sin \alpha)^2 dx dy.$$

En développant le carré et en observant que l'intégrale $\iint xy \, dx dy$ est nulle, puisque les axes OX, OY sont les axes principaux, il vient

$$I_v = \iint y^2 \cos^2 \alpha \, dx dy + \iint x^2 \sin^2 \alpha \, dx dy = I_x \cos^2 \alpha + I_y \sin^2 \alpha.$$

Il est d'ailleurs évident que, la direction des axes principaux d'inertie étant celle pour laquelle l'intégrale $\iint xy \, dx dy$ est nulle, si la figure a un axe de symétrie, cet axe sera un des axes principaux d'inertie ; en effet, si on le prend pour axe des x, à chaque élément $dx dy$ de coordonnées x et y en correspondra un autre égal, de coordonnées x et $-y$, et la somme des deux produits $xy \, dx dy$ et $-xy \, dx dy$ étant identiquement nulle, il en sera de même de la somme de tous les produits semblables.

La recherche des moments d'inertie d'une surface autour d'un axe quelconque se réduit donc à celle du moment d'inertie autour de deux axes menés par le centre de gravité, et dirigés, l'un suivant un axe de symétrie de la surface, lorsqu'il en existe, l'autre, perpendiculairement à cet axe.

Lorsqu'il n'y a pas d'axe de symétrie, la recherche des axes principaux d'inertie doit se faire suivant la méthode générale ci-dessus.

8. Ellipse centrale d'inertie. — Le moment d'inertie s'exprime souvent par le produit de l'aire Ω de la surface plane que l'on considère multipliée par le carré du *rayon de giration*, que nous désignerons par la lettre ρ affectée de l'indice correspondant à la direction autour de laquelle est pris le moment d'inertie. Nous avons ainsi, par définition :

$$\rho_x^2 = \frac{I_x}{\Omega} \quad \text{et} \quad \rho_y^2 = \frac{I_y}{\Omega};$$

et si $\rho_\bullet$ désigne le moment d'inertie autour d'un axe quelconque OV, faisant l'angle α avec l'axe des x, nous aurons d'après (4)

$$(5) \qquad \rho_\bullet^2 = \rho_x^2 \cos^2\alpha + \rho_y^2 \sin^2\alpha.$$

Prenons, sur l'axe des x, à partir de l'origine, une longueur égale au rayon de giration ρ_y autour de l'axe des y, et de même, sur ce dernier axe, une longueur égale à ρ_x. Sur ces longueurs, considérées comme les demi-axes d'une ellipse, construisons cette courbe qui aura pour équation

$$(6) \qquad \frac{x^2}{\rho_y^2} + \frac{y^2}{\rho_x^2} = 1.$$

Cette ellipse jouit, par rapport aux divers moments d'inertie autour de divers axes passant par le centre de gravité, d'une propriété intéressante. Désignons par r son rayon vecteur faisant un angle α avec l'axe des x, nous aurons, d'après son équation (6),

$$(7) \qquad \frac{r^2 \cos^2\alpha}{\rho_y^2} + \frac{r^2 \sin^2\alpha}{\rho_x^2} = 1,$$

ou bien

$$\rho_x^2 \cos^2\alpha + \rho_y^2 \sin^2\alpha = \frac{\rho_x^2 \rho_y^2}{r^2}.$$

et par conséquent, d'après (5),

$$(8) \qquad \rho_\bullet = \frac{\rho_x \rho_y}{r}.$$

Ainsi, le rayon de giration autour d'un axe quelconque OV est égal au produit des deux rayons de giration autour des axes OX, OY, divisé par le rayon vecteur de l'ellipse, suivant la direction OV.

Cette ellipse porte le nom d'*ellipse centrale d'inertie* de la surface considérée.

Il résulte de cette distribution elliptique des valeurs des moments d'inertie autour des divers axes passant par le centre de gravité que, si une surface a deux axes de symétrie qui ne soient pas perpendiculaires l'un sur l'autre, chacun de ces axes étant un axe principal d'inertie et, par suite, un axe de l'ellipse centrale d'inertie, cette ellipse se réduit à un cercle. Les moments d'inertie autour de tous les axes passant par le centre de gravité sont alors égaux entre eux.

9. Exemples. — Ces principes rappelés, nous allons donner quelques valeurs de moments d'inertie, pour les surfaces les plus usuelles. Nous exprimerons en même temps les rayons de giration dont le carré, multiplié par l'aire de la section, est égal au moment d'inertie. Nous représenterons toujours, comme nous l'avons fait plus haut, le moment d'inertie par I, le rayon de giration par ρ, ces lettres étant affectées d'un indice exprimant la direction par rapport à laquelle est pris le moment d'inertie correspondant.

I. Rectangle (fig. 16). — Longueur $2a$ suivant les x, largeur $2b$ suivant les y.

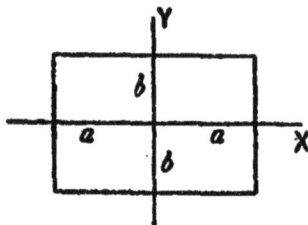

Fig. 16.

$$I_x = \frac{4}{3}ab^3, \qquad I_y = \frac{4}{3}a^3b;$$

$$\rho_x = \frac{b}{\sqrt{3}}, \qquad \rho_y = \frac{a}{\sqrt{3}}.$$

Si la longueur est a au lieu de $2a$, et la largeur b au lieu de $2b$, on a

$$I_x = \frac{ab^3}{12}, \quad I_y = \frac{ba^3}{12}; \qquad \rho_x = \frac{b}{2\sqrt{3}}, \quad \rho_y = \frac{a}{2\sqrt{3}}.$$

II. — Carré dont le côté est a.

$$I_x = I_y = \frac{a^4}{12}; \qquad \rho_x = \rho_y = \frac{a}{2\sqrt{3}}.$$

III. — Ellipse dont les demi-axes sont a suivant les x, et b . suivant les y :

$$I_x = \frac{\pi a b^3}{4}, \quad I_y = \frac{\pi a^3 b}{4}; \qquad \rho_x = \frac{b}{2}, \quad \rho_y = \frac{a}{2}.$$

IV. — Cercle dont le rayon est a.

$$I_x = I_y = \frac{\pi a^4}{4}; \qquad \rho_x = \rho_y = \frac{a}{2}.$$

V. — Losange dont les diagonales sont $2a$, suivant les x, et $2b$ suivant les y (fig. 17).

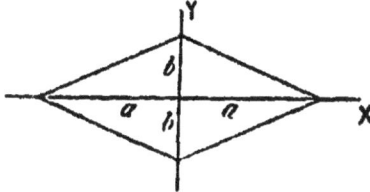

Fig. 17.

$$I_x = \frac{a b^3}{3}, \qquad I_y = \frac{a^3 b}{3};$$

$$\rho_x = \frac{b}{\sqrt{6}}, \qquad \rho_y = \frac{a}{\sqrt{6}}.$$

Si les deux diagonales sont égales, le losange devient un carré dont le côté $c = a\sqrt{2}$ $= b\sqrt{2}$, et l'on a

$$I_x = I_y = \frac{c^4}{12}; \quad \rho_x = \rho_y = \frac{c}{2\sqrt{3}}$$

comme ci-dessus.

VI. — Lorsqu'une surface est formée de la différence de deux autres dont les centres de gravité et les axes de symétrie coïncident, son moment d'inertie est égal à la différence des moments d'inertie des deux surfaces dont elle est la différence.

Ainsi, par exemple, une couronne comprise entre deux ellipses concentriques comme celle qui est couverte de hachures, dans la figure 18, aura pour moments d'inertie, si a et a' sont les demi-axes des deux ellipses dirigés suivant l'axe des x, b et b' les demi-axes dirigés suivant les y :

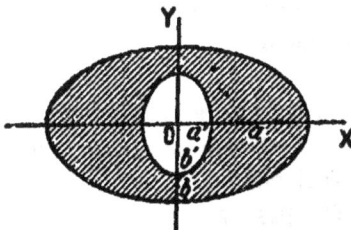

Fig. 18.

$$I_x = \frac{\pi}{4}(a b^3 - a' b'^3); \qquad I_y = \frac{\pi}{4}(a^3 b - a'^3 b');$$

$$\rho_x = \frac{1}{2}\sqrt{\frac{a b^3 - a' b'^3}{ab - a'b'}}, \qquad \rho_y = \frac{1}{2}\sqrt{\frac{a^3 b - a'^3 b'}{ab - a'b'}}.$$

VII. — Si une surface est composée d'un certain nombre de rectangles placés de manière à avoir leurs côtés b parallèles aux x et leurs autres côtés h parallèles aux y, les moments d'inertie seront, en appelant x_0 et y_0 les coordonnées du centre de gravité de l'un quelconque de ces rectangles,

$$I_x = \sum \frac{bh^3}{12} + \sum bh y_0^2; \qquad I_y = \sum \frac{hb^3}{12} + \sum bh x_0^2.$$

Soit par exemple la surface ci-contre (fig. 19) dont nous avons déterminé le centre de gravité O, soit $AB = h$, $BC = b$, $CD = C$, $EF = d$. Les dimensions des rectangles CDEF sont c et b et la distance de leur centre de gravité à OX est $\frac{h-c}{2}$. Alors le moment d'inertie I_x sera

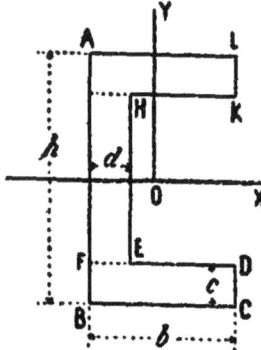

$$I_x = \frac{d(h-2c)^3}{12} + 2\frac{bc^3}{12} + 2bc\left(\frac{h-c}{2}\right)^2.$$

Fig. 19.

On aurait pu, dans ce cas, considérer la surface donnée comme la différence de deux rectangles ABCL et DEHK, ayant tous deux leur centre de gravité sur OX, et alors le moment d'inertie aurait été

$$I_x = \frac{bh^3}{12} - \frac{(b-d)(h-2c)^3}{12}.$$

On peut vérifier que ces deux expressions sont identiques.

Le moment d'inertie autour de OY s'exprimerait de même par l'application de la formule générale ci-dessus.

Parmi les surfaces dont on a à déterminer le moment d'inertie, celle qui est représentée par la figure 20 est une de celles qui se présentent le plus fréquemment. C'est celle qui est dite en double T. Nous la supposerons symétrique par rapport à un axe horizontal passant par son centre de gravité O. Elle est formée, comme celle dont nous venons de donner la formule générale, de rectangles ayant leurs côtés parallèles, et on peut lui appliquer cette formule générale ; mais on arrive à un résultat d'une forme plus simple en la considérant comme la différence d'une série de rectangles.

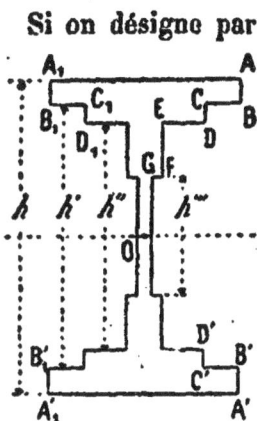

Si on désigne par h la hauteur totale AA' et par h', h'', h''' les hauteurs des autres parties BB', DD', FF'; de même par b la largeur totale AA$_1$, par b', b'', b''' les largeurs (BC$+$B$_1$C$_1$), (DE$+$D$_1$E$_1$), (FG$+$F$_1$G$_1$) des parties restant en dehors de chacun des rectangles successifs, la superficie de la section sera la différence des rectangles $bh - b'h' - b''h'' - b'''h'''$ et comme ils ont tous leur centre de gravité sur le même axe horizontal passant par le centre de gravité, le moment d'inertie de la section par rapport à cet axe sera

Fig. 20.

$$ I = \frac{bh^3 - b'h'^3 - b''h''^3 - b'''h'''^3}{12}. $$

Dans le cas particulier où les largeurs FG, F$_1$G$_1$...... sont petites, ainsi que les hauteurs CD, C$_1$D$_1$... on peut les négliger et considérer la section comme formée simplement de trois rectangles dont deux sont ABA$_1$B$_1$, A'B'A'$_1$B'$_1$, égaux chacun à $b(h-h')$ et le troisième celui qui aurait l'épaisseur GG$_1 = b - b'$ et la hauteur BB' $= h'$. La valeur du moment d'inertie se réduit alors à

$$ I = \frac{bh^3 - b'h'^3}{12} $$

et si l'on néglige encore, dans cette expression, le rectangle vertical, dont l'épaisseur $(b-b')$ est ordinairement fort petite, le moment d'inertie sera simplement celui des deux rectangles dont la superficie totale est $b(h-h')$.

Il aura donc pour valeur

$$ I = \frac{bh^3 - bh'^3}{12} = b\frac{h^3 - h'^3}{12} = \frac{b(h-h')}{12}(h^2 + hh' + h'^2), $$

ou bien, approximativement, en remplaçant $h^2 + hh' + h'^2$ par $3h^2$ et en désignant par S$_1$ la superficie $b\left(\frac{h-h'}{2}\right)$ de chacun des rectangles:

$$ I = h^2\frac{S_1}{2} = S_1\frac{h^2}{2}. $$

Cette formule approximative est d'un usage très fréquent. On voit qu'elle revient à supposer que toute l'aire S_i de chacun des rectangles supérieur et inférieur est concentrée à une distance $\frac{h}{2}$ de l'axe autour duquel on prend les moments d'inertie. Car alors, le moment d'inertie total est bien

$$2S_i \times \left(\frac{h}{2}\right)^2 = S_i \frac{h^2}{2}.$$

En faisant cette hypothèse, on augmente un peu le moment d'inertie, puisque l'on augmente la distance moyenne, à l'axe, des éléments superficiels. Cette augmentation compense, dans une certaine mesure, l'erreur que l'on a faite en sens contraire, en négligeant le moment d'inertie de la partie verticale de la surface.

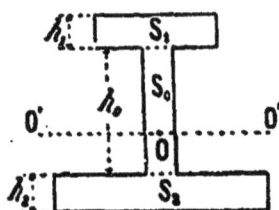

Fig. 21.

Il peut arriver que le double T ne soit pas symétrique (fig. 21). Désignons alors la hauteur de la table supérieure par h_1, celle de la table inférieure par h_2, et celle de l'âme, comprise entre les deux tables, par h_0; la hauteur totale h sera $h = h_0 + h_1 + h_2$.

Désignons de même par S_1, S_2, S_0, les aires des trois rectangles composant la surface totale $S = S_0 + S_1 + S_2$, nous vérifierons facilement que le moment d'inertie I de cette surface par rapport à l'axe OO' passant par le centre de gravité O sera

$$I = \frac{S_1 h_1^2 + S_2 h_2^2 + S_0 h_0^2}{12}$$

$$+ \frac{1}{4S}[S_1 S_0 (h_1 + h_0 + 2h_2)^2 + S_2 S_1 (h_0 + h_1)^2 + S_0 S_2 (h_0 + h_2)^2].$$

La distance du centre de gravité O à la base ou à la surface extérieure de la table la plus grande est

$$y = \frac{h}{2} - \frac{(h_0 + h_2)S_0 - (h_0 + h_2)S_1 - (h_0 - h_1)S_2}{2S}.$$

Lorsque les hauteurs h_1 et h_2 sont petites par rapport à h_0, on peut écrire approximativement, en posant

$$h' = h_0 + \frac{h_1 + h_2}{2},$$

$$I = h'' \left[\frac{S_0}{12} + \frac{S_0 S_1 + S_0 S_2 + 4 S_1 S_2}{4 S} \right]$$

et
$$y = \frac{h'}{2} \frac{S_0 + 2 S_1}{A}.$$

et si enfin S_0 est négligeable, par rapport à S_1 et à S_2, on approximativement

$$I = h'' \frac{S_1 S_2}{S}; \quad y = h' \frac{S_2}{S}.$$

Cette expression revient évidemment à celle de la page précédente lorsque l'on fait $S_1 = S_2 = \frac{1}{2} S$. Elle devient alors

$$I = h'' \frac{S_1}{2} = h'' \frac{S_2}{2}.$$

Enfin, on a quelquefois à trouver le moment d'inertie d'une surface en forme de T simple, comme celle de la figure 22, et qui peut être considérée comme formée de deux rectangles. Si nous

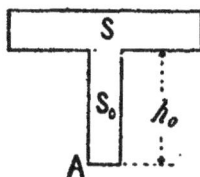

Fig. 22.

désignons encore par S_0 la surface du rectangle vertical, par S_1 celle du rectangle horizontal, par h_1, h_0 leurs hauteurs respectives, et par les mêmes lettres sans indices, les sommes $S = S_0 + S_1$, $h = h_0 + h_1$; la distance y du centre de gravité à l'extrémité A de la partie verticale sera :

$$y = \frac{h}{2} + \frac{h_0 S_1 - h_1 S_0}{2 S}$$

et le moment d'inertie par rapport à un axe horizontal passant par ce centre de gravité sera :

$$= \frac{S_1 h_1^2 + S_0 h_0^2}{12} + \frac{S_0 S_1 (h_0 + h_1)^2}{4 S}$$

Lorsque h_1 est petit par rapport à h_0 on peut, en posant

$$h' = h_0 + \frac{1}{2} h_1,$$

se servir des formules approximatives suivantes :

$$y = \frac{h'}{2} \left(1 + \frac{S_1}{S} \right) \text{ et } I = h'' \left(\frac{S_0}{12} + \frac{S_0 S_1}{4 S} \right).$$

10. Méthode graphique. — La méthode graphique, dont il a été question plus haut, fournit un moyen simple de déterminer le moment d'inertie d'une surface quelconque autour d'un axe passant par son centre de gravité.

Soit une figure irrégulière AB (fig. 23), dont on veut connaître le moment d'inertie autour d'un axe vertical passant par son centre de gravité. Décomposons-la en trapèzes par des parallèles équidistantes, et construisons le polygone des forces qui se réduira à la verticale MN sur laquelle nous porterons des longueurs mn proportionnelles aux surfaces de ces trapèzes, c'est-à-dire, si leur hauteur Δx est constante, aux longueurs $m_i n_i$ interceptées par le contour de la surface sur les verticales menées par leurs centres de gravité que l'on peut supposer placés au milieu de la distance de leurs côtés parallèles. Ce polygone des forces, avec un pôle O quelconque, nous permettra de construire le polygone funiculaire EaF dont les deux côtés extrêmes, prolongés, viennent concourir au point G qui se trouve sur la verticale GG du centre de gravité de la surface donnée.

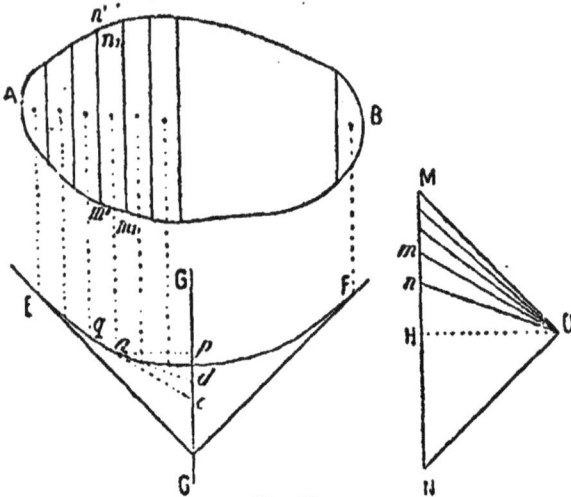

Fig. 23.

Prolongeons jusqu'à cette verticale GG deux côtés adjacents du polygone funiculaire, par exemple ceux qui comprennent entre eux le sommet a correspondant à la verticale $m_i n_i$. Les deux triangles adc et mno ayant leurs côtés parallèles, nous aurons

$$\frac{cd}{mn} = \frac{ad}{no}$$

et ce rapport, si x est la distance ap du point a à la verticale GG et si H est la distance polaire OH, sera égal à $\frac{x}{H}$. Nous en déduisons

$$cd \times x = mn \times \frac{x^2}{H}.$$

Mais $cd \times x$ est le double de la surface du petit triangle *cad*, et si nous faisons la somme de tous les éléments semblables nous aurons pour le premier membre $\Sigma cd \times x$ qui sera le double de la superficie EFG, et pour le second membre

$$\sum mn \times \frac{x^2}{H} \text{ ou bien } \frac{1}{H} \sum mn \times x^2.$$

Or mn représente, à l'échelle que l'on a adoptée, la superficie de l'élément dont le centre de gravité est en a_1; si λ est cette échelle, on a $mn = \frac{\omega}{\lambda}$, et $\Sigma mn \times x^2$ ou bien $\frac{1}{\lambda} \Sigma \omega x^2$ représente, si les éléments ω sont infiniment petits, le moment d'inertie de cet élément par rapport à la verticale GG multiplié par l'échelle $\frac{1}{\lambda}$. Nous avons donc :

$$2 \text{surf. EFG} = \frac{I}{H} \cdot \frac{1}{\lambda} \text{ ou } I = 2\lambda H \times \text{surf. EFG.}$$

Les divers côtés du polygone EF, si le nombre des éléments devient de plus en plus grand, se confon- ront avec la courbe à laquelle ils sont tangents et que l'on peut tracer d'une manière suffisamment approximative sans multiplier beaucoup les divisions.

On peut remarquer en effet qu'un côté quelconque, le côté *ac* par exemple, est parallèle à la ligne *om* du polygone des forces tracée en joignant le pôle O au point *m* tel que M*m* représente la surface comprise depuis l'extrémité A jusqu'à la verticale *m'n'*, quel que soit le nombre des divisions comprises dans cette partie. Si l'on suppose que les divisions deviennent infiniment petites, les verticales voisines, passant par les centres de gravité des éléments situés de part et d'autre de la verticale *m'n'*, se rapprocheront indéfiniment de cette verticale avec laquelle ils finiront par se confondre, par conséquent le côté *ac* est tangent en *q* à la courbe enveloppe des côtés du polygone funiculaire. On a donc pour tracer cette courbe, autant de tangentes que l'on veut, avec leurs points de contact, qui sont sur les lignes verticales de division.

Cette courbe étant tracée, il suffira d'évaluer l'aire comprise entre elle et la ligne brisée EGF pour avoir le moment d'inertie I qui sera égal à cette surface multipliée par le double de la distance polaire et par l'échelle de réduction adoptée pour construire le polygone des forces.

11. Autre méthode graphique. — La détermination du moment d'inertie autour d'un axe peut se ramener à l'évaluation de la surface d'une aire plane, c'est-à-dire à une quadrature, par un autre procédé plus général.

Soit un contour fermé MN (fig. 24), proposons-nous de chercher le moment d'inertie de ce contour par rapport à la ligne YY, c'est-à-dire de construire l'intégrale $\int yx^2 dx$ en désignant par y la longueur AB d'une ordonnée parallèle à YY. La méthode va nous donner successivement $\int y . x dx$

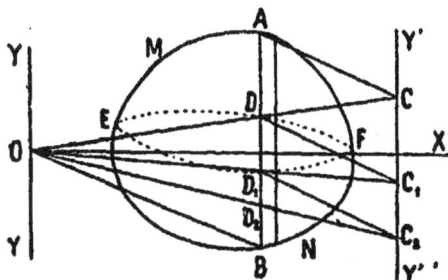

Fig. 24.

qui sera le moment de la surface par rapport à YY, $\int yx^2 dx$, qui sera son moment d'inertie, $\int yx^3 dx$, $\int yx^4 dx$, etc...

Menons, au delà du contour donné, la ligne arbitraire Y'Y' parallèle à YY et à une distance OX = a. Joignons OB, menons AC parallèle à OB, et la droite OC qui coupe AB au point D. Le lieu des points D sera une courbe EDF. Construisons de même le point D_1 en menant DC₁ parallèle à OB et joignant OC₁; le lieu des points D_1 sera une autre courbe ED₁F; nous pourrons avoir de même le lieu des points D_2, D_3...obtenus successivement de la même manière. Les divers triangles semblables ainsi construits nous donnent :

$$\frac{BD}{AB} = \frac{OD}{OC} = \frac{x}{a}; \quad \frac{BD_1}{BD} = \frac{OD_1}{OC_1} = \frac{x}{a}; \quad \frac{BD_2}{BD_1} = \frac{OD_2}{OC_2} = \frac{x}{a}; \quad \text{etc...}$$

ou bien

$$BD = \frac{1}{a} xy; \quad BD_1 = \frac{1}{a^2} x^2 y; \quad BD_2 = \frac{1}{a^3} x^3 y; \quad \text{etc...}$$

ou, encore, en multipliant par dx et intégrant pour toute l'étendue de la surface

$\int xy\,dx = a \int \mathrm{BD}.dx$; $\int x^2 y\,dx = a^2 \int \mathrm{BD}_1 dx$; $\int x^3 y\,dx = a^3 \int \mathrm{BD}_2.dx$, etc.

or $\int \mathrm{BD}.dx$, $\int \mathrm{BD}_1.\ dx$, $\int \mathrm{BD}_2\ dx$ sont les surfaces comprises entre les courbes EDF, ED$_1$F, ED$_2$F....., et la courbe EBF. Il suffira donc de mesurer ces surfaces et de les multiplier respectivement par a, a^2, a^3..., pour avoir les valeurs des intégrales $\int xy\,dx$, $\int xy^2\,dx$, $\int xy^3\,dx$..., etc.

L'intégrale double $\int\int xy\,dx\,dy$, qui se présente dans la recherche des axes principaux d'inertie, peut aussi se ramener à une quadrature. Soit MN (fig. 25) le contour fermé pour lequel on veut calculer cette intégrale pour les axes OX, OY. Soit PC=y_1, PD=y_2 les ordonnées des deux points de la courbe ayant l'abscisse x nous avons d'abord, en laissant x constant et intégrant pour tous les éléments compris sur une même verticale

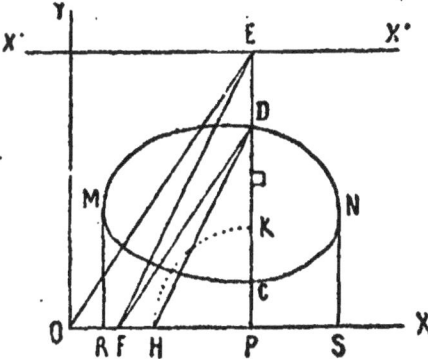
Fig. 25.

$$\int\int xy\,dx\,dy = \int x\,dx \int_{y_1}^{y_2} y\,dy = \int x\,dx.\frac{1}{2}(y_2^2 - y_1^2)$$
$$= \frac{1}{2}\int y_2^2 x\,dx - \frac{1}{2}\int y_1^2 x\,dx.$$

Le problème se trouve donc ramené au calcul de deux intégrales semblables à celles que nous venons de considérer. Nous construirons facilement les longueurs

$$\frac{y_2^2 x}{a^2} \text{ et } \frac{y_1^2 x}{a^2}$$

et en les portant sur les ordonnées correspondantes nous aurons les courbes dont les surfaces représenteront les intégrales cherchées. Par exemple, après avoir tracé X'X' parallèle à XX à une distance arbitraire a, prolongeons l'ordonnée PCD jusqu'à la rencontre en E de cette ligne, joignons EO ; par le point D, menons DF parallèle à EO, joignons EF, puis menons DH parallèle à EF ; la longueur PH sera égale à $\frac{x y_2^2}{a^2}$, car $\frac{\mathrm{PH}}{\mathrm{PF}} = \frac{y_2}{a}$ et $\frac{\mathrm{PF}}{x} = \frac{y_2}{a}$; il suffira donc de porter en PK cette longueur PH, et le lieu des points K sera une courbe dont l'aire $\int$ PK dx sera égale à

$$\frac{1}{a^2} \int xy_2^2 dx$$

En opérant de même pour la seconde intégrale $\int xy_1^2 dx$, on trouvera une autre courbe, lieu des points K', et la différence de l'aire de ces deux courbes, c'est-à-dire la surface du contour qu'elles comprennent entre elles, étant multipliée par $\frac{a^2}{2}$ donnera la valeur de l'intégrale $\int \int xy\, dx\, dy$.

Si l'axe OY traverse le contour donné, il faut observer que les produits $\frac{xy_2^2}{a^2}$, $\frac{xy_1^2}{a^2}$ ont le signe de x; on devra porter négativement les ordonnées telles que PK ou PK' qui correspondraient à des abscisses négatives, et compter de même négativement les aires correspondantes.

12. Appareils intégrateurs d'Amsler et de Marcel Deprez. — La détermination des moments d'inertie en général ou des intégrales que nous venons de citer, étant ramenée à l'évaluation de la superficie d'une aire plane, peut s'obtenir immédiatement soit par les procédés ordinaires de quadrature, soit par l'emploi du planimètre d'Amsler.

Nous ne décrirons pas cet instrument qui se trouve aujourd'hui dans la plupart des bureaux des ingénieurs et dont on trouvera la description et la théorie dans le *Traité de Mécanique appliquée* de M. Collignon.

Quelques autres instruments, moins usités, conduisent aux mêmes résultats.

Lorsqu'il s'agit en même temps de déterminer le centre de gravité et le moment d'inertie d'une surface plane, on peu employer beaucoup plus commodément l'intégrateur d'Amsler dont la théorie est donnée au premier volume du *Traité de Statique graphique* de M. Maurice Lévy (2º édition), pages 488 et suivantes. Cet instrument (fig. 26) se compose essentiellement d'un chariot assujetti à se mouvoir suivant une droite XX. Ce chariot porte une tige OM pouvant tourner autour du centre O.

A l'extrémité de la tige est une pointe M destinée à suivre le contour de la figure dont il faut trouver l'aire, le centre de gravité et le moment d'inertie. La tige porte une première roulette, dont l'axe est parallèle à sa direction ; elle

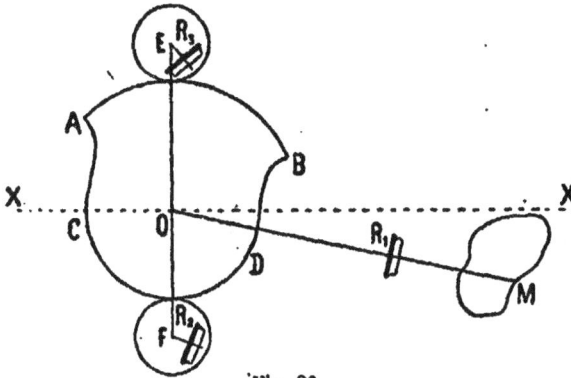

Fig. 26.

entraîne dans son mouvement un secteur double ABCD qui engrène avec deux roues E, F portant chacune une nouvelle roulette.

Les trois roulettes R_1, R_2, R_3 roulent sur le plan de la figure et c'est d'après leur déplacement angulaire que l'on peut déterminer les quantités que l'on cherche.

Le principe de cet appareil est identiquement le même que celui de l'intégromètre de M. Marcel Deprez, qui ne porte qu'une seule roulette mais qui exige trois lectures faites dans des conditions différentes. L'appareil de M. Amsler n'est donc autre chose que trois intégromètres Deprez, réunis sur un même instrument. La théorie des deux intégrateurs est identique, et il sera plus simple de

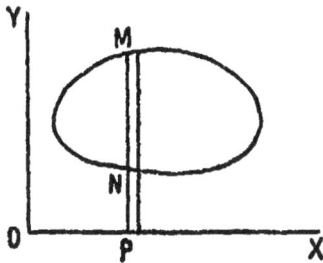

Fig. 27.

donner celle de l'intégrateur de M. Deprez, en exposant comment il se modifie suivant les usages auxquels on le destine. Voici, à ce sujet, quelques renseignements que nous empruntons à un article de M. Collignon inséré dans les *Annales des Ponts et Chaussées* (1872, 1er semestre).

Rappelons d'abord que l'ordonnée d'une aire plane (fig. 27) a pour expression (voir page 9)

$$y_0 = \frac{\int\int y\,dx\,dy}{\int\int dx\,dy} = \frac{\int y'^2\,dx}{2\Omega},$$

la dernière intégrale $\int y^3 dx$ étant prise le long du contour, parcouru dans le sens des aiguilles d'une montre, en attribuant à dx le signe $+$ ou le signe $-$ suivant que l'ordonnée du point considéré s'éloigne ou se rapproche de l'origine.

De même le moment d'inertie I autour de l'axe des x a pour expression

$$I = \int\int y^2 dx\, dy.$$

Si l'on effectue l'intégration de $y^2 dy$, x restant constant, c'est-à-dire pour toute une bande MN parallèle à l'axe des y, cette intégrale deviendra

$$\int \frac{y^3}{3} dx$$

et elle pourra représenter le moment d'inertie I, à la condition de l'effectuer tout le long du périmètre de la surface, en attribuant à dx le signe correspondant au sens dans lequel s'effectue le mouvement. On pourra écrire ainsi :

$$i = \frac{1}{3}\int y^3 dx = \Omega \rho^2.$$

L'instrument de M. Deprez permet de trouver immédiatement, pour un contour fermé quelconque, les valeurs des intégrales

$$\int y\, dx, \quad \int y^2 dx, \quad \int y^3 dx, \dots \text{ etc.}$$

Il se compose essentiellement d'une tige rectiligne MAD (fig. 28), qui pivote librement autour d'un de ses points, A, lequel est astreint à parcourir une ligne droite OX. Au point M se trouve un style avec lequel on suit le contour de la figure donnée, et en D est un étrier portant une roulette qui roule sur le plan

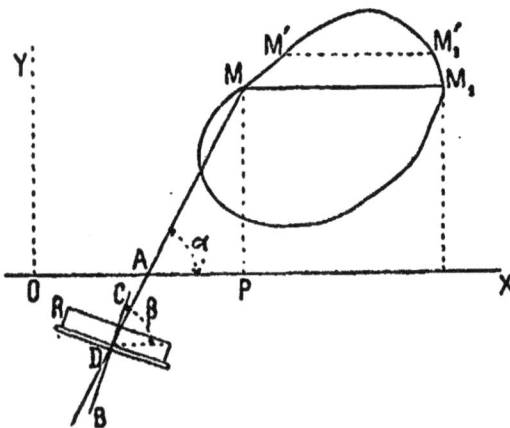

Fig. 28.

de la figure. Une disposition que nous allons indiquer oriente

3

à chaque instant l'axe BC de la roulette dans une direction faisant avec une parallèle à OX un angle β qui dépend, suivant une certaine loi, de l'inclinaison $\alpha = $MAX prise par la tige. La circonférence de la roulette est divisée en cent parties égales; un vernier permet d'en apprécier les fractions et un disque totalisateur sert à compter le nombre de tours entiers effectués dans le mouvement.

La longueur de l'une des divisions est donnée ou peut être trouvée en faisant parcourir à la roulette une longueur connue. On a donc, par une simple lecture, la longueur a de l'arc décrit par un point de la circonférence de cette roulette.

Pour orienter l'axe BC, voici quelle est la disposition adoptée.

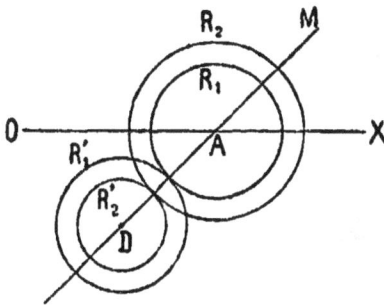

Au point A (fig. 29), se trouve un axe, perpendiculaire au plan de la figure, sur lequel sont montées deux roues, de diamètre inégal, R_1, R_2, folles sur cet axe, mais dont l'une ou l'autre, à volonté, peut être fixée dans une position invariable par rapport à la ligne OX. Au point D, se trouve de même un autre axe sur lequel

Fig. 29.

sont fixées deux roues R'_1, R'_2 engrenant avec les premières, et qui sont rendues solidaires de l'axe BC de la roulette. Celles de ces deux roues R' qui engrène avec celle des premières R dont la direction est fixe, se meut alors *planétairement* autour du point A, et si l'appareil est disposé pour que $\beta = 0$ quand $\alpha = 0$, on aura constamment, d'après les propriétés connues des engrenages planétaires,

$$\beta = \alpha \left(\frac{R}{R'} + 1 \right).$$

Les diamètres des deux systèmes de roues sont tels que, pour le premier, on a $R_1 = R'_1$, et pour le second $R_2 = 2R'_2$; on a donc, suivant que l'une ou l'autre des deux roues R_1, R_2 est maintenue fixe :

$$\beta = 2\alpha, \text{ ou } \beta = 3\alpha.$$

Il serait facile, avec un autre système de roues dans lequel le rapport $\frac{R}{R'}$ aurait une valeur donnée $(p-1)$ de réaliser la relation $\beta=p\alpha$; p étant un nombre quelconque, entier ou fractionnaire.

En fixant l'axe de la roulette dans une direction différente, par rapport à la roue R', et faisant, avec la direction primitive un angle quelconque β_1, on peut réaliser aussi facilement la relation $\beta=p\alpha+\beta_1$.

Lorsque l'on met en relation le système des deux roues $R_1=R'$, on cale l'axe de la roulette à 90 degrés sur la direction qui correspondrait à $\beta=0$ pour $\alpha=0$, de sorte que, dans ce cas, l'angle β est lié à l'angle α par la relation $\beta=2\alpha+\frac{\pi}{2}$.

On peut évidemment réaliser la relation $\beta=\alpha+\beta_1$ en ne se servant d'aucune des deux roues d'engrenage et en fixant l'axe BC dans une position faisant, avec l'axe AM, l'angle constant β_1. On peut faire en sorte, en particulier, d'avoir toujours $\alpha=\beta$; il suffit de fixer l'axe dans la direction même de la tige AM.

Les trois roulettes R_1, R_2, R_3 (fig. 26), de l'intégrateur d'Amsler sont disposées précisément de manière que leurs axes fassent, avec la tige, des angles $\beta=\alpha$, $\beta_1=2\alpha+\frac{\pi}{2}$, $\beta_2=3\alpha$. Nous allons voir comment la lecture des arcs décrits par ces roulettes permet d'arriver au résultat cherché.

Prenons pour axe des x la ligne fixe OX décrite par le point A.

Supposons que le style M parcoure un contour fermé quelconque. Toutes les fois qu'il se trouvera dans deux positions telles que M et M_1, ayant même ordonnée y, la tige sera placée, par rapport à l'axe OX, dans des positions identiques; elle fera, avec cet axe, le même angle α et par suite l'axe de la roulette fera aussi, avec OX. le même angle β. Si nous décomposons, parallèlement aux x et aux y, le déplacement élémentaire MM' que devra subir le style pour passer du point M au point voisin M', l'arc élémentaire décrit par la roulette, en vertu du déplacement vertical dy, aura une valeur égale, mais de signe contraire, à celui qu'elle décrira en vertu du déplacement vertical $-dy$ lorsque le style passera du point M', au point M_1. La somme algébrique des arcs élémentaires décrits par la roulette, en vertu des déplacements parallèles à l'axe des y, s'annule ainsi d'elle-même lorsqu'on la prend entre deux points M, M, qui ont même ordonnée ; et il en est de même lorsque le style, après avoir décrit un contour fermé, revient à son point de départ. Cette somme est donc simplement celle qui est due aux déplacements élémentaires dx parallèles à l'axe des x, et que nous allons évaluer.

Lorsque le style se déplace horizontalement de $MN = dx$ (fig. 30), la roulette subit une translation DE égale et parallèle à dx, laquelle peut être décomposée en deux, l'une DF, perpendiculaire, l'autre FE parallèle à son axe. Cette dernière ne contribue pas à la faire tourner ; la première seule DF lui donne son mouvement de rotation, et l'arc élémentaire da dont elle a tourné est précisément égal à DF ou à $dx \sin\beta$.

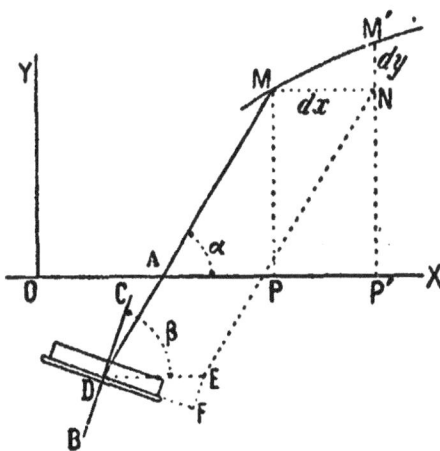

L'arc total décrit par la roulette sera donc l'intégrale de

$$da = dx \sin\beta$$

étendue à tout le contour considéré.

Nous avons d'ailleurs, en désignant par l la longueur constante AM,

$$\sin\alpha = \frac{y}{l}.$$

Aire. — Cela posé, supposons que l'on ait établi, comme nous l'avons indiqué plus haut, entre les angles α et β, la relation $\beta = \alpha$; on a alors

$$\sin\beta = \sin\alpha = \frac{y}{l},$$

donc

$$da = \frac{y}{l} dx ;$$

et si a_1 représente la longueur totale de l'arc décrit dans le mouvement, ou la somme des éléments da, on aura :

Fig. 30.

$$a_1 = \int \frac{y}{l} dx \text{ ou } \int y\, dx = la_1;$$

la lecture de a_1 donnera donc l'aire de la figure.

Centre de gravité. — Si l'on a la relation $\beta = 2\alpha + \frac{\pi}{2}$, elle donne

$$\sin\beta = \sin\left(2\alpha + \frac{\pi}{2}\right) = \cos 2\alpha = 1 - 2\sin^2\alpha = 1 - 2\frac{y^2}{l^2};$$

donc

$$da = \left(1 - \frac{2y^2}{l^2}\right) dx.$$

En désignant par a_2 la longueur totale de l'arc décrit dans le mouvement, et observant que $\int dx$ est égale à zéro lorsque le style revient à son point de départ, il vient :

$$a_2 = \int dx - \int \frac{2y^2}{l^2}\, dx, \text{ ou bien } \int y^2\, dx = -\frac{l^2 a_2}{2}.$$

Nous savons que l'ordonnée y_0 du centre de gravité a pour expression :

$$y_0 = \frac{\int y^2\, dx}{2\int y\, dx},$$

ou, en mettant, pour ces intégrales, leurs expressions en fonction des arcs a_1, a_2, décrits par la circonférence de la roulette :

$$y_0 = -\frac{l^2 a_2}{4 l a_1} = -\frac{1}{4} l \cdot \frac{a_2}{a_1}.$$

Moment d'inertie. — Si l'on a établi la relation $\beta = 3\alpha$, on a

$$\sin\beta = \sin 3\alpha = 3\sin\alpha - 4\sin^3\alpha = \frac{3y}{l} - \frac{4y^3}{l^3},$$

donc

$$da = \left(\frac{3y}{l} - \frac{4y^3}{l^3}\right) dx.$$

En désignant par a_3 la lecture faite dans ces conditions, on a

$$a_3 = \int \frac{3y}{l} dx - \int \frac{4y^3}{l^3} dx = \frac{3}{l}\int y\, dx - \frac{4}{l^3}\int y^3\, dx$$

ou bien, en remplaçant $\int y\, dx$ par sa valeur la_1,

$$\int y^3\, dx = \frac{l^2}{4}(3a_1 - a_3).$$

Le tiers de cette intégrale est le moment d'inertie I de la

figure par rapport à l'axe OX, et le carré du rayon de giration s'obtiendra en divisant par la surface $l a$, ce qui donne

$$\rho' = \frac{l^2}{12}\left(3 - \frac{a_2}{a_1}\right).$$

On obtient ainsi, par trois lectures simultanées sur l'appareil d'Amsler, ou successives sur celui de M. Deprez, l'aire, l'ordonnée du centre de gravité et le moment d'inertie d'une surface plane quelconque. L'appareil intégrateur d'Amsler pourrait sans doute, dans bien des cas, rendre aux ingénieurs des services qui justifieraient son introduction dans les bureaux, de préférence au planimètre polaire du même constructeur qui est à peu près exclusivement employé jusqu'ici.

CHAPITRE II

RÉPARTITION DES EFFORTS SUR UNE SURFACE PLANE

13. Considérations générales sur les efforts qui s'exercent dans les corps solides. — D'après les principes généraux de la mécanique, pour qu'une construction soit en équilibre, il faut et il suffit que la résultante de toutes les forces qui y sont appliquées soit nulle. Parmi ces forces quelques-unes sont connues ou peuvent être considérées comme des données de la question : par exemple, le poids propre de la construction, les charges qu'elle doit supporter, les efforts auxquels elle peut être soumise de la part des milieux où elle est établie. Il en est d'autres, au contraire, qui non seulement sont inconnues, mais qui sont variables, dans certaines limites, avec les premières ; ce sont les *réactions* des corps solides sur lesquels s'appuie la construction que l'on considère. Il faudra donc, tout d'abord, déterminer ces réactions qui sont égales et contraires aux efforts qu'exerce, sur ces corps extérieurs, la construction qu'ils supportent. Ils sont, en général, supposés absolument fixes et invariables, c'est-à-dire infiniment résistants. S'il en était autrement et si l'on devait s'assurer que sous l'action des efforts dont il s'agit, ils restent eux-mêmes en équilibre, on devrait les considérer comme une construction à laquelle on appliquerait les règles qui vont être établies.

Une construction est généralement composée de plusieurs parties dont chacune, pour que l'ensemble soit en équilibre, doit elle-même, lorsqu'on la considère isolément, être en équilibre sous l'action de toutes les forces qui y sont appliquées, c'est-à-dire des forces extérieures qui agissent directement sur elle, et des *réactions* qu'elle éprouve de la part des parties avec lesquelles elle est en contact. Cette condition est d'ailleurs suffisante et, en écrivant qu'elle est satisfaite, on déterminera les réactions inconnues qui s'exercent entre les diverses parties voisines.

Pour que la condition de résistance soit satisfaite, il faudra de plus, qu'en aucun point des surfaces de contact, l'effort ne dépasse la limite de la charge que peut supporter la matière en ce point.

Les diverses parties dont on peut considérer une construction comme formée peuvent être réellement ou fictivement distinctes les unes des autres. Dans ce dernier cas, les surfaces de séparation sont des surfaces fictives menées arbitrairement dans l'intérieur des corps solides, et sur lesquelles on détermine les réactions comme il vient d'être dit, par la considération des conditions générales de l'équilibre.

14. Forces naturelles. — Il convient de faire observer ici que les forces *naturelles*, dont on s'occupe dans l'étude de la résistance des matériaux, sont des forces réparties sur des surfaces ou sur des volumes. La force finie, appliquée à un point unique, est une pure abstraction destinée à faciliter les raisonnements. En réalité, toute force quelconque, d'une grandeur finie, est répartie sur un certain volume ou sur une certaine surface, d'une étendue également finie. Si petite que paraisse la surface de contact de deux corps solides, elle a cependant des dimensions appréciables, et si la force qu'elle transmet de l'un à l'autre dépasse une certaine proportion de cette surface, la matière se désagrégera ou au moins subira des déformations qui auront pour effet d'agrandir l'étendue sur laquelle cette force peut se répartir.

Les forces isolées que nous considérerons dans la suite devront donc toujours avoir le caractère de *résultantes* de forces infiniment petites, appliquées à des éléments de surface ou de volume d'une certaine étendue.

D'après cela, lorsque nous parlerons de l'effort en un point d'une surface, nous entendrons toujours le rapport $\frac{dP}{d\omega}$ de la résultante dP des efforts infiniment petits qui s'exercent sur l'étendue $d\omega$ d'une portion infiniment petite de cette surface, au point dont il s'agit. Lorsque ce rapport est le même en tous les points de la surface considérée, l'effort est *uniformément réparti* sur cette surface, et il est en chaque point égal au rapport, $\frac{P}{\Omega}$, de la résultante totale des efforts, à la superficie totale de la surface.

15. Rupture. Charge de rupture. — Lorsque l'effort qui s'exerce entre deux corps en contact dépasse une certaine limite, la *rupture* se produit. Ce phénomène est précédé de déformations dont nous ne nous occuperons pas ici. La rupture, qui est une séparation définitive de diverses parties d'un corps, peut survenir de diverses manières, suivant le mode d'application des forces extérieures. Elle peut avoir lieu par compression ou écrasement, par extension ou traction, par glissement ou cisaillement, par flexion, etc. Elle se produit, dans tous les cas, lorsque l'effort, appliqué à la surface à rompre, dépasse une certaine limite par unité superficielle. Cette limite, qui s'appelle *charge de rupture* ou quelquefois *force portante instantanée*, varie avec la nature des matériaux et avec le sens des efforts qui leur sont appliqués. Nous en donnerons plus loin quelques exemples. Dans les constructions, les efforts qui se développent entre les diverses parties doivent toujours nécessairement rester au-dessous de la charge de rupture, et généralement on s'astreint à les limiter à une certaine fraction $\frac{1}{5}, \frac{1}{8}, \frac{1}{10}, \frac{1}{20}$ de cette charge, fraction variable également avec la nature des matériaux, le sens et la durée des efforts.

16. Charge de sécurité. — Cette nouvelle limite, fraction de la première, et estimée comme elle par unité superficielle, porte le nom de *charge de sécurité*. La condition de résistance d'une construction peut donc s'exprimer en disant qu'en aucun point des surfaces, réelles ou fictives, par lesquelles ses diverses parties sont en contact entre elles et avec les corps voisins, l'effort, par unité de surface, ne doit dépasser la charge de sécurité de la matière.

17. Répartition des efforts. — Les forces qui s'exercent ainsi à travers ces surfaces, qui séparent les diverses parties de la construction, ne sont, en général, connues que par leurs résultantes dont on peut calculer la grandeur et la direction. Ainsi par exemple, si l'on considère une partie sur laquelle ne s'exercent que des forces extérieures données et qui s'appuie, par une surface déterminée, sur une partie voisine, elle doit être en équilibre sous l'action de toutes les forces qui agissent sur elle, et pour cela il faut que la résultante de toutes les actions élémentaires, qui sont exercées par cette partie voisine sur la surface de séparation, soit égale et directement opposée à celle de toutes les forces extérieures. Cette condition nécessaire est en même temps suffisante, de sorte qu'elle laisse indéterminé le mode de répartition des forces élémentaires sur la surface de séparation.

Pour fixer les idées, considérons le cas simple d'un corps solide A'DB' (fig. 31), posé sur un plan horizontal A'B', sur lequel il s'appuie dans toute l'étendue d'une face plane A'B', projetée horizontalement en AB. Supposons que ce corps ne soit soumis à aucune force autre que la pesanteur, et soient G',G les projections de son centre de gravité, c'est-à-dire du point d'application de la résultante des forces extérieures. Cette résultante étant verticale, rencontre en G la surface AB et la condition, nécessaire et suffisante, pour qu'il y ait équilibre, est que la résultante de tous les efforts qui s'exercent

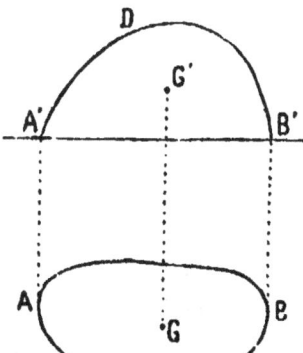

Fig. 31.

sur les différents éléments superficiels de AB soit verticale, égale au poids du corps et passe par le point G ; et l'équilibre subsistera si cette condition est remplie, quelle que soit d'ailleurs la répartition de ces efforts dont la grandeur, la direction et le sens peuvent varier d'un point à l'autre de la surface.

Cette indétermination est purement analytique. Dans la réalité, la répartition des efforts s'effectue suivant une certaine loi que nous ignorons, et que l'observation directe, aussi bien que les travaux des géomètres, ont été jusqu'ici impuissants à découvrir. On est alors obligé d'avoir recours à des hypothèses.

18. Hypothèses nécessaires pour lever l'indétermination analytique. — Soit, pour plus de généralité, une surface plane A'B', AB (fig. 32), au travers de laquelle s'exercent, entre deux corps en contact ou entre deux parties d'un même corps, des efforts dont la résultante doit faire équilibre à une force P, donnée en grandeur et en direction et soit C',C le point d'intersection de la direction de cette force avec la surface.

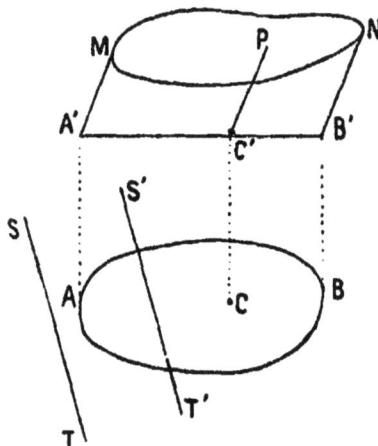

Fig. 32.

Nous supposerons d'abord que tous les efforts élémentaires qui s'exercent aux différents points de la surface AB ont des directions parallèles à celle de la force P. Cette hypothèse semble assez plausible, sans qu'il soit nécessaire de la justifier ; elle a pour conséquence d'assurer à la résultante la direction qu'elle doit avoir.

Pour ce qui est de l'intensité des efforts, imaginons qu'en chacun des points de la surface AB nous menions une ligne parallèle à P et d'une longueur proportionnelle à l'effort par unité de surface au point considéré. Les extrémités de toutes ces lignes formeront une surface telle que MN, dont nous ignorons la forme réelle, mais dont la connaissance équivaudrait à celle de la loi de la répartition des efforts.

Nous supposerons que cette surface est un plan ; et cette supposition sera d'autant moins éloignée de la vérité que les dimensions de la surface AB seront plus petites, une surface quelconque, telle que MN, pouvant toujours, à une première approximation, être considérée comme se confondant avec son plan tangent dans une petite étendue autour du point de contact.

Dans cette *hypothèse du plan*, on voit que si nous prolongeons, jusqu'à son intersection ST avec le plan AB, le plan que nous avons substitué à la surface inconnue MN, l'effort, en un point quelconque de AB, sera proportionnel à la distance de ce point à la droite ST, intersection de ces deux plans, et notre hypothèse revient à supposer que les efforts, aux différents points de AB, varient proportionnellement aux distances de ces points à une droite fixe, comme le feraient, par exemple, les pressions exercées par un liquide dans lequel serait plongée la surface AB, et dont le niveau coïnciderait avec cette droite fixe ST.

La direction et la position de la ligne ST ne sont pas arbitraires. Elles sont déterminées, comme nous allons le voir, par la condition que la résultante des efforts, calculés d'après cette hypothèse, passe bien par le point donné C.

Lorsque la ligne ST se trouve, comme sur la figure, en dehors de la surface AB, les efforts ainsi calculés sont de même sens que leur résultante P en tous les points de cette surface, et il n'y a pas de difficulté. Mais si la ligne ST, placée par exemple en S'T', rencontre le contour de AB de manière qu'une partie de cette surface se trouve d'un côté de S'T' et une autre partie de l'autre côté, il y aura lieu d'examiner, eu égard à la nature des corps séparés par la surface AB, ce que peuvent être les efforts exercés au delà de S'T' par rapport au point C.

19. Exemple d'une surface rectangulaire. — Nous allons d'abord, pour faire bien comprendre ce qui précède, examiner un exemple simple.

Soit une surface rectangulaire AABB (fig. 33) séparant deux corps ou deux portions d'un même corps, et à travers laquelle s'exercent, d'un côté à l'autre, des efforts dont la résultante doit avoir une grandeur donnée P et passer par un point C situé sur l'une des médianes du rectangle AABB. Tout est évidemment symétrique par rapport à la médiane OC, et, à cause de cette symétrie, la ligne ST, dont les distances aux différents points de AABB sont, par hypothèse, proportionnelles aux efforts qui s'exercent en ces points, sera perpendiculaire à OC. Dans ce cas nous avons donc immédiatement la direction de cette ligne ST, il nous reste à connaître sa position qui sera définie par sa distance RO au centre O du rectangle. L'effort en un point quelconque d'une ligne MM, perpendiculaire à OC sera mesuré par la hauteur M'N de l'ordonnée comprise entre la surface A'B' et le plan TEF, mené par la ligne ST. La somme des efforts élémentaires sera mesurée par la surface du trapèze A'EFB' multipliée par la largeur AA ou BB du rectangle, c'est-à-dire par O'D×AB×AA. Or, cette somme doit être égale à la force donnée P. Il en résulte que l'ordonnée O'D qui mesure l'effort au centre O du rectangle, et sur tous les points de la ligne menée par le point O parallèlement à ST, est égale à

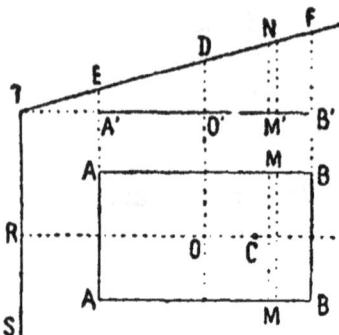

$\dfrac{P}{\overline{AB\times AA}}$ c'est-à-dire que l'effort dont il s'agit est le même qui serait exercé en chacun des points de la surface si la force P était uniformément répartie sur toute cette surface. Si maintenant nous posons AB$=2a$, AA$=2b$, OC$=p$, et OR$=q$, nous avons, d'après cela, O'D$=\dfrac{P}{4ab}$, et si R est l'effort exercé en un point quelconque d'une droite MM dont l'abscisse, mesurée à partir du point O, est représentée par x, cet effort, mesuré par l'ordonnée M'N, aura pour expression

$$R = M'N = O'D \times \frac{TM'}{TO'} = \frac{P}{4ab} \cdot \frac{q+x}{q}.$$

L'effort sur une bande MM de largeur dx et de longueur $2b$ sera R.$2b.dx$, et nous devons vérifier que la somme de tous ces efforts, pour la surface AABB, est égale à la force P, et que les sommes de leurs moments par rapport à deux axes rectangulaires sont égales aux moments de la force P. Nous voyons immédiatement que la somme des moments par rapport à l'axe ROC est

Fig. 33.

nulle, ainsi que le moment de la force P. La somme des efforts
est $\int_{-a}^{+a}$ R.$2b.dx$, ou, en remplaçant R par sa valeur $\frac{P}{4ab} \cdot \frac{q+x}{q}$,

$$\int_{-a}^{+a} \frac{P}{2aq} \cdot (q+x)dx = \frac{P}{2aq} \int_{-a}^{+a} (q+x)dx = \frac{P}{2aq} \left(qx + \frac{x^2}{2} \right)_{-a}^{+a} = P,$$

ce qui vérifie la valeur que nous avons attribuée à R ; et en prenant la somme des moments par rapport à OO', nous avons

$$\int_{-a}^{+a} R.\,2b.\,dx.\,x = \int_{-a}^{+a} \frac{P}{2aq}(q+x).x\,dx,$$

ce qui donne, après intégration et réduction :

$$q = \frac{a^2}{3p}.$$

Nous aurions pu écrire immédiatement ce résultat en observant que les efforts, en chaque point de AB, étant proportionnels
aux ordonnées du trapèze A'EFB', leur résultante passera par
le centre de gravité de ce trapèze, lequel doit se projeter par
conséquent au point C. Or, la formule trouvée ci-dessus, n° 3,

page 11, donne $OC = \frac{\overline{N'O'}^2}{3.OR}$, ou bien $q = \frac{a^2}{3p}$.

La valeur de q se trouve ainsi déterminée et, par suite, la position de la ligne EF qui définit la grandeur de l'effort en chaque
point de la surface AB.

C'est en raison de cette application aux surfaces rectangulaires que *l'hypothèse du plan*, que nous avons admise, porte
quelquefois le nom de *loi du trapèze*.

Lorsque p devient très petit, le point C se rapprochant du
point O, $q = OR$ grandit indéfiniment, et la ligne EF qui passe
toujours par le point D, à une hauteur $O'D = \frac{P}{4ab}$, tend à devenir
parallèle à A'B', direction qu'elle acquiert à la limite lorsque
$p = 0$, ce qui donne $q = \infty$. Les efforts sont alors répartis uniformément sur toute la surface AABB.

Cette conséquence de l'hypothèse primordiale est générale, et
elle se produit, comme nous le verrons, quelle que soit la forme
de la section, lorsque le point d'application de la résultante
coïncide avec son centre de gravité.

Tant que p est plus petit que $\frac{a}{3}$, q est plus grand que a et la ligne ST est, comme dans la figure, en dehors du rectangle ; lorsque p devient égal à $\frac{a}{3}$, q devient égal à a, la ligne ST coïncide avec le côté AA du rectangle, et le trapèze se réduit à un triangle. L'effort en chacun des points de AA est nul, tandis que sur chacun des points de BB, il est double de l'effort moyen.

20. Cas d'efforts de sens contraires. — Lorsque p dépasse $\frac{a}{3}$, q est plus petit que a et la ligne ST coupe le rectangle (fig. 34). En examinant les formules précédentes, nous reconnaissons qu'elles admettent implicitement que l'effort R en chaque point, variant proportionnellement aux ordonnées de la ligne EF, change de signe en même temps que ces ordonnées elles-mêmes, c'est-à-dire que dans la partie AASS, cet effort agit en sens contraire de celui qui s'exerce dans la partie SSBB ; si, par exemple, dans cette dernière partie, l'effort est une *pres-sion* ou *compression* ayant pour tendance de rapprocher les deux corps séparés par la surface AB, dans l'autre partie AS, il tendra à écarter les deux corps et prendra le nom de *traction* ou *tension*. L'intensité de cet effort sera proportionnelle aux ordonnées de la ligne ET, et la résultante, égale à la force donnée P, sera la différence des efforts exercés sur la partie SB et de ceux, de sens contraire, exercés sur SA. Elle sera mesurée par la différence des surfaces des triangles B'TF—A'TE.

Telle est l'hypothèse implicitement introduite dans la formule qui nous a donné la distance q en fonction de p. Pour qu'elle corresponde à la réalité, il faut que les deux corps, séparés par la surface AB, soient capables d'exercer l'un sur l'autre des actions de sens contraires, ou que cette surface résiste à l'extension comme à la compression. Il en est généralement ainsi lorsque cette surface est une séparation fictive de deux parties d'un même corps ; mais si elle est une simple surface de contact de deux corps différents posés l'un sur l'autre, on ne peut plus

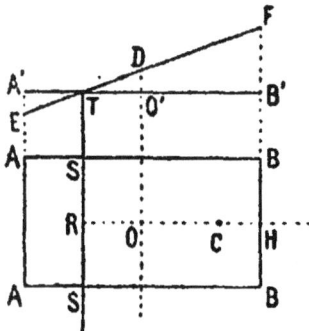

Fig. 34.

admettre que l'effort change de sens, et alors, il peut bien devenir nul, mais il ne peut plus devenir négatif.

Dans ce cas, s'il est toujours, en chaque point, mesuré par
l'ordonnée d'une droite telle que TF, la résultante est mesurée
par la surface du triangle TFB', et son point d'application, qui
est la projection du centre de gravité de ce triangle, est situé au
tiers de la distance RH à partir de BB, et, comme il doit coïncider avec le point C, on doit avoir,

$$\frac{RH}{3} = CH \quad \text{ou} \quad q+a=3(a-p), \text{ soit } q=2a-3p;$$

ce qui donne, pour la ligne ST, une position différente de celle
qui résulte de l'application de la formule $q=\dfrac{a^2}{3p}$, laquelle suppose que les efforts peuvent changer de sens.

21. Solution générale. — C'est cette dernière hypothèse
que nous ferons d'abord, et nous allons chercher à déterminer
d'une manière générale, pour une surface quelconque, la position que doit avoir la ligne droite dont les distances aux différents points sont proportionnelles aux efforts en ces points,
pour que leur résultante passe par un point donné que nous
appellerons *centre de pression*, en admettant que les efforts
sont positifs ou négatifs, suivant qu'ils sont appliqués en des
points situés d'un côté ou de l'autre de cette ligne, à laquelle nous donnerons le nom de *ligne neutre*, pour exprimer
que les efforts sont nuls en tous ses points et qu'elle sépare les
points du plan sur lesquels s'exerce une pression de ceux sur
lesquels s'exerce une tension. A chaque centre de pression correspond une ligne neutre et réciproquement.

Soit donc, en général, une surface plane de forme quelconque
AB (fig. 35), et un point C dans son
plan, donné comme centre de pression. Nous voulons déterminer la
ligne neutre correspondante. Prenons deux axes de coordonnées
rectangulaires, d'abord quelconques OX, OY, et soient p et q les
coordonnées OM, CM du point donné C par rapport à ces axes. Si

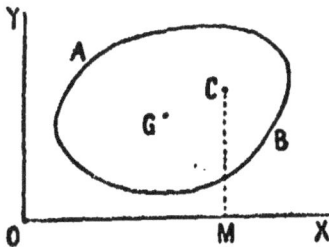

Fig. 35.

(1)
$$A'x+B'y+1=0$$

est l'équation de la droite cherchée, la distance à cette droite d'un point quelconque du plan, dont les coordonnées sont xy, sera

$$\frac{A'x + B'y + 1}{\sqrt{A'^2 + B'^2}}$$

et l'effort R en ce point sera proportionnel à cette distance, c'est-à-dire égal à

$$\frac{A'x + B'y + 1}{\sqrt{A'^2 + B'^2}} \cdot C';$$

C' désignant un coefficient constant.

Posons pour simplifier :

(2) $\quad \dfrac{A'C'}{\sqrt{A'^2 + B'^2}} = A, \qquad \dfrac{B'C'}{\sqrt{A'^2 + B'^2}} = B, \qquad \dfrac{C'}{\sqrt{A'^2 + B'^2}} = C;$

nous aurons

(3) $\qquad\qquad\qquad R = Ax + By + C.$

Si P est la force résultante appliquée au point C, en écrivant les équations d'équilibre, c'est-à-dire en exprimant que la somme des efforts $R\,dxdy$, exercés sur un élément rectangulaire quelconque $dxdy$, est égale à la force P, et que les sommes de leurs moments par rapport aux axes OX, OY sont égales aux moments de cette force, nous devrons avoir :

(4) $\quad \begin{cases} \iint R\,dxdy = P, \\ \iint Rx\,dxdy = Pp, \\ \iint Ry\,dxdy = Pq; \end{cases}$

ou, en mettant pour R sa valeur $Ax + By + C$,

(5) $\quad \begin{cases} \iint (Ax + By + C)dxdy = P, \\ \iint (Ax^2 + Bxy + Cx)dxdy = Pp, \\ \iint (Axy + By^2 + Cy)dxdy = Pq. \end{cases}$

L'élément $(Ax + By + C)\,dxdy$, qui figure dans la première de ces intégrales et que nous pouvons remplacer par

$$C'\left(\frac{A'x + B'y + 1}{\sqrt{A'^2 + B'^2}}\right)dxdy,$$

est le produit de la surface élémentaire $dxdy$ par la constante C' et par la distance

$$\frac{A'x + B'y + 1}{\sqrt{A'^2 + B'^2}}$$

du point correspondant à la ligne neutre cherchée. La somme de ces produits est donc égale à la surface totale $\iint dxdy$ que

nous désignerons par Ω, multipliée par cette même constante C'
et par la distance du centre de gravité G de la surface à la même
droite, distance qui, si a et b sont les coordonnées du centre de
gravité, sera

$$\frac{A'a + B'b + 1}{V \overline{A'^2 + B'^2}}.$$

Nous aurons donc

(6) $$\Omega C' \left(\frac{A'a + B'b + 1}{V \overline{A'^2 + B'^2}} \right) = P = \Omega(Aa + Bb + C).$$

Mais $Aa + Bb + C$ représente, d'après (3) l'effort au point
dont les coordonnées sont a et b. Par conséquent la valeur de
l'effort, au centre de gravité de la surface, est égale à $\frac{P}{\Omega}$, c'est-à-
dire à la valeur moyenne de l'effort supposé uniformément ré-
parti sur toute la surface.

Les trois équations ci-dessus, entre les trois inconnues A,B,C
suffisent d'ailleurs pour résoudre le problème dans toute sa généralité. Nous pouvons les simplifier en plaçant l'origine des
coordonnées au centre de gravité, ce qui annule les intégrales
$\int\int x\,dx\,dy$ et $\int\int y\,dx\,dy$, et en faisant coïncider la direction des
axes coordonnés avec celles des axes principaux d'inertie de la
section, ce qui annule l'intégrale $\int\int xy\,dx\,dy$.

Les trois équations (5) se réduisent alors à

(7) $$\begin{cases} C\int\int dx\,dy = P, \\ A\int\int x^2\,dx\,dy = Pp, \\ B\int\int y^2\,dx\,dy = Pq. \end{cases}$$

Les intégrales $\int\int x^2\,dx\,dy$, $\int\int y^2\,dx\,dy$ sont les *moments d'inertie* de la surface AB par rapport aux axes y et x. Nous les avons
déjà désignés par I_y et I_x. Ces moments d'inertie s'expriment
aussi par les produits de la surface Ω multipliée par les carrés
des *rayons de giration* ρ_y, ρ_x par rapport aux axes OY et OX.
Nous aurons alors, en introduisant ces nouvelles notations, et
résolvant les équations précédentes :

$$A = \frac{Pp}{I_y} = \frac{P}{\Omega} \cdot \frac{p}{\rho_y^2}; \quad B = \frac{Pq}{I_x} = \frac{P}{\Omega} \cdot \frac{q}{\rho_x^2}; \quad C = \frac{P}{\Omega}.$$

Et alors, la valeur de l'effort R, en un point quelconque x, y,
sera

(8) $$R = P \left(\frac{px}{I_y} + \frac{qy}{I_x} + \frac{1}{\Omega} \right) = \frac{P}{\Omega} \left(\frac{px}{\rho_y^2} + \frac{qy}{\rho_x^2} + 1 \right)$$

et l'équation de la ligne neutre sera l'une ou l'autre des suivantes :

(9)
$$\frac{px}{I_y} + \frac{qy}{I_x} + \frac{1}{\Omega} = 0 \quad \text{ou bien} \quad \frac{px}{\rho_y^2} + \frac{qy}{\rho_x^2} + 1 = 0.$$

Le problème se trouve ainsi résolu.

L'interprétation géométrique du résultat est d'ailleurs facile.

Prenons sur l'axe des x, à partir de l'origine, comme nous l'avons déjà fait au n° 8, page 20, une longueur égale au rayon de giration ρ_y autour de l'axe des y et de même, sur ce dernier axe, une longueur égale à ρ_x, ces longueurs étant prises comme les demi-axes de l'ellipse centrale d'inertie qui aura pour équation

(10)
$$\frac{x^2}{\rho_y^2} + \frac{y^2}{\rho_x^2} = 1,$$

L'équation de sa tangente en un point quelconque (p, q) sera

(11)
$$\frac{px}{\rho_y^2} + \frac{qy}{\rho_x^2} = 1,$$

si le point (p, q) est sur la courbe. Si le point (p, q) n'est pas sur la courbe, l'équation (11) représente alors la *polaire* de ce point par rapport à l'ellipse (10). Cette équation (11) est la même que celle (9) de la ligne neutre lorsqu'on y change p en $-p$ et q en $-q$. Ainsi la ligne neutre est la polaire, par rapport à l'ellipse (10), du point symétrique, par rapport au centre de gravité, du centre de pression donné ; ou, comme on l'appelle quelquefois, *l'anti-polaire* du centre de pression.

Ainsi, en résumé, le problème que nous nous étions posé, consistant à trouver la ligne neutre correspondant à un centre de pression donné dans le plan d'une surface plane également donnée, se résout par les opérations suivantes :

1° Trouver le centre de gravité de la surface donnée ;

2° Trouver la direction de ses axes principaux d'inertie, c'est-à-dire la direction à donner aux axes coordonnés pour annuler l'intégrale $\int\int xy\,dx\,dy$;

3° Construire l'ellipse centrale d'inertie ;

4° Prendre, par rapport au centre de gravité, le point symétrique du centre de pression donné, et tracer la polaire de ce point par rapport à l'ellipse centrale d'inertie. Cette droite est la ligne neutre cherchée.

22. Analogie du centre de pression avec le centre de percussion. — Nous avons déjà dit que le centre de pression d'une surface plane, correspondant à une ligne neutre donnée, coïncide avec le point d'application de la résultante des pressions qui seraient exercées sur cette surface par un liquide dans lequel elle serait plongée et dont le niveau coïnciderait avec la ligne neutre; nous pouvons remarquer également que le centre de pression coïncide aussi avec le centre de percussion de la même surface supposée tournant autour de la ligne neutre donnée.

En effet, si nous considérons l'ellipse centrale d'inertie, le centre de pression C (fig. 36), correspondant à la ligne neutre AB sera le point symétrique par rapport au centre O, du pôle C' de AB. Or, on a, entre les distances OC', OM et OP, la relation connue

$$\overline{OM}{}^{2} = OC' \times OP = OC \times OP.$$

Menons ON parallèle à AB, les directions OM et ON sont celles de deux diamètres conjugués de l'ellipse, et le parallélogramme construit sur ces deux rayons vecteurs, dont la superficie est $OM \times ON \times \sin MON$, est égale au rectangle $\rho_x \rho_y$ construit sur les demi-axes. D'un autre côté, nous savons (n° 8) que le rayon de giration autour de ON que nous désignerons par ρ_n est égal à $\dfrac{\rho_x \rho_y}{ON}$. De ces égalités nous déduirons :

$$\rho_n = OM \sin MON$$

c'est-à-dire que le rayon de giration autour de ON est égal à la distance, à cette ligne, de l'extrémité M du diamètre qui lui est conjugué. Élevons au carré cette expression de ρ_n et mettons-y pour OM^2 sa valeur ci-dessus, nous pourrons écrire

$$\rho_n{}^{2} = OC \times OP \times \sin^2 \overline{MON} = OC. \sin \overline{MON} \times OP \sin \overline{MON}.$$

Si nous menons par le point O une ligne OR perpendiculaire à AB et si nous y projetons en D le centre de pression C, nous aurons

$$\rho_n{}^{2} = OD \times OR.$$

Supposons la section, de masse Ω, frappée au point C par une percussion P perpendiculaire à son plan, elle subira, sous l'action de cette force : 1° une translation dans la direction de la force P et d'une vitesse égale à $\frac{P}{\Omega}$; 2° une rotation autour du diamètre de l'ellipse centrale d'inertie conjugué à OC, c'est-à-dire autour de ON et d'une vitesse angulaire ω telle que la quantité de mouvement, qui est égale au produit de ω par le moment d'inertie par rapport à ON ou à $\omega \Omega \rho_n{}^2$, soit égale au moment de la force P par rapport au même axe ou à $P \times OD$.

. Nous aurons donc $\omega = \dfrac{P \times OD}{\Omega \rho_n{}^2}$. Et la distance x, au point O, de la ligne qui, sous l'action de ces deux mouvements reste immobile, sera telle que, multipliée par ω, elle donne un produit égal à la vitesse de translation $\frac{P}{\Omega}$.

Nous aurons donc, pour déterminer cette distance x

$$\omega x = \frac{P}{\Omega} \quad \text{ou bien} \quad \frac{P}{\Omega} \cdot \frac{OD}{\rho_n{}^2} x = \frac{P}{\Omega}; \quad x = \frac{\rho_n{}^2}{OD} = OR.$$

ce qu'il fallait démontrer.

Le centre de pression, ou le centre de percussion, est le centre de forces parallèles appliquées en tous les points d'une surface et variant proportionnellement à la distance de ces points à une même ligne droite qui est la ligne neutre, la ligne de niveau ou l'axe de rotation.

23. Noyau central. — Lorsque le centre de pression se déplace dans le plan de la surface, la ligne neutre se déplace également, et la courbe enveloppe de ses positions successives est la polaire réciproque, par rapport à l'ellipse centrale d'inertie, de la courbe parcourue par le centre de pression, retournée de 180 degrés autour du centre de gravité.

Si la ligne neutre se déplace en restant constamment tangente au contour de la surface, le centre de pression décrit autour du centre de gravité une courbe qui sépare les points du plan en deux régions correspondant aux positions du centre de pression qui donnent une ligne neutre extérieure au contour de la surface, ou bien une ligne neutre qui rencontre ce contour en y pénétrant. La position du centre de pression dans l'une ou l'autre de ces deux régions correspond donc aux deux cas dont nous avons parlé plus haut.

La partie du plan située à l'intérieur de cette courbe, pour chacun des points de laquelle la ligne neutre se trouve entièrement en dehors du contour de la surface, porte le nom de *noyau central* de la surface. D'après ce qui vient d'être dit, le noyau central est limité par une courbe qui est la polaire réciproque, par rapport à l'ellipse centrale d'inertie, du contour de la section retourné de 180 degrés.

Lorsque le centre de pression est à l'intérieur du noyau central, l'effort en tous les points de la surface est de même sens que sa résultante. S'il est, au contraire, à l'extérieur, la ligne neutre coupe le contour et par conséquent il y a une portion de la surface sur laquelle l'effort est de sens différent.

Le noyau central peut se déterminer, sans avoir recours à l'ellipse centrale d'inertie, au moyen de la seule équation (9) de la ligne neutre.

En exprimant que cette ligne neutre est tangente au contour de la section, on a une relation entre p et q qui est l'équation de la courbe limitant le noyau central.

Considérons par exemple la surface rectangulaire ABCD dont

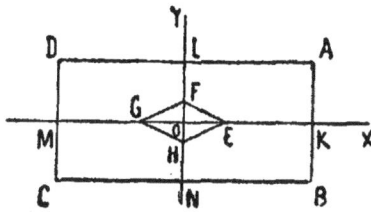

Fig. 37.

les côtés sont $2a$ et $2b$ (fig. 37). Les rayons de giration de cette surface sont (voir n° 9, page 21). $\rho_x = \frac{b}{\sqrt{3}}$; $\rho_y = \frac{a}{\sqrt{3}}$. L'équation de la ligne neutre est donc

$$\frac{3px}{a^2} + \frac{3qy}{b^2} + 1 = 0.$$

Pour que cette ligne coïncide avec le côté AB dont l'équation est $x = a$, il faut que l'on ait $q = 0$ et $p = -\frac{a}{3}$; le centre de pression doit donc se trouver en G au tiers de OM, ce que nous savions déjà.

Lorsque la ligne neutre a une direction quelconque passant par le point A, son équation est satisfaite par les coordonnées a, b de ce point, c'est-à-dire que l'on a

$$\frac{3pa}{a^2} + \frac{3qb}{b^2} + 1 = 0; \quad \text{ou bien } \frac{3p}{a} + \frac{3q}{b} + 1 = 0.$$

Cette équation entre p et q est celle de la droite GH, qui coupe les axes des x et des y aux points G et H tels que $OG = -\frac{a}{3}$ et $OH = -\frac{b}{3}$. On trouverait de même, pour les trois autres sommets, les trois autres côtés du petit losange EFGH qui limite le noyau central de cette surface.

La connaissance du moment d'inertie et du centre de gravité d'une aire plane suffit donc pour résoudre, dans sa forme la plus générale, le problème de la répartition des efforts sur une surface donnée, lorsque l'on connaît le point d'application de leur résultante et que l'on admet l'hypothèse primordiale de la répartition de ces efforts proportionnellement aux distances de leurs points d'application à une même droite. Cette hypothèse n'est probablement pas absolument exacte, et la véritable loi de la répartition des efforts est sans doute beaucoup plus compliquée. Mais, dans l'ignorance où nous sommes de cette véritable loi, elle est admise comme approximation, et l'on peut dire qu'en général cette approximation est suffisante au point de vue pratique. Les erreurs que l'on peut commettre sont inférieures à la latitude que l'on conserve en limitant les efforts à une fraction, généralement assez petite, de ceux qui pourraient produire la rupture.

24. Exemples. — Nous pouvons appliquer la connaissance acquise plus haut, page 22, du moment d'inertie de certaines surfaces, à la détermination du *noyau central* ou de la répartition des efforts qu'elles peuvent avoir à supporter.

Nous venons de trouver la forme du noyau central d'une surface rectangulaire.

Cercle. — Considérons une surface circulaire de rayon a. Son moment d'inertie I est égal à $\frac{\pi a^4}{4}$ et son rayon de giration $\rho = \frac{a}{2}$. Si donc la résultante de l'effort passe par un point que, par raison de symétrie, nous pouvons supposer sur l'axe des x et à une distance p du centre, l'équation de la ligne neutre sera (page 51)

$$\frac{4px}{a^2} + 1 = 0, \text{ ou } x = -\frac{a^2}{4p};$$

et si nous voulons que cette ligne soit tangente au cercle et se confonde avec la tangente $x = -a$, il faut que nous ayons $p = \frac{a}{4}$. Ainsi, pour un cercle, le noyau central est limité par une circonférence dont le rayon est le quart de celui du cercle donné.

Ellipse. — De même, pour une ellipse dont les demi-axes seraient a et b, nous trouverions que le noyau central est une autre ellipse dont les demi-axes sont $\frac{a}{4}$ et $\frac{b}{4}$.

Couronne circulaire. — S'il s'agit d'une couronne circulaire comprise entre deux circonférences de rayons a (extérieur) et a' (intérieur), dont le moment d'inertie est $\pi \cdot \frac{a'-a''}{4}$ et dont le rayon de giration est $\rho = \frac{1}{2} \sqrt{a^2 + a''^2}$, l'équation de la ligne neutre, pour un effort appliqué au point $x = p$, $y = 0$, sera

$$\frac{4px}{a^2 + a''^2} + 1 = 0;$$

et si nous exprimons que cette ligne est tangente au cercle extérieur, c'est-à-dire que $x = -a$, il viendra

$$p = \frac{a' - a''}{4a}$$

pour l'expression du rayon de la circonférence qui limite le noyau central.

Losange. — Pour un losange dont les diagonales sont $2a$ et $2b$ et dont les rayons de giration correspondants sont $\frac{b}{\sqrt{6}}$ et $\frac{a}{\sqrt{6}}$, la ligne neutre correspondant à un point quelconque (p, q) aura pour équation

$$\frac{6px}{a^2} + \frac{6qy}{b^2} + 1 = 0.$$

Si nous exprimons que cette ligne passe par l'un des sommets du losange, par exemple par le sommet $x = -a$, $y = 0$, nous aurons, entre p et q, la relation $\frac{6pa}{a^2} = 1$; ou $p = \frac{a}{6}$. De même pour les quatre autres sommets. Le noyau central est donc limité par un rectangle dont les côtés ont pour équations $p = \pm \frac{a}{6}$; $q = \pm \frac{b}{6}$.

Lorsqu'il s'agira d'une surface quelconque, on devra employer la méthode générale, c'est-à-dire construire l'ellipse centrale d'inertie de la surface, déterminer la polaire réciproque, par rapport à cette ellipse, du contour de la surface donnée, et faire tourner cette polaire réciproque de 180° autour du centre de gravité. On aura ainsi le noyau central.

Nous avons dit que, lorsque la résultante de l'effort se trouve à l'intérieur de ce noyau central, la ligne neutre est en dehors du contour de la section, et, par conséquent, tous les efforts élémentaires sont de même sens. Lorsqu'au contraire le point d'application de la résultante de l'effort est en dehors du noyau central, la ligne neutre traverse le contour et il y a une portion de la surface sur laquelle l'effort est de sens différent.

25. Cas où la surface ne peut développer d'efforts de tension. — Les mêmes règles, pour la détermination des efforts, restent applicables si la surface considérée est en effet de nature à pouvoir développer des efforts de traction aussi bien que de compression. Tous les points situés au delà de la ligne neutre, dont l'équation est toujours donnée par la formule (9), page 51, subissent des efforts négatifs, c'est-à-dire de signe contraire à celui de la résultante supposée positive. Mais il n'en est plus de même si la surface n'est pas capable de développer des efforts de tension. Nous avons vu plus haut comment, dans le cas d'une section rectangulaire, on détermine alors la répartition des efforts lorsque la résultante passe par un point de l'une des médianes. Lorsque la surface a une forme différente de la forme rectangulaire, la détermination de cette répartition n'est plus, en général, possible algébriquement. Une inconnue nouvelle s'introduit en effet dans les équations, c'est l'étendue de la surface sur laquelle se répartit réellement la pression totale, étendue qui détermine la pression moyenne. Le problème ne devient pas, pour cela, indéterminé, mais les équations se compliquent en ce sens que les intégrales, au lieu d'être étendues à toute la superficie de la section donnée, ne doivent l'être qu'à cette superficie inconnue sur laquelle la pression s'exerce. On arrive alors, pour les questions les plus simples, à des équations transcendantes dont la résolution exige des calculs sinon difficiles, du moins longs et laborieux et hors de proportion avec le résultat que l'on cherche. Il ne faut pas oublier, d'ailleurs, que l'hypothèse du plan, en vertu de laquelle sont établies ces

équations, n'est sans doute qu'une approximation et que, par
conséquent, leur résolution exacte n'a guère qu'un intérêt théorique. En général, dans la pratique, on fait en sorte, lorsque
la pression moyenne appliquée à une surface devient comparable
à la limite de l'effort qu'elle peut supporter, de faire passer la
résultante à l'intérieur du noyau central ; on ne se donne la latitude de la laisser passer en dehors que lorsqu'il ne s'agit que
d'efforts assez faibles, qui, alors même qu'ils ne seraient répartis
que sur une petite partie de la surface que l'on considère, ne
mettraient pas sa solidité en péril.

**26. Solution générale pour une surface rectangu-
laire.** — Il n'est peut-être pas inutile de rappeler ici, explicitement, pour le cas d'une section rectangulaire, les résultats
que donnent les formules précédentes et qui sont d'une application des plus fréquentes.

Soit un rectangle AABB (fig. 38), de longueur $AB = 2a$, et

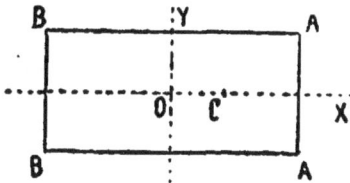

Fig. 38.

de largeur $BB = 2b$, soumis à un
effort P dont le point d'application
C se trouve sur la médiane OX à
une distance $OC = p$ du centre O.
La charge R, par unité de surface, est la même en tous les
points d'une ordonnée quelconque
perpendiculaire à cette médiane, et elle atteint son maximum
aux divers points du côté AA.

Cette charge maximum R_m a la valeur suivante, que l'on dé-
duit de la formule (8) en y faisant $\Omega = 4ab$, $\rho_v^2 = \dfrac{a^2}{3}$, $x = OX = a$,
et $q = 0$, lorsque le point C est à l'intérieur du noyau central,
c'est-à-dire lorsque OC est au plus égal au sixième de AB; $p \leqq \dfrac{a}{3}$:

$$R_m = \frac{P}{4ab}\left(\frac{3p}{a} + 1\right) = \frac{P}{\Omega}\left(\frac{3p}{a} + 1\right).$$

Quand le point C est en dehors du noyau central, ou que $p > \dfrac{a}{3}$,
l'effort maximum s'exprime encore par cette même formule
lorsque le côté opposé de la section BB peut résister à un effort de traction; mais, s'il n'en est pas ainsi, l'effort P se répartit
sur un rectangle d'une longueur égale à 3CX, et l'effort maximum,

sur **AA**, est le double de l'effort moyen, c'est-à-dire que l'on a alors

$$R_m = \frac{P}{3b(a-p)} = \frac{P}{\Omega} \cdot \frac{4a}{3(a-p)}.$$

On peut se demander de déterminer comment doit varier la pression totale **P**, suivant le point où elle est appliquée, pour que l'effort maximum, au point le plus chargé, soit constant. On posera $R_m = $ const. et si l'on représente P par les ordonnées d'une courbe dont p serait l'abscisse, on voit que pour $p > \frac{a}{3}$, c'est-à-dire pour

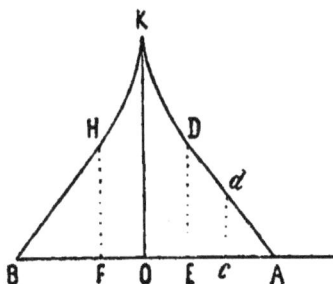
Fig. 39.

toutes les positions du point d'application comprises dans le dernier tiers EA de la longueur AB (fig. 39), on aurait $P = 3 R_m b (a - p)$, ce qui est l'équation d'une ligne droite, passant au point A $(p=a)$, et dont l'ordonnée ED correspondant à l'abscisse $OE = \frac{a}{3}$ aurait pour valeur $P = R_m \times 2ab = R_m \cdot \frac{\Omega}{2}$; c'est-à-dire que l'effort, lorsqu'il est exercé en ce point, peut être égal à la moitié de ce que supporterait le rectangle, s'il était soumis, en tous ses points, à la charge maximum R_m.

Pour $p < \frac{a}{3}$, on a $P.(3p+a) = 4a^2 b R_m$; équation d'une hyperbole équilatère dont les asymptotes sont l'axe horizontal des abscisses et la ligne verticale FH qui a pour équation $p = -\frac{a}{3}$; cette hyperbole passe au point D où elle est tangente à la droite AD, et elle coupe l'axe des ordonnées en un point K situé à une hauteur $OK = P = 4 ab R_m = R_m \Omega$.

L'effort exercé au point O peut être égal à ce que supporterait le rectangle soumis en tous ses points à la charge R_m, ce que nous pouvions prévoir, puisqu'alors la charge P, appliquée au centre de gravité, se répartit uniformément.

Pour les valeurs négatives de p, c'est-à-dire pour les points d'application compris entre O et B, la pression P doit nécessairement, par raison de symétrie, repasser par les mêmes valeurs, ainsi qu'on peut d'ailleurs s'en assurer au moyen des équations. La courbe représentative des pressions qui donnent un même effort maximum se compose donc de deux droites et de deux branches d'hyperbole formant un triangle curviligne BHKDA.

27. Principe de la superposition des effets des forces. — On doit d'ailleurs remarquer qu'en raison de la forme *linéaire* de l'expression de l'effort R en un point d'une surface, en fonction des coordonnées (x, y) de ce point, effort produit par une force P appliquée en un point (p, q), les efforts R_1, R_2, R_3... produits par des forces quelconques P_1, P_2, P_3... appliquées en des points quelconques (p_1, q_1), (p_2, q_2), (p_3, q_3)... s'ajouteront de telle manière que l'effort total en un point déterminé, qui sera la résultante de tous les efforts partiels R_1, R_2... sera le même que celui qui serait produit, au même point, par la résultante des forces P_1, P_2...

Ce principe, dit de la *superposition des effets des forces*, est général. Il est le résultat nécessaire de la proportionnalité admise entre les petits effets des forces et les grandeurs de ces forces elles-mêmes. Il se confond, en mécanique, avec celui de la coexistence ou de la superposition des petites oscillations, et il n'est que l'expression d'une loi analytique générale.

L'accroissement infiniment petit d'une fonction de plusieurs variables indépendantes est la somme des accroissements partiels correspondant à la variation de chaque variable considérée isolément.

PREMIÈRE PARTIE

STABILITÉ DES CONSTRUCTIONS

CHAPITRE III

CONSTRUCTIONS EN MAÇONNERIE

SOMMAIRE :

§ 1er

CONDITIONS GÉNÉRALES DE LA STABILITÉ DES MAÇONNERIES

28. Définition de la stabilité. — Dans la mécanique rationnelle on dit qu'un corps solide est en équilibre *stable* lorsqu'il tend à revenir à sa position primitive après en avoir été écarté un peu. La *stabilité* des constructions a une signification un peu différente. Ces constructions, en effet, ne doivent pas s'écarter de leur position normale ; elles doivent s'y maintenir malgré les efforts extérieurs qui tendent à les en éloigner, c'est-à-dire qu'elles doivent rester en équilibre quelle que soit la variation de ces efforts, dans les limites de la pratique. Sous l'influence de cette variation des efforts, les réactions des corps sur lesquels s'appuie la construction doivent simplement varier elles-mêmes, et la vérification des conditions de stabilité d'une construction consistera à s'assurer que pour toutes les valeurs des efforts extérieurs auxquels elle a à résister, l'équilibre peut être conservé, aussi bien pour la construction tout entière que pour ses différentes parties.

Les constructions en maçonnerie, que nous examinerons d'abord, se composent de pierres naturelles ou artificielles, séparées les unes des autres par des joints remplis de mortier. La présence du mortier a pour effet de répartir, sur une plus grande étendue, l'effort qui se transmet d'une pierre à la suivante. Dans les maçonneries à pierres sèches, sans mortier, les pressions ne peuvent se transmettre que par les surfaces de contact des pierres, qui alors, en raison des irrégularités de la taille, ne représentent qu'une petite fraction de l'étendue totale du joint. Le mortier a un autre effet ; il adhère aux pierres qu'il réunit et permet ainsi aux maçonneries de supporter des efforts de traction, auxquels elles seraient absolument impropres à résister si les pierres étaient simplement posées les unes sur les autres.

Toutefois, comme l'adhérence du mortier aux pierres et la résistance à l'extension du mortier sont toujours très inférieures à la résistance de cette même matière aux efforts de compression, on les néglige ordinairement dans les calculs de stabilité, et l'on considère généralement les maçonneries comme ne pouvant résister efficacement qu'à des efforts de compression.

26. Résistance à l'écrasement. — La limite de ces efforts, qui est une fraction de la charge de rupture, est très différente suivant la nature des matériaux. La détermination de la charge de rupture pour les pierres les plus ordinairement employées a été l'objet d'un grand nombre d'expériences diverses, et on ne peut songer à en donner ici tous les résultats. D'ailleurs lorsqu'une pierre ne figure pas nominativement dans les tableaux d'expérience on ne peut rien conclure, pour la valeur de sa résistance, de son analogie avec d'autres, car souvent on rencontre des différences assez notables entre des pierres ayant la même apparence, et quelquefois même entre des pierres provenant de la même carrière. Lorsque l'on a affaire à une pierre dont on ne connaît pas la résistance, il est préférable de l'expérimenter directement. Le tableau suivant doit donc être considéré comme une simple indication destinée à donner une idée de la grandeur des efforts dont il s'agit et des limites entre lesquelles il peuvent varier.

DÉSIGNATION DES MATÉRIAUX.	CHARGE par CENTIMÈTRE CARRÉ produisant L'ÉCRASEMENT
	kilog.
Granit à grains fins	1000 à 1500
Granit à gros grains.	700 à 1000
Liais de Bagneux, dur, à grain fin.	440
Roche de Château-Landon.	350
Roche d'Arcueil	250
Roche de Chatillon.	170
Pierre tendre employée à Paris, bonne qualité. .	60
Grès dur de Fontainebleau.	895
Grès tendre	4
Briques de Bourgogne bien cuites.	150
Briques de Montereau, cuisson ordinaire. . . .	110
Briques du Nord, cuites au tas.	60 à 70
Mortier de chaux grasse et sable.	19
Mortier de chaux hydraulique et sable	74
Mortier de chaux éminemment hydraulique et sable	144
Mortier de ciment et sable.	155
Plâtre gâché serré.	50
Béton avec mortier de chaux hydraulique. . . .	41 [1]

30. Charge de sécurité. Influence des mortiers. — La charge de sécurité ne peut être, comme nous l'avons dit, qu'une fraction de la charge de rupture. On adopte généralement le dixième et quelquefois même le vingtième lorsqu'il s'agit de petits matériaux. Il faut tenir compte aussi de ce que la matière dont

(1) En comparant les résultats d'un grand nombre d'expériences, M. de Perrodil a remarqué une certaine relation entre la densité des pierres calcaires du bassin de Paris et leur résistance à la rupture. Il a de même indiqué une relation cor-

les joints sont formés est sujette, comme les pierres elles-mêmes, à la rupture par écrasement.

M. Tourtay, ingénieur des Ponts et Chaussées, a fait connaître, dans les *Annales des Ponts et Chaussées* (1885, 2° semestre), les résultats d'expériences qu'il a faites pour déterminer l'influence du mortier sur la résistance des maçonneries. Voici les conclusions de son travail :

1° L'écrasement du mortier, dans les maçonneries avec joints, a lieu sous des pressions très supérieures à la résistance intrinsèque du mortier, mais très inférieures à la résistance de la pierre;

2° La pression qui produit la désagrégation du mortier est en raison inverse de l'épaisseur du joint, toutes choses égales, de sorte qu'il y a intérêt à réduire l'épaisseur des joints en mortier au minimum compatible avec leur bonne fabrication;

3° Les pierres superposées sans joints donnent des résistances

respondante entre la résistance à la rupture et la difficulté de la taille des mêmes pierres. Voici les principaux chiffres qu'il a donnés :

POIDS SPÉCIFIQUES par MÈTRE CUBE.	CHARGES D'ÉCRASEMENT par CENTIMÈTRE CARRÉ.	TEMPS QU'EXIGE en moyenne LA TAILLE D'UN MÈTRE CARRÉ DE PAREMENT VU.	
kilogrammes	kilogrammes	heures	minutes
2700 à 2600	1800 à 1000	22	30
2600 à 2450	1000 à 600	19	30
2450 à 2350	600 à 400	14	00
2350 à 2250	400 à 300	11	20
2250 à 2100	300 à 200	8	20
2100 à 1900	200 à 150	5	30
1900 à 1700	150 à 100	3	50
1700 à 1500	100 à 50	2	50

Ces chiffres ne s'appliquent qu'aux calcaires du bassin de Paris et des départements de l'Est. Il faut en excepter les marbres statuaires saccharoïdes qui, avec un poids spécifique de 2.708 kil., s'écrasent sous une charge de 600 kil.

Pour les grès, la résistance à l'écrasement est en général plus grande que pour les calcaires d'un même poids spécifique ; mais la différence, au moins pour les exemples cités par M. de Perrodil, n'est pas très considérable.

Pour les porphyres, dont le poids spécifique est généralement compris entre 2.600 kil. et 2.850 kil., la charge d'écrasement varie de 1.000 à 1.300 kil.

Enfin, certaines roches, comme le basalte d'Esteil (Puy-de-Dôme), le jaspe-brèche du mont Blanc (Haute-Savoie) ne s'écrasent que sous des charges supérieures à 1.850 kil. par centimètre carré.

notablement inférieures à celles de la pierre, mais supérieures à celles de la maçonnerie avec joints de mortier, dans les conditions des expériences;

4° Les blocs réunis par un simple coulis de ciment paraissent travailler comme des monolithes, et donnent des résistances très supérieures à celles des maçonneries avec joints.

Dans une des expériences rapportées par M. Tourtay, la charge de rupture, pour des blocs formés avec mortier de chaux, a dépassé quatre cents kilogrammes par centimètre carré, alors que la résistance intrinsèque du mortier n'était que de vingt kilogrammes. Les expériences ont mis, en outre, en évidence le fait suivant :

Sous la pression, l'épaisseur des joints diminue d'une quantité variable, mais qui ne paraît pas proportionnelle à leur épaisseur. Lorsque les pressions ont atteint 130 à 140 kil., le mortier s'est désagrégé sur les bords des joints et est tombé en poudre sur une certaine profondeur. La pression qui a produit les désagrégations a toujours été en raison inverse de l'épaisseur du joint.

Les expériences de M. Tourtay ne sont peut-être pas assez nombreuses pour qu'on puisse considérer les conclusions qu'il en a tirées comme absolument démontrées; toutefois, elles donnent une indication utile sur la limite qu'il convient d'adopter dans la pratique, et qui doit être comprise entre celle qui correspond au mortier seul et celle qui se rapporte à la pierre.

Les limites usuelles de la charge que l'on fait supporter aux maçonneries sont les suivantes; elles ont été quelquefois notablement dépassées.

NATURE DES MAÇONNERIES	LIMITE pratique de la charge par CENTIMÈTRE CARRÉ.
Béton avec mortier de chaux hydraulique. . . .	4 à 5kil.
Maçonnerie de briques avec mortier ordinaire. .	6
— avec mortier de ciment. .	8 à 10
Maçonnerie de moellons ou pierres tendres. . . .	6 à 15
Maçonnerie de pierres dures avec mortier hydraulique	20 à 30

5

On peut représenter soit la charge d'écrasement, soit la
charge de sécurité des matériaux, par le poids d'une colonne
verticale cylindrique ou prismatique, c'est-à-dire à section constante, formée de ces mêmes matériaux et d'une hauteur suffisante
pour produire sur sa base une pression équivalente soit à la
charge d'écrasement, soit à la charge de sécurité. La hauteur
de cette colonne, qui mesure alors, pour chaque nature de matériaux, l'une ou l'autre de ces deux charges, est égale au quotient de la pression par unité de surface qu'elle représente par
le poids spécifique.

Par exemple, si l'on considère une pierre dont le poids spécifique soit de 1.900 kil. par mètre cube et qui s'écrase sous une
charge de 150 kil. par centimètre carré, soit de 1.500.000 kil. par
mètre carré, la hauteur d'écrasement sera $\frac{1.500.000}{1.900} = 789$ mètres. Et si cette même pierre ne peut, employée dans les maçonneries, supporter avec sécurité qu'une charge de 7 kil. par centimètre carré, soit 70.000 kil. par mètre carré, la hauteur de
sécurité ne sera que de $\frac{70.000}{1.900} = 36$ à 37 mètres.

On reconnaît l'utilité de l'emploi de matériaux plus résistants
pour la base des monuments élevés.

31. Résistance à la traction. — Comme nous venons
de le dire, la résistance des maçonneries à la traction est très
faible; elle n'est pour les mortiers que le cinquième environ de
la résistance à l'écrasement, et elle n'en est souvent que le
dixième. On la néglige ordinairement dans la pratique, parce
que l'on suppose détruite l'adhérence du mortier aux pierres; il
y a cependant des circonstances où elle doit être prise en considération.

32. Résistance au glissement. — La rupture d'un massif de maçonnerie peut être le résultat non seulement d'un
écrasement ou d'une disjonction produite par une traction normale, mais encore d'une action dite *tangentielle* ou de *cisaillement* agissant parallèlement au plan sur lequel elle s'opère.
La résistance à ce genre d'effort résulte uniquement de l'adhérence du mortier aux pierres et du frottement des pierres sur

elles-mêmes. Si l'on admet que l'adhérence soit détruite, il ne reste, pour résister à ces efforts latéraux, que le frottement. Et alors il faut, pour la stabilité, que le rapport de l'effort tangentiel à l'effort normal soit inférieur au coefficient de frottement qui mesure le rapport de la force produisant le mouvement à l'effort normal qui s'exerce entre deux corps donnés.

Le coefficient de frottement des pierres sur elles-mêmes varie de 0,50 à 0,75, c'est-à-dire que pour faire mouvoir, en les faisant glisser l'une sur l'autre, deux pierres séparées par la surface plane AB, il faut exercer, parallèlement à ce plan, un effort CE variant de 0,50 à 0,75 de la pression normale CD qui s'exerce entre elles.

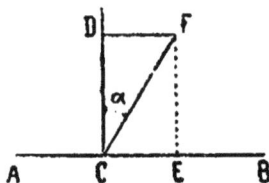

Fig. 10.

Par conséquent, la condition de stabilité s'exprimera en disant que l'effort tangentiel CE soit toujours inférieur à une fraction de l'effort normal mesurée par le coefficient de frottement. Si l'on considère la résultante CF des deux efforts et l'angle α qu'elle fait avec la normale à AB, la tangente trigonométrique de cet angle sera égale au rapport de DF à CD, c'est-à-dire au rapport de l'effort tangentiel à l'effort normal. Et, si nous désignons par f le coefficient de frottement, la condition de stabilité s'écrira simplement :

$$\tan\alpha < f.$$

ou bien, si l'on désigne par φ un angle dont la tangente trigonométrique soit égale à f, c'est-à-dire tel que $f = \tan\varphi$,

$$\alpha < \varphi.$$

Cet angle φ s'appelle l'angle de frottement.

Lorsqu'on n'a pas de données précises sur le coefficient de frottement des pierres qui entrent dans la composition du massif dont on calcule la stabilité, il est préférable d'attribuer à f une valeur inférieure à celle qu'il peut avoir réellement; on fera donc dans ce cas $f = 0,50$ ou même $f = 0,40$, ce qui procurera un surcroît de stabilité.

On devra donc s'assurer que cette condition est satisfaite sur tous les joints, c'est-à-dire que, sur aucun d'eux, la direction de la résultante des efforts ne fait, avec la normale au joint, un angle plus grand que l'angle de frottement, qui pour $f = 0,40$ est égal à 22 degrés environ.

33. Résistance à un effort oblique. — Les chiffres
donnés plus haut comme charges de rupture de divers matériaux de construction, et ceux des charges de sécurité correspondantes, qui en ont été déduits, ont été déterminés par des
expériences dans lesquelles l'écrasement était produit par une
pression normale exercée sur la totalité de la surface des blocs.
Que se passerait-il si l'effort produisant l'écrasement, au lieu
d'être normal, était oblique, tout en faisant, avec la normale, un
angle inférieur à l'angle de frottement ? Aucune expérience précise ne permet de répondre d'une manière certaine à cette question. On admet souvent que, dans le cas d'une force oblique F
agissant sur une surface plane dans une direction faisant avec la
normale à cette surface un angle α inférieur à l'angle de frottement φ, cette force F se décompose en deux : une force tangentielle F sin α détruite par la résistance due au frottement, une
force normale F cos α, qui se répartit sur toute l'étendue de la
surface d'après la loi dite *du trapèze* (n° 19). Si l'effort normal au
point le plus chargé, calculé dans cette hypothèse, est inférieur
à la charge de sécurité, on considère que la stabilité de la construction est assurée.

Cela revient, au point de vue de la rupture, à négliger complètement la composante tangentielle de l'effort. Or, rien ne prouve
que l'on soit autorisé à agir ainsi. Au contraire, *à priori* et à
défaut d'expériences, il semblerait qu'un même effort, appliqué
à la surface d'un bloc, aurait d'autant plus de chance d'en amener la rupture qu'il s'écarterait davantage de la normale à cette
surface. La composante tangentielle est bien détruite par le
frottement, au point de vue de l'équilibre, mais elle ne laisse
pas que de mettre en jeu la cohésion du bloc. Si, comme on le
fait souvent, on considère le frottement comme dû à un enchevê-
trement des deux surfaces en con-
tact, la surface plane AB (fig. 41)
ne sera, en réalité, qu'une série
de facettes diversement inclinées ;
on peut les concevoir alternativement parallèles et perpendicu-

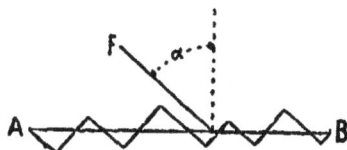

Fig. 41.

laires à la direction de la force F ; les premières ne supportant rien et les autres ayant à résister à cet effort tout
entier. Or, la surface de ces dernières serait, à la surface AB,

dans le rapport de cos α à l'unité, c'est-à-dire que l'effort qu'elles auraient à supporter serait le même que celui qui serait exercé sur AB par une force normale égale à $\dfrac{F}{\cos\alpha}$.

On devrait donc, dans cette hypothèse, calculer l'effort maximum au point le plus chargé en répartissant, suivant la loi du trapèze, non pas la composante normale F cos α de la force F, mais bien la force fictive $\dfrac{F}{\cos\alpha}$.

C'est, croyons-nous, à l'expérience seule qu'il convient de demander quel est le choix à faire entre ces deux hypothèses. En l'absence de toute indication, nous nous bornerons à dire que la seconde nous semble plus rationnelle ; que, d'ailleurs, elle conduit à des dimensions plus grandes que la première et qu'il ne peut y avoir, par conséquent, aucun inconvénient à l'adopter.

34. Dilatation des maçonneries. — Comme tous les corps, les maçonneries se dilatent par la chaleur, mais il n'est pas d'usage de faire entrer cet élément dans les calculs de leur stabilité. Cependant, d'après les expériences de M. Bouniceau (*Annales des Ponts et Chaussées*, 1863, 1er semestre, page 178), le coefficient de dilatation, c'est-à-dire l'allongement proportionnel pour une élévation de température d'un degré centigrade serait :

Pour le mortier de sable et ciment de Portland   0,000 0118,
Pour le béton de galets et de ce mortier. . . .   0,000 0143,
Pour la maçonnerie de briques de champ . .   0,000 0089,
Pour la maçonnerie de briques en long . . .   0,000 0046,
Pour des pierres de taille de diverses provenances, de 0,000 005 à 0,000 009.

Le coefficient de dilatation du fer est environ 0,000 012, c'est-à-dire à très peu près le même que celui du mortier de ciment expérimenté par M. Bouniceau, et seulement d'un tiers plus élevé que celui de certaines pierres de taille.

Il ne serait peut-être pas inutile, par conséquent, de tenir compte de la variation possible des dimensions de certains massifs de maçonnerie, tels que des voûtes très surbaissées, dans lesquelles cette variation peut amener des disjonctions.

35. Poids spécifique des maçonneries. — La connaissance de la limite pratique de la charge que l'on peut faire supporter aux maçonneries suffit, avec celle de leur poids spécifique, pour aborder les calculs de leur stabilité. Le poids spécifique doit être déterminé, bien entendu, en tenant compte des joints. La différence est généralement négligeable lorsqu'ils sont remplis de mortier dont la densité diffère peu de celle des pierres qu'elle réunit, mais elle ne l'est plus lorsqu'il s'agit de maçonneries à pierres sèches.

Nous examinerons d'abord le cas, purement théorique, d'un massif de maçonnerie n'ayant à supporter que son propre poids et soustrait à toute action extérieure. Il nous servira d'introduction aux exemples pratiques.

§ 2

MASSIF DE MAÇONNERIE ISOLÉ

36. Conditions générales pour que les pressions soient partout les mêmes. — Soit un massif isolé que nous supposerons soustrait à toute action extérieure autre que celle de la pesanteur. Proposons-nous de chercher les conditions qu'il doit remplir pour que les matériaux dont il est formé soient également chargés partout. Pour que, sur une section quelconque CD (fig. 42), l'effort soit uniformément réparti, il faut que le poids de la partie CDFE qu'elle a à supporter passe par son centre de gravité; cela revient évidemment à dire qu'il faut que les centres de gravité de toutes les sections soient sur une même verticale que nous prendrons pour axe des Z, en comptant les hauteurs Z à partir de la base AB du massif. Soit S la superficie de la section horizontale quelconque CD située à la hauteur z, et $S+dS$ celle de la section infiniment voisine C'D', à la hauteur $z+dz$. Si p est le poids spécifique des maçonneries, la tranche CDC'D', dont le volume est $S dz$, aura pour poids

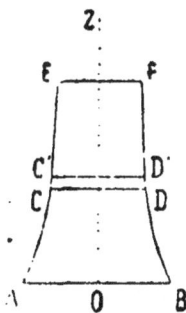

$p\,S\,dz$. Désignons par R la pression supposée constante en chacun des points des sections CD et C'D', la pression totale sur C'D', provenant de la partie du massif situé au-dessus, sera $R\,(S+dS)$, et la pression sur CD sera de même RS ; mais cette dernière pression est égale à la première augmentée du poids de la tranche CDC'D', nous aurons donc :

$$R(S+dS)+p\,S\,dz = RS.$$

D'où

(1)
$$R\,dS+p\,S\,dz = 0,$$

ou bien

(2)
$$\frac{dS}{S} = -\frac{p}{R}\,dz.$$

Équation que nous intégrerons facilement. La constante d'intégration sera déterminée par les données du problème. Supposons que pour une hauteur $z=h$, la section S ait une valeur connue S_1, nous aurons alors, en intégrant depuis cette valeur de z

$$\log.\text{ nép. } S - \log.\text{ nép. } S_1 = -\frac{p}{R}\,(z-h).$$

ou

$$\log.\text{ nép. } \frac{S}{S_1} = \frac{p}{R}\,(h-z),$$

ou encore

(3)
$$S = S_1 e^{\frac{p}{R}(h-z)};$$

ce qui détermine la superficie S de la section située à une hauteur quelconque z.

De l'équation différentielle (1) ci-dessus, mise sous la forme,

$$S\,dz = -\frac{R}{p}\,dS.$$

on déduit, en intégrant depuis les mêmes limites S_1 ou h, et S ou z,

(4)
$$\int_h^z S\,dz = -\frac{R}{p}\int_h^z dS = \frac{R}{p}(S_1 - S).$$

Le premier membre $\int S\,dz$ est la somme des éléments de volume tels que CDC'D'; cette équation exprime donc que le volume total compris entre deux sections quelconques est égal au produit de $\frac{R}{p}$ par la différence de superficie de ces deux sections.

L'équation (3) ne détermine que la grandeur de la section S, elle en laisse la forme indéterminée. Il suffit, en effet, pour que les conditions du problème soient satisfaites, que cette section ait son centre de gravité sur la verticale OZ, et que sa superficie soit proportionnelle à l'effort qu'elle a à supporter.

37. Indétermination du problème. — Cela nous montre que les données ou hypothèses du problème sont insuffisantes. Nous pouvons, en effet, imaginer deux surfaces EF et HK, fig. 43, de forme différente, mais de même superficie et ayant

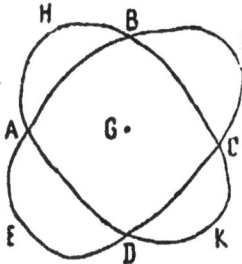
Fig. 43.

même centre de gravité G. Si deux massifs ayant pour sections transversales ces deux surfaces sont superposés, il est bien évident que chacun d'eux ne peut transmettre ou recevoir d'effort de la part de l'autre qu'à travers la surface commune ABCD.

C'est donc sur cette section seule et non sur toute l'étendue de la surface du massif que se répartira la pression totale exercée par un massif sur l'autre.

Nous devons ainsi, comme conséquence de l'hypothèse de la répartition des pressions sur toute l'étendue des sections du massif, admettre une loi de continuité dans la forme de ces sections.

Il arrive très souvent que, dans les massifs réels de maçonnerie, il se présente des discontinuités, par exemple lorsque l'on augmente l'épaisseur d'un mur par un redan ménagé sur une de ses faces, comme ACB (fig. 44) ou sur ses deux faces, comme

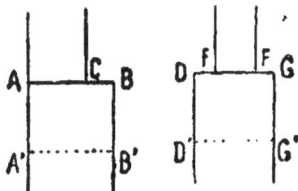
Fig. 44.

DEFG. Dans ce cas, la pression transmise par la partie supérieure à la partie inférieure se répartit sur la seule étendue AC ou EF commune aux deux sections, les parties CB, DE, FG ne supportant rien; mais l'on admet qu'un peu plus bas, en A'B', D'G', par exemple, à une distance verticale un peu plus grande que les différences de largeur CB, ou DE, la répartition des pressions se fait de nouveau sur toute la surface et suivant *l'hypothèse du plan* (pour plus de détails sur ce sujet, voir la *Théorie*

des voûtes de M. J. Résal dans le Traité des Ponts en maçonnerie
de l'Encyclopédie).

**38. Hypothèse sur la continuité de la forme des
sections.** — Pour continuer l'étude de notre massif isolé,
nous devons donc faire une hypothèse sur la loi de continuité
de ses diverses sections. Nous pouvons admettre, par exemple,
que ces sections sont des figures semblables et semblablement
placées. Dans ce cas, leur superficie variera comme le carré
d'une de leurs dimensions homologues, et si l'on appelle a cette
dimension, pour une section quelconque dont la superficie est
S, a_1 la même dimension pour la section S_1, et k une constante, on pourra écrire

$$S = ka^2, \qquad S_1 = ka_1^2.$$

et alors l'équation (3) se met sous la forme

(5) $$a = a_1 e^{\frac{p}{2R}(h-z)}.$$

La courbe représentée par cette équation est une logarith-
mique ayant pour asymptote l'axe des z, c'est-à-dire que a tend
vers zéro à mesure que la hauteur z croît indéfiniment.

La courbe est infinie dans les deux sens, c'est-à-dire que les
conditions du problème n'imposent aucune limite à la hauteur
de la construction, quelle que soit la valeur de R.

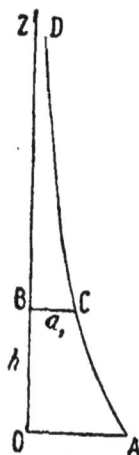
Fig. 45.

Les conditions de résistance de la partie située au-
dessous d'une section quelconque BC (fig. 45) seront
évidemment les mêmes si, au lieu de la partie
supérieure, de hauteur infinie, nous supposons appliqué sur cette section un poids égal à celui de cette
partie, lequel est égal, d'après ce qui précède, à

$$RS_1 ;$$

ce poids pouvant d'ailleurs être constitué soit
par un autre massif d'une forme différente,
comme, par exemple, des voûtes reposant sur
la section BC, soit par une autre construction s'ap-
puyant sur cette section et transmettant une
charge verticale RS_1 appliquée en son centre de
gravité.

Si cette charge verticale est donnée, et si on la désigne
par P, on en déduit immédiatement la valeur de la section S_1

qui doit la supporter, en appliquant l'équation $S_1 = \frac{P}{R}$. On connaît donc a_1, ce qui permet de déterminer la valeur de a correspondant à une hauteur quelconque.

L'équation (5) s'applique à tous les cas où les sections varient
en restant semblables à elles-mêmes et semblablement placées,
a étant une dimension homologue dans ces diverses sections.
Nous pouvons faire d'autres hypothèses sur la loi de continuité.

Supposons, par exemple, une colonne de forme circulaire, présentant à son intérieur un vide cylindrique de rayon constant que
nous désignerons par b. La superficie S d'une section quelconque
de rayon extérieur r sera

$$S = \pi(r^2 - b^2)$$

et celle S_1 de la section de rayon r_1 sera de même

$$S_1 = \pi(r_1^2 - b^2).$$

Substituant dans l'équation (3), nous avons la suivante :

$$(6) \qquad r^2 - b^2 = (r_1^2 - b^2)e^{\frac{p}{R}(h-z)}$$

qui détermine r^2, et par suite r, pour une hauteur z quelconque.

Supposons encore un massif rectangulaire, de dimensions a, b,
variant de telle manière que la dimension b, par exemple, diminue proportionnellement à l'augmentation de la hauteur, ce que
l'on exprime en disant que le massif présente un *fruit* uniforme.
Cette dimension étant b_1 à la hauteur h, elle sera, en désignant
par m le fruit constant par unité de hauteur

$$(7) \qquad b = b_1 + m(h - z)$$

à une hauteur z quelconque. Nous avons alors

$$S_1 = a_1 b_1, \qquad S = ab = a[b_1 + m(h-z)];$$

d'où, en substituant dans l'équation (3),

$$(8) \qquad a = \frac{a_1 b_1}{b_1 + m(h-z)} e^{\frac{p}{R}(h-z)}.$$

On opérerait de même pour les autres hypothèses que l'on
pourrait faire, soit sur la forme des sections, soit sur la loi suivant laquelle elles varient.

Il est bien rare que l'on ait à considérer ainsi des massifs absolument isolés et soustraits à toute action extérieure. Le plus

souvent, les massifs de maçonnerie sont construits pour résister à des actions diverses, et même ceux qui sont tout à fait isolés, comme les phares, les cheminées, etc., doivent pouvoir résister à l'action du vent.

Nous allons donc chercher les conditions de stabilité d'un massif isolé, exposé à des actions latérales quelconques.

§ 3

MASSIF DE MAÇONNERIE SOUMIS A DES ACTIONS LATÉRALES

39. Méthode générale pour la détermination des dimensions. — Considérons d'abord un massif indéfini dans le sens horizontal, comme le serait un mur de clôture ou de revêtement. Nous n'aurons à examiner alors que l'unité de longueur de ce mur, puisque nous le supposons le même en tous les points de cette longueur. Une section horizontale quelconque, faite par un plan MN mené à une hauteur quelconque z au-dessus de la base AB, aura la forme d'un rectangle d'une longueur égale à l'unité et d'une largeur MN $= b$ que nous aurons à déterminer.

Le joint quelconque MN (fig. 46) doit supporter la résul-

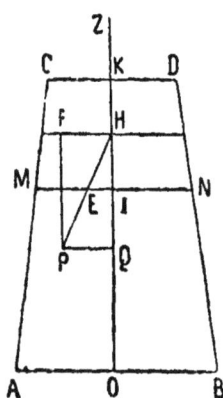
Fig. 46.

tante des forces qui s'exercent sur la partie MNCD située au-dessus de lui. Ces forces se composent : 1° du poids $Q = $ HQ de cette partie et 2° des efforts extérieurs sur les parois CM, DN, dont nous représenterons la résultante par $F = $ HF.

La résultante de ces deux forces sera une force oblique P dont la direction rencontrera le joint MN en un point E. Pour que la partie MNDC soit stable, il faut non seulement que le point E se trouve à l'intérieur du joint MN, mais encore qu'il soit dans une position telle que la pression exercée en chacun des points de ce joint soit inférieure à la charge de sécurité de la matière. La force P étant oblique, nous aurons d'abord à nous assurer que l'angle qu'elle fait avec la normale à MN, c'est-à-dire avec la verticale, est plus petit que l'angle de frottement.

Supposons d'abord, pour simplifier, que les efforts extérieurs, dont la résultante est F, soient dirigés horizontalement et répartis uniformément sur la hauteur; la résultante F est appliquée au milieu de la hauteur DN. Supposons de même que le mur soit symétrique, de telle sorte que le centre de gravité de la portion CDMN se projette au milieu I de MN.

Désignons par h la hauteur verticale OK du mur et par b_1 la largeur CD au sommet. Représentons par q le poids de l'unité de volume du mur, par p l'intensité constante des actions extérieures par unité de hauteur verticale; si nous considérons la partie supérieure du mur sur une hauteur ε assez petite pour que nous puissions l'assimiler à un rectangle, la pression extérieure sur cette tranche sera $p\varepsilon$, son poids sera $qb_1\varepsilon$ et le rapport de ces deux forces, qui fait connaître l'inclinaison de leur résultante sur la verticale, doit être plus petit que le coefficient de frottement f; nous aurons donc

$$\frac{p\varepsilon}{qb_1\varepsilon} < f \quad \text{ou} \quad b_1 > \frac{p}{fq}.$$

Cela donnerait une limite inférieure de la largeur CD du mur à son sommet; mais des considérations résultant du mode de construction conduisent toujours à dépasser cette limite qui est généralement fort petite.

Nous devrons ensuite vérifier que la pression ne donne lieu, en aucun point du joint quelconque MN, à un effort dépassant la charge de sécurité de la matière employée.

La pression normale a évidemment pour valeur le poids Q de la partie CDMN, soit $q\int_\varepsilon^h b\,dz$. La pression F, sur la même partie, étant $p(h-z)$, il en résulte que la distance EI, que nous désignerons par x, du point d'application E de cette résultante au milieu I du joint MN, sera déterminée par l'équation $\frac{\text{EI}}{\text{IH}} = \frac{\text{F}}{\text{Q}}$, ou bien

$$\frac{x}{\left(\frac{h-z}{2}\right)} = \frac{p(h-z)}{q\int_\varepsilon^h b\,dz}.$$

D'où

$$(9) \qquad x = \frac{p(h-z)^2}{2q \int_z^h b\, dz}.$$

40. Courbe des pressions. — Cette équation est celle de la courbe, lieu des points E, où la résultante de l'effort sur chaque joint MN rencontre la surface de ce joint. Cette courbe s'appelle *courbe des pressions*. On conçoit qu'elle se retrouve et qu'elle se détermine d'une manière analogue dans tous les massifs de maçonnerie quelle que soit leur forme et quelle que soit la répartition des efforts qu'ils ont à supporter. Son équation peut seulement devenir beaucoup plus compliquée.

Connaissant le point d'application de la résultante, il sera facile, d'après ce qui a été dit plus haut, de trouver comment l'effort se répartit en tous les points de la surface rectangulaire MN, en tenant compte, s'il y a lieu, de son obliquité (n° 33).

Nous devrons considérer deux cas, suivant que le point E se trouve à une distance $x=\text{EI}$ du centre I, inférieure au sixième de la longueur MN, ou bien qu'il se trouve plus éloigné de ce centre. Si x est plus petit que le sixième de b, la pression, au point le plus chargé, est inférieure au double de la pression moyenne, c'est-à-dire inférieure à $2\dfrac{Q}{b}$ ou à $\dfrac{2q}{b}\displaystyle\int_z^h b\,dz$, en négligeant l'obliquité de la résultante. Comme l'épaisseur du mur va en décroissant à mesure que la hauteur augmente, l'intégrale $\displaystyle\int_z^h b\,dz$ est plus petite que $b(h-z)$ et, par suite, la pression au point le plus chargé est au-dessous de $2q(h-z)$ ou de celle qui serait produite par un massif rectangulaire d'une hauteur double de IK. Elle n'est donc pas à redouter pour les murs dont la hauteur est inférieure à la moitié de celle du massif qui mesurerait la résistance des matériaux dont ils sont formés.

Les conditions sont bien différentes lorsque x est plus grand que le sixième de b. Dans ce cas, la pression sur le point le plus chargé de la surface MN peut dépasser toute limite, jusqu'à devenir infinie lorsque $x=\frac{1}{2}b$. La composante normale, abstraction faite, toujours, des conséquences de l'obliquité de la résultante, se répartit sur une surface égale à $3ME = 3\left(\frac{1}{2}b - x\right)$ et la pression maximum est le double de la pression moyenne $\frac{Q}{3\,ME}$. Cette pression maximum R_m a donc pour expression

(10)
$$R_m = \frac{2q \displaystyle\int_z^h b\,dz}{3\left(\frac{1}{2}b - x\right)}.$$

Elle doit être inférieure, ou au plus égale à la valeur R_0 de la charge de sécurité. En écrivant cette inégalité et y remplaçant x par son expression ci-dessus, on aura la relation cherchée entre b et z.

11. Exemple d'un mur rectangulaire. — Cette relation ne peut être d'aucune utilité sous cette forme générale; nous allons prendre la question à un point de vue plus particulier en considérant un mur à section rectangulaire, c'est-à-dire à épaisseur constante.

Dans ce cas, b est constant et égal à b_1 sur toute la hauteur: l'intégrale $\displaystyle\int_z^h b\,dz$ est égale à $b_1(h-z)$ ou à $b_1 h$ si on considère le joint AB de la base, la valeur de x devient $x = \frac{p(h-z)}{2qb_1}$ pour un joint quelconque et, pour le joint de la base, $x = \frac{ph}{2qb_1}$.

L'expression ci-dessus de l'effort maximum donne, égalée à la limite R_0, l'équation

(11)
$$\frac{2qb_1 h}{3\left(\frac{1}{2}b_1 - \frac{ph}{2qb_1}\right)} = R_0\,; \quad \text{d'où } b_1{}^2 = \frac{ph}{q}\cdot\frac{1}{1 - \frac{4qh}{3R_0}}.$$

Tant que la hauteur h est assez petite pour que la fraction $\frac{4qh}{3R_0}$ soit négligeable devant l'unité, on a simplement

$$b_1{}^2 = \frac{ph}{q}.$$

formule que l'on obtiendrait directement en écrivant que la résultante du poids et de l'effort latéral passe par l'extrémité A de la base d'appui; cette formule peut s'appliquer, par exemple, aux murs de clôture.

Il est d'usage, d'après Rondelet, de donner à ces murs une épaisseur égale au $\frac{1}{8}$, au $\frac{1}{10}$ ou au $\frac{1}{12}$ de leur hauteur, cela équivaut, si on remplace b, par $\frac{h}{8}$, $\frac{h}{10}$ ou $\frac{h}{12}$, à supposer que l'effort p du vent, par mètre carré, ne peut dépasser

$$\frac{qh}{64}, \quad \frac{qh}{100} \quad \text{ou} \quad \frac{qh}{144};$$

c'est-à-dire, par exemple, pour un mur de trois mètres de hauteur pesant 1.800 kilogrammes par mètre cube, 84[kil.], 54[kil.] ou 37[kil.].

Lorsque l'effort du vent dépasse cette limite, le mur est renversé.

42. Méthode graphique. — La forme rectangulaire, que nous avons supposée au mur, ne s'emploie que pour des constructions d'une faible hauteur pour lesquelles la différence que donnerait l'application rigoureuse de la théorie serait insignifiante. Cette différence, qui se traduit par une diminution possible de l'épaisseur vers le sommet du mur, ne donne alors qu'une économie compensée par la sujétion qu'entraîne la variation de l'épaisseur. Il n'en est plus de même lorsque la hauteur devient grande; on doit alors faire varier l'épaisseur du mur et on devrait, en conséquence, appliquer les formules générales ci-dessus; mais comme elles deviennent extrêmement compliquées, surtout lorsque les efforts latéraux, au lieu d'être répartis uniformément sur toute la hauteur, sont eux-mêmes variables, on y substitue ordinairement une méthode graphique beaucoup plus simple et suffisamment exacte.

Le principe de cette méthode graphique consiste, après avoir adopté pour le mur un profil arbitraire, à le diviser par un certain nombre de joints réels ou fictifs tels que MN, à construire le centre de gravité de chacune des portions telles que CDMN (fig. 46, page 75) comprises entre le sommet et l'un quelconque des joints et à mesurer la surface et, par suite, le poids de cette portion ; puis à déterminer l'effort total qui s'exerce sur la surface extérieure de ce massif ainsi que son point d'application, et à composer ces deux forces par la règle du parallélogramme. On trouve ainsi les résultantes successives des efforts qui s'exercent sur chacun des joints, et leur intersection avec les surfaces de joints respectives sont des points de la courbe des pressions, que l'on peut ainsi tracer lorsqu'on en a déterminé un nombre suffisant. On s'assure alors que sur chaque joint la pression maximum ne dépasse pas la limite R_0 de la charge de sécurité. Si cette condition n'est pas satisfaite, ou bien si l'inclinaison de la pression sur la surface du joint dépasse l'angle de frottement, on modifie le profil que l'on avait adopté et l'on recommence jusqu'à ce que l'on trouve un profil pour lequel ces conditions soient satisfaites. On doit, au point de vue de l'économie, faire en sorte que la charge maximum sur chaque joint s'approche autant que possible de la limite de résistance sans la dépasser. Lorsqu'il n'en est pas ainsi, les matériaux sont mal employés et le mur pourrait être diminué sans que sa stabilité fût mise en péril.

Cette méthode de fausse position est générale et s'applique à tous les massifs de maçonnerie, quelles que soient leur forme et la répartition des efforts qu'ils supportent. Les tâtonnements auxquels elle donne lieu peuvent d'ailleurs se faire méthodiquement, de manière à en réduire le nombre et en même temps à éviter des calculs trop laborieux.

Supposons que l'on ait déterminé, sur un joint quelconque KL (fig. 47), la résultante P des efforts exercés par la partie comprise entre ce joint et l'extrémité CD, ainsi que le point E d'application de cette résultante, et que l'on ait vérifié que le joint KL satisfait, le mieux possible, aux conditions de stabilité. Proposons-nous de déterminer le joint suivant MN d'après les mêmes conditions.

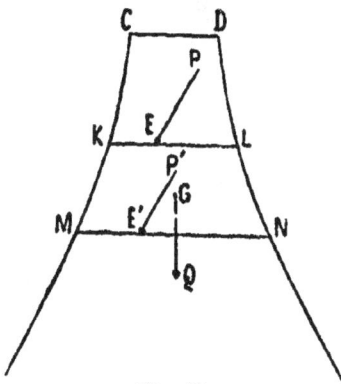

Fig. 47.

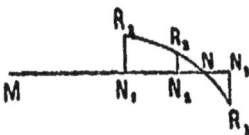

Fig. 47 bis.

Attribuons d'abord à ce joint une longueur arbitraire MN; nous pourrons, quel que soit le profil du massif, considérer les lignes KM et LN comme des lignes droites, et par conséquent, la figure MKLN comme un quadrilatère dont nous déterminerons le centre de gravité G et la surface, c'est-à-dire le

poids Q de la tranche correspondante du massif, par les règles ordinaires. Nous connaîtrons de même la grandeur F et le point d'application H des forces extérieures qui agissent sur cette tranche; en
composant donc les trois forces connues P, Q et F, nous aurons,
sur le joint MN, la résultante P' et son point d'application E' correspondant à la longueur MN. Supposons que, d'après la position
de ce point et la répartition qui en résultera pour les efforts sur
le joint MN, le point le plus chargé supporte un effort dépassant
la charge R_0 de sécurité d'une certaine quantité que nous représenterons par N_1R_1 (fig. 47 *bis*). Nous en conclurons que la longueur MN_1 attribuée au joint MN est trop faible et nous devrons
l'augmenter. Répétons le même essai avec deux longueurs nouvelles MN_2, MN_3; supposons que la première, encore trop faible,
donne, au point le plus chargé, un effort dépassant de N_2R_2
la charge de sécurité; et qu'au contraire la seconde, trop
grande, donne un effort plus faible que la limite de la quantité N_3R_3. Construisons la courbe qui passe par les points R_1
$R_2 R_3$ et qui coupe la ligne MN en un point N. La longueur
MN devra évidemment satisfaire d'une manière aussi approximative que possible à la condition économique de stabilité. La
longueur du joint MN étant déterminée, on passera à celle du
joint suivant que l'on trouvera de la même manière, et ainsi de
suite. Le contour du massif sera ensuite formé, soit par la ligne
polygonale réunissant les extrémités des joints ainsi calculés,
soit par une courbe continue qui s'éloignera d'autant moins de
ce polygone que le nombre de joints dont la longueur aura
été déterminée sera plus considérable.

En partant d'une extrémité CD du massif où la dimension
peut être déterminée directement, soit par l'application des mêmes
règles, soit par des considérations étrangères à la stabilité, on
arrivera, de proche en proche, à donner à toutes les parties du
massif les dimensions strictement nécessaires pour résister aux
efforts extérieurs qui y sont appliqués.

Il est bien entendu que, dans la détermination de la longueur
de chaque joint, on doit faire entrer en ligne de compte, non
seulement la résistance à l'écrasement, mais la condition relative
à l'inclinaison de la résultante, et, s'il y a lieu, la résistance à
l'extension. Les longueurs minima qui satisferont à ces conditions
seront, en général, différentes, et on devra adopter, pour la di-

6

mension du joint, la plus petite de celles qui satisfont à la fois à toutes les conditions de stabilité.

43. Cas où l'on tient compte de la résistance à la traction. — Il est d'usage, en général, comme nous l'avons dit, de négliger la résistance à l'extension, dans les maçonneries, c'est-à-dire de ne pas la faire entrer en ligne de compte dans les calculs de stabilité. Cela revient à supposer que si la résultante P (fig. 48) des pressions supportées par un joint quelconque MN, se trouve appliquée en dehors du noyau central de la superficie de ce joint, la pression se répartit seulement sur une partie de cette superficie, limitée par la ligne neutre correspondant au point d'application. Si, par exemple, le joint MN est rectangulaire, d'une largeur $MN = 2b$ et d'une longueur, perpendiculaire au plan de la figure, égale à l'unité ; si la résultante P, appliquée au milieu de cette longueur, se trouve à une distance $EI = p$ du centre I du rectangle, plus grande que le tiers de MI, la pression P se répartira seulement sur une largeur $MK = 3ME$ et l'effort maximum, s'exerçant au point M, sera le double de la pression moyenne, soit $2 \cdot \dfrac{P}{3(b-p)} = R_1$.

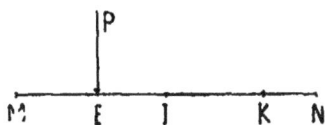

Si l'on supposait que le joint MN pût résister à l'extension, les efforts, en chaque point, seraient donnés par la formule générale $R = \dfrac{P}{\Omega}\left(1 + \dfrac{3px}{b^2}\right)$, x étant la distance du point considéré au centre I de la section. La pression maximum, au point M, serait donc $R'_1 = \dfrac{P}{2b}\left(\dfrac{3p}{b} + 1\right)$ et la tension maximum, au point N, aurait pour valeur $T'_1 = \dfrac{P}{2b}\left(\dfrac{3p}{b} - 1\right)$. Nous en déduisons $T'_1 = \dfrac{3p-b}{3p+b} \cdot R'_1$.

Cet effort de tension est égal à zéro, comme nous le savons, lorsque $p = \frac{1}{3} b = 0,333..b$. Pour des valeurs de p plus grandes que cette limite, l'effort T'_1 acquiert les valeurs suivantes :

$$\text{pour } \quad p = 0,40\,b, \qquad T'_1 = \frac{1}{11} R'_1 ;$$

$$p = 0,50\,b, \qquad T'_1 = \frac{1}{5} R'_1 ;$$

$$p = 0,60\,b, \qquad \mathrm{T'}_{,} = \frac{2}{7}\,\mathrm{R'}_{,};$$

$$p = 0,80\,b, \qquad \mathrm{T'}_{,} = \frac{7}{17}\,\mathrm{R'}_{,};$$

$$p = b, \qquad \mathrm{T'}_{,} = \frac{1}{3}\,\mathrm{R'}_{,}.$$

Lorsque les maçonneries sont bien faites, elles peuvent réellement supporter de petits efforts d'extension. Nous avons dit que, pour les mortiers, la charge de rupture par extension variait du $\frac{1}{5}$ au $\frac{1}{10}$ de la charge de rupture par écrasement, et comme, dans les constructions, on ne fait supporter aux matériaux qu'une petite fraction de cette charge de rupture à l'écrasement, on pourrait sans doute, sans inconvénient, leur faire supporter des tensions variant du $\frac{1}{5}$ au $\frac{1}{10}$ des pressions que l'on admet avec sécurité. On pourrait ainsi continuer à calculer la pression au point le plus chargé d'une section rectangulaire par la formule générale, tant que le point d'application de la résultante ne s'éloignerait pas du centre de plus de 0,40 à 0,50 de la demi-largeur de la section, au lieu de limiter l'application de cette formule à 0,333 de cette dimension.

44. Écart possible de la résultante, en dehors du noyau central. — Cet écart du point d'application de la résultante est *à fortiori* justifié lorsque, par suite de considérations étrangères à la stabilité, on est amené à donner à un joint une largeur telle que l'effort moyen ne soit qu'une petite fraction de la charge de sécurité. Il n'y a plus alors aucun inconvénient à rapprocher, du contour de la section, le point d'application de la résultante des forces qui y sont appliquées.

Si, d'ailleurs, après avoir calculé les efforts maxima en admettant l'existence de tensions vers l'extrémité N du joint, il arrivait que, par suite d'un vice de construction, les maçonneries ne résistassent effectivement à aucun effort d'extension, la sécurité de la construction ne serait pas, pour cela, compromise. Seulement, l'effort au point le plus chargé, au lieu d'être $\mathrm{R'}_{,} = \frac{\mathrm{P}}{2b}\left(\frac{3p}{b} + 1\right)$, deviendrait $\mathrm{R}_{,} = \frac{2\mathrm{P}}{3(b-p)}$ c'est-à-dire

$$\mathrm{R}_{,} = \frac{4\,b'}{3(b+3p)(b-p)}\,\mathrm{R'}_{,}.$$

Il deviendrait donc,

$$\text{pour} \quad p=0,40\,b, \qquad R_1=1,01\,R'_1;$$
$$p=0,50\,b, \qquad R_1=1,06\,R'_1;$$
$$p=0,60\,b, \qquad R_1=1,19\,R'_1;$$
$$p=0,805\,b. \qquad R_1=2\,R'_1.$$

Il devient, à la vérité, infini pour $p=b$; mais on voit que si la résultante ne s'écarte pas du centre du rectangle de plus de la moitié de sa demi-largeur, la pression au point le plus chargé, en supposant que les maçonneries ne résistent pas à un effort d'extension, ne dépasserait que de 6 0/0 celui que l'on aurait calculé, au même point, en admettant l'existence de ces efforts.

Il n'y aura donc, en général, aucun inconvénient à admettre que le point d'application de la résultante des efforts, sur une section rectangulaire MN (fig. 49), s'écarte, du centre I de cette

Fig. 49.

section, d'une longueur égale à la moitié CI de la demi-largeur MI de la section. Cette résultante pourra donc, sans que la sécurité soit compromise, être appliquée en un point quelconque de la moitié CD intermédiaire de la largeur du joint MN. Lorsqu'elle sera appliquée en dehors du tiers intermédiaire EF, qui correspond au noyau central, c'est-à-dire en un point des longueurs CE ou FD, le joint aura à résister à l'une de ses extrémités à un effort d'extension qui pourra atteindre le cinquième de l'effort de compression qui s'exercera à l'autre extrémité, ce qu'il pourra toujours faire si la maçonnerie est bien exécutée. Mais si, par suite d'une malfaçon, cette résistance venait à disparaître, il se produirait, au point le plus chargé, une augmentation de l'effort de compression qui ne dépasserait pas 6 0/0 de sa valeur primitive.

Dans le cas d'une section circulaire pleine, le noyau central est un cercle dont le rayon est le quart du rayon de la section, de sorte que le centre de pression devrait, pour éviter tout

Fig. 50.

effort d'extension, rester dans le quart intermédiaire EF (fig. 50) de la longueur d'un diamètre MN. Si donc MI $=a$, on devrait avoir EI $=p$ au plus égal à $\frac{a}{4}$. Si le centre de pression est appliqué en dehors de EF, à une distance du centre $p > 0,25\,a$, il se produit, vers l'extrémité opposée, un effort d'extension dont le rapport, à l'effort de compression maximum correspondant qui s'exerce à l'autre extrémité, est égal à $\frac{4p-a}{4p+a}$. Ce rapport, nul pour $p = \frac{a}{4}$, devient égal à $\frac{1}{7}$ pour $p = \frac{a}{3}$, et à $\frac{1}{5}$ pour $p = \frac{3}{8}\,a$ $= 0,375\,a$.

Par analogie avec ce que nous venons de dire pour les sections rectangulaires, on pourrait donc admettre, dans ce cas, que le centre de pression pût s'écarter du centre de la section d'une longueur égale aux $\frac{3}{8}$ du rayon.

Lorsqu'il s'agit d'une couronne circulaire comprise entre deux circonférences de rayons a et a', nous trouverions de même que l'effort de tension, nul lorsque $p = a.\left(\frac{a'+a''}{4a'}\right)$, devient égal à $\frac{1}{5}$ de l'effort de compression correspondant lorsque $p = a.\frac{3(a'+a'')}{8a'}$. Et ce serait cette limite que l'on pourrait admettre, l'écart maximum du centre de pression.

Il y a cependant des circonstances où l'on doit éviter, d'une manière absolue, de faire supporter aux maçonneries des efforts d'extension, si minimes qu'ils soient, par exemple lorsqu'elles doivent résister à la poussée de l'eau. Dans ce cas, on devra s'astreindre à faire passer la résultante des efforts dans l'intérieur du noyau central de chaque joint.

Lorsque les efforts auxquels doivent résister les maçonneries sont intermittents ou variables, les conditions de stabilité doivent naturellement être vérifiées pour toutes les valeurs de ces efforts.

Au point de vue de l'économie, comme au point de vue de la stabilité, il y a toujours intérêt à faire en sorte que les points d'application des résultantes soient le plus rapprochés possible du centre de gravité des divers joints. C'est à cette condition que les matériaux sont le mieux utilisés, c'est-à-dire qu'ils peuvent supporter un effort déterminé avec une dimension moindre.

Ces principes généraux étant posés, la vérification de la stabilité des massifs de maçonnerie s'effectuera facilement, à la con-

dition que l'on connaisse les efforts latéraux qu'ils ont à supporter.

Ces efforts se déterminent facilement lorsqu'ils sont produits
par des constructions supportées par les maçonneries dont il
s'agit, comme des planchers, des couvertures, etc. Les conditions
de stabilité de ces constructions font connaître les actions
qu'elles doivent exercer sur les massifs sur lesquels elles s'appuient.

Il en est de même lorsque ces efforts proviennent de la pression d'un liquide, comme celle qui s'exerce sur des murs de
réservoirs.

Nous allons dire quelques mots de la manière dont on les calcule lorsqu'ils sont dus au vent, et nous étudierons plus loin,
en détail, la poussée des terres sur les murs de soutènement.

CHAPITRE IV

EXEMPLES DE MASSIFS SOUMIS A DES EFFORTS LATÉRAUX

§ Ier

ACTION DU VENT

45. Intensité de la pression du vent. — On admet généralement que la pression exercée par le vent sur une surface plane, normale à sa direction, est proportionnelle à l'étendue de cette surface. Ce n'est là qu'une approximation dont on se contente en l'absence de résultats précis d'expériences.

Borda a trouvé que, pour une même vitesse du vent, l'intensité de la pression, par unité de surface, augmentait avec l'étendue de la surface exposée au vent, et d'Aubuisson, en discutant ses expériences, a reconnu qu'elles se vérifiaient en admettant que la pression, par unité de surface, était proportionnelle à la puissance $1,1 = \frac{11}{10}$ de l'étendue de la surface.

Cette conclusion a été contestée par M. Baker, l'ingénieur bien connu qui a construit le pont sur le *Firth of Forth*. Il a entrepris, aux environs du point où cet ouvrage devait être établi, des expériences nouvelles dont le compte rendu détaillé n'a pas encore été publié, au moins à ma connaissance. D'après les premiers résultats, il semblerait démontré que l'intensité du vent, par unité de surface, diminue au contraire, toutes choses égales d'ailleurs, avec l'étendue de la surface exposée au vent; c'est-à-dire qu'une surface d'un mètre carré, par exemple, subirait un effort notablement inférieur à cent fois celui que subit, par l'action d'un même vent, une surface d'un décimètre carré. Il serait à désirer que les résultats de ces expériences fussent portés à la connaissance du public.

On admet, en général, que la pression p exercée par le vent est proportionnelle au carré de la vitesse V, et exprimée approximativement par la formule $p = 0,113 \ V^2$, qui donne les chiffres suivants :

DÉSIGNATION DES VENTS	VITESSE PAR SECONDE	PRESSION PAR MÈTRE CARRÉ
	mètres	kilogrammes
Vent à peine sensible.	0,50	0,03
Petite brise	2,00	0,45
Bonne brise	10,00	11,30
Grand frais	20,00	45,00
Coup de vent	27,00	83,00
Ouragan.	45,00	230,00

Il n'est pas nécessaire, pour calculer la stabilité des constructions, de connaître la relation exacte entre la pression exercée par le vent et la vitesse. Il suffit de connaître la plus grande pression qui peut se produire dans une localité donnée.

Les pressions atteignant et dépassant 300 kil. ne se produisent que dans des circonstances tout à fait exceptionnelles.

On a constaté à Liverpool, le 7 février 1868, une pression de 298 kil. et, le 27 septembre 1875, une pression de 346 kil. En Amérique, des cyclones ont produit une pression qui a atteint 455 kil. par mètre carré [1].

A la suite du renversement par le vent d'un train de chemin de fer sur la ligne de Perpignan à Narbonne, M. Nordling (*Annales des Ponts et Chaussées*, 1er semestre, 1868, page 219) a calculé que la pression du vent avait dépassé le chiffre de 134 kil. par mètre carré sans atteindre 254 kil. L'endroit où l'accident a eu lieu est près de l'étang de Leucate, au pied des contre-forts des Corbières qui forment un goulet de deux cents mètres de profondeur, dont la direction est perpendiculaire à la voie. Le vent y acquiert une grande violence.

L'effort qui doit servir de base aux calculs de la résistance à l'action du vent n'est donc pas déterminé ; il est variable avec les circonstances et les localités. Il est certain que si l'on adoptait, pour cet effort, le plus grand des chiffres observés, soit 455 kil. par mètre carré, on serait absolument assuré d'être à l'abri de tout accident, mais on donnerait ainsi aux constructions un surcroît exagéré de stabilité. On doit, pour rester dans les limites d'une économie rationnelle, évaluer les conséquences de la destruction du massif à construire, et les probabilités de l'apparition d'un vent assez violent pour le détruire. On admet généralement le chiffre de 280 à 300 kil. par mètre carré comme la limite supérieure de l'effort à redouter dans les circonstances les plus défavorables, et l'on considère qu'une construction, établie pour résister à cet effort, présente une sécurité aussi complète que possible. C'est celui que l'on doit adopter pour une construction dont le renversement aurait des conséquences désastreuses. Au contraire, s'il s'agit d'une construction de peu d'importance, comme le serait un mur de clôture isolé dont le renversement constitue simplement un accident réparable moyennant une faible dépense, on doit en calculer les dimensions non pas

1. Minutes of Proceedings de la Société des Ingénieurs civils de Londres, vol. LXIV, page 352, et vol. LXVI, page 388.

en se plaçant au point de vue d'une sécurité absolue, mais en tenant compte des circonstances locales qui peuvent influer sur la grandeur de l'effort du vent, suivant, par exemple, que la construction est exposée ou non aux vents régnants, qu'elle est plus ou moins abritée, etc., et en faisant une comparaison entre la dépense qu'exigerait la reconstruction après un renversement eu égard à la probabilité de cet accident, et l'économie que l'on obtient en réduisant les dimensions.

Si l'on considère, par exemple, que le renversement de wagons de chemins de fer est un fait excessivement rare, on conclura que les vents qui donnent des efforts supérieurs à 150 ou 160 kil. par mètre carré, capables de produire cet effet, sont eux-mêmes très rares, et l'on pourra adopter ce chiffre avec une sécurité relativement suffisante pour beaucoup de constructions.

Lorsque la surface plane rencontrée par le vent n'est pas perpendiculaire à sa direction, mais fait avec elle un angle α, la pression exercée par le vent varie avec l'angle α suivant une loi qui paraît fort compliquée.

Hutton, en 1812, était arrivé à représenter ces variations par la formule

$$(\sin \alpha)^{1.8\cos \alpha}$$

à laquelle Bresse a proposé de substituer la suivante :

$$\sin^2\alpha + 0{,}2\,\frac{\sin 2\alpha}{1+\cos^2\alpha} = \sin^2\alpha\,\frac{2{,}8-1{,}8\sin^2\alpha}{2-\sin^2\alpha}$$

qui donne les mêmes résultats.

D'après cela, la pression sur une surface oblique serait plus grande que le produit par $\sin^2\alpha$ de la pression sur la même surface exposée normalement à l'action du vent.

Or, si l'on admet la proportionnalité de la pression sur une surface oblique au carré des sinus de l'inclinaison, et si, par une intégration facile[1], on cherche à évaluer la pression sur une surface cylindrique, on trouve que cette pression serait les deux tiers de celle qui se serait exercée sur la section diamétrale du cylindre.

_____

1. Soit MN (fig. 51) un élément d'une surface cylindrique de rayon $OA = r$ et d'une longueur égale à l'unité et soit α l'angle formé par cet élément avec

La pression sur chacun des éléments étant plus grande que celle que l'on admet ainsi, on devrait trouver que la pression réellement exercée sur une surface cylindrique est supérieure $\frac{2}{3}$ de celle que supportait son plan diamétral. Or, les expériences de Borda ont donné, au contraire, pour ce rapport, le nombre 0,57, plus petit que $\frac{2}{3}$.

Toutefois, et en raison même de l'incertitude qui semble régner encore sur les résultats de ces expériences, on admet généralement, pour la pression du vent sur une surface oblique, la proportionnalité au carré du sinus de son inclinaison, et pour la pression sur une surface cylindrique, les deux tiers de celle qui se produirait sur la section diamétrale du cylindre.

Ce ne sont que des approximations, à défaut d'une connaissance plus exacte de la réalité des phénomènes.

46. Variation avec la hauteur. — Enfin, la pression du vent varie avec la hauteur au-dessus du sol de l'objet qui y est exposé. Les lois de cette variation sont encore peu connues. M. Stevenson[1] a proposé, pour représenter la vitesse v à une hauteur h, lorsque l'on connaît déjà la vitesse V observée à une hauteur H, la formule :

$$ v = V \sqrt{\frac{h + 22^m 00}{H + 22^m 00}}. $$

Il n'a vérifié cette formule que pour des hauteurs comprises entre 5 et 15 mètres. A des hauteurs plus petites que 5 mètres, la

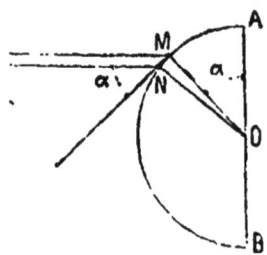

la direction du vent. L'angle AOM sera aussi égal à α. Nous aurons $MN = r\,d\alpha$, et la pression, si elle est k par unité de surface sur une paroi normale au vent, sera, sur MN, égale à $kr\sin^2\alpha\,d\alpha$. La composante, dans la direction normale à AB, sera $kr\sin^3\alpha\,d\alpha$, et la résultante de toutes les composantes semblables sur la demi-circonférence AMB sera

$$ \int_0^\pi kr\sin^3\alpha\,d\alpha = kr\int_0^\pi \sin\alpha(1-\cos^2\alpha)\,d\alpha $$

$$ = kr\left(\cos\alpha - \frac{\cos^3\alpha}{3}\right)_0^\pi = \left(2 - \frac{2}{3}\right)kr = \frac{2}{3}k.2r. $$

Fig. 51.

1. Minutes of Proceedings de la Société des Ingénieurs civils de Londres, vol. LXIX.

vitesse est généralement beaucoup plus faible que celle que donnerait cette formule, qui semble, au contraire, s'appliquer assez bien à des observations faites de 10 à 30 mètres de hauteur, par le Dr Fines, à Perpignan.

Si cette formule était exacte, la pression du vent, qui est proportionnelle au carré de la vitesse, varierait, pour les hauteurs supérieures à 5 mètres, proportionnellement aux hauteurs mesurées au-dessus d'un point placé à 22 mètres en contre-bas du sol. Il faudrait en conclure que le point d'application de la résultante de la pression sur une surface rectangulaire ne serait pas au milieu de la hauteur, mais plus haut, ce qui lui donnerait, par rapport à la base, un moment de renversement d'une valeur plus grande.

Dans les calculs de stabilité des massifs exposés à l'action du vent, on ne tient pas compte ordinairement de cette différence, qui cependant ne serait pas négligeable.

17. Règle usuelle. — En résumé, on calcule la pression du vent eu égard aux conditions locales, et aux indications qu'elles peuvent fournir sur les plus grandes vitesses du vent que l'on peut avoir à redouter.

A défaut de ces indications, on admet généralement que la pression du vent ne dépassera pas 280 kil. par mètre carré de surface plane directement exposé à son action ; on compte les surfaces cylindriques pour les deux tiers de leur surface diamétrale.

Pour les massifs peu élevés, comme les murs de clôture, qui ne dépassent pas le niveau du sol de plus de 4 à 5 mètres, on réduit ordinairement l'intensité maximum du vent par mètre carré aux environs de 100 kil., un peu au-dessus de ce chiffre ou un peu au-dessous, suivant que les constructions sont plus ou moins exposées au vent ou abritées par les constructions voisines.

L'action du vent sur une surface inclinée, comme une couverture, doit être diminuée proportionnellement au carré des sinus de l'inclinaison mutuelle de la surface et de la direction du vent. On admet généralement que cette direction fait un angle de 10 degrés avec l'horizontale, de sorte que si α est l'inclinaison sur l'horizontale de la surface de la couverture, l'angle qu'elle fait avec la direction du vent sera (α + 10°) et la

pression exercée par le vent sur cette surface sera égale à celle
p qui serait exercée sur une surface normale (soit par exemple
100 kil. par mètre carré) multipliée par $\sin^2(\alpha + 10°)$. Et la com·
posante verticale de cette pression, à ajouter au poids de la
couverture, aura pour expression

$$\frac{p\sin^2(\alpha + 10°)}{\cos\alpha}.$$

Voici les valeurs de ce coefficient pour des valeurs de l'angle α
dont les tangentes trigonométriques sont exprimées par les
nombres de la première colonne.

$$\text{pour } \tan g\, \alpha = \frac{1}{1} = 1,00, \text{ on a } \frac{\sin^2(\alpha + 10°)}{\cos\alpha} = 0,95,$$

$$\frac{2}{3} = 0,67, \qquad\qquad 0,57,$$

$$\frac{1}{2} = 0,50, \qquad\qquad 0,40,$$

$$\frac{2}{5} = 0,40, \qquad\qquad 0,30,$$

$$\frac{1}{3} = 0,33, \qquad\qquad 0,21,$$

$$\frac{1}{4} = 0,25, \qquad\qquad 0,17,$$

$$\frac{1}{5} = 0,20, \qquad\qquad 0,13.$$

Lorsque les constructions exposées au vent présentent des
ouvertures permanentes, la superficie de celles-ci doit, naturellement, être déduite de la surface totale, à la condition toutefois
qu'il ne se trouve pas, en arrière de l'ouverture, une autre surface faisant partie de la même construction et sur laquelle le
vent pourrait exercer son action après avoir traversé cette ouverture. Ainsi, par exemple, dans un pont supporté par deux poutres parallèles, en treillis, la surface exposée au vent, servant de
base aux calculs de stabilité, devra être un peu inférieure au
double de la surface réelle de l'une des deux poutres, la seconde
poutre étant comptée pour une fraction seulement, ordinairement la moitié ou les trois quarts, de sa surface réelle, pour
tenir compte de ce qu'elle est en partie abritée par la première.

48. Moment de stabilité. Moment de renverse-

ment. — Les calculs faits avec les mêmes données permettent
de comparer entre eux divers massifs au point de vue de la résistance qu'ils opposent à l'action du vent.

Si, en considérant la base d'appui d'une construction, on calcule, d'une part, le moment par rapport à l'arête de cette base,
de l'effort qui tend à la renverser, en partant d'un chiffre déterminé pour la pression du vent et, d'autre part, le moment par
rapport à la même arête de son poids, c'est-à-dire de l'effort qui
tend à le maintenir en place, le rapport de ces deux moments
sera, en quelque sorte, une mesure de la stabilité.

Ce rapport du moment du poids, ou *moment de stabilité*, au
moment de l'effort latéral, ou *moment de renversement*, a été
appelé *coefficient de stabilité ;* mais il n'a de signification absolue
qu'autant que l'on fait connaître en même temps le chiffre que
l'on a admis pour l'intensité de l'action du vent.

Lorsque ce coefficient est supérieur à l'unité, c'est-à-dire lorsque le moment de stabilité est supérieur au moment de renversement, le massif peut résister à l'effort du vent que l'on a admis
dans le calcul ; il sera au contraire renversé par un vent de
même intensité si le coefficient de stabilité est inférieur à l'unité.
Mais ce coefficient n'indique rien sur ce que peut être la stabilité sous un effort différent de celui pour lequel il a été calculé.

Il paraît plus rationnel de mesurer la stabilité par la valeur
de la pression maximum à laquelle peut résister le massif, c'est-
à-dire la valeur de la pression pour laquelle le coefficient de
stabilité est égal à l'unité.

La mesure de la stabilité peut se calculer, en prenant, comme
nous venons de le dire, les moments des efforts autour de l'arête
de la section de la base ; mais il est préférable d'effectuer cette
mesure en prenant les moments, non plus autour de l'arête
même de la base, mais autour d'une ligne passant par la position limite que peut occuper le centre de pression, dans la section de la base, sans que la stabilité soit en péril. Ce sera ainsi,
pour une section rectangulaire (page 84) une ligne distante du
centre, de la moitié de la largeur de la demi-base ; pour une
section circulaire pleine, une ligne distante des $\frac{3}{8}$ du rayon, etc.

**40. Comparaison des tours rondes aux tours car-
rées.** — Il est inutile de faire observer que la pression du

vent étant intermittente et pouvant s'exercer indifféremment dans toutes les directions, les massifs de maçonnerie qui y sont exposés, et dont la forme n'est pas déterminée par d'autres considérations, doivent de préférence avoir une section horizontale en forme de cercle plein ou creux. L'adoption de cette forme réduit, en effet, aux deux tiers l'effort qui serait exercé par le vent sur une surface plane égale à la section diamétrale, comme celle que présenterait un massif à section carrée dont le côté serait égal au diamètre du massif à section circulaire. Si donc nous considérons deux massifs de même section horizontale, l'un circulaire, de rayon r, l'autre carré, de côté a, tel que $a^2 = \pi r^2$; la pression du vent sur le massif circulaire sera proportionnelle à $\frac{2}{3} \cdot 2r = \frac{4}{3} r$, et sur le massif carré à $a = r \sqrt{\pi}$. Elle sera plus grande que la pression sur le massif circulaire, dans le rapport de $\sqrt{\pi}$ à $\frac{4}{3}$ ou de $\frac{1,7725}{1,3333} = 1,33$. A égalité de surface horizontale, c'est-à-dire de poids des maçonneries, le massif carré devra donc résister à une pression égale à peu près aux $\frac{4}{3}$ de celle qui serait exercée sur le massif circulaire. Et le bras de levier du poids, c'est-à-dire de la résistance, serait pour le massif carré $\frac{1}{4} a = r \frac{\sqrt{\pi}}{4}$, et pour le massif circulaire, $\frac{3}{8} r$; il ne serait augmenté que dans la proportion de $\frac{3}{8}$ à $\frac{\sqrt{\pi}}{4}$, tandis que l'effort de renversement est augmenté dans le rapport de $\sqrt{\pi}$ à $\frac{4}{3}$. Toutes choses égales d'ailleurs, la stabilité du massif circulaire sera donc, à celui du massif carré, dans le rapport de $\sqrt{\pi} \times \frac{3}{8}$ à $\frac{4}{3} \times \frac{\sqrt{\pi}}{4}$ ou de 9 à 8.

Appliquons par exemple ce mode de calcul à la détermination des conditions de stabilité de la colonne de Boulogne-sur-Mer, citée par Léonor Fresnel dans son mémoire sur la stabilité du phare de Belle-Isle. Pour cette colonne, le diamètre extérieur à la base est $2a = 4^m,23$ et le diamètre intérieur $2a' = 2^m,76$. Il en résulte que le centre de pression peut s'écarter sans danger jusqu'à une distance du centre $p = \frac{3}{8} a \cdot \frac{a'+a''}{a'} = 1^m,43$.

Le poids des maçonneries étant de 851.040 kil., le produit des deux tiers de la surface diamétrale par la moitié de la hauteur étant de 1.529^m,6, on voit que l'effort du vent qui serait nécessaire pour amener le centre de pression à la limite de ses positions non dangereuses devrait atteindre $\dfrac{851.040 \times 1.13}{1.529,6}$ = 629 kilogrammes par mètre carré, c'est-à-dire plus du double de ce qui a été constaté dans les coups de vent les plus violents. Et l'on donnera, de la stabilité de ce monument, une idée bien plus précise lorsque l'on dira qu'il pourrait résister sans danger à un vent produisant un effort de 629 kilogrammes par mètre carré, qu'en disant que son coefficient de stabilité est de 3,5.

La surface de la couronne annulaire de la base d'appui étant de 80.701 centimètres carrés, la pression uniformément répartie représente $\dfrac{851.040}{80.701} = 10^k,55$ par centimètre carré, et c'est celle qui se produit lorsque l'action du vent ne se fait pas sentir. S'il arrivait un vent assez violent pour déplacer le centre de pression jusqu'à la limite de stabilité que nous avons admise, c'est-à-dire donnant une pression de 629 kilogrammes par mètre carré, la pression sur la base d'appui se répartirait à raison de $10^k,55 \times \left(\dfrac{4\,pa}{a^2 + a^{\prime 2}} + 1 \right) = 10^k,55 \times \left(\dfrac{12}{8} + 1 \right) = 10^k,55 \times 2,5 = 26^k,28$ par centimètre carré au point le plus chargé, et il se produirait du côté opposé une tension dont la valeur maximum serait $10^k,55 \times \left(\dfrac{4\,pa}{a^2 + a^{\prime 2}} - 1 \right) = 10^k,55 \times \left(\dfrac{12}{8} - 1 \right) = 5^k,28$, ce qui, eu égard à l'excellente qualité des pierres et ciments employés dans la construction de la colonne, n'aurait sans doute aucun inconvénient.

Si l'adhérence du mortier aux pierres était détruite, la pression maximum, au point le plus chargé, serait augmentée d'environ 6 pour 100, atteindrait 28 kilog. par centimètre carré et ne compromettrait pas encore la stabilité de l'édifice.

50. Cheminées d'usines. — Les cheminées d'usines, qui ont à l'extérieur une forme conique ou pyramidale, sont, en général, composées de plusieurs tronçons dans l'étendue desquels l'épaisseur reste constante, séparés par les redans ménagés à l'intérieur et sur lesquels l'épaisseur varie brusquement.

C'est évidemment aux joints correspondant à ces diminutions

d'épaisseur que correspond le minimum de stabilité de chaque tronçon, et il suffit de vérifier la stabilité sur chacun de ces joints. Nous donnons comme exemple le calcul de la stabilité de la grande cheminée de Saint-Rollox, près de Glasgow. Nous avons admis, comme poids spécifique de la maçonnerie de briques, dont elle est formée, le chiffre de 1.800 kil. par mètre cube.

Hauteur, au-dessus du sol, des joints de division.	Diamètre extérieur.	Épaisseur.	Poids.	Bras de levier du poids $= \frac{2}{3}\,a\left(1+\frac{a'^2}{a^2}\right)$	Moment du poids.	Produit de la surface exposée au vent (égale aux 2/3 de la surface méridienne), par la hauteur du centre de gravité au-dessus du joint.	Plus grande pression du vent par mètre carré compatible avec la stabilité.
132m,74	4m,11						
106m,83	5m,10	0m,356	223.920k	1m,67	374.000k	994mc30	376k
64m,16	7m,32	0m,457	638.280k	2m,42	2.086.500k	8.121mc	257k
34m,90	9m,30	0m,571	678.600k	3m,10	4.776.500k	18.631mc	256k
16m,61	10m,67	0m,686	658.440k	3m,52	7.700.000k	28.305mc	272k
0	12m,19	0m,800	807.250k	4m,02	12.086.000k	39.963mc	302k

C'est donc vers le milieu de la cheminée, au joint qui se trouve à 64m,16 de hauteur, ou vers le quart inférieur, à celui qui est à 34m,90 de hauteur, que la cheminée se romprait sous l'action d'un coup de vent violent.

PRESSION PAR CENTIMÈTRE CARRÉ SUR CHAQUE JOINT		TENSION MAXIMUM
MOYENNE LORSQUE LE VENT NE SOUFFLE PAS	MAXIMUM AVEC L'INTENSITÉ MAXIMUM DU VENT COMPATIBLE AVEC LA STABILITÉ	
4k,28	10k,70	2k,14
8,05	22,12	4,02
9,86	24,63	4,93
10,32	25,80	5,16
10,36	25,90	5,18

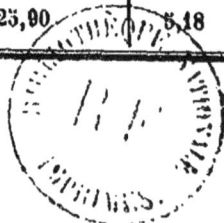

On voit que, pour résister à ces efforts, la cheminée doit être construite en matériaux assez résistants pour supporter sans danger un effort de 25k,90 à l'écrasement et de 5k,18 à l'extension. Si ce dernier effort produisait une disjonction des maçonneries, l'effort maximum de compression augmenterait de 6 p. 100 environ et atteindrait près de 28 kilogrammes.

7

§ 2

MURS DE RÉSERVOIRS

51. Considérations générales. — Lorsqu'un mur doit résister à la pression de l'eau, il est facile de déterminer, en chaque point, la valeur de l'effort latéral qu'il a à supporter. On peut alors construire la courbe des pressions comme on l'a dit plus haut et déterminer successivement les dimensions de chaque assise de manière à satisfaire le plus économiquement possible aux conditions de la stabilité.

Il est fort important, dans les murs de cette espèce, que les maçonneries ne travaillent jamais à un effort de traction ; il pourrait arriver que cet effort provoquât des fissures dans lesquelles pénétrerait l'eau qu'il s'agit de retenir, et dont la pression s'exerçant alors de bas en haut, dans l'intérieur de ces fissures, pourrait entraîner la chute de la partie de mur située au-dessus.

On devra donc, autant que cela sera possible sans exagérer beaucoup les dimensions du mur, faire en sorte que, sur chaque joint horizontal, la résultante des efforts passe dans le tiers intermédiaire de la largeur ; et si, dans quelques parties, on s'est dispensé, par des raisons d'économie, de satisfaire à cette condition, il faudra surveiller avec le plus grand soin la confection des maçonneries du côté de l'intérieur, renoncer aux assises horizontales, plus favorables à la disjonction, construire cette partie du mur avec des moellons placés verticalement ou en hérisson, de manière à multiplier les faces de contact dans le sens vertical, et s'assurer que tous les joints sont bien garnis de mortier adhérent aux pierres.

Contrairement à ce qui se passe pour les murs de soutènement, la poussée de l'eau sur les murs de réservoirs est généralement intermittente : le mur doit être stable aussi bien lorsque le réservoir est vide que lorsqu'il est rempli d'eau à une hauteur quelconque. Cette considération conduit à rejeter, pour les murs de réservoirs, les profils en surplomb qui sont au contraire fort usités pour les murs de soutènement. Le parement intérieur est généralement vertical, au moins dans la partie supérieure. La condition de stabilité du mur, lorsqu'il ne résiste à aucune pression, oblige même à donner un fruit à ce parement, au moins dans sa partie inférieure, lorsqu'il s'agit de murs très élevés. C'est ce que l'on observe, par exemple, dans le profil de la digue de Ternay, où le parement intérieur, vertical à sa partie supérieure, sur 17^m,85 de hauteur, présente, au-dessous, un fruit d'environ 1/5.

52. Détermination du profil.

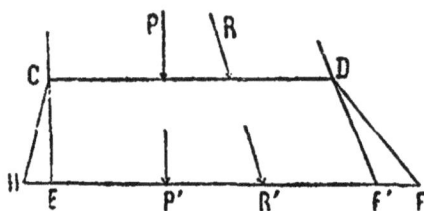

Fig. 52.

— Voici comment on peut déterminer la forme à adopter pour cette partie inférieure du mur. Supposons que l'on ait opéré comme il a été dit précédemment. On est parti d'une assise CD (fig. 52), sur laquelle les conditions de stabilité sont satisfaites, c'est-à-dire sur laquelle ni la pression P correspondant au poids du mur, ni la pression R correspondant à l'hypothèse du réservoir rempli d'eau, ne donnent en aucun point de pression supérieure à la charge de sécurité des matériaux.

Pour déterminer l'assise suivante EF, on la suppose d'abord limitée au point E sur la verticale du point C, c'est-à-dire que l'on suppose le parement vertical; on calcule sa longueur EF de manière que la résultante R' du poids du mur et de la pression de l'eau, au-dessus de cette assise, ne donne pas, au point F, un effort supérieur à la charge de sécurité, et l'on trouve par exemple, que sous l'action seule du poids P' du mur, le point E aura à supporter un effort supérieur à cette limite. Il en résulte que le parement CE ne peut plus rester vertical. On prendra une longueur P'H telle que la pression au point H soit précisément égale à la charge de sécurité et on prendra CH pour parement provisoire. Cette hypothèse modifiera la valeur et le point d'application de la force R' et par suite conduira à adopter une nouvelle direction DF' pour le parement d'aval. Le poids P' lui-même et son point d'application se trouveront aussi légèrement modifiés et l'effort au point H ne sera plus rigoureusement égal à la charge de sécurité. On corrigera, en conséquence,

la position de ce point, ce qui déterminera une nouvelle direction pour le parement d'aval, et on arrivera ainsi, par approximations successives, à satisfaire à la fois aux deux conditions. Il
suffira généralement de s'en tenir à la première ou à la seconde
approximation.

Au point de vue de la facilité et de la rapidité des calculs, il
n'est peut-être pas inutile de faire remarquer que la pression de
l'eau sur un parement incliné tel que CH peut être remplacée
par ses deux composantes : la pression sur la verticale CE qui
s'ajoute aux pressions sur la partie supérieure du parement du
mur lequel est vertical au-dessus du point C, et la pression sur
HE qui est verticale et qui s'ajoute au poids de l'assise CDHF.
On n'a ainsi à composer que des forces parallèles, ce qui simplifie un peu les opérations.

On ne doit pas négliger de s'assurer que, sur chaque assise,
la direction de la ré-
sultante ne fait pas,
avec la normale, un
angle plus grand que
l'angle de frottement.
Si cette condition
n'était pas satisfaite,
on devrait établir les
assises suivant une di-
rection inclinée de
manière à s'opposer
efficacement au glis-
sement des maçonne-
ries.

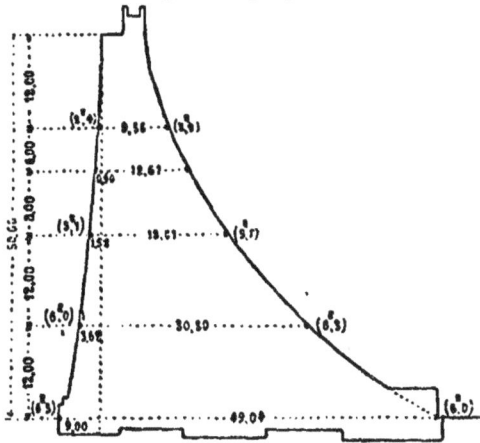

Fig. 53.

Nous donnons comme exemple de mur de réservoirs celui du
Furens, construit près de Saint-Étienne. Les chiffres entre parenthèses donnent les valeurs des efforts qui s'exercent aux
points les plus chargés (fig. 53).

53. Considération des sections obliques. — M. Guillemain, inspecteur général des Ponts et Chaussées, a fait remarquer que la vérification des conditions de la stabilité devait se
faire, non seulement sur les diverses sections horizontales du
mur, mais aussi sur les sections inclinées menées fictivement,

suivant des directions quelconques à travers son épaisseur. Si,
après avoir déterminé, par le procédé indi-
qué plus haut, les largeurs O_3M_3, O_1M_1, OM
(fig. 54), de diverses sections horizontales,
on cherche à vérifier la condition de stabilité sur des sections inclinées OM_1. OM_2,
on trouvera, en général, qu'elle n'est pas
satisfaite et que les épaisseurs du mur
doivent être augmentées. Au lieu d'un profil
concave, tel que CEMD, auquel on serait
amené par la seule considération des sections horizontales, on trouvera un profil
convexe CENF.

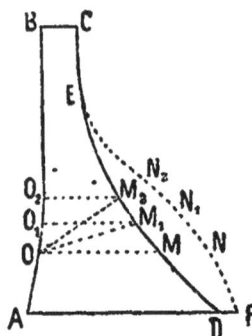

Il en résulte que le profil à adopter pour un mur d'une hauteur BO, par exemple, n'est pas tout à fait le même que celui qui
convient à cette même hauteur BO, lorsqu'elle forme la partie
supérieure d'un mur plus élevé.

Ce résultat semble paradoxal; il aurait sans doute besoin
d'être vérifié expérimentalement.

On peut consulter sur le même sujet un article de M. Hétier,
dans les *Annales des Ponts et Chaussées*, 1886.

54. Action de l'eau en mouvement. Choc des lames.
— Lorsqu'un massif de maçonnerie doit résister à l'effort de
l'eau en mouvement, on doit calculer la pression exercée par le
liquide par la formule générale donnée dans les traités d'hy-
draulique :

$$P = KAV^2$$

dans laquelle P est l'effort cherché, A la section pressée, V la
vitesse de l'eau supposée normale à la section A, et K un coefficient numérique qui a des valeurs variables suivant la forme de
la section, mais que, pour une surface plane, normale au courant, on peut prendre égal à 60 environ, ce qui revient à dire
qu'une surface plane soumise à la pression d'un courant d'eau
ayant une vitesse d'un mètre par seconde subirait un effort de
60 kilog. par mètre superficiel.

L'effort exercé par les vagues de la mer sur les massifs contre
lesquels elles se brisent peut quelquefois atteindre des valeurs
considérables. M. Leferme a établi (*Annales des Ponts et Chaus-*

sées, 1869, 1ᵉʳ semestre, page 387) que, dans les tempêtes les plus violentes, cet effort ne dépasse pas d'ordinaire 4 à 5.000 kil. par mètre carré, ce qui correspond à une vitesse de 9 mètres par seconde environ; mais que, par suite de circonstances extrêmement rares dont il est bien difficile de se rendre compte, l'effort de l'une des lames peut atteindre et dépasser 30.000 kil., ce qui correspondrait à une vitesse de près de 25 mètres par seconde.

§ 3

CULÉE D'UN PONT SUSPENDU

55. Effort auquel la culée doit résister. — Une culée de pont suspendu est soumise à un genre d'effort qui se rencontre assez rarement dans les constructions : c'est un effort latéral dont la composante verticale, dirigée de bas en haut, tend à la soulever. Les règles précédentes sont applicables à la détermination des dimensions de ce massif de maçonnerie et voici comment on peut en faire le calcul.

Nous supposons connus : la composante horizontale Q, de la

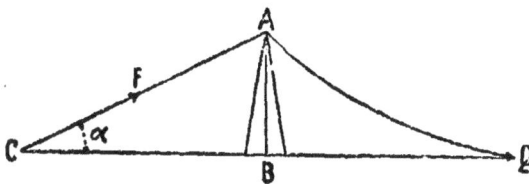

Fig. 55.

traction exercée par le câble principal, la hauteur BA=H (fig. 55) de la pile ou du support sur lequel passent les câbles, la distance horizontale BC=*l* entre le point C où les câbles de retenue pénètrent dans la culée et la verticale BA et par suite l'angle α, ou tang α = $\frac{H}{l}$, formé par ces câbles avec l'horizontale; l'effort F, exercé par ces mêmes câbles dans le sens de leur direction, se déterminera en écrivant l'équilibre du point A, ce qui donne

$$F\cos\alpha = Q, \qquad F\sin\alpha = Q\tan\alpha = Q\frac{H}{l};$$

d'où

$$F = \frac{Q}{\cos\alpha} = \frac{Q\sqrt{H^2+l^2}}{l}.$$

56. Cas d'un câble rectiligne. — Supposons d'abord que le câble conserve sa direction primitive dans toute l'épaisseur de la culée, dans laquelle il pénètre par une ouverture rectiligne CD (fig. 56), dont il ne touche pas les parois. En D, il est fixé à des plaques de retenue ou bien il se prolonge au-dessous de la culée pour rejoindre l'autre câble placé symétriquement de l'autre côté. En tout cas, nous pouvons considérer l'effort F qu'il exerce dans le sens DC comme appliqué au point D. L'effort du second câble agit de la même manière de l'autre côté, nous ne considérerons que la moitié de la culée qui résiste à l'un des efforts F.

Soit G' le centre de gravité et $P = GP$ le poids de ce massif. Appelons $a = DK$ la distance du point d'attache D du câble à l'arête antérieure K de la culée, $b = EK$ la distance à cette même arête de la verticale GEP du centre de gravité G et c la longueur totale KL du joint horizontal du massif. L'effort R, exercé par la culée sur la base KL, est la résultante de l'effort de traction F et du poids P et on l'obtiendra, en grandeur et en direction, en construisant le parallélogramme GPRF. Soit I le point où cette résultante rencontre la base KL ; appelons x la distance IK de ce point à l'arête antérieure K, et θ l'angle GRF = RGP qu'elle fait avec la verticale.

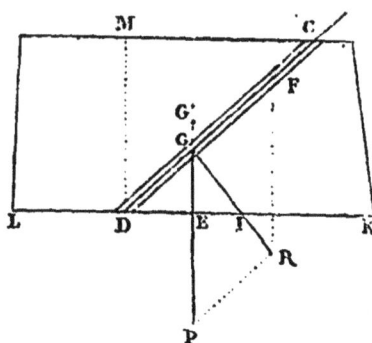

Fig. 56.

La stabilité sera assurée si l'angle θ est plus petit que l'angle du frottement des maçonneries sur le sol, ou si, f désignant le coefficient du frottement, l'on a

(1) $$\tan \theta < f.$$

Il faut, en outre, que l'effort maximum exercé par le massif sur sa fondation, qui se produira au point K, ne dépasse pas la limite de ce que peut supporter le sol ; enfin il est désirable que le joint KL ne tende pas à s'ouvrir au point L. La condition nécessaire pour cela est, comme on le sait, que IK soit plus grand que le tiers de KL, soit $x > \dfrac{c}{3}$.

Les valeurs des quantités R, θ, x, se détermineront soit gra-

phiquement, comme nous venons de le dire, soit analytiquement
en écrivant les trois équations d'équilibre des forces F, P, R,
appliquées au massif que l'on considère comme un solide invariable. Ces équations sont

$$R\cos\theta + F\sin\alpha - P = 0, \quad R\sin\theta - F\cos\alpha = 0,$$
$$Rx\cos\theta - Pb + Fa\sin\alpha = 0.$$

Les deux premières donnent immédiatement

$$\tan\theta = \frac{F\cos\alpha}{P - F\sin\alpha},$$

et, en mettant dans la troisième la valeur de R cos θ fournie
par la première, on a

(2)
$$x = \frac{Pb - Fa\sin\alpha}{P - F\sin\alpha};$$

enfin, le triangle GRP donne

$$R = \sqrt{P^2 + F^2 - 2PF\sin\alpha}.$$

57. Première condition de stabilité. — La condition
de stabilité est, par conséquent :

(3)
$$\frac{F\cos\alpha}{P - F\sin\alpha} < f.$$

Remplaçons F par sa valeur en fonction de Q, elle devient

(4)
$$\frac{P}{Q} > \frac{1}{f} + \tan\alpha.$$

On a ainsi une limite inférieure du poids P à donner au
massif. Ce poids peut être d'autant plus petit que l'angle α est
lui-même plus petit ; il y a donc intérêt, toutes choses égales
d'ailleurs, à diminuer l'angle α, c'est-à-dire à augmenter la distance horizontale BC, par rapport à la hauteur AB, ou à reporter
les culées le plus loin possible des supports des câbles. On augmente ainsi, à la vérité, la longueur de ces câbles, tout en dimi-

nuant un peu l'effort qu'ils transmettent, lequel est égal à $\dfrac{Q}{\cos\alpha}$

et il y a, pour l'angle α, une valeur qui dépend des prix relatifs
de la maçonnerie et des câbles, et qui est la plus avantageuse.
On pourrait déterminer analytiquement cette valeur en égalant
les dérivées par rapport à l'angle α du poids P de la maçonnerie

et du produit de la longueur $AC = \dfrac{H}{\sin\alpha}$ par l'effort F, multipliés

respectivement par les prix de l'unité de poids de la maçonnerie
et de l'unité de longueur de câble qui résisterait à un effort égal

à l'unité ; on obtiendrait ainsi une équation d'où l'on déduirait
α en fonction de ces deux prix ; mais cette recherche n'a guère
qu'un intérêt théorique, et le plus ordinairement ce sont les circonstances locales qui imposent le choix à faire pour la position
de la culée.

58. Deuxième condition de stabilité. — La condition
$\frac{P}{Q} > \frac{1}{f} + \tan\alpha$, qui vient d'être trouvée, bien qu'étant la plus
importante pour la stabilité, n'est cependant pas la seule ; il faut
encore que l'effort maximum, au point K, ne dépasse pas la limite de ce que peut supporter avec sécurité le sol de fondation,
et enfin il est prudent de faire en sorte que le joint KL n'ait
pas à résister, du côté de L, à des efforts de tension.

Pour que cette dernière condition soit remplie, il faut, avons-
nous dit, avoir $x > \frac{c}{3}$, ou bien

$$\frac{Pb - Fa\sin\alpha}{P - F\sin\alpha} > \frac{c}{3};$$

ou, en substituant encore à F sin α sa valeur Q tang α,

(5) $$\frac{P}{Q} > \frac{3a - c}{3b - c} \tan\alpha.$$

Cela donne une nouvelle limite inférieure pour P.
Cette limite sera d'autant plus basse que, d'une part, $3a - c$

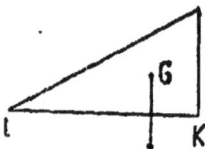

Fig. 57.

sera plus petit, et que $3b - c$ sera plus grand.
Il faut donc, autant que possible, augmenter b,
distance de la verticale du centre de gravité G
à l'arête K, et diminuer a, distance du point
d'attache D à la même arête.

La distance b doit ainsi être rendue la plus
grande possible.

Le massif des culées ayant en général la
forme d'un trapèze, b est nécessairement

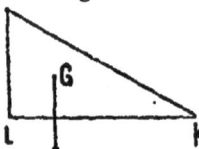

Fig. 57 bis.

compris entre $\frac{c}{3}$ et $\frac{2c}{3}$. Cette distance se-

rait égale à $\frac{c}{3}$ pour un massif triangulaire ayant son sommet au
point L (fig. 57) et, avec cette disposition, on voit que la limite
de P devient infinie. Avec un massif de cette forme, aucune

dimension, si grande qu'elle pût être, ne saurait empêcher le joint **KL** de s'ouvrir en **L**.

Au contraire, la valeur de b sera égale à $\frac{2}{3}\frac{c}{}$ pour un massif triangulaire ayant son sommet en **K** (fig. **57** *bis*). Cette disposition est celle qui, toutes choses égales, donne pour le poids **P** de la culée, la limite la plus basse. Il y a donc intérêt à s'en rapprocher le plus possible dans le profil que l'on adoptera pour la culée. Quant à la distance a, nous venons de dire qu'on doit la diminuer le plus possible.

59. Comparaison des deux conditions. — Il est intéressant de comparer les deux limites de **P**, car il suffira de déterminer **P** par la condition d'être supérieur à la plus grande des deux. Si on égale ces deux limites, on a

$$\frac{1}{f}+\tan g\alpha=\frac{3a-c}{3a-c}\tan g\alpha,$$

ou bien

$$a=b+\frac{3b-c}{3f\tan g\alpha}.$$

b étant toujours plus grand que $\frac{c}{3}$, le dernier terme est toujours positif et l'égalité des deux limites entraîne le résultat $a > b$. Cela montre qu'il n'y a aucun intérêt à diminuer la valeur de a au-dessous de celle de b, ni même au-dessous de $b+\frac{3b-c}{3f\tan g\alpha}$, car en adoptant pour a une valeur inférieure, on arriverait simplement à réduire la seconde limite au-dessous de la première qui, dans tous les cas, doit être satisfaite.

Cette valeur de a

(6) $$a=b+\frac{3b-c}{3f\tan g\alpha}$$

est, toutes choses égales, la plus convenable à adopter pour la distance du point d'attache **D** à l'arête antérieure **K**, puisqu'elle rend égales les deux limites de **P**.

60. Position-limite du point d'attache des câbles. — Il convient de faire remarquer que la distance a ne peut, pratiquement, descendre au-dessous d'une certaine limite dépendant de l'adhérence des mortiers. Si le point **D** d'attache des chaînes est trop éloigné de l'extrémité L du massif, celui-ci pourra ne plus se comporter comme un monolithe, ainsi que nous l'avons supposé, et il pourra s'y produire des disjonctions ; on n'attribuera donc à la distance a la valeur donnée par la formule qui précède qu'autant que la position qui en résultera pour le point d'attache des câbles sera telle qu'elle ne donnera lieu de craindre aucune rupture dans le massif.

On pourra s'en assurer en considérant successivement les diverses surfaces de joint et en vérifiant que, sur aucune d'elles, l'effort qui tend à séparer les deux parties qu'elle limite est inférieur à l'adhérence des mortiers.

Imaginons, par exemple (fig. 56), un joint vertical DM[1] passant par le point D, le massif tendant à être entraîné de D vers K, il s'exerce, sur ce joint, un effort qui tend à l'ouvrir. Soit h la hauteur DM et a' la largeur $DL = c - a = a'$. Si Π est le poids de l'unité de volume des maçonneries, le poids de la portion de la culée située à gauche de DM, en prenant pour unité de longueur la dimension de la culée perpendiculaire au plan de la figure, sera $\Pi a'h$ et le frottement qui la retient sur sa base LD sera $f\Pi a'h$. Si, d'autre part, γ est l'adhérence des mortiers par unité de la hauteur verticale h, on devra avoir

$$f \Pi a'h < \gamma h$$

ou (7)

$$a' < \frac{\gamma}{f\Pi}.$$

On peut considérer aussi que le point D tend à se soulever et que, par suite, les deux parties du massif limitées par le joint DM tendent à se séparer en pivotant autour du point D. Dans ce cas, l'effort de disjonction sera maximum en M, et il décroîtra uniformément de M en D où il sera nul. Si γ représente sa va-

1. Il n'y a pas, ordinairement, dans les maçonneries, de joints verticaux continus. Il peut cependant se produire, dans un massif, une disjonction suivant une ligne formée d'éléments verticaux situés sensiblement dans le prolongement les uns des autres, comme l'indique la figure. L'adhérence qui s'oppose à cette disjonction est la somme de celle qui correspond aux surfaces verticales discontinues augmentée de celle qui correspond aux portions de joints horizontaux qui doivent s'ouvrir pour que le mouvement s'effectue. L'adhérence γ, par unité de hauteur, se détermine en conséquence.

leur par unité de hauteur en M, il vaudra en tout $\gamma\frac{h}{2}$ et son point d'application sera aux deux tiers de la hauteur DM, de sorte que son bras de levier, par rapport à D, sera $\gamma\frac{h}{2} \cdot \frac{2h}{3} = \frac{\gamma h^2}{3}$. Le moment, par rapport au même point, du poids $\Pi a'h$ est $\Pi a'h\frac{a'}{2}$; nous devrons donc avoir

(8) $\qquad \Pi a'h\frac{a'}{2} < \frac{\gamma h^2}{3} \qquad$ ou $\qquad a'^2 < \frac{2\gamma h}{3\Pi}.$

La dimension a' sera limitée par celle de ses deux limites (7) ou (8) qui donnera la valeur la plus basse.

On déterminerait de même les conditions pour que la disjonction ne se produise sur aucun autre joint.

61. Cas d'un câble non rectiligne. — Supposons, en second lieu, que le câble de retenue, après avoir pénétré dans l'épaisseur de la culée suivant l'inclinaison α, passe sur un galet C fixé à cette culée et se retourne verticalement jusqu'à son point d'attache D. Soit, comme précédemment, G le centre de gravité de la culée, P son poids, les distances EK $= b$, DK $= a$, LK $= c$, IK $= x$, I étant encore le point d'intersection avec la base KL de la direction de la résultante R des efforts exercés par la culée sur le sol de fondation.

Représentons par $d =$ CD (fig. 58) la distance verticale, à la

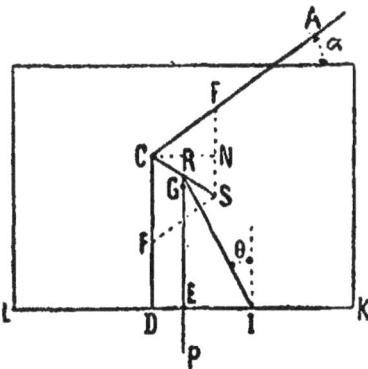

Fig. 58.

base KL, du point d'intersection C des deux alignements AC, DC prolongés, ou du centre du galet supposé avoir un rayon égal à zéro; faisons abstraction du frottement du câble sur le galet et de celui du galet sur ses supports, c'est-à-dire supposons que la tension du câble, dans la partie CD soit égale à celle, F, qui existe dans la partie AC. Les deux forces égales et contraires, appliquées au point C, se composent en une seule S, dirigée suivant leur bissectrice CS, dont la composante verticale SN $=$ SF $-$ FN $=$ F (1 $-$ sin α) et dont la composante horizontale

$CN = F \cos \alpha = Q$. Cela posé, nous avons à composer cette force S avec le poids P pour avoir la résultante .RI des forces qui agissent sur la base LK. La solution graphique ne présente aucune difficulté. La solution analytique s'obtiendra, comme plus haut, en écrivant les trois équations d'équilibre

$$R\cos\theta + F\sin\alpha - P = 0, \quad R\sin\theta - F\cos\alpha = 0,$$
$$R x \cos\theta - Pb + Fa\sin\alpha + Fd\cos\alpha = 0.$$

On en déduit immédiatement

$$\tan\theta = \frac{F\cos\alpha}{P - F\sin\alpha};$$

d'où, comme plus haut

(9)
$$\frac{P}{Q} > \frac{1}{f} + \tan\alpha.$$

De même
$$x = \frac{Pb - Fa\sin\alpha - Fd\cos\alpha}{P - F\sin\alpha},$$

et par conséquent

(10)
$$\frac{P}{Q} > \frac{3a - c}{3b - c}\tan\alpha + \frac{3d}{3b - c}.$$

Ainsi, la première limite de P, la plus importante au point de vue de la stabilité, est la même que dans le premier cas, et la seconde est plus grande. Cette seconde disposition serait donc moins avantageuse que la première, tout au moins pour le cas où la seconde limite de P devrait être prise en considération, c'est-à-dire où elle donnerait une valeur plus forte que la première. Cela exige

$$\frac{3a - c}{3b - c}\tan\alpha + \frac{3b - c}{3d} > \frac{1}{f} + \tan\alpha;$$

c'est-à-dire

(11)
$$a > b + \frac{3b - c}{3f\tan\alpha} - \frac{d}{\tan\alpha}.$$

Lorsque, au contraire, a sera plus petit que cette valeur, on n'aura à s'inquiéter que de la première limite de P, qui est la même avec les deux dispositions.

On reconnaît d'ailleurs que la présence d'un galet permettant de ramener dans la direction verticale l'extrémité du câble donne la possibilité, sans avoir à craindre de disjonction des maçonneries, de ramener le point d'attache D vers le milieu du massif aussi près qu'on le veut de la verticale GE du centre de gravité.

On peut donc toujours, avec cette disposition, faire en sorte d'avoir

$$(12) \qquad a < b + \frac{3b - c}{3f \tan\alpha} - \frac{d}{\tan\alpha},$$

et par suite de n'avoir à tenir compte que de la première des deux limites de P.

Au lieu d'un galet unique C, on peut en avoir une série, faisant décrire au câble une courbe ou une ligne polygonale quelconque. Le même calcul s'applique à cette disposition, à la condition que l'on néglige le frottement du câble sur les galets, et pourvu que l'on désigne toujours par d la distance verticale, à la base KL, du point d'intersection C des prolongements des éléments extrêmes CA et CD du câble.

62. Résumé. — La stabilité d'une culée de pont suspendu dépend surtout de la considération du frottement de cette culée sur sa base et de la valeur que l'on adopte pour ce coefficient de frottement, que nous avons désigné par f. La valeur 0.75, ordinairement indiquée, semble beaucoup trop élevée et ne laisserait qu'une marge insuffisante à la sécurité. Il est prudent, dans une matière aussi délicate, de ne pas dépasser, pour f, la valeur $\frac{1}{3}$ et peut-être même $\frac{1}{4}$. Au pont de Brooklyn, par exemple, où le câble de retenue est ramené horizontalement et où l'on a ainsi $\alpha = 0$, la condition (12) est naturellement satisfaite, et il ne reste que la condition (9) qui se réduit alors à $\frac{P}{Q} = \frac{1}{f}$. La tension Q de chacun des quatre câbles est environ de 4.500 tonnes. La culée a un volume de 22.125 mètres cubes de maçonnerie pesant 5.500 tonnes. Le rapport $\frac{P}{Q}$ est ainsi $\frac{4 \times 4.500}{5.500} = \frac{36}{11}$ ce qui correspond à $f = \frac{1}{3,3}$ environ.

CHAPITRE V

POUSSÉE DES TERRES. MURS DE SOUTÈNEMENT

§ 1ᵉʳ

THÉORIES ANCIENNES DE LA POUSSÉE DES TERRES

63. Problème de la poussée des terres. — Le problème qui consiste à déterminer la pression exercée sur la paroi d'un mur par un massif de terre est un de ceux qui ont le plus occupé les ingénieurs. La solution n'en peut être donnée que moyennant certaines hypothèses sur la constitution de ce massif; et, grâce aux travaux les plus récents, ces hypothèses sont assez peu restrictives pour pouvoir comprendre tous les cas de la pratique. Nous pourrions nous borner à donner cette solution définitive, mais il est utile, pour en bien comprendre le sens, de faire une sorte d'historique ou d'étude rétrospective des travaux antérieurs.

Si l'on considère un massif de terres fraîchement remuées et à peu près réduites en poussière, comme du sable sec, on reconnaît qu'il se limite naturellement par des surfaces inclinées sur l'horizon et qu'il peut rester en équilibre sous cette forme. Si les particules de terre situées à la surface de ce talus, qui sont sollicitées à descendre par la composante tangentielle de leur poids, n'obéissent pas à cette force, c'est qu'elles sont retenues en place par une résistance de la part des particules voisines, et cette résistance, puisque nous avons supposé la terre désagrégée, ne peut être que le frottement mutuel de ces particules. Si donc f est le coefficient ou bien si φ est l'angle de ce frottement, tel que tang $\varphi = f$, tant que la surface supérieure du massif fera avec l'horizon un angle inférieur ou au plus égal à φ, les particules qui s'y trouveront placées y resteront en équilibre, et, par conséquent, cet angle φ mesure la plus grande inclinaison, sur l'horizon, que puisse prendre le massif dont il s'agit. On donne, pour ce motif, à l'angle φ le nom d'angle du *talus naturel* des terres considérées.

64. Cohésion. — Les massifs naturels qui ne sont pas désagrégés peuvent se soutenir suivant une inclinaison plus grande que celle du talus naturel, et l'on voit constamment certaines terres maintenues à pic, suivant des surfaces verticales plus ou moins élevées. Il y a donc, dans ces massifs, une résistance au mouvement, distincte de celle du frottement, et Coulomb, qui a le premier, en 1773[1], étudié scientifiquement la question de la poussée des terres, a admis en même temps que le frottement mutuel des particules de terre, une force de *cohé-*

1. Son mémoire a pour titre : Essai sur une application des règles de maximis et minimis à quelques problèmes de statique relatifs à l'architecture. Il se trouve au tome VII des ouvrages présentés à l'Académie des sciences par les savants étrangers.

sion qui n'existe que dans les massifs naturels non désagrégés.

Tandis que la résistance due au frottement est, en chaque
point, proportionnelle à la pression normale, comme dans le
glissement mutuel de deux corps solides, la cohésion, d'après
l'hypothèse de Coulomb, assez bien vérifiée par l'expérience,
est indépendante de cette pression et proportionnelle seulement
à l'étendue des surfaces de contact.

Proposons-nous de déterminer sous quelle inclinaison maximum un massif cohérent pourrait se maintenir, en ne tenant
compte que de la cohésion, c'est-à-dire sans qu'il s'y manifeste
aucune tendance au glissement.

Considérons, comme nous le ferons toujours dans ce qui va
suivre, un massif de section transversale uniforme et assez
long pour que les conditions relatives à ses extrémités n'aient
pas d'influence sensible sur le reste de la masse, c'est-à-dire pour
que nous puissions le considérer comme indéfini. Prenons, dans
ce massif, une portion limitée à deux plans perpendiculaires
aux arêtes longitudinales et distants l'un de l'autre de l'unité de
longueur ; nous pourrons ne considérer que la section transversale correspondante à l'un de ces plans.

Soit donc, dans cette section (fig. 59), AC la partie supérieure

Fig. 59.

d'un massif cohérent, faisant avec l'horizontale l'angle CAF $= \omega$; cherchons
la valeur minimum de l'inclinaison
BAH $= \varepsilon$ sur la verticale, que l'on
peut donner à un talus AB pour qu'il
reste en équilibre par sa seule cohésion.
Menons par le point B une ligne quelconque BC, faisant avec l'horizontale BD
un angle CBD $= \theta$ et désignons par h
la hauteur verticale AH. Abaissons du point A une perpendiculaire AI sur la ligne BC ; nous aurons évidemment

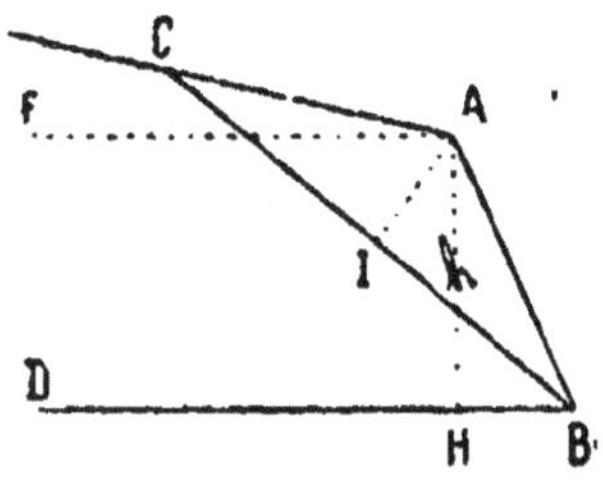

$$\text{AI} = \text{AB} \sin \text{ABI} = \frac{h}{\cos \varepsilon} \cos(\theta + \varepsilon),$$

et par suite, la surface du triangle BAC sera égale à

$$\text{AC} \times \frac{\text{AI}}{2} = \text{AC} \times \frac{h}{2\cos \varepsilon} \cos(\theta + \varepsilon).$$

Si Π est le poids de l'unité de volume du massif, et si nous

8

désignons par γ la cohésion par unité de surface, nous devrons, pour exprimer l'équilibre du prisme triangulaire quelconque ABC, écrire que la composante de son poids parallèlement à ABC est inférieure à la cohésion développée sur cette surface, c'est-à-dire

$$\Pi \times AC \times \frac{h}{2\cos\varepsilon}\cos(\theta+\varepsilon)\sin\theta < \gamma \times AC,$$

d'où, en réduisant,

$$\tan\varepsilon > \cot\theta - \frac{2\gamma}{\Pi h}(1+\cot^2\theta).$$

Si nous donnons à la ligne BC toutes les positions possibles en faisant varier θ, l'angle ε cherché devra être tel que sa tangente soit toujours supérieure ou au moins égale à la valeur du second membre; la plus petite valeur admissible pour cet angle ε est donc celle qui correspond au maximum de ce second membre, c'est-à-dire

$$\tan\varepsilon = \max\left[\cot\theta - \frac{2\gamma}{\Pi h}(1+\cot^2\theta)\right].$$

En considérant $\cot\theta$ comme la variable, nous aurons à chercher le maximum d'un trinôme du second degré, et nous trouverons

$$\tan\varepsilon = \frac{\Pi h}{8\gamma} - \frac{2\gamma}{\Pi h}.$$

L'inclinaison minimum du talus sur la verticale ne dépend donc pas de l'angle que ω fait à la partie supérieure du massif avec l'horizontale. Pour une hauteur

$$h_1 = \frac{4\gamma}{\Pi},$$

nous avons $\tan\varepsilon = 0$. Le talus peut donc se tenir verticalement jusqu'à cette limite.

Si nous avions tenu compte du frottement, nous aurions dû ajouter à la force de cohésion, $\gamma \times AC$, le produit de la composante normale du poids du prisme ABC, par le coefficient de frottement $f = \tan\varphi$, l'équation d'équilibre aurait été

$$\Pi \cdot AC \cdot \frac{h}{2\cos\varepsilon}\cos(\theta+\varepsilon)\sin\theta < \gamma \cdot AC + \Pi \cdot AC \cdot \frac{h}{2\cos\varepsilon}\cos(\theta+\varepsilon)\times f\cos\theta,$$

et nous aurions trouvé de même, pour la valeur limite de $\tan\varepsilon$,

$$\tan\varepsilon = \max\left[\cot\theta - \frac{2\gamma}{\Pi h}\cdot\frac{1+\cot^2\theta}{1-f\cot\theta}\right]$$

ou bien, en déterminant le maximum par les règles ordinaires :

$$\tan \varepsilon = \frac{1}{f} + \frac{2}{f} \left[\frac{2\gamma}{\Pi h} - \sqrt{ \frac{2\gamma}{\Pi h} \left(\frac{2\gamma}{\Pi h} + f \right) (1 + f^2) } \right].$$

Ici encore, l'angle ε ne dépend pas de l'inclinaison ω de la partie supérieure du massif.

En égalant à zéro la valeur de tang ε, nous trouvons la hauteur h_3 sous laquelle le massif peut se soutenir verticalement

$$h_3 = \frac{4\gamma}{\Pi} \left(f + \sqrt{1 + f^2} \right) = \frac{4\gamma}{\Pi} \frac{(1 + \sin \varphi)}{\cos \varphi}.$$

Cette hauteur est, comme on pouvait le supposer, toujours plus grande que celle h_1, trouvée en ne tenant compte que de la cohésion.

Lorsque h augmente, tang ε, et par suite l'angle ε, augmente aussi en se rapprochant de $\frac{\pi}{2} - \varphi$ qui est la direction du talus naturel. Il n'atteint cette valeur, quand on tient compte du frottement, que pour $h = \infty$, mais si l'on ne tient compte que de la cohésion, il prend l'inclinaison $\frac{\pi}{2} - \varphi$ pour la hauteur .

$$h_2 = \frac{4\gamma}{\Pi} \frac{(1 + \cos \varphi)}{\sin \varphi}.$$

65. Hypothèse de Coulomb. Plans de rupture. Prisme de plus grande poussée. — Ces solutions ne doivent être considérées que comme approximatives. Elles supposent implicitement que la disjonction du massif s'effectue suivant des surfaces planes telles que BC.

C'est l'hypothèse qu'avait faite Coulomb, dans son mémoire de 1773, pour déterminer la poussée exercée par un massif contre un mur de soutènement. En considérant, derrière la paroi AB du mur (fig. 60), un prisme quelconque ABC et en exprimant que ce prisme, considéré comme un solide, est en équilibre sous l'action de son poids, de la cohésion sur la surface BC, et des réactions exercées sur lui par le reste du massif à travers le plan BC et par le mur sur le plan AB, on a deux équations dans lesquelles figurent ces deux réactions inconnues et l'angle ABC.

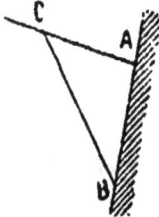

Fig. 60.

La réaction de la face BC est, eu égard au frottement, inclinée d'un angle φ sur la normale à cette face, et Coulomb,
qui ne tenait pas compte du frottement sur la paroi AB du
mur, supposait que la réaction de cette paroi était normale à sa
direction. Si, entre ces deux équations, on élimine la réaction
sur BC, il reste une équation entre l'angle ABC et la réaction du
mur, égale et contraire à la poussée du massif. On peut alors,
au moyen de cette relation, chercher la valeur de l'angle ABC
qui rend la poussée maximum. On obtient ainsi le *prisme de plus
grande poussée* de Coulomb. La cohésion figure dans les équations de Coulomb, mais, en général, on la néglige avec raison
en observant que le calcul est fait dans l'hypothèse où le massif
tend à glisser et qu'alors la cohésion n'existe plus.

D'ailleurs, la cohésion est une force variable susceptible de
diminuer beaucoup et même de disparaître sous l'influence de
l'humidité et, au point de vue pratique, il est plus prudent de
n'en pas tenir compte et de calculer la poussée des terres comme
si elle n'existait pas. C'est ce que l'on fait toujours aujour-
d'hui.

66. Travaux de Prony et de Français. — La méthode
analytique de Coulomb, même bornée au cas le plus simple
qu'il considérait, d'un massif horizontal soutenu par un mur
vertical, donne lieu à des calculs assez compliqués, surtout quand,
comme lui, on prend pour variable, non pas l'angle ABC, mais la
distance AC. Prony, en 1802, les a rendus un peu plus simples
en introduisant précisément comme variable l'angle ABC. Cela
lui a permis de remarquer que, dans ce cas simple, le plan de
rupture qui correspond au prisme de plus grande poussée est
bissecteur de celui que fait, avec la paroi du mur, le talus naturel des terres; et Français, en 1820, a fait la même remarque
pour le cas où la paroi postérieure du mur est inclinée, la surface supérieure du massif étant toujours supposée horizontale
et le frottement des terres sur le mur étant toujours négligé.

67. Solution graphique de Poncelet. — Poncelet, en
1840, a substitué à la méthode analytique une méthode graphique beaucoup plus simple, qui lui a permis de généraliser la
solution et de l'étendre au cas où la surface supérieure du

massif est de forme quelconque, tout en faisant entrer en ligne
de compte le frottement des terres contre la paroi du mur.

Voici en quoi se résume sa construction, lorsque le massif
est limité à sa partie supérieure par un plan AC (fig. 61) quelconque, et que la paroi du mur, AB, a aussi une direction rectiligne.

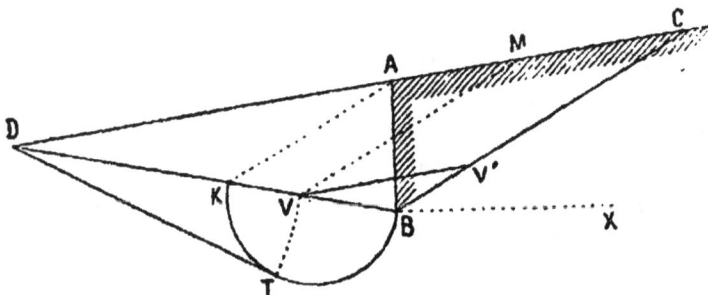

Fig. 61.

Par le point B, pied de la paroi AB du mur, on mène BC
faisant avec l'horizontale BX l'angle CBX = φ, angle de frottement des terres sur elles-mêmes, de sorte que BC représente le
talus naturel des terres. Par le même point B, on mène, de l'autre côté de la paroi AB, c'est-à-dire en dehors du massif, la
ligne BD faisant avec AB l'angle ABD = φ + φ', si φ' désigne
l'angle de frottement des terres sur le mur. Cet angle ABD sera
par conséquent égal à 2φ si, comme on le suppose souvent, le
frottement des terres sur le mur est considéré comme égal au
frottement des terres sur elles-mêmes.

Par le point A, on mène AK parallèle à BC; par les points B
et K on fait passer un arc de cercle auquel on mène, du point D,
une tangente DT. On prend DV = DT. Par le point V on mène
VM parallèle à BC et on prend BV' = BV.

Le prisme de plus grande poussée est limité par le plan BM,
et la plus grande poussée elle-même est exprimée par la surface
du triangle VBV', c'est-à-dire par le poids d'un prisme de terre
ayant pour base ce triangle [1].

1. Voici la démonstration que l'on trouve dans tous les traités de mécanique
appliquée, et qui diffère peu de celle que Poncelet a donnée lui-même.
Soit BAGEC (fig. 62) le profil quelconque d'un massif de terre soutenu par la
paroi AB d'un mur inclinée sur la verticale d'un angle ABY = ε. Menons, par le
point B, une ligne BC inclinée suivant le talus naturel des terres, c'est-à-dire fait

68. Méthode graphique de M. Hallade. — Le même résultat peut s'obtenir d'une manière presque aussi simple par un autre procédé graphique dû à M. Hallade et publié par lui dans les *Nouvelles Annales de la Construction*, 1885.

sant avec l'horizontale BX l'angle CBX = φ, et une ligne quelconque BM que nous considérerons comme la trace d'un plan de rupture, et dont nous devons déterminer la direction de manière à ce que la poussée produite sur AB soit maximum. Ce plan BM rencontre, entre E et C, une des lignes limitant le massif AGEC; prolongeons cette ligne vers EFD, et menons une ligne BF telle que la surface

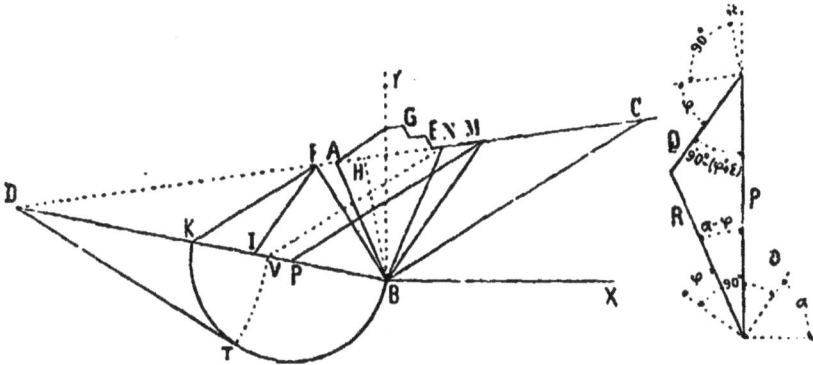

Fig. 62.

du triangle BMF soit égale à celle du massif BAGEM; cette égalité subsistera, quel que soit le point M où le plan BM rencontrera la ligne EC; abaissons, du point B, une perpendiculaire BH sur cette ligne EC prolongée. Le poids P du prisme BAGEM sera, si Π est le poids de l'unité de volume

$$P = \frac{1}{2} \Pi . \overline{FM} . \overline{BH}.$$

Il doit être équilibré par les deux réactions inconnues : celle R de la partie inférieure du massif à travers le plan BM, celle Q du mur. Les directions de ces réactions sont connues; en effet, chacune d'elles fait, avec la normale au plan, à travers lequel elle s'exerce, un angle égal à l'angle de frottement des deux corps que sépare ce plan : la réaction R fait ainsi, avec la normale à BM, un angle égal à φ, angle de frottement des terres sur elles-mêmes, et la réaction Q fait, avec la normale à AB, un angle φ', si nous désignons par tang φ' le coefficient de frottement des terres sur le mur. Les trois forces P, Q, R, étant en équilibre, sont proportionnelles aux côtés d'un triangle parallèles à leurs directions, et nous avons, en désignant par θ l'angle MBC :

$$\frac{Q}{P} = \frac{\sin \widehat{R.P}}{\sin \widehat{Q.R}} = \frac{\sin \theta}{\sin \left(\frac{\pi}{2} - \varepsilon - \varphi' + \theta\right)} = \frac{\sin \theta}{\cos (\theta - \varepsilon - \varphi')}.$$

Menons BD faisant axe avec BA, l'angle DBA = φ + φ' nous aurons :

$$DBM = \varphi + \varphi' + \varepsilon + \frac{\pi}{2} - \theta - \varphi \quad \text{et} \quad \sin DBM = \cos (\theta - \varepsilon - \varphi').$$

Si BACDEM (fig. 63) est le profil du massif de terre, M. Hallade détermine d'abord, sur le prolongement de EM, le point A', comme le fait Poncelet, tel que la surface BA'EB soit égale à la surface BACDEB. Par le point A', il trace la ligne A'K faisant avec A'M

Menons MP parallèle à BC, le triangle MPB nous donne

$$\frac{PB}{PM} = \frac{\sin PMB}{\sin PBM} = \frac{\sin \theta}{\cos (\theta - \varepsilon - \varphi')} = \frac{Q}{P}.$$

D'où, en mettant pour P sa valeur ci-dessus :

$$Q = \frac{1}{2} \Pi . \overline{BH} . \overline{EM} . \frac{\overline{PB}}{\overline{PM}}.$$

Menons, par le point F les deux lignes : FK, parallèle à BC, et FI parallèle à MB ; nous aurons, en considérant les deux lignes DC, DB, coupées par ces diverses parallèles :

$$\frac{FM}{DC} = \frac{KP}{BD}; \quad \frac{KP}{DP} = \frac{FM}{DM} = \frac{BI}{BD}; \quad \frac{PM}{BC} = \frac{DP}{DB}$$

D'où
$$FM = \frac{DC}{DB} . KP = \frac{DC}{DB} . \frac{BI}{DB} . DP; \quad PM = \frac{DP}{BC} . DB$$

et
$$Q = \frac{1}{2} \Pi . BH . \frac{DC}{DB} . \frac{BI}{DB} . DP . PB . \frac{BD}{DP . CB} = \frac{1}{2} \Pi . \frac{BH.DC}{DB.BC} . BI . BP.$$

Mais $\frac{1}{2}$ BH.DC est la surface du triangle DBC, laquelle est exprimée aussi par $\frac{1}{2}$ BD.BC sin DBC, nous avons donc $\frac{BH.DC}{BD.BC} = \sin \widehat{DBC}$ et par suite

$$Q = \frac{1}{2} \Pi . BI . BP . \sin \widehat{DBC}.$$

Il faut chercher la position du point M qui rend maximum cette valeur dans laquelle il n'y a plus de variable que le produit BI. BP. Il peut s'écrire :

$$BI. BP = (DB - DI).(DB - DP) = \overline{DB}^2 + DI.DP - DB.(DI + DP)$$

Or, les parallèles nous donnent encore :

$$\frac{DI}{DB} = \frac{DF}{DM} = \frac{DK}{DP} \qquad \text{D'où} \quad DI.DP = DB.DK = \text{constante.}$$

Le produit BI. BP, qu'il faut rendre maximum, se compose donc de trois parties, dont les deux premières sont constantes et dont la dernière, négative, est le produit par la constante DB, de la somme de deux quantités DI, DP, dont le produit est constant. Le produit BI. BP sera donc maximum lorsque cette somme sera minimum, c'est-à-dire lorsque l'on aura $DI = DP = \sqrt{DB.DK}$. Cette valeur se construit facilement en décrivant sur BK comme diamètre une demi-circonférence à laquelle on mène, par le point D, une tangente DT dont la longueur est précisément égale à $\sqrt{DB.DK}$. Prenant donc $DV = DT$ et menant VN parallèle à BC, on aura le point N qui correspondra à la plus grande poussée laquelle aura pour expression :

$$Q_m = \frac{1}{2} \Pi . \overline{BV}^2 . \sin DBC.$$

et sera représentée par la surface du triangle BVV' construit en prenant sur BC une longueur $BV' = BV$ et en joignant VV'.

l'angle 90° — ($\varphi'+\varepsilon$), et il abaisse, du point B, la perpendiculaire BH sur A'M.

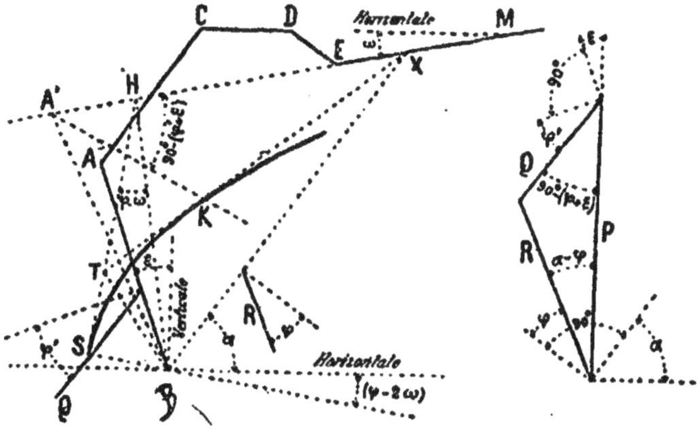

Fig. 63.

Soit BX la trace d'un plan quelconque de rupture. Il faut déterminer la position du point X qui rend maximum la valeur de la poussée exercée sur AB par le prisme limité par ce plan BX. La réaction R de la partie inférieure du massif faisant l'angle φ avec la normale à BX, la poussée Q faisant l'angle φ' avec la normale à AB, nous pouvons construire le triangle des forces P, Q, R, en désignant, comme plus haut, par P le poids du prisme dont il s'agit. Si α désigne l'angle quelconque formé par BX avec l'horizontale, on voit que l'angle de R avec P est égal à $\alpha - \varphi$ et celui de Q avec P à 90° — ($\varphi'+\varepsilon$).

Menons par le point X une ligne XK faisant avec XA' l'angle $\alpha - \varphi$, le triangle XKA' sera semblable au triangle des forces, nous avons donc

$$\frac{Q}{P} = \frac{A'K}{A'X}$$

or

$$P = \Pi \times \text{surface } BA'XB = \Pi \times A'X \times \frac{H}{2}$$

donc

$$Q = \Pi \times A'K \times \frac{H}{2}.$$

$\frac{H}{2}$ est constant; par conséquent la valeur de la plus grande poussée correspondra à la position de X pour laquelle A'K sera maximum.

Abaissons du point B une perpendiculaire BT sur KX, et remarquons que, quel que soit le point X, l'angle KXB est constant et égal à φ — ω, en désignant par ω l'angle formé avec l'horizontale par la ligne A'M. L'angle KXB étant constant il en est de même de l'angle TBX qui en est le complément, et si le sommet X du triangle rectangle BTX décrit une ligne droite A'M, le sommet B restant fixe, le sommet T de l'angle droit décrira une ligne droite SH passant par le pied H de la perpendiculaire abaissée du point B sur A'M et faisant avec cette perpendiculaire l'angle BHS = BXT = φ — ω.

Cette ligne SH est la tangente au sommet d'une parabole dont le foyer est au point B et qui est l'enveloppe des lignes TX, qui lui sont, par conséquent, extérieures. Le maximum de A'K correspond donc à celle de ces tangentes qui a son point de contact sur la ligne A'K, c'est-à-dire au point où cette ligne coupe la parabole. Ayant construit cette courbe, et déterminé ainsi le point K, on aura la poussée $Q = \Pi \times A'K \times \frac{\Pi}{2}$.

M. Hallade a donné une épure où se trouvent tracées à l'avance, à une échelle déterminée, toutes les paraboles correspondant aux divers cas pratiques, et il suffit d'y rapporter le point A' et la direction A'K pour y mesurer immédiatement la grandeur de cette ligne qui correspond à la poussée maximum.

Sans avoir recours à cette épure, et sans avoir besoin de tracer la parabole, on peut simplement, au moyen d'une équerre, déterminer la valeur maximum de A'K, qu'il importe de connaître. Ayant tracé la ligne HS, lieu des sommets de l'angle droit T du triangle BTX, si l'on fait mouvoir une équerre de manière que le sommet de son angle droit décrive cette ligne et que l'un de ses côtés passe constamment par le point B, l'autre côté prendra toutes les directions des lignes TX; et si l'on marque les points d'intersection de ces diverses lignes avec A'K suffisamment prolongée, il sera facile de déterminer la position de l'équerre qui correspond à la plus grande valeur de A'K. Il convient de remarquer que cette valeur variant peu, aux environs du maximum, on arrivera très rapidement, et presque sans tâtonnement, à trouver la longueur qui correspond au prisme de plus grande poussée.

69. Détermination de la poussée résultante. — En donnant au point B diverses positions B_1, B_2, B_3..., sur la paroi du mur, on déterminera ainsi par l'une ou l'autre construction les poussées s'exerçant sur les parties AB_1, AB_2, AB_3..., et, par différence, celles qui s'exercent sur les parties B_1B_2, B_2B_3... Si ces dernières sont assez petites, on pourra supposer que les poussées qu'elles supportent sont appliquées au milieu de leurs longueurs respectives, et en composant toutes ces forces par la règle de la composition des forces parallèles, on aura le point d'application de la résultante totale, égale à leur somme.

Lorsque le massif se termine à la partie supérieure par une surface plane, horizontale ou inclinée, la ligne BF coïncide avec BA et toutes les constructions que l'on ferait en donnant au point B diverses positions sur cette ligne seraient des figures semblables, et alors la poussée, qui est égale à $\overline{BV}'$ multiplié par un facteur constant, se trouverait être proportionnelle au carré des dimensions homologues de toutes ces figures, et par suite au carré de la hauteur h, mesurée verticalement du sommet du mur au-dessus du point B. Elle varierait donc de la même manière que celle qui serait exercée sur la paroi AB par un liquide dont le niveau affleurerait le sommet du mur. C'est ce que l'on exprime en disant que la poussée varie alors suivant la loi hydrostatique. La résultante s'en trouve par suite appliquée au tiers de la hauteur à partir de la base.

Si la partie supérieure du massif est horizontale (fig. 64) et si

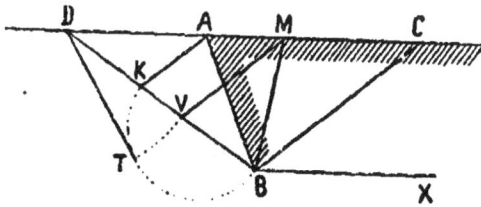

Fig. 64.

l'on néglige le frottement contre le mur, ce qui revient à faire $\varphi' = 0$, en faisant la même construction, les angles BCA et ABD seront tous deux égaux à l'angle CBX = φ. Alors, les deux triangles ABD, BCD ayant leurs angles égaux sont semblables et donnent :

$$\frac{DB}{DA} = \frac{DC}{DB} \quad \text{ou} \quad \overline{DB}' = DC.DA.$$

Mais nous avons par construction :

$$\overline{DV}' = DB.DK \quad \text{ou bien} \quad \overline{DM}' = DC.DA$$

D'où   DM = DB.

Le triangle DMB est isocèle, l'angle DBM est égal à l'angle DMB qui est égal à MBX. La ligne BM, qui limite le prisme de plus grande poussée est donc alors bissectrice de l'angle DBX et par conséquent de l'angle ABC formé avec la paroi du mur par la direction du talus naturel. C'est le théorème de Français.

La construction graphique qui vient d'être décrite, et qui n'est que la traduction de la théorie de Coulomb, suppose toujours que la surface de rupture est plane et que le prisme de rupture se comporte comme un corps solide.

§ 2

THÉORIE ANALYTIQUE RATIONNELLE

70. Résumé des principes généraux de l'équilibre intérieur des solides. — Rankine le premier, en 1856, a étudié d'une manière analytique générale le problème de la stabilité de la terre sans cohésion[1]. M. Maurice Lévy, en 1867-69[2] a traité la même question à peu près de la même manière mais en tenant compte du frottement contre le mur qu'avait négligé Rankine. Nous allons résumer leurs travaux; mais il est nécessaire, pour cela, de rappeler quelques principes généraux sur la répartition des pressions à l'intérieur d'un corps solide.

Nous considérerons toujours un corps solide indéfini et semblable à lui-même dans toutes les parties de sa longueur, de manière à n'avoir à nous occuper que de ce qui se passe dans une de ces parties comprise entre deux plans parallèles distants de l'unité de longueur.

71. Pressions conjuguées. — *Si, par un point pris dans l'intérieur d'un solide, on imagine deux plans tels que la pression sur l'un d'eux soit parallèle à l'autre, réciproquement la direction*

1. Son mémoire, on *Stability of Loose Earth*, inséré aux Philosophical Transactions, 1856-1857, a été traduit en français et inséré dans les Annales des Ponts et Chaussées (1874).
2. Journal de mathématiques pures et appliquées (1873).

de la pression sur le second plan sera parallèle au premier. —

Soient (fig. 65) **XX'**, **YY'** les deux plans passant par un point O (le plan de la figure est choisi perpendiculaire à l'intersection de ces deux plans).

Considérons un prisme infiniment petit, ayant ses arêtes parallèles à l'intersection des deux plans, et pour base le parallélogramme ABCD dont les côtés sont parallèles aux plans **XX'**, **YY'** et dont le centre est en O. Le poids de ce prisme est infiniment petit par rapport aux pressions qui s'exercent sur ces faces : ces pressions se font donc équilibre. Chacun des côtés du parallélogramme ABCD étant infiniment petit, on peut considérer les forces qui agissent en ses différents points comme d'égale intensité, et par conséquent leur résultante comme appliquée en son milieu. Par la même raison, les pressions exercées sur les côtés opposés de ce parallélogramme peuvent être considérées comme étant deux à deux égales et parallèles. Les pressions sur **AB** et **CD** étant parallèles à **XX**, passent par le point O et se font mutuellement équilibre. Il doit donc y avoir équilibre entre les pressions sur les deux autres faces **BC** et **AD**, ce qui ne peut avoir lieu qu'autant que ces pressions passent aussi par le point O, c'est-à-dire soient parallèles au plan **YY'**.

Deux pressions ainsi disposées sont dites *pressions conjuguées.*

72. Pressions principales. — *En un point quelconque d'un solide, il y a toujours deux directions perpendiculaires entre elles pour lesquelles les pressions sont normales aux plans sur lesquels elles s'exercent.* — Considérons (fig. 66), deux directions perpendiculaires quelconques **XX'**, **YY'** et un prisme rectangulaire ABCD infiniment petit, ayant pour axe la ligne d'intersection des deux plans. Comme on vient de le dire (n°71), les pressions sur les quatre faces de ce prisme doivent se faire équilibre ; elles sont deux à deux égales et parallèles, et sont appliquées aux milieux des quatre côtés. Si l'on décompose

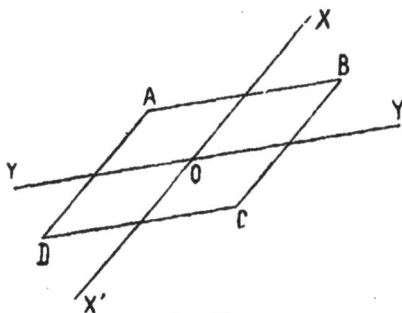
Fig. 65.

chacune de ces quatre forces en une action normale et une action

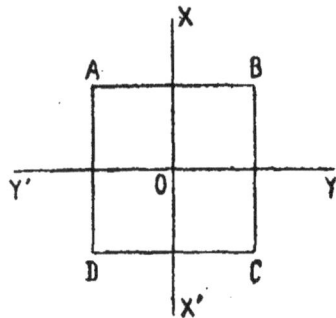

Fig. 66.

tangentielle, les quatre actions normales, passant par le centre O et
égales deux à deux, se font équilibre ;
il doit donc y avoir équilibre entre
les actions tangentielles, qui, égales
deux à deux et de sens contraire,
forment deux couples ayant pour
bras de levier l'épaisseur $AB = BC$
du prisme. Cet équilibre ne peut avoir
lieu qu'autant que les composantes
tangentielles agissant sur deux faces
adjacentes telles que AB et BC sont d'égale intensité et tendent à faire tourner le prisme en sens contraire. Si donc on
suppose que le prisme fasse un quart de révolution autour du
point O jusqu'à ce que la face AB vienne prendre la position
BC, il arrivera un moment où la composante tangentielle agissant sur AB devra changer de sens, ce qu'elle ne peut faire, à
cause de la continuité, qu'en passant par zéro. En ce moment,
les quatre composantes tangentielles sont nulles, et, par conséquent, les pressions sont normales aux faces du prisme.

Ces pressions normales sont d'ailleurs conjuguées, c'est-à-dire
que chacune d'elles est parallèle au plan sur lequel s'exerce
l'autre. On les appelle *pressions principales*.

Le raisonnement précédent montre que *les actions tangentielles qui s'exercent sur deux plans rectangulaires quelconques sont
d'égale intensité.*

On démontrerait de la même manière qu'en un point quelconque d'un solide, il y a toujours trois pressions principales, c'est-
à-dire qu'il existe trois plans rectangulaires tels que la pression
sur chacun d'eux est dirigée suivant l'intersection des deux
autres, et que la pression sur le plan de deux pressions conjuguées quelconques est toujours dirigée suivant l'intersection
des deux plans sur lesquels elles s'exercent, et forme avec les
premières un système de trois pressions conjuguées.

Mais il suffit, dans cette étude, de considérer simplement ce
qui se passe dans le plan de deux pressions conjuguées.

73. Pression sur un plan quelconque. — *Étant*

données deux pressions principales, en un point quelconque d'un
solide, trouver la direc-
tion et l'intensité de la
pression sur un plan
quelconque perpendicu-
laire à celui des deux
pressions principales. —
Soit AB (fig. 67) un plan
quelconque perpendicu-
laire au plan des deux
pressions principales di-
rigées suivant OX et
OY. Soit ON la normale

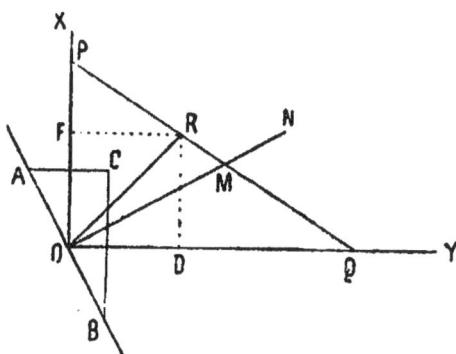

Fig. 67.

à ce plan et α l'angle XON que cette normale fait avec OX, direction de la plus grande des deux pressions principales. Désignons par p_1 et p_2 les intensités de ces deux pressions et
considérons un prisme triangulaire, infiniment petit, ABC
dont les deux faces AC et BC sont perpendiculaires aux directions des pressions principales. Les pressions qui s'exercent sur les trois faces de ce prisme doivent se faire équilibre :
la pression sur AB sera donc égale et directement opposée à la
résultante des pressions sur les deux autres faces. Désignons
par *p* l'intensité de cette résultante, la pression totale sur la face
AB sera $p \times AB$; les pressions sur les faces AC et CB sont respectivement $p_1 \times AC$ et $p_2 \times CB$ ou $p_1 \times AB \cos \alpha$ et $p_2 \times AB$
$\sin \alpha$. Ces deux dernières pressions étant à angle droit l'une sur
l'autre, on a la relation

$$(p \times AB)^2 = (p_1 \times AB \cos \alpha)^2 + (p_2 \times AB \sin \alpha)^2.$$

ou plus simplement

$$(1) \qquad p = \sqrt{p_1^2 \cos^2 \alpha + p_2^2 \sin^2 \alpha}.$$

Si l'on désigne par θ l'angle RON que la direction de la résultante fait avec la normale à AB, l'angle XOR $= \alpha - \theta$, et
l'on a

$$(2) \qquad \frac{FR}{OF} = \frac{p_2 \sin \alpha}{p_1 \cos \alpha} = \tang(\alpha - \theta) = \frac{p_2}{p_1} \tang \alpha,$$

d'où l'on déduit :

$$\tang \theta = \frac{(p_1 - p_2) \tang \alpha}{p_1 + p_2 \tang^2 \alpha},$$

ou bien

(3) $$\sin\theta = \frac{p_1 - p_2}{2p} \sin 2\alpha.$$

74. Construction graphique. — Ces valeurs peuvent se construire facilement de la manière suivante. A partir d'un point O (fig. 68), on prend sur une ligne droite une longueur $OM = \frac{p_1 + p_2}{2}$, puis, du point M comme centre avec un rayon

Fig. 68.

$MN = \frac{p_1 - p_2}{2}$ on décrit une demi-circonférence, et l'on construit l'angle $RMN = 2\alpha$. La pression p sur le plan, dont la direction est telle que sa normale fasse l'angle α avec la plus grande des deux pressions principales, est représentée par OR, et l'angle θ que cette pression fait avec la normale au plan sur lequel elle agit est l'angle RON.

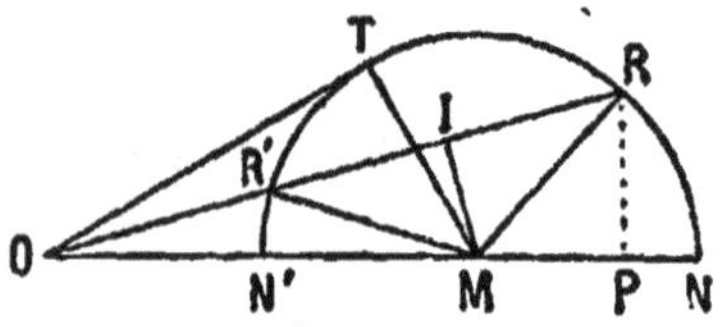

La pression p', conjuguée de p, est représentée par OR'.

Les deux pressions conjuguées p et p' s'expriment, en fonction des pressions principales p_1, p_2 et de leur inclinaison commune θ sur leur plan d'action respectif, par la formule

(4) $$p \text{ ou } p' = \frac{p_1 + p_2}{2}\left[\cos\theta \pm \sqrt{\left(\frac{p_1 - p_2}{p_1 + p_2}\right)^2 - \sin^2\theta} \right].$$

75. Expression des pressions principales. — Les composantes normale et tangentielle de la pression p sur un plan quelconque dont nous pourrons prendre la direction pour axe des x, sont représentées respectivement par OP et RP. Elles ont pour valeurs, en les désignant par N_x, T_x :

$$N_x = OP = OM + MP = \frac{p_1 + p_2}{2} + \frac{p_1 - p_2}{2}\cos 2\alpha,$$

$$T_x = RP = \frac{p_1 - p_2}{2}\sin 2\alpha.$$

Si nous considérons un plan normal à celui-ci, dont nous prendrons la direction pour axe des y, la normale à cette direction fera, avec la plus grande pression principale, un angle

$\alpha' = \dfrac{\pi}{2} - \alpha$ et nous aurons, pour les composantes normale et tangentielle de la pression sur ce plan,

$$N_y = \frac{p_i + p_e}{2} + \frac{p_i - p_e}{2} \cos 2\alpha' = \frac{p_i + p_e}{2} - \frac{p_i - p_e}{2} \cos 2\alpha,$$

$$T_y = \frac{p_i - p_e}{2} \sin 2\alpha' = \frac{p_i - p_e}{2} \sin 2\alpha = T_x = T \text{ (en supprimant l'indice)}.$$

D'où, en éliminant l'angle α,

$$(5) \qquad p_i + p_e = N_x + N_y \quad \text{et} \quad p_i - p_e = \sqrt{(N_x - N_y)^2 + 4T^2}.$$

Ces formules donnent les valeurs des pressions principales, en un point quelconque, en fonction des composantes normale et tangentielle des pressions qui s'exercent en ce point sur deux plans rectangulaires quelconques.

76. Application à un massif sans cohésion. — Si maintenant nous considérons un massif sans cohésion et en équilibre, nous pouvons, en le coupant par un plan fictif, remplacer les terres qui sont d'un côté de ce plan par les efforts qu'elles exercent sur l'autre partie, et les forces que nous devrons introduire ainsi seront telles qu'en un point quelconque, le rapport de la composante tangentielle à la composante normale soit plus petit que tang φ, ou bien que l'angle formé par la direction de chacune de ces forces avec la normale au plan soit partout inférieur à φ.

Il y a évidemment, pour un massif déterminé, une infinité d'états d'équilibre possibles, correspondant à toutes les directions des forces qui satisfont à cette condition; mais lorsqu'il s'agit de calculer la poussée exercée par le massif sur un mur destiné à le soutenir, il suffit d'étudier l'*état-limite* d'équilibre, qui se produit lorsque les terres sont sur le point de se mettre en mouvement. Car, quel que soit l'état réel d'équilibre, le mouvement ne peut se produire que si les terres passent par cet état-limite qui précède le mouvement. Si donc un mur est calculé d'après les conditions de cet équilibre, il résistera dans tous les autres; il ne pourrait, en effet, céder à la pression que si les terres se mettaient en mouvement en passant par l'état-limite pour lequel il résiste.

Dans cet état-limite, si nous considérons un point quelconque dans la partie où l'équilibre est sur le point de se rompre, il y a, en ce point, un élément plan d'une direction inconnue, sur lequel le rapport de la composante tangentielle à la composante normale de la pression est précisément égal à tang φ; c'est ce qui caractérise l'état de deux corps solides en contact sur le point de glisser l'un sur l'autre. Or, si nous nous reportons à la figure précédente, nous voyons que l'angle RON = θ, qui mesure l'inclinaison de la pression sur un élément plan quelconque, atteint sa valeur maximum lorsque OR se confond avec la tangente OT et que l'on a, par conséquent:

$$\text{maximum de } \sin\theta = \frac{MT}{OM} = \frac{p_1 - p_2}{p_1 + p_2}.$$

C'est la valeur maximum de θ ainsi définie qui, dans l'état d'équilibre limite, est égale à l'angle φ; nous avons donc

$$(6) \qquad \sin\varphi = \frac{p_1 - p_2}{p_1 + p_2} = \frac{\sqrt{(N_x - N_y)^2 + 4T^2}}{N_x + N_y}.$$

C'est l'équation de Rankine.

77. Surfaces de rupture. — La direction des surfaces sur lesquelles la pression atteint ainsi son inclinaison maximum est donnée par la même figure: la normale à cette direction fait, avec la plus grande pression principale, un angle égal à $\frac{1}{2}\text{TMN} = \frac{1}{2}\left(\frac{\pi}{2} + \varphi\right) = \frac{\pi}{4} + \frac{\varphi}{2}$. Et la surface elle-même fait, avec la même pression principale, l'angle complémentaire $\frac{\pi}{2} - \left(\frac{\pi}{4} + \frac{\varphi}{2}\right)$ $= \frac{\pi}{4} - \frac{\varphi}{2}$. Il y a ainsi, en chaque point, deux directions également inclinées sur celle des pressions principales et sur lesquelles le rapport de la composante tangentielle à la composante normale de la pression atteint sa valeur maximum tang φ.

Ces surfaces sur lesquelles le glissement tend à se produire sont les surfaces de rupture du massif. En chaque point, il en passe deux qui font entre elles un angle $\frac{\pi}{2} - \varphi$ dont la bissectrice est la direction de la plus grande des pressions principales en ce point. Ces surfaces sont courbes lorsque, comme cela arrive en général, la direction des pressions principales varie

9

d'un point à l'autre. Elles ne sont planes que lorsque cette direction reste constante dans toute l'étendue du massif.

Dans un massif sans cohésion, à son état d'équilibre limite, la
valeur des pressions principales satisfaisant en chaque point à
l'équation $\frac{p_1 - p_2}{p_1 + p_2} = \sin\varphi$, le rapport de deux pressions conjuguées, inclinées chacune de θ sur la normale au plan sur le-
quel elles agissent, sera d'après (4),

$$(7) \qquad \frac{p'}{p} = \frac{\cos\theta - \sqrt{\cos^2\theta - \cos^2\varphi}}{\cos\theta + \sqrt{\cos^2\theta - \cos^2\varphi}}.$$

78. Application à un massif limité par un plan. —

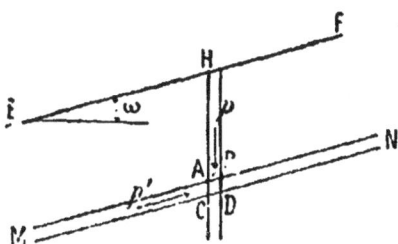

Fig. 69.

Considérons maintenant un
massif indéfini, limité à sa
partie supérieure par un plan
EF (fig. 69) faisant avec l'horizon un angle ω. Menons, dans
ce massif, un plan quelconque MN parallèle à la surface
supérieure et à une distance
verticale AH $= x$. La partie
du massif comprise entre les deux plans EF et MN est en équilibre sous l'action de son poids et de la réaction qui s'exerce
à travers le plan MN ; celle-ci est donc verticale et, sur chacun
des éléments AB, égale au poids du prisme qui se trouve verticalement au-dessus; la pression exercée par le massif supérieur sur le plan MN, qui lui est égale et opposée, a donc
pour valeur, par unité de surface de ce plan, Π $x \cos\omega$. Si nous
considérons un élément ABCD compris entre deux plans parallèles à EF et deux plans verticaux, la pression sur AB étant
parallèle à AC, réciproquement la pression sur AC sera parallèle
à AB, et le rapport de ces deux pressions, qui sont par suite conjuguées et dont chacune est inclinée d'un angle ω sur la normale
au plan sur lequel elle agit, sera celui que nous venons d'écrire en
mettant pour θ la valeur ω, c'est-à-dire que si nous désignons
par p' la pression, par unité de surface du plan vertical AC,
nous aurons :

$$(8) \qquad p' = \Pi x \cos\omega \frac{\cos\omega - \sqrt{\cos^2\omega - \cos^2\varphi}}{\cos\omega + \sqrt{\cos^2\omega - \cos^2\varphi}}$$

ou bien

$$(9) \qquad p' = Hx\cos\omega.\; \frac{\cos\omega + \sqrt{\cos^2\omega - \cos^2\varphi}}{\cos\omega - \sqrt{\cos^2\omega - \cos^2\varphi}}.$$

Ces deux valeurs de p' correspondent à deux états d'équilibre limite; l'un, qui se produit lorsque les terres du massif tendent à glisser en descendant de F vers M, est celui de la plus petite valeur de p'; l'autre, qui se produit lorsque les terres sont refoulées par une pression plus forte de M vers F, est celui de la valeur la plus grande, qui est la seconde.

Pour l'étude de la poussée exercée par les terres sur un mur de soutènement, c'est évidemment le premier état d'équilibre limite qui est à considérer et nous ne nous occuperons que de la première valeur de p'.

Dans ce cas, la pression sur le plan vertical AC est la plus petite des deux pressions conjuguées, et elle est représentée sur la figure 68 par la ligne OR'. L'angle α, que la direction de la plus grande des deux pressions principales fait avec la normale au plan sur lequel agit cette pression p', c'est-à-dire avec l'horizontale, est la moitié de l'angle R'MN. Or, nous avons

$$(10) \begin{cases} R'MN = R'ON + OR'M = \omega + \pi - MR'R = \omega + \pi - \text{arc. sin}\; \dfrac{MI}{MR'} = \\[2mm] = \omega + \pi - \text{arc. sin}\; \dfrac{(p_1 + p_2)\sin\omega}{p_1 - p_2} = \omega + \pi - \text{arc. sin.}\; \dfrac{\sin\omega}{\sin\varphi} = 2\alpha \end{cases}$$

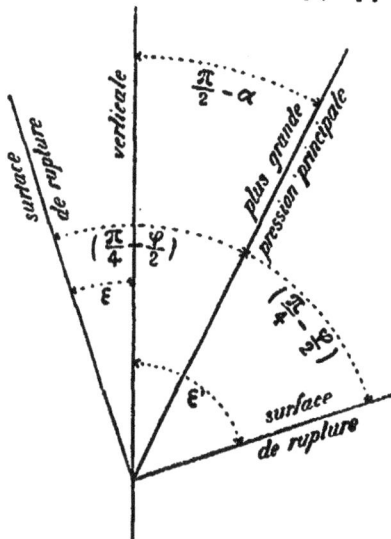

Fig. 70.

La plus grande pression principale fait, avec la verticale, un angle égal à $\frac{\pi}{2} - \alpha$ (fig. 70), et les surfaces de rupture, qui font, avec la direction de cette pression, des angles $\frac{\pi}{4} - \frac{\varphi}{2}$, font, avec la verticale, de part et d'autre de cette ligne, des angles ε et ε' ayant pour valeur

$$\varepsilon \text{ ou } \varepsilon' = \left(\frac{\pi}{4} - \frac{\varphi}{2}\right) \pm \left(\frac{\pi}{2} - \alpha\right),$$

ou bien, en mettant pour α sa valeur (10),

$$2\varepsilon \text{ ou } 2\varepsilon' = \frac{\pi}{2} - \varphi \pm \left(\arcsin \frac{\sin\omega}{\sin\varphi} - \omega\right).$$

D'où, pour celui, ε, qui s'applique à la surface de rupture la plus rapprochée de la verticale

(11)
$$\cos(2\varepsilon + \varphi - \omega) = \frac{\sin\omega}{\sin\varphi};$$

et pour l'autre, ε' qui s'applique à la seconde surface de rupture

(12)
$$\cos(2\varepsilon' + \varphi + \omega) = -\frac{\sin\omega}{\sin\varphi}.$$

Les angles ε et ε' étant indépendants de x, les surfaces de rupture ont les mêmes directions en tous les points du massif indéfini et sont, par conséquent, planes.

Si, par exemple, la surface du massif est horizontale, $\omega = 0$, on a

(13)
$$\varepsilon = \varepsilon' = \frac{\pi}{4} - \frac{\varphi}{2};$$

les plans de rupture sont également inclinés sur la verticale qui, dans ce cas, comme on le reconnaît facilement, est la direction de la plus grande pression principale.

Si, au contraire, la surface supérieure du massif est inclinée suivant le talus naturel des terres, $\omega = \varphi$, et alors

$$\varepsilon = 0, \qquad \varepsilon' = \frac{\pi}{2} - \varphi.$$

L'un des plans de rupture est vertical, l'autre est incliné de $\frac{\pi}{2} - \varphi$ et la direction de la plus grande pression principale, qui est la bissectrice de l'angle qu'ils forment, fait avec la verticale un angle égal à $\frac{\pi}{4} - \frac{\varphi}{2}$.

Au moyen des formules précédentes, on pourra toujours, dans ce massif indéfini, déterminer sur un plan d'une direction quelconque, l'intensité de la pression.

On connaît, en effet, en un point quelconque, situé à une hauteur verticale x, au-dessous de la surface supérieure, deux pressions conjuguées p et p' s'exerçant sur un plan parallèle à cette surface et sur un plan vertical, et ayant respectivement pour valeurs

$$p = \Pi x \cos\omega, \qquad p' = \Pi x \cos\omega \frac{\cos\omega - \sqrt{\cos^2\omega - \cos^2\varphi}}{\cos\omega + \sqrt{\cos^2\omega - \cos^2\varphi}}.$$

On en déduit facilement les valeurs des pressions principales p_1 et p_2.

$$p_1 = \frac{\Pi x \cos\omega(1 + \sin\varphi)}{\cos\omega + \sqrt{\cos^2\omega - \cos^2\varphi}}, \qquad p_2 = \frac{\Pi x \cos\omega(1 - \sin\varphi)}{\cos\omega + \sqrt{\cos^2\omega - \cos^2\varphi}}.$$

et par suite, au moyen de la construction graphique du n° 74, la pression sur un plan d'une direction quelconque; par exemple, la valeur de la pression p_r sur la direction des plans de rupture, qui est représentée par OT et qui est moyenne proportionnelle entre les valeurs des deux pressions principales représentées par ON et ON'.

$$p_r = \sqrt{p_1 p_2} = \frac{\Pi x \cos\omega \cos\varphi}{\cos\omega + \sqrt{\cos^2\omega - \cos^2\varphi}}.$$

79. Poussée sur un mur de soutènement. — Cette connaissance complète de l'état d'équilibre intérieur d'un massif indéfini ne peut donner que d'une manière approximative la pression exercée sur un mur par un massif limité par ce mur. On peut bien, en effet, considérer, dans le massif indéfini (fig. 71), un plan fictif qui aurait la direction AB que l'on veut donner à la paroi du mur, supposer que toute la partie du massif située à gauche, par exemple, de cette ligne soit enlevée et remplacée par le mur, puis calculer les pressions sur cette ligne AB, comme si le massif était indéfini. C'est ce que faisait Rankine. Mais il faut remarquer que le mur ne tient pas lieu des terres enlevées. Dans le massif indéfini, les pressions sur la ligne AB sont bien celles qu'indique la théorie précédente, et, à moins que AB ne coïncide précisément avec une surface de rupture, elles sont telles que le rapport de leur composante tangentielle à leur composante normale est inférieur à tang φ. Au contraire, dans le massif limité par le mur, celui-ci ne pou-

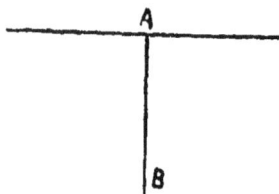

Fig. 71.

vaut glisser que tout d'une pièce, dans l'état d'équilibre limite que nous considérons, les terres devront exercer sur lui une pression telle que le rapport de sa composante tangentielle à sa composante normale soit égale au coefficient f de frottement des terres sur le mur, c'est-à-dire, si nous écrivons $f = \tan \varphi'$, une pression faisant, avec la normale à la paroi un angle φ', en admettant que φ' soit inférieur à φ. Car si φ' était plus grand que φ, une petite couche de terre resterait adhérente au mur, le massif glisserait sur cette couche et, par conséquent, le coefficient de frottement des terres sur la surface de rupture coïncidant avec la paroi du mur serait égal à $\tan \varphi$.

80. Condition nécessaire pour que cette solution soit applicable. — C'est ce que l'on suppose ordinairement. On prend, par conséquent, le coefficient de frottement des terres sur le mur égal à celui des terres sur elles-mêmes, soit $\tan \varphi' = \tan \varphi$. Les formules précédentes ne seront donc applicables, en toute rigueur, que si la direction du mur coïncide avec celle d'un plan de rupture, c'est-à-dire que si la paroi du mur fait avec la verticale l'angle ε défini par l'équation (11)

$$\cos(2\varepsilon + \varphi - \omega) = \frac{\sin \omega}{\sin \varphi}.$$

Pour les autres directions de la paroi, on n'a qu'une approximation.

Rankine s'est contenté de cette approximation. Il évaluait les pressions par les formules précédentes pour toutes les directions du mur; ainsi, par exemple, la pression exercée par un terre-plein horizontal sur un mur vertical se trouvait être, d'après cela, dirigée horizontalement et égale à $\Pi x \frac{1 - \sin \varphi}{1 + \sin \varphi}$ en un point quelconque situé à une profondeur x au-dessous de la surface libre; de sorte que la pression totale Q, exercée sur une hauteur h, avait pour expression

(14) $$Q = \Pi \frac{h^2}{2} \cdot \frac{1 - \sin \varphi}{1 + \sin \varphi},$$

et elle était appliquée au tiers de la hauteur à partir de la base. Cela revenait à supposer nul le frottement sur le mur, c'est-à-dire à négliger la composante tangentielle de la poussée.

M. de Saint-Venant, en 1870, a montré que les valeurs ainsi obtenues, qui ne sont qu'approchées, le sont dans un sens favorable à la sécurité, car leur adoption revient à supposer le frottement de la terre contre la face du mur moins intense qu'il ne l'est. Il semblait donc que l'on pût s'en contenter, comme l'avait fait Rankine.

Toutefois, des expériences et observations récentes, faites en Angleterre par M. Darwin et M. Baker, et par M. Gobin en France, ont appelé l'attention sur le degré d'approximation donné par les formules de Rankine et ont montré que cette approximation était insuffisante. Les valeurs expérimentales trouvées étaient notablement inférieures à celles que donnait la théorie et n'en étaient quelquefois que la moitié.

§ 1. Solution générale donnée par M. Boussinesq.

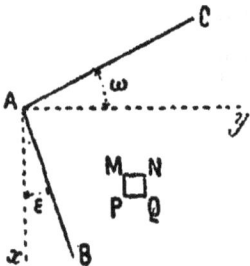

Fig. 72.

— M. Boussinesq avait, dès 1873[1], donné la solution générale, en intégrant, d'une façon approximative il est vrai, mais suffisamment approchée, les équations générales du problème. Considérons, dans un massif quelconque, limité par un mur AB (fig. 72), et dont nous rapporterons les coordonnées à deux axes rectangulaires Ax, Ay menés verticalement et horizontalement par le sommet du mur, un élément rectangulaire MNPQ $= dx\,dy$, et écrivons les équations d'équilibre des forces qui agissent sur cet élément. Sur la face MN $= dy$ agit normalement la pression N$_x$ et tangentiellement l'effort T; sur la face MP $= dx$ agit normalement la pression N$_y$ et tangentiellement le même effort T. Sur les autres faces NQ et PQ agissent les mêmes efforts augmentés de leurs accroissements correspondant à dx ou à dy; enfin le poids de l'élément est $\Pi\,dx\,dy$. Nous avons ainsi, pour l'équilibre dans le sens vertical :

$$N_x dy - \left(N_x + \frac{dN_x}{dx}\,dx\right) dy + T\,dx - \left(T + \frac{dT}{dy}\,dy\right) dx = \Pi\,dx\,dy;$$

1. Essai théorique sur l'équilibre des massifs pulvérulents. Paris, Gauthier-Villars.

et pour l'équilibre dans le sens horizontal :

$$N_y dx - \left(N_y + \frac{dN_y}{dy} dy\right) dx + T dy - \left(T + \frac{dT}{dx} dx\right) dy = 0.$$

Réduisant et divisant par $dx\,dy$, il vient les deux équations :

$$(15) \qquad \frac{dN_x}{dx} + \frac{dT}{dy} + \Pi = 0, \qquad \frac{dN_y}{dy} + \frac{dT}{dx} = 0;$$

auxquelles il faut joindre l'équation de Rankine :

$$(16) \qquad \frac{(N_x - N_y)^2 + 4T^2}{(N_x + N_y)^2} = \sin^2\varphi;$$

ce qui donne trois équations *indéfinies*, devant être satisfaites en tous les points du massif, entre les trois quantités N_x, N et T.

On aura à exprimer, en outre, les conditions *définies* à satisfaire aux extrémités du massif, soit à la surface libre, soit contre le mur.

Ces équations, appliquées à un massif indéfini, terminé à la partie supérieure par un plan, ne donnent rien autre chose que ce que nous avons déduit plus haut de considérations géométriques.

Lorsque le massif est limité par un mur AB (fig. 73), toute la partie CAM, située au delà du plan de rupture AM mené par l'arête supérieure du mur, c'est-à-dire au delà du plan faisant avec la verticale un angle MAX $= \varepsilon$ (n° 80), se comporte encore, au point de vue de l'équilibre, de la même manière que si le massif était indéfini; mais la partie MAB, comprise entre ce plan et la paroi du mur, se comporte différemment, et les conditions de son équilibre, définies par les équations différentielles ci-dessus, n'ont pu être déterminées que d'une façon approximative.

Fig. 73.

Le lecteur trouvera, soit dans le Mémoire cité de M. Boussinesq, soit dans une note sur ce sujet insérée aux Annales des Ponts et Chaussées, 1882, 1er semestre, page 625, des indications suffisantes sur la manière dont la question a été abordée, et qui ne peuvent trouver place ici.

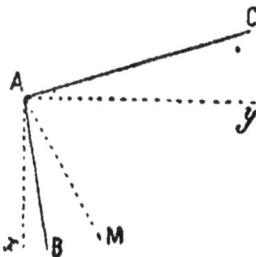

Nous nous bornerons à donner le résultat des intégrations approximatives de M. Boussinesq, pour la détermination de la poussée sur le mur.

82. Formule résumant cette solution. — Dans le cas le plus général d'un massif limité à sa partie supérieure par un plan incliné d'un angle ω sur l'horizontale et soutenu par un mur dont la paroi fait un angle i avec la verticale, la poussée Q, qui est, en chaque point, proportionnelle à la profondeur verticale x du point considéré au-dessous du sommet du mur, a pour expression totale, si l'on considère un mur d'une hauteur verticale h, et dont la paroi a par conséquent la longueur $\dfrac{h}{\cos i}$,

$$(17) \qquad Q = \frac{1}{2}\, \Pi . \frac{h^{2}}{\cos^{2}i} . k;$$

k étant un coefficient numérique qu'on ne peut calculer exactement, mais dont on obtient une limite inférieure k' par la formule

$$(18) \qquad k' = \operatorname{tang}\left(\frac{\pi}{4}-\frac{\varphi}{2}\right)\frac{\cos\psi\cos(\varphi+\delta)\cos(\omega-i)}{\cos(\varphi-\delta)\cos(\omega+\psi)},$$

dans laquelle les angles auxiliaires ψ et δ se calculent par les équations

$$(19) \qquad \sin(\omega+2\psi)=\frac{\sin\omega}{\sin\varphi}, \qquad \delta=\frac{\pi}{4}-\frac{\varphi}{2}-\psi-i;$$

et une limite supérieure, k'', en mettant dans les mêmes formules, au lieu de l'angle φ l'angle φ', un peu plus petit, donné par l'équation

$$(20) \qquad \sin\varphi'=\sin\varphi\cos\delta.$$

Ces deux limites k' et k'' sont assez rapprochées, et la vraie valeur de k pourrait être prise égale à leur moyenne arithmétique; toutefois, M. Boussinesq a montré qu'il était plus exact de prendre

$$(21) \qquad k=k'+\frac{9}{22}(k''-k').$$

La poussée, ainsi calculée, est appliquée au tiers de la hauteur du mur à partir de la base, et elle fait, avec la normale à la direction de la paroi, un angle égal à φ.

Ces formules ne sont applicables qu'autant que l'angle δ est positif, ce qui comprend à peu près tous les cas de la pratique [1].

Lorsqu'il est négatif, ce qui correspond au cas où l'angle *i*,

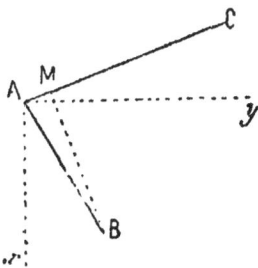

Fig. 74.

formé par la paroi du mur avec la verticale, est plus grand que l'angle ε, qui donne la direction de la surface de rupture, la ligne AM (fig. 73) tombe dans l'intérieur de l'angle BAX, c'est-à-dire en dehors du massif de terre ; la surface de rupture, à partir de laquelle les lois de Rankine ne sont plus applicables, et qui fait avec la verticale l'angle ε, doit alors être menée par la base B du mur, suivant BM,

---

[1]. M. Mayer, ingénieur des ponts et chaussées, nous a indiqué, pour le cas le plus simple, celui d'un massif horizontal soutenu par un mur vertical, une démonstration simple de la formule qui donne la limite inférieure du coefficient *k*. Si, par le sommet A du mur (fig. 75), nous menons la surface de rupture AC, faisant

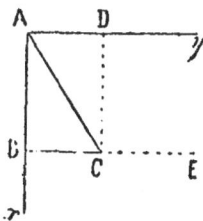

Fig. 75.

alors sur la verticale l'angle $CAB = \frac{\pi}{4} - \frac{\varphi}{2}$, la partie située au delà de cette ligne satisfera aux lois de Rankine et par conséquent la pression sur un plan vertical CD, mené par C, sera $\Pi \frac{h^2}{2} \frac{1 - \sin\varphi}{1 + \sin\varphi}$, et elle sera dirigée horizontalement.

Désignons, comme ci-dessus, par *k* le coefficient de la poussée sur le mur ; sa composante horizontale totale sera $\Pi \frac{h^2}{2} k \cos\varphi$, et sa composante verticale au point B sera $\Pi hk \sin\varphi$. Si donc, au point B, nous considérons un élément rectangulaire du massif, l'action tangentielle sur sa face verticale étant $\Pi hk \sin\varphi$, elle sera la même sur sa face horizontale.

Cela posé, écrivons l'équation d'équilibre, dans le sens horizontal, du prisme ABCD, en désignant par T l'action tangentielle en un point quelconque de BC ; nous aurons :

$$\Pi \frac{h^2}{2} \frac{1 - \sin\varphi}{1 + \sin\varphi} - \Pi \frac{h^2}{2} . k \cos\varphi - \int_B^C T \, dy = 0$$

L'intégrale $\int_B^C T \, dy$, qui représente la somme des efforts tangentiels exercés sur BC, peut être considérée comme l'aire d'une courbe dont les ordonnées seraient les valeurs de T. Ces valeurs sont inconnues, à l'exception de celles des extrémités. Nous savons qu'au point B, T a pour valeur $\Pi hk \sin\varphi$, et qu'au point C

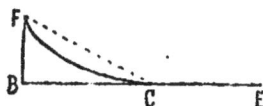

Fig. 76.

il est nul. Mais nous savons de plus qu'il continue à être nul au delà du point C vers CE. Si donc nous construisons, sur BC (fig. 76), la courbe représentant les valeurs de T en fonction de Y, nous aurons à prendre $BF = \Pi hk \sin\varphi$ et à tracer une courbe partant du point F, passant par le point C et, au delà de ce point, se confondant avec la ligne droite CE.

(fig. 74). Toute la partie CMB du massif obéit aux lois de Ran-kine, c'est-à-dire que la pression, en un point quelconque de MB, est représentée par p_r (p. 133), et le prisme AMB, dont l'angle ABM $= - \delta$, fait corps avec le mur au commencement de l'é-boulement. Dans ce cas, c'est sur la face MB que l'on calcule la poussée et on la compose avec le poids de ce prisme pour avoir l'effort total exercé sur le mur.

83. Construction graphique approximative. — Le calcul de la poussée, d'après les formules de M. Boussinesq, sans être précisément laborieux, est cependant assez long. On trou-vera aux Annales des Ponts et Chaussées (1885) des tables qui en donnent les résultats pour les cas les plus ordinaires de la pratique. On peut d'ailleurs, avec une approximation générale-ment suffisante, se passer de ces tables, en se servant de la construction géométrique suivante qui donne sensiblement le même résultat, lorsque ω et i sont positifs ou au moins égaux à zéro, et dont la justification approximative a été donnée aux Annales, en même temps que les tables dont il s'agit.

Il est donc extrêmement probable, en raison de la continuité, que la courbe inconnue aura la forme indiquée sur la figure, c'est-à-dire qu'elle sera convexe vers BC et tangente en C à cette ligne. Et par conséquent, l'aire à évaluer, qui est comprise entre cette courbe et la ligne BC, sera plus petite que celle du triangle rectiligne BFC, c'est-à-dire plus petite que $\dfrac{BF \times BC}{2}$. Nous pourrons donc écrire :

$$\int_B^C T \, dy < \Pi \, hk \sin \varphi \cdot \times \frac{BC}{2} = \Pi \, hk \sin \varphi \cdot \frac{h}{2} \operatorname{tg}\left(\frac{\pi}{4} - \frac{\varphi}{2}\right).$$

Remplaçant, dans l'équation ci-dessus, l'intégrale par une valeur plus grande, nous aurons

$$\Pi \frac{h^2}{2} \frac{1 - \sin \varphi}{1 + \sin \varphi} - \Pi \frac{h^2}{2} k \cos \varphi < \Pi \frac{h^2}{2} k \sin \varphi \operatorname{tg}\left(\frac{\pi}{4} - \frac{\varphi}{2}\right).$$

D'où, en réduisant :

$$k \left[\cos \varphi + \sin \varphi \operatorname{tg}\left(\frac{\pi}{4} - \frac{\varphi}{2}\right)\right] > \frac{1 - \sin \varphi}{1 + \sin \varphi} = \operatorname{tg}^2\left(\frac{\pi}{4} - \frac{\varphi}{2}\right),$$

ou bien

$$k > \operatorname{tg}\left(\frac{\pi}{4} - \frac{\varphi}{2}\right) \frac{\sin\left(\frac{\pi}{4} - \frac{\varphi}{2}\right)}{\cos\left(\frac{3\varphi}{2} - \frac{\pi}{4}\right)}.$$

Le second membre de cette inégalité est précisément la valeur de la limite infé-rieure k' ci-dessus, lorsqu'on fait $\omega = 0$, $i = 0$, ce qui donne $\psi = 0$ et $\delta = \dfrac{\pi}{4} - \dfrac{\varphi}{2}$.

Au point I, pris au tiers, à partir de la base, de la longueur

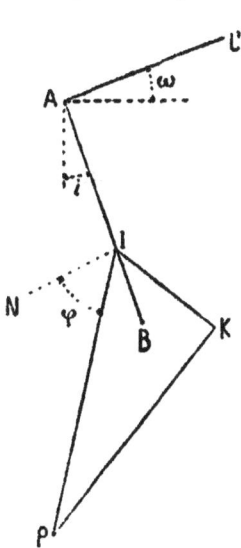

Fig. 77.

$AB = \dfrac{h}{\cos i}$ de la paroi du mur (fig. 77), on mène une droite IP faisant avec la normale IN à cette paroi, un angle φ et une ligne IK, faisant, avec la direction AB elle-même, un angle $BIK = \dfrac{\omega}{2} + \dfrac{4}{i}\left(\dfrac{\varphi}{10^\circ} - 1\right)$, on prend sur cette ligne une longueur $IK = 0,16 . \Pi \dfrac{h^2}{2\cos^2 i}$ et on y élève au point K la perpendiculaire KP qui vient rencontrer en P la première ligne IP. La longueur IP est en grandeur et en direction, la poussée exercée sur le mur.

Lorsque le mur est vertical, $i = 0$, et l'angle $BIK = \dfrac{\omega}{2}$. Si en même temps le massif est arasé horizontalement, $\omega = 0$, et alors $BIK = 0$, la ligne IK se confond avec la verticale IB[1].

§ 3

MURS DE SOUTÈNEMENT

84. Détermination des dimensions des murs de soutènement. — La poussée des terres ainsi calculée, les dimensions du mur de soutènement se détermineront par la méthode générale donnée plus haut.

Si l'on considère une partie du mur comprise entre le sommet CB et un joint quelconque MN (fig. 78), la résultante R des efforts qui agissent sur ce joint sera la résultante du poids P de la partie CDMN et de la poussée Q exercée sur la paroi DN;

[1]. Dans tous les cas, l'angle BIK est facile à calculer; φ est ordinairement exprimé par un nombre entier de degrés, de sorte que le facteur $\left(\dfrac{\varphi}{10^\circ} - 1\right)$ s'écrit immédiatement; il est par exemple égal à 2,3 pour $\varphi = 33^\circ$. Il reste à multiplier ce nombre par $\dfrac{i}{4}$, que l'on peut exprimer en minutes, et à ajouter le produit à $\dfrac{\omega}{2}$.

on voit que cette résultante traverse nécessairement le plan
de joint MN en un point qui est situé tou-
jours du même côté de la verticale du
centre de gravité, et comme on doit chercher à rapprocher ce point d'intersection
autant que possible du milieu du joint,
il y a intérêt à faire en sorte que le milieu d'un joint quelconque se trouve re-
porté en dehors de la verticale du centre
de gravité de la partie supérieure et du
côté opposé à celui sur lequel s'exerce
la poussée des terres. C'est ce que l'on
fera en donnant au joint MN, par rapport
à la verticale du centre de gravité G, une
position telle que M' N'. D'après cela, il est avantageux de donner aux murs de soutènement un fruit extérieur. Quant à la direction du parement intérieur du mur, il faut remarquer que
si le fruit intérieur a pour effet d'augmenter un peu la valeur
de la poussée, il a aussi pour résultat d'en diminuer l'inclinaison
sur la verticale et, par suite, de rapprocher, de la verticale du
centre de gravité, le point où sa direction traverse le joint. Il
y a donc, dans chaque cas particulier, une étude à faire pour
trouver le profil le plus économique, en tenant compte des conditions dans lesquelles doit être établie la construction.

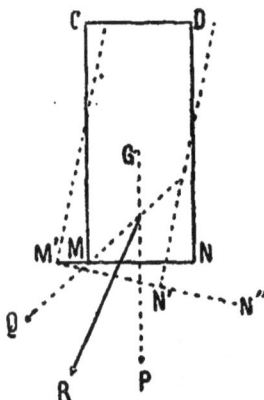

On remarquera aussi que la direction de la résultante des
efforts sur chaque joint étant inclinée sur la verticale, il peut
être utile, pour que l'inclinaison sur la surface du joint ne s'approche pas trop de la limite admise pour la sécurité, d'incliner
la surface du joint sur l'horizontale en lui donnant une direction
telle que M'N''.

En opérant ainsi, on sera sans doute conduit, dans la plupart
des cas, à donner au mur une épaisseur moindre que celle qui
est ordinairement en usage et qui résulte de l'application de
règles empiriques peu justifiées. On a été amené, peu à peu, à
augmenter l'épaisseur des murs de soutènement, à la suite
d'accidents que l'on a attribués à une insuffisance de cette
dimension.

85. Effets du tassement des terres. — Si l'on
considère un mur supportant un remblai dont les diverses

Fig. 78.

particules n'ont pas pris leur position définitive d'équilibre, et
dans lequel, à un certain moment, sous l'influence de circonstances atmosphériques ou autres, il se produit un tassement, le
mouvement des diverses particules qui tassent représente une
certaine force vive, c'est-à-dire un certain travail dynamique
dont l'action s'ajoute à la poussée ordinaire pour augmenter,
pendant le mouvement, l'effort exercé sur le mur. Lorsque les
tassements s'opèrent en grande masse, aucun mur, si épais
qu'il soit, ne peut y résister; il ne peut le faire que si les tassements sont partiels et successifs; et de ce qu'un mur aura cédé
à cette action dynamique, on ne peut en conclure qu'il n'est pas
d'une épaisseur suffisante pour résister à la poussée statique. On
voit au contraire souvent des murs qui, après avoir fait un premier mouvement sous l'effet de cette action, résistent ensuite
parfaitement. On pourrait même dire que lorsqu'un mur a subi
ce premier mouvement sans être renversé, il a une stabilité
supérieure à celle qui serait strictement nécessaire pour résister
à un massif absolument immobile.

Il importe donc de tasser avec le plus grand soin les terres
derrière les murs, afin d'éviter tout mouvement ultérieur dans la
masse des remblais. L'addition au mur de contre-forts intérieurs
qui divisent cette masse et s'opposent aux mouvements d'ensemble, peut avoir son utilité. Il y aura aussi avantage à
constituer les remblais, autant qu'on le pourra, de matériaux
qui prennent immédiatement leur position définitive d'équilibre.
comme le sable arrosé d'eau, le gravier, les pierres cassées, etc.

86. Précautions à prendre dans l'exécution. —
Sans entrer ici dans le détail des précautions à prendre dans l'exécution de ces ouvrages, nous rappellerons la nécessité de ména-
ger des issues à l'eau qui peut s'introduire derrière le mur dans
les remblais, qui, si elle s'y trouve enfermée, peut exercer
une poussée plus forte que celle des terres, et qui, dans
presque tous les cas, a pour effet de diminuer le coefficient de
frottement des terres sur elles-mêmes et sur le mur, c'est-à-dire
d'augmenter la grandeur de la poussée et son inclinaison sur la
verticale.

Nous avons supposé que la poussée exercée par les terres
faisait, avec la normale à la paroi du mur, un angle égal à l'angle

de frottement des terres sur elles-mêmes, ce qui revient à admettre qu'une mince couche de terre reste adhérente au mur. On pourrait craindre que, par suite de l'action de l'humidité ou d'autres causes, ce fait ne se produisît pas et que le frottement des terres sur le mur fût diminué. On évite cet effet en laissant sur la face postérieure du mur un certain nombre d'aspérités, soit irrégulières et résultant de la forme même des matériaux employés, soit régulières comme les redans, qui diminuent progressivement l'épaisseur, ou même des saillies ménagées de distance en distance pour s'opposer à un glissement d'ensemble et dont nous donnerons plus loin un exemple emprunté aux ingénieurs anglais.

57. Butée des terres. — Nous avons remarqué (page 131) qu'il y avait, pour un massif de terre limité à sa partie supérieure par un plan, deux états limites d'équilibre : le premier, que nous avons considéré, est celui qui précède le mouvement des terres poussant devant elles un mur qui cède à leur pression ; le second, au contraire, précéderait le mouvement des terres qui seraient refoulées par une paroi mobile les poussant devant elle. La résistance des terres au mouvement de cette paroi porte alors le nom de *butée* des terres. La valeur de la pression qui y correspond, par unité de surface du plan vertical HC (fig. 69), est la plus grande (9) des deux valeurs de p', que nous avons laissée de côté, et nous devons prendre dans ce cas,

$$p' = \Pi x \cos\omega \, \frac{\cos\omega + \sqrt{\cos^2\omega - \cos^2\varphi}}{\cos\omega - \sqrt{\cos^2\omega - \cos^2\varphi}}.$$

Cette pression est représentée sur la figure 68 par OR et nous pourrions, de la même manière que nous l'avons fait ci-dessus, étudier ce nouvel état d'équilibre. Nous trouverions encore en chaque point, deux surfaces de rupture, inclinées de $\frac{\pi}{4} - \frac{\varphi}{2}$ sur la direction des pressions principales qui ne serait plus la même que dans le premier état. Nous pourrions encore en déduire exactement la valeur de la butée lorsque la paroi mobile coïncide avec l'une de ces surfaces de rupture.

Pour les autres directions de la paroi mobile, on n'aurait encore qu'une approximation dont on pourrait, à la rigueur, se con-

tenter. Il est évident d'ailleurs que, quel que soit le coefficient
qui doit multiplier Πx, pour exprimer la butée en un point quelconque, ce coefficient sera, comme pour la poussée, indépendant de x et par conséquent la valeur de la butée sur une surface
quelconque variera suivant la loi hydrostatique ; sa résultante
aura pour valeur le produit de $\Pi \frac{h^2}{2}$ par un certain coefficient
numérique, sera appliquée au tiers de la hauteur à partir de
la base, et fera, avec la normale à la paroi du mur, un angle
égal à l'angle de frottement.

Si, comme le faisait Rankine, on néglige le frottement sur la
paroi du mur, on pourra prendre pour la valeur de la butée, en
un point quelconque d'une paroi verticale, l'expression ci-dessus
de p' qui, appliquée au cas d'un massif arasé horizontalement,
donnerait, pour la valeur de la butée totale Q_1 en faisant $\omega = 0$:

$$Q_1 = \Pi \frac{h^2}{2} \cdot \frac{1 + \sin\varphi}{1 - \sin\varphi}.$$

L'hypothèse du coin de Coulomb et la méthode géométrique
de Poncelet peuvent encore être appliquées au calcul de la butée. Il suffit de chercher la direction du plan de rupture qui
donne le prisme de moindre résistance au mouvement du mur.

La butée est une résistance passive qui s'oppose au mouvement. Elle agit dans un sens favorable à la stabilité
et il importe de ne pas la mettre entièrement en jeu dans
les conditions d'équilibre d'une construction. Il faut, comme
on le fait pour la résistance des matériaux à l'écrasement, ne
faire supporter aux terres contre lesquelles on fait buter des
massifs qu'une fraction plus ou moins grande de l'effort qui
pourrait commencer à les mettre en mouvement. Il est donc
beaucoup moins intéressant de connaître la butée des terres avec
exactitude que leur poussée ; il suffit d'en connaître une limite
inférieure au-dessous de laquelle on se tiendra.

C'est pourquoi l'on peut se contenter de calculer la butée par
la formule ci-dessus, de Rankine, et de la réduire ensuite à une
certaine proportion, au tiers ou au quart, par exemple, ou bien,
ce que l'on fait encore plus ordinairement lorsque l'on veut
tenir compte de la butée des terres, d'admettre que la butée sur
laquelle on peut compter pour la stabilité d'un massif de maçon-

neric a simplement pour valeur la poussée qui serait exercée sur ce massif considéré comme un mur de soutènement.

88. Formules empiriques pour les murs de soutènement. — Les épaisseurs des murs de soutènement se déterminaient autrefois par de simples formules empiriques qu'il est bon de connaître, parce qu'elles peuvent servir de point de départ pour la détermination plus exacte des dimensions qui sont nécessaires.

La plus connue en France est celle de Vauban qui donne, à la base du mur, une épaisseur égale à $0,18\,h+1^m,25$ avec un fruit extérieur de $\frac{1}{5}$ à $\frac{1}{6}$ et le parement intérieur (du côté des terres) vertical. Cette règle donne, pour épaisseur à la base, environ le tiers de la hauteur pour des murs de 8 à 10 mètres de hauteur.

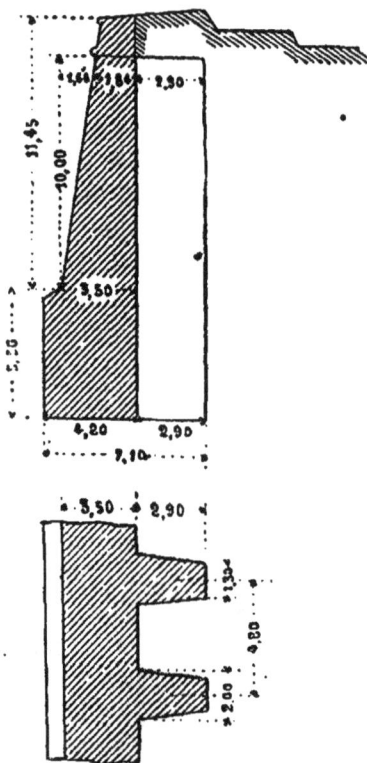

Vauban renforçait ses murs, du côté des terres, par des contre-forts espacés de 5 mètres environ d'axe en axe, et auxquels il donnait une saillie un peu inférieure à l'épaisseur du mur à la base et une largeur moyenne un peu plus grande que la moitié de cette saillie. Voici, par exemple, les dimensions des murs de la place d'Ypres, construits en 1699 (fig. 79). On remarquera que la fondation est descendue à une grande profondeur au-dessous du fond du fossé ; c'est afin de mettre à profit la butée des terres sur une assez grande hauteur pour empêcher le glissement du mur sur sa base.

Brunel, qui a construit en Angleterre un très grand nombre de murs de soutènement pour l'établissement de diverses

Fig. 79.

lignes de chemins de fer, adoptait une règle qui, en moyenne, était la suivante : Le parement du mur (fig. 80) avait un fruit de

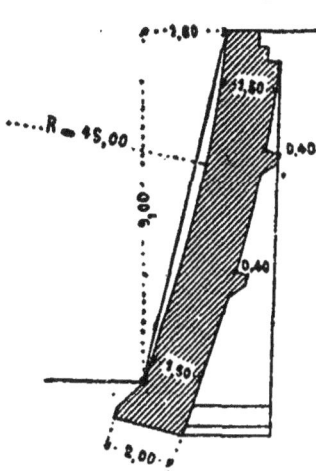

Fig. 80.

$\frac{1}{5}$ à $\frac{1}{6}$ de la hauteur ; il était réglé suivant un plan ou suivant une surface cylindrique ayant pour base un arc de cercle d'un rayon égal à cinq fois la hauteur. L'épaisseur du mur, uniforme sur toute la hauteur, n'était que le sixième de cette dimension, et le mur était quelquefois renforcé par des contre-forts distants de 3 mètres d'axe en axe et de $0^m,75$ environ de largeur, dont la saillie, nulle en haut du mur, était limitée par un plan vertical passant par le sommet de la paroi posté-rieure du mur.

La figure 81 représente le profil d'un mur de soutènement,

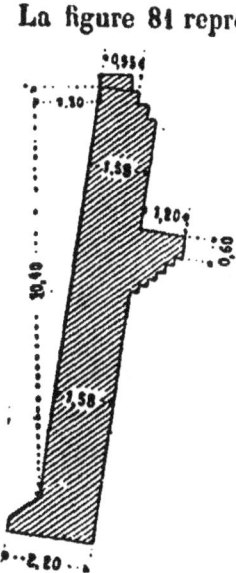

Fig. 81.

construit par Brunel, aux abords du tunnel de Mickleton. Le terrain auquel ce mur sert d'appui est une argile bleue du lias de la plus mauvaise nature, ne se tenant, lorsqu'elle est humide, que sous un talus de 3 de base pour un de hauteur ($\varphi = 18°$ 1/2). Ce mur, dont l'épaisseur est inférieure au $\frac{1}{6}$ de la hauteur, a parfaitement résisté, avec un fruit de $\frac{1}{8}$, et sans contre-forts.

Si l'on calculait la poussée de la terre en adoptant pour talus naturel l'angle de 18° 1/2, on arriverait à une poussée de plus de 43.000 kil. à laquelle le mur ne serait pas capable de résister même en faisant entrer en ligne de compte, au profit de la stabilité, le prisme de terre immobilisé à la partie supérieure par la saillie de $1^m,20$ ménagée en arrière de son parement intérieur. Il faut donc en conclure que le remblai derrière le mur a été conduit avec toutes les précautions nécessaires, et que l'on a en même temps assuré l'écoulement des eaux et l'assèchement de la masse argileuse, d'une manière suffisamment parfaite pour que le frottement des terres sur elles-mêmes ne diminue jamais jusqu'à la valeur correspondant à l'angle de 18° 1/2.

On peut constater qu'une valeur de $\varphi = 30°$, ce qui correspond encore à un talus de un et trois quarts de base pour un de hauteur, réduit la poussée de 43.000^k à 26.000^k environ et qu'alors la résultante de cette poussée, inclinée de 30° sur la normale à la paroi, et du poids du mur, augmenté de celui du prisme de terre immobilisé à sa partie supérieure, passe à l'intérieur de la base du mur, à 0^m,45 environ de l'arète, soit à une distance du milieu égale à peu près au cinquième de l'épaisseur. Le mur se trouve ainsi dans des conditions de stabilité très suffisantes et on peut en conclure, puisqu'il a résisté, que l'angle de frottement des terres n'est jamais descendu beaucoup au-dessous de 30 degrés.

Nous donnons encore comme exemple de mur celui qui a été

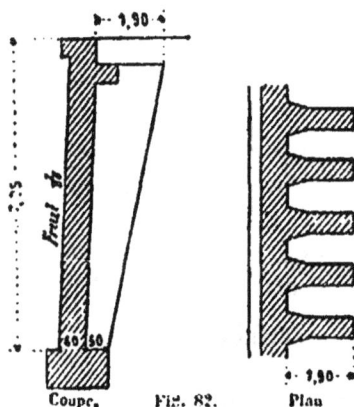

Coupe.   Fig. 82.   Plan

construit à Toul en 1857 par le colonel Michon (fig. 82). Avec une hauteur de 8 mètres et un fruit de $\frac{1}{20}$, l'épaisseur du mur n'est que de soixante centimètres ; il est vrai que de nombreux contre-forts le consolident en arrière. Le massif soutenu est en terre ordinaire ayant un talus naturel incliné à un et demi de base pour un de hauteur ($\varphi = 34°$ environ).

80. Murs de quais. — Des dimensions aussi faibles peuvent être suffisantes pour soutenir des massifs de terre bien asséchée, mais elles ne le sont plus lorsqu'il s'agit de murs, tels que les murs de quai, derrière lesquels se trouvent des terres humides ou même baignées par l'eau. Le coefficient de frottement des terres humides est toujours, en effet, beaucoup plus faible que celui des terres sèches. La poussée qu'elles exercent est plus grande et sa direction se rapproche plus de la normale à la paroi du mur, c'est-à-dire qu'elle a, par rapport à l'arète de rotation, un bras de levier plus grand. ..

Lorsque les murs de revêtement sont baignés par de l'eau, à un niveau à peu près constant, on doit, pour calculer leur stabilité, tenir compte de la perte de poids que subissent les maçonneries plongées dans l'eau, ce qui diminue leur moment de stabilité. La contre-pression exercée par l'eau sur la face antérieure n'est à considérer que dans le cas où elle ne s'exerce pas en même temps sur la face postérieure.

Lorsque le mur est baigné par l'eau sur toutes ses faces, la pression qu'il exerce sur le terrain de fondation, et réciproquement la réaction du terrain sur la base, se répartit d'une manière un peu différente de ce qui se passe lorsque la sous-pression de l'eau n'intervient pas. Cette sous-pression Q, due à l'eau, est évidemment uniforme sur toute l'étendue $AB = b$ de la base (fig. 83); elle a son point d'application au milieu C, et elle a pour valeur le produit de la base par la profondeur au-dessous du niveau de l'eau. Elle est donc déterminée. Il en résulte que la réaction R du terrain, qui, avec cette sous-pression de l'eau, doit faire équilibre à la pression P, se trouve déterminée en grandeur par la condition $R = P - Q$, et en position, si on désigne par x sa distance au point A, celle de la force P au même point étant p, par l'équation des moments : $Rx = Pp - Q\frac{b}{2}$, d'où $x = \frac{2Pp - Qb}{2(P-Q)}$. Cette réaction se répartit suivant l'hypothèse ordinaire, sur une étendue égale à $3x$ et la pression qu'elle donne au point A, le plus chargé, a pour valeur $\frac{2R}{3x}$.

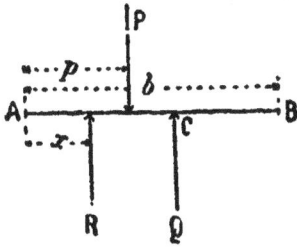

Fig. 83.

Il peut arriver aussi quelquefois, surtout lorsqu'il s'agit de murs de quais, au-devant desquels le niveau de l'eau varie beaucoup, comme dans les ports à marées, que l'eau se maintienne derrière le mur à un niveau à peu près constant, généralement intermédiaire entre les niveaux extrêmes. On doit alors faire entrer en ligne de compte la pression exercée par cette eau située en arrière, laquelle s'ajoute à la poussée des terres.

Les murs de quai ont donc toujours des épaisseurs très supérieures à celles des murs de même hauteur qui n'ont à supporter que des remblais secs. L'épaisseur doit surtout être augmentée lorsqu'il s'agit de murs qui, comme les bajoyers d'écluses, de bassins de radoub, etc., ont à supporter des efforts très variables suivant le niveau plus ou moins élevé de l'eau sur leur face antérieure. En général, ces murs doivent être établis, en outre, de manière à ce que les maçonneries n'aient à supporter, en aucun point, un effort de tension, ce qui oblige à faire passer la résultante des pressions sur chaque joint dans le tiers intermédiaire de sa longueur, tandis qu'on peut, sans inconvénient, comme nous l'avons vu, se donner une latitude plus grande lorsqu'il s'agit de murs ordinaires.

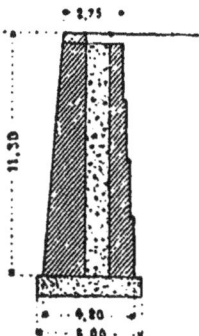

Fig. 84.

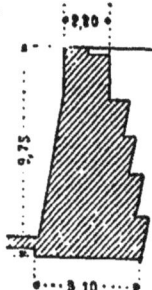

Fig. 85.

Nous donnons comme exemples le mur de quai du bassin de Whitehaven (fig. 84) et celui du bassin du port de Marseille (fig. 85).

Dans ces deux exemples, le sol de la fondation était bon, et à Marseille, la maçonnerie a pu être établie directement sur lui sans interposition de béton.

On est quelquefois amené, par suite de la mauvaise nature du sol de fondation, à donner à la base du mur de soutènement une largeur très grande, afin de répartir la pression sur une grande étendue. C'est dans ce but que l'on a adopté le profil ci-contre (fig. 86) pour le mur de la rivière de Sheerness. Ni le sol de fondation formé de vase sur une épaisseur atteignant neuf mètres, ni le sous-sol, sans consistance, ne pouvaient supporter aucune pression. Ce mur fut établi sur des pieux de 0^m,30 d'équarrissage, espacés de 1 mètre à 1^m,20 d'axe en axe et battus jusqu'à ce qu'un mouton de

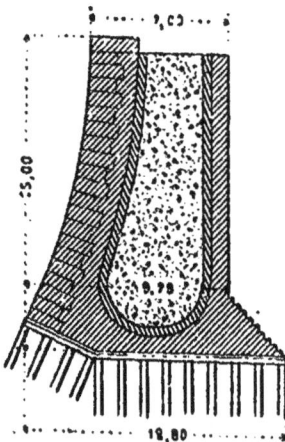

Fig. 86.

700 kilog., tombant de 7^m,50 de hauteur, ne les fît plus en-

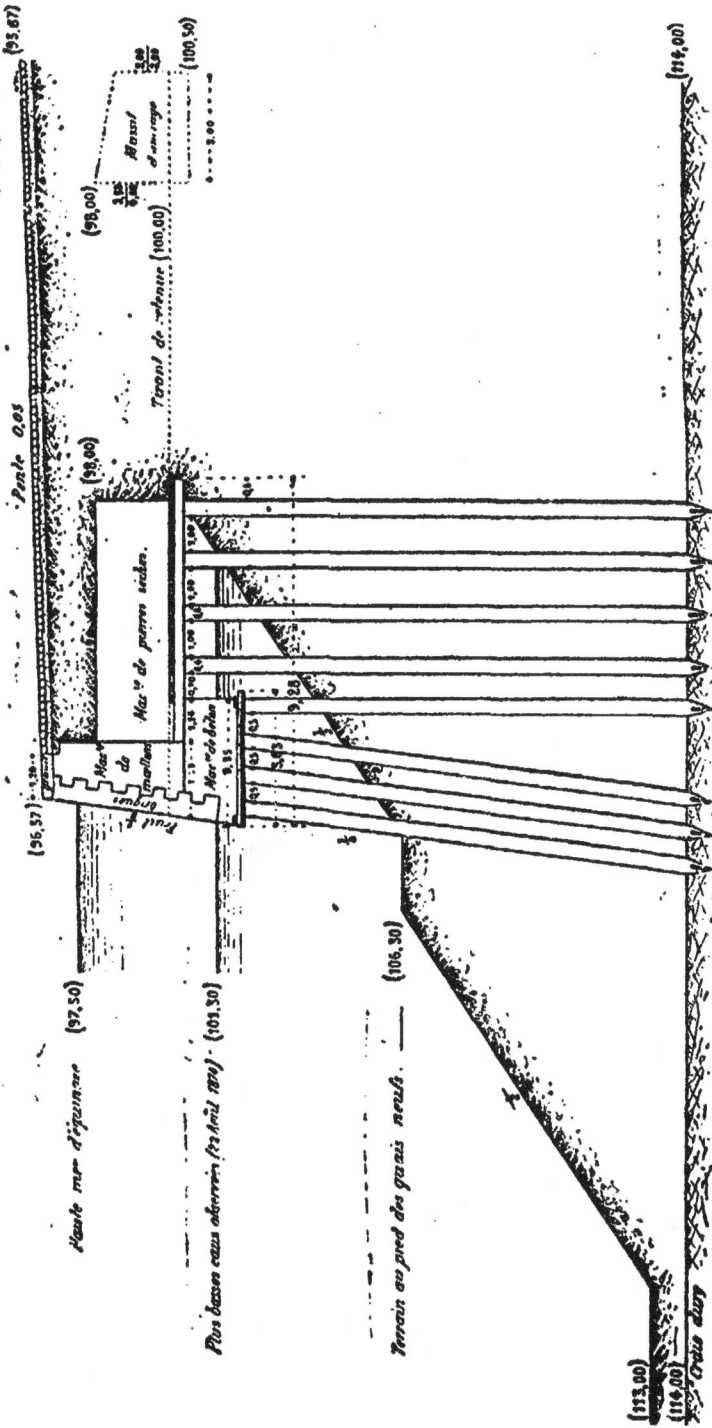

Fig. 87.

Échelle de 0,005 pour 1 mètre $(\frac{1}{200})$

Crue de 1856 ———— (93,89)
Crue de 1760 ———— (94,32)

Haute mer d'épuisure (97,50)

Plus basses eaux observées (73 Août 1804) (101,30)

Terrain au pied des graais neufs (106,30)

NOTA. Les files de pieux sont distantes de 1,50 d'axe en axe
Les bomeé ont 1 pieu de 0,20 sur 0,20

Pente 0,05

(95,87)

(96,57)

(98,00)

Crête du radier (100,00)

Massif d'amorçage

(100,50)

Tirant de retenue (100,00)

Mur de retenue.

Mur de pierre sèche.

Puit d'empli ssement

Mur de béton

(113,00)
(114,00)

(114,00)

foncer de plus d'un centimètre. La partie moyenne du mur fut remplie de craie ou autres matériaux légers, mais malgré cela, ce mur présente sans doute un moment de stabilité plus grand que celui de tous les murs connus.

Lorsque l'on est ainsi obligé de s'établir sur pilotis, il faut chercher à diminuer le poids du mur tout en augmentant l'étendue de sa base d'appui; mais il faut aussi chercher à diminuer, autant que possible, la poussée exercée sur le mur. Cette recommandation s'applique d'ailleurs, évidemment, à la construction de tous les murs de soutènement.

Nous donnons ci-contre le profil adopté pour les quais de Rouen (fig. 87) le long de la Seine, où, par la construction derrière le mur d'une plate-forme en charpente recouverte de pierres, on a pu régler les terres suivant leur talus naturel, de sorte que le mur, dont la fondation a pu être établie beaucoup plus haut que le fond de la rivière, n'a à supporter que la poussée très faible provenant du remblai en pierres. On a pu ainsi, pour moins de 2.000 francs par mètre courant, border la rivière de murs de quais, lesquels, sans cet artifice et si on avait dû les établir dans les conditions ordinaires, eussent coûté deux ou trois fois autant.

Ce mur est relié, de distance en distance, au moyen de tirants en fer, à des dés en maçonnerie noyés dans le terrain en arrière, et maintenus par la butée des terres, laquelle donne, par suite, une limite de l'augmentation de la stabilité procurée par cette disposition, à la condition, bien entendu, que les tirants eux-mêmes présentent une résistance suffisante.

La figure 88 représente le profil d'un mur de soutènement exécuté à Londres, pour un gazomètre de la Compagnie de South Metropolitan Gas, à son usine de la vieille route de Kent. Le parement vertical de ce mur forme une surface cylindrique de 66^m,50 de diamètre. L'épaisseur de ce mur, qui n'est que de 1^m,30 à la base, pour une hauteur de 17^m,25, ne serait pas suffisante pour soutenir les terres, dont le talus naturel est d'environ 45 degrés, si le mur était rectiligne. Mais la forme courbe augmente notablement la résistance et s'oppose au renversement. Le mur travaille alors comme une enveloppe cylindrique pressée extérieurement. On peut, en effet, décomposer la poussée qui s'exerce en chaque point du mur en deux composantes : une,

verticale, qui s'ajoute au poids du mur; l'autre, horizontale, qui
se trouve équilibrée par les réactions produites sur les sections faites dans le mur par le plan diamétral qui lui est perpendiculaire. Ces réactions, normales aux sections sur lesquelles elles s'exercent, agissent tangentiellement à la surface cylindrique, et n'ont, par suite, aucune tendance à renverser le mur. Les augmentations d'épaisseur que l'on observe au-dessus de la base ne sont pas intentionnelles, ou du moins n'étaient pas projetées. On les a exécutées simplement parce que, dans la partie inférieure, correspondant au sable résistant, on a rempli entièrement avec du béton toute la fouille qu'il avait été nécessaire d'ouvrir pour établir le mur. Au-dessus, la paroi postérieure présente un fruit régulier, indépendant de la forme de la fouille.

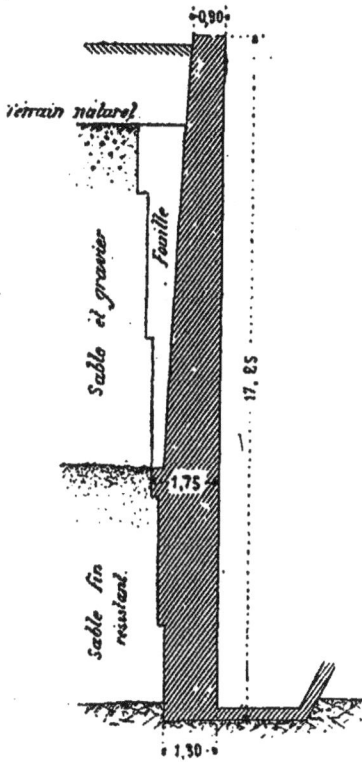

Fig. 88.

90. Murs à flanc de coteau. — Lorsque l'on construit un mur de soutènement à flanc de coteau sur une roche consistante, le remblai à la poussée duquel le mur doit résister ne peut plus être considéré comme indéfini; il se réduit au prisme triangulaire ABC (fig. 89) compris entre la paroi postérieure AB du mur, la surface inclinée du terrain BC et la limite supérieure AC.

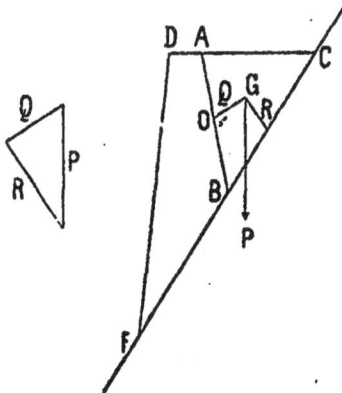

Fig. 89.

On peut, dans ce cas, déterminer l'épaisseur à donner au mur en considérant ce prisme ABC comme un solide reposant sur le plan incliné BC et au glissement duquel il faut s'opposer. Les règles ordinaires de la statique donneront immédiatement la grandeur de la poussée exercée sur AB si l'on suppose connues sa direction et celle de la réaction du massif inférieur BC, directions qui sont données par la connaissance du coefficient de frottement des terres sur le mur et sur la roche de fondation. A défaut de cette connaissance, on ne devra pas prendre ce coefficient supérieur à 0,30 ou 0,40, ce qui correspond à un angle de frottement de 17 à 22 degrés, surtout si les surfaces sur lesquelles le glissement doit avoir lieu sont exposées à être mouillées. Le prisme ABC, dont le poids P est connu, est en effet en équilibre sous l'action de ce poids, de la réaction R du massif inférieur, et de la réaction Q du mur, égale et contraire à la poussée cherchée, ces deux dernières forces faisant, avec les normales aux plans à travers lesquels elles s'exercent, des angles dont la tangente trigonométrique est égale à ce coefficient de frottement. La construction d'un triangle PQR, dont les côtés seront respectivement parallèles aux trois directions connues des forces P, Q, R, et dont le côté P sera proportionnel au poids P du prisme, donnera immédiatement la grandeur de la force Q. Quant à son point d'application, on peut, par analogie avec ce qui se passe dans le cas d'un massif indéfini, le supposer placé au tiers de la hauteur AB à partir du point B, mais il semble plus rationnel de déterminer sa position d'après celle du centre de gravité G du prisme, point d'application de la force P, en menant par ce point la ligne GO suivant la direction de la force Q. Cette force se trouvant ainsi complètement déterminée en grandeur, direction et position, on calculera, d'après la méthode générale ci-dessus, l'épaisseur à donner au mur.

Dans le département des Alpes-Maritimes, M. l'ingénieur en chef Vigan avait adopté pour ce cas, très fréquent dans la construction des routes et chemins en pays de montagne, la règle empirique suivante :

L'épaisseur AD du mur à son sommet étant toujours comprise dans la largeur de la plate-forme de la route, c'est la position du point D, sommet du parement extérieur qui est donnée d'après le profil en long, et non pas celle du point A (fig. 90). M. Vigan règle uniformément le parement extérieur DF avec un fruit de

$\frac{1}{10}$ lorsque le mur est maçonné au mortier, et avec un fruit de $\frac{1}{5}$

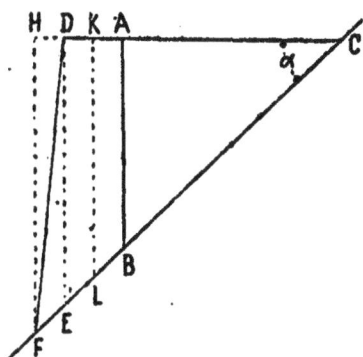

lorsqu'il est à pierres sèches. Ayant mené, à partir du point D, la ligne DF, suivant la direction adoptée pour le parement, jusqu'à sa rencontre en F avec le sol naturel, il mesure la hauteur verticale FH du point F au-dessous du niveau de la plate-forme; il prend, à partir du point D, vers C, une largeur DK égale au dixième de FH; il mène,

Fig. 90.

par le point K ainsi déterminé, la verticale KL, et il prend, pour épaisseur DA, au sommet du mur, le quart de cette longueur KL. Enfin, il règle verticalement la paroi postérieure AB du mur.

Cette construction donne, pour l'épaisseur $e = $ DA du mur au sommet l'expression suivante, en fonction de la hauteur verticale H $=$ DE du point D au-dessus du sol, de l'angle ACB $= \alpha$ que fait la surface du sol avec l'horizon et du fruit $\frac{1}{m} = \frac{DH}{HF}$ adopté pour le parement extérieur

$$e = \frac{H}{4}\left(\frac{1 - \left(\frac{1}{m} + \frac{1}{10}\right)\operatorname{tg}\alpha}{1 - \frac{1}{m}\operatorname{tg}\alpha}\right) = \frac{H}{4}\left(1 - \frac{m}{10} \cdot \frac{\operatorname{tg}\alpha}{m - \operatorname{tg}\alpha}\right).$$

Cette règle ne s'applique que lorsque l'angle α est au moins égal à 30 degrés.

CHAPITRE VI

VOUTES

91. Conditions générales de la stabilité. — La stabilité des voûtes se vérifie par l'ap-
plication des règles générales
données ci-dessus; seulement,
dans ce cas, la question présente
une certaine indétermination. Si
l'on connaissait la réaction Q
exercée par la culée A sur une

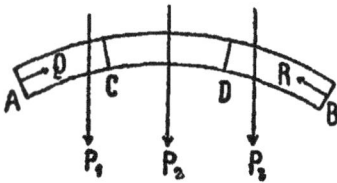

Fig. 91.

voûte AB (fig. 91), en composant, comme nous l'avons fait
plus haut pour un massif quelconque, cette force Q avec
la résultante P_i des efforts extérieurs (y compris la pesanteur) qui s'exercent sur la portion de voûte comprise
entre la culée et le joint quelconque C, on aurait l'effort
exercé à travers ce joint C par les deux portions de voûte qu'il
sépare et, en continuant ainsi de proche en proche, on arriverait
à trouver l'effort sur chaque joint jusqu'à la culée B. On aurait

ainsi la courbe des pressions qui devrait, à son intersection avec chaque joint, satisfaire aux conditions de stabilité, ce qui ferait connaître les dimensions à adopter pour ce joint. A défaut de la connaissance de la réaction Q, on est forcé de recourir à des tâtonnements ou à des hypothèses qui ne permettent plus d'obtenir une solution rigoureuse du problème.

Voici sur quelles remarques se basent ces tâtonnements.

On peut observer que si l'on connaissait seulement trois points de la courbe des pressions, cette courbe se trouverait entièrement déterminée. Soient en effet A, B, C (fig. 92) trois points, supposés connus, de la courbe des pressions dans une voûte quelconque. Soient P et R les résultantes de toutes les forces extérieures qui agissent respectivement sur les portions de voûte comprises entre les joints A, B et B, C, y compris le poids de ces portions de voûte, et soit Q la résultante des deux forces extérieures qui agissent sur la portion de voûte comprise entre les joints A et C. Les réactions inconnues, aux points A et C, doivent faire équilibre à la force Q ; par conséquent, leurs directions, prolongées, devront se rencontrer en un point F de la direction de cette force. De même, la réaction inconnue qui se développe sur le joint B entre les deux portions de voûte doit, avec la réaction A, équilibrer la force P, et avec la réaction C, équilibrer la force R. Sa direction doit donc être telle qu'elle rencontre à la fois la direction AF en un point D de la direction de la force P et la direction CF en un point E de celle de la force Q. Le triangle DEF, dont les trois côtés doivent passer par les trois points A, B, C, et dont les trois sommets doivent se trouver sur les trois droites P, Q, R, est donc déterminé. Pour le construire, on sait qu'il faut mener, par le point A, une sécante quelconque AD'F', joindre D'B que l'on prolonge jusqu'en E', joindre E'F' qui rencontre au point K la droite AB

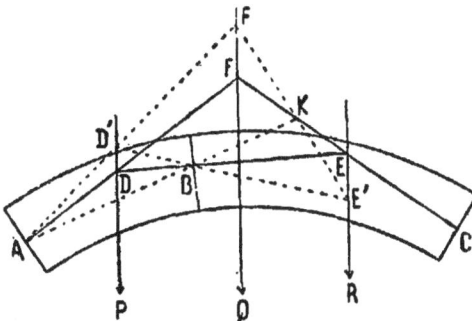

Fig. 92.

prolongée, et enfin mener CK qui est la direction de l'un des côtés EF du triangle cherché, lequel s'achève facilement.

On déterminerait ainsi les directions AD, DBE, EC des réactions sur les joints A, B, C, et, en décomposant au point D la force P suivant les directions DA, DB, et au point E la force Q suivant les directions EB, EC, on aurait les grandeurs de ces réactions, c'est-à-dire tout ce qui est nécessaire pour déterminer la courbe des pressions dans toutes ses parties.

Lorsque la voûte est symétrique, et que le joint B est le plan vertical mené par le sommet de l'intrados, les points A et C étant à la même hauteur et les forces P et R étant égales, la direction DE est horizontale comme on pouvait le prévoir en raison de la symétrie ; on peut alors considérer seulement la portion de voûte limitée par ce plan vertical, et la connaissance du point d'application de la réaction sur ce joint avec celle d'un autre point quelconque de la courbe des pressions suffit pour faire cesser l'indétermination.

92. Méthode de Méry. — Considérons, par exemple, une

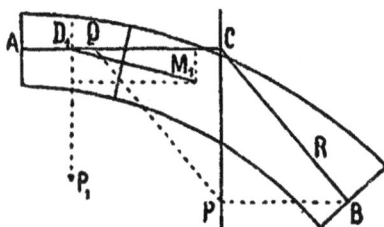

Fig. 93.

voûte symétrique (fig. 93) comprise entre le plan vertical A mené à la clef, c'est-à-dire au point le plus élevé de l'intrados et un joint quelconque B. Si nous supposons connus les points d'application A et B des réactions sur les joints A et B,
sachant d'ailleurs que la réaction en A est horizontale, il nous suffira de mener par le point A la ligne AC, horizontale, jusqu'à sa rencontre, en C, avec la direction de la force P qui représente la résultante des efforts exercés par les forces extérieures, y compris la pesanteur, sur la portion de voûte AB, et de joindre BC, pour avoir la direction de la réaction en B, puisque cette réaction forme, avec celle qui s'exerce en A et la force P un système en équilibre, et qu'elle doit, par conséquent, passer par le point de concours de ces deux forces.

En décomposant ensuite la force P, par la règle ordinaire du parallélogramme, suivant les deux directions CA et CB, nous obtiendrons les grandeurs CQ et CR de ces réactions, et nous pourrons en déduire la connaissance de l'effort exercé sur un joint quelconque et, par conséquent, celle de la courbe des pressions dans toute son étendue.

Si, en effet, nous considérons un joint quelconque M_i, limitant une portion de voûte AM_i, et si nous déterminons la résultante P_i des efforts extérieurs qui agissent sur cette portion de voûte, la direction de cette résultante rencontrant en D, l'horizontale AC, en composant, au point D_i, la réaction horizontale sur le joint A que nous venons de représenter par CQ, et cette force P_i, nous aurons, comme résultante de ces deux forces, l'effort exercé sur le joint M_i, en grandeur et en direction, et le point d'intersection M_i de cette résultante avec le joint sera un point de la courbe des pressions.

Cette méthode, due à Méry, permet de vérifier la stabilité d'une voûte. Ayant construit la courbe des pressions et déterminé l'effort exercé sur chaque joint, on peut s'assurer que ces efforts satisfont aux conditions de stabilité, c'est-à-dire :

1° Que leur point d'application ne s'écarte pas, du milieu du joint, de plus d'un quart ou d'un sixième de la longueur totale du joint, suivant que l'on admet que la maçonnerie peut, ou non, supporter de petits efforts de traction ;

2° Qu'il n'en résulte pas, au point le plus chargé, un effort par unité de surface supérieur à la charge de sécurité des matériaux employés ;

3° Que la direction de l'effort ne fait pas, avec la normale au joint, un angle plus grand que l'angle de frottement.

On peut faire cette vérification en partant de deux points A et B arbitrairement choisis sur le joint vertical et sur un joint quelconque B. Si les conditions se trouvent réalisées partout, on sera assuré que la voûte est stable ; sinon on pourra recommencer la vérification en modifiant la position des points A et B.

Il convient de remarquer que la position de ces points ne peut pas être absolument arbitraire : tout d'abord, pour que la condition de stabilité soit satisfaite sur les joints auxquels ils appartiennent, il est évident qu'ils doivent se trouver dans l'intérieur de la limite qui vient d'être rappelée, c'est-à-dire dans la moitié ou dans le tiers intermédiaire de la longueur du joint suivant que l'on admet, ou non, des pressions négatives.

Le mode de construction des voûtes donne d'ailleurs une indication plus précise. Lorsque l'on décintre une voûte, il se produit presque toujours un abaissement de la clef. Ce mouvement, si l'on considère les matériaux comme incompressibles, ne peut résulter que d'une rotation autour d'un point situé à l'intrados sur un joint voisin des naissances, s'il s'agit d'une voûte en arc de cercle, ou sur un joint assez incliné sur la verticale, s'il s'agit d'une voûte en plein cintre ou en anse de panier. Ce joint qui s'ouvre généralement vers l'extrados au moment du décintrement porte le nom de joint de rupture. Au contraire, près de la clef, l'abaissement de la voûte est accompagné d'une rotation relative des deux demi-voûtes autour d'un point situé à l'extrados. Si les matériaux étaient absolument incompressibles, cette rotation aurait pour effet d'ouvrir vers l'intrados les joints voisins de la clef, mais bien que cette séparation des voussoirs ne s'effectue pas réellement, on n'en peut pas moins conclure que la pression sur ces joints n'est pas répartie uniformément, qu'elle est plus grande vers l'extrados que vers l'intrados, et que, par suite, la résultante doit passer au-dessus du milieu du joint et probablement près de la limite supérieure, soit près du point situé au tiers de la longueur du joint à partir de l'extrados. En adoptant ce point pour la position de A, point d'application de la résultante de la poussée horizontale à la clef, on sera donc généralement très près de la vérité.

Au contraire, au joint de rupture, la voûte s'ouvrant vers l'extrados, la résultante des efforts exercés sur ce joint passe en dehors du noyau central et tout près de l'intrados. Si l'on avait affaire à des matériaux d'une résistance indéfinie et incompressibles, on pourrait la supposer appliquée à l'extrémité même de ce joint, ou admettre que la pression est supportée entièrement par l'arête sans se répartir sur une étendue appréciable. Comme il n'en peut être ainsi, on doit supposer que la résultante passe à une distance de l'intrados inférieure au tiers et probablement au quart de la longueur du joint. On peut, comme M. Kleitz l'a proposé, admettre qu'elle passe au cinquième de cette longueur à partir de l'intrados.

Quant à la position du joint de rupture lui-même, c'est, comme nous l'avons dit, le joint des naissances dans une voûte en arc de cercle surbaissé. Lorsqu'il s'agit d'une voûte en plein cintre, en ellipse, en anse de panier, l'observation montre que le joint de rupture est, en général, incliné d'environ 30 degrés sur l'horizontale. On peut, avec une approximation suffisante, adopter cette donnée pour tous les cas.

93. Répartition de la surcharge. — Il ne reste plus alors, pour vérifier la stabilité d'une voûte, qu'à déterminer les efforts extérieurs qui s'exercent sur chacune des portions comprises entre le joint vertical AB de la clef et un joint quelconque MN (fig. 94). Ces efforts se composent : 1° du poids P de la portion de voûte ABNM, ap-

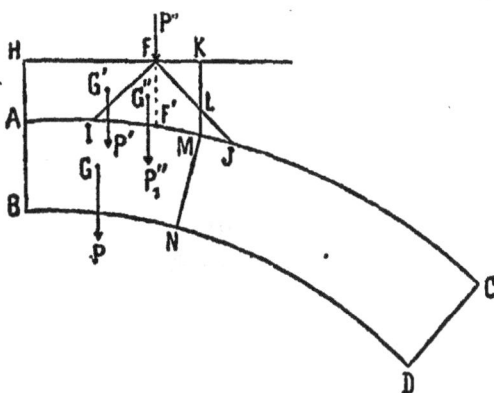

Fig. 94.

pliqué en son centre de gravité G ; 2° de l'effort exercé par la surcharge permanente que la voûte doit supporter. Cette surcharge est constituée ordinairement par un remblai portant une chaussée, une voie de chemin de fer. On admet que la portion de voûte ABMN supporte simplement le poids de la portion AHKM de ce remblai située verticalement au-dessus d'elle, c'est-à-dire comprise entre les verticales menées par les points A et M. On fait abstraction des réactions que cette portion de remblai supporte de la part des portions voisines à travers les surfaces AH, MK, et on néglige par conséquent la composante horizontale de l'effort qu'elle exerce sur la voûte qui la supporte. Dans cette hypothèse, qui simplifie notablement le problème, tout en conservant une approximation suffisante, l'effort de la surcharge se réduit à son poids P', appliqué en son centre de gravité G' ; 3° des efforts exercés par les surcharges accidentelles, telles qu'un poids P" appliqué en un point F. On peut admettre que ces efforts sont appliqués directement à la voûte, en faisant abstraction du remblai qui les en sépare, c'est-à-dire que l'on peut supposer la force P" transportée intégralement au point F' où sa direction rencontre l'extrados AM ; mais on peut aussi, plus exactement, tenir compte, dans une certaine mesure, de la présence du remblai, en supposant que cette force P" se répartit sur la portion de voûte IJ ; les points I et J étant déterminés par l'intersection, avec l'extrados, de deux lignes FI, FJ, partant de son point d'application F et également inclinées, à 45 degrés par exemple, sur sa direction. On peut alors supposer, ou bien que la force P" est uniformément répartie sur l'étendue IJ, ou bien qu'elle est répartie suivant la *loi du plan* (n° 18), c'est-à-dire proportionnellement aux ordonnées du triangle IFJ, ce qui donne, au point F', un effort double de l'effort moyen, et aux points I, J, des efforts nuls.

Dans cette hypothèse, la portion de voûte ABMN n'aurait à supporter, de la surcharge P", qu'une portion P", représentée par la portion du triangle IFJ limitée par la verticale MK, c'est-à-dire par le quadrilatère IFLM, l'effort partiel P", pouvant être considéré comme appliqué au centre de gravité G", de la surface IFLM qui le représente.

Quel que soit le mode de répartition admis pour cette surcharge, on déterminera la grandeur de l'effort qui en résultera pour la portion AM, ainsi que le point d'application de cet effort. Il n'y aura plus qu'à composer les forces P, P', P",, dont on connaît les grandeurs et les points d'application, pour avoir la résultante cherchée des efforts extérieurs agissant sur la portion de voûte AMNB.

94. Usage de cette méthode. — Pour vérifier la stabilité d'une voûte par la méthode de Méry, on considérera donc la portion de cette voûte comprise entre le joint vertical de la clef et le joint de rupture, c'est-à-dire le joint des naissances s'il s'agit d'un arc de cercle, ou un joint incliné à 30 degrés sur l'horizontale s'il s'agit d'une voûte en plein cintre ou en anse de panier. On divisera cette portion de voûte en un certain nombre de voussoirs par des joints réels ou fictifs, et on déterminera, pour chacune des portions comprises entre le joint vertical et ces divers joints successifs, la résultante de tous les efforts extérieurs qu'elle a à supporter. Cela fait, on se donnera deux points de la courbe des pressions, savoir, sur le joint vertical de la clef le point situé au tiers de la longueur du joint à partir de l'extrados, et, sur le joint de rupture, le point situé au quart ou au cinquième de la longueur du joint à partir de l'intrados. La con-

11

naissance de ces deux points définira, comme nous l'avons dit plus haut, les grandeurs des pressions sur chaque joint et permettra de construire la courbe des pressions. On vérifiera alors facilement si, sur chaque joint, les conditions relatives à la stabilité sont satisfaites.

On arriverait évidemment au même résultat si, au lieu de considérer successivement les diverses portions de voûte comprises entre le joint de la clef et un joint quelconque, on marchait, de proche en proche, après avoir calculé séparément les actions extérieures qui s'exercent sur chacun des voussoirs compris entre deux plans de joint consécutifs, et si l'on déterminait l'effort sur un joint quelconque par la composition de l'action extérieure sur le voussoir qui précède ce joint avec l'effort, supposé déjà calculé, sur le joint précédent. Ce procédé, peut-être un peu plus rapide, a l'inconvénient de donner lieu à des accumulations d'erreurs que l'on évite, en grande partie, on opérant comme nous l'avons dit d'abord.

En construisant la courbe des pressions au moyen des efforts exercés isolément sur chacun des voussoirs successifs, on reconnaît immédiatement l'analogie de cette courbe avec un polygone funiculaire. Si donc les efforts extérieurs sont répartis uniformément suivant l'horizontale, la courbe des pressions sera une parabole; elle sera une chaînette si ces efforts sont proportionnels aux longueurs des arcs de la courbe, etc. La détermination analytique de la forme de cette courbe, étant supposés connus trois de ses points (ou deux points et la tangente au sommet), pourrait se faire de même pour une répartition quelconque de la charge; mais elle donne lieu à des équations compliquées qui n'ont qu'un intérêt théorique, eu égard à ce que les trois points supposés connus ne le sont jamais que d'une manière approximative [1].

Lorsque la vérification de la stabilité s'effectue sur tous les joints, la voûte doit être considérée comme stable. Si cela n'a pas lieu, il faut, comme nous l'avons dit, faire une nouvelle hypothèse sur la position des points extrêmes de la courbe des pressions. Ce n'est qu'après avoir épuisé toutes les hypothèses

[1]. Lorsque l'on suppose que la voûte est soumise à une pression qui agit normalement sur son extrados, comme le ferait un liquide, on trouve que la poussée sur un joint quelconque est égale au produit de la pression, au point que l'on

possibles que l'on sera réellement fixé sur la question de la
stabilité de la voûte dont il s'agit.

95. Méthode de M. A. Durand-Claye. — Le nombre
de ces hypothèses est infini, et l'on est généralement sans indication sur le sens dans lequel on doit les modifier pour trouver
une courbe des pressions satisfaisant aux conditions de stabilité.
On peut alors faire usage de la méthode de M. A. Durand-Claye.
Voici, en peu de mots, en quoi elle consiste:

Si nous considérons une portion de voûte quelconque, comprise entre le joint vertical à la clef A B et un joint quelconque
CD (fig. 96), et si nous prenons arbitrairement deux points quelconques m, n, sur ces deux joints, respectivement, nous en
déduirons, connaissant la résultante P des efforts extérieurs qui
s'exercent sur cette portion de voûte, la poussée horizontale *fg*
qui agirait au point m si la courbe des pressions passait par les
deux points choisis m, n. Portons, à partir du point m et sur
une horizontale, une longueur m p représentant cette poussée.
Si, le point m restant fixe, nous déplaçons le point n de manière
à lui faire occuper successivement toutes les positions possibles
sur CD, nous aurons à porter, sur l'horizontale passant par m,
des longueurs différentes, pour les différentes positions de n, et

Fig. 95.

considère, par le rayon de courbure de la voûte au même point. C'est la formule
de Navier, et voici comment elle se démontre. Soit (fig. 95)
AB = ds une portion infiniment petite de l'extrados, sur
laquelle agit une pression normale P, par unité de longueur; c'est-à-dire une pression totale Pds, dirigée vers le
centre de courbure O, et qui doit être équilibrée par les
deux poussées T, qui agissent sur les joints infiniment
voisins AC, BD. Ces deux poussées devant rencontrer la direction de P, bissectrice de AC et de BD, en un même
point I, et devant d'ailleurs, en raison de la continuité
et en négligeant des infiniment petits d'ordre supérieur,
passer par des points homologues de ces deux joints et
être également inclinées sur leurs directions, ne peuvent
leur être que normales. Si le rayon de courbure de la
voûte est désigné par ρ, l'angle AOB est égal à $\frac{ds}{\rho}$ et chacune des poussées T fait, avec la normale à PO, un angle
$\frac{1}{2}\frac{ds}{\rho}$. Leur projection sur la direction de PO est donc,
pour chacune d'elles, T sin $\left(\frac{1}{2}\frac{ds}{\rho}\right)$ ou, en prenant l'arc pour son sinus, $\frac{1}{2}T\frac{ds}{\rho}$.
Ces deux forces équilibrant la force P, il en résulte l'équation

$$P = \frac{T}{\rho} \quad \text{ou} \quad T = P\rho.$$

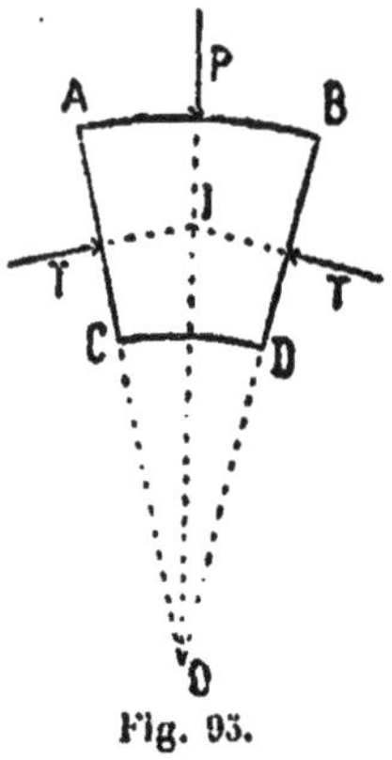

les extrémités des ordonnées représentant la poussée seront

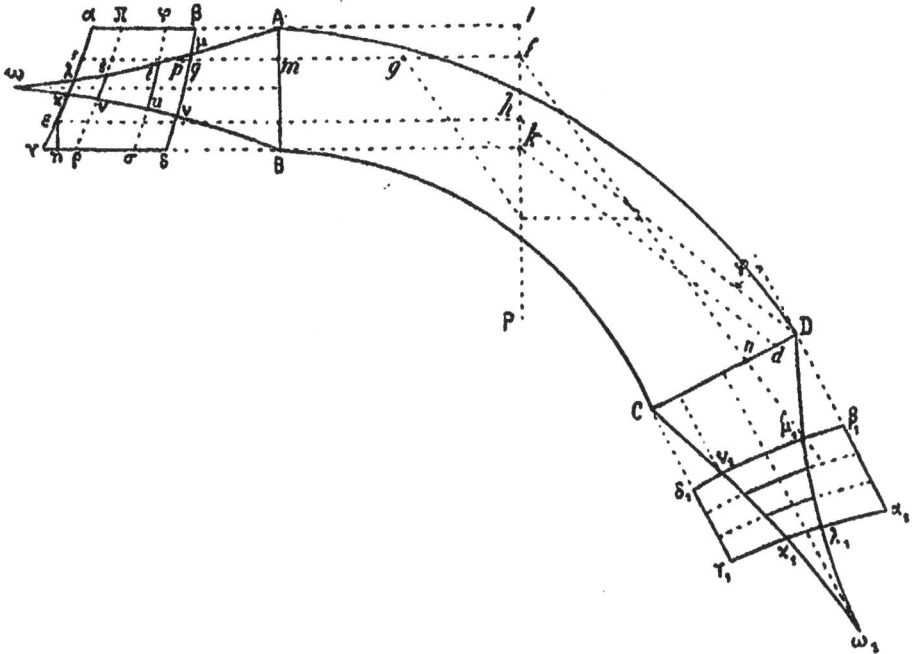

Fig. 96.

comprises, par exemple, entre q et r. Opérant de même pour toutes les autres positions possibles du point m entre A et B, nous aurons une série de points q, r, qui formeront deux courbes $\beta\delta$, $\alpha\gamma$, limitant, avec les horizontales des points A, B, un quadrilatère curviligne $\alpha\beta\delta\gamma$ dans l'intérieur duquel se trouvera nécessairement comprise l'extrémité de l'ordonnée représentant la poussée sur A B, quelles que soient les positions des points de passage m, n, de la courbe des pressions.

Toutes ces poussées ne satisferont pas aux conditions de la stabilité. Si l'on construit sur A B le triangle mixtiligne A ω B formé de deux lignes droites et de deux arcs d'hyperbole dont il a été question à la page 59, et qui limite la valeur de la pression qui peut être exercée aux différents points de A B pour que l'effort maximum, au point le plus chargé, ne dépasse pas la charge de sécurité des matériaux, toute la portion du quadrilatère $\alpha\beta\delta\gamma$ située en dehors du triangle A ω B correspondra à des pressions incompatibles avec la stabilité; celles-ci devront donc se trouver comprises dans le petit quadrilatère $\varkappa\lambda\mu\nu$.

On peut remarquer que la position d'un point quelconque dans l'intérieur du quadrilatère αβδγ suffit à elle seule pour définir entièrement une courbe de pression; en effet, cette position donne la grandeur et le point d'application de la poussée à la clef, ce qui suffit pour déterminer la pression sur un joint quelconque.

Opérons de la même manière sur le joint CD en portant, sur des normales à ce joint, des ordonnées représentant en chaque point la composante normale de la poussée, nous obtiendrons de même un quadrilatère curviligne $α_1β_1δ_1γ_1$ qui sera correspondant au premier, en ce sens que le côté $α_1β_1$, par exemple, correspondra au côté αγ, etc., et un autre quadrilatère $x_1λ_1μ_1ν_1$ dans lequel devront se trouver comprises les extrémités des composantes normales compatibles avec la stabilité.

Pour que les conditions relatives à la stabilité soient satisfaites à la fois sur les deux joints AB et CD, il faudra donc que les extrémités de la poussée sur AB et de la composante normale sur CD soient simultanément comprises dans les quadrilatères respectifs xλμν, $x_1λ_1μ_1ν_1$. En raison de la correspondance des deux figures établies sur ces deux joints, lorsque la composante normale de la pression sur CD a son extrémité comprise dans le quadrilatère $x_1λ_1μ_1ν_1$, la poussée sur AB a son extrémité comprise dans un quadrilatère correspondant, que l'on peut construire, et qui sera par exemple le quadrilatère πφρσ, de sorte que, pour que les deux conditions soient satisfaites à la fois, il faut que l'extrémité de l'ordonnée représentant la poussée sur AB soit comprise à la fois dans le quadrilatère xλμγ et dans le quadrilatère πφρσ, c'est-à-dire qu'elle doit être comprise dans le petit quadrilatère stuv.

Il faut tenir compte aussi de la condition relative à l'inclinaison de la pression sur la normale au joint CD, qui ne doit pas dépasser l'angle de frottement. Il est facile de reconnaître que les seuls points du joint CD, pour lesquels il puisse arriver que cette condition ne soit pas satisfaite, sont ceux par lesquels une ligne, menée suivant l'inclinaison limite, rencontre la verticale de la force P entre les deux points l,k situés sur les horizontales des points A et B; c'est-à-dire, dans le cas représenté par la figure, pour tous les points situés entre d et D. Si, par tous ces points, nous menons des lignes inclinées suivant la direction limite, c'est-à-dire faisant avec la normale à CD l'angle de frottement φ, toutes ces lignes parallèles, comprises entre D*h* et *dk* correspondront à des pressions horizontales de même grandeur; par conséquent, les ordonnées représentant ces poussées seront limitées à une verticale ε*η*, et tous les points situés au delà, dans le petit triangle *γεη*, correspondront à des poussées horizontales qui donneraient, sur le joint CD, des pressions plus inclinées que la limite compatible avec la stabilité. Cette condition a donc pour effet de diminuer un péu l'étendue de la surface *αβδγ* du premier quadrilatère dans lequel doit se trouver comprise l'extrémité de la poussée. Il n'y aurait à en tenir compte que si la ligne ε*η* se trouvait passer à l'intérieur du petit quadrilatère définitif *stuv*, dont elle diminuerait alors un peu la surface.

Si l'on considère successivement les diverses portions de voûte comprises entre le joint vertical et un joint quelconque et si l'on fait, pour chacune d'elles, la construction d'un quadrilatère analogue à celui *stuv*, dont nous venons d'indiquer la construction pour la portion de voûte ABCD, la poussée compatible avec la stabilité de la voûte doit être telle que l'extrémité de l'ordonnée qui le représente soit comprise à la fois dans tous ces quadrilatères, et, par suite, l'étendue dans laquelle elle pourra être comprise se réduira à l'aire commune à toutes ces surfaces.

Si cette aire commune n'existe pas, la stabilité de la voûte ne peut pas avoir lieu dans les conditions qui ont servi de point de départ. Si elle existe, la voûte sera stable, et si l'on construit l'une quelconque des courbes de pressions définies par le choix d'un point arbitraire situé dans l'intérieur de cette aire commune, cette courbe correspondra à un mode d'équilibre possible, et l'on pourra se rendre compte des conditions de cet équilibre : trouver les points de la voûte où les matériaux sont le plus chargés, c'est-à-dire les points relativement faibles. Il est surtout intéressant d'étudier les modes d'équilibre limites qui sont évidemment représentés par les courbes de pression correspondant aux angles de l'aire commune dont il s'agit.

Si l'aire commune se réduisait à un seul point, il n'y aurait qu'un seul mode d'équilibre possible, et la stabilité de la voûte ne serait que strictement assurée : la voûte présenterait son maximum de *hardiesse*. La voûte est d'autant plus stable que l'aire commune est plus étendue.

En opérant ainsi, on peut s'assurer de la stabilité d'une voûte dont les dimensions sont données. C'est généralement le problème inverse que l'on a à résoudre, c'est-à-dire que l'on doit déterminer les dimensions à donner à une voûte pour qu'elle soit stable. On trouve la solution par tâtonnements. On se donne arbitrairement les dimensions de la voûte et l'on cherche si, avec ces dimensions, elle satisfait aux conditions de stabilité. La construction de la courbe des pressions montre en quels points l'épaisseur peut être réduite sans inconvénient, ou bien ceux, au contraire, où elle doit être augmentée ; et l'on peut arriver ainsi à ne donner à la voûte que les dimensions qui lui sont réellement nécessaires.

96. Formules empiriques. — Ces tâtonnements sont assez longs.

Comme point de départ, on prend ordinairement pour épaisseur de la voûte à la clef le chiffre donné par l'une des formules empiriques suivantes, dans lesquelles e désigne cette épaisseur, D l'ouverture de la voûte entre les culées, et R le rayon de l'intrados, toutes ces dimensions étant exprimées en mètres.

Formule de Perronnet :
$$e = 0^m,30 + \frac{D}{30},$$

Formule de M. Leveillé :
$$e = \frac{1 + 0,1\,D}{3},$$

Formule de M. Lesguiller :
$$e = 0^m,10 + 0,2\sqrt{D},$$

Formule des ingénieurs russes :
$$e = 0,43 + 0,1\,R,$$

Formule de M. Croizette-Desnoyers :
$$e = 0,15 + 0,15\sqrt{2R}.$$

Dans cette dernière formule, le coefficient du second terme doit varier avec le surbaissement ; il s'abaisse jusqu'à 0,11 pour les voûtes très surbaissées.

Ces formules ne tiennent pas compte de la résistance des matériaux employés dans la construction de la voûte, et cette omission peut, dans une certaine mesure, se justifier par la considération suivante :

Soit une voûte dont l'intrados est AB (fig. 97) que nous supposerons n'ayant à supporter que son propre poids, sans surcharge ; ce poids P sera proportionnel à l'épaisseur moyenne, c'est-à-dire à l'épaisseur de la clef, si nous supposons que les épaisseurs aux divers points soient fixées, par rapport à celle à la clef, d'après une loi déterminée. Si nous

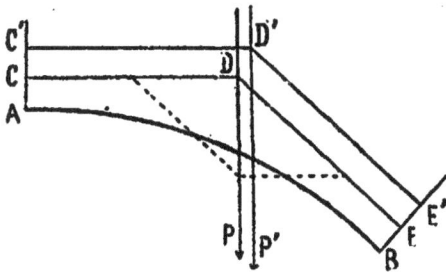

Fig. 97.

considérons plusieurs voûtes ayant ce même intrados, nous pouvons. admettre, approximative- ment, que les figures CDE, C'D'E', d'où nous déduirons la valeur de la poussée horizontale à la clef, seront à peu près semblables, c'est-à-dire que toutes les lignes telles que DE, D'E', seront sensiblement parallèles. Alors, les poussées à la clef seront elles-mêmes proportionnelles aux poids P, P', c'est-à-dire proportionnelles aux épaisseurs à la clef. L'effort moyen sur le joint vertical, et l'effort maximum sur ce joint, qui doit être égal à la charge de sécurité et qui, si les poussées sont appli- quées en des points homologues, sera dans un rapport constant avec l'effort moyen, sera donc indépendant de l'épaisseur.

Donc, réciproquement, l'épaisseur à la clef pourra être indé- pendante de la charge de sécurité des matériaux employés.

Un raisonnement analogue montre que si l'on compare des voûtes dans lesquelles le rapport de la flèche à l'ouverture soit à peu près le même, de sorte que les figures telles que CDE, que l'on doit construire pour déterminer, en fonction du poids, la poussée horizontale et l'effort sur la culée, soient semblables entre elles, le poids de la voûte étant proportionnel à l'épaisseur, il en sera de même de la poussée horizontale; et, par suite, l'ef- fort maximum au point le plus chargé sera encore indépendant de cette dimension, qui pourra être déterminée sans avoir égard à la résistance des matériaux qui doivent entrer dans la compo- sition de la voûte. Mais le poids étant alors à peu près propor- tionnel à l'ouverture, il en sera de même de l'effort maximum au point le plus chargé, quelle que soit d'ailleurs l'épaisseur que l'on aura adoptée; on devra donc, dans la construction des voûtes, choisir des matériaux d'autant plus durs et résistants que la portée de la voûte devra être plus grande.

Ces raisonnements sommaires ne s'appliquent qu'aux voûtes sans surcharge. La présence d'une surcharge modifierait un peu les conclusions trop absolues que nous en avons tirées.

D'une manière générale, la poussée horizontale à la clef est la somme de deux forces, dont l'une, provenant du poids de la voûte, est proportionnelle à l'épaisseur e, à l'ouverture D et en raison inverse du surbaissement $\frac{f}{D}$, par conséquent proportionnelle à $\frac{e D'}{f}$, et l'autre, provenant de la surcharge, est indépendante de l'épaisseur et peut être considérée, toutes choses égales d'ailleurs, comme proportionnelle à l'ouverture et en raison inverse du surbaissement, c'est-à-dire proportionnelle à $\frac{D'}{f}$. D'un autre côté, cette poussée horizontale, si R_o est la charge de sécurité admise pour les matériaux de la voûte, est proportionnelle à $R_o e$; on peut donc écrire, en appelant P et Q des coefficients numériques proportionnels, le premier au poids spécifique des matériaux, le second à la surcharge par unité de longueur,

$$ P \frac{e D'}{f} + Q \frac{D'}{f} = R_o e. $$

S'il n'y a pas de surcharge, Q est égal à zéro, e disparaît de l'équation qui laisse ainsi l'épaisseur indéterminée. Dans ce cas, R_o doit être proportionnel à $\frac{D'}{f}$, c'est-à-dire proportionnel à l'ouverture et inversement proportionnel au surbaissement de la voûte.

97. Tracé de l'extrados. — L'épaisseur à la clef étant provisoirement donnée au moyen de l'une des formules précédentes, on détermine arbitrairement le tracé de l'extrados de la voûte. Parmi les règles empiriques que l'on peut suivre pour cela, nous nous bornerons à rappeler la suivante, qui s'applique aux voûtes en plein cintre.

Ayez l'épaisseur AB à la clef (fig. 98), on trace le joint de rupture OD faisant avec l'horizontale un angle de 30°, et sur ce joint, on prend une longueur CD = 2 AB, puis on décrit un arc de cercle ayant son centre sur la verticale BO et passant par le point D. Cet arc de cercle limite l'extrados jus-

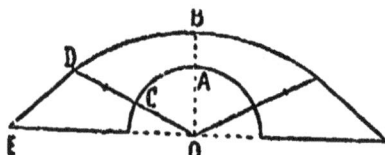

Fig. 98.

qu'au joint de rupture. Au delà, on le limite par la tangente DE à l'arc de cercle BD.

Mais la détermination de l'épaisseur à la clef et le tracé de l'extrados ne peuvent être définitifs qu'après que l'on a vérifié la stabilité de la voûte par le tracé de la courbe des pressions. Les formules et les tracés empiriques ne doivent être considérés que comme une première approximation qui, bien souvent, doit être très profondément modifiée pour donner à la voûte les dimensions les plus convenables.

98. Dimensions des culées. — Ces dimensions étant arrêtées, on peut en conclure celles de la culée. On peut même successivement déterminer la longueur de chacun des joints de cette culée de manière à satisfaire le mieux possible aux conditions de stabilité en appliquant la méthode générale donnée au chapitre III.

On peut observer que si l'on considère une voûte appuyée sur une culée telle que ABCDE (fig. 99), sur laquelle elle exerce une pression R, cette pression peut se décomposer en une force horizontale F, et une force verticale V. et la culée doit être en équilibre sous l'action de ces deux forces et de son poids Q. Si h est la hauteur AC, x la largeur AB, et p le poids spécifique des maçonneries, le poids Q est à peu près égal à phx, son moment par rap-

Fig. 99.

port au point A, $ph\dfrac{x^2}{2}$. Le moment de la force F, par rapport au même point, est aussi, à peu près, Fh, et celui de la force V, Vx. Nous aurons approximativement, pour exprimer que la culée ne sera pas sollicitée à tourner autour de l'arête A :

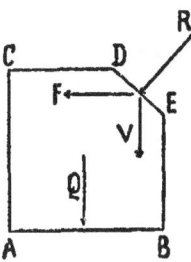

$$ph\frac{x^2}{2} + Vx > Fh$$

Si h devient très grand, on peut négliger le terme Vx et cette condition se réduit à

$$\frac{x^2}{2} > hF \quad \text{ou bien} \quad x > \sqrt{\frac{2F}{p}};$$

ce qui montre que la limite inférieure de l'épaisseur n'augmente pas indéfiniment avec la hauteur.

On peut, comme première approximation, adopter pour épaisseur de la culée cette limite inférieure, sauf à en vérifier la stabilité par la méthode générale. Il faut, dans cette vérification, tenir compte des efforts qui peuvent s'exercer sur la face AC de la culée, c'est-à-dire, par exemple, de la poussée des terres qui peuvent s'appuyer sur elle ; ou bien, lorsque le massif ABCDE reçoit à sa partie supérieure les retombées de deux voûtes opposées et qu'il constitue une pile, il faut faire intervenir les poussées de ces deux voûtes. Comme il y a toujours un peu d'incertitude sur la position réelle de la courbe des pressions dans chacune d'elles, il est alors prudent de faire simultanément l'hypothèse qui donne la plus grande poussée horizontale dans l'une des voûtes, en même temps que la plus petite dans l'autre et *vice versâ*.

Lorsqu'il s'agit, au contraire, d'une culée proprement dite, la vérification de la stabilité doit se faire, naturellement, avec l'hypothèse qui donne la plus forte poussée horizontale.

Nous bornerons à ces indications sommaires ce qui est relatif aux voûtes, en renvoyant, pour de plus amples détails, aux traités spéciaux concernant la construction de ces sortes d'ouvrages, et, en particulier, au Traité des ponts en maçonnerie qui fait partie de l'Encyclopédie.

Nous ajouterons simplement quelques considérations sur la stabilité des voûtes de révolution.

99. Voûtes de révolution. — Dans une voûte de révolution, la dernière assise posée, qui correspond par exemple au cours de voussoirs A B C D (fig. 100) subit, de la part des assises inférieures, des réactions dont les composantes verticales équilibrent son poids, et dont les composantes horizontales, concourant au centre, exercent sur lui une compression uniforme.

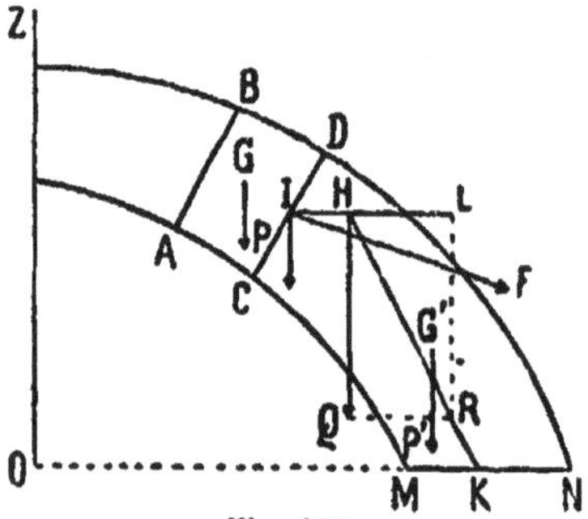

Fig. 100.

La connaissance de ces réactions nous donnera celle des conditions de stabilité. Voici comment on y arrive :

Si ω est la section ABCD de l'assise, ρ la distance du centre de gravité G de cette section à l'axe de révolution OZ de la voûte et p le poids spécifique des matériaux, le poids de cette assise sera 2 $\pi\rho\omega p$.

La réaction exercée par les assises inférieures sur le voussoir ABCD, égale et directement opposée à l'action exercée par ce voussoir sur les assises inférieures, est la même en tous les points de la circonférence décrite par son point d'application I, que nous supposons au milieu du joint CD. Désignons par F l'intensité de l'une ou l'autre de ces deux forces, par unité de longueur de la circonférence I, et par α l'angle que sa direction forme avec l'horizontale, sa composante verticale par unité de longueur sera F sin α, et si ρ' est le rayon de la circonférence I, c'est-à-dire la distance du point I à l'axe, la somme de toutes les réactions verticales sera $2\pi\rho'$. F sin α, et elle doit faire équilibre au poids, 2 $\pi\rho\omega p$, de l'anneau ; nous avons donc

$$2\pi\rho\omega p = 2\pi\rho'. \text{F} \sin\alpha \quad \text{ou bien} \quad \text{F}\sin\alpha = \omega p.\frac{\rho}{\rho'}.$$

La portion de voûte comprise entre les deux joints CD, MN et deux plans méridiens faisant entre eux un angle infiniment petit $d\theta$, est en équilibre sous l'action des forces qui y sont appliquées, qui sont toutes contenues dans le plan méridien bissecteur de l'angle $d\theta$, et qui sont : 1° son poids P'$d\theta$ appliqué à son centre de gravité G' ; 2° la composante verticale F sin $\alpha.\rho'd\theta$ de la force F$\rho'd\theta$, que nous venons de calculer et qui est appliquée en I ; 3° la composante horizontale de la même force, appliquée également en I, suivant IL, et qui est inconnue ; 4° la réaction sur le joint MN qui est tout à fait inconnue, mais dont nous pouvons approximativement supposer le point d'application en K, au milieu du joint MN. De ces quatre forces, les deux premières sont entièrement connues, ce sont le poids P'$d\theta$ et la composante F sin $\alpha\rho'd\theta$, toutes deux verticales et que nous pouvons composer en une seule HQ = (P' + F sin $\alpha\rho'$) $d\theta$, rencontrant en H la direction IL de la troisième ; et pour que la quatrième, appliquée en K, leur fasse équilibre, il faut qu'elle passe par leur point d'intersection, c'est-à-dire qu'elle soit dirigée suivant KH. En construisant le parallélogramme HQRL, dont le côté vertical HQ sera pris proportionnel à (P' + F sin α ρ')$d\theta$, le côté horizontal QR, limité à la ligne HK, sera proportionnel à la composante horizontale inconnue F cos $\alpha\rho'd\theta$ de la force F$\rho'd\theta$. Cette composante

horizontale, qui est alors F cosα par unité de longueur, étant ainsi
déterminée, si nous appelons R la pression développée dans l'assise
supérieure ABCD par unité de sa superficie ω, et normalement
au plan méridien, et si nous considérons la moitié de cette assise
circulaire, elle doit être en équilibre sous l'action des efforts
2 Rω, qui s'exercent normalement aux deux extrémités, et des
efforts F cos α qui s'exercent par unité de longueur de la demi-
circonférence. Ceux-ci ont la même résultante qu'un effort F cosα
appliqué sur le diamètre $2\rho'$. On peut donc écrire

$$F \cos\alpha . 2\rho' = 2 R\omega, \quad \text{d'où } R = \frac{F \cos\alpha . \rho'}{\omega},$$

ce qui détermine R, lorsque l'on suppose connue la superficie ω de
l'anneau qui résiste à la poussée de la partie inférieure de la
voûte, ou qui détermine ω lorsque R est supposé connu.

On peut remarquer que ce calcul ne peut servir à trouver
l'épaisseur de la voûte. Toutes choses égales d'ailleurs, la composante F cos α est sensiblement proportionnelle au poids de la
voûte et, par conséquent, à son épaisseur; de même, la section ω
du voussoir ABCD est proportionnelle à l'épaisseur; cette dimension disparaît donc de la formule, qui la laisse indéterminée.

100. Frettes. — Mais la formule précédente peut donner
les dimensions d'une frette métallique dont on entourerait la
base de la voûte de révolution, en vue d'annuler sa poussée
horizontale sur ses supports. Si nous considérons, en effet, la
portion de voûte CDMN limitée à un plan diamétral passant par
l'axe OZ, les efforts horizontaux exercés sur le joint CD par
la partie supérieure et qui, estimés normalement à ce plan diamétral, ont pour valeur $2 F \cos\alpha.\rho'$ doivent être équilibrés par la
résistance de la frette, laquelle, si ω' est sa section transversale
et R', l'effort qu'elle peut supporter avec sécurité par unité de
surface, pourra résister à une force $2 R'_0\omega'$. Nous aurons donc :

$$2 F \cos\alpha.\rho' = 2 R'_0\omega' \quad \text{ou bien } \omega' = \frac{F \cos\alpha.\rho'}{R'_0}.$$

On devra donc, pour calculer la section ω', chercher, pour les
diverses positions du joint CD, le maximum du produit $F \cos\alpha.\rho'$,
et c'est ce maximum que l'on devra prendre pour déterminer la
section ω' de la frette.

Il est intéressant de remarquer que le centre de gravité G' de la portion de voûte CDMN, comprise entre les joints CD,MN, et deux plans méridiens infiniment voisins supposés situés de part et d'autre de la figure, est le centre de forces parallèles appliquées aux divers points de la section CDMN et proportionnelles aux distances de ces points à l'axe OZ. En effet, les divers éléments prismatiques sur lesquels on décomposerait cette portion de voûte auraient leurs hauteurs, perpendiculaires au plan de la figure et comprises entre les deux plans infiniment voisins, proportionnelles à leurs distances à l'axe OZ. Ce centre de gravité G' coïncide donc avec le centre de pression de la surface CDMN par rapport à la ligne de niveau OZ; ou bien avec le centre de percussion de cette surface, par rapport à l'axe de rotation OZ (n° 22, dernier alinéa, page 53).

CHAPITRE VII

SYSTÈMES ARTICULÉS

101. Définitions. — On désigne sous le nom de systèmes articulés des constructions formées de pièces de bois ou de métal réunies par leurs extrémités au moyen d'assemblages qui leur permettent de tourner autour de leurs points d'attache, que l'on appelle alors *articulations*. La forme générale de la construction pourra être rendue invariable par la disposition même des pièces, et la faculté de tourner autour de l'articulation pourra bien ne pas être mise en jeu ; mais nous admettions qu'elle existe toujours. Nous excluons par conséquent de ce chapitre les systèmes dans lesquels les pièces seraient assemblées, de telle sorte qu'il pût se produire, à leurs points de réunion, des efforts ayant pour effet d'empêcher leur changement de direction.

Nous supposerons, ainsi qu'on le fait généralement, que les axes de figure de toutes ces pièces sont situés dans un même plan qui sera le plus souvent vertical, et que les efforts extérieurs auxquels elles sont soumises sont également dirigés dans ce même plan et sont, de plus, appliqués exclusivement aux articulations.

Dans cette hypothèse, une pièce quelconque devant être en équilibre sous l'action des efforts qui agissent sur elle, ceux-ci, ne s'exerçant qu'à ses extrémités, doivent se réduire à deux forces égales et directement opposées, dirigées suivant la ligne qui joint leurs points d'application, c'est-à-dire suivant l'axe de la pièce. Chaque pièce n'exerce donc sur l'articulation qu'un effort dirigé suivant sa longueur, et nous pourrons, en conséquence, la considérer comme réduite à son axe.

Les pièces sur lesquelles s'exercent des efforts qui tendent à les allonger, c'est-à-dire à écarter l'une de l'autre leurs deux extrémités, s'appellent des *tirants;* celles qui, au contraire, résistent à des efforts de compression tendant à rapprocher leurs extrémités portent ordinairement le nom de *bras* ou *contre-fiches.*

102. Sections transversales des pièces. — La détermination de ces efforts s'effectue généralement, comme nous le verrons, d'une manière assez simple, et, une fois les efforts déterminés, on en conclut facilement la dimension à donner aux pièces, en admettant qu'ils sont répartis uniformément sur toute la section transversale. Il suffit alors de diviser la valeur de l'effort trouvé pour une barre par le nombre qui représente la charge de sécurité de la matière dont elle est formée, pour obtenir la superficie que l'on doit donner à sa section transversale. Cette règle souffre toutefois une exception lorsqu'il s'agit des *bras* ou pièces résistant à la compression. On a pu observer qu'une pièce longue et mince, pressée aux deux bouts par un effort assez grand, ne reste pas rectiligne et qu'elle fléchit. Il se produit alors des phénomènes différents de ceux de la compression proprement dite, et dont nous parlerons dans le chapitre XIV. Après avoir déterminé, par la règle qui vient d'être rappelée, les dimensions transversales d'une pièce comprimée, on devra s'assurer qu'elles sont suffisantes pour s'opposer à la flexion, ce que l'on fera au moyen des formules spéciales données dans le chapitre qui traite de ce genre de déformation

103. Indication générale de la méthode. — La détermination des efforts qui s'exercent sur une barre quelconque d'un système articulé est donc le seul problème dont nous ayons à nous occuper ici. Il se résout facilement, de proche en proche, en considérant successivement chaque articulation et en exprimant qu'il y a équilibre, autour de ce point, entre toutes les forces qui y sont appliquées, soit qu'elles proviennent des barres qui y aboutissent, soient qu'elles proviennent d'efforts extérieurs. Parmi ces efforts extérieurs sont comprises, naturellement, les réactions des points d'appui du système, que l'on a préalablement déterminées par les règles de la statique.

Si l'on traite la question par l'analyse, on aura, pour déterminer ces réactions, trois équations exprimant qu'elles font équilibre aux forces extérieures données; et qui, par conséquent, permettront de déterminer trois réactions en trois points d'appui, si les directions de ces réactions sont connues, ou bien deux réactions en deux points, si la direction de l'une d'elles seulement est connue. Puis, écrivant, pour chaque articulation, les équations d'équilibre des forces qui y sont appliquées, équations qui, pour chacune, se réduisent à deux, exprimant la nullité des projections de ces forces sur deux axes rectangulaires, on aura, s'il y a n articulations, $2n$ équations d'équilibre qui comprendront implicitement les trois précédentes et qui permettront de déterminer $2n-3$ inconnues nouvelles, c'est-à-dire les efforts exercés sur $2n-3$ barres du système.

Nous verrons plus loin que ce nombre de $2n-3$ barres, pour n articulations, est nécessaire et suffisant pour assurer l'invariabilité de la forme. Lorsque le système satisfait à cette condition, le problème peut donc être résolu sans aucune ambiguïté. Il reste, au contraire, indéterminé lorsque le nombre des barres dépasse $2n-3$, et il ne peut plus être abordé qu'en faisant entrer en ligne de compte les déformations de chacune des barres. Il en est de même lorsque le nombre des points d'appui sur lesquels les réactions doivent être déterminées dépasse 3.

104. Exposé de la méthode graphique. — Considérons d'abord le cas très simple de deux barres AB, AC, (fig. 101; cette figure représente trois positions différentes des barres, auxquelles s'appliquent les mêmes lettres) articulées en

12

A, fixées à leurs autres extrémités B, C, et soumises à une

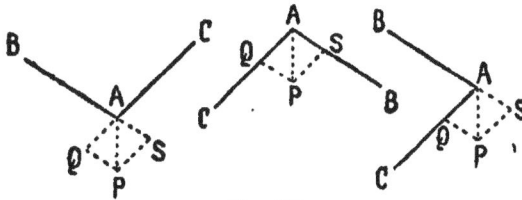

force P s'exerçant au point A. Ce point devant être en équilibre sous l'action de cette force et des réactions des deux barres, qui sont diri-

Fig. 101.

gées suivant les lignes AB, AC, il suffira, pour connaître ces réactions, de mener par l'extrémité P de la ligne AP, représentant la force P, les deux lignes PQ, PS, respectivement parallèles à AB et à AC pour avoir, en AS et en AQ, les lignes représentant, en grandeur et en sens, les composantes de la force P suivant ces deux directions, lesquelles seront égales et directement opposées aux réactions exercées sur le même point par les barres qui y sont articulées.

On verra ainsi que la barre AB supportera un effort représenté par la longueur AS, et la barre AC un effort mesuré par AQ. Et il sera facile de reconnaître, d'après la disposition de la figure, si les efforts dont il s'agit sont des extensions ou des compressions.

Au lieu de construire le parallélogramme des forces sur la

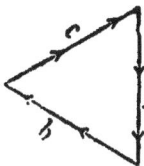

figure même où sont représentées les barres, il est plus commode, lorsqu'il s'agit de constructions compliquées, de le construire séparément. On se borne alors à n'en tracer que la moitié, ce qui le réduit à un triangle, et ce qui suffit pour don-

Fig. 102.

ner la solution complète du problème. Car si, quelque part, l'on trace une ligne p (fig. 102) parallèle à la force AP et proportionnelle à sa grandeur, et si, par les deux extrémités de cette ligne on mène deux droites b, c respectivement parallèles à AB et à AC, le triangle ainsi formé sera semblable au triangle APQ et chacun de ses côtés, b et c, mesurera la grandeur de l'effort appliqué aux barres AB et AC, respectivement.

Nous allons voir comment on détermine le sens de ces efforts.

On sait que lorsque l'on compose entre elles deux ou plusieurs forces, appliquées à un même point, la résultante est la ligne qui ferme le polygone formé en portant successivement ces forces, avec leur grandeur, leur direction et leur sens, à la suite les unes des autres. Lorsque les forces appliquées à un même point se font équilibre, la résultante est nulle, et le *polygone des forces* se trouve naturellement fermé.

Ainsi, dans le cas qui précède, le point A est en équilibre sous l'action de trois forces qui, portées l'une à la suite de l'autre, avec leur grandeur, leur direction et leur sens, constituent le triangle ci-dessus, qui est un polygone fermé.

Comme nous connaissons le sens de l'une de ces forces, la force *p*, nous en déduisons, en continuant à parcourir le polygone fermé dans le même sens, celui des autres forces *b* et *c*, qui sera, par exemple, celui qui est indiqué par les flèches ; si la force AP est dirigée de haut en bas, la barre AB exercera, sur le point A, considéré comme un point matériel, un effort dirigé de droite à gauche, c'est-à-dire un effort de traction dans la 1re et la 3e figure et une compression dans la 2e. De même la barre AC exercera sur le même point un effort de gauche à droite, c'est-à-dire une traction dans la 1re figure et une compression dans la 2e et la 3e. Et, naturellement, le point A ne peut être tiré ou pressé par la barre qui y aboutit qu'autant que lui-même exerce une traction ou une pression égale sur cette barre. La barre AB, dans la 1re et la 3e figure, et la barre AC dans la 1re seront donc soumises à un effort de traction, et au contraire la barre AB, dans la 2e figure, et la barre AC, dans la 2e et la 3e, seront soumises à un effort de compression.

La même épure détermine, comme on le voit, les réactions des appuis aux points B et C.

Tels sont, réduits à leur expression la plus simple, les principes de statique graphique que l'on applique aux systèmes articulés.

L'épure des forces, que l'on nomme *figure réciproque* de celle de la construction, se compose d'autant de polygones fermés qu'il y a de points autour desquels doivent s'équilibrer un certain nombre de forces. Ces points, qui sont ceux de jonction des barres et d'application des forces extérieures, portent le nom de *nœuds*. L'exemple précédent ne comprend qu'un seul nœud, en A. Les divers polygones fermés qui constituent l'épure des forces ont un certain nombre de côtés communs, car une même barre

exerce sur ses deux extrémités des actions égales, de même
direction et de sens opposés, qui peuvent se représenter par une
même ligne parcourue dans deux sens différents. Cette ligne fait
alors partie des deux polygones correspondant à chacun des
deux nœuds situés aux extrémités de la barre dont il s'agit.

On construit cette épure de proche en proche en traçant d'a-
bord le polygone des forces extérieures, qui doit être fermé, puisque le système est en équilibre, puis successivement les polygones fermés correspondant aux nœuds pour lesquels on est arrivé
à connaître toutes les forces, moins deux, qui y sont appliquées.
En menant, par les extrémités de la ligne qui représenterait la
résultante de ces forces, deux droites respectivement parallèles
aux directions des barres suivant lesquelles les actions sont
inconnues, on ferme le polygone et on obtient ces forces inconnues en grandeur et en sens. La détermination ainsi faite des
actions exercées par deux nouvelles barres permet d'aborder un
nouveau nœud, autour duquel on connaît encore toutes les forces
moins deux, et ainsi de suite jusqu'à la fin.

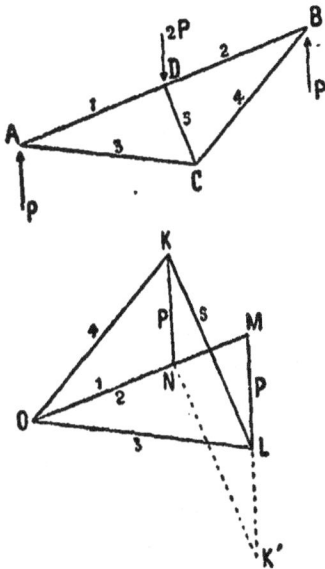

Fig.

105. Applications. — Quelques exemples donneront une idée
de cette méthode.

Considérons une poutre armée
AB (fig. 103) reposant sur deux
appuis A et B et consolidée en son
milieu par une contre-fiche CD,
dont l'extrémité C est reliée à
celles de la poutre par des tiges
AC, BC. Supposons cette poutre
chargée d'un poids 2 P en son milieu, au point D. Si, comme nous
l'admettrons, les appuis n'exercent
que des réactions verticales, ces
réactions seront égales entre elles
et à la moitié P du poids 2 P supporté par la poutre. Nous faisons abstraction de la rigidité
de la poutre AB et nous la considérons comme formée
de deux parties distinctes AD, BD, simplement réunies au

point D. Nous avons ainsi cinq tiges ou barres 1, 2, 3, 4, 5.

Le polygone des forces extérieures se réduirait ici à une ligne droite. Pour construire la figure réciproque, considérons d'abord le nœud ou sommet A sur lequel agissent trois forces dont nous connaissons l'une P, et seulement les directions AC, AD des deux autres. Menons quelque part la droite LM parallèle à P et égale, en grandeur, à cette force.

Puis, par les deux points L, M, menons les droites MO, LO, respectivement parallèles à AD et à AC, nous aurons construit le polygone fermé LOM exprimant l'équilibre des forces qui agissent autour du point A, et les longueurs des lignes LO, MO nous donneront les grandeurs des forces qui agissent sur les barres AC, AD. Ayant ainsi l'effort exercé par la barre AC sur le point C, et les directions des deux autres forces CD, CB, qui lui font équilibre, nous pouvons procéder de la même manière. Aux extrémités O, L, de la ligne OL qui représente cet effort, nous mènerons les deux droites OK, LK respectivement parallèles à CB et à CD et nous aurons le polygone fermé OKL exprimant l'équilibre autour du point C.

Les efforts suivant les barres CB et CD seront ainsi représentés par les barres KO et KL.

Il ne reste plus à déterminer que l'effort suivant la barre BD, qui doit faire équilibre au point B à deux forces connues : l'action de la barre CB et la force P; et au point D à trois forces connues : l'action des deux barres CD et AD et la force 2 P. Il y a donc des vérifications nécessaires. Ainsi en considérant l'équilibre autour du point B, on devra trouver un polygone fermé en menant, par l'extrémité K de la ligne OK, qui représente l'effort sur CB, une ligne KN égale et parallèle à la force P; l'extrémité N de cette ligne devra se trouver sur la ligne OM, parallèle à AB, et la longueur de la ligne ON représentera l'effort exercé sur la barre BD. (On démontrerait facilement, par la géométrie et les propriétés des triangles, que la longueur KN de la verticale comprise entre le point K et la ligne OM est égale à LM.) Quant au polygone fermé représentant l'équilibre des quatre forces qui agissent autour du point D, la figure le présente d'une façon un peu singulière à cause de la division en deux de la force 2 P appliquée en D, laquelle est représentée par les deux lignes KN, ML, parallèles et égales chacune à P. Ce polygone est formé des lignes KN, NO, OM, ML, LK. Cette singularité disparaîtrait si l'on portait, par exemple en LK', sur le prolongement de ML, une longueur égale à P, de manière à avoir MK' = 2 P. Le polygone dont il s'agit deviendrait alors MK'NOM.

La nature de l'effort supporté par chacune des barres se trouvera, comme on l'a dit, en considérant le sens dans lequel doit être parcouru chacun des côtés des polygones fermés, correspondant aux divers nœuds. Ainsi, par exemple, le premier polygone MLO correspondant au point A doit être, puisque la force P agit sur le point A de bas en haut, parcouru dans le sens LMOL. Il en résulte que l'effort exercé sur le point A, dans la direction de MO, c'est-à-dire par la barre AD, est dirigé de M vers O. Il constitue donc une pression et la barre AD est comprimée. L'effort exercé sur le même point par la barre AC est dirigé de O vers L et constitue par suite une traction. Cette barre AC, exerçant une traction sur le point A, exerce une traction égale sur le point C, et la nature de cet effort indique le sens LOKL dans lequel doit être parcouru le polygone fermé KLO qui représente l'équilibre autour du point C. On voit que la barre CB exerce sur le point C un effort dirigé de O vers K, c'est-à-dire une traction, et que la barre CD exerce sur ce même point un effort dirigé de K vers L, soit une compression.

A côté de chacune des barres, on a placé un chiffre qui se trouve répété près de la ligne de la figure réciproque qui lui est parallèle et qui indique, en grandeur, l'effort auquel elle est soumise. La correspondance des deux figures se voit ainsi très facilement.

Comme second exemple, considérons une ferme composée de deux arbalétriers armés comme la poutre précédente et réunis par un tirant horizontal (fig. 104). Supposons appliquées au sommet A et aux milieux des deux arbalétriers AB, AC, trois forces verticales égales que nous désignerons chacune par 2 P. La charge totale 6 P sera supportée par les deux appuis B et C, et si nous admettons qu'ils n'exercent que des réactions verticales, chacune sera égale à 3 P.

Prenons, sur une verticale, HI = IK = KL = P ou bien HL = 3 P. Le polygone représentant l'équilibre du point B s'obtiendra en menant, par les points H et L, des parallèles HM, LM, à BF et BD, et HM représentera l'effort exercé par la barre BF. Des quatre forces qui agissent au point F, nous

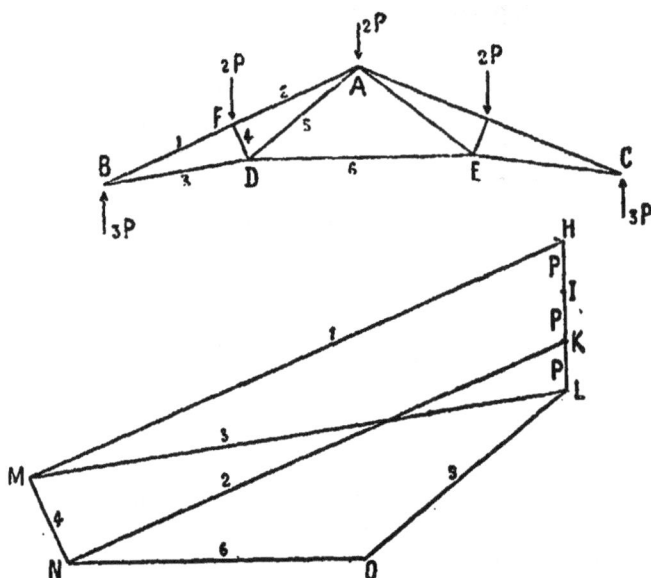

Fig. 101.

en connaissons alors deux, l'effort suivant BF, qui est représenté par HM, et la force 2 P, représentée par HK. En menant par les points K ', extrémités de la ligne qui représenterait la résultante de ces deux forces, les lignes KN et MN respectivement parallèles à AF et à FD, nous fermerons en N le polygone correspondant au point F, et nousaurons, par les lignes MN, KN, les efforts supportés par les barres FD, FA. Si maintenant nous considérons le point D, nous connaissons deux des quatre forces qui s'y exercent, savoir : les efforts dirigés suivant BD et suivant FD, représentés respectivement par ML et MN. Des extrémités de la ligne LN, qui représenterait la résultante de ces deux efforts, nous n'aurons qu'à mener les lignes LO, NO respectivement parallèles à DA et à DE, pour fermer en O le polygone et avoir, par la longueur de ces deux lignes, les efforts supportés par les barres DA, DE.

On pourrait continuer de la même manière; mais la ferme étant symétrique, le problème se trouve entièrement résolu, puisque les barres de la demi-ferme de droite supportent évidemment les mêmes efforts que celles qui leur correspondent dans la demi-ferme de gauche.

Le sens des efforts se déterminera facilement si l'on remarque qu'au point B, la force 3 P agissant de bas en haut, le polygone HML, qui correspond à ce point, doit être parcouru dans le sens LHML, ce qui montre, par exemple, que la tige BD exerce sur le point B un effort dirigé de M vers L, c'est-à-dire une traction. Elle exerce donc aussi une traction sur le point D, et le polygone LMNO, correspondant à ce point, doit être parcouru dans le sens LMNOL, ce qui donne le sens des efforts exercés par les autres barres.

Considérons encore la ferme réticulée représentée par la

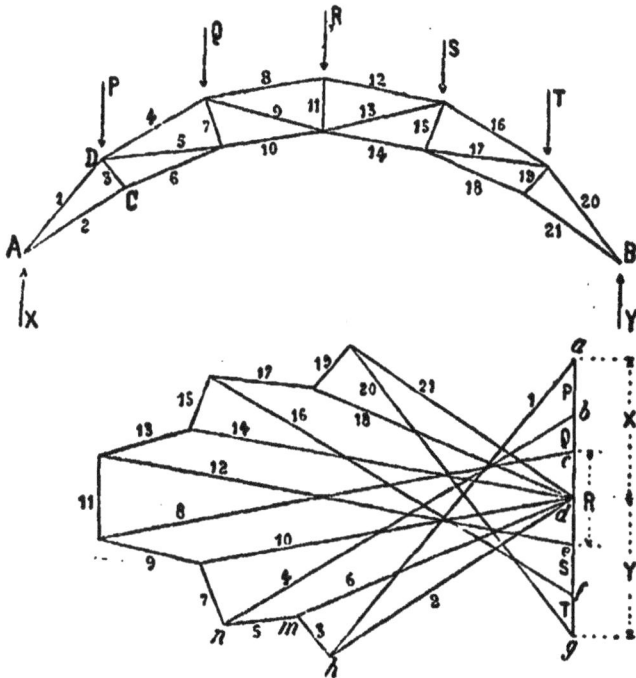

Fig. 105.

figure 105, donnée dans la *Mécanique appliquée* de M. Collignon, et composée de 21 barres. Nous supposons qu'elle repose sur ses deux appuis A, B, lesquels n'exercent que des réactions verticales, et qu'elle est d'ailleurs chargée, en ses divers sommets, de poids quelconques P, Q, R, S, T. Les réactions X et Y des appuis se détermineront par la règle ordinaire de la composition des forces parallèles. Portons sur une verticale *ay* les longueurs *ab* = P,

$bc = $ Q, $ce = $ R, $ef = $ S, $fg = $ T, et déterminons le point d de manière que $ad = $ X, $dg = $ Y. Partons du point A, où nous connaissons la force X, et dont nous représenterons l'équilibre par le polygone fermé adh, ce qui nous donnera les actions supportées par les barres 1 et 2. Nous pourrons aborder le point C, car nous connaîtrons une des trois forces qui s'y font équilibre, et le polygone fermé hmd nous donnera les deux autres qui sont les efforts supportés par les barres 3 et 6. Le point D est en équilibre sous l'action de cinq forces, la force P et les actions exercées par les barres DA, DC, qui sont connues; nous pouvons donc déterminer les deux autres en fermant le polygone $mhab$ au moyen des deux lignes mn, bn, et continuer ainsi de proche en proche jusqu'à la fin, en prenant toujours successivement des points où l'on connaîtra toutes les forces, moins deux, qui s'y font équilibre.

106. Condition pour qu'un système soit indéformable. — Il peut arriver, et il arrive effectivement parfois, que cette marche est impossible et que l'on se trouve en présence de nœuds autour desquels le nombre des forces inconnues reste supérieur à deux, quel que soit le sens par lequel on les aborde.

Il faut d'abord s'assurer qu'il n'y a pas indétermination, c'est-à-dire que le nombre de barres n'est pas plus grand que celui qui serait rigoureusement suffisant pour assurer l'indéformabilité du système. Si, par exemple, nous considérons un quadrilatère ABCD (fig. 106), formé de quatre barres réunies par leurs extrémités, une cinquième barre AC, suivant une diagonale, en fait un système indéformable, et il est possible alors, au moyen des procédés indiqués, de calculer les efforts supportés par chacune des cinq barres sous l'action de forces extérieures appliquées aux sommets. Mais si l'on place une sixième barre, suivant la seconde diagonale BD, les efforts deviennent indéterminés, ou du moins ne peuvent plus être déterminés par les considérations élémentaires qui précèdent, et il faut, pour les calculer, faire intervenir les allongements ou accourcissements

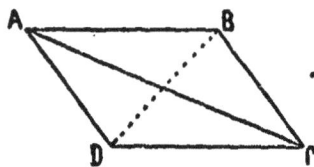
Fig. 106.

subis par chacune des barres sous l'action des efforts de traction
ou de compression qu'elles supportent. Le calcul ne peut plus
se faire alors qu'en tenant compte des déformations des
barres; nous en donnerons un exemple au chapitre suivant.

On peut vérifier facilement que le nombre de barres strictement nécessaire et suffisant pour rendre invariable un système, où se trouve un nombre de nœuds représenté par n, est
égal à $2n - 3$. En effet, cette règle est vraie pour le triangle, où
le nombre de sommets étant de 3, le nombre de barres est
$2 \times 3 - 3 = 3$. Un nouveau sommet, s'il est en dehors de
l'une des barres, ne pourra être relié invariablement au système que par deux nouvelles barres. Une seule barre nouvelle suffira si le nouveau nœud est situé sur une des barres,
mais alors celle-ci se trouvera, en fait, divisée en deux. En réalité, chaque nouveau nœud augmente de deux le nombre des
barres nécessaires, ce qui montre la généralité de la formule.

Par exemple, la travée réticulée qui forme le dernier exemple
ci-dessus a 12 nœuds et $2 \times 12 - 3 = 21$ barres.

Si le nombre des barres ne dépasse pas celui qui est nécessaire pour rendre le système indéformable, il ne reste plus d'indétermination, mais il peut arriver que la marche encore indiquée
précédemment soit en défaut, par l'impossibilité où l'on se trouve
d'arriver à un nœud où il ne reste que deux forces inconnues.

**107. Décomposition d'une force suivant trois
directions données dans un plan.** — On peut alors, généralement, couper le système par un plan dirigé de telle manière
qu'il ne rencontre que trois barres.

Si alors on forme la résultante de toutes les forces extérieures qui agissent sur le système de l'un des côtés de ce plan,
cette résultante devra, puisque la construction est en équilibre,
être équilibrée par les actions inconnues exercées par les trois
barres coupées. Car on peut supposer supprimée toute la partie
de la construction qui se trouve de l'autre côté du plan en la
remplaçant par les efforts qu'elle exerce.

Le problème revient donc à décomposer une force R donnée
(fig. 107) en trois autres dirigées suivant des lignes également
données AA, BB, CC, et situées, bien entendu, dans un même
plan avec la force R. Le problème est déterminé, car si on pro-

jette les trois forces inconnues et la résultante R sur deux axes rectangulaires quelconques, et si l'on prend leurs moments par rapport à un point quelconque du plan, on pourra égaler à zéro les deux sommes de projections et la somme des moments, ce qui donnera trois équations du premier degré pour déterminer les trois forces inconnues.

Considérons les deux forces qui agissent suivant BB et suivant CC et supposons-les composées en une seule ; leur résultante passera nécessairement par leur point d'intersection N, et elles peuvent, dans l'équilibre du système, être remplacées par cette résultante. La force donnée R n'a donc plus alors à équilibrer que deux forces inconnues, une qui est dirigée suivant AA, et l'autre qui passe par le point N. Ces trois forces, se faisant équilibre, passent nécessairement par un même point

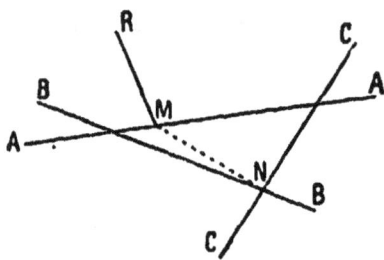

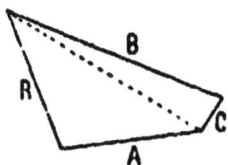

Fig. 197.

qui est le point M, intersection des deux premières ; la direction de la troisième se trouve par suite devoir coïncider avec la ligne MN. Nous pouvons facilement déterminer les deux forces qui, dirigées suivant AB et MN, font équilibre à la force donnée R. Pour cela, aux deux extrémités d'une ligne parallèle à R, et mesurant sa grandeur, nous menons deux droites respectivement parallèles à AA et à MN et nous fermons le polygone qui exprime cet équilibre ; la ligne A, parallèle à AA donne la grandeur de la force qui agit suivant cette direction, et la ligne ponctuée, parallèle à MN, donne la grandeur de la force qui agit suivant MN, et qui est la résultante des deux forces inconnues dirigées suivant BB et suivant CC. Il suffira donc, par les extrémités de cette ligne ponctuée, de mener les deux lignes B et C respectivement parallèles à BB et à CC pour fermer le polygone qui exprime l'équilibre autour du point N et avoir, par les longueurs de ces lignes, les grandeurs des forces inconnues.

La comparaison des figures réciproques aux figures principales donne lieu à un certain nombre de remarques et de théo-
rèmes plus ou moins intéressants, mais qui sont plutôt du ressort de la géométrie. On les trouvera dans les ouvrages spéciaux
sur la statique graphique.

108. Poutres triangulées ou américaines. — Ce
même procédé graphique s'applique à la détermination des efforts qui se produisent dans les différentes barres d'une poutre
triangulée, ou poutre américaine. On sait qu'il existe un grand
nombre de poutres articulées de modèles différents. Les principaux types sont les suivants :

Système *Warren* (fig. 108). Poutre formée de triangles isos-

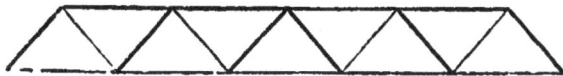

Fig. 108.

cèles égaux et
alternatifs. Les
pièces inclinées
sont, comme
nous le verrons tout à l'heure, alternativement étendues et
comprimées.

Système *Howe* (fig. 109). Poutre formée de triangles

Fig. 109

rectangles et dans la-
quelle les pièces éten-
dues ou tirants sont
placées verticalement,
les pièces comprimées étant inclinées.

Système *Pratt* (fig. 110). Poutre formée également de trian-

Fig. 110.

gles rectangles, mais
dans laquelle ce sont
les pièces compri-
mées ou bras qui
sont verticales, et les tirants qui sont inclinés.

Système *Fink* (fig. 111). Poutre dérivée de la précédente,

Fig. 111.

mais dans laquelle
les tirants sont dis-
posés d'une manière
différente, indiquée
par la figure.

Système *Bollmann* (fig. 112). Poutre dans laquelle il n'existe que des tirants qui se réunissent aux extrémités d'un bras unique horizontal.

Fig. 112.

Déterminons, par exemple, les efforts dans une poutre Warren (fig. 113), chargée de poids quelconques P_1, P_2, P_3, P_4, appliqués aux articulations supérieures.

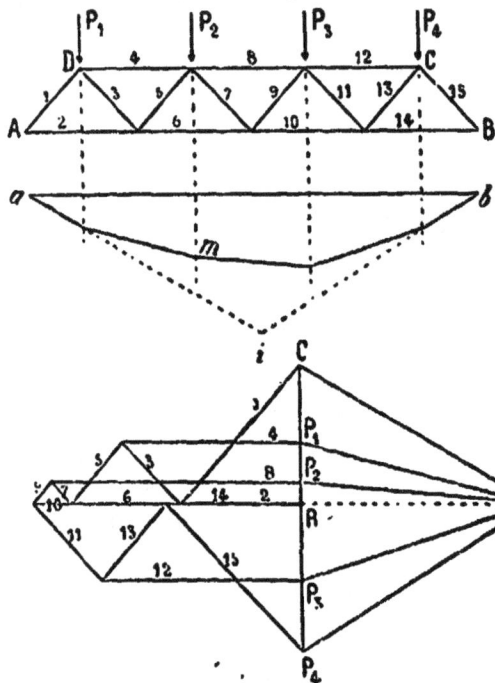
Fig. 113.

Nous aurons d'abord à déterminer les réactions des appuis A et B. Pour cela, nous porterons, sur une verticale, des longueurs $CP_1 = P_1$, $P_1P_2 = P_2$, $P_2P_3 = P_3$, et $P_3P_4 = P_4$, nous joindrons les points de division à un pôle O arbitraire,

et nous construirons le polygone funiculaire *amb* des forces données. Nous savons que la résultante de ces forces, donnée en grandeur par leur somme CP_4, passerait par le point *i* de concours des deux côtés extrêmes de ce polygone; si donc nous voulons décomposer cette résultante en deux forces verticales passant par les points A, B, nous devrons : mener par ce point *i* deux droites quelconques *ia*, *ib*, jusqu'à la rencontre des verticales A, B; mener, par les extrémités de la ligne CP_4, qui représente la force à décomposer, deux lignes CO, P_4O parallèles à ces deux lignes; joindre les points *a* et *b* et mener par le point O une parallèle

OR à ab. CR et RP_4 représenteront les grandeurs de deux forces verticales appliquées en A et B dont la résultante passera en i, et puisque la somme de ces deux forces est précisément égale à CP_4 ou à la somme des forces données, elles sont les réactions cherchées des appuis A,B. On voit que la construction du point i est inutile. Il suffit, pour avoir la réaction cherchée, de construire le polygone funiculaire *amb* des forces données, en prenant un pôle O quelconque ; puis de joindre les extrémités a,b de ce polygone, c'est-à-dire les points où ses côtés extrêmes rencontrent les verticales des extrémités de la poutre, de mener, par le pôle O, une parallèle OR à ab ; et l'on obtient les longueurs CR, RP_4 représentant les réactions des appuis.

La ligne ab porte le nom de ligne *finale* du polygone funiculaire.

Cette construction s'applique, bien entendu, à une poutre de forme quelconque chargée de poids P_1, P_2... placés d'une façon également quelconque.

La réaction des appuis étant déterminée, nous pouvons exprimer l'équilibre des forces qui agissent au premier sommet A. Ces forces sont au nombre de trois, dont une seule, la réaction CR est connue ; les directions des autres, qui sont celles des barres 1, 2, sont seules connues. En menant par les extrémités de CR, des parallèles à 1, 2, nous aurons un triangle dont les trois côtés seront proportionnels aux trois forces en équilibre autour du point A, ce qui déterminera les efforts dans les barres 1 et 2.

Au point D, nous avons quatre forces, deux connues, P_1 et l'effort de la barre 1, et deux inconnues, les efforts des barres 3 et 4. Nous déterminerons ces efforts en formant le polygone dont les côtés sont parallèles aux directions de ces forces, et ainsi de suite.

109. Utilité des contre-barres. — En parcourant ces divers polygones dans le sens des forces, nous reconnaîtrons que les barres horizontales supérieures sont toutes comprimées, les barres inférieures agissent au contraire comme tirants, et les barres inclinées sont alternativement tirées et comprimées. Nous voyons aussi que les efforts auxquels ces barres sont soumises vont en augmentant depuis les extrémités jusqu'au milieu de la poutre pour les barres horizontales, et en diminuant pour les barres inclinées. Celles qui sont au milieu n'auraient même, si les charges étaient réparties symétriquement, à supporter aucun effort. Aussi arrive-t-il qu'une petite modification dans la répartition des charges change, dans ces barres du milieu de la poutre, le sens des efforts. Les barres comprimées par une charge répartie d'une certaine façon deviennent étendues par une autre charge répartie différemment, et cette alternance du sens des efforts est nuisible à la rigidité de la construction. On comprend, en effet, que si les assemblages ne sont point absolument parfaits, les points de contact d'une pièce, avec les voisines, ne sont pas les mêmes si elle doit agir comme tirant ou comme bras; l'effet est le même que si la longueur de la pièce se trouvait changée et il en résulte des mouvements et des chocs nuisibles à la solidité. Souvent aussi, les pièces destinées à être étendues ne sauraient résister efficacement à des compressions, à cause des flexions qu'elles subissent, lorsque leur section transversale n'a pas été calculée en vue de résister à ce genre d'efforts. Pour éviter cet inconvénient, on place souvent, vers le milieu des poutres américaines, des *contre-barres*, qui sont réglées de manière à produire dans les pièces principales des efforts assez grands pour que l'on n'ait pas à craindre de les voir changer de sens par une modification des charges.

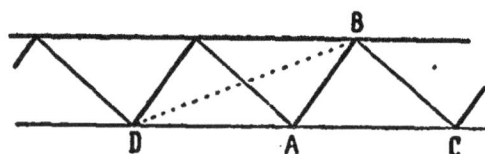

Fig. 114.

Si, par exemple, AB (fig. 114) est une barre destinée à être comprimée, mais qui, par une modification des charges, est exposée à être étendue, on mettra un contre-tirant BD et l'on comprend que, si l'on peut ré-

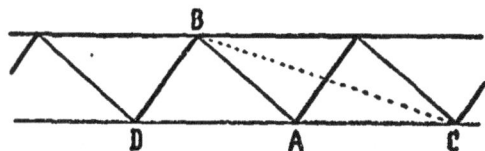

Fig. 115.

gler à volonté la tension de ce tirant, on pourra faire en sorte que le bras AB subisse, sous la charge ordinaire, une compression beaucoup plus grande que celle qu'elle supporterait sans cela, et telle que la modification de la charge ne parvienne pas à l'annuler entièrement. On pourra, dans le même but, placer un *contre-bras* BC (fig. 115) ayant pour effet d'augmenter la tension normale d'un tirant AB exposé à se trouver comprimé. Il est inutile de faire observer que l'une des contre-barres est suffisante: un contre-tirant BD ne peut augmenter la compression dans un bras AB sans augmenter en même temps la tension dans le tirant voisin BC.

Les dimensions des barres d'une poutre américaine doivent être déterminées en faisant successivement, pour la répartition des charges, les hypothèses les plus variées. On prend, pour chaque barre, les dimensions qui correspondent à l'effort le plus élevé qu'elle est exposée à subir. On reconnaît en même temps celles pour lesquelles l'effort peut changer de sens et qui, par suite, doivent être munies de contre-barres, dont les dimensions se déterminent en faisant abstraction des barres qu'elles croisent et en se plaçant dans l'hypothèse de la répartition des charges qui correspond à leur plus grande utilité.

Nous nous bornerons à ces simples indications; elles sont suffisantes pour résoudre le problème général de la détermination des efforts dans les diverses pièces d'une poutre articulée, et par suite des dimensions de ces pièces. Nous renverrons aux ouvrages spéciaux, principalement à la *Statique graphique* de M. Maurice Lévy, pour les exemples de la résolution de ce problème dans les différents cas, et au traité des *Ponts métalliques* de M. Résal pour les solutions analytiques du même problème et la discussion de la valeur relative des différents types.

110. Poutre à treillis. — La poutre à treillis se compose de deux barres horizontales, réunies par deux systèmes de barres inclinées constituant le *treillis* (fig. 116). Elle peut être considérée comme formée d'un grand nombre de

Fig. 116.

poutres du système Warren, qui auraient été superposées l'une à l'autre, en ayant les mêmes tables horizontales.

Une poutre à treillis ne peut être rigoureusement considérée comme un système articulé. Les barres, ou tables horizontales, sont d'une seule pièce sur toute la longueur et, par conséquent, deux de leurs éléments successifs ne sont pas libres de changer de direction l'une par rapport à l'autre. Les barres inclinées qui constituent le treillis sont généralement fixées aux tables par des assemblages rigides qui ne permettent aucun changement de direction, et souvent elles sont réunies les unes aux autres à tous leurs points de rencontre. Ces poutres constituent donc un système rigide, et les règles concernant les systèmes articulés ne leur sont pas rigoureusement applicables. L'hypothèse consistant à admettre que les diverses barres du treillis subissent simplement les efforts dirigés suivant le sens de leur longueur, n'est plus qu'une approximation ; mais cette approximation est suffisante pour donner au moins une idée de la nature et de l'importance de ces efforts. Nous nous en contenterons d'abord, et nous supposerons, en outre, que les barres du treillis sont symétriquement inclinées de part et d'autre de la verticale, et que la poutre placée horizontalement est chargée d'un poids uniformément réparti à raison de p par unité de longueur.

Dans ces conditions, coupons la poutre par un plan vertical AB (fig. 117) quelconque. Chacune des parties de la poutre comprise entre l'une des extrémités et ce plan sécant doit être en équilibre sous l'action des forces qui lui sont appliquées, et ces forces comprennent, outre les forces extérieures, les réactions qui sont développées dans les diverses barres rencontrées par le plan. Or, les forces extérieures, y compris les

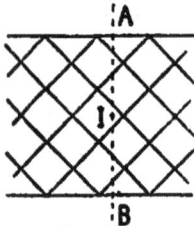

Fig. 117.

réactions des appuis, sont par hypothèse verticales ; leur projection sur un plan horizontal est nulle et il doit en être de même, par conséquent, de la somme des projections des réactions des diverses barres. Désignons par F et F' les efforts développés aux points A et B dans les tables horizontales de la poutre, par φ et φ' les efforts moyens développés dans les barres du treillis rencontrées par le plan, de manière que si n est le nombre de barres de chaque sens, $n\varphi$ soit l'effort total développé dans toutes les barres inclinées de gauche à droite et $n\varphi'$ l'effort total développé dans celles qui sont inclinées de droite à gauche. Si d'ailleurs α est l'angle que font ces barres de part et d'autre de la verticale, nous aurons, entre ces diverses forces, l'équation

$$(F+F')+(n\varphi\sin\alpha+n\varphi'\sin\alpha)=0.$$

Nous admettrons, ce qui d'ailleurs est vérifié par l'expérience et résulte de la forme symétrique de la poutre par rapport à un plan horizontal, que cette équation est satisfaite par l'égalité à zéro de chacun de ses deux termes, c'est-à-dire que l'on a

$$F' = -F \quad \text{et} \quad \varphi' = -\varphi\,;$$

c'est-à-dire que les efforts, dans les deux tables horizontales, sont égaux et de sens contraires sur une même verticale, et qu'il en est de même des efforts développés dans les barres inclinées dans un sens ou dans l'autre. La table horizontale supérieure, par analogie avec ce qui se passe dans la poutre Warren, se trouve comprimée et la table inférieure subit un effort d'extension égal à celui qui comprime la première.

De même les barres inclinées dans un sens sont comprimées par un effort égal à celui qui étend les barres inclinées en sens contraire.

Nous pouvons maintenant, à l'aide de cette hypothèse, déterminer tous ces efforts.

111. Efforts dans les pièces inclinées. — Considérons encore la portion de poutre comprise entre l'un des appuis et le plan AB. Projetons sur un plan vertical toutes les forces qui agissent sur cette portion de poutre et exprimons que la somme de toutes ces projections est nulle, comme nous venons de le faire pour la projection horizontale. Désignons par l la longueur totale de la poutre, et par x la distance de ce plan à l'extrémité considérée. Le poids total supporté par la poutre est pl, la réaction de chacun des appuis est $\dfrac{pl}{2}$, et elle est dirigée en sens inverse du poids, c'est-à-dire de bas en haut. Le poids supporté par la poutre, dans la partie dont il s'agit, est px, la somme des projections sera donc $\dfrac{pl}{2} - px$. Les forces F étant horizontales ont une projection verticale nulle, et les forces φ ont pour projection $2\,n\,\varphi\,\cos\alpha$. Nous avons donc l'équation

$$\frac{pl}{2} - px = 2n\varphi\cos\alpha,$$

d'où
$$\varphi = \frac{p}{2n\cos\alpha}\left(\frac{l}{2} - x\right).$$

D'après cela φ est nul au milieu de la poutre, où $x = \dfrac{2}{l}$, et il augmente en valeur absolue jusqu'aux extrémités où il atteint sa valeur maximum $\varphi = \pm \frac{p}{2n\cos\alpha} \cdot \frac{l}{3}$. Comme dans la poutre Warren, les barres inclinées dans le même sens, qui sont comprimées dans la première moitié, sont étendues dans la seconde et inversement. On voit immédiatement que la valeur trouvée pour φ (qui n'est d'ailleurs que la *valeur moyenne* de l'effort exercé sur toutes les barres inclinées rencontrées par le plan vertical AB) n'est déterminée que d'une manière approximative. Si, au lieu du plan AB, nous en avions pris un autre assez voisin de lui pour ne rencontrer que les mêmes barres inclinées, x aurait eu une autre valeur et nous aurions par suite trouvé pour φ une valeur différente; cependant il est bien évident que l'effort longitudinal est, d'après notre hypothèse, le même tout le long d'une même barre inclinée. La vraie valeur à prendre pour φ est donc elle-même une sorte de moyenne entre toutes celles qui correspondent aux diverses valeurs de x rencontrant les barres dans lesquelles on veut déterminer les efforts.

La valeur de φ ne donne que la moyenne des efforts dans toutes les barres inclinées : on peut approximativement attribuer cette valeur à celles qui seraient rencontrées par le plan vers le milieu de la hauteur de la poutre, celles qui se trouvent au-dessus ou au-dessous ayant, suivant le cas, à subir des efforts plus grands ou plus petits, s'écartant également de la valeur moyenne.

112. Efforts dans les tables parallèles. — Il nous reste à écrire une troisième équation d'équilibre des forces qui agissent sur la portion de poutre que nous avons considérée, celle qui exprime la nullité de la somme des moments de ces forces par rapport à un point quelconque du plan.

Plaçons le plan AB dans une position telle qu'il rencontre les barres du treillis à leurs points d'intersection respectifs. Si nous prenons les moments des forces par rapport à un point quelconque de ce plan, il y aura en chaque point d'intersection deux forces inclinées égales, ayant même bras de levier et tendant à produire des rotations de sens contraire. La somme des moments de toutes les forces inclinées, par rapport à ce point, sera donc nulle, et, d'après ce que nous venons de dire, il en sera approximativement de même si le plan AB se trouve légèrement déplacé de manière à rencontrer les mêmes barres.

Le moment des forces extérieures est $\frac{pl}{2} \times x$ pour la réaction de l'appui et $-px.\frac{x}{2}$ pour le poids supporté par la portion de poutre considérée. Les deux forces horizontales F et — F développées dans les tables horizontales forment un couple dont le bras de levier est la hauteur H de la poutre, et dont le moment, par rapport à un point quelconque, est par conséquent FH. Nous avons donc l'équation :

$$\frac{pl}{2}x - \frac{px^2}{2} = \text{FH} \quad \text{ou} \quad \text{F} = \frac{p}{2\text{H}}x(l-x).$$

A l'inverse de φ, F augmente depuis les extrémités de la poutre où il est nul jusqu'au milieu où il atteint sa valeur maximum $\frac{pl^2}{8\text{H}}$. On voit que, toutes choses égales, l'effort F est inversement proportionnel à la hauteur H de la poutre.

113. Calcul des sections transversales. — Les efforts F et φ étant déterminés, on en déduit, en les divisant par la charge de sécurité R_0 des matériaux employés pour les diverses barres, les sections que celles-ci doivent avoir[1]. Ainsi, la section ω d'une barre du treillis dont l'abscisse moyenne est x aura pour valeur

$$\omega = \frac{\varphi}{R_0} = \frac{p}{2R_0 n \cos x}\left(\frac{l}{2} - x\right),$$

et la section Ω des barres horizontales sera déterminée de même par

$$\Omega = \frac{\text{F}}{R_0} = \frac{px(l-x)}{2\text{H}R_0}.$$

Cette section Ω devrait donc, si l'on voulait n'employer en chaque point que la quantité de matière strictement nécessaire à la résistance, varier proportionnellement au produit $x(l-x)$, c'est-à-dire comme les ordonnées d'une parabole. Si, par exemple, la forme en est rectangulaire et si, de plus, l'une des deux dimensions du rectangle, la largeur horizontale, est cons-

---

[1]. Nous donnerons plus loin, dans la deuxième partie, les valeurs numériques de la charge de sécurité pour les métaux usuels et les bois.

tante, l'autre dimension, la hauteur verticale devra, en chaque
point, être proportionnelle aux ordonnées de cette parabole. Il
est rare que cette proportionnalité soit strictement observée. Si
les tables de la poutre sont en bois, on leur donne généralement, d'un bout à l'autre, la section qui correspond à l'effort
maximum, soit $\Omega = \dfrac{pl^2}{8HR_0}$; si elles sont en tôle, leur épaisseur

Fig. 118.

ne varie pas
d'une manière
continue; elles
se composent
alors d'un cer-
tain nombre de feuilles de tôle superposées (fig. 118), et
l'on fait en sorte qu'en chaque point l'épaisseur totale soit au
moins égale à celle qui correspondrait à l'ordonnée de la parabole. La ligne brisée qui forme le contour limite de l'épaisseur
réelle se trouve ainsi extérieure à celle qui représenterait l'épaisseur théorique.

114. Effort tranchant. Moment fléchissant. — D'a-
près ce que nous venons de voir : dans une poutre en treillis, le
treillis proprement dit et les tables horizontales équilibrent séparément deux genres d'efforts distincts.

Les efforts développés dans une section verticale quelconque
des barres inclinées du treillis font équilibre à la somme des
projections, sur un plan vertical, de toutes les forces extérieures qui agissent depuis une extrémité de la poutre jusqu'à la
section considérée. Cette somme est ce que l'on appelle l'*effort
tranchant;* on voit qu'il tend à faire glisser, l'une par rapport à
l'autre, les deux parties de la poutre séparées par la section verticale.

Les efforts développés dans les tables horizontales, dans une
section verticale quelconque, font équilibre à la somme des
moments, par rapport à un point de cette section, de toutes les
forces extérieures qui agissent sur la poutre depuis une de ses
extrémités jusqu'à la section considérée. Cette somme est ce que
l'on appelle le *moment fléchissant.* Il tend à courber la poutre en
faisant tourner, l'une par rapport à l'autre, les deux parties en
lesquelles on la suppose divisée.

Nous avons considéré jusqu'ici une poutre chargée d'un poids uniformément réparti sur l'horizontale, mais la définition que nous avons donnée de l'effort tranchant et du moment fléchissant est générale et s'applique à des charges placées d'une manière quelconque sur la poutre. Dans tous les cas, et quelle que soit la répartition des charges, le treillis résiste à l'effort tranchant et les tables horizontales au moment fléchissant.

115. Inclinaison à donner aux barres du treillis. — Nous avons laissé l'angle α indéterminé. On peut se proposer de chercher la valeur la plus convenable à lui donner, au point de vue de l'économie de la matière. Nous traiterons ce problème pour le cas où la charge est uniformément répartie sur la longueur de la poutre.

Nous avons trouvé que la section transversale d'une barre dont l'abscisse moyenne est x est exprimée par $\omega = \dfrac{p}{2R_0 n \cos\alpha}\left(\dfrac{l}{2}-x\right)$. Elle est minimum lorsque l'on a $\alpha = 0$, mais alors, les barres étant placées verticalement, il n'y a plus à proprement parler de treillis. En général, α étant l'angle qu'elles font avec la verticale et H la hauteur de la poutre, la longueur de chacune d'elles est $\dfrac{H}{\cos\alpha}$. Une section verticale rencontrant, comme nous l'avons dit, n barres inclinées dans le même sens, leur distance mesurée verticalement est $\dfrac{H}{n}$, et leur distance mesurée horizontalement est $\dfrac{H}{n}\tan\alpha$, de sorte que le nombre de ces barres, par unité de longueur horizontale est $\dfrac{1}{\frac{H}{n}\tan\alpha}$, et que la longueur de ces barres, par unité de longueur horizontale, est $\dfrac{1}{\frac{H}{n}\mathrm{tg}\alpha}\cdot\dfrac{H}{\cos\alpha}$

$=\dfrac{n}{\sin\alpha}$. Les barres inclinées en sens inverse ont une longueur égale, et le volume par unité de longueur horizontale est ainsi $\dfrac{2\omega n}{\sin\alpha}$, ou bien, en mettant pour ω sa valeur ci-dessus, n° 113.

$$\dfrac{2np}{2nR_0\sin\alpha\cos\alpha}\left(\dfrac{l}{2}-x\right)=\dfrac{2p}{R_0\sin2\alpha}\left(\dfrac{l}{2}-x\right)$$ et ce volume est minimum pour $2\alpha=\dfrac{\pi}{2}$ ou $\alpha = 45$ degrés.

La section transversale de chaque barre est alors $\omega = \dfrac{p}{n R_0 \sqrt{2}}$ $\left(\dfrac{l}{2}-x\right)$, et le volume minimum, par unité de longueur, est $\dfrac{2p}{R_0}\left(\dfrac{l}{2}-x\right)$. Si l'on admet que les barres soient partout strictement calculées d'après la formule ci-dessus, le volume total sera le double de la somme, de 0 à $\dfrac{l}{2}$, de tous les volumes $\dfrac{2p}{R_0}\left(\dfrac{l}{2}-x\right) dx$ des éléments dx, c'est-à-dire $\dfrac{pl^2}{2R_0}$; mais la formule dont il s'agit donnerait, pour les barres situées vers le milieu de la poutre, des sections nulles ou très faibles, inadmissibles en pratique. Le volume des barres du treillis sera donc toujours nécessairement supérieur à $\dfrac{pl^2}{2R_0}$.

116. Calcul des pièces accessoires. — La détermination des efforts exercés sur les barres du treillis sert non seulement à calculer les dimensions transversales de ces barres, mais aussi celles qui doivent être données aux pièces de l'assemblage au moyen desquelles elles sont réunies aux tables horizontales. Ces pièces consistent généralement en rivets, boulons ou goujons qui traversent horizontalement des trous percés à la fois dans les extrémités des barres du treillis et dans les tables horizontales, ou bien dans les cornières qui y sont fixées. Si R'_0 désigne toujours la charge de sécurité par unité de surface de la matière qui constitue ces pièces, eu égard à la manière dont elles sont sollicitées (et que nous définirons plus complètement dans la seconde partie), et ω' leur section, on devra avoir $\omega' R'_0 = \varphi$.

Lorsque ces pièces sont circulaires, d'un diamètre d et en nombre n' pour chaque barre, cette équation devient $\dfrac{n' \pi d^2}{4} R'_0 = \varphi$. Si l'on veut conserver d'un bout à l'autre de la poutre les mêmes dimensions pour ces pièces d'assemblage, il faut les calculer en mettant dans cette formule la valeur maximum de φ, soit (lorsque $\alpha = 45°$) $\dfrac{pl}{2n\sqrt{2}}$.

On peut calculer, de même, lorsqu'il s'agit de poutres métalliques dont les tables sont munies de cornières auxquelles s'attachent les barres inclinées, le nombre de rivets nécessaires pour

Fig. 119.

réunir ces cornières aux semelles horizontales. Chacune des deux barres inclinées qui vient s'assembler en un point A (fig. 119) exerce, dans la direction de A vers B, un effort qui a

pour valeur $\frac{\varphi V \sqrt{2}}{2}$, soit pour les deux $\varphi V \sqrt{2}$. Pour que, sous l'action de cet effort, les cornières restent fixées aux semelles, il faut que les rivets qui les y réunissent présentent, entre les deux points A et B, une section totale suffisante pour résister à cet effort, c'est-à-dire que si n'' est leur nombre et d leur diamètre on

déterminera ces deux inconnues par l'équation $\frac{n'' \pi d^2}{4} R'_0 = \varphi V \sqrt{2}$,

dans laquelle on mettra, comme ci-dessus, pour φ sa valeur maximum, si l'on veut conserver les mêmes dimensions d'un bout à l'autre de la poutre.

DEUXIÈME PARTIE

RÉSISTANCE DES MATÉRIAUX

CHAPITRE VIII

EXTENSION OU COMPRESSION SIMPLE

SOMMAIRE :

§ 1er

CONSIDÉRATIONS GÉNÉRALES
SUR LA RÉSISTANCE AUX EFFORTS D'EXTENSION
OU DE COMPRESSION

117. Allongement des tiges prismatiques. Loi fondamentale. — Dans cette seconde partie nous examinerons, comme nous l'avons dit, les petites déformations que subissent les corps solides soumis à des forces extérieures. La connaissance de ces déformations, que nous avons négligées jusqu'ici, en considérant les corps comme des solides de forme invariable, est nécessaire pour étudier les véritables conditions de la résistance dans toutes leurs parties, sous l'action de forces qui leur sont appliquées d'une façon quelconque.

Nous étudierons surtout les *tiges prismatiques*, en désignant sous ce nom des corps solides dont les dimensions transversales sont petites par rapport à la dimension longitudinale, dont la section transversale est constante, ou peu et graduellement variable, et dont la forme générale est rectiligne ou légèrement courbe.

Le mode de déformation le plus simple est celui qui consiste à allonger une tige prismatique AB, rectiligne et de section constante (fig. 120), fixée à l'une de ses extrémités A, au moyen d'une force P appliquée à l'autre et dans le sens de la longueur. On constate que, sous l'action de cette force, la tige subit un allongement d'autant plus grand que la force est elle-même plus grande. Si l'on rapporte cet allongement à l'unité de longueur de la tige, la force P étant rapportée elle-même à l'unité de la section transversale Ω, on remarque que, tant que les déformations restent très petites, il existe un rapport constant, pour une même matière, entre ces deux quantités. En d'autres termes, si la longueur primitive de la tige est L et son allongement l, l'allongement par unité de longueur, $\frac{l}{L}$, sera à la force tirante par unité de surface, $\frac{P}{\Omega}$, dans un rapport constant $\frac{1}{E}$ pour tous les corps de même nature, et l'on aura par conséquent

Fig. 120.

(A) $\dfrac{l}{L} = \dfrac{1}{E}\dfrac{P}{\Omega}$,   ou $l = \dfrac{PL}{E\Omega}$,   ou $P = \dfrac{E\Omega l}{L}$.

118. Coefficient d'élasticité. — Le nombre E, qui dépend simplement de la nature de la matière composant la tige considérée, porte le nom de *coefficient d'élasticité*. Comme il se rapporte aux déformations par extension longitudinale, on l'appelle quelquefois coefficient d'élasticité *longitudinale*, lorsqu'on doit le distinguer d'autres coefficients d'élasticité dont nous nous occuperons plus tard.

On voit, d'après la signification des lettres qui entrent dans les formules (A), que le nombre E doit être exprimé en unités de force rapportée à l'unité de surface. Si la formule pouvait encore être considérée comme applicable jusqu'à un allongement $l = L$ qui doublerait la longueur primitive de la tige, on aurait $E = \dfrac{P}{\Omega}$. Le coefficient d'élasticité est donc la force, rapportée à l'unité de surface, qui doublerait la longueur d'une tige si les allongements restaient toujours proportionnels aux forces qui les produisent. Mais cette définition est une pure fiction, car, aussitôt que l cesse d'être une très petite fraction de L, la proportionnalité n'existe plus, et il se produit des phénomènes nouveaux dont nous allons dire quelques mots.

119. Limite de l'élasticité. — Tant que l'allongement $\dfrac{l}{L}$ n'a pas dépassé la limite au-dessus de laquelle les déformations ne sont plus proportionnelles aux efforts, limite déterminée pour chaque nature de matière, la tige prismatique revient à sa longueur primitive dès que la force qui l'avait allongée cesse d'agir. Mais cet effet ne se produit plus lorsque l'allongement a été trop considérable. On dit alors que la *limite de l'élasticité* a été dépassée. D'après cela, on peut définir l'élasticité : la propriété qu'ont les corps solides, déformés par l'action de forces extérieures, de reprendre leur forme primitive dès que ces forces cessent d'exercer leur action. Cette limite de l'élasticité existe pour tous les corps, mais elle est plus ou moins élevée. Elle se mesure par la valeur $\dfrac{l}{L}$ de l'allongement proportionnel au-dessous de laquelle les allongements sont exactement proportionnels aux efforts qui les produisent. Nulle, ou presque nulle, pour les corps peu élastiques, comme les pierres, par exemple, elle est beaucoup plus grande pour les métaux, quoique toujours exprimée par de très petits nombres. Ainsi, pour le fer elle peut atteindre environ $\frac{1}{1000}$, c'est-à-dire qu'un barreau d'un mètre de longueur qui, sous l'action d'un effort convenable, se serait allongé de moins d'un millimètre, reprendrait sa longueur primitive lorsque cet effort ne s'exercerait plus.

120. Charge de sécurité. — La charge de sécurité, c'est-à-dire l'effort longitudinal que la tige peut supporter sans danger, est toujours limitée à une valeur inférieure à celle qui correspond à la limite de l'élasticité. On la définit ordinairement par une certaine fraction (pour les métaux généralement de $\frac{1}{5}$ à $\frac{1}{6}$) de la charge qui produirait la rupture. Nous la représenterons par R_0, et elle s'exprimera en unités de poids par unité de surface : en kilogrammes par millimètre carré, par exemple. Nous en donnons plus loin les valeurs pour les divers matériaux de construction.

121. Allongements permanents. — Lorsque la limite de l'élasticité a été dépassée, le corps, abandonné à lui-même, ne reprend plus exactement sa longueur primitive ; il conserve un allongement *permanent*. L'allongement total ne reste plus alors proportionnel à l'effort, et il croît beaucoup plus rapidement. On observe quelquefois, paraît-il, des allongements permanents, lors même que la limite d'élasticité n'a pas été atteinte, c'est-à-dire lorsque la tige n'a été allongée que d'une quantité inférieure à la limite à partir de laquelle les allongements cessent d'être proportionnels aux efforts ; mais si ces allongements étaient appréciables, il en résulterait que la répétition d'un effort inférieur à la limite de l'élasticité aurait pour effet de produire un allongement permanent, aussi grand qu'on le voudrait, ce qui n'a pas été observé ; il faut donc admettre qu'ils sont négligeables [1].

---

1. Si un allongement, même très faible, était toujours accompagné d'une déformation permanente, il serait impossible d'expliquer les vibrations irochroues des corps sonores. Il est donc nécessaire d'admettre qu'au-dessous d'une certaine limite, les déformations disparaissent complètement, lorsque les forces qui les ont produites cessent d'agir.

122. Rupture. — Au delà de la limite de l'élasticité, la déformation augmente de plus en plus rapidement jusqu'à la rupture. Les phénomènes qui se produisent alors ont été étudiés surtout pour le fer et l'acier, mais il est probable que les autres corps se comportent d'une manière analogue. Nous allons résumer ceux qui ont été observés sur le fer, d'après M. Lebasteur (*Les métaux à l'Exposition universelle de 1878*) et M. Considère (*Annales des Ponts et Chaussées*, 1885, 1er semestre, p. 574).

Pour le fer, le coefficient d'élasticité E a pour valeur approximative $2.10^{10} = 20.000.000.000$ kilogrammes par mètre carré, ou 20.000 kilog. par millimètre carré. Toutefois, en général, il ne dépasse guère 18.000 kilog. et l'on a même des exemples où il a été voisin de 16.000 kilog. Les allongements restent *élastiques* ou proportionnels aux efforts tant que ceux-ci ne dépassent pas, suivant les échantillons, 12, 15 ou 18 kilog. par millimètre carré, produisant par conséquent des allongements inférieurs à un millimètre par mètre de longueur primitive.

Les expériences ayant pour but de déterminer le coefficient d'élasticité sont d'ailleurs très délicates. Les résultats semblent variables avec les divers échantillons. On admet généralement que ce coefficient, pour l'acier, varie de 20 à 22,000 kilog. par millimètre carré. Or, dans une expérience faite, le 17 octobre 1884, à l'usine Cail, sur des cylindres en acier destinés à l'ascenseur des Fontinettes, on n'a constaté, pour des efforts atteignant 30 kilog. par millimètre carré, qu'un allongement moitié moindre, environ, que celui qui résulterait de ce chiffre. Il en résulterait, pour l'acier soumis aux expériences, un coefficient d'élasticité atteignant près de 40.000 kilog. par millimètre carré.

123. Contractions transversales. — Ces allongements longitudinaux sont accompagnés de contractions dans le sens transversal. Le poids spécifique du métal varie très peu, (de moins de 0,00007) de sorte que ces contractions seraient à peu près de moitié des allongements. Si, en effet, nous considérons un petit parallélépipède cubique dont les côtés auraient pour longueur l'unité, si nous désignons par $\delta = \dfrac{l}{L}$ l'allongement de celui de ses côtés qui est parallèle à la dimension longitudinale de la tige, de sorte que la longueur de ce côté, après la déformation, soit $1 + \eth$; et si nous représentons η par la proportion de la contraction transversale à la dilatation longitudinale, de manière que chacun de ses deux autres côtés s'étant contracté de $\eta\eth$, sa longueur, après la déformation, soit $1 - \eta\eth$, le volume de ce parallélépipède sera alors $(1 + \eth)(1 - \eta\eth)^2$, ou bien, en négligeant les puissances de $\eth$, supérieures à la première, $1 + \eth(1 - 2\eta)$. Son volume primitif était 1, de sorte que l'augmentation de son volume est mesurée par $\eth(1 - 2\eta)$ et cette traction doit, d'après ce que nous venons de dire, être inférieure à 0,00007, c'est-à-dire que, si nous prenons pour $\eth$ sa plus grande valeur, 0,001, nous aurons $\eta > 0,465$. Cette fraction η ne pourrait d'ailleurs dépasser 0,50 sans que l'allongement longitudinal ne fût accompagné d'une diminution de volume, ce qui n'a pas été observé. Elle serait donc, pour le fer laminé qui a servi aux observations, comprise entre 0,465 et 0,50 [1].

124. Striction. — La contraction transversale reste régulière tant que la limite de l'élasticité n'a pas été atteinte, et même un peu au delà, c'est-à-dire que toutes les sections transversales de la barre soumise à l'allongement se contractent également et que la barre reste exactement cylindrique. Si l'on continue à accroître la charge qui produit la déformation, il arrive un moment où il se dessine, en un point de la barre, un étranglement qui s'accentue jusqu'à ce que la rupture se produise dans la section la plus réduite. C'est ce phénomène auquel on a donné le nom de *striction*.

Si Ω est la section primitive de la barre, Ω' celle de la striction au moment de la rupture, la striction a pour mesure le rapport $\dfrac{\Omega - \Omega'}{\Omega}$, c'est la diminution proportionnelle de la section transversale.

Si P est l'effort qui a produit la rupture, $\dfrac{P}{\Omega}$ est l'effort par unité

1. Cagniard de Latour, en 1827, a constaté en opérant sur le laiton que ce coefficient η avait, pour ce corps, la valeur $\frac{1}{4} = 0,25$ que la théorie lui assigne pour les corps isotropes. Le fer laminé présente des différences d'isotropie assez grandes pour justifier l'écart entre les deux chiffres.
M. Gros a montré (Comptes rendus des séances de l'Académie des sciences, 22 février 1886, p. 418) que ce coefficient η était nécessairement inférieur à $\frac{1}{2}$.

de surface de la section primitive qui mesure la *charge de rupture;* c'est ordinairement ainsi qu'on la définit. En réalité, au
moment de la séparation, puisque la section n'est plus que Ω', la
charge par unité de surface est $\frac{P}{\Omega'}$, bien supérieure à la charge
de rupture mesurée par rapport à la section primitive.

L'allongement de la barre, qui était resté régulier et uniforme
tant que la contraction latérale elle-même avait conservé sa
régularité, augmente beaucoup dans la partie dans laquelle la
striction se produit. Dans la période de striction qui précède la
rupture, l'allongement se compose de deux parties. Les portions
de la barre qui sont restées cylindriques ont subi un allongement régulier, proportionnel à leur longueur, tandis que la
partie contractée s'est allongée beaucoup plus.

L'allongement total, mesuré entre deux repères comprenant la
striction, est donc la somme de deux éléments disparates qui
interviennent dans des proportions variables, suivant que les
portions restées cylindriques ont plus ou moins d'importance par
rapport à la partie contractée.

A partir du moment où la striction a commencé à se manifes-
ter, l'effort total nécessaire pour produire un nouvel allongement de la barre va en diminuant, tandis que l'effort rapporté à
l'unité de surface de la section la plus contractée va toujours en
augmentant.

**125. Résultats détaillés d'une expérience de rup-
ture par traction.** — Pour donner une idée plus précise de
ces divers phénomènes, nous rappelons les résultats, rapportés
par M. Considère, d'une expérience faite sur un barreau de fer
rond, de 16 millimètres de diamètre, dont les allongements
étaient mesurés entre deux repères dont la distance primitive
était de 200 millimètres. Les allongements par mètre de longueur, inscrits dans la colonne 2 du tableau, sont donc quintu-
ples de ceux que l'on a observés pour cette distance. Tant que la
section est restée régulière, ces allongements, mesurés, ont servi
à calculer la diminution de la section transversale, en admettant
que le poids spécifique du métal n'avait pas changé. A partir du
moment où la striction a commencé, le diamètre et par suite la
superficie de la section la plus contractée, ont été mesurés direc-

tement et c'est cette superficie qui, à son tour, en admettant toujours la conservation du poids spécifique, a servi à calculer
l'allongement proportionnel dans la section la plus contractée,
c'est-à-dire au point où cet allongement atteint son maximum.

EFFORTS totaux P	ALLONGEMENTS entre repères par mètre de longueur.	DIAMÈTRES de la striction.	SUPERFICIE de la section la plus contractée.	Tension par milli- mètre carré de la section minimum.	ALLONGEMENT pour 100 dans la section minimum.	OBSERVATIONS.
kilogr.	centim.	millim.	millim. car.	kilog.		
400	0,010		200.97	1.99	0,010	
800	0,020		200.95	3.98	0,020	
1.200	0,030		200.93	5.97	0,030	
1.600	0,040		200.91	7.96	0,040	
2.000	0,050		200.89	9.95	0,050	
2.400	0,060		200.87	11.94	0,060	
2.800	0,075		200.84	13.94	0,075	
3.200	0,090		200.81	15.93	0,090	
3.600	0,110		200.77	17.93	0,110	} Limite
4.000	3,800		193.64	20.64	3,800	} d'élasticité.
4.400	4,800		191.79	22.94	4,800	
4.800	6,250		189.17	25.37	6,250	
5.200	8,250		185.68	28.00	8,250	
5.600	11,120		180.88	30.95	11,120	
6.000	16,600		172.38	34.80	16,600	} Commencement
6.100	23,250	14.2	158.38	38.51	27,000	} de la striction.
5.900	27,600	13.3	138.92	42.47	44,000	
5.700	30,250	12.5	122.71	46.41	63,000	
5.500	32,000	11.8	109.45	50.25	84,000	
5.300	33,000	11.2	98.32	53.79	104.000	

On voit par ce tableau que, tant que les allongements n'ont
pas dépassé 0,06 pour cent, c'est-à-dire 0,0006 de la longueur
initiale, ils sont restés très exactement proportionnels aux efforts
qui les produisaient, à raison de 0,0001 d'allongement pour
1^k99 par millimètre carré. Le coefficient d'élasticité du fer constituant l'échantillon expérimenté était ainsi exprimé par
$\frac{1^k99}{0,0001} = 19.900^k$ par millimètre carré. De 0,06 à 0,11 pour cent,

les allongements croissent un peu plus vite que les efforts, mais la différence est assez faible. Au contraire, lorsque la charge est arrivée à dépasser 18 kilog. par millimètre carré, l'allongement augmente brusquement et continue à s'accroître beaucoup plus rapidement que la charge. Ce changement brusque dans la marche de la déformation marque nettement la limite de l'élasticité.

Au moment de la rupture, la section la plus contractée portait 53^k,79 par millimètre carré; mais ce n'est pas ainsi que l'on estime, en général, la charge de rupture : on la rapporte à la section primitive de la barre essayée, qui, pour un cercle de 0^{m}016 de diamètre, était de 201 millimètres carrés. La charge de rupture, qui était en totalité de 6.100 kilog. aurait été alors de $\frac{6.100}{201} = 30^k, 3$ par millimètre carré.

Lorsque cet effort maximum de 6.100 kil. a été exercé, la striction a commencé, et l'allongement de la barre a pu être obtenu ensuite avec des efforts moindres; et, finalement, la rupture s'est produite lorsque l'effort exercé n'était plus que de 5.300 kil.; mais il est bien évident qu'elle se serait produite de même si la charge de 6.100 kil. avait été maintenue. C'est donc ce chiffre qu'il faut faire entrer en compte dans l'estimation usuelle de la charge de rupture.

126. Représentation graphique de ces résultats. — Les résultats numériques ci-dessus peuvent se traduire graphiquement de la manière suivante (fig. 121) : prenons pour abscisses, mesurées sur un axe horizontal, les allongements, rapportés à l'unité de longueur, dans la section la plus contractée, et pour ordonnées les tensions par unité de surface de cette même section, nous aurons une courbe OLM'R' dont la première partie OL, correspondant aux tensions inférieures à la limite de l'élasticité, s'écarte à peine (à l'échelle adoptée) de l'axe Oy, mais qui, au delà, s'en éloigne avec rapidité.

Au lieu de cette courbe, qui représente ce qui se passe dans la section la plus contractée, on construit généralement celle OLMR qui représente une sorte de moyenne des effets réels. Les allongements, portés comme abscisses sont les allongements moyens observés sur une certaine longueur (200 millimètres

14

par exemple, dans l'expérience dont il s'agit) et les ordonnées
sont les efforts rapportés à l'unité de surface de la section primitive. Ces deux courbes se confondent presque dans la partie
inférieure à la limite de l'élasticité, mais elles s'écartent ensuite
de plus en plus. Au lieu de la branche MS, qui tient compte de
la diminution de l'effort total après le commencement de la
striction, on trace simplement l'horizontale MR, correspondant
à la charge maximum, laquelle produit la rupture.

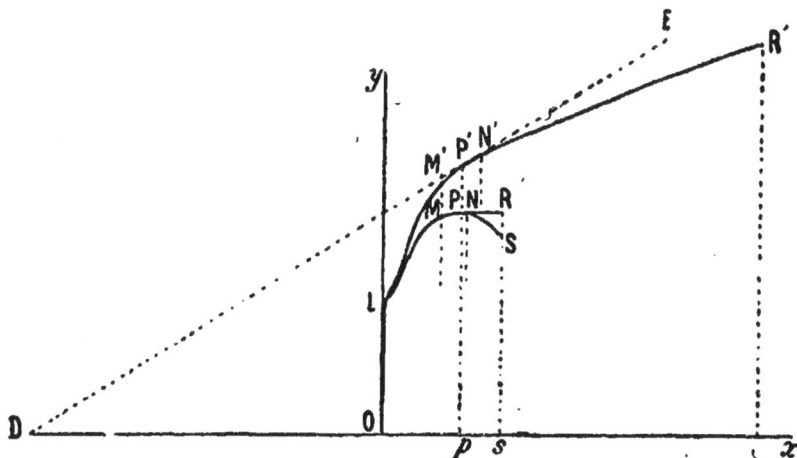

Fig. 121.

Voici comment M. Considère explique la striction.

127. Explication de la striction. — Tant que la striction n'a pas commencé, l'effort total que supporte la barre augmente avec son allongement; par conséquent, la tension par
unité de surface augmente plus vite que la section transversale
ne diminue. La barre est donc en équilibre stable, c'est-à-dire
que si, par suite d'une cause quelconque, l'allongement dans
une des sections devient plus grand qu'ailleurs, cette section
devient capable de développer un effort plus considérable et
cesse de s'allonger jusqu'à ce que l'allongement se soit de
nouveau réparti également sur toute la longueur.

Au contraire, à partir d'un certain moment, qui correspond
au début de la striction, l'effort total ayant atteint son maximum, décroît lorsque la barre s'allonge; la tension par unité

de surface croît donc moins vite que la section ne diminue. Si, par conséquent, l'allongement devient plus grand dans une certaine section que dans les autres, celle-ci ne sera plus capable que d'une résistance inférieure à celle des sections voisines, l'inégalité s'accentuera à la manière d'un équilibre instable, la section amoindrie se contractera de plus en plus, l'effort total diminuera et deviendra insuffisant pour déformer davantage le surplus de la barre, qui restera dans l'état où il se trouvait au commencement de la striction.

Si t est la tension par unité de surface de la section la plus contractée et a l'allongement dans cette section, laquelle, si le poids spécifique du métal est resté constant, comme nous l'avons admis, est à la section primitive dans le rapport de 1 à $1+a$, la striction correspond au maximum de l'effort, c'est-à-dire au maximum de $\frac{t}{1+a}$. Prenons, à gauche du point O, sur l'axe des abscisses, une longueur OD$=1$; si nous considérons un point quelconque de la courbe OLM'R' dont l'ordonnée est t et l'abscisse a, le rapport $\frac{t}{1+a}$ sera le coefficient angulaire de la droite qui joindra ce point au point D, et le maximum de ce rapport aura lieu pour le point de la courbe dont la tangente passe par le point D. Le commencement de la striction correspondra donc au point de contact de la tangente menée par le point D à la courbe de déformation.

128. Allongement total de rupture. — L'abscisse Op du point de contact P' de cette tangente correspond à un allongement de 22 pour cent. C'est cet allongement que la barre avait pris uniformément dans toute sa longueur au moment où la striction a commencé. Il a persisté sans changement jusqu'à la rupture, en dehors de la section contractée. L'allongement moyen total entre les repères, qui, au moment de la rupture, était de 33 pour cent, était donc la résultante d'un allongement régulier, *proportionnel*, de 22 pour cent, existant sur toute la longueur de la barre en dehors de la striction et d'un allongement qui a atteint 104 pour cent dans la section la plus contractée. C'est cet allongement moyen total que l'on mesure ordinairement dans les expériences de rupture par extension, et l'on conçoit que l'allongement de striction donnerait mieux que celui-ci la mesure de la garantie que peuvent présenter les métaux essayés au point de vue de la résistance. Mais cet allongement de striction n'est pas directement mesurable et il ne peut être que déduit, par le calcul, de la mesure de la section transversale la plus contractée.

129. Longueur sur laquelle il doit être mesuré. — Si l'on se borne a mesurer l'allongement total moyen, au moment de la rupture, il faut, d'après M. Barba, pour avoir des observations comparables, opérer sur des barres dont la longueur primitive soit dans un rapport constant avec la racine carrée de l'étendue de la section transversale.

Considérons, en effet, deux barreaux géométriquement semblables, dont les longueurs seront désignées par L et l, et appelons respectivement A et a les grandeurs de deux dimensions homologues de leurs sections transversales; nous avons, par définition, $\frac{L}{l} = \frac{A}{a}$. Soumettons ces barreaux, supposés constitués de matières identiques, à des efforts d'allongement égaux par unité superficielle, nous pouvons admettre qu'ils resteront toujours géométriquement semblables, aussi bien pendant la période des allongements élastiques que pendant la période de striction et jusqu'au moment de la rupture. Si l'on mesure les allongements totaux, on les trouvera proportionnels aux longueurs primitives, c'est-à-dire que les rapports de ces allongements aux longueurs primitives seront bien exprimés par un même nombre, comme cela doit être puisque les matières des barreaux sont identiques.

Si l'on admet, ce qui est suffisamment exact, que les allongements soient indépendants de la forme de la section transversale, le même résultat sera obtenu si les longueurs des barreaux sont proportionnelles aux racines carrées des superficies des sections.

Si, au contraire, l'on mesurait les allongements sur des longueurs primitives non proportionnelles aux dimensions homologues des sections semblables, on trouverait des rapports qui pourraient être très différents pour une même matière.

Soit, en effet, δ la proportion de l'allongement qui s'est produit dans chaque barreau, au moment où la striction commence, les longueurs L et l sont devenues alors $L + \delta L$ et $l + \delta l$. La striction s'opère sur certaine fraction de la longueur des barreaux ; il y a, dans le premier, une longueur H, dans l'autre une longueur h qui donne lieu à ce phénomène. Les sections transversales des barreaux étant supposées semblables, on a $\frac{H}{h} = \frac{A}{a}$ et cela, quelles que soient les longueurs L et l, car les parties contractées où se produit ce phénomène de la striction restent géométriquement semblables jusqu'au moment de la rupture. De sorte que si Δ représente l'allongement des parties du barreau qui ont contribué à la striction, les allongements totaux seront respectivement $\delta L + \Delta H$ et $\delta l + \Delta h$, et les allongements proportionnels, rapportés aux longueurs primitives, seront $\delta + \frac{\Delta H}{L}$ et $\delta + \frac{\Delta h}{l}$.

Ils seront exprimés par un même nombre, comme nous l'avons dit, si l'on a $\frac{\Delta H}{L} = \frac{\Delta h}{l}$, ou bien $\frac{L}{l} = \frac{H}{h} = \frac{A}{a}$. Dans le cas contraire, les allongements proportionnels exprimés par les nombres $\delta + \frac{\Delta H}{L}$ et $\delta + \frac{\Delta h}{l}$ sont différents, et leur différence $\Delta \left(\frac{H}{L} - \frac{h}{l} \right) = \Delta \frac{H}{A} \left(\frac{A}{L} - \frac{a}{l} \right)$ sera d'autant plus grande que les deux rapports $\frac{A}{L}$ et $\frac{a}{l}$ seront plus différents l'un de l'autre.

Un barreau gros et court, par exemple, pour lequel le rapport $\frac{A}{L}$ aurait une valeur beaucoup plus grande que celui $\frac{a}{l}$ correspondant à un autre barreau long et mince, donnera un allongement proportionnel beaucoup plus grand que ce dernier.

Si donc les hypothèses qui servent de base à ce raisonnement sont exactes, il faut, pour avoir des observations comparables, adopter un rapport constant entre la longueur des barreaux expérimentés et les dimensions des côtés homologues de leurs sections transversales supposées semblables, ou bien, ce qui est suffisant, les racines carrées des superficies de ces sections transversales, supposées d'une forme quelconque.

Par exemple, l'usine du Creusot a adopté, pour barreau type, un cylindre de deux centimètres carrés de section transversale et de dix centimètres de longueur. En appelant S la superficie de la section et L la longueur, on a alors $L^3 = 50$ S. Tous les barreaux pour lesquels on a cette même relation $L^3 = 50$ S entre la longueur et l'aire de la section transversale donneront, au point de vue des allongements de rupture, des résultats comparables entre eux et à ce barreau type.

D'autres types peuvent être choisis : ainsi, la Compagnie du chemin de fer P.L.M. adopte un barreau cylindrique de vingt centimètres de longueur et de cinq centimètres carrés de section transversale, ce qui correspond à la relation $L^3 = 80$ S; etc.

130. Efforts successifs dépassant peu la limite de l'élasticité. — Lorsqu'une barre prismatique est soumise à un effort longitudinal dépassant la limite de l'élasticité sans aller jusqu'à la striction, et qu'elle est ensuite abandonnée à elle-même, elle ne reprend plus sa longueur primitive, mais conserve un allongement *permanent*. La quantité dont elle se raccourcit, lorsqu'on fait disparaître l'effort qui l'avait allongée, est

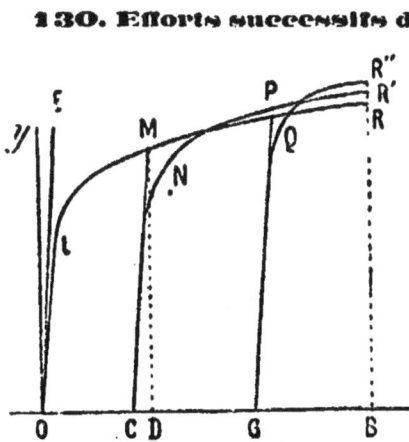

Fig. 122.

à peu près égal à l'*allongement élastique* que cet effort aurait produit, c'est-à-dire au quotient de l'effort rapporté à l'unité de surface par le coefficient d'élasticité. La différence entre l'allongement effectif et l'allongement élastique se conserve à l'état d'allongement permanent. Ce phénomène peut être représenté par la figure 122 : la droite OE représente la loi des allongements élastiques, et OLMR, tangente à cette droite à l'origine, est la courbe de déformation d'une barre de fer à laquelle on fait subir un effort DM supérieur à la limite d'élasticité, produisant un allongement représenté par OD. Lorsque l'on vient à supprimer l'effort, la barre se raccourcit de l'allongement élastique mesuré par $\dfrac{DM}{E}$,

c'est-à-dire que si l'on mène par le point M une parallèle à O E, l'allongement permanent sera mesuré par OC.

Lorsque l'on charge de nouveau cette même barre, elle se

comporte très sensiblement comme un métal nouveau, dont la limite d'élasticité serait à peu près égale à DM et dont la courbe de déformation serait CNPR', voisine du polygone curviligne CMR. On constate alors que la charge de rupture BR' de cette barre est un peu plus grande que celle BR se rapportant à la même barre avant qu'elle ait subi la déformation permanente. Mais l'allongement qu'elle peut prendre avant de se briser est à peu près diminué de l'allongement permanent, c'est-à-dire qu'il se trouve réduit de OB à CB.

On peut renouveler plusieurs fois l'expérience, en soumettant le métal à des charges croissantes dépassant chaque fois la nouvelle limite de son élasticité. Il acquiert à chaque épreuve un léger supplément de résistance, mais en perdant de plus en plus la faculté de s'allonger avant de se rompre.

131. Résistance vive. — La résistance d'une tige de métal s'évalue quelquefois par le *travail* qu'elle exige pour prendre un allongement déterminé inférieur à la limite de l'élasticité : ce mode d'évaluation convient lorsque la pièce doit résister à des chocs dont l'intensité se mesure par la demi-force vive du corps qui la heurte. Le travail dont il s'agit, qui porte alors le nom de *résistance vive*, est évidemment égal à la somme des produits des allongements élémentaires par les tensions correspondantes, c'est-à-dire par la portion de l'aire de la courbe de déformation qui correspond à l'allongement considéré.

Tant que l'allongement reste élastique, c'est-à-dire proportionnel à la tension qui le produit, cette courbe se confond avec la ligne OE (fig. 123) et le travail élastique, par unité de longueur de la tige a pour mesure la surface du triangle M O P ou bien $\frac{1}{2}$ OP. PM. $= \frac{1}{2}\, t \partial$, si $t =$ PM est la tension par unité de surface et $\partial =$ OP l'allongement par unité de longueur. Si l'on

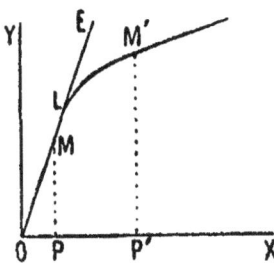
Fig. 123.

veut que la tension t par unité de surface atteigne précisément, sans la dépasser, la charge de sécurité R_0 que l'on peut faire supporter à la matière, l'allongement ∂ sera alors $\frac{R_0}{E}$ et le travail qui mesure la résistance vive sera exprimé par $\frac{R_0^2}{2E}$ pour l'unité de surface de la section transversale et pour l'unité de longueur. Si on considère une tige de section Ω et de longueur l, l'effort de tension P sera égal à $R_0\Omega$, l'allongement sera ∂l ou $\frac{R_0 l}{E}$ et le travail mesurant la résistance, vive est $\frac{1}{2}\frac{R_0^2}{E}\cdot\Omega l$, c'est-à-dire qu'il est proportionnel au *volume* de la tige et au coefficient $\frac{R_0^2}{E}$, que l'on appelle coefficient de résistance vive.

Ce travail, où la résistance vive, mesure la demi-force vive d'un choc longitudinal auquel peut résister la tige sans que l'effort dépasse la charge de sécurité [1].

On peut remarquer que le travail élastique, développé dans une tige dont nous pouvons prendre la longueur pour unité et qui s'est allongée de $\partial = OP$, a aussi pour expression $\frac{1}{2}P\partial$, si P désigne l'effort $E\Omega\partial$ correspondant à cet allongement ∂. Supposons que le poids P ait été placé sans vitesse à l'extrémité inférieure de la tige supposée verticale. Le travail de la pesanteur, pour le déplacement vertical ∂, sera mesuré par $P\partial$, de sorte que le travail élastique, $\frac{1}{2}P\partial$, n'est que la moitié du travail de la pesanteur. Le poids P, lorsqu'il sera descendu de ∂, aura ainsi acquis une certaine vitesse en vertu de laquelle il continuera son mouvement de descente au delà de ce point qui correspondrait à l'équilibre. Il s'arrêtera lorsqu'il aura parcouru une distance verticale x telle que le travail de la pesanteur Px ait été détruit par le travail croissant des actions élastiques. Or, ce travail, pour un allongement total x, a pour expression $\frac{1}{2}xE\Omega x = \frac{1}{2}\frac{P}{\partial}x^2$.

Égalant ces deux valeurs du travail, nous en déduirons $x = 2\partial$, c'est-à-dire que l'allongement total, et par suite l'effort, sera double de celui qui correspondrait à la position d'équilibre de la charge P à l'extrémité de la tige.

Lorsque l'allongement dépasse la limite de l'élasticité sans

---

1. Cela suppose que les efforts se transmettent instantanément d'une extrémité à l'autre de la tige de manière à être, à chaque instant, les mêmes en tous les points. Ce n'est qu'une approximation. Voir plus loin, au chapitre XVIII, la théorie du choc longitudinal.

atteindre le commencement de la striction, le travail des forces élastiques est encore représenté par l'aire de la courbe OMM'P' qui figure les déformations.

Mais aussitôt que la striction commence, le travail par unité de longueur de la tige, de même que l'allongement, n'a plus aucune signification précise, à moins que l'on n'indique à quelle partie de cette tige se rapporte la quantité que l'on mesure.

Si l'on considère une tige d'une très grande longueur, pour laquelle l'allongement de striction soit négligeable, l'allongement total a sensiblement la valeur de l'allongement proportionnel Op (fig. 121), et, par suite, le travail que cette tige peut développer jusqu'à la rupture, ou bien, ce qui est la même chose, le travail nécessaire pour le rompre, que l'on désigne sous le nom de « travail de rupture », est égal à la surface de la courbe OLP comprise entre la courbe OMP et l'ordonnée Pp correspondant à cet allongement Op.

Si, au contraire, l'on considère le métal qui constitue la section la plus contractée et si l'on rapporte à l'unité de longueur, le travail qu'il a développé, les allongements et les tensions sont à chaque instant, pour cette section, représentés par la courbe OL N'R', et le travail de rupture sera représenté par l'aire de cette courbe, bien plus grande que la précédente. Le travail de la section la plus contractée est donc, en général, beaucoup plus grand que le travail moyen du métal.

132. Efforts de compression. — Ce que nous avons dit des allongements élastiques s'applique à peu près exactement aux accourcissements produits par compression. Bien que les expériences ne donnent pas, sur ce genre de déformation, des résultats aussi précis, parce que la crainte de faire fléchir transversalement les tiges que l'on comprime force à opérer sur des pièces de faible longueur dont les accourcissements ne peuvent être facilement mesurés, elles semblent autoriser à admettre que, pour de très petites déformations, celles-ci sont proportionnelles aux efforts qui les produisent et que le coefficient qui les y rattache est à peu près le même que pour les extensions. La formule (A), page 202,

$$\frac{l}{L} = \frac{1}{E}\frac{P}{\Omega},$$

s'appliquerait donc, avec une même valeur de E, aux deux cas
de compression et d'extension; il suffirait d'y affecter du signe —
les efforts de compression pour obtenir les allongements négatifs
ou accourcissements qu'ils produisent.

La limite de l'élasticité par compression n'a pas, jusqu'à présent, été déterminée d'une manière certaine, non plus que la
charge de rupture, en ce qui concerne le fer ou l'acier. Les
expériences faites par divers observateurs donnent des résultats
extrêmement différents les uns des autres, bien qu'ils s'accor-
dent tous à trouver que la résistance à la rupture par écrasement
est plus grande que celle à la rupture par extension.

133. Rupture par compression. — On comprend d'ailleurs qu'il doive en être ainsi. La *rupture* d'un corps solide
quelconque ne peut se concevoir que par la séparation des particules qui le constituent, et il semble naturel de supposer que
cette séparation définitive ne se produit que lorsque les particules dont il s'agit se sont trouvées *écartées* les unes des autres
au delà d'une certaine limite. On s'explique difficilement que le
rapprochement de ces particules puisse en produire la séparation.
Mais si l'on se rappelle que les allongements longitudinaux sont
accompagnés de contractions transversales, et que, de même, les
accourcissements longitudinaux, produits par des efforts de compression, sont accompagnés de dilatations transversales, on conçoit que la compression pourra être assez forte pour que ces dilatations transversales aient pour effet d'écarter les particules de
la matière jusqu'à la limite à partir de laquelle elles se séparent
définitivement, et par suite de rompre le corps. Or, ces défor-
mations latérales n'étant qu'une fraction η $\left(\text{inférieure à } \dfrac{1}{2}\right)$ des
déformations longitudinales, si l'on admet que cette proportion
subsiste jusqu'à la rupture, il en résultera que la compression
capable de rompre, c'est-à-dire capable de produire une dilatation
latérale égale à celle qui produirait la rupture dans le sens longitudinal, sera, à l'effort d'extension produisant cette dilatation,
dans le rapport de $\dfrac{1}{\eta}$ à 1 ou plus que double. Ce raisonnement
ne peut rien indiquer sur la valeur réelle de la charge de rupture
par compression, car il suppose que la dilatation latérale, sus-

ceptible de rompre le corps considéré serait la même que la dilatation longitudinale, ou bien que la résistance à la rupture serait la même dans tous les sens, ce qui peut avoir lieu pour certains corps, mais n'est pas exact pour les fers laminés, les bois, et en général les matériaux employés dans les constructions[1].

134. Raideur. Ductilité. — Ainsi que nous l'avons dit, les phénomènes que nous avons décrits pour le fer se produisent probablement dans tous les autres corps solides soumis à des efforts d'extension ou de compression; mais ils n'ont pas, en général, été observés.

1. Les corps solides naturels sont, en général, considérés comme formés de *molécules* extrêmement petites, séparées les unes des autres par des intervalles très grands par rapport à leurs dimensions, et qui exercent les unes sur les autres des actions dirigées suivant les droites qui les joignent et fonctions de leurs distances mutuelles. Ces actions ne se font sentir que jusqu'à des distances très petites; elles deviennent nulles aussitôt que la distance des molécules devient appréciable.

Considérons une molécule M entourée d'un grand nombre d'autres qui exercent leur action sur elle et réciproquement; elles sont comprises dans une sphère décrite de M comme centre avec un rayon égal à la limite de l'action moléculaire. Si cette molécule, sous l'action de forces extérieures, est venue en M' ayant subi un léger déplacement, assez petit pour que la sphère d'action décrite de M' comme centre contienne exactement les mêmes molécules que celle dont le centre était en M, la molécule considérée, soumise aux actions des mêmes molécules, reprendra évidemment sa position initiale d'équilibre lorsque la force perturbatrice cessera d'agir.

Si le déplacement est assez grand pour que, dans la nouvelle position, la sphère d'action ne contienne plus toutes les molécules primitives, il pourra encore se faire que, sous l'action de celles auxquelles elle est alors soumise, elle revienne, lorsque la force perturbatrice aura disparu, dans le rayon d'action de ces premières molécules et qu'elle reprenne ainsi successivement son ancienne position d'équilibre.

Mais si le déplacement est assez grand pour que le nombre de molécules primitives laissées en dehors de la nouvelle sphère soit considérable, il pourra arriver que la molécule M reprenne, sous l'action de celles qui sont comprises dans cette nouvelle sphère, une position d'équilibre différente de la première, c'est-à-dire qu'il se produise, dans le solide dont elle fait partie, une déformation permanente. Il pourra même arriver que le déplacement soit assez grand pour que la molécule considérée se trouve suffisamment écartée de toutes celles qui agissent sur elle pour qu'il n'en reste plus, dans l'étendue de sa sphère d'action, un nombre suffisant pour la retenir, et alors elle s'en séparera définitivement et il y aura rupture.

La rupture est donc la conséquence d'un écartement anormal des molécules d'un corps solide.

Un solide également comprimé dans toutes les directions, dont les molécules ne pourraient par conséquent s'écarter les unes des autres dans aucun sens, pourrait supporter, sans se rompre, des efforts énormes. La compression ne peut produire la rupture qu'autant qu'elle n'a pas lieu dans tous les sens et qu'il existe une direction suivant laquelle il peut se produire une dilatation ou un écartement des molécules.

Dans tous les cas, il existe pour tous les corps un coefficient d'élasticité longitudinale E représentant le rapport entre les efforts d'extension et les allongements qu'ils produisent. Ce coefficient peut être excessivement élevé pour certains corps, les pierres, par exemple, dans lesquels les déformations sont toujours à peu près nulles. Ces corps se rapprochent ainsi des *solides invariables* que l'on considère dans la mécanique rationnelle. Plus ce coefficient est faible, plus, pour un même effort, la déformation est considérable. On désigne sous le nom de *raideur* la difficulté plus ou moins grande que présentent les corps solides à la déformation; par conséquent, toutes choses égales d'ailleurs, la raideur est proportionnelle à la grandeur du coefficient d'élasticité. La raideur, pour un même corps, n'est constante que dans la limite dans laquelle le rapport des déformations aux efforts qui les produisent est lui-même constant. Lorsque les déformations ont dépassé la limite de l'élasticité, elle varie proportionnellement à ce même rapport, c'est-à-dire que si nous avons construit la courbe de déformation, elle est, à chaque instant, proportionnelle au coefficient angulaire de la tangente à cette courbe, c'est-à-dire au rapport $\frac{d\,t}{d\,\delta}$.

La faculté de subir des allongements permanents, qui porte le nom de *ductilité*, est alors l'inverse de la *raideur* dans la partie de la courbe des déformations située au delà de la limite de l'élasticité. La ductilité serait mesurée à chaque instant par le rapport $\frac{d\delta}{d\,t}$; en général on l'exprime simplement par l'allongement total moyen, pris par une tige au moment de la rupture. Cette mesure participe de tout ce qu'il y a d'incomplet et d'inexact dans celle de l'allongement moyen.

Il existe également, pour tous les solides, une limite de l'élasticité. Lorsque cette limite est à peu près nulle, le corps, à peine déformé, ne revient pas à sa forme primitive : il est extrêmement *mou*. Plus elle est élevée, plus le corps est *élastique*. Les solides sont considérés comme parfaitement élastiques lorsque la limite de leur élasticité est assez élevée pour rester supérieure à toutes les déformations auxquelles on les suppose soumis.

Les corps solides se différencient encore par la distance plus ou moins grande qui existe, pour chacun d'eux, entre la limite de l'élasticité et la charge de rupture. Il convient de remarquer que la *raideur*, c'est-à-dire la résistance à la déformation, n'a aucune relation nécessaire avec la résistance à la rupture. Des corps très facilement déformables peuvent supporter, sans se rompre, une charge considérable, tandis que d'autres se rompent sous une charge beaucoup moindre avant d'avoir subi une déformation appréciable.

135. Condition d'application de la loi fondamentale. — La loi exprimée par l'équation $\dfrac{l}{L} = \dfrac{1}{E}\dfrac{P}{\Omega}$, suppose implicitement, puisque l'effort de tension est rapporté à l'unité de surface, qu'il est réparti uniformément sur toute l'étendue de la section transversale ; elle suppose aussi que la matière de la barre soumise à l'extension est homogène. A cette condition seulement, l'allongement sera exactement proportionnel à la longueur, c'est-à-dire le même pour les différentes parties de la tige, et les sections transversales resteront exactement planes. On ne saurait apporter trop de soin à ce que cette condition soit réalisée, sous peine de voir les expériences donner des résultats contradictoires.

136. Expériences de rupture. Préparation des barreaux d'épreuve en fer ou en acier. — Les ingénieurs ont très souvent à exécuter des expériences de cette nature, non pas dans le but de vérifier la loi dont il s'agit, mais en vue d'apprécier la qualité des métaux qu'ils doivent employer dans les constructions. Il ne sera sans doute pas inutile de dire ici quelques mots des conditions dans lesquelles doivent être faites ces expériences, lorsqu'il s'agit du fer ou de l'acier.

Nous avons dit (n° 130) que le fer, auquel on a fait subir une déformation un peu supérieure à sa limite d'élasticité, devient un peu plus résistant, c'est-à-dire est capable de supporter une charge de rupture plus forte.

Le laminage et le martelage à froid augmentent en conséquence la résistance de rupture et diminuent l'allongement dont le fer est susceptible. Des effets analogues se produisent sans doute par le travail à chaud, car, dans un certain nombre d'usines, il est d'usage de faire subir au fer plusieurs corroyages successifs, pour le rendre plus serré et de qualité supérieure.

Cette amélioration progressive a une limite qui se trouve vers le 4e, le 5e ou le 6e corroyage ; ensuite, la résistance décroît de manière à redevenir à peu près ce qu'elle était au commencement.

Si donc l'on veut se rendre compte de la résistance d'un métal dans les pièces qu'il constitue, il faut que les barreaux d'épreuve soient découpés à la machine et non obtenus par forgeage, tout forgeage ayant pour effet de modifier la résistance. Le découpage lui-même modifie la constitution du métal sur une petite étendue ; l'outil (cisaille ou poinçon) agit à la manière du marteau et écrouit le fer en augmentant sa résistance ; et, par suite, des barreaux de largeur différente, découpés dans une même tôle, sont d'autant plus résistants, par unité superficielle, qu'ils sont plus étroits. Il faut, dans la préparation des barreaux, éviter cette cause d'erreur en découpant des barreaux un peu plus larges que ne doit être leur dimension définitive et enlevant l'excédent de matière avec la machine à raboter. Il sera bon, dans tous les cas, pour avoir des expériences absolument comparables, d'avoir des barreaux d'épreuve de même section transversale.

Lorsqu'il s'agit de comparer les allongements totaux de rupture, il faut, comme on l'a vu plus haut (n° 129), si les sections transversales ne sont pas les mêmes, que les longueurs sur lesquelles sont mesurés les allongements soient entre elles comme les racines carrées des superficies de ces sections.

Pour que l'effort se répartisse exactement d'une manière

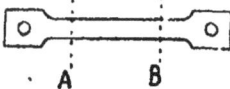

Fig. 124.

uniforme sur toute l'étendue de la section, il faut que les barreaux d'épreuve présentent une partie prismatique d'une certaine longueur dans laquelle la section soit régulière et constante. Les efforts ne peuvent leur être appliqués que par l'intermédiaire d'autres corps solides qui les pressent sur certaines parties de leurs extrémités. On termine ordinairement ces barreaux par deux renflements percés de trous dans lesquels passent des tiges sur lesquelles on exerce les efforts qui se transmettent, en se répartissant d'une façon d'abord quelconque et inconnue, jusqu'à la partie prismatique AB (fig. 124). On admet et l'expérience montre que dans cette partie prismatique, si les efforts sont d'ailleurs dirigés bien exacte-

ment suivant son axe longitudinal, la répartition se fait
uniformément sur toute l'étendue de chacune des sections transversales, au moins à partir d'une certaine distance au delà des
points où le barreau commence à prendre une section régulière.

Mais la préparation de barreaux de cette forme est assez coû-
teuse ; il est plus simple de prendre un barreau prismatique dans
toute sa longueur et d'en engager les extrémités dans des griffes
qui le serrent et qui permettent d'exercer les efforts de traction
qu'on veut lui faire subir.

Nous avons déjà dit que lorsqu'il s'agissait de comparer les
allongements moyens totaux (que l'on prend pour mesure de la
ductilité du métal), il était nécessaire d'opérer sur des barres de
longueur déterminée. On tracera donc, sur la partie prismatique du barreau, deux traits A,B, à une distance égale à cette
longueur, et ce sera en réalité le barreau compris entre ces
traits que l'on expérimentera en considérant les efforts comme
appliqués et répartis uniformément sur les sections transversales A,B, qui le terminent.

On obtiendrait des résultats tout différents, si, au lieu d'un
barreau ayant la forme ci-dessus, on opérait
sur une pièce découpée comme dans la figure 125, en rapportant l'effort à la section
transversale la plus étroite *ab*. Des pièces de
cette forme supportent, par unité de surface

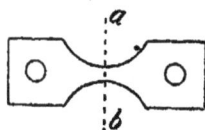

Fig. 125.

de la section *ab*, une charge considérablement plus forte que s'ils
étaient prismatiques avec une section uniforme égale à *ab* sur
une certaine longueur. Ce que nous avons dit de la striction
qui précède la rupture suffit pour expliquer cette différence.

On constate de même que si l'on pratique sur le contour d'un
barreau d'épreuve une rainure, suivant le périmètre d'une de ses
sections transversales, on augmente la résistance de rupture par
unité de surface de la section réduite.

Lorsqu'il s'agit d'épreuves sur des barreaux en fer, il semble
assez peu important que les renflements des extrémités soient
raccordés à la partie prismatique par des congés ou par un angle
vif ; mais pour les barreaux en acier, cette dernière forme diminue très notablement la résistance ; les barreaux à angle se rompent toujours à l'angle et sous une charge qui n'atteint pas les
trois quarts de celle qui les rompt avec des congés, et leur allon-

gement au moment de la rupture se trouve quelquefois réduit au tiers. Il en résulte que leur résistance vive de rupture n'est plus alors que $\frac{3}{4} \times \frac{1}{3}$, soit environ $\frac{1}{4}$ de ce qu'elle est avec des congés.

137. Durée de l'expérience. Température. — La durée de l'expérience a aussi une influence sur le résultat. Les barreaux rompus brusquement paraissent moins résistants que ceux qui le sont progressivement, ou, en d'autres termes, lorsque l'effort est appliqué brusquement, la résistance à la rupture par unité de surface, serait plus petite que celle que l'on observe lorsque l'effort est appliqué progressivement : la différence atteindrait 18 0/0. En général, on opère progressivement ; on ajoute successivement des charges qui correspondent à des efforts déterminés par unité de surface, et l'on note les allongements qui se produisent. On ne place une nouvelle charge additionnelle que lorsque la précédente a produit son effet. Dans ces conditions, une expérience de rupture peut durer de 10 à 25 minutes. Il est bon de constater cette durée en même temps que les autres données de l'expérience.

La température doit également être notée. La résistance du fer, à la rupture par traction lente, augmente en général quand la température s'abaisse ; au contraire, la résistance vive de rupture diminue dans les mêmes conditions. Par conséquent, le froid ne diminue pas la résistance lorsqu'il n'y a que des charges statiques, mais il diminue la résistance au choc.

Les cahiers des charges pour la réception des métaux en usage dans les divers services de la marine, des Compagnies de chemins de fer, etc., montrent comment l'on peut, dans la pratique, tenir compte de toutes les considérations qui précèdent ; nous ne nous y arrêterons pas.

138. Fonte. — En ce qui concerne la fonte, on fait rarement des essais de rupture par traction. Le coefficient d'élasticité de cette matière ne serait que de 10.000 à 12.000 kil. par millimètre carré, soit un peu plus de la moitié de celui du fer. Pour une même charge, l'allongement de la fonte serait donc à peu près double.

La fonte est d'ailleurs une matière dont la résistance est complexe. Elle n'est pas homogène. Les couches superficielles refroidies les premières sont plus dures que celles de l'intérieur, et on ne pourrait aborder théoriquement avec quelque exactitude le problème de la résistance de la fonte qu'en admettant au moins deux valeurs pour chacun des coefficients d'élasticité et de rupture, l'un pour les couches extérieures, l'autre pour les parties centrales. Il serait même sans doute nécessaire d'adopter des valeurs variables pour ces coefficients, en raison de l'hétérogénéité.

La matière se trouve d'ailleurs, dans la fonte, dans un état d'équilibre dont la stabilité n'est pas parfaite et qui rappelle celui des larmes bataviques, à un degré bien moindre. Certaines ruptures superficielles, qui seraient sans importance dans une matière homogène, entraînent, dans la fonte, une rupture complète s'étendant sur toute une section transversale.

La qualité de la fonte s'estime généralement par sa résistance au choc. On prend un barreau brut ou raboté que l'on place horizontalement sur deux points d'appui dont l'écartement est déterminé; on le frappe au moyen d'un mouton dont on augmente la hauteur de chute jusqu'à ce que la rupture se produise. Par exemple, des barreaux bruts, de $0^m,040$ de côté, posés sur des appuis distants de $0^m,16$, se brisent sous le choc d'un mouton de 12 kilog. tombant de hauteurs variables de $0^m,36$ à $0^m,68$ suivant les qualités; des barreaux rabotés de $0^m,100$ de côte, posés sur des appuis distants de $1^m,00$, se brisent sous le choc d'un mouton de 100 kilog. tombant de hauteurs variables de $0^m,50$ à $1^m,20$.

Ce mode de rupture est la rupture par flexion que nous étudierons plus loin.

139. Efforts répétés ou alternatifs. Lois de Wœhler. — La charge de rupture des métaux que l'on emploie étant déterminée par les expériences qui viennent d'être décrites, il s'agit d'en déduire la charge qu'ils sont capables de supporter avec sécurité.

Les expériences faites par M. Wœhler donnent à ce sujet de nouvelles indications.

M. Wœhler a constaté que la rupture d'un métal (fer ou acier)

15

peut être produite non seulement par une charge statique, dite de rupture, mais aussi par la répétition d'un grand nombre d'efforts alternatifs inférieurs à la charge de rupture.

La grandeur absolue des efforts extrêmes, entre lesquels varient ces efforts alternatifs, peut se rapprocher d'autant plus de la charge de rupture que la différence de ces efforts est plus petite.

Ainsi, par exemple, un échantillon de fer dont la charge statique de rupture est par millimètre carré de 34 kilog. se rompra sous des efforts de 32^k lorsque ces efforts, au lieu d'être constants, diminueront de 32^k à 28^k et augmenteront alternativement de 28^k à 32^k, c'est-à-dire lorsque le rapport de la charge la plus faible à la plus forte sera $\frac{7}{8}$ au lieu d'avoir la valeur 1 qu'il conserve lorsque la charge est constante. La charge de rupture descendra à 22 kilog. si les limites de l'oscillation de la valeur de l'effort sont 0 et 22^k, c'est-à-dire si le rapport dont il s'agit descend jusqu'à zéro ; elle s'abaissera même à 12^k si les limites sont — 12^k et + 12^k, c'est-à-dire si le métal est alternativement soumis à des efforts de traction et de compression atteignant chacun 12^k par millimètre carré, ou, en d'autres termes, si le rapport des deux efforts extrêmes prend la valeur — 1.

La courbe AB (fig. 126) représente cette loi. Les abscisses portées positivement en ON, et négativement en OM, représentent le rapport de la charge la plus faible à la charge la plus forte, c'est-à-dire le rapport des deux efforts extrêmes, positif lorsque ces deux efforts sont de même sens, négatif lorsqu'ils sont de sens

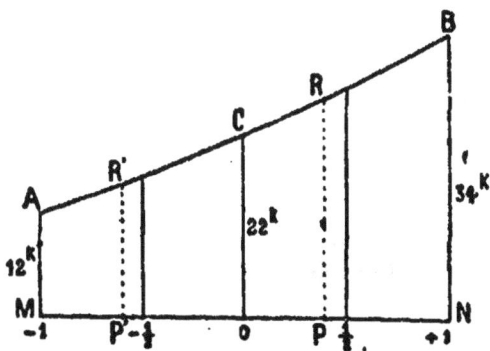

Fig. 126.

contraire. Ce rapport ne peut varier ainsi que de — 1 à + 1. Les ordonnées représentent la charge de rupture en kilogrammes par millimètre carré, c'est-à-dire l'effort maximum supporté, dans chaque cas, par le métal.

Cette courbe ne s'écarte pas beaucoup d'une ligne droite et l'on peut, approximativement dans les applications, pour une valeur donnée quelconque positive OP ou négative OP' du rapport des deux efforts extrêmes, déterminer avec une exactitude suffisante, par la longueur des ordonnées PR ou P'R', l'effort maximum auquel le métal pourrait résister.

Voici comment M. Considère résume les faits observés par M. Wœhler : « La répétition des efforts est, pour les mé-« taux, une cause spéciale d'altération dont l'effet n'est nul-« lement proportionnel à la valeur absolue du maximum de « l'effort.

« Le cas le plus défavorable à la durée du métal est celui où « l'effort varie entre deux valeurs égales et opposées, c'est-à-dire « entre une tension et une pression d'égale intensité. La limite « dangereuse de répétition est alors très inférieure à la limite « d'élasticité et probablement voisine de la moitié de cette quan-« tité, lorsque la durée des efforts maxima est de $\frac{1}{12}$ de seconde « environ, comme dans les essais de M. Wœhler. Lorsque l'ef-« fort varie de zéro à un maximum constant, et toujours de « même signe, la limite dangereuse de répétition est voisine de « la limite d'élasticité, si la durée des efforts est encore de $\frac{1}{12}$ de « seconde.

« Lorsque l'effort varie d'un minimum à un maximum de « même signe, la limite dangereuse s'élève et dépasse d'autant « plus la limite d'élasticité que le minimum est lui-même plus « élevé. »

140. Coefficient de sécurité pour les métaux. — En France, dans les travaux publics, il est d'usage d'adopter, pour la charge de sécurité des tôles de fer, le chiffre uniforme de 6 kilogrammes par millimètre carré, que les efforts soient permanents ou alternatifs, constants ou variables. Cette règle a certainement en sa faveur l'avantage de la simplicité, mais elle est peu rationnelle. Alors que cet effort de 6 kilog. par milli-mètre carré ne représente guère que le sixième ou le cinquième de celui qui produirait la rupture par extension simple sous une charge statique permanente, il représente la moitié de la charge de rupture pour un effort alternatif d'extension et de compression.

Les ingénieurs américains ont depuis longtemps adopté une règle presque aussi simple, mais plus rationnelle. Ils divisent les pièces qui entrent dans les constructions en trois catégories :

1° Celles qui sont soumises à des efforts alternatifs, c'est-à-dire qui sont alternativement étendues et comprimées ;

2° Celles qui sont soumises à des efforts intermittents, mais toujours de même nature ;

3° Celles qui sont soumises à des efforts continus, sous l'action d'une charge absolument permanente, sans variation.

Ils admettent que les charges que l'on peut faire supporter avec sécurité à ces trois catégories sont entre elles comme les nombres 1, 2 et 3.

Ces nombres sont, en effet, à peu près proportionnels aux charges de rupture constatées par M. Wœhler dans les trois cas dont il s'agit et qui sont, d'après l'exemple rapporté ci-dessus, respectivement 12^k, 22^k, 34^k. (La proportion serait exactement comme 1, 2, 3, si ces chiffres étaient 11^k, 22^k, 33^k).

Si, comme en France, on admet 6 kilog. par millimètre carré pour les pièces soumises à des efforts toujours dans le même sens, mais intermittents, on devra réduire la charge maximum à 3 kilog. pour celles qui supportent des efforts alternatifs, et on pourrait la porter à 9 kilog. pour celles qui n'ont à supporter qu'une charge absolument constante et permanente.

Cette règle pourrait sans doute être adoptée en France, au moins provisoirement, jusqu'à ce que des expériences nouvelles permissent d'en formuler une plus exacte. On a essayé, en Allemagne principalement, de tirer des lois de Wœhler des règles plus rationnelles pour le calcul des pièces métalliques ; mais les formules que l'on a données jusqu'ici sont assez compliquées, et le nombre d'expériences sur lesquelles elles sont basées ne semble pas suffisant pour en justifier l'exactitude absolue et par suite la complication.

M. Séjourné, ingénieur des Ponts et Chaussées, a proposé, pour le fer, la formule

$$R_0 = \frac{6^{kil}}{1 - 0{,}4\varphi},$$

R_0 étant la charge de sécurité à adopter pour une pièce et φ

le rapport positif ou négatif de la plus petite à la plus grande des charges qui agissent sur cette pièce. La valeur de φ, laquelle est ainsi celle des abscisses de la figure 126, est nécessairement comprise entre -1 et $+1$.

La variation des efforts dans les pièces est généralement produite par une charge accidentelle ou surcharge P qui ajoute ses effets à ceux d'une charge permanente P_0. Cela étant, le rapport φ a pour valeur $\dfrac{P_0}{P_0+P}$. Si l'on veut calculer la superficie Ω de la section transversale que doit avoir une pièce soumise à ces efforts, cette superficie s'obtiendra, comme on sait, par l'équation

$$\Omega = \frac{P_0 + P}{R_0}.$$

Mettant pour R_0 son expression ci-dessus après avoir substitué à φ sa valeur que nous venons d'écrire, il vient, après réduction,

$$\Omega = \frac{P + 0.6\,P_0}{6^{\text{kil}}} = \frac{P_0 + \frac{5}{3}\,P}{10^{\text{kil}}}.$$

La formule de M. Séjourné revient donc à calculer les pièces avec le coefficient uniforme de résistance de 6 kil., mais en ne comptant les charges permanentes que pour les six dixièmes ou les trois cinquièmes de leur valeur ; ou, ce qui revient au même, à calculer les pièces avec un coefficient uniforme de résistance de 10 kil. par millimètre carré, en comptant la charge permanente pour sa valeur réelle, mais en multipliant les charges accidentelles par $\dfrac{5}{3}$.

En ce qui concerne l'acier, l'incertitude est encore plus grande. Ce métal n'est encore entré, jusqu'à présent, dans les ouvrages des travaux publics qu'à l'état d'exception.

L'acier présente d'ailleurs des qualités extrêmement différentes suivant les échantillons, depuis les aciers extra-doux, qui ont une malléabilité et une ductilité bien supérieures à celles du fer, jusqu'aux aciers durs, pour outils, qui ne peuvent être déformés sans se rompre.

Pour les travaux publics, la qualité qui semble la meilleure serait celle qui donne un allongement de rupture d'environ 20 pour cent avec une résistance de rupture de 50 kil. environ par millimètre carré, soit une résistance supérieure de moitié à celle du fer.

Si l'on admet que la charge de sécurité puisse être augmentée dans la même proportion, elle pourrait être fixée, pour l'acier, à 9 kil. au lieu de 6 kil. et la formule de M. Séjourné deviendrait pour ce métal

$$R_o = \frac{9^{kil}}{1 - 0,4\varphi}.$$

La fonte pourrait avec sécurité supporter, à l'extension, un effort permanent de 2 à 3 kilog.; mais les accidents auxquels a donné lieu l'emploi de cette matière, pour résister à l'extension, y ont fait renoncer. Lorsqu'elle est ainsi étendue, elle se brise facilement sous l'action d'un choc même léger, et la rupture, qui peut n'avoir pas d'inconvénient lorsque la pièce rompue ne doit résister qu'à la compression, entraîne ordinairement des conséquences funestes lorsqu'elle devrait résister à l'extension.

A la compression, on fait supporter ordinairement à la fonte des efforts de 4 à 5 kilog. par millimètre carré, et elle pourrait sans doute supporter davantage sans inconvénient, si l'on était assuré que ces efforts sont exactement répartis sur toute l'étendue des sections et que, par leur obliquité, ils ne donnent pas lieu à des tensions latérales.

141. Résistance et coefficient d'élasticité des bois. — La résistance des bois à l'extension a été expérimentée par MM. Chevandier et Wertheim. Il résulte de leurs expériences que :

1° Il se produit toujours, dans les bois, un allongement permanent en même temps qu'un allongement élastique, de sorte qu'il n'y a pas, à proprement parler, pour les bois, de limite d'élasticité ;

2° Les bois venus aux expositions nord, nord-ouest et nord-est et dans les terrains secs ont une élasticité plus grande que ceux qui sont venus à l'exposition sud ou dans des terrains marécageux;

3° L'élasticité des bois diminue avec l'âge lorsqu'ils ont atteint toute leur croissance ;

4° Les arbres coupés en pleine sève et ceux que l'on a coupés avant la sève n'ont pas présenté de différences sensibles sous le rapport de l'élasticité ;

5° Les bois très humides prennent, plus facilement que les bois secs, des allongements permanents ;

6° L'élasticité des bois secs dépend du mode de dessiccation. Ceux qui ont été desséchés à l'air et au soleil paraissent être plus élastiques que ceux que l'on a desséchés dans un local clos.

Le coefficient d'élasticité varie, suivant les diverses essences, de 920 à 1165 kilog. par millimètre carré. La limite de l'élasticité est très peu élevée, elle ne dépasse pas de 1 à 2 kilog. par millimètre carré ; la charge de rupture varie de 4 à 12 kilog.

Ces chiffres se rapportent à l'extension dans le sens des fibres du bois. Dans le sens perpendiculaire aux fibres, la charge de rupture est beaucoup plus faible, elle n'est guère que de 1 à 2 kil. par millimètre carré.

La charge de sécurité ne doit pas dépasser 0^k, 6 à 0^k, 8 par millimètre carré pour le chêne et le sapin de bonne qualité. Elle doit être réduite à 0^k, 4 et même au-dessous pour le sapin ordinaire et les autres essences.

La charge de rupture par compression est à peu près la même ou peut-être un peu plus faible que celle par extension. La charge de sécurité ne dépasse pas ordinairement 0^k, 4 à 0^k, 5 par millimètre carré.

142. Données numériques. — Les principales données numériques relatives aux matériaux en usage dans la pratique sont réunies dans le tableau suivant, dont les chiffres ne doivent être considérés que comme des moyennes destinées à donner une idée de la grandeur de ces quantités et ne peuvent, en aucune manière, remplacer les épreuves directes à faire sur les matériaux à employer. (Les charges sont exprimées en kilogrammes par millimètre carré.)

Il doit être bien entendu que les efforts de compression dont il s'agit jusqu'à présent sont ceux auxquels les pièces peuvent résister directement. On suppose toujours que la longueur de ces pièces n'est pas suffisante pour leur permettre de fléchir.

NATURE DES MATÉRIAUX ET DES EFFORTS	COEFFICIENT D'ÉLASTICITÉ	LIMITE D'ÉLASTICITÉ	CHARGE	
			de rupture	de sécurité
	kil.	kil.	kil.	kil.
Fer (à l'extension ou à la compression)	18.000 à 20.000	15 à 20	30 à 35	4 à 9
Acier (à l'extension ou à la compression)	20.000 à 22.000	20 à 32	45 à 60	8 à 12
Fonte (à l'extension).	10.000 à 11.000	4 à 8	10 à 24	2 à 3
Fonte (à la compression).	8.000 à 10.000	30 à 40	60 à 90	4 à 10
Chêne (à l'extension ou à la compression)	900 à 1.000	2 à 3	6 à 8	0.4 à 0.6
Sapin (à l'extension ou à la compression)	1.100 à 1.200	2 à 3	8 à 10	0.6 à 0.8
Hêtre, Frêne, Orme (à l'extension ou à la compression.	1.000 à 1.200	1 à 2	8 à 12	0.4 à 0.6
Cordages en chanvre.			8	4
Cordages en chanvre goudronné. . .			6	3
Cordages en aloès			6	3
Cordages en aloès goudronné			5	2.5
Cordages en coco ou en sparte . . .			2	1
Vieilles cordes en chanvre.			3 à 4	1 à 2

143. Tige d'égale résistance à l'extension. — Dans l'établissement de la formule générale (A), page 202, nous avons supposé que la tige prismatique AB, soumise à l'effort du poids P, qui tend à l'allonger, avait une section constante Ω.

Il en résulte que la charge, qui est $\frac{P}{\Omega}$ sur chaque unité de surface de la section inférieure B, est augmentée, sur la section supérieure A, du poids de la tige rapporté à l'unité de surface. Cette différence, qui est inappréciable lorsque la tige est courte, ne l'est plus lorsqu'elle atteint une grande longueur, lorsqu'il s'agit de câbles d'extraction dans les mines, par exemple. Il faut alors pour une section quelconque M, ajouter à la force P le poids de la portion MB de la tige.

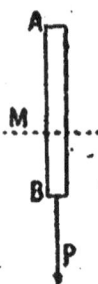

On peut se proposer de déterminer quelle doit être, en un point quelconque M, la section transversale, pour que l'effort par unité de surface soit constant et égal, par exemple à la charge de sécurité R_0 de la matière dont la tige est formée. Ce problème se traite absolument de la même manière que celui du massif de maçonnerie isolé que nous avons considéré (page 70); il se résout par les mêmes équations.

Fig. 127.

Si la tige a été construite de manière à ce que cette condition soit satisfaite, chaque section transversale sera soumise, en chacun de ses points à un même effort R_0, la tige sera *d'égale résistance*. En chaque point, l'allongement par unité de longueur sera $\frac{R_0}{E}$, et cet allongement sera aussi celui de toute la tige, par unité de longueur.

§ 2

DÉFORMATION DES SYSTÈMES ARTICULÉS

144. Indication générale de la méthode. — La loi de l'extension et de la compression simple, définie par la formule $\frac{l}{L} = \frac{1}{E}\frac{P}{\Omega}$, peut servir à calculer la déformation des systèmes articulés dont nous avons déterminé les conditions de stabilité dans le chapitre VII. Nous avons appris à trouver les efforts qui s'exercent sur chacune des barres du système et nous avons admis que ces efforts sont dirigés suivant l'axe longitudinal de chaque barre et répartis uniformément sur l'étendue de sa section transversale. Il en résulte que chaque barre est allongée ou raccourcie d'une quantité donnée par cette formule. Il sera possible, avec les longueurs des barres après la déformation, de construire la nouvelle forme du système articulé et de déterminer par conséquent, sa déformation générale.

Si toutes les barres de système sont formées d'une même matière, et si l'on a calculé leurs sections transversales de manière que, dans chacune d'elles, l'effort par unité de surface soit partout égal à la limite pratique de la charge de sécurité R_o, l'allongement ou l'accourcissement, par unité de longueur de chaque barre sera $\frac{R_o}{E} = \partial_o$, de sorte qu'une barre quelconque étendue, de longueur primitive L aura acquis, après la déformation, une longueur $L(1+\partial_o)$, tandis qu'une barre comprimée de même longueur sera réduite à $L(1-\partial_o)$.

145. Application à une poutre américaine. — Ap-

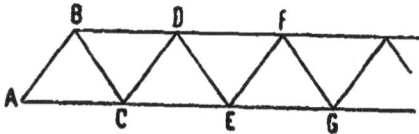
Fig. 128.

pliquons ce calcul à la recherche de la déformation d'une poutre articulée du système Warren, par exemple (fig. 128). Chacun des triangles ABC, CDE, EFG, etc., placés de la même manière, depuis une extrémité de la poutre jusqu'au milieu, se sera déformé de façon que tous restent égaux. Un de leurs côtés, AB, CD, EF..., est raccourci, et leurs deux autres côtés se sont allongés, et les augmentations et les diminutions de longueurs sont les mêmes pour tous ces triangles qui se trouveront ainsi, après la déformation, avoir leurs trois côtés égaux chacun à chacun.

Il en sera de même des autres triangles, placés dans l'autre sens, BCD, DEF..., qui ont deux côtés comprimés et un autre étendu.

La poutre déformée sera donc formée de deux séries de triangles égaux. Les trois angles qui ont leur sommet au point C seront égaux chacun à chacun aux trois angles qui ont leurs sommets aux points E, G...; comme d'ailleurs les longueurs AC, CE, EG sont restées égales, il en résulte que tous les sommets A, C, E, G..., sont sur une même circonférence. Il en est de même des autres sommets B, D, F...

Il y a cependant une exception pour le triangle qui se trouve au milieu de la poutre. Si le milieu de la poutre est au point N (fig. 129), par exemple, le triangle MNP ne se trouve pas dans les mêmes conditions que les autres triangles PQR, placés de la même manière; il a deux côtés, MN, NP, comprimés, tandis que les autres n'en ont qu'un, QR. Si le milieu

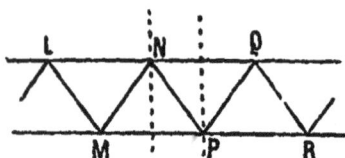

Fig. 129.

de la poutre est au point P, le triangle NPQ a deux côtés NP, PQ, étendus, tandis que les triangles similaires, comme LMN, n'en ont qu'un, LM.

146. Calcul de la flèche. — Les deux arcs de cercle sur lesquels se trouvent les sommets ou les articulations de la poutre déformée, de part et d'autre de son milieu ne se raccordent donc pas entre eux; ils forment, au milieu de la poutre,

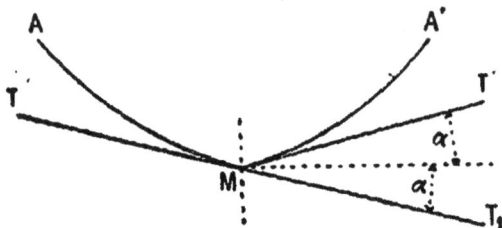

Fig. 130.

un angle qu'il est facile de construire ou de calculer. On en déduira la *flèche*, ou l'abaissement du milieu de la poutre, par rapport à sa position primitive. Cette flèche sera évidemment celle qu'aurait eue l'arc de cercle des sommets s'il avait été continu sur toute la longueur, augmentée du produit, par la moitié de cette longueur, de l'angle formé par les tangentes aux deux parties de cet arc au milieu de la poutre. En d'autres termes, si r est le rayon de ces arcs de cercle, l la longueur de la poutre et 2α l'angle formé, au milieu, par les tangentes dont il s'agit, la flèche f sera

$$f = r - \sqrt{r^2 - \frac{l^2}{4}} + \alpha l.$$

Pour la poutre du système Warren, que nous considérons et dont nous appellerons h la hauteur, une barre quelconque faisant partie de la table supérieure se sera accourcie de $\partial_0 = \frac{R}{E}$ par unité de longueur, et une barre quelconque de la table inférieure se sera allongée dans la même proportion. Désignons par β la proportion inconnue, positive ou négative, dont a varié la hauteur h qui sera devenue $h\,(1+\beta)$; le rayon r de l'arc de cercle auquel appartiennent les sommets de la table supérieure et celui $r+h\,(1+\beta)$ des sommets de la table inférieure sont entre eux comme les éléments d'arc correspondants, c'est-à-dire comme $1-\partial_o$ et $1+\partial_o$; on a donc

$$\frac{r}{r+h(1+\beta)}=\frac{1-\partial_o}{1+\partial_o}\text{ d'où } r=\frac{h}{2\partial_o}(1-\partial_o)(1+\beta),$$

et le rayon de la table inférieure $r+h(1+\beta)=\dfrac{h}{2\partial_o}(1+\partial_o)(1+\beta)$.

On peut, avec une approximation suffisante, négliger les petites fractions ∂_o et β vis-à-vis de l'unité et admettre, pour le rayon moyen de la poutre déformée, $r=\dfrac{h}{2\partial_o}$.

Cherchons maintenant l'angle que font au milieu de la poutre les deux arcs de cercle auxquels appartiennent les sommets supérieurs par exemple, et supposons, pour fixer les idées, que le trian-

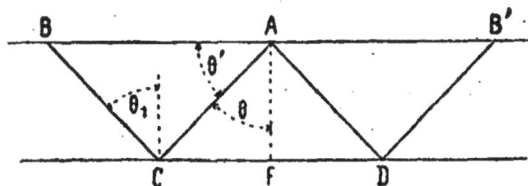
Fig. 131.

gle du milieu de la poutre ait son sommet en haut; soit ACD ce triangle et AF la verticale qui passe au milieu de la poutre. Nous allons chercher d'abord l'angle γ que formerait, avec l'horizontale, le côté AB, si l'arc de cercle n'était pas brisé au point A.

Dans ce cas, la tangente à l'arc de cercle au point A restant horizontale, en dési-gnant par r le rayon de cet arc de cercle et par a la longueur du côté AB, on a $2r.\overline{AA'}=a^2$,

Fig. 132.

mais l'angle γ peut être considéré comme égal à $\dfrac{AA'}{AB}$; on a donc $\gamma=\dfrac{a}{2r}$ ou bien, en remplaçant le rayon r par la valeur approxi-mative $\dfrac{h}{2\partial_o}$, $\gamma=\dfrac{a}{h}\partial_o$.

Voyons maintenant ce que sont devenus les angles $BAC = \theta'$, et $CAF = \theta$ dont la somme, avant la déformation, est égale à $\frac{\pi}{2}$: la somme de leurs accroissements $\Delta\theta + \Delta\theta'$ représentera l'angle, avec l'horizontale, de la ligne AB, après la déformation, et la différence de cet angle avec celui, γ, qu'aurait fait la même ligne avec l'horizontale, si l'arc de cercle avait été continu, sera égale à l'angle α de l'arc de cercle déplacé avec l'horizontale ; nous aurons donc $\alpha = \Delta\theta + \Delta\theta' - \gamma$.

Pour trouver l'accroissement $\Delta\theta'$, construisons isolément le triangle ABC avant et après sa déformation ; soit A'B'C' ce triangle déformé, plaçons le sommet A' en A (fig. 133), le coté AB' sur AB ; ce côté étant comprimé, le point B' viendra entre B et A à une distance BB' du point B égale à $a\partial_{\circ}$; la longueur du côté AC, qui est aussi comprimé et raccourci dans la même proportion, sera AC_{1} ob-

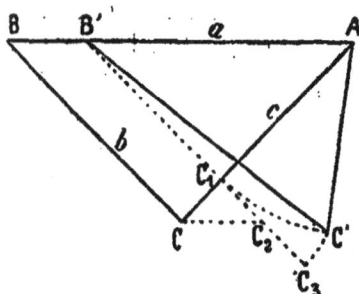
Fig. 133.

tenue en menant par B' une parallèle à BC ; mais le côté BC étant allongé de la même proportion $\partial_{\circ}$, sa nouvelle longueur B'C s'obtiendra en prenant sur $B'C_{1}$ prolongé une longueur $C_{1}C_{2}$ égale au double de $C_{1}C_{3}$ obtenu en menant par le point C la ligne CC_{1} parallèle à AB. Les longueurs nouvelles des trois côtés du nouveau triangle étant trouvées, il suffira, pour avoir le troisième sommet C', de décrire, des deux premiers, A et B' comme centres, des arcs de cercle ayant respectivement pour rayons AC_{1} et $B'C_{2}$; ces arcs de cercle $C_{1}C'$ et $C_{2}C'$, par leur intersection, détermineront ce troisième sommet et par suite le triangle déformé.

L'angle $\Delta\theta'$ sera ainsi $CAC' = \dfrac{\overline{C_{1}C'}}{\overline{C_{1}A}} = \dfrac{2\overline{C_{1}C_{3}}}{\overline{C_{1}A}\cos \overline{C'C_{1}C_{3}}}$.

Désignons par b le côté $\overline{BC}$, par c le côté $\overline{CA}$, et par θ_{1} l'angle du côté BC avec la verticale, nous avons $b\cos\theta_{1} = c\cos\theta = h$; $\overline{C_{1}C_{3}} = b\partial_{\circ}$; $\overline{C'C_{1}C_{3}} = \frac{\pi}{2} - \theta - \theta_{1}$; et nous pouvons, en négligeant $\partial_{\circ}$ devant l'unité, remplacer $\overline{C_{1}A}$ par CA ou c, nous avons ainsi

$$\Delta\theta' = \frac{2b\partial_{\circ}}{c\sin(\theta+\theta_{1})} = \frac{2\partial_{\circ}\cos\theta}{\cos\theta_{1}\sin(\theta+\theta_{1})}.$$

Pour trouver l'accroissement de l'angle θ, construisons de même isolément le triangle ACF et le triangle A'C'F' en lequel il se transforme. A cause de la symétrie, l'angle F' reste droit comme l'angle F puisque le côté CD de la poutre ne cesse pas de rester horizontal. Le côté AC, comprimé, est devenu $AC_i = c\,(1 - \eth_o)$; le côté CF s'étant allongé, sa longueur est devenue $F_iC_2 = FC\,(1 + \eth_o)$ obtenue en prenant, sur une parallèle F_iC_i à FC, menée par le point C_i, une longueur C_iC_2 double de celle C_iC_3 interceptée par la parallèle CC_3 à AF. Le sommet C' s'obtiendra donc en menant par C_2 une parallèle C_2C' à AF, et en décrivant, du point A comme centre, avec AC_i pour rayon, un arc de cercle C_iC. L'angle $\Delta\theta$ sera représenté par $C'AC_i =$

$$\frac{\overline{C_iC'}}{\overline{C_iA}} = \frac{\overline{C_iC_2}}{\overline{C_iA}\cos\overline{C'C_iC_2}} = \frac{2\overline{FC}\eth_o}{C_iA\cos\overline{C'C_iC_2}}\cdot \text{ Or } FC = h \text{ tang }\theta, \overline{C_iA}$$

peut être pris approximativement égal à CA ou à $c = \dfrac{h}{\cos\theta}$, et l'angle $\overline{C'C_iC_2}$ est précisément égal à l'angle θ, il vient donc simplement

$$\Delta\theta = 2\eth_o \text{ tang}\theta.$$

Par suite l'angle α cherché, égal à $\Delta\theta + \Delta\theta' - \gamma$, a pour valeur

$$\alpha = 2\eth_o \text{ tg}\theta + 2\eth_o \frac{\cos\theta}{\cos\theta_i \sin(\theta+\theta_i)} - \frac{a}{h}\eth_o;$$

ou bien, en remarquant que $\dfrac{a}{h} = \text{tg}\theta + \text{tg}\theta_i$,

$$\alpha = 2\eth_o\left(\text{tg}\theta + \frac{\cos\theta}{\cos\theta_i \sin(\theta+\theta_i)} - \frac{\text{tg}\theta + \text{tg}\theta_i}{2}\right),$$

$$= 2\eth_o\left(\frac{\text{tg}\theta - \text{tg}\theta_i}{2} + \frac{\cos\theta}{\cos\theta_i \sin(\theta+\theta_i)}\right).$$

La flèche prise par la poutre, qui a alors pour expression $f = r - \sqrt{r^2 - \dfrac{l^2}{4}} + \alpha l$, peut, en remplaçant r par sa valeur $\dfrac{h}{2\eth_o}$, se mettre sous la forme $f = \dfrac{h}{2\eth_o}\left(1 - \sqrt{1 - \dfrac{l^2\eth_o^2}{h^2}}\right) + \alpha l$. Or, $l\eth_o$, qui représente l'allongement de la poutre est toujours une petite quantité par rapport à la hauteur h, le terme $\dfrac{l^2\eth_o^2}{h^2}$ est donc petit vis-à-vis de l'unité, et l'on peut remplacer $\sqrt{1 - \frac{r\partial_\circ^2}{h^2}}$ par

$1 - \frac{r\partial_\circ^2}{2h^2}$; l'expression de la flèche devient alors $f = \frac{r\partial_\circ}{4h} + \alpha l =$

$l\partial\left(\frac{l\partial_\circ}{4h} + \alpha\right)$. Le premier terme, $\frac{r\partial_\circ}{4h}$, est la flèche qui serait prise

par une poutre fléchissant suivant un arc de cercle; le second, αl
est l'augmentation de flèche due à la forme articulée.

**147. Calcul des efforts dans les barres d'un sys-
tème articulé à lignes surabondantes.** — La même

loi $\frac{l}{L} = \frac{1}{E}\frac{P}{\Omega}$ peut servir à résoudre le problème de la détermina-

tion des efforts qui s'exercent sur les diverses barres d'un système
articulé, lorsque le nombre de barres est plus considérable que
celui qui est strictement nécessaire pour assurer l'invariabilité
de la forme et que nous avons vu être égal, si n est le nombre
des articulations, à $2n - 3$.

Imaginons un système articulé, dont, pour plus de généralité,
nous supposerons les n articulations placées d'une manière
quelconque dans l'espace. Désignons par $x_1, y_1, z_1\ldots, x_n, y_n, z_n$,
les coordonnées connues de ces articulations avant la déformation. Prenons pour inconnues les déplacements parallèles aux
trois axes coordonnés, de chacun de ces points, déplacements que
nous désignerons par $u_1, v_1, w_1\ldots, u_n, v_n, w_n$, de sorte que les
coordonnées des articulations, après la déformation, seront
$x_1 + u_1, y_1 + v_1, z_1 + w_1\ldots x_n + u_n, y_n + v_n, z_n + w_n$. Si nous
pouvons déterminer ces $3n$ inconnues, nous aurons résolu le
problème, car la connaissance des coordonnées, après le déplacement, des deux extrémités d'une barre quelconque, nous donnera la longueur nouvelle de cette barre, et par suite, en comparant à sa longueur primitive, son allongement (positif ou négatif) d'où nous déduirons, eu égard à sa section transversale,
l'effort auquel elle a été soumise pour subir la déformation dont
il s'agit.

Or, si l'on écrit, pour chaque articulation, les équations d'é-
quilibre de toutes les forces qui y sont appliquées, c'est-à-dire
si l'on exprime la nullité de la somme des projections de ces
forces sur les trois axes coordonnés, on aura $3n$ équations qui

pourront servir à déterminer les $3n$ inconnues dont il s'agit. Il
faut remarquer que, parmi les n articulations, il y en aura un
certain nombre qui seront fixes et pour lesquelles les u, v, w,
seront nécessairement nuls; mais, en revanche, la fixité de ces
points ne sera obtenue que par l'application de réactions provo-
nant de corps extérieurs, réactions qui sont inconnues et dont,
en chaque point ainsi fixé, on devra faire entrer, dans les équations d'équilibre, les composantes X, Y, Z suivant les trois axes,
coordonnées. On aura donc bien en tout $3n$ équations et $3n$
inconnues, et cela quel que soit le nombre de barres qui réunissent deux à deux les n articulations.

148. Formules générales. — Dans l'évaluation de l'allongement de chacune des barres, qui doit entrer dans les
équations dont il s'agit, il faut considérer que les déplacements
u, v, w sont toujours très petits et que l'on peut négliger leurs
puissances supérieures à la première. Pour estimer les projections, sur les axes, des efforts dirigés suivant ces barres, on peut
aussi, pour la même raison, supposer que la direction de chacune d'elles après la déformation est sensiblement la même
qu'auparavant, et prendre, pour les angles qu'elle fait avec les
axes, ceux qu'elle faisait avant la déformation. Grâce à ces
simplifications, les équations à résoudre se réduisent au premier
degré, comme on va le voir.

Si i, j sont les indices applicables à deux articulations quelconques réunies par une barre, la distance primitive de ces deux
points, r_{ij} a pour expression

$$r_{ij} = \sqrt{(x_i - x_j)^2 + (y_i - y_j)^2 + (z_i - z_j)^2}.$$

C'est la longueur primitive de la barre dont il s'agit, quantité
donnée. Si nous désignons par ρ_{ij} l'allongement de la même
barre, sa longueur après la déformation sera $r_{ij} + \rho_{ij}$ et nous
aurons de même

$$(r_{ij} + \rho_{ij})^2 = (x_i + u_i - x_j - u_j)^2 + (y_i + v_i - y_j - v_j)^2 + (z_i + w_i - z_j - w_j)^2.$$

Retranchons de cette équation la précédente élevée au carré,
et négligeons, comme nous l'avons dit, les carrés et les produits
des petites quantités ρ, u, v, w, nous aurons, en divisant par
$2r_{ij}$, l'expression suivante de l'allongement de la barre :

(2) $\rho_{ij} = \dfrac{(x_i - x_j)(u_i - u_j) + (y_i - y_j)(v_i - v_j) + (z_i - z_j)(w_i - w_j)}{r_{ij}}$.

Si Ω_{ij} est la section transversale de cette même barre, E_{ij} son coefficient d'élasticité, cet allongement est le résultat d'un effort égal à

(3) $E_{ij}\Omega_{ij}\dfrac{\rho_{ij}}{r_{ij}}$

lequel, en lui supposant la direction primitive de la barre, fait, avec les trois axes coordonnés, des angles dont les cosinus ont pour expression

$$\frac{x_j - x_i}{r_{ij}}, \qquad \frac{y_j - y_i}{r_{ij}}, \qquad \frac{z_j - z_i}{r_{ij}}$$

lorsque l'on considère la direction qui va de i vers j, c'est-à-dire celle de la force appliquée au point correspondant à l'indice i. Les équations de l'équilibre des forces agissant en ce point, si X_i, Y_i, Z_i sont les composantes suivant les trois axes des forces extérieures qui sont appliquées à cette articulation, sont ainsi

(4) $\begin{cases} X_i + \sum_j \dfrac{E_{ij}\Omega_{ij}\rho_{ij}(x_j - x_i)}{r_{ij}^2} = 0, \\[2mm] Y_i + \sum_j \dfrac{E_{ij}\Omega_{ij}\rho_{ij}(y_j - y_i)}{r_{ij}^2} = 0, \\[2mm] Z_i + \sum_j \dfrac{E_{ij}\Omega_{ij}\rho_{ij}(z_j - z_i)}{r_{ij}^2} = 0. \end{cases}$

On voit que si l'on met, dans ces équations, pour ρ_{ij} sa valeur (2), les six inconnues u, v, w, qui y entreront, s'y trouveront à la première puissance. On n'aura donc à résoudre que $3\,n$ équations du premier degré.

Les déplacements u, v, w étant ainsi trouvés, ou en déduira les allongements ρ et les efforts $E\Omega\frac{\rho}{r}$ exercés sur chaque barre.

Ces déplacements et les efforts qui les ont produits dépendent, comme on le voit, des sections Ω_{ij} de chaque barre. On peut se proposer de déterminer ces sections, de manière à ce que l'effort soit partout égal à la charge de sécurité de la matière employée. Les Ω_{ij} sont alors de nouvelles inconnues, en nombre égal à celui des barres, et on a un nombre égal de nouvelles

équations en exprimant que l'allongement proportionnel $\dfrac{\rho_{ij}}{r_{ij}}$ de

16

chaque barre est égal au rapport $\left(\dfrac{R_s}{E}\right)_{ij}$ de la charge de sécurité au coefficient d'élasticité.

149. Application. — Comme exemple de l'application de ces formules, nous chercherons à dé-terminer les efforts qui s'exercent sur les barres d'un support double conso-lidé par des croix de Saint-André, ana-logue aux échafaudages qui servent à la construction des maisons et cons-titué par deux montants AB, DC (fig. 135), placés verticalement, ré-unis de distance en distance par des pièces horizontales AD, BC et par des écharpes inclinées BD, AC se ren-contrant en O. Nous supposerons que ces pièces soient articulées à leurs extrémités. Il suffit, pour que cette condition soit remplie, que leur direction ne soit pas mainte-nue d'une façon invariable ou que les angles qu'elles forment entre elles puissent subir de légères modifications. Appe-lons 2 P le poids total que doit supporter cette construction au niveau des articulations A, D, et supposons que cette charge soit placée symétriquement, par rapport à ces deux points, de manière à se répartir également entre les deux ; les seules forces extérieures appliquées au système ABCD se réduiront à deux forces verticales, égalées chacune à P, appliquées aux points A et D, et à deux réactions égales et contraires, si nous faisons abstraction du poids de ce système, appliquées verticalement de bas en haut en B et C.

Prenons pour origine des coordonnées le centre O du système et pour axes l'horizontale OX et la verticale OY menées par ce point. Toutes les pièces et les forces étant dans un même plan, nous n'avons besoin que de deux axes coordonnés. Désignons par a la largeur AD, par A la section transversale, par E_a le coef-ficient d'élasticité de chacune des deux pièces AD, CB ; de même par b la longueur, B la section transversale et E_b le coefficient d'élasticité des pièces AB et CD et enfin par c, C et E_c les quantités correspondantes pour les pièces inclinées BD, AC.

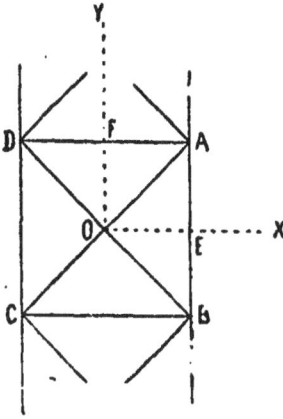

Fig. 135.

Appelons u et v les déplacements du point A parallèlement aux x et aux y ; ceux des autres points B, C, D seront évidemment, en raison de la symétrie, les mêmes en valeur absolue, et nous n'aurons, en somme, à déterminer que ces deux inconnues. Si nous désignons par α, β et γ les allongements respectifs des pièces a, b, c, nous aurons évidemment $\alpha = 2u$, $\beta = 2v$ et, d'après la formule générale (2) donnant ρ_{ij}, $\gamma = 2\,\dfrac{au + bv}{c}$.

Les équations d'équilibre (4), dans lesquelles les composantes X, Y des forces extérieures se réduiront, si on les applique au sommet A, à la seule force P, parallèle aux y, donneront facilement

(5)
$$\begin{cases} \dfrac{E_a\,A\,u}{a} + \dfrac{E_c\,C\,\dfrac{au + bv}{c}\,a}{c^2} = 0, \\[4mm] P + \dfrac{2\,E_b\,B\,v}{b} + \dfrac{2\,E_c\,C\,\dfrac{au + bv}{c}\,b}{c^2} = 0 ; \end{cases}$$

et ces deux équations du premier degré en u et v, résolues à la manière ordinaire, donneront

(6)
$$\begin{cases} 2u = \dfrac{P\,E_c\,C\,a^2\,b^2}{E_b\,B E_c\,C a^2 + E_c\,C E_a\,A b^2 + E_a\,A E_b\,B c^2} = \alpha, \\[4mm] 2v = -\dfrac{P\,b\,(E_a\,A\,c^2 + E_c\,C a^2)}{\text{même dénominateur}} = \beta, \\[4mm] 2\left(\dfrac{au + bv}{c}\right) = -\dfrac{P\,E_a\,A\,b^2\,c^2}{\text{même dénominateur}} = \gamma. \end{cases}$$

Les allongements α, β, γ étant connus, donnent respectivement pour les trois pièces a, b, c les efforts correspondants, qui seront, par unité de surface de chacune de ces pièces, les produits, par les coefficients d'élasticité, des allongements par unité de longueur $\dfrac{\alpha}{a}$, $\dfrac{\beta}{b}$, $\dfrac{\gamma}{c}$; c'est-à-dire $\dfrac{\alpha}{a}\,E_a$, $\dfrac{\beta}{b}\,E_b$, $\dfrac{\gamma}{c}\,E_c$.

Et, en exprimant que ces efforts par unité de surface sont égaux à la limite de sécurité de la charge que peut supporter la matière, on aura trois équations qui pourront servir à déterminer les sections transversales A, B, C. La résolution de ces équations, sous leur forme générale, donnerait lieu à des calculs compliqués ne présentant qu'un médiocre intérêt. Nous nous bornerons à remarquer que deux des allongements, β et γ, sont

toujours négatifs; par conséquent, les barres a et c, c'est-à-dire
les montants verticaux et les barres inclinées du croisillon supportent des efforts de compression; seules, les barres horizontales sont soumises à l'extension. L'accourcissement par unité
de longueur des montants verticaux, qui a pour valeur $\frac{\beta}{b}$, peut
s'écrire :

$$(7)\ \frac{\beta}{b} = -P\ \frac{E_a A c^3 + E_c C a^3}{E_b B(E_a A c^3 + E_c C a^3) + E_c C E_a A b^3} = -P\ \frac{1}{E_b B + \dfrac{E_c C E_a A b^3}{E_a A c^3 + E_c C a^3}}$$

Si les montants verticaux existaient seuls sans les pièces qui
les réunissent, cet accourcissement serait simplement $-\ \frac{P}{E_b B}$, et
il est, en fait, ainsi que l'a remarqué M. Kœchlin [1], le même
que si la section transversale B, de chacun des deux montants,
était augmentée d'une quantité B' définie par

$$(8)\qquad\qquad B' = \frac{1}{E_b}\ \frac{E_a A E_c C b^3}{E_a A c^3 + E_c C a^3}\ ;$$

car alors l'accourcissement ci-dessus (7) $\frac{\beta}{b}$ pourrait être écrit

$$(9)\qquad\qquad \frac{\beta}{b} = \frac{-P}{E_b (B + B')}.$$

Comme, dans ce genre d'ouvrages, les montants sont les
pièces dont il est le plus intéressant de déterminer avec précision
la section transversale, on peut y arriver par des approximations
successives. On se donne arbitrairement les sections A des
pièces horizontales et celles C des pièces inclinées, on en déduit la valeur de B' d'après la formule (8) ci-dessus qui peut être
écrite, en appelant α l'angle CAB des croisillons avec la verticale :

$$(10)\qquad\qquad B' = \frac{1}{E_b}\ \cdot\ \frac{E_a A E_c C \cos^3 \alpha}{E_a A + E_c C \sin^3 \alpha}.$$

Puis, l'accourcissement du montant étant exprimé en valeur
absolue par $\frac{P}{E_b (B + B')}$, l'effort par unité de surface est $\frac{P}{B + B'}$, et

---

1. Théorie des arcs à rotation libre sur les appuis, par M. Maurice Kœchlin,
ingénieur, Annales des Travaux publics, 1882.

il doit être au plus égal à la limite de sécurité que nous désignerons par R'_0. On détermine alors la superficie B du montant par la relation.

$$(11) \qquad \frac{P}{B+B'} \leq R'_0, \text{ ou } B \geq \frac{P}{R'_0} - B'.$$

Cela fait, on introduit les valeurs choisies arbitrairement pour A et C et la valeur calculée de B dans les expressions (6) des allongements α et γ et l'on s'assure que les efforts qui en résultent ne dépassent pas la limite de la sécurité pour chacune de ces deux barres; c'est-à-dire que l'on vérifie les inégalités $\frac{\alpha}{a} E_a \leq R_0$.

$\frac{\gamma}{c} E_c \leq R''_0$, si R_0 et R''_0 désignent cette charge limite pour la matière de chacune de ces barres. Si ces inégalités ne sont pas satisfaites, on peut, en observant que leur dénominateur commun peut s'écrire

$$E_b B (E_a A c^3 + E_c C a^3) + E_a A E_c C b^3 = E_a A E_c C b^3 \left(\frac{B+B'}{B'} \right),$$

les mettre sous la forme $\frac{\alpha}{a} E_a = \frac{P B' a}{A b (B+B')} \leq R_0$, ou $A \geq \frac{P B' a}{b (B+B') R_0}$,

$$\frac{\gamma}{c} E_c = \frac{P B' c}{C b (B+B')} \leq R''_0, \text{ ou } C \geq \frac{P B' c}{b (B+B') R''_0};$$

et en déduire pour A et C deux nouvelles valeurs plus approchées que les précédentes, et qui serviront à calculer une nouvelle valeur de B' et par suite une valeur de B qui, vraisemblablement, pourra être considérée comme suffisamment exacte à cette seconde approximation.

§ 3

ENVELOPPES ET SUPPORTS CYLINDRIQUES ET SPHÉRIQUES

150. Enveloppes cylindriques minces. — Parmi les problèmes auxquels donne lieu la considération de l'extension et de la compression simples, nous traiterons celui des enveloppes cylindriques et sphériques soumises à des pressions normales intérieures ou extérieures.

Considérons d'abord un cylindre indéfini (fig. 136), soumis à une pression intérieure p_0 par unité de surface et s'exerçant normalement, en tous les points, comme celle qui est produite par un fluide élastique. Supposons d'abord que l'épaisseur e de l'enveloppe soit assez petite, par rapport à ses autres dimensions, pour que nous puissions regarder comme constant l'effort R qui s'exerce par unité de surface aux divers

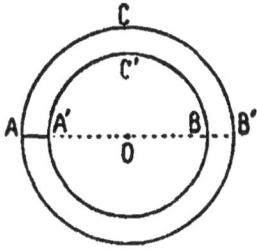

Fig. 136.

points d'un plan diamétral AA' et B'B. Écrivons l'équilibre d'une tranche demi cylindrique d'une longueur égale à l'unité et limitée par ce plan diamétral. La pression intérieure p_0, par unité de surface, exerce sur le demi-cylindre A'C'B de rayon r_0 des efforts dont les composantes parallèles à AB se font évidemment équilibre en raison de la symétrie, et dont les composantes perpendiculaires à AB ont pour somme le produit de p_0 par le diamètre A'B, c'est-à-dire $2p_0r_0$. Les efforts sur AA' et BB' devront donc être perpendiculaires à AB et leur somme 2Re, à raison de R par unité de surface pour une superficie 2e, doit donner, avec cette somme de composantes, un total égal à zéro ; nous aurons donc

(1)
$$R e + p_0 r_0 = 0.$$

Cette équation déterminera R si e est donné ou bien déterminera e par la condition que l'effort R soit en valeur absolue inférieur à la limite R_0 des efforts auxquels peut résister avec sécurité la matière de l'enveloppe.

On voit que R et p_0 sont nécessairement de signes contraires, c'est-à-dire que si p_0 est une pression, R sera une tension, ou réciproquement. Si l'on ne considère que les valeurs absolues, on aura

(2)
$$e \geqq \frac{p_0 r_0}{R_0}.$$

Si, au lieu d'une pression intérieure, on avait une pression extérieure, l'effort sur AA' et BB' serait de même signe, c'est-à-dire une compression et si p_1 désignait l'intensité de cette pression par unité de surface, et r_1 le rayon extérieur de l'enveloppe, on aurait alors

(3)
$$c \geqq \frac{p_0 r_0}{R'_0};$$

R'_0 désignant la limite de sécurité des efforts de compression.

Enfin, si l'on avait à la fois une pression p_0 à l'intérieur et une pression p_1 à l'extérieur, l'équation d'équilibre serait

(4)
$$R e = p_1 r_1 - p_0 r_0,$$

et l'effort R serait une tension ou une compression suivant que le second membre serait négatif ou positif.

Lorsque, comme nous l'avons supposé, l'épaisseur e est très petite, les rayons r_0, r_1 sont assez peu différents pour que l'on puisse, dans le second membre de cette dernière équation, les remplacer l'un par l'autre et substituer, par exemple, r_0 à r_1. Elle donne alors approximativement

(5)
$$R e = (p_1 - p_0) r_0.$$

L'effort R sera une tension ou une compression suivant que la pression intérieure p_0 sera plus grande ou plus petite que la pression extérieure p_1.

151. Enveloppes cylindriques épaisses. — Mais ce mode de calcul n'est plus suffisant lorsque l'épaisseur e est assez grande pour que l'effort R ne puisse plus être considéré comme constant en tous les points de AA'.

Considérons alors, dans l'épaisseur de l'enveloppe, un élément quadrangulaire ABCD (fig. 137) compris entre deux circonférences concentriques AD, CB, infiniment voisines et ayant pour rayons r et $r + dr$, et deux plans méridiens OC, OB infiniment voisins. Désignons par p

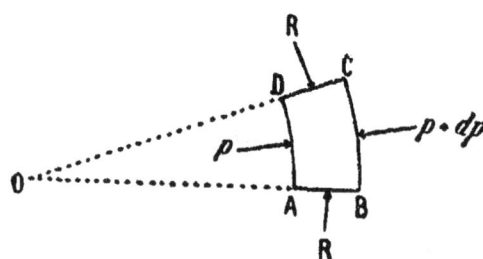

Fig. 137.

et $p + dp$ les pressions, par unité de surface, produites par les actions moléculaires des couches voisines sur les faces AD, CB; l'équation d'équilibre (4) appliquée à la couche d'épaisseur dr sera, on appelant R l'effort de pression par unité de surface sur la face infiniment petite AB $= dr$:

(6) $R dr = (p + dp)(r + dr) - p r,$

ou, en réduisant, supprimant le produit $dp dr$, infiniment petit du second ordre, et divisant par dr,

(7) $R = p + r \dfrac{dp}{dr}.$

L'élément rectangulaire ABCD, soumis sur ses faces AB, CD à un effort de compression R, subirait, s'il était libre sur les autres faces, un accourcissement $\dfrac{R}{E}$ par unité de longueur dans le sens AD ou CB, et un allongement $\eta \dfrac{R}{E}$ par unité de longueur dans le sens perpendiculaire ; soumis sur ses faces AD, CB à un effort de pression p par unité de surface, il subirait, dans le sens de ces faces, un allongement $\eta \dfrac{p}{E}$ et dans le sens perpendiculaire un accourcissement $\dfrac{p}{E}$, si nous désignons par E le coefficient d'élasticité de la matière, supposé être le même dans tous les sens, et par η le coefficient spécial de contraction transversale due à une extension longitudinale pour un solide sollicité comme cet élément, c'est-à-dire en faisant abstraction des efforts exercés sur ses deux bases parallèles à ABCD et supposées toujours distantes l'une de l'autre de l'unité de longueur [1].

Sous l'influence des deux efforts dont nous venons d'analyser les effets, la longueur du côté AD sera devenue AD $\left(1 - \dfrac{R}{E} + \eta \dfrac{p}{E}\right)$ et celle du côté AB $= dr$ sera devenue $dr \left(1 + \eta \dfrac{R}{E} - \dfrac{p}{E}\right)$. La cir-

1. Ces coefficients E et η ne sont pas rigoureusement les mêmes, le dernier surtout, que ceux que nous avons définis plus haut.

Le coefficient d'élasticité E, tel que nous l'avons défini, est le rapport de l'effort appliqué à l'unité de surface d'une tige prismatique, *supposée libre sur ses faces latérales*, à l'allongement éprouvé par unité de longueur.

L'élément rectangulaire considéré ne peut pas être considéré comme libre sur ses faces latérales, puisque l'on suppose la matière indéfinie dans le sens de la longueur du cylindre.

Il faudrait, pour définir le coefficient d'élasticité spécial à cet élément, sollicité comme nous le supposons, considérer non plus une tige prismatique libre sur ses faces latérales, mais une lame mince, d'une largeur indéfinie, libre seulement sur ses deux faces, dans laquelle on considérerait une tranche ayant l'unité de longueur.

Il en est de même du coefficient η.

conférence à laquelle appartient le côté AD et dont le rayon était r sera donc devenue une circonférence de rayon $r\left(1 - \dfrac{R}{E} + \eta\dfrac{p}{E}\right)$ et, de même, le rayon de celle de la couche suivante à laquelle appartient BC, et qui était $r + dr$, sera devenu $(r + dr)$ $\left(1 - \dfrac{R + dR}{E} + \eta\dfrac{p + dp}{E}\right)$. La différence de ces deux rayons doit, pour que la matière reste continue, être égale à la nouvelle longueur du côté AB. Nous avons donc l'équation :

$$(r + dr)\left(1 - \frac{R + dR}{E} + \eta\frac{p + dp}{E}\right) - r\left(1 - \frac{R}{E} + \eta\frac{p}{E}\right) = dr\left(1 + \eta\frac{R}{E} - \frac{p}{E}\right);$$

ou, en réduisant et effaçant les infiniment petits du second ordre :

$$(8) \qquad (R - p)(1 + \eta) + r\left(\frac{dR}{dr} - \eta\frac{dp}{dr}\right) = 0.$$

Retranchons de cette équation la précédente (7) multipliée par $(1 + \eta)$, il vient, en divisant le reste par r, facteur commun,

$$(9) \qquad \frac{dR}{dr} + \frac{dp}{dr} = 0,$$

qui équivaut à

$$R + p = \text{une constante.}$$

Entre ces deux équations (7) et (9), nous pouvons éliminer R, et pour cela, différentier la première par rapport à r, ce qui donne successivement :

$$(10) \qquad \frac{dR}{dr} = \frac{dp}{dr} + \frac{dp}{dr} + r\frac{d^2p}{dr^2};$$

substituant à $\dfrac{dR}{dr}$ sa valeur tirée de (9) et multipliant par r,

$$(11) \qquad 3r^2\frac{dp}{dr} + r^3\frac{d^2p}{dr^2} = 0;$$

intégrant et désignant par c une constante,

$$(12) \qquad r^3\frac{dp}{dr} = c, \qquad \text{ou } dp = c\frac{dr}{r^3};$$

intégrant une seconde fois et désignant par c' une nouvelle constante

$$(13) \qquad p = c' - \frac{c}{2r^2}.$$

Les constantes c et c' se déterminent par les conditions limites à savoir que pour $r = r_0$ on ait $p = p_0$, et $p = p_1$ pour $r = r_1$; cela donne les deux équations :

$$(14) \qquad p_0 = c' - \frac{c}{2r_0{}^2}, \qquad p_1 = c' - 2r_1{}^2;$$

d'où l'on déduit facilement

$$(15) \qquad c = \frac{2(p_1 - p_0)r_1{}^2 r_0{}^2}{r_1{}^2 - r_0{}^2}, \quad c' = \frac{p_1 r_1{}^2 - p_0 r_0{}^2}{r_1{}^2 - r_0{}^2}.$$

D'ailleurs l'équation (7) donne, en y mettant pour p et $\frac{dp}{dr}$ leurs valeurs ci-dessus,

$$(16) \qquad R = c' + \frac{c}{2r^2} = \frac{p_1 r_1{}^2 - p_0 r_0{}^2}{r_1{}^2 - r_0{}^2} + \frac{(p_1 - p_0)r_1{}^2 r_1{}^2}{r^2(r_1{}^2 - r_0{}^2)}.$$

Si r_0 est le rayon intérieur et r_1 le rayon extérieur, les dénominateurs de cette expression sont positifs, et si, comme cela arrive dans les chaudières, p_0 est plus grand que p_1, le facteur $(p_1 - p_0)$ du terme variable est négatif et il en est de même généralement aussi du numérateur du terme constant $p_1 r_1{}^2 - p_0 r_0{}^2$; la valeur de R est donc alors toujours négative, c'est-à-dire que partout il s'exerce, dans le sens perpendiculaire au rayon, un effort de tension. La plus grande valeur de R, en valeur absolue, en vertu de la relation $R + p =$ la constante négative $2c'$, correspond à la plus grande valeur de p, c'est-à-dire à p_0 et cette plus grande valeur est $2c' - p_0$ ou, en valeur absolue, $-2c' + p_0$; et si l'on veut exprimer que ce plus grand effort est inférieur à la charge de sécurité R_0, on aura l'inégalité

$$(17) \qquad R_0 \geqq -2c' + p_0 = \frac{p_0(r_0{}^2 + r_1{}^2) - 2p_1 r_1{}^2}{r_1{}^2 - r_0{}^2};$$

d'où l'on déduit facilement

$$(18) \qquad \frac{r_1{}^2}{r_0{}^2} \geqq \frac{R_0 + p_0}{R_0 + 2p_1 - p_0}$$

relation qui fera connaître r_1 en fonction de r_0 et des données de la question.

On voit que lorsque p_0 devient égal à $R_0 + 2p_1$, le rapport $\frac{r_1}{r_0}$ devient infini : aucune valeur de r_1, si grande qu'elle soit, ne peut

donner à l'enveloppe une résistance suffisante. Cette limite est
d'ailleurs au-dessus des pressions usuelles ; ainsi, pour le fer,
R_0 peut être pris égal à 8 kilog. par millimètre carré ou à
800 kilog. par centimètre carré, tandis qu'il n'y a guère d'exemples de pressions intérieures s'élevant au-dessus de 2 à 300 kilog. [1]. Toutefois, lorsque p_0 est grand, il y a intérêt, pour n'a-
voir pas à donner à l'enveloppe une épaisseur trop forte, à
augmenter la pression extérieure p_1, ce que l'on fait au moyen
de frettes.

152. Enveloppes sphériques minces. — Le problème
des enveloppes sphériques se traite de la même manière. Lorsqu'elles sont assez peu épaisses pour que l'effort R en chaque
point de leur épaisseur puisse être considéré comme constant,
on a, en écrivant l'équilibre d'une demi-sphère, sous l'action des
forces qui y sont appliquées, en appelant, comme ci-dessus p_0
et r_0 la pression intérieure et le rayon de la sphère intérieure, p
et r, les mêmes quantités pour la sphère extérieure, et e l'épaisseur $= r_1 - r_0$,

$$(\pi r_1{}^2 - \pi r_0{}^2).\ R + \pi r_0{}^2 p_0 - \pi r_1{}^2 p_1 = 0.$$

Si r_0 et r_1 sont assez peu différents l'un de l'autre pour que l'on
puisse, sans erreur sensible, remplacer r_1 par r_0, cette expression
devient, en substituant à la différence $\pi r_1{}^2 - \pi r_0{}^2$ qui représente
la surface de la section diamétrale de l'enveloppe la valeur équivalente $\pi (r_1 + r_0) (r_1 - r_0)$, soit $2 \pi r_0 e$,

$$(19) \qquad\qquad R = \frac{(p_1 - p_0) r_0}{2e}.$$

L'effort, qui est comme ci-dessus une tension ou une compression suivant que p_0 est plus grand ou plus petit que p_1, est, comme
on le voit, moitié, toutes choses égales d'ailleurs, de celui que
nous avions trouvé (équation 5) pour l'enveloppe cylindrique. Il
en est de même de l'épaisseur e, suffisante pour que l'enveloppe résiste à une pression déterminée sans que la charge dépasse la limite de sécurité.

---

1. Il existe cependant, dans les ateliers de la Compagnie du chemin de fer P.L.M.
une presse dans laquelle la pression peut atteindre 1.200 kilog. par centimètre
carré.

Le cylindre de cette presse est en acier pouvant résister avec sécurité à l'extension jusqu'à 20 kilog. par millimètre carré et même sans doute au delà.

153. Enveloppes sphériques épaisses. — Lorsque l'enveloppe est assez épaisse pour que cette hypothèse simplificative ne puisse plus être admise, le problème peut se traiter, comme le précédent, en considérant un élément paral-

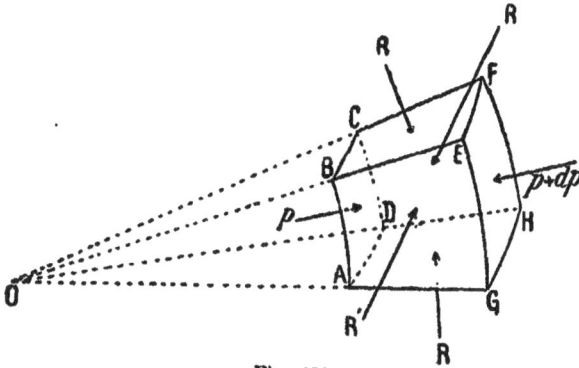

Fig. 138.

lélépipède infiniment petit, compris entre deux sphères concentriques de rayons r et $r + dr$ et quatre plans rectangulaires deux à deux et passant par le centre de la sphère. En raison de la symétrie, l'effort R est nécessairement le même sur les quatre faces latérales de cet élément, et si p et $p + dp$ représentent les efforts de pression sur chacune des deux sphères concentriques infiniment voisines, nous aurons les changements suivants des longueurs des côtés de cet élément :

Sous l'action de la pression p,	accourcissement suivant le rayon :	$-\dfrac{p}{E}$,
	allongement suivant la circonférence AB :	$\eta\dfrac{p}{E}$;
Sous l'action des deux forces R parallèles au côté AB,	accourcissement suivant la circonférence AB :	$-\dfrac{R}{E}$,
	allongement suivant le rayon :	$\eta\dfrac{R}{E}$;
Sous l'action des deux forces R perpendiculaires à AB,	allongement suivant le rayon :	$\eta\dfrac{R}{E}$,
	allongement suivant la circonférence AB :	$\eta\dfrac{R}{E}$.

Par conséquent, en somme, sous l'action de toutes ces forces, le côté AB sera devenu AB $\left(1 + \eta\dfrac{p}{E} - \dfrac{R}{E} + \eta\dfrac{R}{E}\right)$, et le côté dirigé suivant le rayon, ou dr, sera devenu $dr\left(1 - \dfrac{p}{E} + \eta\dfrac{R}{E} + \eta\dfrac{R}{E}\right)$. Le côté AB, qui faisait partie de la sphère de rayon r, appartient après la déformation à une sphère de rayon $r\left[1+\eta\dfrac{p}{E}-(1-\eta)\dfrac{R}{E}\right]$; de même, le rayon de la couche concentrique suivante, qui était $r+dr$, sera devenu $(r+dr)\left[1+\eta\dfrac{p+dp}{E}-(1-\eta)\dfrac{R+dR}{E}\right]$ et la différence de ces deux rayons doit, pour la continuité, être égale à ce qu'est devenue la longueur dr; on a donc

$$(r+dr)\left[1+\eta\frac{p+dp}{E}-(1-\eta)\frac{R+dR}{E}-r\left[1+\eta\frac{p}{E}-(1-\eta)\frac{R}{E}\right]\right.$$
$$=dr\left(1-\frac{p}{E}+2\eta\frac{R}{E}\right),$$

ou, en réduisant et divisant par dr,

$$(20) \qquad (1+\eta)p+\eta r\frac{dp}{dr}=(1+\eta)R+(1-\eta)r\frac{dR}{dr}.$$

Si, d'un autre côté, nous écrivons comme précédemment l'équilibre de la demi-sphère d'une épaisseur dr, soumise intérieurement à une pression p et extérieurement à une pression $p+dp$, nous aurons :

$$2\pi r\,dr.R+\pi r^2 p-\pi(r+dr)^2(p+dp)=0;$$

réduisant et divisant par $2\pi r\,dr$, il vient

$$(21) \qquad R=p+\frac{r}{2}\frac{dp}{dr}.$$

Multipliant cette équation par $1+\eta$ et l'ajoutant membre à membre à (20), il reste, après réductions,

$$(22) \qquad \frac{dR}{dr}+\frac{1}{2}\frac{dp}{dr}=0;$$

ce qui équivaut à $\qquad 2R+p=$ une constante.

Entre ces deux équations (21) et (22), nous pouvons éliminer R en différentiant la première par rapport à r et introduisant dans la seconde la valeur trouvée pour $\dfrac{dR}{dr}$; il vient, en multipliant ensuite par r^3 :

$$4r^2\frac{dp}{dr}+r^3\frac{d^2p}{dr^2}=0;$$

ou bien, en intégrant et désignant par c une constante :

$$(23) \qquad r^4\frac{dp}{dr}=c,\text{ ou }dp=c\frac{dr}{r^4}.$$

Intégrant une seconde fois et désignant par c' une nouvelle constante, on a

(24)
$$p = c' - \frac{c}{3 r^3};$$

D'où

(25)
$$R = c' + \frac{c}{6 r^3}.$$

Les constantes se déterminent par les conditions limites $p = p_0$ pour $r = r_0$; $p = p_1$ pour $r = r_1$. Cela donne

(26)
$$c = 3 \frac{(p_1 - p_0) r_0^3 r_1^3}{r_1^3 - r_0^3}, \quad c' = \frac{p_1 r_1^3 - p_0 r_0^3}{r_1^3 - r_0^3};$$

D'où

(27)
$$p = \frac{p_1 r_1^3}{r_1^3 - r_0^3} \left(1 - \frac{r_0^3}{r^3} \right) - \frac{p_0 r_0^3}{r_1^3 - r_0^3} \left(1 - \frac{r_1^3}{r^3} \right),$$

et

(28)
$$R = \frac{p_1 r_1^3}{r_1^3 - r_0^3} \left(1 + \frac{r_0^3}{2 r^3} \right) - \frac{p_0 r_0^3}{r_1^3 - r_0^3} \left(1 + \frac{r_1^3}{2 r^3} \right).$$

Lorsque la pression extérieure p_1 est petite par rapport à la pression intérieure p_0, le premier terme est petit par rapport au second qui donne son signe à R. L'effort développé parallèlement à la circonférence de la sphère par une forte pression intérieure est donc une tension dont le maximum a lieu pour la plus petite valeur de r, c'est-à-dire pour $r = r_0$. En écrivant que, pour $r = r_0$ la valeur de l'effort R est plus petite que la limite R_0 correspondant à la charge de sécurité, on trouve facilement

(29)
$$\frac{r_0^3}{r_1^3} \geq \frac{2 (R_0 + p_0)}{2 R_0 + 3 p_1 - p_0};$$

relation qui donnera la limite possible de r_1 en fonction de r_0 et de quantités connues.

On voit ici encore que, pour de grandes valeurs de la pression intérieure, correspondant à $p_0 =$ ou $> 2 R_0 + 3 p_1$, le rapport $\frac{r_0^3}{r_1^3}$ devient infini ; ce qui correspond à une impossibilité analogue à celle que nous avons constatée dans le cas des enveloppes cylindriques.

Il est superflu de remarquer que les deux formules précédentes, qui donnent l'une la limite du rapport $\frac{r_0^2}{r_1^2}$ pour les enveloppes cylindriques, l'autre celle du rapport $\frac{r_0^3}{r_1^3}$ pour les enveloppes sphériques, deviennent identiques aux formules approximatives données auparavant pour le cas d'une épaisseur très petite.

154. Supports cylindriques ou rouleaux. — Nous

avons supposé jusqu'ici que les efforts de compression ou d'extension appliqués à un corps solide étaient répartis uniformément sur toute l'étendue de sa section transversale. Il arrive souvent qu'il n'en est pas ainsi, et alors le problème de la résistance se complique au point qu'il n'est plus possible d'en donner une solution exacte : on doit se contenter d'approximations. Nous allons indiquer par exemple comment, d'après M. Resal, il faut calculer les dimensions des rouleaux ou galets employés souvent comme supports.

Considérons un rouleau cylindrique (fig. 139), d'une lon-

Fig. 139.

gueur égale à l'unité, placé sur un plan horizontal AA et supportant, par l'intermédiaire d'un autre plan horizontal BB, une pression P, qu'il transmet au plan inférieur, et proposons-nous de déterminer la dimension qu'il doit avoir pour résister efficacement à cet effort. Par suite de l'effort de compression, le rouleau va se déformer, ainsi que le plan sur lequel il s'appuie, et la surface de contact, au lieu

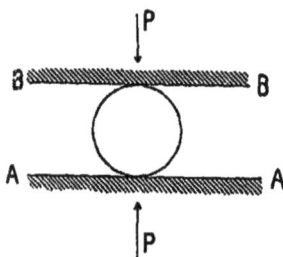

Fig. 140.

de se réduire au simple point géométrique par lequel le cercle touche la droite AA, va prendre une certaine largeur AA′ inconnue (fig. 140).

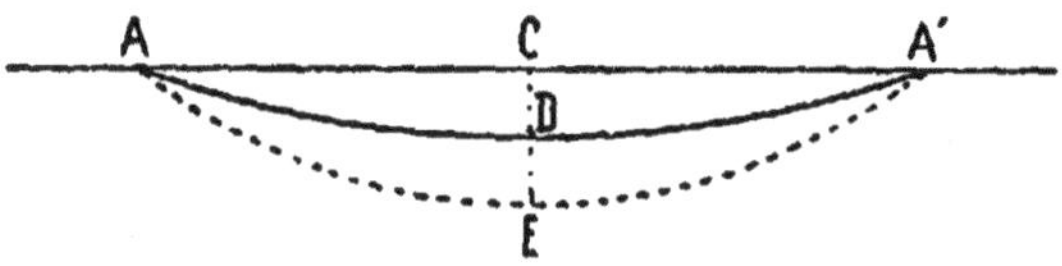

La circonférence du rouleau non déformé serait AEA′, le plan non déformé serait ACA′. Admettons qu'en chaque point, la courbe réelle de contact ADA′ coupe en deux parties égales les ordonnées du cercle AEA′, c'est-à-dire, en particulier, que $CD = \dfrac{CE}{2}$. Or CE, dans le cercle dont fait partie l'arc AEA′ et dont nous désignerons le rayon par r, est très sensiblement égal à $\dfrac{\overline{CA'}^2}{2r}$; nous supposons donc $CD = \dfrac{\overline{CA'}^2}{4r}$. Isolons maintenant, par

la pensée, du reste du solide, la fibre qui va du centre du rouleau au point de contact D. Elle a subi, sous l'action de la compression, un accourcissement ED, soit $\dfrac{ED}{r}$ par unité de longueur;
l'effort capable de produire cette déformation est, par unité de
surface, E. $\dfrac{ED}{r}$, en désignant par E le coefficient d'élasticité de
la matière qui constitue le cylindre. Aux points A et A', l'effort
devient nul puisque la déformation cesse et l'on peut supposer
approximativement que sa valeur augmente, entre ces points et
le milieu, proportionnellement aux ordonnées de la courbe ADA'.
La somme de tous ces efforts élémentaires peut donc être considérée comme proportionnelle à l'aire de cette courbe qui est à
peu près $\dfrac{3}{2}\ \overline{CD} \times \overline{AA'}$, de sorte que l'effort total serait ainsi
$\dfrac{2}{3}\ E \cdot \dfrac{CD}{r} \cdot \overline{AA'}$; en remarquant que CD $=$ ED.

Exprimons, d'une part, que cet effort total est égal à la force
P, et d'autre part que l'effort maximum E. $\dfrac{CD}{r}$, par unité superficielle, ne dépasse pas la charge de sécurité R'$_0$, nous aurons les
deux relations :

$$\frac{2}{3}\ E \cdot \frac{\overline{CD}}{r}\ \overline{AA'} = P; \qquad E \cdot \frac{CD}{r} \leq R'_0.$$

Remplaçant CD par sa valeur $\dfrac{\overline{CA'}}{4r}$ et AA' par 2. $\overline{CA}$, puis éliminant CA, il vient :

$$P \leq \frac{8}{3}\ r R'_0 \sqrt{\frac{R'_0}{E}}, \text{ ou } r \geq \frac{3}{8}\ \frac{P}{R'_0} \sqrt{\frac{E}{R'_0}},$$

relation qui permettra de calculer r en fonction de P et de
quantités dépendant de la nature de la matière dont est formé
le rouleau.

On voit que r est proportionnel à P, ce qui justifie l'usage
empirique de calculer les dimensions de ces rouleaux en
admettant une certaine valeur maximum pour la charge supposée
répartie sur toute la section diamétrale.

Le coefficient d'élasticité E entre en dénominateur dans la
valeur de P, c'est-à-dire que, toutes choses égales d'ailleurs,
l'effort auquel pourra résister un rouleau sera d'autant plus

grand que le coefficient d'élasticité de la matière qui le compose sera plus petit. Ainsi, la fonte, pour laquelle la valeur de R'_0 est, à la compression, à peu près la même que pour le fer et l'acier, mais dont le coefficient d'élasticité est beaucoup plus faible, convient mieux que ces autres métaux pour les supports dont il s'agit.

Lorsque l'un des plans de support est remplacé lui-même par une surface cylindrique de rayon r_1 plus grand que celui r du rouleau (fig. 141), M. Resal adopte la même formule multipliée par le rapport $\sqrt{\dfrac{r_1}{r_1 + r}}$, c'est-à-dire qu'il écrit, pour ce cas :

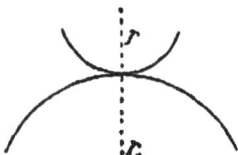

Fig. 141.

$$P \leqq \frac{8}{3} r R'_0 \sqrt{\frac{R'_0}{E}} \sqrt{\frac{r_1}{r_1 + r}}.$$

Et lorsque le cylindre qui est substitué au plan, au lieu d'être convexe, est concave, de rayon r_1 nécessairement plus grand que r (fig. 142), il écrit

$$P \leqq \frac{8}{3} r R'_0 \sqrt{\frac{R'_0}{E}} \sqrt{\frac{r_1}{r_1 - r}}.$$

Fig. 142.

Cette formule, pour $r = r_1$, donnerait P infini : on ne doit donc l'appliquer que jusqu'à la limite, correspondant à $\dfrac{P}{2r} = R'_0$, à laquelle la section diamétrale du rouleau supporterait, sur toute son étendue, la charge-limite de sécurité R'_0.

Les formules précédentes, semi-empiriques, peuvent encore s'appliquer, avec une approximation suffisante en pratique, aux supports ayant la forme de fragments de cylindres, pleins ou évidés (fig. 143). Le rayon r à y introduire est, dans tous les cas, celui qui mesure la courbure de la surface en contact avec le plan.

Fig. 143.

155. Supports sphériques ou boulets. — Si le support compris entre les deux plans parallèles, au lieu d'être

17

cylindrique, se composait simplement d'une sphère ou boulet d'un rayon r, on pourrait faire un raisonnement absolument identique. On aurait toujours, avec la même approximation, $CD = \dfrac{CE}{2} = \dfrac{\overline{CA}^2}{4r}$; l'effort capable d'accourcir le rayon de la quantité CD serait encore $\dfrac{E.\overline{CD}}{r}$ et la somme des efforts élémentaires, proportionnels aux ordonnées de la calotte ADA', serait proportionnelle au volume de cette calotte soit approximativement à $\dfrac{1}{2}CD.\pi\overline{CA}^2$; elle serait donc $\dfrac{1}{2}\dfrac{E}{r}CD.\pi.\overline{CA}^2$, et l'on aurait les deux relations :

$$P = \frac{1}{2}\frac{E}{r}\pi\overline{CD}.\overline{CA}^2 \text{ et } R'_0 \geqq \frac{E.CD}{r};$$

d'où l'on déduirait facilement

$$P \leqq \pi r^2.\; 2\,\frac{R'^2_0}{E}, \quad \text{ou } \pi r^2 \geqq \frac{EP}{2\,R'^2_0}.$$

La section diamétrale de la sphère est proportionnelle à l'effort.

Lorsqu'au lieu de rouler sur un plan, la sphère roule sur une autre sphère convexe ou concave, de rayon r_1 plus grand que r, la valeur de P doit être respectivement multipliée par $\dfrac{r_1}{r_1+r}$ ou $\dfrac{r_1}{r_1-r}$, c'est-à-dire que l'on a

$$P \leqq \pi r^2.\; 2\,\frac{R'^2_0}{E}.\frac{r_1}{r_1+r},$$

pour deux sphères convexes, et

$$P \leqq \pi r^2.\; 2\,\frac{R'^2_0}{E}\,\frac{r_1}{r_1-r},$$

pour une sphère convexe placée dans une sphère concave.

Cette dernière formule, donnant P infini pour $r = r_1$, ne doit être appliquée que jusqu'à la limite $P = \pi r^2.\,R'_0$, correspondant à une charge totale égale à celle que pourrait supporter la section diamétrale travaillant partout à la limite de sécurité.

156. Effets des changements de température. — Les

allongements ou accourcissements des tiges prismatiques, produits par l'extension ou la compression simple, ont la plus grande analogie avec ceux qu'y produisent les changements de température. Si nous considérons une tige prismatique ayant une longueur égale à l'unité, et si nous désignons par α le coefficient de dilatation longitudinale, par degré centigrade, une élévation de température de t degrés lui donnera la longueur $1 + \alpha t$.

D'un autre côté, un effort P, par unité de sa section transversale, l'allongera de $\frac{P}{E}$, de sorte que si l'on a $\frac{P}{E} = \alpha t$ ou $P = E\alpha t$, ces deux effets seront identiques.

Inversement, si nous supposons que les deux extrémités de cette tige soient fixées d'une manière absolument invariable, de telle sorte que sa longueur ne puisse changer, une élévation de température de t degrés, qui l'allongerait de αt si elle était libre, aura pour conséquence de provoquer de la part des appuis fixes, des réactions telles que cet allongement disparaîtra, ou que la tige se raccourcira de αt; ces réactions seront donc liées à la température par la relation

$$P = E\alpha t \; ;$$

une élévation de température correspondant à une compression et un abaissement à une extension. Les variations t de la température doivent d'ailleurs être comptées à partir du point où la tige n'exerce aucune pression ou tension sur ses appuis supposés fixes.

Les efforts produits par ces variations de température ne sont pas négligeables. Pour le fer, par exemple, α vaut environ 0,0000116, et si l'on adopte pour E la valeur moyenne de 20,000 k. par millimètre carré, on voit que chaque degré centigrade correspond à un effort de 0^k,232 par millimètre carré. Une variation de 30 degrés, qui n'a rien que de très ordinaire, occasionnerait un effort de $30 \times 0,232 = 6,96$, soit 7^k par millimètre carré, égal et même supérieur à la charge de sécurité que l'on admet généralement.

Fort heureusement, pour la stabilité et la durée des constructions métalliques, bien peu de pièces se trouvent ainsi placées entre des points d'appui absolument fixes, et presque toujours les changements de longueur, sous l'influence des variations de température, peuvent s'effectuer avec une certaine liberté.

Le danger serait plus grand encore si la pièce fixée à ses deux extrémités d'une manière invariable, n'avait pas en tous ses points la même section transversale. L'allongement produit par une élévation de température de t degrés serait toujours αt pour l'unité de longueur, mais l'effort capable de produire un accourcissement égal serait d'autant plus grand que la section transversale elle-même serait plus grande, et cet effort, nécessairement constant d'un bout à l'autre de la pièce, se trouvant réparti sur la plus petite section transversale, y produirait, par unité de surface, une charge qui pourrait devenir considérable.

Soit, par exemple, une tige en forme de bielle, de longueur

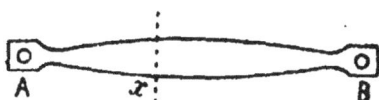

AB $= l$ et dont la section transversale Ω soit liée à l'abscisse x par une fonction connue $\Omega = f(x)$. Sous l'action d'un effort P exercé par les appuis, l'élément

Fig. 114.

dx, de section Ω, subit une modification de longueur égale à $\dfrac{P\,dx}{E\,\Omega}$ et la somme de toutes ces modifications, prise depuis A jusqu'à B, doit être égale à celle, $l\alpha t$, produite par la variation t de la température.

Nous aurons donc

$$\int_0^l \frac{P\,dx}{E\Omega} = l\alpha t,$$

ou bien

$$P = \frac{E l \alpha t}{\displaystyle\int_0^l \frac{dx}{\Omega}};$$

et cet effort P, ainsi calculé, supposé réparti sur la petite section transversale Ω_0, donnera la charge maximum $\dfrac{P}{\Omega_0}$ à laquelle la variation de température en question soumettra la pièce dont il s'agit.

Pour fixer les idées, admettons, comme loi simple de variation de la section Ω, la fonction $\Omega = \Omega_0\left(1 + \dfrac{2x}{l}\right)$, applicable à la moitié $\dfrac{l}{2}$ de la longueur de la tige, l'autre moitié étant supposée symétrique.

Nous aurons alors:

$$P = \frac{E \frac{l}{2} \alpha t}{\int_0^{\frac{l}{2}} \frac{dx}{\Omega}}.$$

L'intégrale $\int_0^{\frac{l}{2}} \frac{dx}{\Omega}$ est égale à $\frac{1}{\Omega_0} \int_0^{\frac{l}{2}} \frac{dx}{1 + \frac{2x}{l}} = \frac{l}{2\Omega_0} \int_0^{\frac{l}{2}} \frac{d\left(1 + \frac{2x}{l}\right)}{1 + \frac{2x}{l}}$

$$= \frac{l}{2\Omega_0} \left[\text{log. nép.} \left(1 + \frac{2x}{l}\right) \right]_0^{\frac{l}{2}} = \frac{l}{2\Omega_0} \text{log. nép. 2}.$$

Par conséquent

$$P = \frac{E \frac{l}{2} \alpha t}{\frac{l}{2\Omega_0} \text{log. nép. 2}} \quad \text{ou} \quad \frac{P}{\Omega_0} = \frac{E \alpha t}{\text{log. nép. 2}} = \frac{E \alpha t}{0,69} = 1,4 E \alpha t.$$

L'effort par unité de surface, sur la section la plus étroite, est donc près d'une fois et demie plus grand que si la tige avait une section constante. Dans une pareille tige en fer, une variation de température de 30 degrés centigrades, comme celle que nous avons supposée plus haut, donnerait lieu, dans la section la plus fatiguée, à un effort de 10 kilog. par millimètre carré, pouvant compromettre gravement la sécurité.

Il est donc de la plus grande importance de tenir compte, dans le calcul des pièces d'une construction, des effets qui peuvent être produits par les variations de la température, et de prendre des dispositions pour que les modifications de longueur qu'elles occasionnent puissent s'effectuer librement.

CHAPITRE IX

GLISSEMENT ET TORSION

157. Définition et formule fondamentale. — Lorsque l'effort quiagit sur une tige prismatique s'exerce perpendiculairement à sa longueur, dans le plan d'une de ses sections transversales, cet effort prend le nom d'*effort tranchant ;* l'effet qu'il produit, celui de *cisaillement* ou de *glissement transversal.*

La déformation, qui se mesure alors par le petit angle que forme, avec sa direction primitive, une normale à la section transversale menée dans le solide, ne peut plus, en général, être appréciée en raison de la petitesse de ses effets. On admet cependant, par analogie, qu'elle est proportionnelle à l'effort rapporté à l'unité de surface de la section sur laquelle s'opère le glissement. Le rapport, supposé ainsi constant, entre cet effort $\frac{P}{\Omega}$ sur l'unité de surface et le petit angle i qui mesure le glissement, se représente par un nouveau coefficient G, dit coefficient de *glis-*

sement, et on écrit alors, comme pour l'extension simple :

$$i = \frac{1\,P}{G\,\Omega}.$$

Un glissement produit sur une face quelconque par un effort qui lui est parallèle peut toujours être considéré comme ayant été produit sur une face perpendiculaire à celle-ci par un effort dirigé perpendiculairement à la direction du premier.

En effet, si par suite d'un effort dirigé de C vers D, parallèlement à la face AB, un corps solide, dans lequel nous considérons un parallélépipède infiniment petit ABDC (fig. 145), s'est déformé de telle sorte que les petites lignes AC. BD, primitivement normales à AB, se soient inclinées de manière à prendre la position AC', BD', en subissant un glissement, par rapport à AB, mesuré par l'angle CAC', on

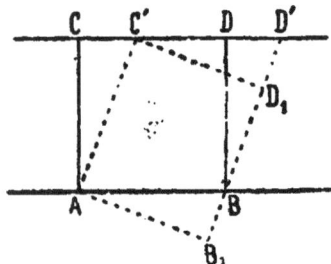

Fig. 145.

voit que les lignes AB, C'D', primitivement normales à AC, BD ne sont plus normales à la nouvelle position AC', BD' et que la déformation est la même que si elles avaient été amenées de la position AB,, C'D,, normale à cette position, à celle AB, C'D' qu'elles occupent après la déformation, en subissant devant la face AC' ou AC, un glissement mesuré par l'angle B,AB = CAC'.

158. Déformation due au glissement. — Au point de vue de la déformation produite dans un solide, un glissement est équivalent à une dilatation et à une contraction moitié moindres, ayant lieu suivant des directions rectangulaires inclinées à 45 degrés sur celle du glissement.

Supposons que, par suite du glissement du côté AC (fig. 146) devant le côté OB, le carré OACB se soit déformé et soit devenu le losange OA'C'B. La diagonale OC s'est allongée et est devenue OC', tandis que l'autre, BA, s'est raccourcie en devenant BA'. L'al-

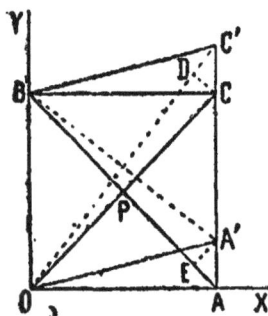

Fig. 146.

longement de la première, égal au raccourcissement de l'autre, est mesuré par $\frac{C'D}{OC} = \frac{AE}{AB} = \frac{1}{2}\frac{AE}{AP}$. Ce dernier rapport $\frac{AE}{AP}$, en vertu de la similitude des triangles, est égal à $\frac{AA'}{AC}$ ou $\frac{AA'}{OA}$, c'est-à-dire au glissement supposé; ce qui démontre le théorème énoncé.

159. Coefficient de glissement. — Le coefficient de glissement G a, pour les corps usuels, les valeurs moyennes suivantes[1] :

Fer et acier . . . . 6.000 kilog. par millimètre carré.
Fonte. . . . . 2.200   —   —
Chêne et sapin. . .   400   —   —

Les déformations par glissement transversal semblent suivre des lois analogues à celles qui proviennent de l'extension simple. Lorsqu'elles sont suffisamment petites, elles disparaissent entièrement avec l'effort qui les a produites. Lorsqu'elles dépassent une certaine limite, elles ne disparaissent plus que partiellement, et il reste une déformation permanente; enfin, si l'effort est augmenté suffisamment, il produit la rupture.

160. Rupture par cisaillement. — La charge de rupture par cisaillement de l'acier et du fer a été trouvée égale environ aux 0,70 ou 0,80, soit en moyenne aux trois quarts de celle qui produit la rupture par extension. Ainsi l'effort nécessaire pour percer un trou d'un diamètre D dans une tête d'épaisseur e s'obtiendra en multipliant la surface à cisailler, πDe, par un coefficient égal aux trois quarts environ de la charge de rupture par traction. La charge de sécurité pour les efforts transversaux doit donc être réduite à peu près dans la même proportion, c'est-à-dire que si, par exemple, on admet 6 kilog. par

---

1. Dans les corps isotropes, c'est-à-dire d'égale élasticité en tous sens, le coefficient de glissement G est lié à celui d'élasticité longitudinale E et au rapport η des contractions transversales aux allongements correspondants par la relation

$$G = \frac{E}{2(1+\eta)}.$$

Or, on a vu que η était, en général, compris entre $\frac{1}{4}$ et $\frac{1}{2}$; il en résulte que G devrait être compris entre $\frac{1}{3}$ E et $\frac{2}{6}$ E si cette relation subsistait pour les corps non isotropes.

millimètre carré pour l'effort maximum à faire supporter au fer, par extension, il faudra réduire à 4 ou 5 kilog. par millimètre carré l'effort maximum qu'il pourra supporter dans le sens transversal.

161. Résistance des rivets. — La considération de ces efforts transversaux sert, en particulier, à calculer les dimensions à donner aux rivets, boulons, etc., destinés à réunir des pièces de bois ou de fer en les em-

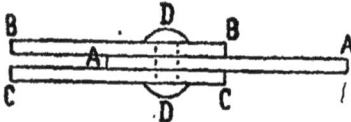
Fig. 147.

pêchant de glisser les unes sur les autres. Ce calcul donne lieu aux observations suivantes : si un rivet DD sert à réunir une pièce AA à deux autres BB, CC, qui l'embrassent, la résistance au glissement de cette pièce se compose de l'adhérence ou du frottement exercé sur elle par les deux autres, plus de la résistance au cisaillement du rivet, dans les deux sections qui devraient se rompre pour permettre le mouvement. Or, l'expérience montre que l'adhérence, qui cependant représente un effort de 13^k à 15^k par millimètre carré de section de rivet, n'augmente pas sensiblement la résistance à la rupture, c'est-à-dire qu'elle est toujours détruite au moment où la rupture commence. Elle montre en outre que l'effort nécessaire pour produire le cisaillement double est notablement inférieur au double de celui qui produirait le cisaillement simple : il est à peine un peu plus grand que ce dernier. Cela tient à ce que l'effort ne se répartit pas également sur les deux sections, l'une commence à se rompre avant l'autre.

Cela s'applique à la charge de rupture, qui détruit en même temps l'adhérence produite par le rivet.

Lorsqu'il s'agit de déterminer, au contraire, la charge de sécurité, c'est l'adhérence presque seule qu'il convient de faire entrer en ligne de compte.

M. Considère a constaté en effet (*Annales des Ponts et Chaussées*, 1886, 1er semestre, p. 137) que tout effort supérieur à l'adhérence disloque très rapidement les rivets, lorsqu'il se répète alternativement dans les deux sens opposés; que ces efforts produisent toujours un petit déplacement relatif des surfaces en contact, et amènent leur polissage. Il en résulte que les pièces réunies par

plusieurs rivets et dans lesquelles l'adhérence est détruite, n'exercent plus leur action mutuelle que par l'intermédiaire de ces
rivets, lesquels se trouvent très inégalement chargés, pour peu
qu'il y ait la plus minime irrégularité dans les alignements des
trous à travers lesquels ils sont placés.

Cet effet ne se produit pas tant que l'adhérence n'est pas
détruite, et rien ne s'oppose alors à ce que les efforts se répar-
tissent également en tous les points.

Il convient donc de faire en sorte que les efforts transmis aux
pièces réunies par des rivets n'atteignent jamais la limite de l'adhérence, et c'est cette limite qu'il convient de prendre, en la
réduisant dans une proportion convenable, pour la charge de
sécurité.

L'adhérence d'un rivet de fer, posé avec soin, à la température
la plus convenable, laquelle paraît être celle de 500 à 600 degrés
centigrades (rouge disparaissant), peut atteindre environ 15 kilog.
par millimètre carré de la section du rivet ; il est prudent de ne
pas faire supporter aux pièces rivées d'efforts supérieurs à une
fraction (au tiers ou au quart) de cette limite, c'est-à-dire à
quatre ou cinq kilog. par millimètre carré.

162. Calcul des rivets. — Les dimensions des rivets se
calculent ordinairement par le raisonnement suivant :

Si l est la largeur des tôles à réunir, e leur épaisseur, n le
nombre des rivets d'un diamètre d qui doivent opérer cette réunion ; ces rivets étant supposés sur une même ligne, la largeur
effective de la tôle, après perçage des n trous, se trouve réduite
à $l - nd$, sa section à $e(l - nd)$ et sa résistance, si R_0 est la charge
de sécurité, à $R_0 e (l - nd)$. Si, d'un autre côté, R'_0 est la charge
de sécurité par unité de section transversale des rivets, la section
de chacun d'eux étant $\dfrac{\pi d^2}{4}$, ceux-ci pourront résister à un effort
$R'_0 n \dfrac{\pi d^2}{4}$.

En égalant ces deux efforts, on a une équation

$$R_0 e(l - nd) = R'_0 n \frac{\pi d^2}{4},$$

qui sert à déterminer l'une des deux inconnues n ou d lorsque
l'autre est donnée.

Abstraction faite de toute autre considération, la valeur de n la plus favorable serait $n = 1$. Il y aurait donc avantage à n'employer qu'un seul rivet d'un très gros diamètre, ou, si l'on veut, à diminuer le plus possible le nombre des rivets en augmentant leur grosseur; mais cette formule suppose que l'effort se répartit également sur toute l'étendue l de la section transversale des tôles, ce qui ne peut avoir lieu, au contraire, que lorsque le nombre des rivets est assez grand et ne serait théoriquement réalisé que par un nombre infini de rivets infiniment petits. C'est donc à l'expérience seule qu'il faut s'en rapporter pour déterminer l'espacement le plus convenable à adopter pour les rivets, eu égard aux dimensions des pièces à réunir et aux efforts qu'elles doivent supporter. En général, dans les ponts métalliques de dimensions ordinaires, cet espacement s'écarte peu de dix à douze centimètres d'axe en axe des rivets. On peut donc, en partant de cette donnée, choisir le nombre n des rivets d'une même file et calculer, par la formule précédente, le diamètre correspondant.

Lorsque les rivets sont disposés suivant plusieurs lignes parallèles, une formule analogue peut s'appliquer; mais on n'a plus qu'une approximation probablement assez grossière. On ignore, en effet, comment se répartit, entre ces diverses lignes, l'effort total à transmettre par les tôles.

163. Écoulement des solides. Équation générale de l'équilibre des corps plastiques. — La rupture par cisaillement ou glissement présente, avec la rupture par extension, une différence notable. Dans cette dernière, les particules du corps rompu, qui se détachent de leurs voisines, se trouvent en même temps séparées de toutes les autres et la rupture se traduit par une disjonction complète des deux parties. Dans la rupture par cisaillement, au contraire, les particules de l'une des portions du corps se séparent bien des particules correspondantes de l'autre partie nais elles restent, par rapport aux voisines, à des distances comparables, de sorte que le solide ne subit pas, tout d'abord, une disjonction définitive. Le phénomène offre quelque analogie avec ce qui se passerait dans un liquide : l'une des parties du corps continuant à se déplacer par rapport à l'autre sans s'en éloigner, à la manière d'une couche liquide

qui s'écoulerait sur une couche inférieure. L'effort n'augmente
plus avec le déplacement qui, une fois commencé sous un effort
déterminé, continue à se produire sous le même effort.

Les phénomènes d'écoulement des solides, étudiés d'abord par
M. Tresca, se rattachent donc
d'une façon tout à fait intime à
ceux de rupture par cisaillement.
Lorsqu'un corps solide, sous
l'action d'une forte pression extérieure, acquiert ainsi le caractère de plasticité, de telle manière que les particules qui le
constituent glissent les unes sur
les autres sans se séparer, l'effort

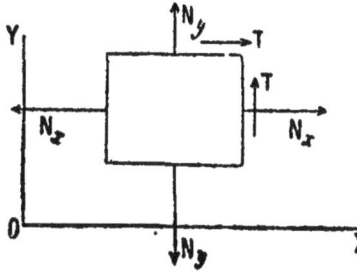

Fig. 148.

tangentiel, en chacun des points où le glissement se fait ainsi
sentir, est égal à celui qui produit la rupture par cisaillement. Or,
nous avons vu (n° 75, p. 127) que si N_x, N_y et T représentent, pour
un élément rectangulaire quelconque d'un solide, les efforts normaux sur les faces perpendiculaires aux x et aux y et l'effort
tangentiel sur les mêmes faces, l'effort tangentiel, sur un plan
d'une direction quelconque, dont la normale fait un angle α avec la
direction de la plus grande des pressions principales en ce point,
a pour valeur $\dfrac{\sin 2\alpha}{2} \sqrt{(N_x - N_y)^2 + 4T^2}$.

Or, pour $\alpha = 45°$, cet effort est maximum et il atteint la valeur :

$$\frac{1}{2} \sqrt{(N_x - N_y)^2 + 4T^2}.$$

La condition de plasticité ou d'écoulement du solide s'exprimera donc en écrivant que cette plus grande valeur de l'effort
tangentiel en chaque point est précisément égale à la charge
de rupture par cisaillement. En désignant par K cette charge
par unité de surface, nous aurons donc

$$\sqrt{(N_x + N_y)^2 + 4T^2} = 2\,K.$$

Cette équation, et les deux suivantes, que nous avons établies
(page 136) pour exprimer l'équilibre de l'élément infiniment
petit $dx\,dy$,

$$\frac{d\mathrm{N}_x}{dx} + \frac{d\mathrm{T}}{dy} + \mathrm{II} = 0, \quad \frac{d\mathrm{N}_y}{dy} + \frac{d\mathrm{T}}{dx} = 0 ;$$

suffisent à déterminer N_x, N_y et T et, par suite, les conditions d'équilibre du corps plastique considéré.

Comme le poids II de l'unité de volume est, dans ce cas particulier, toujours petit par rapport aux pressions qui produisent l'écoulement du solide, on le néglige, et, en l'effaçant de la première équation, celles-ci deviennent applicables quelle que soit là direction des axes rectangulaires de coordonnées.

164. Application aux corps cylindriques. — Pour en faire une application[1] aux corps cylindriques étudiés plus spécialement par M. Tresca, nous allons les transformer en employant les coordonnées polaires.

Soit A B C D un élément rectangulaire compris entre deux circonférences concentriques de rayons r et $r + dr$ et deux rayons recteurs définis par les angles θ et θ + dθ qu'ils font avec un rayon OX pris pour origine. Désignons par N_r, N_θ les efforts normaux exercés sur les faces A D, A B, respectivement perpendiculaires aux r et aux θ, et par T l'effort tangentiel exercé sur l'une ou l'autre de ces faces rectangulaires ; écrivons l'équilibre de l'élément rectangulaire $r\,dr\,d\theta$ sous l'action de ces forces, c'est-à-dire égalons à zéro les projections de ces forces sur deux axes rectangulaires dont l'un sera le rayon OM, bissecteur de $d\theta$, et l'autre une perpendiculaire à cette direction. Nous aurons facilement :

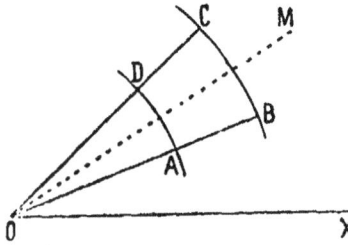

Fig. 149.

$$-\mathrm{N}_r r\,d\theta + \left(\mathrm{N}_r + \frac{d\mathrm{N}_r}{dr}\right)(r+dr)\,d\theta - \mathrm{N}_\theta dr\frac{d\theta}{2} - \left(\mathrm{N}_\theta + \frac{d\mathrm{N}_\theta}{d\theta}d\theta\right)dr\frac{d\theta}{2} + \frac{d\mathrm{T}}{d\theta}d\theta = 0$$

$$-\mathrm{N}_\theta dr + \left(\mathrm{N}_\theta + \frac{d\mathrm{N}_\theta}{d\theta}d\theta\right)dr - \mathrm{T}r\,d\theta + \left(\mathrm{T} + \frac{d\mathrm{T}}{dr}dr\right)(r+dr)\,d\theta + 2\mathrm{T}dr\frac{d\theta}{2} = 0 ;$$

[1]. Cette application est empruntée au § X de l'Essai théorique sur l'équilibre des massifs pulvérulents de M. J. Boussinesq.

ou, en réduisant et divisant par $r \, dr \, d\theta$,

$$(3) \quad \begin{cases} \dfrac{dN_r}{dr} + \dfrac{N_r - N_\theta}{r} + \dfrac{1}{r}\dfrac{dT}{dr} = 0, \\[2mm] \dfrac{dN_\theta}{r \, d\theta} + \dfrac{dT}{dr} + \dfrac{2\,T}{r} = 0. \end{cases}$$

Ces deux équations, jointes à celle qui exprime la plasticité et qui, en mettant N_r et N_θ au lieu de N_t et N_n, peut s'écrire

$$(4) \quad \sqrt{(N_r - N_\theta)^2 + 4T^2} = 2K ;$$

suffisent pour résoudre le problème.

Considérons un corps cylindrique dont nous prendrons le centre pour origine des coordonnées, et que nous supposerons soumis à des efforts symétriques par rapport à son axe de figure. En raison de cette symétrie, les N et T deviennent indépendants de θ; T est nul partout, et les actions principales sont évidemment, en chaque point, dirigées suivant le rayon et suivant la circonférence. Les équations précédentes, lorsqu'on y annule T et les dérivées par rapport à θ, deviennent simplement

$$(5) \quad \dfrac{dN_r}{dr} + \dfrac{N_r - N_\theta}{r} = 0, \qquad N_r - N_\theta = \pm 2K.$$

Le signe supérieur correspond à N_r plus grand que N_θ. Il est facile de reconnaître que cela arrive lorsque le glissement s'opère de telle manière que la matière se rapproche de l'axe de symétrie. Le signe inférieur correspond au cas où le glissement se produit en sens inverse et où la matière s'éloigne de cet axe.

Elles donnent alors

$$\dfrac{dN_r}{dr} = \mp \dfrac{2K}{r}, \text{ ou } dN_r = \mp 2K \dfrac{dr}{r} ;$$

D'où

$$(6) \quad N_r = \mp 2K \log r + c,$$

en désignant par c une constante à déterminer par les conditions du problème. Supposons par exemple que nous ayons un cylindre creux dont le rayon intérieur soit r_0 et qui supporte une pression P_0 par unité de surface; nous devrons avoir, pour $r = r_0$, $N_r = -P_0$. D'où

$$-P_0 = \mp 2K \log r_0 + c \quad ; \quad c = -P_0 \pm 2K \log r_0.$$

et par conséquent

(7) $\quad N_r = -P_o \mp 2K \log \dfrac{r}{r_o}, \qquad N_\theta = -P_o \pm 2K \left(1 + \log \dfrac{r}{r_o}\right).$

En toute rigueur, ces formules ne conviennent que pour des déformations dans lesquelles les couches matérielles cylindriques conservent leur hauteur et s'éloignent ou se rapprochent les unes des autres sans cesser d'être normales aux bases du cylindre.

165. Anneau soumis à une pression centrale. —

On peut les considérer comme applicables à un anneau, dont la surface intérieure, de rayon r_o, est soumise, par unité d'aire, à une pression P_o qui la distend, tandis que la surface convexe, de rayon r_1, et les bases sont libres. Alors N_θ est la plus grande des deux forces principales et N_r la plus petite parce que les faces matérielles les plus tendues sont les circonférences, et les plus contractées sont les rayons. Il faut donc prendre les signes inférieurs des formules, et, en écrivant alors que, pour $r = r_1$, on a $N_r = 0$, il vient

(8) $\qquad\qquad P_o = 2K \log \dfrac{r_1}{r_o}.$

Si l'anneau, au lieu d'avoir sa surface extérieure et ses bases libres, en ayant toujours sa surface intérieure, de rayon r_o soumise à une pression P_o par unité de surface, est maintenu dans une enveloppe rigide, de rayon invariable r_1, de manière qu'il ne puisse se dilater dans ce sens, et s'il est, de plus, soumis sur ses bases extrêmes à une pression parallèle à son axe de figure, dont nous désignerons l'intensité, en chaque point, par N_1, nous pouvons admettre approximativement, en considérant un élément parallélépipède compris entre deux plans parallèles aux bases, entre deux cylindres concentriques, et entre deux plans méridiens infiniment voisins, que cet élément, dont la matière s'éloigne ou se rapproche de l'axe du cylindre, en suivant à peu près le rayon, se trouve dans les deux sens perpendiculaires à cette direction, dans des conditions à peu près identiques au point de vue des efforts qu'il a à subir des éléments voisins. Cela revient à supposer $N_1 = N_\theta$ ou bien

(9) $\qquad\qquad N_1 = -P_o \pm 2K \left(1 + \log \dfrac{r}{r_1}\right).$

L'effort total exercé sur la base de l'anneau, dont la superficie est $\pi\,(r_1{}^2 - r_0{}^2)$, devra être égal à la somme $\int_{r_0}^{r_1} N_2\,2\,\pi\,r\,dr$ des efforts élémentaires supportés pa chacune des circonférences concentriques. Et si nous désignons par $- P_2$ la pression *moyenne* par unité d'aire sur l'une des bases, de manière que cet effort total soit $- P_2\,\pi\,(r_1{}^2 - r_0{}^2)$, nous aurons

$$-P_2\pi(r_1{}^2 - r_0{}^2) = \int_{r_0}^{r_1}\left[-P_0 \pm 2K\left(1+\log\frac{r}{r_0}\right)\right]2\pi\,r\,dr,$$

ou bien

$$P_2\pi(r_1{}^2 - r_0{}^2) = (P_0 \mp 2K)\pi(r_1{}^2 - r_0{}^2) \mp K\pi r_0{}^2\left[\frac{r^2}{r_0{}^2}\left(-1+\log\frac{r^2}{r_0{}^2}\right)\right]_{r_0}^{r_1};$$

D'où

(10)
$$P_2 = P_0 \mp K\left(1 + \frac{2\,r_1{}^2}{r_1{}^2 - r_0{}^2}\log\frac{r_1}{r_0}\right).$$

Si la pression P_2, exercée sur les bases, est assez forte pour écraser l'anneau en faisant décroître son rayon intérieur r_0, le rayon extérieur r_1 étant toujours supposé invariablement maintenu, on devra prendre les signes inférieurs et on aura

$$P_2 = P_1 + K\left(1 + \frac{2\,r_1{}^2}{r_1{}^2 - r_0{}^2}\log\frac{r_1}{r_0}\right).$$

Le cas contraire où la pression intérieure serait assez forte pour refouler l'anneau en surmontant la pression P_2 donnerait, avec les signes supérieurs

(11)
$$P_0 = P_2 + K\left(1 + \frac{2\,r_1{}^2}{r_1{}^2 - r_0{}^2}\log\frac{r_1}{r_0}\right).$$

Enfin, on peut encore appliquer cette formule au cas où P_2 deviendrait égal à zéro; on aurait alors simplement

(12)
$$P_0 = K\left(1 + \frac{2\,r_1{}^2}{r_1{}^2 - r_0{}^2}\log\frac{r_1}{r_0}\right)$$

pour l'expression de la pression qu'il serait nécessaire d'appliquer à l'intérieur d'un anneau cylindrique, dont la surface latérale serait invariablement maintenue dans une enveloppe fixe, pour refouler sa matière sur ses bases.

166. Expériences de M. Tresca. — Les formules précédentes ont été trouvées (et démontrées d'une manière toute différente) par M. Tresca [1], qui notamment a fait des expériences de poinçonnage sur des blocs cylindriques de plomb ou d'étain de rayon r_1, posés sur un plan rigide et soumis, au milieu de leur base supérieure, à l'action d'un poinçon également cylindrique et d'un rayon plus petit r_0, le reste de la base supérieure restant libre. La surface latérale est tantôt libre, tantôt rendue inextensible, dans le sens horizontal, par un cylindre extérieur rigide qui l'entoure. M. Tresca suppose, ce qui doit être peu éloigné de la vérité, que le cylindre de matière, de rayon r_0, placé sous le poinçon, éprouve un écrasement uniforme jusqu'à une certaine distance du poinçon ; cela étant, la pression exercée par l'unité d'aire de celui-ci se transmettrait à tous les éléments plans horizontaux du cylindre central; les éléments plans verticaux de ce cylindre supporteraient alors, en vertu de l'équation ou hypothèse fondamentale $N_x - N_y = \pm 2\,K$, la même pression diminuée de $2\,K$.

C'est cette pression, exercée sur les éléments plans verticaux, qui agit à l'intérieur de l'anneau $r_1 - r_0$ et qui produit la dilatation latérale suivant l'une des formules (8) ou (9), selon que la surface latérale r_1 est libre ou inextensible. Si donc P_0 désigne toujours la pression par unité d'aire à l'intérieur de l'anneau, la pression exercée par le poinçon sera, par unité d'aire, $P_0 + 2\,K$, et la force totale, F, qui pousse le poinçon et qui est susceptible d'être mesurée directement, a pour valeur $(P_0 + 2\,K)\pi r_0^2$, ou

$$(13) \begin{cases} \text{si la surface latérale est libre } F = 2\,K\,\pi r_0^2\left(1 + \lg\dfrac{r_1}{r_0}\right); \\[2mm] \text{si la surf. latér. est inextensible } F = K\,\pi r_0^2\left(3 + \dfrac{2\,r_1^2}{r_1^2 - r_0^2}\log\dfrac{r_1}{r_0}\right). \end{cases}$$

Toutefois, quand un orifice de mêmes dimensions transversales que le poinçon est percé, vis-à-vis du poinçon même, dans le plan fixe qui supporte le bloc, il arrive un moment où le cylindre central, alors réduit à une hauteur assez petite h, éprouve moins de résistance à sortir par cet orifice, en glissant le long de la surface intérieure $2\pi r_0 h$ de l'anneau qui l'entoure, qu'à continuer à étendre latéralement celui-ci, et où, par suite,

1. *Mémoire sur le poinçonnage des métaux et la déformation des corps solides,* Recueil des savants étrangers de l'Académie des Sciences, t. XX, 1872.

la pression du poinçon détermine l'expulsion du cylindre central. A ce moment, deux lignes verticales contiguës, prises dans le même plan méridien, l'une dans le cylindre central, l'autre dans l'anneau, glissent évidemment, l'une devant l'autre, plus que deux éléments parallèles voisins ayant toute autre orientation; c'est donc suivant cette direction verticale que le glissement, et par suite l'effort tangentiel, est maximum, et cet effort maximum est alors, par la définition même du corps plastique, égal à K. La résistance qu'éprouve le cylindre central à sortir par l'orifice, en glissant contre l'anneau qui l'entoure, est alors le produit de K par la surface de contact $2\pi r_o h$; et la pression du poinçon surmonte cette résistance, ou détermine la sortie de la *débouchure* dès que h est devenue assez petite pour que le produit $2\pi r_o hK$ cesse de dépasser le second membre des expressions précédentes de F. Au moment où la débouchure se forme, la force F qui pousse le poinçon est donc exprimée tout à la fois par ce second membre et par $2\pi r_o hK$. On en déduit, pour la hauteur h de la débouchure :

$$(14) \quad \begin{cases} \text{si la surface latérale est libre} & h = r_o\left(1 + \log\frac{r_{\cdot}}{r_o}\right); \\ \text{si la surf. latér. est inextensible} & h = r_o\left(\frac{3}{2} + \frac{r_1{}^{\cdot}}{r_1{}^{\cdot} - r_0{}^{\cdot}}\log\frac{r_1}{r_0}\right). \end{cases}$$

M. Tresca étudie encore l'écoulement d'un bloc ductile de rayon r_1 remplissant un vase cylindrique inextensible, percé en son fond d'un orifice circulaire de rayon r_0 concentrique au vase, sous la poussée F d'un piston qui recouvre toute sa base supérieure. Le cylindre central de rayon r_o, dans sa partie voisine du fond du vase et qui est à l'état plastique, ne supporte presque aucune pression sur ses éléments plans horizontaux, en sorte que ses éléments plans verticaux, normalement auxquels la matière se contracte, éprouvent une pression égale à $2K$. Celle-ci est donc la valeur de la pression P_o s'exerçant, par unité d'aire, sur la surface intérieure de l'anneau de rayon $r_1 - r_0$ qui entoure le cylindre central. Pour produire l'écoulement du solide, sous l'action de cette pression intérieure P_o, appliquée à l'intérieur de l'anneau, il faut, d'après ce qui est dit plus haut, exercer sur la surface supérieure une poussée totale $F = P_o \pi(r_1{}^{\cdot} - r_0{}^{\cdot})$, la valeur de P_o étant donnée par la formule (10). La force totale F, capable de produire l'écoulement dont il s'agit, sera donc, en mettant dans cette formule pour P_0 sa valeur 2K

(15) $$F = \pi(r_1'^2 - r_0'^2) K \left(3 + \frac{2r_1'^2}{r_1'^2 - r_0'^2} \log \frac{r_1'}{r_0'} \right).$$

Au moyen des trois formules (13) et (15), M. Tresca a déterminé, pour le plomb, un assez grand nombre de valeurs de K. Ces valeurs ont été remarquablement concordantes et leur moyenne s'écarte peu de 200 kilogrammes par centimètre carré. Il a aussi reconnu l'exactitude des formules (14) qui donnent la hauteur des débouchures, au moyen d'expériences faites sur des cylindres de plomb, de cire à modeler, de diverses pâtes céramiques, d'étain, de cuivre et même de fer.

§ 2

TORSION

167. Définition. — Nous avons, au chapitre VIII, considéré une tige prismatique soumise à une force dirigée suivant son axe longitudinal. Supposons maintenant que nous ayons appliqué, à une des extrémités de cette tige, un couple situé dans un plan normal à l'axe et dont le moment, par rapport à cet axe, soit représenté par M. S'il n'y a aucune autre force appliquée à la tige, il faudra, pour l'équilibre, que les forces élastiques développées dans une section transversale quelconque aient pour résultante un couple dont le moment soit M.

La déformation qui en résulte porte le nom de *torsion*. Elle consiste en une rotation d'une section par rapport à la section voisine, l'axe longitudinal étant supposé fixe. Un point quelconque m, (fig. 150) projeté en M, appartenant à une section transversale AB, décrit, dans cette rotation, un petit arc de cercle projeté en MM', mm' et ayant son centre en O sur l'axe longitudinal. Soient OX, XY les axes principaux d'inertie de la section transversale, pris pour axes coordonnés, l'axe longitudinal étant pris pour axe des Z; la fibre primitivement verticale mm, projetée en m se transformera en un arc d'hélice, projeté verticalement en m_1m', et horizontalement sur l'arc de cercle MM'. Désignons par

θ l'angle dont une section a tourné par rapport à une autre située à une distance L mesurée sur l'axe longitudinal, et par $\theta = \dfrac{\Theta}{L}$ la torsion par unité de longueur; l'angle MOM' sera mesuré par $\theta . AA_1 = \theta dz$, si dz est la distance des deux sections voisines.

168. Évaluation des glissements élémentaires. —

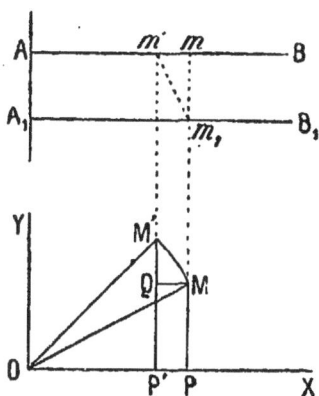

Fig. 150.

Supposons d'abord que la section $A_1 B_1$ ait conservé, en m_1, sa direction primitive, le glissement, en ce point, de l'une des sections par rapport à l'autre sera mesuré par $\dfrac{MM'}{AA_1}$, et si r désigne la distance OM du point considéré à l'axe longitudinal, l'arc MM' sera égal au produit de r par l'angle MOM', c'est-à-dire par θdz, de sorte que le glissement dont il s'agit sera exprimé par $\dfrac{r . \theta dz}{dz} = \theta r$.

Si donc, comme nous le supposons, la section $A_1 B_1$ conserve en tous ses points sa direction primitive, c'est-à-dire reste plane, et si $d\omega$ est la superficie de l'élément de la section transversale situé en m, le glissement θr correspond à un effort $G \theta r d\omega$, en désignant comme précédemment par G le coefficient d'élasticité de glissement. Le moment par rapport à OZ de cette force, qui est dirigée suivant MM', est $G \theta r^2 d\omega$ et la somme qui doit équilibrer le moment M des forces extérieures est $\int G \theta r^2 d\omega$. Nous avons donc :

$$M = G \theta \int r^2 d\omega = G \theta . J;$$

en désignant par J le moment d'inertie polaire de la section transversale, $J = \int r^2 d\omega = \int (x^2 + y^2) d\omega = I_x + I_y$, lequel est égal à la somme des deux moments d'inertie principaux.

Nous pouvons considérer le glissement θr comme la résultante de deux autres exprimés par $\dfrac{MQ}{AA_1}$ et $\dfrac{QM'}{AA_1}$, c'est-à-dire que ses composantes i_x, i_y suivant les axes coordonnés x et y auront respectivement pour expression $i_x = -\theta y$, $i_y = \theta x$; en désignant

par x et y les coordonnées du point M et en considérant la similitude des deux triangles M'QM, OPM.

Les glissements composants i_x, i_y sont les angles que forment,
avec la verticale, les projections de l'arc d'hélice m_i m' sur les
deux plans coordonnés des zx et des zy, lorsque la section $A_i B_i$
a conservé sa direction primitive en m.

Mais si la section ne reste pas plane et si z est l'ordonnée du
point M déplacé, le plan tangent au point M à la section déformée coupera les plans coordonnés suivant deux lignes qui
feront, avec les axes des x et des y, des angles dont les tangentes
seront respectivement $\frac{dz}{dx}$ et $\frac{dz}{dy}$. Ces angles étant très petits,
nous pouvons les considérer comme égaux à leurs tangentes.
Il en résulte que la projection sur le plan ZOX, par exemple,
de l'arc d'hélice qui représente la nouvelle position de la fibre
mm_i après la torsion, laquelle fait avec la verticale un angle
$— \theta y$, fait, avec sa projection sur le plan tangent à la section, un
angle dont le complément sera $\frac{dz}{dx} — \theta y$; la composante i_x du glissement réel mesuré parallèlement à l'axe des x sera donc

(1)
$$i_x = \frac{dz}{dx} — \theta y,$$

et nous aurons, de même,

(2)
$$i_y = \frac{dz}{dy} + \theta x.$$

**169. Forme affectée par les sections transversa-
les après la torsion.** — Consi-

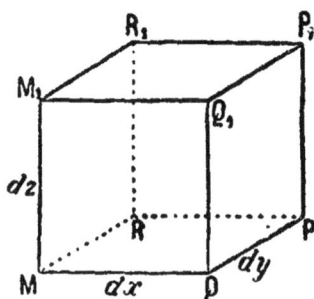

Fig. 151.

dérons maintenant un élément parallélépipède, situé au point M, et ayant
pour dimensions dx, dy, dz. La face
supérieure $M_i P_i$, a glissé, par rapport
à la face inférieure, de i_x parallèlement à dx, et de i_y parallèlement
à dy; donc, réciproquement, la face
latérale $R_i P = dx\, dz$ a glissé, devant la face parallèle MQ, de i_y, et
la face latérale $Q P_i = dy\, dz$ a glissé, devant la face parallèle $M R_i$,
de i_x. Si donc nous négligeons le poids de cet élément, et si nous

écrivons qu'il y a équilibre entre les forces qui agissent sur ses faces latérales parallèlement à l'axe des z (puisque, par hypothèse, les faces supérieure et inférieure, perpendiculaires à cet axe, n'exercent que des efforts situés dans leurs plans qui n'ont pas de composante longitudinale), nous aurons, sur la première face $dy\,dz$, un effort $G\,i_z\,dy\,dz$ et sur la seconde, un effort $-\,G\,dy\,dx$ $\left(i_z + \dfrac{di_z}{dx}\,dx\right)$; sur la première face $dx\,dz$ un effort $G\,i_y\,dx\,dz$ et sur la seconde $-\,G\,dx\,dz\left(i_y + \dfrac{di_y}{dy}\,dy\right)$. La somme de ces quatre forces doit être égale à zéro, ce qui donne, en réduisant, $\dfrac{di_x}{dx} + \dfrac{di_y}{dy} = 0$, ou bien, en mettant pour i_x et i_y leurs valeurs ci-dessus, la condition

$$(3) \qquad \frac{d^2 z}{dx^2} + \frac{d^2 z}{dy^2} = 0.$$

C'est l'équation différentielle de la surface affectée par la section transversale déformée. On voit que les courbures des sections faites dans cette surface par des plans parallèles aux x et aux y sont égales et de sens contraire.

Cette équation différentielle doit être définie par une condition relative au contour de la section, que nous allons déterminer. Soit AB (fig. 152) une génératrice du cylindre qui forme le contour de la tige tordue ; considérons le plan tangent à ce cylindre le long de cette génératrice, et la normale mp à ce plan en un certain point m. Cette ligne $m\,p$ sera, avant la torsion, comprise dans le plan de la section transversale. Le plan tangent suivant AB, ou la petite portion du cylindre contournant avec laquelle il se confond, n'est soumis à aucune force autre que la pression atmosphérique qui lui est normale; la section transversale passant par mp n'est soumise qu'à des forces situées dans son plan, et par conséquent perpendiculaires à AB, il en résulte que si nous considérons le dièdre formé par ces deux plans, il n'existe aucune force tendant à en modifier l'angle droit. La section transversale, après la déformation, restera donc normale en m au plan tangent suivant AB; elle pourra bien, en

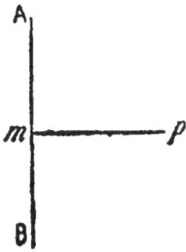

Fig. 152.

tournant autour de mp, s'incliner sur la ligne AB, mais elle ne cessera pas d'être tangente à la ligne mp, normale au plan tangent.

Si maintenant nous considérons le plan tangent à cette section transversale au point m, il contiendra la ligne mp, et si nous projetons, sur ce plan, l'arc d'hélice constitué par la ligne AB déformée, la projection, sur un plan passant par mp, de cette ligne tangente à un plan normal à mp, sera elle-même normale à mp, c'est-à-dire tangente au contour de la section transversale, lequel n'a pas cessé d'être normal à mp.

Si donc $f(x, y) = 0$ est l'équation du contour de la section et $\frac{dy}{dx}$ le coefficient angulaire de sa tangente, comme le coefficient angulaire de la tangente à l'hélice projetée sur le plan de la section transversale est mesuré par le rapport $\frac{i_y}{i_x}$, nousaurons, pour l'équation exprimant la condition cherchée,

$$(4) \qquad \frac{i_y}{i_x} = \frac{dy}{dx} \quad \text{ou} \quad \left(\frac{dz}{dy} + \theta x\right) dx - \left(\frac{dz}{dx} - \theta y\right) dy = 0.$$

Cette condition doit être satisfaite en tous les points du contour de la section.

170. Moment de torsion. Équation de résistance. — Les expressions (1) et (2) des composantes i_x, i_y du glissement en un point quelconque d'une section permettent de calculer le moment des forces qui ont pu produire ces déformations.

Si, en effet, nous considérons, dans le plan d'une section, un élément $dx\,dy$, le glissement i_x, parallèlement aux x, développe un effort $G\,i_x\,dx\,dy$, dont le moment, par rapport à l'axe, est $-G\,i_x\,y\,dx\,dy$.

De même, le glissement i_y, parallèlement aux y, développe un effort dont le moment est $G\,i_y\,x\,dx\,dy$, et, par suite, la somme des moments de tous ces efforts élémentaires, pour toute la section, devant faire équilibre au moment M des forces qui produisent la torsion, on pourra écrire

$$(5) \qquad M = \int \int G \left[\left(\frac{dz}{dy} + \theta x\right) x - \left(\frac{dz}{dx} - \theta y\right) y\right] dx\,dy.$$

En un point quelconque, le glissement total est exprimé par $\sqrt{i_x^2 + i_y^2}$, et, si R_o'' est la charge de sécurité correspondant aux efforts tangentiels ou de cisaillement, nous devrons avoir, comme condition de résistance

(6) $$ G \sqrt{\overline{i_x^2 + i_y^2}} \leq R_0''. $$

171. Cas où la section transversale reste plane. Section circulaire. — La solution exacte du problème de la torsion nécessite l'intégration de l'équation aux dérivées partielles $\frac{d^2z}{dx^2} + \frac{d^2z}{dy^2} = 0$ qui donne la forme de la section transversale déformée. Cette intégration n'est pas toujours facile ni même possible; elle peut s'effectuer exactement pour un certain nombre de formes de sections transversales, tandis que pour un grand nombre d'autres elle ne peut se faire que d'une manière approximative. Nous allons donner un exemple dans lequel elle peut être obtenue simplement; mais auparavant, nous allons nous proposer de chercher la condition nécessaire pour que les sections transversales restent planes après la déformation.

Cette condition, qui s'exprime par $z = 0$ partout, est évidemment une solution de l'équation aux dérivées partielles (3). L'équation (4) du contour est alors, en raison de ce que $\frac{dz}{dx}$ et $\frac{dz}{dy}$ sont nulles,

$$ 0x\,dx + 0y\,dy = 0, $$

laquelle est satisfaite par l'équation d'un cercle,

$$ x^2 + y^2 = a^2, $$

et ne peut l'être autrement. Il n'y a donc que les cylindres à base circulaire dont la section transversale reste plane dans la torsion.

Les glissements composants i_x, i_y ont pour valeurs $i_x = -0y$, $i_y = 0x$, et le moment de torsion s'exprime par

$$ M = \int\int G0(x^2 + y^2)\,dx\,dy = G0J, $$

en appelant J, comme précédemment, le moment d'inertie polaire de la section. Nous retrouvons ainsi l'expression que nous avions obtenue lorsque nous avions supposé que la section transversale conservait sa forme plane. Le glissement en un point quelconque, $\sqrt{\overline{i_x^2 + i_y^2}}$ est égal à $0\sqrt{\overline{x^2 + y^2}} = 0r$. Il est donc maximum au contour où $r = a$ et il y atteint θa. L'équation de résistance peut s'écrire alors $G \theta a \leqq R_0''$; ou bien, en remplaçant $G \theta$ par $\dfrac{M}{J}$, mettant pour J sa valeur qui, pour le cercle est $J = \dfrac{\pi a^4}{2} = \Omega \dfrac{a^2}{2}$, si Ω désigne la surface πa^2 de la section transversale :

$$M \leqq R''_0 \, \Omega \, \frac{a}{2}.$$

Observons aussi que l'expression $M = G J \theta$ peut s'écrire identiquement

$$M = \frac{1}{4 \pi^2} \frac{\Omega^2}{J} \cdot G \theta.$$

Cette forme, plus compliquée, est peut-être plus générale comme nous le verrons.

172. Section transversale elliptique. — L'équation aux dérivées partielles $\dfrac{d^2 z}{dx^2} + \dfrac{d^2 z}{dy^2} = 0$ est satisfaite aussi, comme on le sait, par celle qui représente le paraboloïde hyperbolique, $z = A x y$. En lui donnant la forme

$$z = - \frac{a^2 - b^2}{a^2 + b^2} \theta x y,$$

on en déduit pour les glissements composants,

$$i_x = \frac{dz}{dx} - \theta y = - \frac{2 a^2}{a^2 + b^2} \theta y, \qquad i_y = \frac{dz}{dy} + \theta x = \frac{2 b^2}{a^2 + b^2} \theta x,$$

et, par conséquent, l'équation du contour de la section est définie par

$$\frac{dy}{dx} = \frac{i_y}{i_x} = - \frac{b^2 x}{a^2 y};$$

ce qui correspond à l'équation de l'ellipse

$$\frac{x^2}{a^2} + \frac{y^2}{b^2} = 1.$$

Les cylindres elliptiques, tordus, se déforment donc de telle manière que leurs sections transversales deviennent des paraboloïdes hyperboliques.

Le moment de torsion $M = \int\!\!\int G (i_y x - i_x y) \, dx \, dy$ s'exprime par

$$M = \frac{2G\theta}{a^2 + b^2} \int \int (b^2 x^2 + a^2 y^2) \, dx \, dy = \frac{2G\theta}{a^2 + b^2} (b^2 I_y + a^2 I_x)$$

$$= \frac{2G\theta}{a^2 + b^2} \left(b^2 \frac{\pi a^3 b}{4} + a^2 \frac{\pi a b^3}{4} \right) = \frac{G\theta}{a^2 + b^2} \pi a^3 b^3.$$

Introduisons dans cette formule la surface $\Omega = \pi a b$ de la section et son moment d'inertie polaire

$$J = I_x + I_y = \frac{\pi a^3 b}{4} + \frac{\pi a b^3}{4} = \frac{\pi a b}{4} (a^2 + b^2);$$

nous aurons, en remplaçant $a^2 + b^2$ par $\frac{4J}{\pi a b}$,

$$M = \frac{G\theta}{4J} \pi^2 a^2 b^2 = \frac{G\Omega^2}{4\pi^2 J} \theta = 0,02533 \, G \frac{\Omega^2}{J} \theta.$$

Expression bien différente de celle $M = G J\theta$ que l'on obtient en supposant que les sections conservent leur forme plane.

Le glissement en un point quelconque, exprimé par $\sqrt{i_x^2 + i_y^2}$, est égal à $\frac{2\theta}{a^2 + b^2} \sqrt{a^2 y^2 + b^2 x^2}$. On voit que, pour une même valeur de $\frac{y}{x}$, c'est-à-dire sur un même rayon vecteur, il sera d'autant plus grand que x et y seront plus grands ; donc le glissement maximum se produit au contour de la section.

Pour les points du contour, on a $a^2 y^2 + b^2 x^2 = a^2 b^2$, et l'expression du glissement, en éliminant y, peut se mettre sous la forme $\frac{2\theta b}{a^2 + b^2} \sqrt{a^2 - x^2 (a^2 - b^2)}$.

Supposons que a soit plus grand que b, c'est-à-dire que b soit le petit axe ; cette expression deviendra la plus grande possible lorsque l'on aura $x = 0$, c'est-à-dire aux extrémités du petit axe. C'est donc aux extrémités du petit axe de l'ellipse, dans le cylindre elliptique tordu, que le danger de rupture est le plus grand. Le plus grand glissement a pour valeur, en ces points, $\frac{2a^2 b}{a^2 + b^2} \theta$, et l'équation de résistance s'écrira

$$G \frac{2a^2 b}{a^2 + b^2} \theta \leq R''_o.$$

On peut, au moyen de la valeur du moment de torsion M, éliminer $G\theta$, ce qui donne entre M et R$_o''$ la relation simple

$$M \leq \frac{b}{2} \Omega \, R''_o.$$

Le moment de torsion, pour être compatible avec la sécurité, ne doit donc pas dépasser le produit de la charge limite, supposée appliquée à toute la section transversale, par la moitié de la distance à l'axe du point du contour qui en est le plus rapproché.

173. Sections de formes quelconques. — Nous ne donnerons pas d'autre exemple de l'intégration de l'équation aux dérivées partielles ; nous nous bornerons à rappeler que M. de Saint-Venant, en effectuant cette intégration et les calculs qui en résultent pour un très grand nombre de s_ctions transversales de formes variées, a constaté que l'on pouvait considérer comme à peu près constant, quelle que soit la forme de la section, le coefficient par lequel il faut multiplier $G \frac{\Omega'}{J} \theta$ pour avoir la valeur du moment de torsion, et que, dans les deux exemples ci-dessus, nous avons trouvé égal à $\frac{1}{4\pi^2}$, soit à peu près $\frac{1}{40}$ ou 0,025. Les chiffres trouvés par M. de Saint-Venant, pour les sections les plus diverses, ne varient que de 0,023 à 0,026.

On pourrait donc, d'après les résultats de ces calculs, écrire toujours exactement ou très approximativement, quelle que soit la forme de la section transversale du prisme tordu :

$$M = \frac{1}{40} \frac{\Omega'}{J} \cdot G\theta.$$

Malheureusement la même analogie ne se présente pas dans les expressions du plus grand glissement, de sorte que l'équation de résistance ne semble pas pouvoir recevoir une forme simple, applicable à tous les cas.

CHAPITRE X

FLEXION DES PIÈCES DROITES

§ 1er

ÉTUDE GÉNÉRALE DE LA FLEXION

174. Définition. — Considérons une tige prismatique droite, c'est-à-dire engendrée par le mouvement de sa section transversale se déplaçant parallèlement à elle-même de manière que tous ses points décrivent des lignes droites. La ligne décrite par le centre de gravité de la section sera *l'axe* longitudinal de la tige et nous désignerons par *fibre* la ligne décrite par un autre point quelconque.

Plaçons, pour fixer les idées, cet axe horizontalement suivant l'axe des x. Supposons que la tige soit fixée invariablement à l'une de ses extrémités que nous prendrons pour origine, et qu'elle soit soumise, à l'autre, à l'action d'un couple situé dans un plan passant par son axe et que nous prendrons pour plan des xy. Faisons d'abord abstraction du poids de la tige. Une section transversale quelconque DCD' faite dans ce corps, perpendiculairement à son axe OX, devra développer des réactions faisant équilibre à toutes les forces qui agissent depuis cette section jusqu'à l'extrémité, forces qui, par hypothèse, se réduisent à un couple situé dans le plan XY et dont nous désignerons le moment par M.

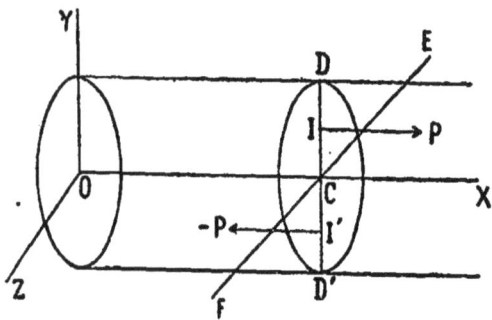

La résultante de ces réactions moléculaires, développées dans la section DCD', sera donc un couple de moment M, situé dans le plan XOY et que nous pouvons figurer par deux forces P, — P, égales, opposées et parallèles à l'axe des x, l'une de ces forces exerçant un effort d'extension et l'autre un effort de compression et toutes deux appliquées en des points inconnus I, I' de la trace DD' du plan des xy sur celui de la section transversale.

Si nous admettons, comme nous l'avons fait dans la première partie, que les efforts moléculaires positifs ou négatifs varient proportionnellement à la distance positive ou négative à une droite fixe des points où ils s'exercent, il faudra, pour que les efforts d'extension aient leur résultante P appliquée en un point I de la ligne CD, que la ligne droite, aux distances de laquelle ces efforts sont proportionnels, soit une parallèle au diamètre EF conjugué de la direction CD dans l'ellipse centrale d'inertie de la section. Les efforts de compression, pour donner une résultante — P appliquée au point I' de la ligne CD', devront de même être proportionnels à leurs distances à une ligne parallèle à la même direction EF, conjuguée à CD'. Et puisque les deux résultantes P et — P sont égales, il faudra encore que la ligne parallèle à EF qui séparera, sur la surface de la section transversale, la région comprimée de la région étendue passe par le centre de gravité C de cette section, c'est-à-dire coïncide avec la ligne EF elle-même.

175. Flexion simple ou circulaire. — Ainsi l'effet du couple M que nous avons considéré sera de développer, dans toutes les sections transversales, des efforts de tension et de pression proportionnels aux distances de leurs points d'application aux diamètres EF conjugués, dans les ellipses centrales d'inertie de ces sections, de la trace CD, sur leur plan, de celui qui contient le couple M. Sous l'action de ces efforts, un élément quelconque de la tige, primitivement parallèle à OX et compris entre deux sections infiniment voisines, va s'allonger ou s'accourcir, suivant qu'il sera d'un côté ou de l'autre de EF, et l'augmentation ou la diminution de sa longueur, étant proportionnelle à l'effort qui la produit, sera elle-même proportionnelle à sa distance à EF. Si, de ces deux sections voisines, nous supposons que l'une soit restée immobile, l'autre se sera déplacée ; comme si elle avait tourné autour de la ligne EF située dans son plan, en conservant d'ailleurs la forme plane, d'un petit angle mesuré par le rapport de l'allongement d'une fibre à sa distance à la ligne EF. Les sections successives tourneront ainsi, les unes par rapport aux autres, autour de lignes parallèles à EF, de petits angles qui seront égaux si les distances primitives des sections considérées sont égales et si le couple M a la même valeur pour toutes les sections. L'axe de la tige, après le déplacement, affectera donc la forme d'un arc de cercle situé dans un plan perpendiculaire à cette direction EF.

C'est à ce genre de déformation que l'on donne le nom de flexion simple ou circulaire.

176. Moment fléchissant. — Dans l'hypothèse que nous avons considérée, le moment M du couple qui fait fléchir, que l'on désigne sous le nom de *moment fléchissant*, a la même valeur pour toutes les sections ; c'est pourquoi la déformation étant la même partout, l'axe de la tige prend la forme d'un arc de cercle. Si le couple fléchissant était variable d'une section à l'autre, tout en restant dans le plan XOY, les rotations successives des diverses sections s'effectueraient toujours autour de lignes parallèles à EF, mais les angles de ces rotations varieraient avec la grandeur du couple. L'axe de la tige affecterait encore la forme d'une courbe plane située dans un plan perpendiculaire à EF, mais cette courbe ne serait plus un arc de cercle.

177. Axe neutre. Plan de flexion. — Dans chaque section, la ligne EF, qui sépare la partie soumise à l'extension de celle qui est comprimée, et sur laquelle il ne s'exerce aucun effort, porte le nom *d'axe neutre*. La surface cylindrique, lieu des lignes EF pour toutes les sections, est la surface des fibres neutres. Les fibres qu'elle contient n'ont subi, en effet, ni allongement ni raccourcissement. Le *plan de flexion* est le plan dans lequel se trouve l'axe de la tige après la flexion, c'est la section droite du cylindre des fibres neutres.

Il ne coïncide pas, en général, avec le plan du couple fléchissant. Cette coïncidence n'a lieu que lorsque le couple fléchissant s'exerce dans un plan contenant un des axes principaux d'inertie de la section transversale ; l'axe neutre EF est alors perpendiculaire à ce plan.

Nous supposerons que cette condition est toujours réalisée. Nous n'enlèverons rien, par cette hypothèse, à la généralité des solutions que nous trouverons, car, si une pièce prismatique est soumise à l'action d'un couple situé dans un plan quelconque passant par son axe, nous pourrons toujours décomposer ce couple en deux autres situés dans les plans rectangulaires passant par cet axe et par les axes principaux d'inertie de ses sections transversales, et déterminer l'effet qu'il produit en superposant géométriquement les effets de ses couples composants.

Nous pourrons ainsi ne nous occuper que du cas où le couple fléchissant se trouve dans l'un de ces plans comprenant l'un des axes principaux d'inertie des sections, qui sera ainsi, en même temps, le plan de flexion.

178. Flexion quelconque. Formule fondamentale.

— Considérons, dans une pièce prismatique ainsi sollicitée, une section transversale AB (fig. 154) dont l'axe neutre se projette en C, et une autre section infiniment voisine DE, dont l'axe neutre est projeté en I. Si nous supposons que la première AB reste fixe, le mouvement relatif de la seconde par rapport à celle-ci sera une rotation autour de l'axe projeté en I, les fibres supérieures s'étant allongées et les fibres inférieures s'étant raccourcies de quantités proportionnelles à leurs distances à l'axe CI. Si mn est une de ces fibres, nn' son allongement, l'angle de la rotation sera mesuré par $\dfrac{n'n}{n\mathrm{I}}$ ou par $\dfrac{\mathrm{CI}}{\mathrm{CO}}$, si le point O

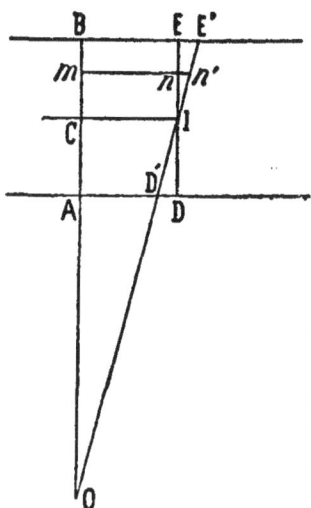

Fig. 154.

est le point concours des deux lignes AB, D'E', ou le centre de courbure de l'axe CI déformé. Désignons par ρ le rayon de courbure de la courbe affectée par cet axe après la déformation et par ds l'élément d'arc CI, dont la longueur n'a pas varié; l'angle de la rotation $\dfrac{nn'}{n\mathrm{I}}$ sera exprimé ainsi par $\dfrac{ds}{\rho}$.

Si nous représentons par ω la section élémentaire de la fibre mn, que nous avons considérée, et par E le coefficient d'élasticité de la matière de la tige, l'effort capable d'allonger de la fraction $\dfrac{nn'}{mn}$ la fibre dont il s'agit sera exprimé par $\mathrm{E}\omega\dfrac{nn'}{mn}$. Nous devons exprimer que tous ces efforts élémentaires ont pour résultante un couple faisant équilibre au couple fléchissant dont le moment est M.

Remplaçons nn' par sa valeur $\dfrac{ds}{\rho}\,n\mathrm{I}$, ou par $\dfrac{vds}{\rho}$ en désignant par v la distance $n\mathrm{I}$ de la fibre quelconque mn à l'axe neutre, et mettons à la place de mn sa valeur ds; l'expression de l'effort élémentaire dont il s'agit deviendra $\mathrm{E}\omega\dfrac{v}{\rho}$.

Tous ces efforts devant se réduire à un couple, la somme de leurs projections sur un axe horizontal doit être nulle, c'est-à-dire que nous devons avoir

$$\sum E\omega \frac{v}{\rho} = \frac{E}{\rho} \sum \omega v = 0.$$

Cette équation exprime simplement ce que nous avions déjà dit, que l'axe neutre, projeté en C ou en I, passe par le centre de gravité de la section.

Pour exprimer que le couple résultant fait équilibre au couple M, prenons la somme des moments des efforts élémentaires par rapport au point C. Chaque effort étant $E\omega \frac{v}{\rho}$ et son bras de levier v, la somme des moments sera $\sum E\omega \frac{v}{\rho} v = \frac{E}{\rho} \sum \omega v'$. Or, $\Sigma \omega v'$ est le moment d'inertie de la section par rapport à l'axe neutre; désignons-le par I, nous aurons à écrire l'équation d'équilibre

$$\frac{EI}{\rho} = M.$$

On voit que, comme nous l'avons dit, lorsque le moment fléchissant M est le même pour toutes les sections, le rayon de courbure ρ est aussi constant, et la fibre neutre affecte la forme d'un arc de cercle. Lorsque M est variable, le rayon ρ varie en raison inverse.

179. Équation de résistance. — Si nous désignons par R l'effort exercé par unité de surface sur une fibre quelconque, il est égal au quotient, par la section ω, de l'effort exercé sur cette fibre, qui est, d'après ce qui précède, $E\omega \frac{v}{\rho}$. Nous avons donc $R = E\frac{v}{\rho}$; ce qui, combiné avec l'expression précédente, donne

$$\frac{RI}{v} = M,$$

nouvelle expression de la somme des moments des efforts qui font équilibre au moment fléchissant. Cette somme de moments, qui s'exprime indifféremment par $\frac{EI}{\rho}$ ou par $\frac{RI}{v}$, s'appelle le moment résistant ou moment d'élasticité de la pièce fléchie.

L'effort exercé sur chaque fibre par unité de surface a pour expression $R = \frac{Mv}{I}$. Il est proportionnel à l'ordonnée v du point considéré, il est donc maximum, dans une section donnée, aux points les plus éloignés de l'axe neutre. Si l'on désigne par v_1 l'ordonnée de ces points, c'est-à-dire le maximum de v, et si l'on veut que cet effort maximum ne dépasse pas une certaine limite R_0 dépendant de la nature de la matière de la pièce fléchie, on aura à satisfaire à l'inégalité

$$R_0 \gtreqless \frac{M v_1}{I}$$

qui, suivant les cas, déterminera soit le maximum du moment M que peut supporter une pièce donnée, soit, pour un moment fléchissant donné, les dimensions de la section transversale qui entrent dans le rapport $\frac{v_1}{I}$.

180. Déformation de la section transversale. — La

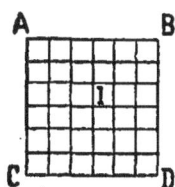
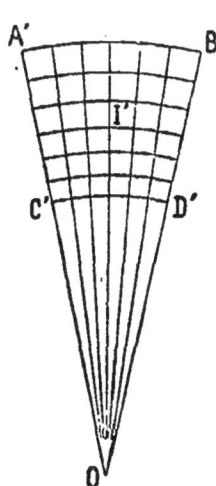

flexion, que nous venons ainsi de définir par des rotations successives des sections autour de leur axe neutre respectif, est accompagnée d'un changement de forme de ces sections provenant des contractions ou dilatations latérales, qui accompagnent les allongements ou accourcissements longitudinaux des fibres. Ces nouveaux changements de dimensions étant pro-

Fig. 155.   *Fig. 155 bis.*

portionnels aux premiers sont, comme ceux-ci, proportionnels aux distances des fibres à l'axe neutre. Il en résulte que si l'on suppose la section transversale primitive (fig. 155) divisée en éléments de forme carrée, chacun de ces éléments, dont les deux dimensions sont accrues ou diminuées de la même quantité, proportionnelle à l'accourcissement ou à l'allongement longitudinal de la fibre à laquelle il correspond, restera de forme carrée. Tous ceux qui seront à la même distance de l'axe neutre seront des carrés égaux, et les côtés de ces carrés augmenteront ou diminueront proportionnellement à leur distance à cet axe. Pour que ces carrés puissent rester contigus, il faudra d'ailleurs qu'ils prennent, les uns par rapport aux autres, l'arrangement représenté dans la figure 155 *bis*, c'est-à-dire que l'axe neutre se courbera, ainsi que les lignes qui lui sont parallèles sur le plan de la section, suivant des arcs de cercle concentriques. Une fibre dont la distance à l'axe neutre est représentée par v subissant un allongement proportionnel à v, la ligne parallèle à l'axe neutre, à la distance v, subira un accourcissement proportionnel à ηv, si η est, comme au chapitre VIII, le rapport entre les contractions transversales et les allongements longitudinaux. Le rayon de courbure de l'axe neutre sera, par conséquent, à celui de l'axe longitudinal, dans le rapport de 1 à η, ou bien aura pour valeur $\frac{\xi}{\eta}$.

La courbure de l'axe neutre sera d'ailleurs évidemment en sens inverse de celle de l'axe longitudinal, et si la concavité de la première est tournée vers le haut, celle de la seconde sera tournée vers le bas, et réciproquement [1].

181. Condition pour que la formule soit applicable. — Les formules qui précèdent et qui expriment l'égalité entre le moment fléchissant, dans une section quelconque, et le moment d'élasticité, c'est-à-dire la somme des moments des efforts développés en tous les points de cette section, ont été établies en supposant que ces efforts varient proportionnellement à la distance de leurs points d'application à une droite fixe, l'axe neutre de la section. Cette hypothèse n'est généralement pas réalisée aux points d'application des forces extérieures trans-

---

1. Cet effet des déformations transversales accompagnant toujours les extensions et contractions longitudinales qui n'avait été observé, dans le cas de la flexion, que pour des corps très déformables, a été mis remarquablement en évidence par une expérience de flexion d'un barreau d'acier, à section carrée de 39 millimètres de côté, dont M. Considère rend compte dans les Annales des Ponts et Chaussées, 1885, 1er semestre, p. 611. Sous l'action des efforts auxquels il a été soumis, ce barreau a pris, dans le sens longitudinal, une courbure dont le rayon, déduit des données de M. Considère, était de 86 millimètres environ. En même temps, la section transversale s'est déformée comme il vient d'être dit et l'axe neutre a pris dans le plan de cette section une courbure dont le rayon était de 174 millimètres environ. On en déduit pour le rapport η des contractions transversales aux dilatations longitudinales, la valeur 0,49 environ, très voisine de celle 0,50, qui correspondrait à une déformation produite sans aucune modification du poids spécifique de la matière déformée. (Voir ci-dessus, n° 123, page 206.)

mises à la pièce fléchie par l'intermédiaire d'autres corps solides qui exercent sur certaines parties de cette pièce des pressions réparties d'une façon généralement quelconque et inconnue. Mais de même que, pour l'extension simple, nous avons admis qu'à une certaine distance du point d'application de la force exté rieure, celle-ci se répartissait également sur tous les points de la section transversale, quel que fût d'ailleurs son mode d'applica tion ; de même, dans la flexion, nous admettons, et l'expérience confirme, qu'à une certaine distance des points d'application des forces extérieures, les efforts moléculaires qui leur font équilibre varient suivant la loi que nous avons indiquée, c'est-à-dire pro portionnellement à la distance de leurs points d'application à une droite fixe[1].

Cette hypothèse n'est autre que celle que nous avons faite dans la première partie, sous le nom d'hypothèse *du plan*. Quelle que soit la loi réelle de variation des efforts dans une section trans versale, si on représente ces efforts par des ordonnées qui leur soient proportionnelles, les extrémités de ces ordonnées forme ront une surface à laquelle nous avons substitué un plan. Cette substitution sera d'autant plus légitime que l'étendue de la sur face considérée sera plus petite, c'est-à-dire que les sections trans versales seront plus petites.

182. Effort tranchant. — Considérons maintenant une tige prismatique, définie et placée comme la précédente, fixée en core à l'une de ses extrémités O et soumise à l'autre, non plus à l'action d'un couple M, mais d'une force P que nous suppose-

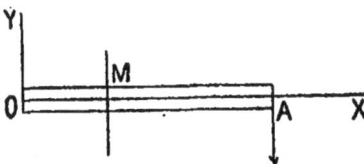
Fig. 156.

rons placée dans le plan des xy qui contient l'axe longitudinal OX de la tige et l'un des axes principaux des sections transversales, et dirigée perpendiculairement à l'axe longitudinal, à une dis tance OA $= a$ de l'extrémité fixe.

1. M. Boussinesq a montré (Journal de Liouville, 1871) qu'il y a là plus qu'une simple hypothèse. Cette répartition des efforts est une conséquence de la forme allongée des tiges fléchies ; elle est, pour ainsi dire, la traduction analytique, la mise en équation de la condition que les dimensions transversales de ces pièces sont petites par rapport à leur dimension longitudinale.

Les efforts moléculaires qui sont développés dans une section transversale M quelconque, située à une distance OM = x de l'extrémité fixe doivent faire équilibre à la force P, pour que la partie MA de la tige soit en équilibre. Il faut, pour cela, que la somme des projections de ces efforts sur l'horizontale OX soit nulle, que la somme des projections sur la verticale OY soit égale à — P, et que la somme des moments par rapport à un point quelconque du plan, par rapport au point M par exemple, soit égale au moment de la force P, c'est-à-dire à P $(a-x)$.

Si nous considérons d'abord les composantes horizontales des efforts dont il s'agit, nous voyons qu'elles seront déterminées par la condition d'équilibrer le couple P $(a-x)$. Elles produiront donc une flexion analogue à celle que nous venons d'étudier, courbant l'axe longitudinal de la pièce suivant une courbure dont le rayon ρ, variable, sera défini par l'équation $\dfrac{EI}{\rho} = P(a-x)$.

A cette déformation s'ajoutera celle qui sera produite par les composantes verticales des mêmes efforts et dont la somme doit être égale à — P. Ces composantes, agissant dans le plan même de la section, sont des *efforts tranchants*, qui produisent des déformations du genre de celles que nous avons étudiées au chapitre IX sous le nom de *glissements*. Pour nous rendre compte de ce nouvel effet, examinons d'abord le cas simple où la section de la tige serait rectangulaire et où la dimension transversale (perpendiculaire au plan de la figure) serait assez petite pour que nous puissions supposer que l'effort tangentiel dont il s'agit conserve la même valeur tout le long d'une parallèle à l'axe neutre.

183. Répartition de l'effort tranchant. — Considérons deux sections transversales M, N (fig. 157) infiniment voisines, la première à la distance x de l'origine fixe, l'autre à la distance $x + dx$, et, entre ces deux sections, un parallélépipède infiniment petit $mnqp$ compris entre deux plans, l'un mn à la distance v, l'autre pq à la distance $v + dv$ de l'axe longitudinal MN. Désignons par i le glissement sur mp, ce sera

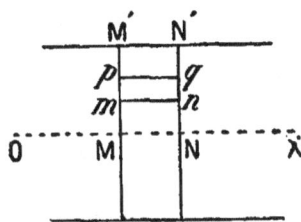
Fig. 157.

aussi, comme nous l'avons vu, le glissement sur la face mn perpendiculaire à mp; et le glissement sur la face pq sera $i + \dfrac{di}{dv}\, dv$.

Écrivons l'équation d'équilibre, dans le sens horizontal, du petit parallélépipède $mnpq$, c'est-à-dire égalons à zéro la somme des composantes horizontales des forces qui s'exercent sur lui. Ces forces sont, sur les faces mp, nq, les composantes horizontales. des efforts résultant de la flexion due au couple $P\,(a-x)$ pour la face mp, au couple $P\,(a-x-dx)$ pour la face nq. Si nous désignons par b la largeur supposée uniforme de la tige fléchie, perpendiculairement au plan de la figure, ces efforts, que nous avons plus haut représentés par R, par unité de surface, ont pour valeur, d'après l'expression de $R = \dfrac{Mv}{I}$, et pour la superficie $b\,dv$ de chacune de ces faces :

$$\text{sur la face } pm \qquad \frac{P\,(a-x)\,v}{I}\,b\,dv$$

$$\text{sur la face } nq \qquad -\frac{P\,(a-x-dx)\,v}{I}\,b\,dv.$$

Sur les faces mn, pq, s'exercent les efforts de glissement ayant pour valeur les glissements i et $i + \dfrac{di}{dv}\, dv$ multipliés par la surface $b\,dx$ de chacune d'elles et par le coefficient de glissement G. La somme de ces forces, qui sont toutes horizontales, doit, pour l'équilibre, être nulle, ce qui donne l'équation

$$\left(\frac{P\,(a-x)\,v}{I} - \frac{P\,(a-x-dx)\,v}{I}\right)b\,dv + \left(-i + (i + \frac{di}{dv}\,dv)\right)G\,b\,dx = 0;$$

laquelle, en réduisant, devient

(1) $$\qquad -G\frac{di}{dv} = \frac{P}{I}v, \text{ ou } di = -\frac{P}{GI}\,v\,dv.$$

En intégrant et désignant, pour déterminer la constante, par i_0 le glissement sur l'axe neutre, pour $v = 0$, on obtient

$$i = i_0 - \frac{Pv^2}{2GI}.$$

La valeur de i_0 peut se trouver en remarquant qu'aux extrémités de la section transversale, lorsque v atteint sa plus grande valeur égale à $+\dfrac{h}{2}$, si h désigne la hauteur de la section rectangulaire de la tige, le glissement doit être nul, car aucun effort tangentiel ne s'exerce sur les faces latérales du corps fléchi. Faisons donc $i = 0$ pour $v = +\dfrac{h}{2}$, il viendra

$$i_0 = \frac{P}{2GI} \cdot \frac{h^2}{4}; \text{ d'où, en substituant : } i = \frac{P}{2GI}\left(\frac{h^2}{4} - v^2\right).$$

Mettons encore pour I, moment d'inertie du rectangle bh, sa valeur $\dfrac{bh^3}{12}$ ou bien, en désignant par Ω la section transversale bh, $\Omega\,\dfrac{h^2}{12}$; cette expression se mettra alors sous la forme

$$(2) \qquad i = \frac{12\,P}{2\Omega G h^2}\left(\frac{h^2}{4} - v^2\right) = \frac{3\,P}{2\Omega G}\left(1 - \frac{4\,v^2}{h^2}\right);$$

et le glissement i sera complètement déterminé en chaque point en fonction de sa distance v à l'axe neutre.

On peut vérifier que les efforts dus à cette déformation équilibrent bien la force P. L'effort sur un élément mp, de surface $b\,dv$, aura pour expression $G\,i\,b\,dv$; et en faisant la somme de toutes ces quantités entre les limites $-\dfrac{h}{2}$ et $+\dfrac{h}{2}$ on aura :

$$\int_{-\frac{h}{2}}^{+\frac{h}{2}} G\,i\,b\,dv = \int_{-\frac{h}{2}}^{+\frac{h}{2}} \frac{3\,P}{2\Omega}\left(1 - \frac{4\,v^2}{h^2}\right) b\,dv = P.$$

D'après cela, on voit que, dans une tige de section rectangulaire comme celle que nous avons supposée, le glissement varie, aux divers points de la section transversale, comme les ordonnées d'une parabole et qu'au milieu, où il est le plus grand, il équivaut à un effort égal à une fois et demie l'effort moyen qui correspondrait à une répartition uniforme de la force P sur toute l'étendue de la section transversale. On a en effet, pour $v = 0$, $Gi = Gi_0 = \dfrac{3}{2}\dfrac{P}{\Omega}$.

Si, au lieu d'avoir supposé constante la largeur b de la section transversale, nous avions supposé que cette largeur était variable et fonction connue de la coordonnée v, en admettant toujours que le glissement était le même sur toute l'étendue de cette largeur b, nous aurions pu opérer de la même manière;

seulement la superficie de la petite face pq, au lieu d'être comme celle de mn, exprimée par $u\,dx$, en désignant alors par u la largeur variable, l'aurait été par $(u + \dfrac{du}{dv}\,dv)\,dx$. Cette modification, introduite dans le calcul, aurait transformé l'équation (1) en celle-ci

$$(4) \qquad \frac{\mathrm{P}}{\mathrm{I}}\,v = -\,\mathrm{G}\left(\frac{di}{dv} + \frac{i}{u}\frac{du}{dv}\right) \quad \text{ou} \quad \frac{\mathrm{P}}{\mathrm{G}\,\mathrm{I}}\,u\,v\,dv = -\,d.\,(i\,u),$$

qui, intégrée depuis la valeur v_1 correspondant à la fibre la plus éloignée pour laquelle le glissement s'annule, jusqu'à la valeur v de la fibre considérée, donne

$$(5) \qquad i\,u = -\frac{\mathrm{P}}{\mathrm{G}\,\mathrm{I}}\int_{v_1}^{v} u\,v\,dv = \frac{\mathrm{P}}{\mathrm{G}\,\mathrm{I}}\int_{v}^{v_1} u\,v\,dv \,;$$

équation faisant encore connaître la valeur de i, glissement en un point quelconque, en fonction de la distance v de ce point à l'axe neutre, lorsque u est donné en fonction de v.

184. Glissement longitudinal des fibres. — Ce glissement transversal des sections du prisme fléchi est accompagné d'un glissement longitudinal des fibres les unes sur les autres, c'est-à-dire, par exemple, de la fibre pq par rapport à la fibre mn, et qui est le même, pour un même effort tranchant P, sur toute l'étendue d'une même fibre longitudinale. L'existence des efforts dus à cette déformation, qui ne se produiraient pas si le prisme fléchi était formé de pièces superposées, sans adhérence les unes avec les autres, explique ce fait d'expérience bien connu qu'une poutre rectangulaire, par exemple, d'une certaine hauteur, présente à la flexion une résistance bien supérieure à celle d'un certain nombre de madriers superposés de même hauteur totale.

Sous l'influence du glissement transversal, qui est variable d'un point à l'autre des sections, celles-ci ne restent pas rigoureusement planes : elles ne pourraient l'être que si les petites lignes menées parallèlement à l'axe longitudinal entre deux sections infiniment voisines, et perpendiculairement à leur plan, s'inclinaient toutes d'une même quantité. Mais les inclinaisons ou glissements restent toujours de petites quantités, les différences des distances au plan de l'une des sections des extrémités

de ces petites lignes, qui sont de l'ordre de grandeur des cosinus
de ces petits angles ou de l'ordre de grandeur des carrés de ces
glissements, sont toujours négligeables et trop petites pour être
observées expérimentalement. C'est pourquoi, dans les expériences les plus précises, on a toujours constaté que les sections
restaient planes.

**185. Application aux sections en forme de double
T symétrique.** — Dans une section à double T, dont la hauteur est assez grande et dont l'âme n'a qu'une faible épaisseur,
celle-ci n'entre, dans la valeur du moment d'inertie, que pour
une faible partie, qui peut être négligeable. Alors le moment
d'inertie I, si ω est la section de chacune des semelles et h la hauteur de la poutre, peut s'exprimer approximativement par $\frac{\omega h^2}{2}$,
et le rapport $\frac{I}{v}$, simplement par ωh; l'équation de résistance
de la page 290 s'écrira alors $R_0 \omega h \geqq M$; d'où l'on pourra déduire $\omega \geqq \frac{M}{R_0 h}$, [1] formule qui fera connaître la superficie à donner
aux semelles d'une poutre pour résister à un moment fléchissant

[1]. Cette formule n'étant qu'approximative, M. Périssé, ingénieur, s'est proposé
de la rendre exacte au moyen d'un coefficient correctif Q dont il indique les
valeurs pour les cas ordinaires de la pratique. Il écrit donc cette formule $\omega = \frac{M}{Q R_0 h}$
et voici un certain nombre des valeurs qu'il donne pour Q :

NATURE des poutres en forme de double T	HAUTEUR des poutres	VALEURS du coefficient correctif.	NATURE des poutres en forme de double T	HAUTEUR des poutres	VALEURS du coefficient correctif.
Ame pleine avec cornières et plates-bandes	0m,35 à 0m,50 0m,55 à 0m,70 0m,75 à 0m,95 1m,00 à 1m,20 1m,20 à 2m,00	0,80 0,90 1,00 1,05 1,10	En treillis avec âme longitudinale, cornières et plates-bandes	0m,80 à 1m,50 1m,60 et au-dessus.	1,00 1,05
Ame pleine et cornières sans plates-bandes	0m,30 à 0m,40 0m,45 à 0m,55 0m,60 à 0m,70	0,80 0,90 1,00	En treillis avec quatre cornières seulement.	0m,25 à 0m,40 0m,45 à 1m,00	0,80 0,90

La section ω, donnée par cette formule, est la surface totale de la plate-bande,
des deux cornières et de la portion de l'âme serrée entre ces deux cornières
pour un seul côté de la poutre; ou la surface de celles de ces parties qui existent dans la forme de poutre que l'on a choisie.

déterminé, et qui est absolument identique à celle que nous avons trouvée (chapitre VII, page 196) pour les poutres en treillis, pour lesquelles nous avions reconnu que les semelles supérieure et inférieure seules résistaient au moment fléchissant, ce qui est d'accord avec l'hypothèse que nous venons de faire, de considérer l'âme comme négligeable.

Si cette hypothèse est admissible en ce qui concerne le moment fléchissant, elle ne l'est plus pour l'effort tranchant. Nous avons vu que, dans une section transversale de forme quelconque, il se produisait, sous l'action de cet effort que nous désignerons maintenant par T, un glissement i variable aux divers points de la section et exprimé, en fonction de la largeur u de la section au point considéré et de la distance v de ce point à l'axe neutre par la formule (5), page 296,

$$iu = \frac{T}{GI} \int_v^{v_1} u v \, dv.$$

L'effort correspondant, mesuré par le produit de ce glissement par le coefficient G, a pour expression

$$G i = \frac{T}{u I} \int_v^{v_1} u v \, dv = S.$$

Si nous désignons par b la largeur des semelles (fig. 159), par h la hauteur totale de la poutre, par h' la hauteur entre les semelles, et par b' la somme des saillies qu'elles forment sur l'âme, de manière que l'épaisseur de celle-ci soit $b - b'$, la coordonnée u est constante et égale à b pour toutes les valeurs de v comprises entre $\frac{h}{2}$ et $\frac{h'}{2}$; nous avons donc, pour cette partie correspondant aux semelles :

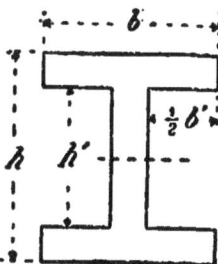

Fig. 159.

$$\int_v^{v_1} u v \, dv = b \left(\frac{h^2}{8} - \frac{v^2}{2} \right), \text{ et } G i \text{ ou } S = \frac{T}{2 I} \left(\frac{h^2}{4} - v^2 \right).$$

Pour la partie correspondant à l'âme, pour laquelle u a la valeur constante $(b-b')$, nous avons $\int_v^{v_1} uv\,dv = b\left(\frac{h^2-h''^2}{8}\right) +$

$(b-b')\left(\frac{h'^2}{8} - \frac{v^2}{2}\right)$ et en réduisant :

$$S = \frac{T}{2\,\mathrm{I}\,(b-b')}\left(\frac{bh^2-b'h''^2}{4} - (b-b')v^2\right).$$

Cet effort est maximum pour $v = 0$ et il atteint alors la valeur

$$\frac{T}{2\,\mathrm{I}\,(b-b')}\,\frac{bh^2-b'h''^2}{4} = \frac{T}{h'(b-b')}\cdot\frac{3}{2}\cdot\frac{bh^2h'-b'h''^3}{bh^3-b'h''^3}$$

$$= \frac{T}{h'(b-b')}\cdot\frac{3}{2}\left[1 - \frac{bh^2(h-h')}{bh^3-b'h''^3}\right].$$

Si la section à double T a une forme telle que, dans le calcul du moment d'inertie, on puisse négliger l'âme, la valeur exacte de ce moment d'inertie, qui est $\frac{bh^3-b'h''^3}{12}$, pourra, approximativement, être considérée comme égale à $\frac{bh^2(h-h')}{4}$, de sorte que le rapport $\frac{bh^2(h-h')}{bh^3-b'h''^3}$ pourra être remplacé par $\frac{4}{12}$ ou $\frac{1}{3}$, il en résulte que l'expression de l'effort maximun se réduit alors à

$$S = \frac{T}{h'(b-b')}.$$

Cet effort maximum est donc le même que si l'effort tranchant était réparti uniformément sur toute l'étendue de l'âme, dont la superficie est $h'(b-b')$.

Nous retrouvons encore ici une analogie avec les poutres en treillis dans lesquelles nous avons vu le treillis résister seul à l'effort tranchant.

Il ne faut pas oublier qu'à l'effort de glissement, qui se produit ainsi en chaque point de la section transversale, correspond, dans le sens longitudinal, un effort égal entre les fibres parallèles à l'axe de la pièce fléchie. Cet effort exprimé, comme le précédent, par $G_i = \frac{T}{u\,\mathrm{I}}\int_0^v uv\,dv$, a, lorsque l'effort tranchant P est le même dans toutes les sections, la même valeur en tous les points d'une même fibre longitudinale. Pour le cas de la section en forme de double T, sa valeur maximum, au milieu de la hauteur de la section, est approximativement comme celle de l'effort de glissement transversal $\dfrac{T}{h'\,(b-b')}$. Lorsque l'âme est formée de deux feuilles de tôle de hauteur égale, fixées par des couvre-joints et des rivets au milieu de la hauteur, cette expression peut servir à déterminer non seulement l'épaisseur de l'âme, mais le diamètre ou l'espacement des rivets qui en réunissent chaque partie aux couvre-joints. Cet espacement étant, par exemple, Δx, l'effort de glissement qui s'exercera sur cette longueur et sur la largeur $b-b'$ de l'âme sera, à raison de $\dfrac{T}{h'(b-b')}$ par unité de surface : $\dfrac{T\Delta x}{h'}$; et cet effort doit être inférieur à celui qui produirait le cisaillement du rivet et qui, si d est le diamètre de cette pièce, est $\dfrac{\pi d^2}{4} R''_0$ en appelant R''_0 la charge de sécurité par cisaillement. On aura donc à satisfaire à l'inégalité

$$\frac{T\Delta x}{2h'} \le \frac{\pi d^2}{4} R''_0,$$

relation cherchée entre Δx et d.

L'observation que nous venons de faire, que l'effort longitudinal de glissement atteint sa valeur maximum tout le long de la même fibre longitudinale, alors qu'il ne l'atteint que sur un seul point de la section transversale, donne l'explication de ce fait d'expérience : lorsqu'une tige soumise à la flexion se rompt sous l'action de l'effort tranchant, la disjonction ne se fait pas suivant le plan d'une des sections transversales, mais bien suivant la surface des axes neutres des sections passant par l'axe longitudinal.

186. Détermination de l'état moléculaire complet de la pièce fléchie. — Nous avons acquis la connaissance des efforts moléculaires développés, en chaque point de la tige, sur deux faces rectangulaires menées par ce point, savoir: 1° sur le plan de la section transversale, un effort normal égal à $\dfrac{Mv}{I} = R$; un effort tangentiel égal à $\dfrac{T}{uI} \displaystyle\int_0^{r_1} uv\,dv = S$; 2° sur le plan normal à cette section et au plan de flexion, un effort tangentiel égal à S: Nous pouvons en déduire la grandeur et la direction de l'effort sur une petite face, d'une direction quelconque, menée par le même point perpendiculairement au plan de flexion. Il nous suffit de nous reporter à la construction graphique donnée à la page 127. Si, sur une ligne horizontale (fig. 160), on porte $OM = \frac{p_1 + p_2}{2}$, égale à

Fig. 160.

la demi-somme des deux pressions principales qui s'exercent autour du point considéré, $MN = \frac{p_1 - p_2}{2}$ égale à leur demi-différence, et si du point M comme centre, avec MN pour rayon, on décrit une demi-circonférence, la ligne OR, joignant le point O à un point quelconque R de cette demi-circonférence, représentera en grandeur la pression qui s'exercera sur le plan dont la normale fait, avec la plus grande des deux pressions principales, un angle égal à $\frac{1}{2}$ RMN.

Cette pression OR est d'ailleurs inclinée, sur la normale à la face sur laquelle elle agit, d'un angle RON.

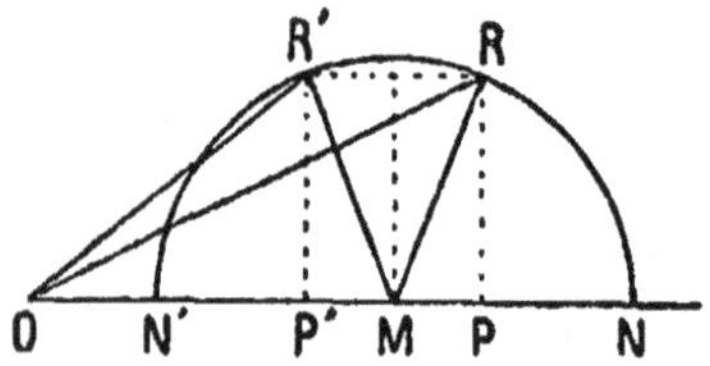

Réciproquement, si l'on connaît les efforts OR, OR′ qui s'exercent sur deux éléments plans quelconques, passant par un point d'un solide, ainsi que les angles RON, R′ON que les directions de ces efforts font avec les normales à ces plans, ou, ce qui revient au même, si l'on connaît les composantes normales OP, OP′ et les composantes tangentielles PR, PR′ de ces deux efforts, on n'aura, à partir d'un point O quelconque, qu'à mener une horizontale ON, construire les deux angles donnés RON, RON′, prendre les longueurs OR et OR′ égales aux efforts donnés, élever sur le milieu de RR′ une perpendiculaire qui, par sa rencontre en M avec ON donnera le centre de la demi-circonférence, et par suite les grandeurs ON, ON′ des deux pressions principales ; les directions de ces pressions seront définies par les moitiés des angles RMN, R′MN, ces moitiés étant les angles formés, avec les normales aux deux plans donnés, par la plus grande des deux pressions principales.

Appliquons cette construction au problème dont nous nous occupons, ayant pour but de déterminer la grandeur et la direction de l'effort sur un élément plan d'une direction quelconque, dans une pièce fléchie.

A partir du point O, sur une horizontale ON, portons OP=R, composante normale de l'effort sur le plan de la section transversale, et élevons l'ordonnée PR=S, composante tangentielle du même effort; au même point O menons OR' = S, composante tangentielle de l'effort sur l'autre élément plan (la composante normale étant nulle, cette ordonnée est menée par le point O).

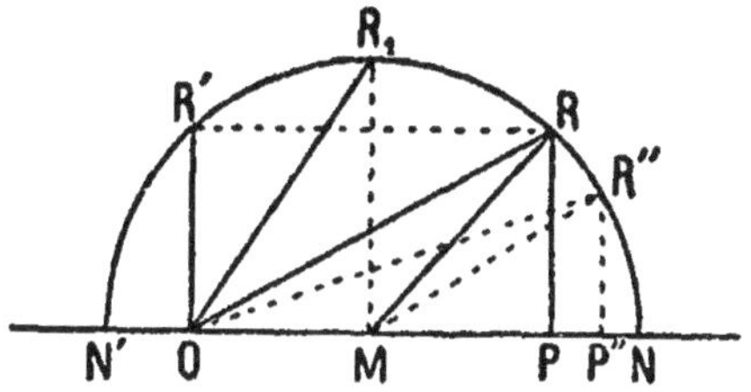

Fig. 161.

Prenons le milieu M de OP; ce sera le centre de la demi-circonférence passant par R et R', et les pressions principales seront $ON = \frac{1}{2}(R + \sqrt{R^2 + 4S^2})$ et $ON' = -\frac{1}{2}(R - \sqrt{R^2 + 4S^2})$. Cette dernière pression principale est négative, étant portée en sens inverse de ON par rapport au point O. Les deux efforts principaux sont donc de signe contraire: l'un, le plus grand, a le même signe que R, c'est-à-dire est une tension d'un côté de l'axe neutre et une compression du côté opposé; l'autre est une compression dans le premier cas et une tension dans l'autre. La direction de l'effort principal maximum fait, avec la normale au plan sur lequel s'exerce l'effort OR, c'est-à-dire avec l'horizontale, un angle égal à la moitié de RMN, égal par suite à $\frac{1}{2}$ arc tang $\frac{2S}{R}$. Aux points les plus éloignés de l'axe neutre, où S = 0, cet angle est nul, c'est-à-dire que la direction du plus grand effort principal est horizontale.

Sur l'axe neutre, au contraire, R = 0, $\frac{1}{2}$ arc tang $\frac{2S}{R} = \frac{\pi}{4}$; la direction des efforts principaux fait des angles de 45 degrés avec l'horizontale.

La direction et la grandeur des pressions principales étant déterminées, il sera facile de trouver, soit par la construction graphique ci-dessus, soit par le calcul, la direction et la grandeur de l'effort sur un plan d'une direction quelconque définie par l'angle α que sa normale fait avec l'horizontale, par exemple. On calculera d'abord l'angle que cette direction fait avec celle de la plus grande des pressions principales et qui sera $\left(\frac{1}{2} \text{arc tang} \frac{2S}{R} - \alpha\right)$; on construira l'angle R''MN égal au double de cet angle, ou bien, ce qui reviendra au même, on construira l'angle $RMR'' = 2\alpha$.

L'effort cherché sera représenté en grandeur par OR'', ses composantes normale et tangentielle par OP'' et P''R'', et son inclinaison sur la normale à sa face d'application par R''ON.

187. Direction du plus grand glissement. — On peut se proposer, ce qui peut avoir un intérêt pratique, de déterminer, en chaque point, la direction suivant laquelle l'effort de glissement est le plus grand et la valeur de cet effort maximum.

L'effort tangentiel est mesuré, pour une direction quelconque, par la longueur correspondante RP de l'ordonnée du point R. Or, cette ordonnée est maximum lorsque le point R est en R, au milieu de la demi-circonférence, sur la perpendiculaire élevée du centre M à l'horizontale ON.

Ce point correspond à la direction qui fait, avec l'axe de la plus grande pression principale, un angle égal à la moitié de R,MN, c'est-à-dire à 45°.

Les faces sur lesquelles le glissement est le plus grand divisent donc en deux parties égales les angles formés par les directions des pressions principales.

188. Maximum de l'effort normal et de l'effort tangentiel. — On connaît ainsi, non seulement les directions des plus grands efforts en chaque point, mais leurs valeurs, lorsque l'on connaît les composantes R et S, définies comme nous l'avons vu par

$$R = \frac{Mv}{I}, \qquad S = \frac{T}{uI}\int_v^{v_1} uv\,dv.$$

L'effort normal maximum a pour expression $R_m = \frac{1}{2}(R + \sqrt{R^2 + 4S^2})$, et il est dirigé suivant une ligne qui fait avec l'horizontale un angle φ tel que l'on ait $\text{tang } 2\varphi = \frac{2S}{R}$. L'effort tangentiel maximum, sur la figure précédente, est représenté par MR, et a par suite pour expression $S_m = \frac{1}{2} \sqrt{R^2 + 4S^2}$; il fait, ainsi que la face sur laquelle il s'exerce, des angles de 45 degrés avec la direction de l'effort normal maximum.

Il peut arriver, et il arrive fréquemment que, pour des sections transversales qui présentent des parties rentrantes, celles en double T, par exemple, le maximum R_m ou S_m, ainsi déterminé, dépasse notablement, en certains points, les valeurs les plus grandes de R et de S. Il serait alors prudent d'en tenir compte et de ne pas se contenter, comme on le fait généralement, d'écrire, pour l'équation de résistance dans une section détermi-

née , $R_0 \geqq \frac{M v}{I}$ comme nous l'avons fait ci-dessus (page 290). Ce

qui doit être plus petit que R_0, c'est l'effort normal maximum supporté par la matière, c'est donc le maximum de la quantité R_m dont nous venons d'écrire la valeur. On devra donc, pour avoir toute sécurité, écrire $R_0 \geqq$ maximum de R_m. Cet effort R_m est exprimé en fonction de R et de S, et par suite en fonction de v; et il sera possible, dans tous les cas, d'en obtenir le maximum soit analytiquement, soit graphiquement.

Lorsque la fonction qui exprime ·S est discontinue, comme nous venons d'en donner un exemple dans le cas d'une poutre à double T, la plus grande valeur de R_m ne correspond pas généralement à un *maximum* dans le sens analytique du mot ; elle se produit ordinairement aux points de discontinuité de la fonction, c'est-à-dire aux points où la section change brusquement de largeur.

Si par exemple nous considérons la section en forme de double T dont nous nous sommes occupé (page 298), la valeur de S, pour un point quelconque de l'âme, est $S = \dfrac{T}{2I(b-b')}\left(\dfrac{bh^2 - b'h'^2}{4}\right.$

$\left. - (b - b')v^2\right)$ et, au point de jonction de l'âme et des semelles,

c'est-à-dire pour $v = \dfrac{h'}{2}$, on a $S = \dfrac{P}{2I(b-b')}\left[\dfrac{bh^2 - b'h'^2}{4} - \right.$

$\left. \dfrac{(b-b')h'^2}{4}\right] = \dfrac{Tb(h^2 - h'^2)}{8I(b-b')}$ et au même point la valeur de $R = \dfrac{Mh'}{2I}$.

Il en résulte, pour la valeur du plus grand effort de tension,

$$R_m = \frac{1}{2}\left(R + \sqrt{R^2 + 4S^2}\right) = \frac{1}{2}\left(\frac{Mh'}{2I} + \sqrt{\frac{M^2 h'^2}{4I^2} + \frac{T^2 b^2 (h^2 - h'^2)^2}{16 I^2 (b - b')^2}}\right)$$

$$= \frac{M h'}{4 I} \left(1 + \sqrt{1 + \frac{T^2 b'^2 (h^2 - h''^2)^2}{4 M^2 h'^2 (b - b')^2}} \right).$$ et l'on conçoit qu'il puisse y avoir telles valeurs de T, M, b, b', h et h' qui rendent cette expression plus grande que $\frac{M h}{2 I}$ qui serait l'effort maximum calculé par la méthode ordinaire, c'est-à-dire l'effort de tension supporté par la fibre la plus éloignée de l'axe neutre.

On peut voir dans le *Traité des Ponts métalliques* de M. J. Resal (page 37), un exemple dans lequel l'effort au point de jonction de l'âme et des semelles, dans une poutre à double T, dépasse d'un quart la valeur de l'effort sur les fibres extrêmes de la poutre ; de sorte que si, dans cet exemple, on s'était borné à calculer les dimensions de la poutre d'après la condition $R_0 = \frac{M v_1}{I} = \frac{M h}{2 I}$, en limitant à six kilogrammes par millimètre carré l'effort de la fibre extrême, c'est-à-dire en faisant $R_0 = 6.10^\circ$, la matière de la poutre aurait supporté réellement, au point de jonction des semelles avec l'âme, un effort d'extension qui aurait atteint $6 \times \left(1 + \frac{1}{4} \right) = 7^k 5$ par millimètre carré, et cela dans une direction oblique par rapport au sens du laminage, c'est-à-dire dans une direction où la résistance est généralement un peu moins grande que dans le sens longitudinal suivant lequel se font les expériences de rupture par traction.

189. Relation entre le moment fléchissant et l'effort tranchant. — L'effort tranchant dans une section transversale quelconque, qui est équilibré par les efforts de glissement dont nous venons de parler, est lié au moment fléchissant par une relation simple que nous allons faire connaître. Soit, dans une tige prismatique (fig. 162) deux sections M, N infiniment voisines, ayant pour abscisses x et $x + dx$. Soit M le moment fléchissant dans la première, il sera

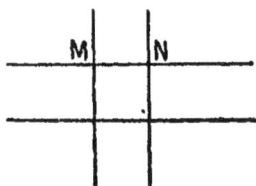

Fig. 162.

$\left(M + \frac{d M}{d x} dx \right)$ dans la seconde. Si, de même, T est l'effort tranchant dans la première section, il sera $\left(T + \frac{d T}{d x} dx \right)$ dans la seconde.

Écrivons l'équilibre de rotation de la tranche MN de la tige, en supposant qu'il ne s'exerce, entre les points M et N, aucune force extérieure. Pour cela, égalons à zéro la somme des moments de toutes les forces qui agissent sur cette tranche, par rapport au point N par exemple. Les deux moments fléchissants agissant en sens contraire devront être affectés de signes différents, le moment de l'effort tranchant T sera T dx et celui de l'effort tranchant qui s'exerce dans la section N sera nul comme son bras de levier. Nous aurons donc l'équation

$$\text{M} - \left(\text{M} + \frac{d\text{M}}{dx}\,dx\right) + \text{T}\,dx = 0 ;$$

ou bien, en divisant par dx,

$$\text{T} = \frac{d\text{M}}{dx}.$$

Ainsi l'effort tranchant est, dans chaque section, la dérivée du moment fléchissant par rapport à l'abscisse mesurée suivant l'axe longitudinal.

Nous avons supposé qu'entre les deux sections M, N, infiniment voisines, il ne s'exerçait aucune force extérieure. S'il n'en était pas ainsi, et si, dans la section M, était appliquée une force extérieure, l'effort tranchant et le moment fléchissant auraient, dans cette section, deux valeurs différentes, l'une applicable à la portion de tige située à gauche, l'autre à la portion située à droite de cette section. En chacun des points de ces portions de tige, l'effort tranchant serait la dérivée du moment fléchissant au même point ; et ces deux quantités varieraient brusquement ensemble dans la section M. Nous verrons plus loin des exemples de cette discontinuité.

190. Forme de la fibre neutre après la flexion. — L'équation $\frac{\text{EI}}{\rho} = \text{M}$ qui donne le rayon de courbure de la courbe affectée par l'axe longitudinal de la tige après sa flexion, lorsque l'on connaît le moment fléchissant M, permet de construire cette courbe et de calculer ou de mesurer les déplacements de chacun de ses points. Lorsque M est constant, la courbe est un arc de cercle dont le rayon ρ est immédiatement donné ;

lorsqu'il est variable, on peut encore tracer la courbe avec une approximation suffisante par arcs de cercle successifs correspondant à de petites longueurs dans lesquelles il est supposé constant. Mais on peut avoir alors une équation de la courbe qui permet de la construire et surtout de calculer plus facilement les déplacements des divers points.

On sait que si une courbe plane est rapportée à deux axes de coordonnées rectangulaires le rayon de courbure ρ de cette courbe en un point quelconque a pour expression :

$$\rho = \frac{\left[1 + \left(\frac{dy}{dx}\right)^2 \right]^{\frac{3}{2}}}{\frac{d^2 y}{dx^2}}.$$

Or, si l'axe longitudinal de la tige a été pris pour axe des x et si les déformations sont restées petites, l'axe longitudinal déformé s'éloignera peu de l'axe des x, le coefficient angulaire $\frac{dy}{dx}$ de la tangente à la courbe qu'il affectera sera toujours très petit, on pourra négliger son carré devant l'unité et écrire simplement

$$\frac{1}{\rho} = \frac{d^2 y}{dx^2},$$

et, par suite, mettre l'équation qui précède sous la forme

(B) $$EI \frac{d^2 y}{dx^2} = M,$$

laquelle, par deux intégrations successives, donnera y en fonction de x. Les deux constantes d'intégration seront déterminées par les conditions du problème : la fixité de deux points de la tige, par exemple, qui donnera deux équations devant être satisfaites pour des valeurs déterminées de x et de y, équations d'où l'on déduira la valeur des deux constantes.

Il en sera de même si, au lieu de deux points fixes, l'invariabilité de position de la tige dans l'espace est obtenue au moyen d'un seul point fixe et de la direction de l'axe en ce point. Les équations servant à déterminer les constantes seront alors obtenues en exprimant que, pour une valeur donnée de x, y et $\frac{dy}{dx}$ prennent des valeurs déterminées.

Lorsque le nombre de ces conditions dépassera deux, il s'introduira de nouvelles inconnues que l'équation servira à déterminer. Si, par exemple, au lieu de deux points fixes, il y en a trois, quatre, ou un nombre quelconque, si la direction de l'axe de la tige est fixée en un certain nombre de ces points, les réactions sur les points d'appui, qui ne pourraient être calculées par les règles ordinaires de la statique et qui sont, par suite, inconnues, se détermineraient au moyen de l'équation précédente.

191. Solution complète du problème. — Le problème de la flexion des tiges se réduit, en conséquence, à la détermination du moment fléchissant M dans une section quelconque. Ce moment étant trouvé, on en déduit l'effort tranchant qui en est la dérivée, la forme de la courbe affectée par la pièce fléchie au moyen de l'équation (B), page 307, et l'effort qui s'exerce en chaque point de la section transversale, au moyen des équations données dans les numéros précédents.

192. Travail de la flexion. — Pour terminer cette étude de la flexion, il nous reste à calculer le travail nécessaire pour produire, dans une pièce, une flexion déterminée, c'est-à-dire à mesurer le travail moléculaire développé par cette flexion. Le travail nécessaire pour allonger de $\eth$ une tige de section ω et d'une longueur égale à l'unité est (n°131, p.216), $\frac{1}{2}P\eth = \frac{1}{2}E\omega\eth'$, en mettant pour P sa valeur $E\omega\eth$. Or, pour une fibre mn (fig. 163) dont la distance Cm à l'axe neutre est représentée par v, le rayon de courbure OC de la pièce fléchie étant ρ, l'allongement proportionnel $\eth$ est le rapport $\frac{nn'}{mn} = \frac{v}{\rho}$; le travail, pour cette fibre, est ainsi $\frac{1}{2}E\omega\frac{v^2}{\rho^2}$ par unité de longueur, et,

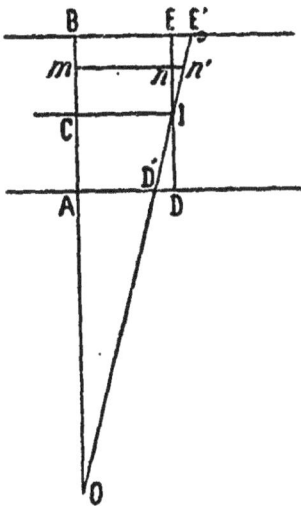

Fig. 163.

pour une longueur infiniment petite $CI = dx$, il est $\frac{1}{2} E\omega \frac{v^2}{\rho^2} dx$. La somme de ces travaux élémentaires, pour cette même longueur dx et pour toute la section de la tige, sera par conséquent $\frac{1}{2} \frac{EI\,dx}{\rho^2}$.

En faisant la somme de toutes les quantités semblables, depuis l'origine de la tige jusqu'à une section quelconque d'abscisse x, nous aurons le travail développé dans cette portion de tige, lequel sera ainsi $\frac{1}{2} \int_0^x \frac{EI\,dx}{\rho^2} = \frac{1}{2} \int_0^x \frac{EI}{\rho} \cdot \frac{1}{\rho}\,dx$. Remplaçant $\frac{EI}{\rho}$ par le moment fléchissant M, qui lui est égal, et $\frac{1}{\rho}$ par $\frac{d^2 y}{dx^2}$ comme nous l'avons déjà fait approximativement, cette expression devient

$$\frac{1}{2} \int_0^x M \frac{d^2 y}{dx^2}\,dx = \frac{1}{2}\left[M\frac{dy}{dx} - \int_0^x \frac{dy}{dx}\,dM\right]_0^x = \frac{1}{2}\left[M\frac{dy}{dx}\right]_0^x - \frac{1}{2}\int_0^x T\,dy.$$

Car, d'après ce que nous avons dit, l'effort tranchant T est égal à $\frac{dM}{dx}$ et peut lui être substitué. Si nous étendons l'intégrale à toute la longueur a de la pièce fléchie, nous remarquerons que la première parenthèse donne une somme totale nulle, lorsque la poutre est simplement posée aux deux bouts, parce qu'alors $M = 0$ pour $x = a$ et pour $x = 0$, ou bien qu'elle est encastrée à ses deux extrémités, car alors c'est $\frac{dy}{dx}$ qui s'annule aux deux limites de l'intégration. Nous avons donc simplement, dans ces deux cas, pour l'expression du travail, $-\frac{1}{2}\int_0^x T\,dy$.

Considérons, par exemple, une poutre chargée en son milieu d'un poids unique P. L'effort tranchant T est égal à $\frac{P}{2}$ depuis $x = 0$ jusqu'à $x = \frac{a}{2}$, et à $-\frac{P}{2}$ depuis $x = \frac{a}{2}$ jusqu'à $x = a$. L'intégrale $-\frac{1}{2}\int_0^a T\,dy$, qui exprime le travail, peut donc être partagée en deux, applicables chacune à la moitié de la poutre, et on peut écrire :

$$-\frac{1}{2}\int_0^a T\,dy = -\frac{1}{2}\left[\int_0^{\frac{a}{2}}\frac{P}{2}\,dy + \int_{\frac{a}{2}}^a\left(-\frac{P}{2}\right)dy\right] = -\frac{P}{4}\left[\int_0^{\frac{a}{2}}dy - \int_{\frac{a}{2}}^a dy\right].$$

Or, si f est la valeur absolue de la flèche, la première inté-grale, $\int_0^{\frac{a}{2}}dy$ est égale à $-f$ et la seconde est égale à f. Nous avons donc, pour l'expression du travail, $\frac{Pf}{2}$. C'est la moitié du travail du poids P s'abaissant de la quantité f.

Il en résulte que si on a placé, sans vitesse, un poids P au milieu d'une poutre, le travail moléculaire de l'élasticité n'aura pas fait équilibre au travail de ce poids lorsque la flèche aura atteint la valeur pour laquelle les forces moléculaires feraient équilibre à la force P. La déformation se continuera donc au delà, en vertu des vitesses qui seront acquises et il se produira des vibra-tions que nous étudierons au chapitre XVIII.

193. Résistance vive. — Le travail moléculaire qui a pour expression $\frac{1}{2}Pf$ peut s'exprimer autrement. La flèche f, comme nous le verrons au chapitre XI, n°209, a pour valeur $\frac{Pa^3}{48\,EI}$ si I est le moment d'inertie de la section transversale de la tige et E le coefficient d'élasticité de la matière. Le moment fléchis-sant maximum a pour expression $\frac{Pa}{2}$ et la fibre la plus fatiguée supporte, au point où cette fatigue est la plus grande, un effort qui a pour expression $\frac{Mv_1}{I} = \frac{Pav_1}{2I}$. Supposons que cet effort soit précisément égal à la charge de sécurité R_0, nous aurons $R_0 = \frac{Pav_1}{I}$ d'où $P = \frac{R_0 I}{av_1}$.

Le travail de l'élasticité qui correspondra à cette charge R_0, c'est-à-dire la *résistance vive* de la pièce, ou le travail qu'elle peut absorber sans que l'effort au point le plus fatigué dé-passe la charge de sécurité R_0, sera donc $\frac{1}{2}Pf = \frac{1}{2}P\cdot\frac{Pa^3}{48\,EI} = \frac{1}{2}\cdot\frac{R_0^2I^2a^3}{48a^2v_1^2EI} = \frac{1}{96}\cdot\frac{R_0^2}{E}\cdot\frac{I}{v_1^2}a.$

Or $\frac{1}{v_1^2}$, pour des sections transversales semblables, sera proportionnel à l'étendue Ω de ces sections transversales ; nous pouvons donc remplacer $\frac{1}{v_i}$ par $\alpha \Omega$, α étant un coefficient qui dépendra uniquement de la forme de la section et qui sera le même pour les sections semblables. Nous aurons alors, pour l'expression du travail de l'élasticité ou de la résistance vive de la pièce, en remarquant encore que Ωa en est le volume V,

$$\frac{\alpha}{96} \frac{R_0^{'}}{E} \cdot V.$$

C'est-à-dire que, comme nous l'avons déjà constaté dans le cas de l'extension simple, la résistance vive est proportionnelle au volume et au coefficient $\frac{R_0^{'}}{E}$ que nous avons appelé coefficient de résistance vive.

§ II

COMPARAISON DES FORMES DES SECTIONS TRANSVERSALES

104. Sections rectangulaires ou carrées. — La formule qui détermine l'effort R sur une fibre quelconque

$$R^{'} = \frac{M v}{I}$$

et l'équation de résistance que nous en avons déduite

$$R_0 \geqq \frac{M v_1}{I}$$

s'appliquent aux valeurs positives ou négatives de v ou de v_1, à la condition de changer en même temps les signes des efforts R et R_0. D'un côté de l'axe neutre, ces efforts sont des extensions, de l'autre ce sont des compressions.

Lorsque la section de la pièce est symétrique, ou simplement lorsque le maximum v_1 de la coordonnée v est le même des deux côtés de l'axe neutre, l'effort maximum de compression est égal à l'effort maximum d'extension, et cette forme de la section doit donc être adoptée lorsque la matière de la pièce fléchie peut supporter avec sécurité la même charge, soit à l'extension, soit à la compression.

On voit alors que, pour une matière déterminée dont la charge de sécurité R_o est donnée, le moment fléchissant auquel une tige pourra résister sera proportionnel au rapport $\frac{I}{v_i}$; la résistance de la pièce à la flexion sera d'autant plus grande que ce rapport sera plus élevé.

Considérons, par exemple, une section rectangulaire, de largeur b et de hauteur h; nous avons

$$I = \frac{bh^3}{12} \text{ et } v_i = \frac{h}{2}, \text{ d'où } \frac{I}{v_i} = \frac{bh^2}{6}.$$

La résistance à la flexion d'une pièce rectangulaire est proportionnelle au carré de sa hauteur, tandis qu'elle est proportionnelle à la première puissance de sa largeur; il y a donc intérêt, au point de vue de la résistance, à placer verticalement (c'est-à-dire dans le plan dans lequel s'exerce l'effort de flexion) la dimension la plus grande de la section rectangulaire.

On peut, au moyen de ce rapport $\frac{I}{v_i}$ qui mesure la résistance à la flexion, comparer entre elles diverses sections transversales et choisir celle qui, pour une même quantité de matière, donne la plus grande résistance.

Cette comparaison sera rendue facile si l'on exprime, pour chaque section transversale, le rapport $\frac{I}{v_i}$ par une quantité fonction de la superficie de la section, multipliée par un coefficient numérique que l'on pourra prendre comme coefficient de résistance de la section dont il s'agit. Comme le rapport $\frac{I}{v_i}$ est du troisième degré, c'est-à-dire est un produit de trois dimensions linéaires, il faudra, pour l'homogénéité, que la superficie Ω de la section transversale figure, dans son expression, à la puissance $\frac{3}{2}$, afin qu'elle ne soit multipliée que par un nombre ou par une fonction des rapports des dimensions des diverses parties de la section.

Proposons-nous, par exemple, de comparer deux tiges de même matière, l'une à section carrée, l'autre à section circulaire. Pour la première, si b est le côté du carré et si l'un des côtés est parallèle au plan de flexion, on a $I = \frac{b^4}{12}$, $v_1 = \frac{b}{2}$ d'où $\frac{I}{v_1} = \frac{b^3}{6}$

$= \frac{1}{6}\Omega^{\frac{3}{2}} = 0{,}1666\,\Omega^{\frac{3}{2}}$. Pour la seconde, si r est le rayon du cercle,

on a $I = \frac{\pi r^4}{4}$, $v_1 = r$, $\frac{I}{v_1} = \frac{\pi r^3}{4} = \frac{1}{4\sqrt{\pi}}\Omega^{\frac{3}{2}} = 0{,}1411\,\Omega^{\frac{3}{2}}$. Le cercle

est donc, à superficie égale, moins résistant que le carré.

Mais si le carré est placé de manière que l'une de ses diagonales soit parallèle au plan de flexion, on a $v_1 = \frac{b}{\sqrt{2}}$, d'où $\frac{I}{v_1} =$

$\frac{b^3}{6\sqrt{2}} = \frac{1}{6\sqrt{2}}\Omega^{\frac{3}{2}} = 0{,}118\,\Omega^{\frac{3}{2}}$. Le carré, ainsi placé, est alors moins résistant que le cercle de même superficie.

195. Effets des troncatures. — La tige à section carrée

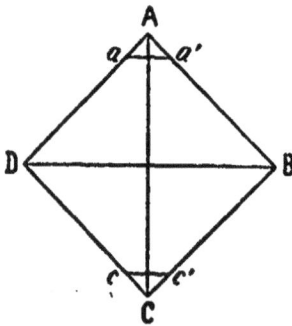

ABCD (fig. 164), sollicitée ainsi à la flexion dans le plan AC de l'une de ses diagonales, présente une particularité qu'il est intéressant de signaler. Si l'on suppose que l'on ait abattu les arêtes A et C par de petits pans coupés aa', cc', limités par des plans perpendiculaires au plan AC, on aura augmenté la résistance de la tige à la flexion, bien que l'on ait diminué sa section transversale.

Fig. 164.

En effet, si b est le côté AB du carré, nous venons de voir que

le rapport $\frac{I}{v_1}$, pour la section entière, a pour valeur $\frac{b^3}{6\sqrt{2}}$. Si nous

désignons par γ la proposition de la troncature des côtés des carrés, c'est-à-dire si $Aa = \gamma b$ et $aD = (1 - \gamma)b$, nous aurons, pour la section tronquée,

$$I' = \frac{(1-\gamma)^4 b^4}{12} + 2\frac{b^4}{6}\gamma(1-\gamma)^2, \quad v'_1 = (1-\gamma)\frac{b}{\sqrt{2}},$$

$$\frac{I}{v'_1} = \frac{b^3}{6\sqrt{2}}(1+3\gamma)(1-\gamma)^2;$$

expression qui devient maximum pour $\gamma = \frac{1}{9}$ et qui prend alors la valeur

$$\frac{l'}{v'_1} = \frac{256}{243}\frac{b^3}{6\sqrt{2}} = 1,0535\,\frac{l}{v_1}$$

Ainsi, lorsqu'une pièce est sollicitée à la flexion comme nous venons de le supposer, il y a avantage, au point de vue de la résistance, à en abattre les arêtes supérieure et inférieure, de manière que la troncature atteigne le $\frac{1}{9}$ de la longueur du côté du carré. La résistance de la pièce tronquée est supérieure de plus de cinq pour cent à celle de la pièce entière.

Cette augmentation de $\frac{1}{v_1}$ par des troncatures a lieu même lorsque la section, au lieu de se terminer par des angles, présente des parties arrondies. Par exemple, pour une section circulaire, on reconnaît que ce rapport atteint son maximum lorsque la troncature, faite par un plan perpendiculaire au plan de flexion, atteint 0,0222 du rayon. La résistance de la pièce à la section ainsi tronquée dépasse de 0,0069 celle de la pièce à section circulaire.

Il en est encore de même, par exemple, dans le cas d'une sec-

Fig. 165.

tion composée de plusieurs rectangles, comme celle qui est représentée sur la figure 165 et qui peut être considérée comme formée d'une section rectangulaire ABCD, munie de deux nervures *abcd*, *a'b'c'd'* également rectangulaires. On reconnaît alors que si on désigne la largeur *bc* des nervures par *b*, celle AB du rectangle principal par $b+b'$, la hauteur AD de ce rectangle par c' et la hauteur totale, y compris les nervures, par c, toutes les fois que l'on aura

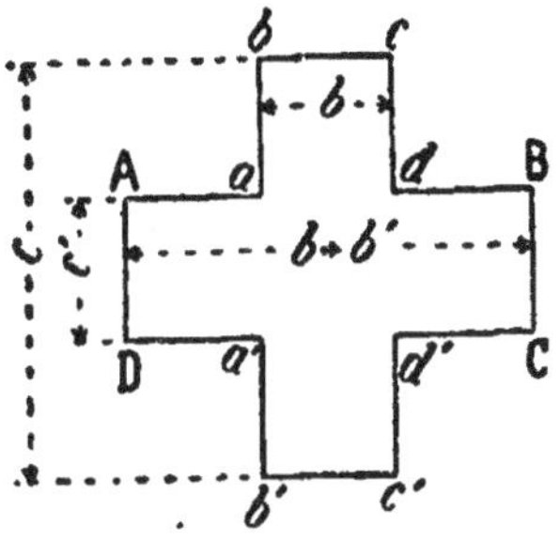

$$b'\,c''^2 > bc^2\left(1 + \frac{c'}{c}\right).$$

on augmentera le rapport $\frac{1}{v_1}$ en supprimant les deux nervures ou saillies *abcd*, *a'b'c'd'* [1].

1. Voir, sur cette question des troncatures, la troisième édition de Navier, annotée par M. de Saint-Venant, pages 94 et suivantes, où l'on trouvera le calcul détaillé d'où l'on déduit le résultat qui vient d'être énoncé.

196. Inconvénients des sections rectangulaires trop hautes. — Pour la tige à section rectangulaire dont nous avons parlé page 312, nous aurions $\dfrac{I}{v_1} = \dfrac{bh^2}{6} = \dfrac{1}{6}\Omega^{\frac{3}{2}}\bigg/\sqrt{\dfrac{h}{b}}$.

A égalité de section, la résistance est d'autant plus grande que le rapport $\dfrac{h}{b}$ de la hauteur à la base du rectangle est lui-même plus grand : la résistance croît comme la racine carrée de ce rapport. Il y aurait donc avantage, dans la construction des prismes destinés à résister à la flexion, à augmenter indéfiniment la hauteur en diminuant la largeur; mais il faudrait, pour que cet avantage fût réel, que l'on fût assuré que le moment de flexion s'exercera toujours parfaitement suivant le plan médian qui divise en deux la petite largeur b du prisme. Lorsqu'il se produit, dans l'application de la charge, de petites déviations inévitables en pratique l'effet est le même que si le moment de flexion agissait dans un plan différent, et alors la résistance de la pièce haute et mince se trouve très notablement diminuée. On reconnaîtra, par exemple, que si ce moment est appliqué dans le plan contenant une des diagonales du rectangle, lequel s'écarte peu du plan médian lorsque la largeur de la section est très petite par rapport à sa hauteur, la résistance du prisme est réduite de moitié [1]. C'est pour cette raison que l'on évite d'employer des pièces *de champ* trop minces ou de rendre trop grand le rapport de la hauteur à la largeur des pièces rectangulaires. On évite en même temps une flexion qui pourrait se produire dans la pièce dans le sens de la hauteur de la section, surtout si la charge est appliquée à la partie supérieure.

197. Sections évidées ou à double T. — Pour s'opposer à ce *déversement* des pièces résistant à la flexion, il faut leur donner des dimensions transversales ou une forme telles que leur résistance à la flexion ne diminue pas outre mesure lorsque le plan, dans lequel est appliqué le moment de flexion, s'écarte un peu de la direction de l'un des deux axes principaux d'inertie que nous lui avons supposé. Il faut, pour cela, que le moment d'inertie autour de l'autre axe principal ne soit pas

1. Voir, pour le détail du calcul, l'édition de Navier annotée par M. de Saint-Venant, page 130.

très petit par rapport à celui qui entre dans la valeur du moment
d'élasticité eu égard au sens dans lequel la pièce est sollicitée à
la flexion. C'est cette considération qui a fait adopter, au lieu
de pièces rectangulaires hautes et minces, des sections en forme
de rectangles creux, ou bien en forme de double T.

Une section de cette forme, où b et h sont les dimensions du rectangle extérieur; b' et h'
celles du rectangle inté-
rieur (fig. 166) [dans le
cas du double T la lar-
geur b' est la somme des
évidements latéraux, de
manière que l'épaisseur
de l'âme verticale est
$(b — b')$] a pour section
$\Omega = bh — b'h'$, et pour

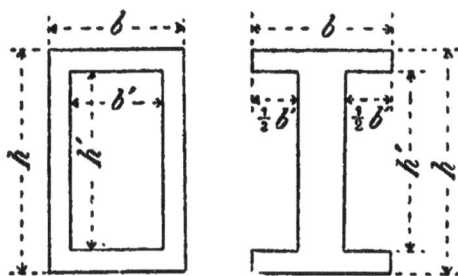

Fig. 166.

moment d'inertie autour d'un axe horizontal passant par son
centre de gravité $I = \dfrac{bh^3 — b'h'^3}{12}$. Avec $v_{,} = \dfrac{h}{2}$, cela donne

$$\frac{1}{v_{,}} = \frac{bh^3 — b'h'^3}{6h} = \frac{1}{6} \Omega^{\frac{3}{2}} \sqrt{\overline{h}} \cdot \frac{1 - \dfrac{b'h'^3}{bh^3}}{1 - \left(\dfrac{b'h'}{bh}\right)^{\frac{3}{2}}}$$

Le dernier facteur est le coefficient de résistance de cette
section, comparée à la section rectangulaire de même superficie
Ω et dans laquelle le rapport $\dfrac{h}{b}$ serait le même. Pour celle-ci, en

effet, la résistance serait $\dfrac{1}{6} \Omega^{\frac{3}{2}} \sqrt{\dfrac{\overline{h}}{b}}$. Si, par exemple, nous sup-

posons $h' = 0,9\,h$, $b' = 0,9\,b$, nous aurons, pour la résistance

$\dfrac{1}{v_{,}}$ de la section ainsi formée $\dfrac{1}{v_{,}} = \dfrac{1}{6} \Omega^{\frac{3}{2}} \sqrt{\dfrac{\overline{h}}{b}} \times 4,2$. C'est-à-dire que

cette section aurait une résistance supérieure à quatre fois celle
de la section rectangulaire de même superficie et pour laquelle
le rapport $\dfrac{h}{b}$ serait le même.

Si l'on veut trouver une section rectangulaire pleine, dont les côtés seraient b_i et h_i, qui aurait même superficie $\Omega = b_i h_i = bh - b'h'$, et même résistance, il suffit, puisque la résistance de

la section rectangulaire est $\frac{1}{6} \Omega^{\frac{3}{2}} \sqrt{\frac{h_i}{b_i}}$, d'écrire l'égalité

$$\frac{1}{6} \Omega^{\frac{3}{2}} \sqrt{\frac{h_i}{b_i}} = \frac{1}{6} \Omega^{\frac{3}{2}} \sqrt{\frac{h}{b}} \frac{1 - \dfrac{b' h'^3}{b h^3}}{\left(1 - \dfrac{b' h'}{b h}\right)^{\frac{3}{2}}}$$

ou, en élevant au carré et supprimant les facteurs communs,

$$\frac{h_i}{b_i} = \frac{h}{b} \frac{\left(1 - \dfrac{b' h'^3}{b h^3}\right)^2}{\left(1 - \dfrac{b' h'}{b h}\right)^3}.$$

Si nous supposons par exemple $h' = 0{,}9h$, $b' = 0{,}9b$, nous aurons

$$\frac{h_i}{b_i} = 17{,}2 \frac{h}{b} ;$$

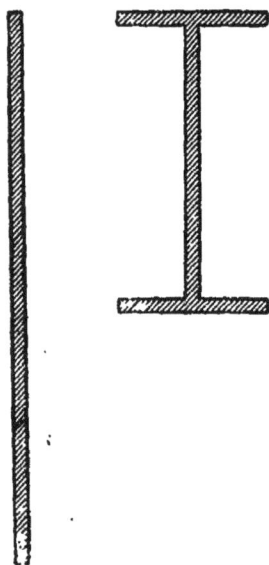

si $\frac{h}{b} = 2$, on devrait avoir $\frac{h_i}{b_i} = 34,4$.

Ainsi, les deux sections transversales dessinées ci-contre, qui ont même superficie, ont aussi même résistance à la rupture par flexion, lorsque le moment de flexion agit exactement dans le sens vertical, c'est-à-dire parallèlement à leur plus grande dimension. Mais la simple inspection de ces deux figures montre combien la section en forme de double T donne une stabilité plus grande lorsque les efforts ne sont plus dirigés exactement suivant ce plan et combien elle doit résister plus efficacement que la section rectangulaire à toute cause de flexion latérale ou de déversement.

Fig. 167.

189. Sections non symétriques. — Nous avons considéré jusqu'ici des sections symétriques, en raison de l'hypothèse que les charges qui peuvent être supportées avec sécurité

par la matière de la tige fléchie sont les mêmes à l'extension ou
à la compression. Il y a des cas où il n'en est pas ainsi ; pour
la fonte, par exemple, et probablement aussi pour d'autres
substances, la charge de sécurité n'est pas la même lorsque la
matière résiste à l'extension ou à la compression. On est alors
amené, pour employer le mieux possible la matière, à donner à
la tige une section non symétrique.

Si R_0 est la charge de sécurité applicable aux efforts d'extension par exemple, et R_0', celle qui s'applique aux efforts de
compression, et si nous écrivons que, de chaque côté de l'axe
neutre, la fibre la plus comprimée et la fibre la plus étendue,
dont nous désignerons les distances à cet axe par v', et v_1, sont
l'une et l'autre soumises à cet effort limite, nous aurons les
deux équations

$$R_0 = \frac{Mv_1}{I}, \quad R'_0 = \frac{Mv'_1}{I}.$$

D'où
$$\frac{v_1}{v'_1} = \frac{R_0}{R'_0}.$$

Cette équation déterminera par exemple l'emplacement que
devra avoir l'axe neutre, dans la hauteur $v_1 + v'_1 = h$ supposée
donnée, pour que la condition précédente soit remplie.

Appliquons cette formule aux sections en forme de double T
non symétrique,
qui ont été fort
usitées à l'époque
où l'on employait
la fonte pour ré-
sister à des efforts
de flexion. Dési-
gnons par b (fig.
168) la largeur
de la semelle su-
périeure, par b' la
somme des sail-
lies de cette se-
melle sur l'âme,

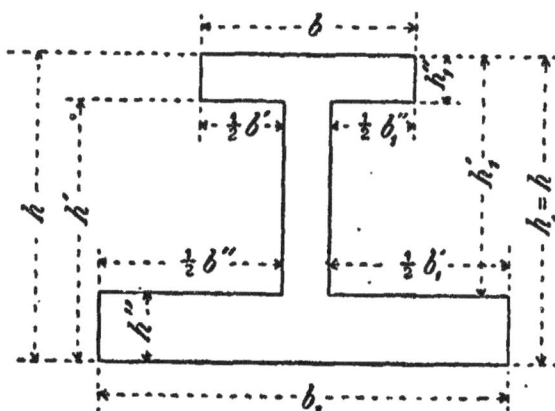

Fig. 168.

dont l'épaisseur est ainsi $b - b'$, par b'' la somme des saillies, sur
l'âme, de la semelle inférieure dont la largeur sera $b - b' + b''$,

par h la hauteur totale de la section, par h' la hauteur jusqu'au-dessous de la semelle supérieure dont l'épaisseur est alors $h - h'$, et par h'' l'épaisseur de la semelle inférieure ; nous aurons la superficie de la section :

$$\Omega = bh - b'h' + b''h''.$$

Le moment statique de cette section, par rapport à l'arête inférieure de la base, sera $\dfrac{bh^2 - b'h'^2 + b''h''^2}{2}$ et, par conséquent, la distance v_1 du centre de gravité à cette arête sera

$$v_1 = \frac{1}{2} \cdot \frac{bh^2 - b'h'^2 + b''h''^2}{bh - b'h' + b''h''}.$$

La distance v'_1 de ce centre à l'arête supérieure sera $h - v_1$ et si nous désignons par les mêmes lettres affectées de l'indice 1 les dimensions prises en partant de la base inférieure comme nous les avons prises en partant de la base supérieure, ce qui revient à faire

$$b_1 = b - b' + b''; \quad b' = b''_1; \quad b'' = b'_1; \quad h - h' = h''_1; \quad h - h'' = h'_1;$$

nous aurons de même

$$v'_1 = \frac{1}{2} \cdot \frac{b_1 h^2 - b'_1 h'^2_1 + b''_1 h''^2_1}{b_1 h - b'_1 h'_1 + b''_1 h''_1};$$

et, par conséquent, en observant que les dénominateurs de v_1 et de v'_1 ont la même valeur Ω,

$$(1) \qquad \frac{v_1}{v'_1} = \frac{R_0}{R'_0} = \frac{bh^2 - b'h'^2 + b''h''^2}{b_1 h^2 - b'_1 h'^2_1 + b''_1 h''^2_1},$$

On peut, en y remplaçant h' par $h - h''_1$, et h'_1 par $h - h''$ et négligeant les différences de termes affectés des carrés h''^2, h''^2_1 des épaisseurs des nervures, mettre ce rapport sous la forme

$$(2) \qquad \frac{R_0}{R'_0} = \frac{b''h''_1 + \dfrac{h}{2}(b_1 - b'_1)}{b''h'' + \dfrac{h}{2}(b - b')}.$$

Le numérateur de cette expression est la superficie de la partie de la section comprise entre l'arête supérieure et la ligne horizontale qui diviserait en deux parties égales la hauteur totale h, et le dénominateur est la superficie de la partie de la section comprise entre cette même ligne et l'arête inférieure. Il en résulte que, pour satisfaire à la condition que les fibres les plus comprimées comme les plus étendues supportent les unes et les autres un effort égal à la charge de sécurité, il faut que, si l'on divise la section par une horizontale menée au milieu de la hauteur, les superficies des deux parties en lesquelles on la divise soient entre elles en rapport inverse des charges de sécurité.

Cette règle n'est qu'approximative : elle suppose que l'on puisse négliger les termes en h''', h_i''', carrés des épaisseurs des nervures. Elle peut donner des résultats assez différents de la formule exacte (1). On la simplifie encore quelquefois davantage en négligeant la superficie de l'âme verticale, et alors ce sont simplement les superficies des nervures supérieure et inférieure qui doivent être en rapport inverse des charges de sécurité, comme si l'âme n'existait pas. Mais cette dernière approximation s'éloigne souvent beaucoup des résultats du calcul exact.

On pourrait appliquer évidemment des procédés analogues de calcul à des sections d'une autre forme que celle à double T non symétrique, pour le cas où les charges de sécurité seraient différentes à l'extension et à la compression; nous nous bornerons à cette simple indication.

§ III

CAS OU LA LIMITE D'ÉLASTICITÉ EST DÉPASSÉE

199. Hypothèse sur la loi des déformations. — La théorie qui précède suppose que les déformations soient assez petites pour que leurs grandeurs restent proportionnelles aux efforts qui les ont produites. Il en est généralement ainsi dans les constructions permanentes dans lesquelles, sous peine de voir ces déformations s'accroître indéfiniment jusqu'à la rupture, on est amené à adopter, pour la charge maximum supportée par la matière, une limite inférieure à celle de l'élasticité.

Il est cependant des circonstances où l'on peut exceptionnellement faire subir aux pièces des efforts un peu supérieurs a cette limite; lorsqu'il s'agit, par exemple, de constructions temporaires telles que cintres, échafaudages, ponts de service, pour lesquelles il importe peu de conserver une forme absolument invariable, qui peuvent, par conséquent, supporter des efforts dépassant un peu la limite à partir de laquelle les déformations deviennent permanentes et cessent de leur être proportionnelles.

Nous ignorons complètement la loi qui lie les efforts à ces déformations : le nombre d'expériences faites ne permet pas de l'établir d'une manière certaine; nous ne pouvons que faire une hypothèse.

Lorsque les déformations restent proportionnelles aux efforts, si l'on désigne par v la distance d'une fibre quelconque d'une pièce fléchie à l'axe neutre, et par v_i la distance de la fibre la plus éloignée, on a, entre les efforts R et R_i qui s'exercent respectivement sur ces deux fibres, la relation

$$\frac{R}{R_i} = \frac{v}{v_i} \text{ ou } R = R_i \left(\frac{v}{v_i}\right).$$

Supposons que, lorsque les déformations dépassent la limite de l'élasticité, l'effort R, au lieu d'être simplement exprimé par la première puissance de $\frac{v}{v_i}$, le soit par une expression de la forme

$$R = R_i \left[A \frac{v}{v_i} + B \left(\frac{v}{v_i}\right)^2 + C \left(\frac{v}{v_i}\right)^3 + D \left(\frac{v}{v_i}\right)^4 + \dots \right].$$

A, B, C, D étant des coefficients numériques variables pour chaque matière et généralement inconnus.

C'est surtout aux extensions qu'une pareille loi serait applicable. Pour les compressions, la proportionnalité des efforts aux déformations semble se vérifier beaucoup plus loin que pour l'extension, et l'on peut, en général, pour ce genre d'efforts, se borner au premier terme.

La proportionnalité ne semble cesser, dans ce cas, qu'au moment où commencent les effets d'*écoulement* latéral du solide qui sont la conséquence d'une très forte compression et que nous avons analysés au chapitre IX. A partir de ce moment, comme nous l'avons dit alors, les déformations, une fois commencées, continuent indéfiniment, tant que l'effort constant qui les a produites continue lui-même d'agir.

Pour les extensions, nous nous bornerons aux deux premiers termes, ce qui revient à supposer négligeables les troisièmes puissances des déformations, et comme, après avoir dépassé la limite de la proportionnalité, les déformations croissent plus rapidement que les efforts, nous affecterons du signe — le terme en $\left(\dfrac{v}{v_i}\right)^{\!*}$.

200. Position de l'axe neutre et moment de flexion pour une pièce rectangulaire. — Considérons d'abord une tige à section rectangulaire dont la largeur est b et la hauteur h. Lorsque les déformations sont proportionnelles aux efforts, l'axe neutre, sur lequel ces déformations sont nulles, se trouve au milieu de la hauteur de la section; mais lorsque cette proportionnalité n'existe plus, l'axe neutre prend, dans la section, une position qui dépend de la grandeur des efforts, et que nous allons chercher à définir.

Désignons donc par v la distance, à cet axe neutre inconnu, d'une fibre *étendue* quelconque; par v, la plus grande valeur de v, c'est-à-dire la distance de la fibre étendue la plus éloignée de l'axe neutre, par R l'effort de tension d'une fibre quelconque et par R_i l'effort maximum d'extension correspondant à la fibre v_i et enfin par v', v'_i, R', R'_i les mêmes quantités pour le côté des fibres soumises à la compression.

Puisque les efforts de compression sont proportionnels aux déformations, ils le sont aussi aux distances v' des fibres où ils s'exercent à l'axe neutre inconnu et nous pouvons écrire

$$(1) \qquad\qquad R' = R'_i\, \frac{v'}{v'_i}.$$

Pour les efforts d'extension, pour lesquels cette proportionnalité n'existe plus, nous admettrons, d'après ce que nous venons de dire, la relation empirique suivante, où m et n sont des coefficients numériques

$$R = R_i \left[m \cdot \frac{v}{v_i} - n \left(\frac{v}{v_i}\right)^{\!*} \right];$$

et, puisque pour $v = v_i$ on doit avoir $R = R_i$, on a, entre les coefficients n et m, la relation nécessaire $m - n = 1$, d'où $n = m - 1$. Par conséquent, cette expression se met sous la forme

$$(2) \qquad\qquad R = R_i \frac{v}{v_i} \left(m - (m - 1) \frac{v}{v_i} \right).$$

Mais la loi des très petites déformations, comme nous l'avons admise jusqu'ici, subsiste toujours et s'applique aux très petites déformations que subissent les fibres très voisines de la fibre neutre pour lesquelles le carré du rapport $\frac{v}{v_1}$ est négligeable. Pour ces fibres, l'allongement proportionnel dû à un très petit effort d'extension est le même que le raccourcissement qui serait produit par un égal effort de compression. Égalons donc les valeurs de R et de R' obtenues en mettant dans les équations ci-dessus, pour v et v', deux valeurs égales et assez petites pour que le carré $\frac{v^2}{v'^2}$ puisse être négligé, nous aurons

$$(3) \qquad \frac{R'}{v'_1} = m \frac{R_1}{v_1}, \qquad \text{ou} \frac{R_1}{R'_1} = \frac{1}{m} \frac{v_1}{v'_1}.$$

Écrivons maintenant, comme nous l'avons fait dans l'étude précédente de la flexion, les équations d'équilibre de la portion de tige comprise depuis la section considérée jusqu'à l'extrémité, c'est-à-dire égalons à zéro la somme des projections des efforts sur un axe perpendiculaire au plan de la section, et à M, valeur du moment fléchissant, la somme des moments de ces efforts par rapport à l'axe neutre; nous aurons les deux équations

$$(4) \qquad \int_0^{v_1} Rb\,dv - \int_0^{v'_1} R'b\,dv' = 0, \qquad \int_0^{v_1} bRv\,dv + \int_0^{v'_1} bR'v'\,dv' = M.$$

ou bien, en mettant pour R et R' leurs valeurs et effectuant les intégrations :

$$(5) \quad (m+2)R_1 v_1 - 3 R'_1 v'_1 = 0. \quad \frac{m+3}{12} bR_1 v_1^2 + \frac{1}{3} bR'_1 v'_1{}^2 = M.$$

L'équation (3), les deux équations (5) et l'équation

$$(6) \qquad\qquad\qquad v_1 + v'_1 = h$$

qui est une donnée du problème, suffisent à déterminer les quatre inconnues v_1, v'_1, R_1, R'_1. Nous pouvons, au moyen de (3), éliminer immédiatement R'_1 des deux équations (5); elles deviennent ainsi

$$(7) \quad (m+2)v_1^2 = 3mv'_1{}^2, \qquad \frac{m+3}{12} \cdot bR_1 v_1^2 + \frac{m}{3} bR_1 \frac{v'_1{}^2}{v_1} = M;$$

et la seconde peut, en y mettant la valeur de v'_1, tirée de la première, s'écrire

$$\left[\frac{m+3}{12}+\frac{m}{3}\left(\frac{m+2}{3m}\right)^{\frac{3}{2}}\right] b\,\mathrm{R}_{,}v_{,}{}' = \mathrm{M}.$$

L'équation (6), combinée avec la première (7), donne d'ailleurs

(8)
$$v_{,}=\frac{h}{1+\sqrt{\dfrac{m+2}{3m}}};$$

d'où, en substituant dans la précédente

(9)
$$\mathrm{M} = \mathrm{R}_{,}\,\frac{b\,h^{2}}{6}\cdot\frac{\dfrac{m+3}{2}+2\,m\left(\dfrac{m+2}{3m}\right)^{\frac{3}{2}}}{\left(1+\sqrt{\dfrac{m+2}{3m}}\right)^{2}}.$$

201. Valeurs numériques pour une pièce rectangulaire. — Nous avons laissé indéterminé le coefficient m. Voici les valeurs des expressions (8) et (9) pour diverses valeurs de ce coefficient

$$m = 2 \quad , \quad v_{,}=0{,}5505\ h \quad , \quad \mathrm{M}=1{,}4175.\ \mathrm{R}_{,}\frac{b h^{2}}{6},$$

$$m = 3 \quad , \quad v_{,}=0{,}573\ h \quad , \quad \mathrm{M}=1{,}80.\ \ \mathrm{R}_{,}\frac{b h^{2}}{6},$$

$$m = 4 \quad , \quad v_{,}=0{,}586\ h \quad , \quad \mathrm{M}=2{,}17.\ \ \mathrm{R}_{,}\frac{b h^{2}}{6},$$

$$m = 5 \quad , \quad v_{,}=0{,}594\ h \quad , \quad \mathrm{M}=2{,}54.\ \ \mathrm{R}_{,}\frac{b h^{2}}{6},$$

$$m = 6 \quad , \quad v_{,}=0{,}600\ h \quad , \quad \mathrm{M}=2{,}90.\ \ \mathrm{R}_{,}\frac{b h^{2}}{6},$$

$$m = 7 \quad , \quad v_{,}=0{,}604\ h \quad , \quad \mathrm{M}=3{,}25.\ \ \mathrm{R}_{,}\frac{b h^{2}}{6}.$$

202. Comparaison avec l'expérience. — La valeur qui doit lui être attribuée dépend de la matière dont se compose la pièce soumise à la flexion. Pour le fer et l'acier, il semble qu'il y ait lieu d'adopter un chiffre voisin de $m = 4$. En effet, dans l'expérience rapportée par M. Considère (*Annales des Ponts et Chaussées*, 1er semestre, page 614) et dont il a déjà été question plus haut, il a été constaté qu'un barreau d'acier à section carrée de $0^{m}039$ de côté, dont la résistance à la rupture par extension était de 42^k7 par millimètre carré, résistait à l'effort d'un moment fléchissant $M = 729^{km}70$. Pour ce barreau on a sensiblement $\dfrac{bh^2}{6} = 0,00004$, par conséquent, avec $m = 4$, on aurait $R_1 = \dfrac{72.970000}{2.17} = 33^k6$ par millimètre carré, chiffre inférieur à celui qui aurait produit la rupture par extension simple.

Cette même expérience a donné $v_1 = 0,63\,h$, alors que la formule ci-dessus ne donne, pour $m = 4$, que $v_1 = 0,59\,h$. La différence est appréciable, mais il faut observer que nous avons supposé, du côté des fibres comprimées, la proportionnalité des efforts aux déformations. Nous avons aussi, du côté des fibres étendues, négligé les puissances de $\dfrac{v}{v_1}$ supérieures à la seconde, et cela peut suffire pour expliquer la différence dont il s'agit.

Dans une autre expérience faite sur un barreau carré de $0,0165$ de côté, pour lequel, par conséquent, $\dfrac{bh^2}{6} = 0,00000075$, dont la résistance à la rupture par traction était de 57^k8 par millimètre carré, le moment fléchissant a atteint $83^{km}84$. Avec l'hypothèse $m = 4$, on aurait eu $R_1 = \dfrac{83,84}{0,00000075 \times 2,17} = 51^k5$, résultat admissible, puisqu'il est inférieur de plus de dix pour cent à la valeur de l'effort qui aurait produit la rupture par extension simple.

Dans cette expérience, on a constaté $v_1 = 0,60\,h$, tandis que, pour $m = 4$, la formule ci-dessus donne $v_1 = 0,59\,h$; l'accord est donc satisfaisant.

On peut donc admettre que, pour l'acier, le coefficient m est voisin de 4.

L'effort supporté par la fibre comprimée, R'_1, a pour valeur

$$R'_1 = m\,R_1\,\frac{v'_1}{v_1} = m\sqrt{\frac{m+2}{3m}} \cdot R_1,$$

soit, pour $m = 4$, $R'_1 = 2,83\,R_1$, ce qui, eu égard à ce que nous avons dit de la résistance à la rupture par compression, n'a rien d'invraisemblable.

Ajoutons que M. Léon Durand-Claye, en faisant rompre par flexion des barreaux de plâtre, de ciment, de briques ou de calcaire tendre, a trouvé que l'on devait prendre, pour moment de résistance à la flexion, $M = k\frac{bh^2}{6} R$; k étant un coefficient dont les valeurs sont, en moyenne, les suivantes : 2,95 pour le plâtre, 2,85 pour le calcaire tendre, 2,38 à 3,85 pour diverses espèces de ciments, 1,71 à 2,14 pour d'autres échantillons de ciments, 3,70 à 4,18 pour les briques, 3,45 pour la craie, 2,73 pour les dalles d'ardoises.

La valeur de ce coefficient k est donc, en général, assez voisine de 3.

On voit, par le tableau qui précède, que, pour $m = 6$, on aurait $M = 2,90 R_1 \frac{bh^2}{6}$, et pour $m = 7$, $M = 3,25 R_1 \frac{bh^2}{6}$. Il semblerait donc que, pour ces barreaux, le coefficient m devrait être compris entre 6 et 7. On aurait alors, pour ces expériences $R'_1 = 4 R_1$ pour $m = 6$, et $R'_1 = 4,59 R_1$ pour $m = 7$.

Pour avoir $k = 4,18$, il faudrait faire environ $m = 10$, ce qui donnerait $R'_1 = 6,3 R_1$. Ces résultats n'ont rien d'inadmissible : nous avons vu, en effet, que pour les mortiers et ciments, la charge de rupture par compression était généralement supérieure à cinq fois celle de rupture par extension ; les fibres comprimées peuvent donc avoir supporté sans se rompre un effort de quatre à cinq et même six fois celui qui a fait rompre les fibres étendues.

En résumé, l'on voit que, pour les pièces soumises à des efforts de flexion, et pour lesquelles ces efforts dépasseraient la limite de l'élasticité, on pourra, en adoptant pour la fibre la plus étendue, une charge R_1 supérieure à la charge de sécurité R_0, qui est applicable lorsque l'on veut rester au-dessous de cette limite, augmenter encore la grandeur du moment fléchissant par l'adoption d'un coefficient, qui, pour une section rectangulaire, est d'environ 2 ou 2,5 ou même 3, de sorte que le moment résistant maximum, qui dans le premier cas est $\frac{R_0 I}{v_1}$, atteindrait $2\frac{R_1 I}{v_1}$; $2,5\frac{R_1 I}{v_1}$; ou même $3\frac{R_1 I}{v_1}$.

Cette considération permettra de réduire dans une proportion notable les dimensions des pièces des ouvrages provisoires.

203. Cas d'une section en double T. — Un calcul

analogue peut être fait pour des poutres de section transversale quelconque et n'offre aucune difficulté. Considérons, par exemple, une poutre à section en forme de doubleT symétrique (fig. 169) de hauteur totale h; soit c l'épaisseur de chacune des semelles, b leur largeur et $\frac{1}{2} b'$ la saillie qu'elles font sur l'âme dont l'épaisseur est ainsi $b — b'$; appelons $v_{,}$ et $v'_{,}$, les distances inconnues aux extrémités de la section, de la fibre neutre dont la position est à déterminer. Nous avons toujours, comme plus haut, les équations (1), (2), (3) et (6).

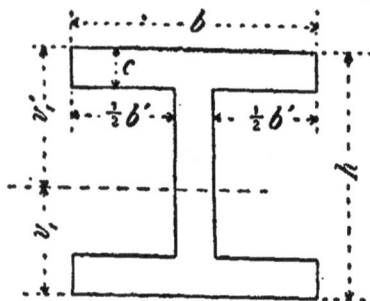

Fig. 169.

$$R = R_{,}\frac{v}{v_{,}}\left[m — (m^2 — 1)\frac{v}{v_{,}}\right], \quad R' = R'_{,}\frac{v'}{v'_{,}}, \quad \frac{R'_{,}}{v'_{,}} = m\frac{R_{,}}{v_{,}}; \quad v_{,} + v'_{,} = h$$

et en appelant u la largeur de la section transversale

$$\int_0^{v_{,}} Rudv — \int_0^{v'_{,}} R'udv' = 0; \qquad \int_0^{v_{,}} Ruvdv + \int_0^{v'_{,}} R'uv'dv' = M.$$

En effectuant les intégrations et remarquant que, dans l'exemple choisi, u vaut $(b—b')$ depuis v ou $v' = 0$ jusqu'à $v = v_{,} — c$ ou $v' = v'_{,} — c$ et est égal à b depuis $v = v_{,} — c$ jusqu'à $v = v'_{,}$ et depuis $v' = v'_{,} — c$ jusqu'à $v' = v'_{,}$, nous aurons

$$(10) \quad m\frac{R_{,}}{v_{,}}\left(b\frac{v_{,}^2}{2} — b'\frac{(v_{,} — c)^2}{2}\right) — \frac{(m — 1)R_{,}}{v_{,}^2}\left(b\frac{v_{,}^3}{3} — b'\frac{(v_{,} — c)^3}{3}\right) —$$
$$\frac{R'_{,}}{v'_{,}}\left(b\frac{v'^2_{,}}{2} — b'\frac{(v'_{,} — c)^2}{2}\right) = 0;$$

$$(11) \quad m\frac{R_{,}}{v_{,}}\left(b\frac{v_{,}^3}{3} — b'\frac{(v_{,} — c)^3}{3}\right) — \frac{(m — 1)R_{,}}{v_{,}^2}\left(b\frac{v_{,}^4}{4} — b'\frac{(v_{,} — c)^4}{4}\right) +$$
$$\frac{R'_{,}}{v'_{,}}\left(b\frac{v'^3_{,}}{3} — b'\frac{(v'_{,} — c)^3}{3}\right) = M.$$

Si on désigne, pour abréger, par Ω l'aire de la section transversale $\Omega = bh — b'(h — 2c)$ et par I' le moment d'inertie de cette section autour de l'axe neutre inconnu et qui, si I est le moment d'inertie autour de l'axe passant par le centre de gravité, c'est-à-dire au milieu de la hauteur h, a pour valeur $I' = I + \Omega \left(v_, - \dfrac{h}{2} \right)^2$, ces deux équations, lorsqu'on en a éliminé $R_,'$ et $v_,'$ au moyen de (3) et (6), prennent la forme plus simple

$$(12) \qquad \left(v_, - \frac{h}{2} \right) \Omega = \frac{m-1}{3m} \cdot \frac{1}{v_,} \left[bv_,^2 - b' \, (v_, - c)^2 \right] ;$$

$$(13) \qquad M = \frac{R_,}{v_,} \left[ml' - \frac{m-1}{4v_,} \left[bv_,^4 - b' \, (v_, - c)^4 \right] \right].$$

La première peut servir à calculer $v_,$ qui y est seule inconnue. Elle est du troisième degré et sa résolution serait laborieuse. Lorsque l'épaisseur de l'âme et des semelles est petite par rapport aux autres dimensions de la poutre, on peut, approximativement, prendre

$$(14) \qquad v_, = \frac{h}{2} \cdot \frac{1}{1 - \dfrac{(m-1) \, cb'}{m\Omega}}.$$

La valeur de $v_,$ étant trouvée, exactement ou approximativement, en la portant dans la seconde équation, et remarquant qu'alors I' peut être calculé, on aura la relation cherchée entre M et $R_,$.

204. Comparaison avec l'expérience. — Une expérience a été faite en 1885 à l'arsenal de Malines sur une poutre en tôle de fer de six mètres de longueur entre les appuis, pour laquelle on avait $h = 0^m,70$, $b = 0^m,24$, $b' = 0^m,23$ et $c = 0^m,02$ environ. Le moment d'inertie I de la section transversale de cette poutre, autour d'un axe horizontal passant par le centre de gravité a pour valeur $I = 0,00135$. Lorsque la poutre est chargée assez peu pour que les secondes puissances des déformations restent négligeables, le moment fléchissant est lié à l'effort maximum R par la relation $M = \dfrac{RI}{\frac{h}{2}}$; soit, puisque $h = 0,70$, environ $M = 0,004 \, R$. L'effort maximum étant, par exemple, limité à 6 kilog. par mm^2, le moment fléchissant pourrait atteindre $0.004 \times 6.000.000 = 24.000$ kilogrammètres et il pourrait être produit par un poids de 16 tonnes appliqué au milieu de la poutre de six mètres de longueur. Si, au contraire, on tient compte, comme nous venons de le faire, des secondes puissances des déformations, et si l'on donne à m la valeur 4 qui semble indiquée par les expériences, on trouve d'abord pour v, la valeur $v_{,} = 0,45$. L'axe neutre est donc rapproché de 0,10 de la semelle comprimée. Ensuite, en portant cette valeur dans l'expression de M et en supposant toujours $m = 4$, on trouve $M = 0,0064\ R_{,}$. Si donc le métal de la poutre est du fer dont la résistance à la rupture est de 30 kilog. par mm^{2}, en n'adoptant même pour $R_{,}$ qu'un chiffre de 25 kilog. par millimètre carré, pour tenir compte de l'affaiblissement produit par la rivure, on pourrait avoir pour M une valeur allant jusqu'à $M = 0,0064 \times 25.000.000 = 152.500$ kilogrammètres, lequel, pour la longueur de six mètres, serait produit par une charge de 101 tonnes appliquée au milieu de sa longueur. La poutre dont il s'agit a en effet supporté, sans se rompre, une charge de 100 tonnes. On arriverait à un chiffre un peu plus élevé en donnant à m la valeur 5 [1].

1. On peut consulter, sur ce sujet, l'édition de Navier annotée par Saint-Venant, page 175, où la question qui fait l'objet de ce § III est traitée d'une manière un peu différente.

CHAPITRE XI

CALCUL DES MOMENTS FLÉCHISSANTS ET DES EFFORTS TRANCHANTS DANS LES PIÈCES DROITES.

SOMMAIRE :

I

POUTRES POSÉES SUR DEUX APPUIS SIMPLES

205. Signes des moments fléchissants et des efforts tranchants. — La détermination de la grandeur du moment fléchissant aux différents points d'une tige fléchie, dont nous allons maintenant nous occuper, est une pure question d'algèbre élémentaire; elle se résume, dans chaque cas, à faire la somme des produits des forces qui sont appliquées à la portion de tige comprise entre la section que l'on considère et l'une des extrémités, par la longueur de leurs bras de levier, c'est-à-dire par les distances du centre de gravité de cette section à la ligne qui représente leur direction. Avant de donner quelques exemples de la résolution de ce problème, il est nécessaire de faire une convention au sujet du signe à adopter pour les moments fléchissants.

Si, dans une tige AB, on considère une section quelconque, C, il s'exerce, à travers cette section, des efforts moléculaires qui font équilibre, d'un côté, à toutes les forces appliquées à la partie AC, de l'autre, à toutes les forces appliquées à la partie

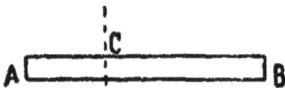

Fig. 170.

CB de la tige. Il y a donc, dans cette section, suivant qu'on la considère comme terminant l'une ou l'autre des deux parties, deux groupes d'efforts égaux et de sens contraire, qui ne sont, en définitive, que l'action et la réaction de l'une des parties sur l'autre. Ces deux groupes d'efforts, ainsi que la somme de leurs moments qui fait équilibre au moment fléchissant, ou la somme de leurs composantes verticales, qui équilibre l'effort tranchant, seront donc de signes différents suivant que la section C appartiendra à l'une ou à l'autre des deux parties de la tige.

Le moment fléchissant et l'effort tranchant, dans une section donnée, s'expriment ordinairement d'une manière absolue et sans indication de la portion de tige à laquelle ils s'appliquent; il faut donc leur attribuer un signe spécial, indépendant de cette considération.

Pour le moment fléchissant, afin d'avoir une définition qui s'applique également aux pièces courbes, nous conviendrons d'attribuer le signe + aux moments qui tendent à augmenter *algébriquement* la courbure de la tige dans la section considérée, et le signe — à ceux qui tendent à la diminuer, en rappelant ici que la courbure d'une courbe, rapportée à deux axes OX, OY, est positive lorsque $\frac{d^2y}{dx^2}$ est positif, c'est-à-dire que la concavité de la courbe est tournée vers les y positifs, ou que la courbe est

placée comme l'une des branches mar-
quées +, et qu'elle est, au contraire,
négative lorsque la concavité est tournée
vers les y négatifs ou qu'elle est placée
comme la branche marquée —. Un moment fléchissant, qui tendra à diminuer,
en valeur absolue, la courbure négative
d'une courbe, aura un signe positif, puisqu'il augmente *algébriquement* la courbure.

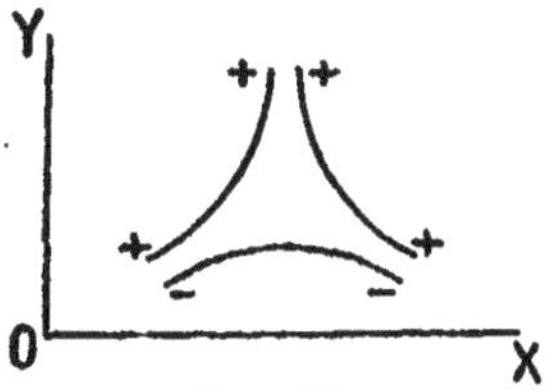

Fig. 171.

Pour les tiges rectilignes, placées sur l'axe des x, et dont la
courbure est primitivement nulle, les moments fléchissants positifs sont ceux qui tendent à courber la tige vers la région des y
positifs, et les négatifs, ceux qui tendent à la courber vers la
région des y négatifs.

Quant à l'effort tranchant, il aura le signe de la dérivée du
moment fléchissant. On reconnaît facilement que, pour une tige
horizontale placée sur l'axe des x, il est positif lorsqu'il tend à
entraîner, vers les y positifs, la portion de tige la plus rapprochée de l'origine, et négatif dans le cas contraire.

Cela posé, nous allons donner quelques exemples de la détermination des moments fléchissants, et en conclure la déformation
des tiges fléchies.

**208. Poutre chargée uniformément sur toute sa
longueur.** — Considé-
rons d'abord une tige ou
poutre horizontale, sup-
portant une charge uni-
formément répartie sur
toute sa longueur, à rai-
son de p par unité de longueur, et reposant à ses
deux extrémités sur deux
appuis. Soit $OA = a$

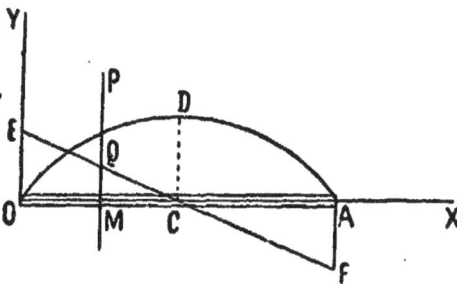

Fig. 172.

(fig. 172) la longueur; la charge totale est égale à pa, chacun
des appuis en supporte la moitié, soit $\frac{pa}{2}$ et exerce sur les
extrémités de la poutre une réaction égale à $\frac{pa}{2}$, mais dirigée de

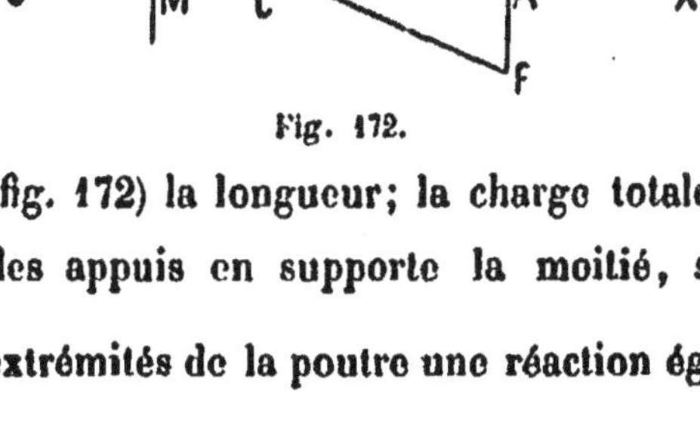

bas en haut. Considérons une section quelconque M à une distance OM $= x$ du point O. Les forces qui agissent sur la portion de poutre OM sont la réaction de l'appui O, égale à $\frac{pa}{2}$, et la charge appliquée sur OM, égale à px. Le bras de levier de la première est x, celui de la seconde, qui peut être considérée comme appliquée au milieu de OM, est $\frac{x}{2}$, et elles agissent en sens contraire. Le moment fléchissant M a ainsi pour valeur absolue $\frac{pa}{2} \cdot x - px \cdot \frac{x}{2} = \frac{p}{2} x (a - x)$; d'ailleurs, ce moment tend à courber la poutre vers les y positifs, il doit, d'après nos conventions, être affecté du signe $+$; nous aurons donc

$$M = \frac{px}{2}(a - x).$$

Nous pouvons remarquer que nous aurions obtenu la même valeur du moment fléchissant en considérant les forces appliquées à l'autre portion MA de la poutre. Ces forces sont $\frac{pa}{2}$ avec un bras de levier $a - x$, et $p(a - x)$ avec un bras de levier $\frac{a - x}{2}$, la somme algébrique de leurs moments $\frac{pa}{2}(a - x) - p$ $(a - x)\frac{a - x}{2}$ est bien égale à $\frac{px}{2}(a - x)$. Cela était évident, d'après ce que nous venons de dire, et cette vérification pourrait se faire de la même manière pour tous les autres exemples que nous examinerons. Elle montre simplement qu'il est indifférent, pour le calcul de la valeur du moment fléchissant, de considérer les forces appliquées à l'une ou à l'autre des deux portions de la tige, depuis la section que l'on considère jusqu'à l'extrémité.

Dans la poutre uniformément chargée, le moment fléchissant varie donc comme les ordonnées d'une parabole passant par les extrémités O, A, ayant son axe vertical, et dont l'ordonnée maximum CD, qui se trouve au milieu de la poutre, a pour valeur $\frac{pa^2}{8}$. C'est la valeur du maximum du moment fléchissant M.

L'effort tranchant, somme des projections, sur un plan vertical, de toutes les forces qui agissent sur le tronçon OM, a pour valeur absolue $\frac{pa}{2} - px$; nous lui attribuons le signe de la dérivée du moment fléchissant, laquelle est précisément $\frac{pa}{2} - px$, et nous écrivons, par conséquent, pour l'effort tranchant T :

$$T = p\left(\frac{a}{2} - x\right).$$

on voit qu'il varie, aux divers points, comme les ordonnées d'une droite E F. Il est nul au milieu de la pièce et maximum aux extrémités où il atteint la valeur $\frac{pa}{2}$.

Connaissant la valeur du moment fléchissant, nous pouvons, au moyen de l'équation EI $\frac{d^2y}{dx^2} = $ M, trouver la forme de la courbe affectée, après la flexion, par l'axe longitudinal de la poutre. Écrivons donc

$$EI\frac{d^2y}{dx^2} = \frac{px}{2}(a - x);$$

intégrons deux fois cette équation, nous aurons, en désignant par C, C' les deux constantes arbitraires d'intégration :

$$EI\frac{dy}{dx} = \frac{pax^2}{4} - \frac{px^3}{6} + C,$$

$$EIy = \frac{pax^3}{12} - \frac{px^4}{24} + Cx + C'.$$

Les constantes C et C' doivent se déterminer, d'après ce que nous avons dit, par la condition que les points O et A restent fixes, c'est-à-dire que l'on ait $y = 0$ pour $x = 0$ et pour $x = a$. Le groupe de valeurs $x = 0$, $y = 0$, annule la constante C', et la constante C se détermine par l'équation suivante, obtenue en faisant $x = a$, $y = 0$,

$$0 = \frac{pa^4}{12} - \frac{pa^4}{24} + Ca, \quad \text{d'où } C = -\frac{pa^3}{24};$$

et, par conséquent, l'équation de la courbe cherchée est

$$EIy = \frac{p}{12}\left[ax^3 - \frac{x}{2}(a^3 + x^3)\right].$$

On aurait pu, dans ce cas particulier, déterminer la constante C après la première intégration en remarquant que, pour $x = \frac{a}{2}$, c'est-à-dire au milieu de la pièce, on doit avoir $\frac{dy}{dx} = 0$, car la courbe doit être symétrique et, par suite, avoir sa tangente horizontale au milieu de sa longueur.

L'équation de la courbe affectée par l'axe de la pièce après la flexion permet de trouver la *flèche* de flexion, c'est-à-dire la quantité dont s'est abaissé le point situé au milieu. Il suffit, pour cela, de calculer la valeur de y pour $x = \frac{a}{2}$. On trouve

$$EIy = -\frac{5}{384} pa^4,$$

et en désignant par f la valeur absolue de la flèche (y est négatif parce que la courbe se trouve au-dessous de l'axe de x), on a :

$$f = \frac{5}{384} \frac{pa^4}{EI}.$$

207. Effet de l'effort tranchant. — L'équation précédente de la courbe, et la valeur que l'on en a déduit pour la flèche, ne tiennent compte que de l'effet du moment fléchissant, sans faire entrer en ligne de compte celui de l'effort tranchant. Nous avons trouvé que, sous l'action d'un effort tranchant T, il se produisait, sur les sections transversales, un glissement i, défini par

$$i = \frac{T}{GIu} \int_v^{v_i} uv\,dv;$$

il en résulte, pour la fibre située à la distance v de l'axe neutre, une inclinaison i sur celle qui résulterait de la seule action du moment fléchissant, de sorte que la courbure $\frac{1}{\rho}$ se trouve augmentée de $\frac{di}{dx}$. Nous pourrions donc écrire l'équation de la fibre déformée en ajoutant à la valeur $\frac{M}{EI}$, que nous avons prise pour $\frac{d^2y}{dx^2}$, cette quantité $\frac{di}{dx}$. Mais s'il ne s'agit que de trouver la flèche totale de flexion, nous pouvons nous borner à observer que la section transversale, distante de dx de celle que nous considérons, s'abaisse par rapport à celle-ci, sous l'effet de ce glissement, de idx, et, par conséquent, $\int_0^x idx$ sera l'abaissement, dû à ce glissement, du point situé à la distance x de l'origine de la fibre dont il s'agit. Pour l'axe longitudinal, pour lequel $v = 0$, on a $i = \dfrac{T}{GIu} \int_0^{v_1} uvdv$ et l'abaissement dont il s'agit, pour le point situé au milieu de la longueur de la poutre, pour lequel $x = \dfrac{a}{2}$, sera, en le désignant par f',

$$f' = \int_0^{\frac{a}{2}} \frac{T\,dx}{GIu} \int_0^{v_1} uvdv.$$

$\int_0^{v_1} uvdv$, G, I et u sont des quantités constantes pour une section donnée. Soit, par exemple, la section rectangulaire $b \times h$ que nous avons déjà considérée ; $v_1 = \dfrac{h}{2}$, $u = b$, $\int_0^{v_1} uvdv = \dfrac{bh^2}{8}$, $I = \dfrac{bh^3}{12}$, et $\dfrac{1}{GIu} \int_0^{v_1} uvdv = \dfrac{3}{2Gbh}$; nous avons alors, pour la poutre qui supporte une charge uniformément répartie :

$$f' = \frac{3}{2\,G\,bh} \int_0^{\frac{a}{2}} T\,dx = \frac{3}{2\,G\,bh} \int_0^{\frac{a}{2}} p\left(\frac{a}{2} - x\right) dx = \frac{3\,pa^2}{16\,Gbh}.$$

Pour la même poutre, la flèche f, due au moment fléchissant, a pour valeur

$$f = \frac{5\,pa^4}{384\,EI} = \frac{5\,pa^4}{32\,Ebh^3},$$

et, par conséquent, la flèche totale $f_1 = f + f'$ sera

$$f_1 = \frac{1}{32}\,\frac{pa^2}{bh}\left(\frac{5\,a^2}{Eh^2} + \frac{6}{G}\right) = f\left(1 + \frac{6}{5}\,\frac{E}{G}\,\frac{h^2}{a^2}\right).$$

On voit que l'augmentation f' de la flèche, due au glissement transversal des sections, est à la flèche f, due au moment fléchissant, dans le rapport

$$\frac{f'}{f} = \frac{6}{5}\,\frac{E}{G}\,\frac{h^2}{a^2}.$$

Le rapport des coefficients E et G est variable pour les diverses substances : il est d'environ 3 pour le fer et l'acier ;

prenons-le, par exemple, égal à la valeur $\frac{5}{2}$ qu'il aurait pour les corps parfaitement isotropes, il vient :

$$\frac{\ell'}{f} = 3\,\frac{h^2}{a^2}.$$

Si la hauteur h de la poutre est faible par rapport à sa longueur a, comme nous l'avons d'ailleurs supposé, le rapport $\frac{3h^2}{a^2}$ pourra être négligeable. Ainsi, si $h = \frac{a}{8}$, ce qui est sans doute une limite supérieure pour la hauteur des poutres rectangulaires, $\frac{3h^2}{a^2} = \frac{3}{64}$ ou moins de $\frac{1}{21}$. La flèche totale de flexion est toujours une petite quantité dont la vingtième partie et, à plus forte raison, des fractions plus petites sont presque toujours inappréciables ; ces quantités sont de l'ordre de grandeur des erreurs d'observation et des différences provenant des défauts d'homogénéité des matériaux mis en œuvre.

Nous ne nous occuperons plus désormais de cette déformation, et nous nous bornerons à calculer la flèche due au moment fléchissant.

208. Considération du poids propre de la pièce. — La charge p uniformément répartie est supposée comprendre le poids propre de la poutre ; elle se réduit même à ce poids lorsque la poutre ne supporte aucune charge. Sous l'action de son propre poids, une poutre quelconque, supposée construite bien rectiligne sur un sol horizontal ou sur un échafaudage, prendra donc, lorsqu'on la posera sur deux points d'appui à ses extrémités, une flèche f que nous venons de trouver égale à $\frac{5}{384}\,\frac{pa^4}{EI}$, et qui, dans la plupart des cas, n'est pas négligeable. Si donc on veut qu'une fois mise en place la poutre affecte une forme rectiligne, on ne peut y arriver qu'en lui donnant, à la construction, une *contre-flèche*, c'est-à-dire un surhaussement en son milieu, précisément égal à la flèche qu'elle prendra sous l'action de son poids dont l'effort rétablira ainsi le milieu et les extrémités sur une même ligne horizontale.

Lorsqu'il s'agit de poutres de ponts, qui sont soumises, non seulement à l'action de leur poids propre, mais encore à celle du poids du tablier du pont et des charges accidentelles qu'il supporte, on construit la poutre, dans l'atelier, avec une contre-flèche égale à l'abaissement qu'elle aura à subir sous l'effort de toutes ces charges réunies ; de sorte que, même au moment où elle est le plus chargée, la poutre, en son milieu, ne descende pas au-dessous de l'horizontale qui passe par ses extrémités.

209. Poutre chargée d'un poids unique. — Soit maintenant une poutre AB (fig. 173) de longueur a, posée librement sur deux appuis AB et chargée, en un point C de sa longueur, d'un poids isolé P. Soit AC $= b$, CB $= c$ les distances du point C aux deux extrémités; $b + c = a$. Nous détermine-

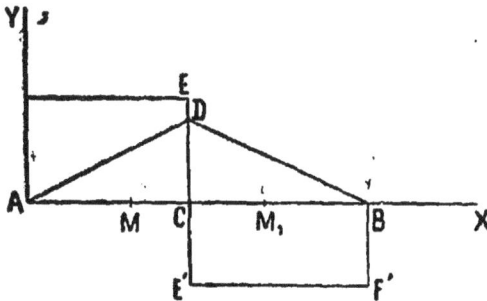

Fig. 173

rons d'abord les réactions des appuis A et B par les règles ordinaires de la statique. Si X et X' sont respectivement ces réactions, nous aurons, entre elles et la force donnée P, les relations

$$X + X' = P; \quad Xa = Pc, \quad X'a = Pb; \quad \text{d'où } X = \frac{Pc}{a}, \ X' = \frac{Pb}{a}.$$

Cela posé, le moment fléchissant M, sur une section quelconque M comprise entre les points A et C, à une distance x du point A, ou bien pour $x < b$, sera

$$M = Xx = \frac{Pc}{a} x,$$

et le moment fléchissant M, sur une section quelconque M_1, à une distance x_1 du point A, supérieure à celle du point C, c'est-à-dire pour $x > b$

$$M_1 = X x_1 - P (x_1 - b) = P b \left(\frac{a - x_1}{a} \right).$$

Les moments fléchissants sont ainsi proportionnels aux ordonnées de deux droites AD, DB, passant par les extrémités,

A,B, où les moments s'annulent, et par le point D, situé sur la verticale du point C, où ils atteignent leur valeur maximum $\frac{Pbc}{a}$.

Les efforts tranchants T et T, dans les deux tronçons AC, CB de la tige sont respectivement

$$T = X = \frac{Pc}{a}, \qquad T_, = X - P = - P\frac{b}{a}.$$

Ils sont proportionnels aux ordonnées de deux droites EF, EF', parallèles à l'axe des x, c'est-à-dire qu'ils sont constants sur toute l'étendue des deux tronçons.

Nous voyons qu'au point C, où est appliquée la force P, l'effort tranchant est discontinu; il a, dans cette section, deux valeurs différentes, suivant qu'on la considère comme appartenant à l'une ou à l'autre des deux parties de la tige. De même, dans cette section, le moment fléchissant a pour sa dérivée deux valeurs distinctes, indiquées par les coefficients angulaires des deux droites qui aboutissent au point D (voir chapitre X, n° 189, page 306).

La forme de la fibre neutre après la flexion, dans l'un et l'autre tronçon de la tige, s'obtiendra, comme précédemment, par l'intégration des deux équations

$$(1) \qquad EI\frac{d^2y}{dx^2} = \frac{Pc}{a}\,x, \qquad EI.\frac{d^2y_,}{dx_,^2} = \frac{Pb}{a}(a - x_,),$$

qui introduira quatre constantes arbitraires. Ces constantes seront déterminées par la considération des deux points fixes A et B, et par la condition qu'au point C, ou pour $x = x_, = b$, les deux portions de tige se raccordent ou que l'on ait $y = y_,$ et $\frac{dy}{dx} = \frac{dy_,}{dx_,}$.

Les intégrations donnent successivement :

$$(2) \quad \begin{cases} EI\dfrac{dy}{dx} = \dfrac{Pc}{a}\cdot\dfrac{x^2}{2} + C, & EI\dfrac{dy_,}{dx_,} = \dfrac{Pb}{a}\left(ax_, - \dfrac{x_,^2}{2}\right) + C', \\[2ex] EI\,y = \dfrac{Pc}{a}\cdot\dfrac{x^3}{6} + Cx + C'', & EI\,y_, = \dfrac{Pb}{a}\left(a\dfrac{x_,^2}{2} - \dfrac{x_,^3}{6}\right) + C'x_, + C'''. \end{cases}$$

La condition $x = 0, y = 0$ annule la constante C''; la condition $x_, = a, y_, = 0$ donne :

(3) $$\frac{P\,b\,a^2}{3} + C'a + C''' = 0;$$

Celles qui exigent que pour $x = x_1 = b$ on ait $y = y_1$, et $\dfrac{dy}{dx} = \dfrac{dy_1}{dx_1}$ donnent les deux équations

(4) $\dfrac{P\,c\,b^2}{6a} + Cb = P\dfrac{b^2}{2} - P\dfrac{b^3}{6a} + C'b + C'''$, $\dfrac{P\,c\,b^2}{2a} + C = Pb^2 - \dfrac{Pb^3}{2a} + C'.$

Multiplions la seconde de ces équations par b et retranchons-la de la première, nous avons :

$$-\frac{P\,c\,b^2}{3a} = -\frac{P\,b^3}{2} + \frac{P\,b^3}{3a} + C''' \quad \text{ou} \quad C''' = \frac{P\,b^3}{2} - \frac{P\,b^2}{3a}(c+b) = \frac{P\,b^3}{6}.$$

Cette valeur, introduite dans la précédente (3), donne

$$\frac{P\,b\,a^2}{3} + C'a + \frac{P\,b^3}{6} = 0 \qquad \text{ou } C' = -\frac{P\,b}{3a}\left(a^2 + \frac{b^3}{2}\right).$$

Et enfin, la seconde équation (4), en y mettant pour C' cette expression, devient :

$$\frac{P\,c\,b^2}{2a} + C = Pb^2 - \frac{P\,b^3}{2a} - \frac{P\,b}{3a}\left(a^2 + \frac{b^2}{2}\right). \text{ D'où } C = \frac{P\,b^2}{2} - \frac{P\,b}{3a}\left(a^2 + \frac{b^2}{2}\right).$$

Le problème est donc résolu, et les équations qui définissent la forme de la fibre neutre sont

(5)
$$EIy = \frac{P\,c\,x^3}{6a} + \frac{P\,b^2 x}{2} - \frac{P\,b x}{3a}\left(a^2 + \frac{b^2}{2}\right),$$
$$EIy_1 = \frac{P\,b}{a}\left(\frac{a x_1^2}{2} - \frac{x_1^3}{6}\right) - \frac{P\,b x_1}{3a}\left(a^2 + \frac{b^2}{2}\right) + \frac{P\,b^3}{6}.$$

Si, en particulier, le poids P est appliqué au milieu de la poutre, $b = c = \dfrac{a}{2}$ et l'on a

(6) $EIy = \dfrac{P}{12}\left(x^3 - \dfrac{3a^2 x}{4}\right)$, $EIy_1 = \dfrac{P}{12}\left(3ax_1^2 - x_1^3 - \dfrac{9a^2 x_1}{4} + \dfrac{a^3}{4}\right)$,

et la flèche f, valeur de $-y$ ou de $-y_1$ pour $x = x_1 = \dfrac{a}{2}$, est

(7) $$f = \frac{P\,a^3}{48\,EI}.$$

Le moment fléchissant maximum, dans ce cas, est $\dfrac{Pa}{4}$. Si le poids P, au lieu d'être appliqué au milieu, était uniformément réparti sur la longueur a de la poutre, à raison de $\frac{P}{a} = p$ par unité de longueur, le moment fléchissant maximum aurait pour valeur $\frac{pa^2}{8} = \frac{Pa}{8}$. La même charge appliquée au milieu de la poutre produit donc un moment fléchissant maximum double de celui qui résulte de la charge uniformément répartie; en d'autres termes, une poutre supporte, avec la même fatigue, une charge répartie sur toute la longueur double de celle qu'elle supporterait si cette charge était concentrée au milieu.

Dans les mêmes conditions, la flèche de la poutre, qui, lorsque la charge est répartie, est $\frac{5}{384} \frac{pa^4}{EI} = \frac{5}{384} \cdot \frac{Pa^3}{EI}$ atteint, pour la même charge concentrée, $\frac{1}{48} \frac{Pa^3}{EI} = \frac{8}{384} \frac{Pa^3}{EI}$. Elle est donc plus grande que dans l'autre cas dans le rapport de 8 à 5.

210. Poutre chargée de plusieurs poids isolés. — Lorsqu'au lieu d'une seule charge P il y en a plusieurs, appliquées en divers points de la poutre, on déterminera de même, dans les divers tronçons, le moment fléchissant, l'équation de la fibre neutre déformée dont les constantes se calculeront, comme dans l'exemple précédent, par les conditions de raccordement des divers tronçons. La solution se simplifie beaucoup lorsqu'au lieu de chercher à résoudre le problème dans sa généralité, on applique le principe de la superposition des effets des diverses forces. L'ordonnée y, en un point quelconque, est alors la somme de toutes les ordonnées correspondant à chacune des forces considérées isolément.

Quant au moment fléchissant dans une section quelconque, il peut aussi se déterminer par le même principe. Considérons une poutre AB (fig. 174) chargée de poids P_1, P_2, P_3 appliqués en des points déterminés. Si l'on a trouvé pour chacune de ces charges, considérée isolément, la ligne brisée AQ_1B, AQ_2B, AQ_3B dont les ordonnées représenteraient le moment fléchissant en chaque point de la poutre si cette charge agissait seule, il est évident que l'on aura le moment fléchissant dû à l'ensemble des charges en additionnant en chaque point les moments partiels, c'est-à-dire que ce moment total sera représenté par les ordonnées d'une ligne brisée $AR_1R_2R_3B$, obtenue en ajoutant les ordonnées partielles, ou telle que son ordonnée MN au point M soit la somme $Mm_1 + Mm_2 + Mm_3$ des ordonnées correspondant aux moments des forces isolées.

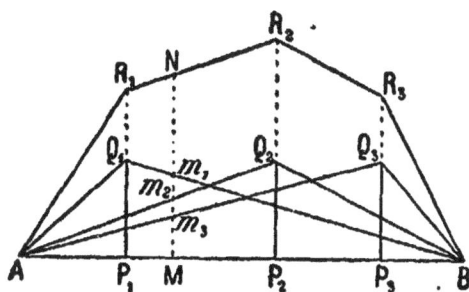

Fig. 174.

On déterminera ainsi facilement, en particulier, ce qui suffit quelquefois dans les applications, le moment fléchissant maximum. On voit que le maximum ne peut se produire que sur l'un des sommets de la ligne brisée $AR_1R_2R_3B$ (ou sur deux d'entre eux, dans le cas où l'un des côtés de cette ligne brisée serait parallèle à AB). Il suffira, lorsqu'on voudra se borner à connaître le maximum, de calculer ou de construire le moment fléchissant total pour chacun des points d'applications $P_1, P_2, P_3, \ldots$ des forces et de voir lequel de ces moments a la plus grande valeur.

211. Cas où les charges isolées se déplacent. — Cette remarque permet de résoudre immédiatement un problème qui a une certaine importance pratique. Une poutre porte une charge qui repose sur elle par un certain nombre de points dont la distance relative est constante, ainsi que la manière dont elle est répartie entre eux; comme serait, par exemple, une locomotive reposant sur un certain nombre d'essieux qui transmettent chacun, à une poutre sur laquelle ils s'appuient, une fraction déterminée de son poids total en conservant toujours la même position relative. Cette charge se déplace sur la poutre et l'on demande la position qu'elle doit occuper pour que le moment fléchissant atteigne sa valeur maximum.

Soit $a = AB$ (fig. 175) la longueur de la poutre, I son milieu, et C le point d'application variable de la charge P formée d'un certain nombre de charges partielles $P_1 + P_2 + P_3 + P_4 + \ldots = P$ dont les grandeurs et les positions relatives sont constantes. La position de la charge sur la poutre peut être définie par la dis-

tance $CA = x$ de son point d'application à l'origine A. Le moment
fléchissant maxi-
mum, quelle que
soit la position de
la charge, sera, d'a-
près ce que nous
venons de dire, sur
la verticale de l'un
des points d'application des forces partielles $P_1, P_2, P_3....$ Soit M
le point d'application de l'une d'elles et $b = CM$ la distance,
constante, de ce point au point C.

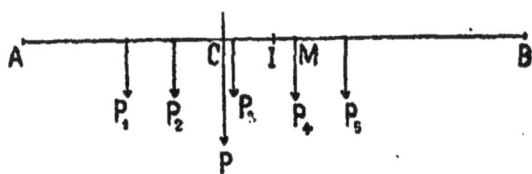

Fig. 175.

La valeur du moment fléchissant au point M sera égale au
moment de la réaction de l'appui A, laquelle a pour valeur $\dfrac{P}{a}$
$(a-x)$ et pour bras de levier $(x+b)$, diminué de la somme des
moments des forces partielles P_1, P_2, P_3 qui précèdent le point
M. Cette dernière somme est constante quelle que soit la position
de la charge; désignons-la par μ, nous aurons, pour le moment
fléchissant M,

$$M = \frac{P}{a}(a-x)(x+b) - \mu.$$

μ étant constant, ainsi que $\dfrac{P}{a}$, cette quantité sera maximum lorsque le produit $(a-x)(x+b)$ le sera lui-même, c'est-à-dire pour
$x = \dfrac{a-b}{2}$, ou lorsque $\dfrac{a}{2} - x = CI$ sera égal à $\dfrac{b}{2} = \dfrac{1}{2}CM$. Le moment fléchissant au point M sera donc le plus grand possible lors-
que ce point sera placé de telle manière que le milieu I de la
poutre divise en deux parties égales sa distance MC au point C
d'application de la charge totale.

On résoudra donc le problème en plaçant successivement la
charge dans des positions telles que le milieu I de la poutre
divise en deux la distance de son point d'application à chacune
des charges partielles, on calculera, dans chacune de ces positions, le moment fléchissant au point d'application de cette charge
partielle et l'on prendra la plus grande valeur obtenue dans ces
diverses hypothèses.

D'après ce qui précède, et au moyen du principe de la superposition des effets des forces, on déterminera facilement le moment

fléchissant et l'effort tranchant d'une poutre soumise à des charges quelconques isolées ou réparties, lorsque celles-ci seront étendues à toute la longueur de la poutre. Le cas particulier où la charge uniformément répartie ne serait appliquée qu'à une fraction de la longueur mérite une mention spéciale.

212. Poutre chargée uniformément sur une partie

Fig. 176.

de sa longueur. — Considérons une poutre AB de longueur a (fig. 176) chargée sur une partie, CD$=l$, de sa longueur, d'un poids uniformément réparti à raison de p par unité de longueur.

Désignons par z l'abscisse du point C, où commence l'application de la charge, celle du point D sera $l+z$. Le moment fléchissant, en un point M quelconque dont l'abscisse est x, se déterminera, comme précédemment, en cherchant d'abord les réactions verticales sur les appuis A et B. La charge totale pl peut être, au point de vue statique, considérée comme concentrée au milieu de CD, à une distance $z+\dfrac{l}{2}$ du point A et à une distance $a-z-\dfrac{l}{2}$ du point B. Si nous désignons alors par X et Y les réactions inconnues des appuis A et B, nous aurons entre ces quantités les relations suivantes, exprimant l'équilibre statique :

(1) $\quad X+Y=pl, \quad aY=pl\left(z+\dfrac{l}{2}\right), \quad aX=pl\left(a-z-\dfrac{l}{2}\right);$

(2) $\quad$ D'où $\quad X=\dfrac{pl}{a}\left(a-z-\dfrac{l}{2}\right), \quad Y=\dfrac{pl}{a}\left(z+\dfrac{l}{2}\right).$

Alors, le moment fléchissant, dans la partie AC, ou pour $x<z$, sera

(3) $$M = Xx = \dfrac{plx}{a}\left(a-z-\dfrac{l}{2}\right);$$

Dans la partie chargée CD, ou pour $x>z$, mais $<z+l$, il sera

(4) $\quad M = Xx - \dfrac{p(x-z)^2}{2} = \dfrac{plx}{a}\left(a-z-\dfrac{l}{2}\right) - p\dfrac{(x-z)^2}{2};$

Enfin, dans la partie DB, ou pour $x > z + l$, il aura pour valeur

$$(5) \qquad M = Xx - pl.\left(x - z - \frac{l}{2}\right) = \frac{pl}{a}\left(z + \frac{l}{2}\right)(a - x).$$

Il est donc représenté, dans la partie correspondant à la partie chargée CD, par une parabole à axe vertical, et dans chacune des parties vides par une ligne droite qui, ainsi qu'il est facile de s'en assurer, est tangente aux extrémités de l'arc parabolique. L'effort tranchant, qui est en chaque point la dérivée du moment fléchissant et, par suite, le coefficient angulaire de la courbe qui le représente, a pour valeur, dans les trois parties respectives, AC, CD, DB :

$$(6) \qquad X = \frac{pl}{a}\left(a - z - \frac{l}{2}\right); \qquad \frac{pl}{a}\left(a - z - \frac{l}{2}\right) - p\,(x - z);$$
$$- Y = -\frac{pl}{a}\left(z + \frac{l}{2}\right).$$

On reconnaît, en effet, que pour $x = z$, c'est-à-dire au point C, les deux premières valeurs sont égales, et qu'il en est de même des deux dernières pour $x = z + l$. L'effort tranchant est représenté par une ligne brisée formée de trois droites dont les deux extrêmes sont parallèles à l'axe des abscisses, tandis que celle qui correspond à la partie chargée est inclinée et coupe cet axe au point dont l'abscisse est $x = z + l - \frac{l}{a}\left(\frac{l}{2} + z\right).$

Ce point, qui est celui où le moment fléchissant est maximum, et qui correspond au sommet de la parabole, partage la longueur l de la partie chargée en deux parties proportionnelles aux réactions des appuis.

Le moment fléchissant maximum, obtenu en mettant cette valeur de x dans l'expression (4), a pour valeur

$$(7) \qquad M = \frac{pl}{a^2}\left(a - \frac{l}{2}\right)\left(a - z - \frac{l}{2}\right)\left(z + \frac{l}{2}\right).$$

Pour une valeur donnée de l, et pour des valeurs variables de z, c'est-à-dire pour les diverses positions que peut occuper la même charge sur la longueur de la poutre, il a son maximum lorsque les deux derniers facteurs du produit précédent, dont la somme est constante, deviennent égaux, ou pour $z = \frac{a - l}{2}$. C'est lorsque la charge se trouve symétriquement placée par rapport aux extrémités, comme on pouvait le prévoir, que le moment fléchissant atteint sa plus grande valeur au milieu de la poutre ; il est alors $\frac{pl}{4}\left(a - \frac{l}{2}\right)$, ce qui donne bien $\frac{pa^2}{8}$ lorsque la longueur l de la charge devient égale à celle, a, de la poutre.

En un point quelconque de la partie chargée, défini par son abscisse x, le moment fléchissant est exprimé par (4) $M = \frac{plx}{a}\left(a - z - \frac{l}{2}\right) - \frac{p}{2}(x - z)^2$. Pour une longueur déterminée de la charge l, ce moment, au point dont il s'agit, considéré comme fixe, sera maximum pour $z = x\left(1 - \frac{l}{a}\right)$ ou pour $z - x = \frac{l}{a}x$; c'est-à-dire que si l'on porte sur une parallèle quelconque à la poutre

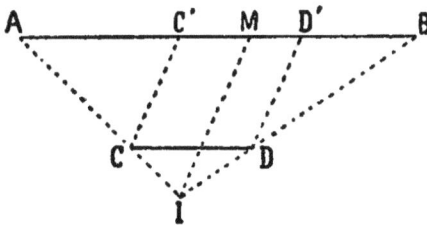

Fig. 177.

AB (fig. 177) une longueur CD, égale à celle de la charge mobile, si l'on mène les droites AC, BD que l'on prolonge jusqu'à leur point d'intersection I, la position de la charge mobile de la longueur CD qui donnera le moment fléchissant maximum en un point M quelconque s'obtiendra en menant par les extrémités de CD des parallèles CC', DD' à la ligne IM, joignant le point I au point quelconque M.

Le moment fléchissant au point M, produit par la charge ainsi placée en C'D', s'obtiendra en mettant dans la valeur ci-dessus de M la valeur de $z = x\left(1 - \frac{l}{a}\right)$; ce moment sera ainsi

$$(8) \qquad M = pl\left(a - \frac{l}{2}\right)\frac{x}{a}\left(1 - \frac{x}{a}\right).$$

Il est le plus grand possible au milieu de la poutre, ou pour $x = \frac{a}{2}$, et atteint en ce point, comme nous venons de le voir, la valeur $\frac{pl}{4}\left(a - \frac{l}{2}\right)$.

Quant à l'effort tranchant, son maximum est la plus grande, en valeur absolue, des deux réactions

$$\mathbf{X} = \frac{pl}{a}\left(a - z - \frac{l}{2}\right), \quad \mathbf{Y} = \frac{pl}{a}\left(z + \frac{l}{2}\right).$$

Pour une valeur donnée de l, $\mathbf{X}$ est maximum pour $z = 0$, et comme l est plus petit que a, $\mathbf{Y}$ est alors plus petit que $\mathbf{X}$, c'est-à-dire que l'effort tranchant maximum se produit quand la partie chargée commence à l'une des extrémités, et alors c'est sur l'appui correspondant qu'il atteint sa plus grande valeur, laquelle est $\frac{pl}{a}\left(a - \frac{l}{2}\right)$.

En un point quelconque M, déterminé par son abscisse x, l'effort tranchant atteint sa plus grande valeur lorsque la charge se termine en ce point, c'est-à-dire lorsque l'on a $z = x - l$. En effet, l'effort tranchant vaut alors $-\frac{pl}{a}\left(x - \frac{l}{2}\right)$. Si nous donnons à la charge une autre position plus éloignée de l'extrémité A, de manière que z soit égal à $x - l + \alpha$, α étant une longueur positive, le point M se trouvera dans la partie chargée et l'effort tranchant, dont l'expression est alors $\frac{pl}{a}\left(a - z - \frac{l}{2}\right) - p(x - z)$, aura pour valeur $-\frac{pl}{a}\left(x - \frac{l}{2}\right) + p\,\alpha\left(1 - \frac{l}{a}\right)$, quantité plus petite, en valeur absolue, que $\frac{pl}{a}\left(x - \frac{l}{2}\right)$. Si la charge est, au contraire, plus rapprochée du point A, de sorte que $z = x - l - \alpha$, le point M se trouve dans la partie non chargée, l'expression de l'effort tranchant est $-\frac{pl}{a}\left(z + \frac{l}{2}\right)$, c'est-à-dire $-\frac{pl}{a}\left(x - \frac{l}{2}\right) + \frac{pl}{a}\alpha$, quantité plus petite en valeur absolue que $\frac{pl}{a}\left(x - \frac{l}{2}\right)$; ce qui démontre la proposition énoncée pour l'extrémité de la charge la plus éloignée du point A. On la démontrerait de la même manière pour l'autre extrémité, où l'effort tranchant a sa plus grande valeur pour $z = x$.

On reconnaît d'ailleurs facilement que lorsque la charge se trouve plus rapprochée de l'extrémité A que de l'extrémité B, c'est-à-dire lorsque $z < a - z - l$ ou que $z < \frac{a - l}{2}$, on a $\mathbf{X} > \mathbf{Y}$, et c'est à l'extrémité C de la charge, la plus voisine de A, que se produit la plus grande valeur de l'effort tranchant. Le contraire a lieu lorsque la charge se trouve plus rapprochée de

l'extrémité B; c'est donc à celle des deux extrémités de la
charge qui est la plus voisine d'une extrémité de la poutre qu'il
faut chercher cette valeur maximum, laquelle est toujours ex-
primée par $-\dfrac{p\,l}{a}\left(x+\dfrac{l}{2}\right)$ en appelant x la distance, plus petite que
$\dfrac{a}{2}$, entre l'extrémité de la charge et celle de la poutre qui en est
la plus rapprochée.

213. Substitution de charges uniformément répartics à des charges isolées. — Le problème qui précède,
de la détermination des moments fléchissants et des efforts tran-
chants dus à une charge voyageuse uniformément répartie sur
une portion de la longueur d'une poutre posée sur deux appuis,
ne se présente pas souvent dans la pratique ; généralement, les
charges roulantes portent sur les poutres par l'intermédiaire de
roues et d'essieux qui les assimilent à des charges isolées. On
pourrait, tout aussi facilement, avec un peu plus de complication dans les calculs, trouver les moments fléchissants et les
efforts tranchants dus à une charge voyageuse ainsi constituée ;
nous renverrons, pour cette solution, aux traités spéciaux sur
la matière, ou bien à la *Statique graphique* de M. Maurice Lévy,
2ᵉ édition, 1ᵉʳ volume, chapitres XVIII, XIX et XX.

Nous ajouterons seulement qu'en général l'assimilation d'une
charge voyageuse répartie sur plusieurs essieux à une charge
uniformément répartie sur la longueur qu'elle occupe effectivement constitue une approximation qui doit être considérée
comme suffisante. La solution qui vient d'être donnée peut donc,
dans la plupart des cas, être adoptée sans inconvénient et elle
a l'avantage d'être beaucoup plus simple.

Une simplification du même genre peut se faire évidemment
dans le cas où la charge voyageuse, au lieu d'être appliquée
seulement à une partie de la longueur de la poutre, l'est sur la
totalité de cette longueur.

Il ne faut pas manquer, toutefois, d'observer que l'approximation que l'on obtient est d'autant moins grande : d'abord que la
répartition réelle de la charge s'écarte plus de l'uniformité, et
ensuite que la longueur de cette charge forme une portion plus
considérable de la longueur totale de la poutre.

En ce qui concerne, en particulier, les poutres supportant des voies de terre, sur lesquelles, en raison de la présence de l'attelage, la répartition de la charge, dans l'étendue qu'elle occupe sur la poutre, s'écarte beaucoup de l'uniformité, on n'est autorisé à substituer à la charge effective formée de poids isolés la même charge répartie, qu'autant que la longueur de la poutre n'est pas inférieure à deux ou trois fois au moins celle qui est réellement occupée.

Dans une note insérée aux *Annales des Ponts et Chaussées* (1877, 2ᵉ semestre), M. Kleitz a, par exemple, calculé les charges uniformément réparties qui produisent, sur une poutre, le même moment fléchissant maximum que des charges discontinues constituées, d'abord par des voitures à deux roues pesant 11 tonnes, ensuite par des voitures à quatre roues pesant 16 tonnes, c'est-à-dire conformes aux hypothèses admises par le règlement du 9 juillet 1877, et attelées les premières de cinq chevaux, placés sur une même file, les secondes de huit chevaux sur deux files, chaque cheval étant supposé d'un poids de 500 kilogrammes. La distance d'un attelage au suivant étant (d'axe en axe), d'après les hypothèses admises par M. Kleitz, de $21^m,50$ dans le premier cas, et de $19^m,50$ dans le second, on voit que les charges réelles représentent, par mètre courant de longueur occupée par chacune d'elles $\dfrac{11.000 + 5 \times 500}{21.50} = 628$ kilog. pour les premières, et $\dfrac{16.000 + 8 \times 500}{19.50} = 1.069$ kilog. pour les secondes. Mais on comprend que pour des poutres d'une portée inférieure à la longueur totale de la charge, sur lesquelles celle-ci ne peut se placer tout entière, on ne peut avoir aucune exactitude en substituant à la charge réelle, qui porte presque entièrement sur un seul point ou sur deux points très rapprochés, la charge uniformément répartie correspondante. Les charges réparties qu'il faut alors substituer aux charges réelles, pour avoir le même moment fléchissant maximum sont beaucoup plus considérables, et voici les chiffres donnés par M. Kleitz. Pour les portées supérieures à la longueur totale de la charge, les chiffres sont ceux qui produisent le même moment fléchissant maximum qu'une suite continue de charges semblables se succédant sans interruption.

PORTÉE de la POUTRE.	VOITURES A DEUX ROUES		VOITURES A QUATRE ROUES	
	MOMENT FLÉCHISSANT MAXIMUM.	Charge uniformément répartie qui produirait le même moment.	MOMENT FLÉCHISSANT MAXIMUM.	Charge uniformément répartie qui produirait le même moment.
mètres	kilogrammètres	kilogrammes	kilogrammètres	kilogrammes
3	8.250	7.333	7.448	6.656
4	11.000	5.500	10.432	5.210
5	13.750	4.400	13.600	4.352
6	16.500	3.667	16.992	3.760
8	22.000	2.750	24.448	3.056
10	27.720	2.218	32.800	2.624
12	33.429	1.857	41.280	2.293
14	39.457	1.610	50.240	2.051
16	45.716	1.429	59.664	1.864
20	58.850	1.177	80.000	1.600
25	76.538	980	108.096	1.384
30	95.700	851	139.200	1.237
35	123.882	809	182.208	1.190
40	154.000	770	232.000	1.160
50	220.000	704	352.000	1.126
60	»	»	480.000	1.067
70	»	»	640.000	1.045
80	»	»	832.000	1.040

Il faut donc que la longueur de la poutre atteigne et dépasse deux ou trois fois la longueur de la charge, pour qu'en substituant, à la charge réelle, la même charge uniformément répartie on ne commette qu'une erreur de moins d'un dixième.

Pour des charges distribuées d'une manière moins inégale que celles des voitures et de leur attelage, pour des wagons de chemins de fer, par exemple, on reconnaîtrait que la substitution de la charge uniformément répartie peut se faire dans presque tous les cas avec une exactitude suffisante.

214. Charge inégalement répartie. Aiguille supportant une charge d'eau. — Les mêmes principes s'appliquent évidemment aux cas où la charge, au lieu d'être uniformément répartie sur une portion plus ou moins grande de la longueur, serait distribuée suivant une loi quelconque. Comme exemple d'une charge répartie d'une manière non uniforme, nous traiterons celui d'une aiguille verticale supportant une charge d'eau.

Soit AB (fig. 178) une aiguille verticale de longueur AB = a, appuyée à ses deux extrémités A et B et faisant partie d'un barrage qui soutient l'eau à un niveau C, à une hauteur BC = b au-dessus du seuil, le niveau de l'eau, de l'autre côté de l'aiguille étant au point D, à une hauteur BD = c. Prenons pour origine des coordonnées le point B, pour axe des x l'axe de l'aiguille et pour axe des y une horizontale dirigée vers l'amont.

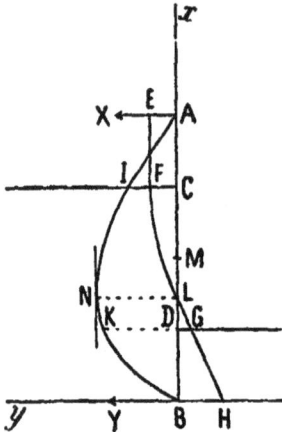

Désignons par Π le poids de l'unité de volume de l'eau, par n la largeur de l'aiguille dans le sens perpendiculaire au plan de la figure, et posons, pour abréger, Π$n = p$.

Fig. 178.

Cherchons d'abord les réactions des appuis A et B que nous désignerons respectivement par X, Y. L'eau, dont le niveau est au point C, exerce sur l'aiguille une poussée totale $\frac{pb^2}{2}$ dont le point d'application est au tiers de la hauteur b à partir du point B; de même, l'eau d'aval exerce, en sens contraire, une poussée $\frac{pc^2}{2}$ dont le point d'application est au tiers de la hauteur c. Nous aurons alors, en écrivant que la somme des moments par rapport au point B est nulle :

$$X a - \frac{pb^2}{2} \cdot \frac{b}{3} + \frac{pc^2}{2} \cdot \frac{c}{3} = 0; \quad \text{d'où } X = \frac{p(b^3 - c^3)}{6a}.$$

Nous avons d'ailleurs $X + Y = \frac{pb^2}{2} - \frac{pc^2}{2}$.

Les deux réactions X et Y sont donc déterminées.

Si nous considérons un point quelconque M, situé à une hauteur BM = x entre C et D, le moment de la réaction X par rapport à ce point est X$(a - x)$. La charge d'eau sur CM a pour valeur $\frac{p(b-x)^2}{2}$ et pour bras de levier $\frac{b-x}{3}$; son moment, par rapport au même point, est ainsi $\frac{p}{6}(b-x)^3$. Si le point M était compris entre A et C, la seule force agissant sur la partie de poutre comprise entre ce point et l'extrémité A serait la réaction X ayant un moment $X(a-x)$, et si, au contraire, il était situé entre B et D, aux deux forces précédentes il faudrait ajouter la pression provenant de l'eau d'aval et dont le moment, par rapport à ce point, serait $\frac{p}{6}(c-x)^3$. En résumé, le moment fléchissant M a les valeurs suivantes, pour les diverses parties de l'aiguille :

Entre A et C, $M = X(a-x)$;

Entre C et D, $M = X(a-x) - \frac{p}{6}(b-x)^3$;

Entre D et B, $M = X(a-x) - \frac{p}{6}(b-x)^3 + \frac{p}{6}(c-x)^3$.

Les efforts tranchants T seront de même

Entre A et C, $T = X$;

Entre C et D, $T = X - \frac{p}{2}(b-x)^2$;

Entre D et B, $T = X - \frac{p}{2}(b-x)^2 + \frac{p}{2}(c-x)^2$.

Le moment fléchissant serait figuré par les ordonnées d'une ligne telle que A I K B, composée d'une ligne droite A I et de deux arcs de paraboles du troisième degré I K et K B, se raccordant tangentiellement.

L'effort tranchant serait représenté par les ordonnées d'une ligne telle que E F L H, composée aussi d'une ligne droite E F, parallèle à A C, et de deux arcs de parabole du second degré F G, G H, se raccordant de la même manière.

Pour avoir le moment fléchissant maximum, il faut chercher la position du point L où l'effort tranchant s'annule. On égalera à zéro l'expression de l'effort tranchant dans la partie C D et on en déduira une valeur pour l'abscisse x de ce point. Si cette valeur est plus grande que c et plus petite que b, cela indiquera que l'effort tranchant s'annule bien dans la partie C B au point dont on aura déterminé l'abscisse; mais si la valeur de x est plus petite que c, on sera averti que le point cherché ne se trouve pas dans la partie C B, et ce sera alors au moyen de l'autre équation, obtenue en égalant à zéro l'expression de l'effort tranchant dans la partie D B, que l'on devra chercher l'abscisse du point L.

Cette abscisse étant trouvée, on l'introduira, suivant le cas, dans l'une ou dans l'autre des valeurs du moment fléchissant et l'on aura ainsi le maximum cherché.

§ II

POUTRES ENCASTRÉES

215. Poutre encastrée à une extrémité et libre à l'autre. — On dit qu'une pièce est *encastrée* à l'une de ses extrémités lorsque sa liaison avec l'appui sur lequel elle repose est telle que son axe ne puisse subir en ce point aucune déviation. L'encastrement est *parfait* lorsque toute déviation est absolument impossible; il est *imparfait* lorsque la liaison permet seulement des déviations très petites. Nous supposerons d'abord l'encastrement parfait.

La réaction de l'appui n'est plus alors une simple force égale et opposée à la charge verticale transmise par la pièce. Le maintien d'une direction fixe pour l'axe exige que cette réaction agisse à la manière d'un moment fléchissant, en augmentant ou diminuant la courbure de la pièce fléchie de façon à rendre son axe tangent à la direction déterminée. Cette réaction de l'appui porte le nom de *moment d'encastrement*, et elle agit indépendamment de celle qui, comme dans les pièces simplement posées, fait équilibre aux charges.

Une pièce encastrée à l'une de ses extrémités peut être chargée de poids sans avoir besoin d'un second point d'appui. Il suffit, pour que l'équilibre soit maintenu, que le moment d'encastrement puisse égaler le moment des charges par rapport à l'appui.

Considérons, en effet, une pièce A B (fig. 179) encastrée horizontalement en A et chargée, en B, d'un poids P. Si *a* est la longueur de cette pièce, les conditions de l'équilibre statique seront remplies si l'appui A exerce : 1° une réaction verticale

23

égale et opposée à P ; 2° une réaction ou moment d'encastrement faisant équilibre au moment Pa de la force P par rapport au point A.

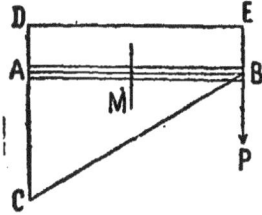

Le moment fléchissant M, dans une section M d'une pareille pièce, est, si x est l'abscisse A M de cette section, M $= -$ P $(a-x)$, c'est le moment par rapport au point M de toutes les forces qui agissent depuis ce point jusqu'à l'extrémité B, et nous l'affectons du signe — parce qu'il tend à donner à la pièce une courbure négative. Il est représenté, en chaque point, par les ordonnées d'une droite B C. L'effort tranchant T est constant et égal à P dans toutes les sections; il est représenté par les ordonnées d'une ligne D E parallèle à A B.

Les équations de la fibre neutre, dans les pièces encastrées, se trouveront toujours par deux intégrations successives de l'équation $EI \frac{d^2 y}{dx^2} = M$, et les constantes se détermineront par cette condition que, pour une certaine valeur de x qui correspond à l'appui, y et $\frac{dy}{dx}$ ont des valeurs fixées à l'avance. Ainsi, dans le cas dont il s'agit, nous aurons

$$EI \frac{d^2 y}{dx^2} = - P (a - x),$$

$$EI \frac{dy}{dx} = - P ax + \frac{1}{2} Px^2,$$

sans constante, puisque pour $x = 0$, $\frac{dy}{dx} = 0$, et

$$EIy = - \frac{1}{2} P ax^2 + \frac{1}{6} P x^3,$$

également sans constante, puisque pour $x = 0$, on doit avoir $y = 0$. La flèche f, ou l'abaissement de l'extrémité B, égale à la valeur absolue de y pour $x = a$, sera

$$f = \frac{Pa^3}{3EI}.$$

Si la charge P, au lieu d'être appliquée entièrement à l'extrémité B, était uniformément répartie sur toute la pièce à raison de $p = \dfrac{P}{a}$ par unité de longueur, nous aurions eu, pour le moment fléchissant M dans une section quelconque, $M = -p\,(a-x)$ $\dfrac{a-x}{2} = -\dfrac{p}{2}(a-x)^2$. Le moment d'encastrement μ, qui doit faire équilibre au moment fléchissant sur l'appui, aurait été $\mu = -M_{(x=0)} = \dfrac{1}{2}pa^2$.

L'effort tranchant T serait $p\,(a-x)$. Le moment fléchissant serait donc représenté par les ordonnées d'un arc de parabole C B (fig. 180) et l'effort tranchant par celles d'une droite inclinée D B. L'équation de la fibre neutre déformée serait

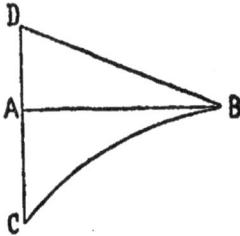

Fig. 180.

$$EI\frac{d^2y}{dx^2} = -\frac{p}{2}(a-x)^2,$$

$$EI\frac{dy}{dx} = -\frac{p}{2}\left(a^2x - ax^2 + \frac{x^3}{3}\right),$$

$$EI\,y = -\frac{p}{2}\left(a^2\frac{x^2}{2} - \frac{ax^3}{3} + \frac{x^4}{12}\right);$$

les deux constantes d'intégration étant encore nulles pour les mêmes raisons. La flèche f, valeur absolue de y pour $x = a$, serait

$$f = \frac{pa^4}{8\,EI} = \frac{pa.a^3}{8\,EI}.$$

La concentration de la charge à l'extrémité de la pièce donnait une flèche égale à $\dfrac{Pa^3}{3\,EI}$, c'est-à-dire plus grande que celle-ci dans le rapport de 8 à 3.

216. Poutre encastrée à ses deux extrémités. — Lorsque la pièce encastrée à une extrémité est, en outre, assujettie à une autre condition, si, par exemple, elle est appuyée ou encastrée en un autre point de sa direction, les conditions de la statique ne suffisent plus à déterminer le moment d'encastrement. C'est alors par l'intégration de l'équation de la fibre neutre déformée que l'on opère cette détermination. Cette intégration n'introduit que deux constantes arbitraires, et le nombre des équations de condition, qui augmente avec celui des conditions auxquelles la pièce est assujettie, permet de calculer soit les moments d'encastrement, soit les réactions des appuis qu'on y a introduits comme inconnues.

Considérons, par exemple, une poutre A B (fig. 181) encastrée horizontalement à ses deux extrémités et chargée d'un poids uniformément réparti à raison de p par unité de sa longueur a. Les réactions verticales des appuis sont égales à $\dfrac{p\,a}{2}$, et si μ est le moment d'encastrement au point A,

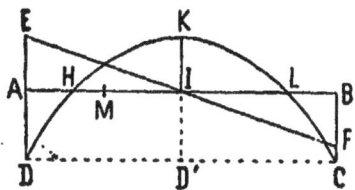

Fig. 181.

lequel est évidemment négatif, le moment fléchissant M, dans une section M quelconque, à une distance x du point A, sera

$$M = \frac{p\,a}{2}\cdot x - p\,x.\;\frac{x}{2} - \mu;$$

et, par conséquent, l'équation de la fibre neutre déformée sera

$$EI\frac{d^2 y}{dx^2} = \frac{p}{2}(ax - x^2) - \mu.$$

Intégrant une première fois, on a

$$EI\frac{dy}{dx} = \frac{p}{2}\left(a\frac{x^2}{2} - \frac{x^3}{3}\right) - \mu x + C.$$

La constante C est nulle, puisque, pour $x = 0$, on doit avoir $\dfrac{dy}{dx} = 0$; mais on doit avoir la même valeur $\dfrac{dy}{dx} = 0$ pour $x = a$, ce qui donne

$$0 = \frac{p}{2}\left(\frac{a^3}{2} - \frac{a^3}{3}\right) - \mu a, \quad \text{d'où } \mu = \frac{pa^2}{12}.$$

Substituant dans l'équation précédente et intégrant, il vient

$$EIy = \frac{p}{2}\left(a\frac{x^3}{6} - \frac{x^4}{12}\right) - \frac{pa^2 x^2}{24} = -\frac{p}{24}x^2(a-x)^2.$$

La flèche f, valeur absolue de y pour $x = \dfrac{a}{2}$, a pour expression

$$f = \frac{1}{384}\frac{pa^4}{EI};$$

Elle est cinq fois moindre que lorsque la pièce n'est pas encastrée (n° 206).

**217. Comparaison avec la poutre simplement po-
sée aux deux bouts.** — La courbe des moments fléchissants
$M = \frac{p}{2}\left(a\,x - x^2 - \frac{a^2}{6}\right)$ est une parabole à axe vertical. Lorsque
la pièce était simplement posée sur ses appuis, nous avons
trouvé, pour la courbe des moments fléchissants, $M = \frac{p}{2}(ax - x^2)$.
La parabole précédente ne diffère de celle-ci qu'en ce que
toutes les ordonnées sont diminuées de $\frac{pa^2}{12}$. C'est donc la même
parabole descendue, parallèlement aux y, de $\frac{pa^2}{12}$. L'ordonnée
I K du sommet, valeur de M pour $x = \frac{a}{2}$ est égale à $\frac{pa^2}{24}$. Cette
ordonnée est donc moitié de celles A D, B C des extrémités de
la courbe.

La parabole coupe l'axe des x en deux points H, L, déterminés
par l'équation $ax - x^2 - \frac{a^2}{6} = 0$ ou $x = \frac{a}{2} \pm \frac{a}{2\sqrt{3}} = a\left(\frac{1}{2} \pm 0{,}29\right)$
soit A H $= 0{,}21\,a$, A L $= 0{,}79\,a$. En ces deux points, la cour-
bure de l'axe neutre déformé, qui est proportionnelle au moment
fléchissant, s'annule comme lui; la courbe présente donc des
points d'inflexion.

Les efforts tranchants T, dans cette poutre, sont les mêmes
que dans la poutre simplement posée sur ses appuis. Ils sont
exprimés par

$$T = p\left(\frac{a}{2} - x\right)$$

et représentés par les ordonnées de la droite inclinée EF, passant par le milieu I de A B.

Dans la poutre encastrée aux deux bouts, le plus grand moment fléchissant a pour valeur absolue $\frac{pa^2}{12}$; cette plus grande
valeur se produit aux points d'encastrement, et c'est là que la
poutre est le plus fatiguée. Dans la poutre simplement posée
aux deux bouts, le plus grand moment fléchissant, au milieu
de la portée, est $\frac{pa^2}{8}$. La comparaison de ces deux quantités
montre que, toutes choses égales d'ailleurs, une poutre encastrée aux deux bouts peut supporter, avec la même fatigue, une

charge plus forte que lorsqu'elle est simplement posée dans le rapport de 3 à 2.

Si l'on admet que la surface de la section transversale de la poutre soit proportionnelle à la plus grande valeur du moment fléchissant (ce qui, comme nous l'avons vu, est à peu près exact dans les poutres en double T, à la condition que l'âme soit négligeable par rapport aux semelles), la poutre encastrée réaliserait, sur la poutre simplement posée, une économie de matière dans la proportion de 2 à 3.

Si enfin la section des semelles elle-même est partout proportionnelle à la valeur absolue du moment fléchissant, la surface de l'âme étant toujours négligée, le volume de la matière sera proportionnel à la surface de la courbe des moments fléchissants, c'est-à-dire pour la poutre simplement posée à $\frac{pa^2}{8} \cdot \frac{2}{3} a$,

et pour la poutre encastrée à la somme des surfaces ADH, HIK, KIL, LBC. Or, IK étant la moitié de AD, ou le tiers de KD', la surface ADH est égale à HIK. La surface totale est donc égale à quatre fois celle de HIK ou bien à $4 \times IK \times \frac{2}{3} IH = 4 \cdot \frac{pa^2}{24}$

$\times \frac{2}{3} \frac{a}{2\sqrt{3}} = \frac{pa^2}{8} \cdot \frac{2}{3} a \cdot \times \frac{2}{3\sqrt{3}} \cdot$ Cette surface est à la précédente

dans le rapport de $\frac{2}{3\sqrt{3}} = 0,38$ à 1.

Dans cette hypothèse, la quantité de matière à employer dans la poutre encastrée serait donc inférieure aux deux cinquièmes de celle qui serait nécessaire dans la poutre simplement posée.

218. Effet d'un encastrement imparfait. — Dans le cas de la poutre simplement posée, la direction de la tangente à l'axe neutre déformé fait avec l'horizontale, sur les appuis, un angle dont la tangente trigonométrique est égale à la valeur de $\frac{dy}{dx}$ pour $x = 0$. Nous avions pour cette poutre (page 334) :

$$EI \frac{dy}{dx} = \frac{pax^2}{4} - \frac{px^3}{6} - \frac{pa^3}{24} \quad \text{d'où} \left(\frac{dy}{dx}\right)_{x=0} = -\frac{pa^3}{24EI} \cdot$$

Il est intéressant de se rendre compte de l'effet que produirait, sur la poutre, un encastrement imparfait, c'est-à-dire qui, sans la laisser s'infléchir autant que si elle était simplement posée, ne la maintiendrait cependant pas dans une direction absolument horizontale. Supposons, par exemple, que, par suite d'un petit jeu des assemblages, l'encastrement permette à l'axe de la pièce de faire avec l'horizontale, aux points A et B, de petits angles égaux à une fraction $\frac{1}{n}$ de ceux qu'il aurait faits si la pièce avait été simplement posée sur ses appuis. Après la flexion, $\frac{dy}{dx}$, aux points A et B, vaudra respectivement $-\frac{pa^3}{24nEI}$ et $\frac{pa^3}{24nEI}$. Introduisons ces conditions dans les équations précédentes. Nous avions, pour l'équation de la fibre neutre déformée, μ étant toujours le moment d'encastrement,

$$EI\frac{d^2y}{dx^2}=\frac{p}{2}(ax-x^2)-\mu.$$

La première intégration donne

$$EI\frac{dy}{dx}=\frac{p}{2}\left(a\frac{x^2}{2}-\frac{x^3}{3}\right)-\mu x+C.$$

Pour $x=0$, $\frac{dy}{dx}$ doit, d'après ce que nous venons de dire, être égal à $-\frac{pa^3}{24nEI}$, ce qui donne $C=\frac{-pa^3}{24n}$; substituant, et exprimant que pour $x=a$, $\frac{dy}{dx}$ est égal à $\frac{pa^3}{24nEI}$, nous avons

$$EI.\frac{pa^3}{24nEI}=\frac{p}{2}\left(\frac{a^3}{2}-\frac{a^3}{3}\right)-\mu a-\frac{pa^3}{24n};$$

d'où

$$\mu=\frac{pa^2}{12}\left(1-\frac{1}{n}\right).$$

Lorsque $n=1$, c'est-à-dire lorsque l'encastrement laisse la pièce prendre l'inclinaison qu'elle aurait prise si elle avait été simplement posée, on a $\mu=0$, le moment d'encastrement n'existe pas, et le maximum du moment fléchissant, dans cette pièce qui se comporte absolument comme une pièce simplement posée, est alors $\frac{pa^2}{8}$.

Le moment fléchissant, en général, s'exprimera par

$$M=\frac{p}{2}(ax-x^2)-\frac{pa^2}{12}\left(1-\frac{1}{n}\right).$$

La courbe dont les ordonnées le représenteront sera toujours la parabole qui représente celui de la pièce posée, descendue parallèlement aux y d'une quantité $\frac{pa^2}{12}\left(1-\frac{1}{n}\right)$ variable avec n depuis 0, pour $n=1$ jusqu'à $\frac{pa^2}{12}$ pour n infini, cas de l'encastrement parfait.

Le moment d'encastrement vaut précisément $\frac{pa^2}{12}\left(1-\frac{1}{n}\right)$ et le moment fléchissant au milieu de la pièce, obtenu en faisant dans l'expression précédente $x=\frac{a}{2}$, est égal à $\frac{pa^2}{12}\left(\frac{1}{2}+\frac{1}{n}\right)$.

La pièce sera dans les meilleures conditions possibles de résistance lorsque ces deux valeurs seront égales; la parabole serait alors placée de manière à s'éloigner le moins possible de l'axe des x. Cette condition est réalisée pour $1-\frac{1}{n}=\frac{1}{2}+\frac{1}{n}$, d'où $\frac{1}{n}=\frac{1}{4}$.

Ainsi, lorsque l'encastrement, sans être parfait, laisse au contraire l'axe de la pièce, au droit des appuis, s'incliner sur l'horizontale d'un angle égal *au quart* de celui dont il se serait incliné si la pièce avait été simplement posée, la pièce sera dans des conditions de résistance meilleures que si l'encastrement était parfait. Le moment fléchissant maximum, qui aura la même valeur aux encastrements et au milieu de la pièce, n'y vaudra que $\frac{pa^2}{16}$, tandis qu'il atteint $\frac{pa^2}{12}$ au point d'encastrement lorsque l'encastrement est parfait.

Lorsque l'encastrement, encore moins parfait, laisse la fibre neutre s'infléchir, au droit des appuis, d'un angle atteignant la *moitié* de celui qu'elle aurait fait avec l'horizontale si la pièce avait été simplement posée, les conditions de résistance sont encore équivalentes à celles de l'encastrement parfait; c'est-à-dire que le moment fléchissant maximum y atteint la même valeur $\frac{pa^2}{12}$. Seulement, cette plus grande valeur se produit au milieu de la pièce : pour $\frac{1}{n}=\frac{1}{2}$, $\frac{pa^2}{12}\left(\frac{1}{2}+\frac{1}{n}\right)=\frac{pa^2}{12}$; tandis qu'aux encastrements, le moment fléchissant n'est plus que de

$\frac{pa^2}{24}$, valeur de $\frac{pa^2}{12}\left(1-\frac{1}{n}\right)$ pour $n=\frac{1}{2}$; c'est-à-dire qu'il y prend la valeur du moment fléchissant au milieu de la pièce dont l'encastrement est parfait.

En résumé, à moins d'être absolument imparfait, c'est-à-dire de laisser l'axe de la pièce prendre toute l'inclinaison qu'elle aurait prise si elle avait été libre sur ses appuis, l'encastrement a toujours pour effet de diminuer le moment fléchissant maximum dans les pièces fléchies. Et s'il fixe la pièce de manière que cette inclinaison soit réduite de plus de moitié, le moment fléchissant maximum sera diminué dans une proportion plus grande que si l'encastrement était parfait. La diminution serait la plus grande possible si l'encastrement laissait l'axe de la pièce s'incliner sur l'horizontale d'un angle égal au quart de l'inclinaison qu'elle aurait prise si elle avait été libre.

219. Poutre encastrée chargée d'un poids unique. — Si au lieu d'être chargée uniformément sur la longueur, la poutre AB (fig. 182), encastrée horizontalement aux deux bouts, est chargée d'un poids unique P, placé en un point quelconque C, la détermination des moments fléchissants s'opérerait d'une façon analogue. Soit $AB = a$ la longueur totale, $AC = b$, $BC = c$ la longueur des tronçons; $b + c = a$. Désignons par X, X', les réactions inconnues des appuis A, B; par μ, μ' les moments d'encastrement également inconnus; les règles ordinaires de la statique nous donnent, en écrivant la somme des projections des forces sur une verticale,

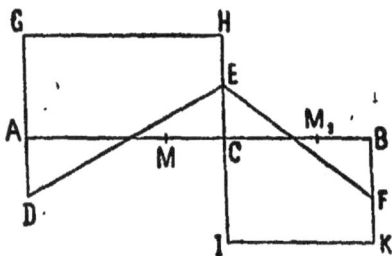

$$X + X' = P;$$

en prenant les moments de toutes les forces par rapport au point A et observant que μ et μ' agissent en sens contraire,

$$Pb - X'a - \mu + \mu' = 0.$$

cette équation, combinée avec la précédente, donne celle qui suit que l'on obtiendrait directement en prenant les moments par rapport au point B

$$P\,c - X\,a - \mu' + \mu = 0.$$

Cela posé, le moment fléchissant, M, en un point quelconque M situé à une distance x du point A, plus petite que AC $= b$, sera

$$M = Xx - \mu;$$

celui M_1, en un point quelconque M_1, situé à une distance x_1 du point B, plus petite que c, en comptant les x_1 positifs de B vers C, sera

$$M_1 = X'x_1 - \mu;$$

et nous aurons alors, pour les deux tronçons de la fibre neutre, les deux équations

$$EI\frac{d^2y}{dx^2} = Xx - \mu, \qquad EI\frac{d^2y_1}{dx_1^2} = X'\,x_1 - \mu'.$$

L'intégration de ces deux équations introduira quatre constantes arbitraires, lesquelles, ajoutées aux quatre quantités X, X', μ, μ', donneront huit inconnues à déterminer. On aura pour cela, outre les deux équations ci-dessus données par la statique, six équations de condition, savoir : 1° $y = 0$ pour $x = 0$; 2° $y = 0$ pour $x_1 = 0$; 3° $\frac{dy}{dx} = 0$ pour $x = 0$; 4° $\frac{dy_1}{dx_1} = 0$ pour $x_1 = 0$; 5° y (pour $x = b$) $= y_1$ (pour $x_1 = c$); 6° $\frac{dy}{dx}$ (pour $x = b$) $= \frac{dy_1}{dx_1}$ (pour $x_1 = c$).

La résolution de ces équations ne présente aucune difficulté et la solution aucun intérêt.

Les moments d'encastrement ont pour valeurs $\mu = \frac{Pbc^2}{a^2}$, $\mu' = \frac{Pb^2c}{a^2}$; les réactions des appuis, $X = \frac{Pc^2}{a^3}(a + 2b)$, $X' = \frac{Pb^2}{a^3}(a + 2c)$. Les moments fléchissants sont représentés par les deux droites inclinées DE, EF, et l'ordonnée CE a pour valeur $\frac{2Pb^2c^2}{a^3}$. Les efforts tranchants sont constants sur chacun des tronçons; ils sont représentés par les droites GH, IK, parallèles à AB et distantes de X, X'.

Si, au lieu d'un seul poids isolé, la poutre encastrée en supportait plusieurs, la solution s'obtiendrait évidemment de la même manière sans difficulté, soit directement en écrivant les équations de la fibre neutre dans chaque tronçon, soit, plus simplement, en appliquant le principe de la superposition des effets des forces, comme nous l'avons indiqué plus haut.

220. Poutre encastrée à une extrémité et simplement posée à l'autre. — Le problème de la poutre encastrée à une extrémité, posée librement à l'autre et chargée d'un poids uniformément réparti sur sa longueur, se résout aussi facilement par l'application des mêmes principes. Soit toujours $AB = a$ la longueur de la poutre, et p le poids dont elle est chargée par unité de longueur.

Fig. 183.

Si X et X' sont les réactions des appuis A et B, et μ le moment d'encastrement en A; nous avons entre ces quantités et le poids pa, réparti sur cette poutre, les relations suivantes données par la statique :

$$X + X' = pa, \quad \mu - pa \cdot \frac{a}{2} + X'a = 0, \quad -\mu - pa \cdot \frac{a}{2} + Xa = 0;$$

$$\text{d'où } \mu = Xa - \frac{pa^2}{2} = \frac{pa^2}{2} - X'a.$$

Le moment fléchissant M en un point M quelconque, à la distance x du point A, sera $M = Xx - px \cdot \frac{x}{2} - \mu$ et par suite l'équation de la fibre neutre déformée s'écrira :

$$EI \frac{d^2 y}{dx^2} = Xx - p \frac{x^2}{2} - \mu.$$

L'intégration donnera, en tenant compte de ce que $\frac{dy}{dx} = 0$ pour $x = 0$:

$$EI \frac{dy}{dx} = X \frac{x^2}{2} - p \frac{x^3}{6} - \mu x.$$

Intégrant une seconde fois et observant que $y = 0$ pour $x = 0$, on a

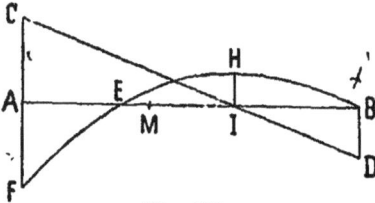

$$\mathrm{EI}\,y = \mathrm{X}\frac{x^3}{6} - p\frac{x^4}{24} - \mu\frac{x^2}{2};$$

On doit avoir aussi $y = 0$ pour $x = a$, ce qui donne

$$0 = \mathrm{X}\frac{a^3}{6} - p\frac{a^4}{24} - \mu\frac{a^2}{2}; \quad \text{d'où } \mu = \frac{a}{3}\left(\mathrm{X} - \frac{pa}{4}\right).$$

Cette équation, combinée avec celle ci-dessus $\mu = \mathrm{X}a - \dfrac{pa^2}{2}$,

donne immédiatement $\mathrm{X} = \dfrac{5}{8}pa$, d'où $\mu = \dfrac{1}{8}pa^2$ et $\mathrm{X}' = \dfrac{3}{8}pa$.

Ainsi l'encastrement a pour effet de modifier les réactions des appuis qui, au lieu d'être, comme dans la poutre simplement posée, égales chacune à $\dfrac{pa}{2}$, sont, pour l'appui où a lieu l'encastrement $\dfrac{5}{8}pa$ et, pour l'autre appui, $\dfrac{3}{8}pa$.

Le moment fléchissant est figuré par les ordonnées d'une parabole FEHB, dont l'équation est $\mathrm{M} = \dfrac{p}{2}\left(\dfrac{5}{4}ax - x^2 - \dfrac{a^2}{4}\right)$, dont l'ordonnée $\mathrm{AF} = \dfrac{1}{8}pa^2$ a précisément la même valeur que le moment fléchissant maximum dans la pièce simplement posée sur ses appuis. L'effort tranchant est figuré par une droite inclinée CD dont les ordonnées AC et BD sont respectivement égales à $\dfrac{5}{8}pa$ et $\dfrac{3}{8}pa$. Par conséquent le point I où elle coupe l'axe des x est à une distance AI du point A égale à $\dfrac{5}{8}a$. L'ordonnée IH du sommet, ou la valeur du moment fléchissant pour $x = \dfrac{5}{8}a$, est égale à $\dfrac{9}{128}pa^2$, c'est-à-dire un peu plus de la moitié de celle $\dfrac{1}{8}pa^2 = \dfrac{16}{128}pa^2$ qui correspond à l'encastrement.

En supposant, comme tout à l'heure, l'encastrement imparfait, c'est-à-dire tel que la fibre neutre prenne sur l'horizontale une inclinaison mesurée par la fraction $\dfrac{1}{n}$ de celle qu'elle prendrait si la pièce était simplement posée, on trouve, pour la réaction de l'appui A, $\mathrm{X} = \dfrac{pa}{8}\left(5 - \dfrac{1}{n}\right)$, et pour le moment d'encastrement

$$\mu = \frac{pa^2}{8}\left(-1\frac{1}{n}\right).$$

Dans ce cas, d'une pièce encastrée à une extrémité et libre à
l'autre , le moment fléchissant maximum est égal à $\frac{pa^2}{8}$, aussi
bien dans le cas où l'encastrement est parfait que dans celui où
il est absolument imparfait et où la pièce se comporte comme
s'il n'existe pas ; seulement le maximum $\frac{pa^2}{8}$ se produit dans le
premier cas à la section d'encastrement et, dans le second, au
milieu de la poutre. Pour peu que l'encastrement soit un peu
imparfait, pourvu toutefois qu'il produise un certain effet en
empêchant l'axe de la pièce de s'infléchir autant que si elle était
libre, il aura pour conséquence une diminution de ce moment
fléchissant maximum. La recherche de l'inclinaison pour
laquelle cette diminution est la plus grande, assez compliquée,
quoique facile, n'a d'ailleurs aucun intérêt pratique.

§ III

POUTRES REPOSANT SUR PLUSIEURS APPUIS

221. Théorème de Clapeyron. — Nous allons continuer ces exemples de la détermination des moments fléchissants en cherchant ceux qui se produisent dans les poutres
reposant sur plusieurs appuis. Ce problème se traite toujours
par les mêmes principes : on écrit les équations de la fibre neutre
déformée dans chacun des tronçons séparés par les appuis.

L'intégration de ces équations introduit, pour chaque tronçon
ou travée, deux constantes arbitraires, soit $2n$ constantes si n
est le nombre des travées. Les réactions verticales des appuis
sont inconnues, et il y en a $n+1$, cela fait en tout $3n+1$ inconnues à déterminer. La statique fournit deux équations entre
les forces données et les réactions, et on aura des équations de
condition en exprimant que, dans chaque travée, l'axe neutre
passe, après la déformation, par les deux points d'appui qui la
limitent, ce qui fera $2n$ conditions ; et que cet axe, à l'extrémité
de chaque travée, se raccorde tangentiellement avec celui de la
travée suivante, ou encore une condition pour chacun des $n-1$
appuis intermédiaires, soit en tout $3n-1$ conditions qui, ajoutées

aux deux équations de la statique, donneront bien $3n+1$ équations pour déterminer les $3n+1$ inconnues.

Toutefois, le problème se simplifie au moyen d'une relation qui existe entre les moments fléchissants au-dessus de trois points d'appui consécutifs, que l'on appelle le théorème des trois moments ou théorème de Clapeyron, et que nous allons établir.

Soit, pour une travée quelconque AB (fig. 184), de longueur l_1, M_1 le moment fléchissant sur l'appui A ; F_1 la réaction verticale de cet appui et φ_1 l'angle que fait, en A, la fibre neutre déformée avec l'horizontale. Soient

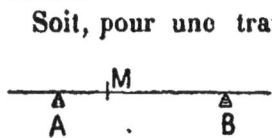

Fig. 184.

M_2, F_2, φ_2 les mêmes quantités pour l'appui B. Si μ_1 désigne en outre la somme des moments, par rapport à un point M quelconque défini par l'abscisse $AM = x$, de toutes les charges supportées par la poutre depuis A jusqu'à M, le moment fléchissant, dans cette section quelconque M, sera exprimé par $M = M_1 + \mu_1 + F_1 x$ et l'équation de la fibre neutre déformée sera

$$EI \frac{d^2 y}{dx^2} = M_1 + \mu_1 + F_1 x.$$

Intégrant deux fois et remarquant que pour $x = 0$, on a $y = 0$ et $\frac{dy}{dx} = \tang \varphi_1$, il vient

(2) $$EI \left(\frac{dy}{dx} - \tang \varphi_1 \right) = M_1 x + \int_0^x \mu_1 dx + \frac{1}{2} x^2 F$$

(3) $$EI (y - x \tang \varphi_1) = M_1 \frac{x^2}{2} + \int_0^x dx \int_0^x \mu_1 dx + \frac{1}{6} F_1 x^3.$$

Faisons, dans ces équations, $x = l_1$, c'est-à-dire cherchons le moment fléchissant au point B. Appelons h_1 la valeur de y pour $x = l_1$; h_1 sera la différence de niveau des deux points d'appui, nous aurons, en désignant par μ_{l_1} la valeur de μ_1 pour la travée entière, c'est-à-dire la somme des moments par rapport au point B des charges supportées par la poutre entre les points A et B,

(4) $$M_2 = M_1 + \mu_{l_1} + F_1 l_1$$

(5) $$EI (\tang \varphi_2 - \tang \varphi_1) = M_1 l_1 + \int_0^{l_1} \mu_1 dx + \frac{1}{2} F_1 l_1^2,$$

$$(6) \qquad \mathrm{EI}\,(h_1 - l_1 \operatorname{tang} \varphi_1) = \mathrm{M}_1 \frac{l_1^2}{2} + \int_0^{l_1} dx \int_0^{l_1} \mu_1 dx + \frac{1}{6} \mathrm{F}_1 l_1^3.$$

Remplaçant, dans cette équation (6), $\mathrm{F}_1 l_1$ par sa valeur $\mathrm{M}_2 - \mathrm{M}_1 - \mu_{l_1}$, tirée de (4), il vient :

$$(7) \qquad \mathrm{EI}\,(h_1 - l_1 \operatorname{tang} \varphi_1) = \mathrm{M}_1 \frac{l_1^2}{3} + \mathrm{M}_2 \frac{l_1^2}{6} - \mu_{l_1} \frac{l_1^2}{6} + \int_0^{l_1} dx \int_0^{l_1} \mu_1 dx.$$

Si, au lieu de considérer la travée AB, nous avions appliqué le même calcul à la travée AC (fig. 185), en partant toujours du point A et en allant de A vers C, nous aurions eu, en désignant par M le moment fléchissant en C, par l la longueur de la travée AC, par h la différence de niveau des appuis C et A, et par μ et μ_l les valeurs de μ_1 et μ_{l_1} pour cette travée, et en observant que, puisque nous comptons les x en sens contraire, tang φ_1 changera de signe,

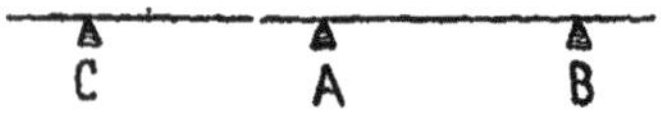

Fig. 185.

$$(8) \qquad \mathrm{EI}\,(h + l \operatorname{tang} \varphi_1) = \mathrm{M}_1 \frac{l^2}{3} + \mathrm{M} \frac{l^2}{6} - \mu_l \frac{l^2}{6} + \int_0^{l} dx \int_0^{l} \mu dx.$$

D'où, en éliminant tang φ_1 entre ces deux équations (7) et (8)

$$\mathrm{M}l + 2\,\mathrm{M}_1 (l + l_1) + \mathrm{M}_2 l_1 - \mu_l l - \mu_{l_1} l_1 + \frac{6}{l} \int_0^{l} dx \int_0^{l} \mu dx$$

$$+ \frac{6}{l_1} \int_0^{l_1} dx \int_0^{l_1} \mu_1 dx - 6\,\mathrm{EI} \left(\frac{h}{l} + \frac{h_1}{l_1} \right) = 0.$$

relation cherchée entre les trois moments fléchissants M, M_1, M_2 au-dessus de trois appuis consécutifs C, A, B.

Les valeurs de μ_l, μ_{l_1}, ainsi que les intégrales dans lesquelles entre μ sont déterminées par la répartition des charges extérieures sur chacune des travées : ce sont des quantités données. Lorsque, par exemple, les charges consistent simplement en un poids uniformément réparti à raison de p par unité de longueur dans la travée CA, et de p_1 par unité de longueur dans la travée AB, on a $\mu = -\frac{1}{2} p x^2$, $\mu_l = -\frac{1}{2} p l^2$, $\int_0^l \mu dx = -\frac{1}{6} p l^3$; $\int_0^l dx \int_0^l \mu dx = -\frac{pl^4}{24}$, et des valeurs analogues pour μ_1, μ_{l_1}, etc. Si nous substituons ces valeurs et si nous supposons en outre que les trois appuis sont au même niveau, c'est-à-dire que h et h_i sont nuls, il viendra

(9) $$Ml + 2M_i(l + l_i) + M_j l_i + \frac{pl^3}{4} + \frac{p_i l_i^3}{4} = 0.$$

C'est sous cette forme simplifiée que nous emploierons l'équation précédente.

Au lieu d'éliminer F_i entre les équations (4) et (6), nous aurions pu faire cette élimination entre les équations (5) et (6), et nous aurions eu ainsi une relation entre φ_i, φ_i et M_j. En appliquant cette relation à deux travées consécutives, pour lesquelles M_i aurait eu la même valeur, nous aurions eu deux équations entre lesquelles M_i aurait pu être éliminé, et il nous serait resté une relation entre les trois angles φ, φ_i, φ_j que fait l'axe neutre déformé avec l'horizontale au-dessus de trois appuis consécutifs. Cette relation, pour le cas de charges p, p_i uniformément réparties est, en supposant encore h et h_i égaux à zéro, la suivante :

(10) $$\frac{\tan g\,\varphi}{l} + 2\left(\frac{1}{l} + \frac{1}{l_i}\right)\tan g\,\varphi_i + \frac{\tan g\,\varphi_j}{l_i} - \frac{1}{24\,EI}(pl^3 - p_i l_i^3) = 0,$$

dans laquelle, au lieu des tangentes, on peut mettre les angles φ eux-mêmes, puisque les déformations sont toujours supposées très petites.

Lorsqu'il s'agit d'une poutre à deux travées, reposant sur trois appuis seulement, et pour laquelle, par conséquent, les moments M, M_j sont nuls, le moment fléchissant M_i sur l'appui intermédiaire est

$$M_i = -\frac{pl^3 + p_i l_i^3}{8\,(l + l_i)},$$

et si, en outre, ces travées sont égales et également chargées, on a :

$$M_i = -\frac{pl^3}{8}.$$

valeurs que l'on aurait pu établir directement d'une façon très simple par l'application des mêmes principes que précédemment. Pour ce dernier cas, on peut remarquer que, dans chacune des deux travées séparées par l'appui intermédiaire, la poutre peut être considérée comme encastrée sur cet appui et simplement posée sur l'autre, l'encastrement étant d'ailleurs horizontal à cause de la symétrie. Le moment fléchissant sur l'appui est bien égal au moment d'encastrement $-\frac{pl^2}{8}$ que nous avons trouvé plus haut.

222. Application au calcul des moments fléchissants au-dessus des appuis.

— La relation que nous venons d'établir, entre les moments fléchissants sur trois appuis consécutifs, permet de déterminer ces moments d'une manière plus simple que par l'application de la méthode générale. Celle-ci nous conduirait, en effet, pour une poutre de n travées, à $3n+1$ équations entre autant d'inconnues, tandis que si nous prenons pour inconnues les moments fléchissants au-dessus des appuis intermédiaires, au nombre de $n-1$, nous n'aurons que $n-1$ équations à résoudre.

La résolution de ces équations, lorsqu'il s'agit de l'effectuer réellement dans un cas particulier donné, où les lettres p, l, p_1, l_1, etc. sont exprimées par des nombres connus, ne présente aucune difficulté. La solution générale, en conservant aux lettres leur indétermination, et surtout en laissant indéterminé le nombre n des travées est un peu plus compliquée ; mais on peut cependant y arriver d'une façon assez rapide, comme on va le voir, en appliquant, à cette résolution, la méthode des coefficients indéterminés.

Soit n le nombre des travées; l_1, l_2, l_3..... l_n leurs longueurs, p_1, p_2, p_3..... p_n les charges uniformément réparties sur chacune d'elles, et M_1, M_2..... M_n, M_{n+1} les moments fléchissants sur les $n+1$ appuis. Les moments M_1 et M_{n+1} sont nuls, s'il n'y a pas d'encastrement aux extrémités, et il en reste $(n-1)$ à déterminer. Nous pourrons écrire, en appliquant successivement l'équation précédente (9) à la première et à la seconde travée, puis à la seconde et à la troisième, etc., en désignant pour abréger par P_2, P_3..... P_n les sommes $\frac{p_1 l_1^3 + p_2 l_2^3}{4}$, etc., qui forment les seconds membres, et en supposant, ce qui est la condition essentielle de l'application de l'équation simplifiée (9), que tous les appuis sont sur une ligne horizontale :

24

$$(11)\begin{cases} 2(l_1+l_2)M_2+l_2M_3=-\frac{1}{4}(p_1 l_1^3+p_2 l_2^3)=-P_2 \\[4pt] l_2 M_2+2(l_2+l_3)M_3+l_3 M_4=-\frac{1}{4}(p_2 l_2^3+p_3 l_3^3)=-P_3 \\[4pt] l_3 M_3+2(l_3+l_4)M_4+l_4 M_5=-\frac{1}{4}(p_3 l_3^3+p_4 l_4^3)=-P_4 \\[4pt] \cdots\cdots\cdots\cdots\cdots\cdots\cdots \\[4pt] l_{n-2}M_{n-2}+2(l_{n-2}+l_{n-1})M_{n-1}+l_{n-1}M_n=-\frac{1}{4}(p_{n-2}l^3_{n-2}+p_{n-1}l^3_{n-1})=-P_{n-1} \\[4pt] l_{n-1}M_{n-1}+2(l_{n-1}+l_n)M_n \qquad\qquad =-\frac{1}{4}(p_{n-1}l^3_{n-1}+p_n l_n^3) \quad =-P_n \end{cases}$$

Multiplions toutes ces équations par des coefficients indéterminés, savoir : la dernière par l'unité, l'avant-dernière par α_1, la précédente par α_2, ainsi de suite jusqu'à la première qui sera multipliée par α_{n-2}.

Additionnons toutes ces équations et égalons à zéro les coefficients de tous les moments M excepté celui de M_2, nous aurons, entre les $n-2$ coefficients α, les $n-2$ équations :

$$(12)\begin{cases} \alpha_{n-2}l_2+2\alpha_{n-3}(l_2+l_3)+\alpha_{n-4}l_3=0, \\ \alpha_{n-3}l_3+2\alpha_{n-4}(l_3+l_4)+\alpha_{n-5}l_4=0, \\ \cdots\cdots\cdots\cdots\cdots\cdots \\ \alpha_3 l_{n-3}+2\alpha_2(l_{n-3}+l_{n-2})+\alpha_1 l_{n-2}=0, \\ \alpha_2 l_{n-2}+2\alpha_1(l_{n-2}+l_{n-1})+1.\,l_{n-1}=0, \\ \alpha_1 l_{n-1}+2.1.(l_{n-1}+l_n)\qquad =0. \end{cases}$$

Quant au coefficient de M_2, il sera $2\alpha_{n-2}(l_1+l_2)+\alpha_{n-3}l_2$, et si nous introduisons un nouveau coefficient α_{n-1} déterminé par une équation semblable,

$$(13)\qquad \alpha_{n-1}l_1+2\alpha_{n-2}(l_1+l_2)+\alpha_{n-3}l_2=0,$$

nous pourrons écrire de la manière suivante le résultat de l'addition de toutes les équations :

$$-\alpha_{n-1}l_1 M_2=-P_2\alpha_{n-2}-P_3\alpha_{n-3}-\ldots\ldots-P_{n-1}\alpha_1-P_n;$$

et nous aurons, par conséquent.

$$(14)\qquad\qquad M_2=\frac{\Sigma_2^n\, P_i\,\alpha_{n-i}}{\alpha_{n-1}\,l_1}.$$

223. Détermination des coefficients numériques. — Les coefficients α se déterminent au moyen des équations précédentes (12) qui donnent successivement, en commençant par la dernière :

(15)
$$
\begin{cases}
\alpha_1 = -2.\left(1 + \dfrac{l_n}{l_{n-1}}\right), \\[2mm]
\alpha_2 = -2\alpha_1\left(1 + \dfrac{l_{n-1}}{l_{n-2}}\right) - \dfrac{l_{n-1}}{l_{n-2}}, \\[2mm]
\alpha_3 = -2\alpha_2\left(1 + \dfrac{l_{n-2}}{l_{n-3}}\right) - \alpha_1\dfrac{l_{n-2}}{l_{n-3}}, \\[2mm]
\cdot\ \cdot\ \cdot\ \cdot\ \cdot\ \cdot\ \cdot\ \cdot\ \cdot\ \cdot\ \cdot \\[2mm]
\alpha_{n-2} = -2\alpha_{n-3}\left(1 + \dfrac{l_2}{l_1}\right) - \alpha_{n-4}\dfrac{l_3}{l_2}, \\[2mm]
\alpha_{n-1} = -2\alpha_{n-2}\left(1 + \dfrac{l_2}{l_1}\right) - \alpha_{n-3}\dfrac{l_2}{l_1}.
\end{cases}
$$

On reconnaît facilement que ces coefficients sont alternativement positifs et négatifs et que leurs valeurs absolues vont en croissant à partir de α_1, qui est toujours négatif et plus grand que 2 en valeur absolue.

Au lieu d'éliminer tous les M à l'exception de M_1, on aurait pu ne conserver que M_n, et adopter, pour cela, une autre série de coefficients indéterminés γ par lesquels on aurait multiplié les équations, en commençant par $\gamma_0 = 1$ pour la première jusqu'à γ_{n-2} pour la dernière. En opérant comme pour les α, on aurait trouvé, pour déterminer ces coefficients γ, les équations

(16)
$$
\begin{cases}
\gamma_1 = -2\left(1 + \dfrac{l_1}{l_2}\right), \\[2mm]
\gamma_2 = -2\gamma_1\left(1 + \dfrac{l_2}{l_3}\right) - \gamma_0\dfrac{l_2}{l_3}, \\[2mm]
\cdot\ \cdot\ \cdot\ \cdot\ \cdot\ \cdot\ \cdot\ \cdot\ \cdot\ \cdot \\[2mm]
\gamma_{n-1} = -2\gamma_{n-2}\left(1 + \dfrac{l_{n-1}}{l_n}\right) - \gamma_{n-3}\dfrac{l_n}{l_n}.
\end{cases}
$$

et le moment fléchissant M_n aurait eu pour valeur

(17)
$$
M_n = \frac{\sum_1^n P_i \gamma_i}{\gamma_{n-1} l_n}.
$$

Les γ sont, comme les α, alternativement positifs et négatifs et de valeurs absolues croissantes.

224. Autre mode de résolution des équations. —

Pour résoudre le système d'équations (11), on pourrait adopter une autre marche que nous allons indiquer. Supposons que nous ayons pris, pour M_s, une valeur arbitraire M'_s, nous connaîtrons la vraie valeur de M_s si nous arrivons à calculer la différence $M'_s - M_s = \delta_s$ entre cette valeur arbitraire et la valeur réelle.

Introduisons cette valeur arbitraire dans la première équation et calculons la valeur de M'_3 qui la satisfait alors et qui différera de la valeur réelle de M_3 d'une quantité $\delta_3 = M'_3 - M_3$. Continuons ainsi jusqu'à la dernière équation dans laquelle nous aurons introduit les valeurs M'_{n-1}, M'_n, calculées par les équations précédentes, et qui alors ne sera plus vérifiée. Désignons par εl_n la quantité qu'il serait nécessaire d'ajouter au premier membre pour que cette vérification fût parfaite, et retranchons l'un de l'autre les deux systèmes d'équations, nous en aurons un nouveau, absolument semblable, dans lequel, seulement, les M seront remplacés par les δ et dont tous les seconds membres seront nuls, à l'exception de celui de la dernière équation qui sera εl_n.

Appliquons à ce système le même mode de résolution que celui que nous avons employé plus haut, au moyen des coefficients α, nous aurons, pour δ_s, en raison de cette circonstance de la nullité de tous les seconds membres, à l'exception de celui de la dernière équation

$$(18) \qquad \delta_s = -\frac{\varepsilon l_n}{\alpha_{n-1} l_s}.$$

Nous pouvons donc calculer δ_s qui nous donnera M_s si nous avons calculé α_{n-1}.

Quel que soit le procédé de résolution employé, lorsque l'on aura trouvé la valeur de M_s, ou de M_n, celles des autres moments fléchissants, $M_3, M_4...$ se calculeront immédiatement par les équations successives, dans chacune desquelles, en commençant par la première, et en introduisant les valeurs déjà trouvées, il ne restera qu'une seule inconnue.

225. Moment fléchissant en un point quelconque de la poutre. — Lorsque l'on aura calculé tous ces moments fléchissants sur les appuis, il sera facile d'en déduire le moment

fléchissant M en un point quelconque de la poutre. Considérons,
en effet, une travée quelconque
reposant sur les deux appuis A_k,
A_{k+1} (fig. 186), de longueur l_k et
supposons connus les moments
fléchissants M_k, M_{k+1}, au-dessus des appuis. Désignons par T_k
l'effort tranchant en A_k, nous aurons, pour un point quelconque
M de la travée, situé à une distance x de l'appui A_k,

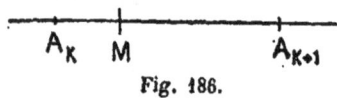
Fig. 186.

(19)
$$M = M_k + T_k x - \frac{1}{2} p_k x^2,$$

en désignant par p_k le poids par unité de longueur dont elle est
chargée.

Faisons $x = l_k$, M devient égal à M_{k+1}, et nous avons :

(20)
$$M_{k+1} = M_k + T_k l_k - \frac{1}{2} p_k l_k^2.$$

Éliminons T_k entre ces deux équations, il vient

(21)
$$M = M_k + (M_{k+1} - M_k) \frac{x}{l_k} + \frac{1}{2} p_k (l_k x - x^2),$$

et le moment M est exprimé en fonction de quantités connues.
Son expression se compose de deux parties : la seconde $\frac{1}{2} p_k (l_k x - x^2)$ est la valeur qu'il aurait si la poutre était simplement posée
sur les appuis; elle est représentée par une parabole à axe ver-
tical ACB (fig. 187). La première partie $M_k + (M_{k+1} - M_k) \frac{x}{l_k}$ est

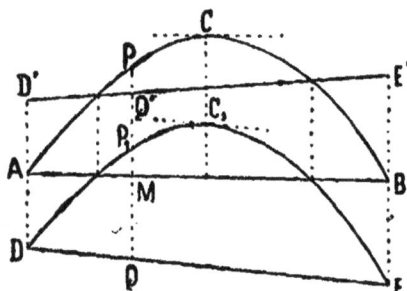
Fig. 187.

due aux moments sur les
appuis; elle est représentée
par les ordonnées d'une
ligne droite DE passant aux
points D ($x = 0$, $M = M_k$) et
E ($x = l_k$, $M = M_{k+1}$); les moments fléchissants sur les
appuis sont toujours, lorsqu'il s'agit d'une travée
chargée, de signe négatif

la droite DE se trouve donc au-dessous de AB, et le moment
fléchissant en un point M quelconque, qui sera la somme

algébrique des ordonnées MP et MQ de la parabole ACB et de la droite DE, sera en réalité égal à la différence de leurs valeurs absolues. Si donc nous construisons, au-dessus de l'axe des x, la ligne D'E' symétrique de DE, le moment fléchissant au point M sera représenté par la différence PQ' des ordonnées de la parabole et de cette droite; positif lorsque la parabole sera au-dessus de la droite et négatif dans le cas contraire; et pour figurer sur AB prise comme axe des abscisses la courbe qui représente le moment fléchissant il faudra, sur chaque ordonnée MP, prendre une longueur MP, égale à cette différence PQ'. Nous obtiendrons ainsi la parabole DP,C,E dont l'ordonnée sera, en chaque point, proportionnelle au moment fléchissant, et qui ne sera autre chose que la parabole ACB déplacée de manière que, son axe restant toujours vertical, elle passe par les deux points D,E.

Son sommet C, vient alors se placer sur l'ordonnée qui correspond au point C, où la tangente à la première parabole est parallèle à D'E'.

On peut remarquer que la loi exprimée par l'équation (21) est générale et peut se formuler ainsi : quelles que soient les conditions d'appui ou d'encastrement des extrémités d'une travée, chargée d'une manière quelconque, le moment fléchissant en chaque point se compose de deux parties : l'une est le moment fléchissant que produiraient, en ce même point, les charges données, appliquées à une poutre simplement posée à ses extrémités et l'autre est une fonction linéaire des coordonnées du point.

Cette loi peut être considérée comme une conséquence de celle de la superposition des effets des forces. La poutre simplement posée sur ses appuis ne diffère de la poutre encastrée, ou de la travée d'une poutre continue soumise aux mêmes charges, que parce qu'aux extrémités de celle-ci s'exercent, en outre, des moments fléchissants M_A, M_B qui n'existent pas dans la poutre posée de même longueur l. Ces moments introduisent, au point dont l'abscisse est x, un moment fléchissant exprimé par $M_A +$ $(M_B - M_A) \frac{x}{l}$ lequel s'ajoute à celui qui provient des charges appliquées à la poutre simplement posée.

226. Calcul des efforts tranchants et des réactions des appuis. — La connaissance des moments fléchissants va nous donner celle des efforts tranchants. Il faut remarquer qu'au droit de chaque appui l'effort tranchant a deux valeurs, l'une pour la travée qui se termine à l'appui considéré, l'autre pour la travée qui y commence et que ces deux valeurs diffèrent entre elles de la réaction de l'appui.

Désignons, pour l'appui A_k, ces deux valeurs de l'effort tranchant, par T'_k celle qui s'applique à la travée $k-1$, et par T_k celle qui s'applique à la travée k.

Nous déduisons de l'équation (20) :

$$(22) \qquad T_k = \frac{1}{2} p_k \, l_k + \frac{(M_{k+1} - M_k)}{l_k};$$

Nous aurions, de même, dans la travée précédente :

$$(23) \qquad T_{k-1} = \frac{1}{2} p_{k-1} \, l_{k-1} + \frac{M_k - M_{k-1}}{l_{k-1}}.$$

L'effort tranchant T en un point quelconque situé à une distance x de l'origine de cette travée sera évidemment $T = T_{k-1} - p_{k-1}\, x$; et en faisant $x = l_{k-1}$, cette formule nous donne l'effort tranchant à l'extrémité de la travée, que nous avons désigné par T'_k ; nous aurons donc :

$$(24) \qquad T'_k = T_{k-1} - p_{k-1}\, l_{k-1}.$$

D'où, pour la réaction F_k de l'appui,

$$(25) \quad F_k = T_k - T'_k = \frac{1}{2}\,(p_{k-1}\, l_{k-1} + p_k\, l_k) + \frac{M_{k+1} - M_k}{l_k} - \frac{M_k - M_{k-1}}{l_{k-1}}.$$

La première parenthèse est ce que porterait l'appui si la poutre était coupée au droit de ses appuis ; le reste est dû à la continuité.

L'effort tranchant, dans chaque travée, est représenté par les

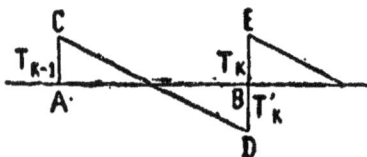

Fig. 188.

ordonnées d'une droite inclinée CD (fig. 188), qui coupe l'axe des x, A B, entre les deux points d'appui. La réaction de l'appui B, égale à $T_k - T'_k$, est en réalité égale à la somme des valeurs absolues de ces deux efforts tranchants dont le second est négatif. Elle est représentée par la ligne DE.

227. Méthode de M. Maurice Lévy. — Nous avons
obtenu les moments fléchissants sur les appuis d'une poutre
à n travées, au moyen de la résolution d'un système de $n-1$
équations du 1er degré à $n-1$ inconnues. Malgré les procédés
simplificatifs que nous avons indiqués, cette résolution n'en
reste pas moins une opération assez laborieuse dès que le
nombre des travées devient un peu grand. M. Maurice Lévy a
fait connaître une méthode plus simple qui permet de calculer
directement le moment fléchissant sur un appui quelconque
sans avoir besoin de calculer les autres. Cette méthode, exposée
aux Comptes rendus des séances de l'Académie des Sciences
(1er mars 1886, page 470), s'applique au cas le plus général
où la section transversale de la poutre est variable et où les
charges sont appliquées d'une manière quelconque aux divers
points de sa longueur; nous nous bornerons, comme nous
l'avons fait dans ce qui précède, à considérer une poutre
à section constante, supportant une charge uniformément
répartie dans chaque travée, en renvoyant, pour le cas
général, soit au mémoire original de M. Lévy, soit au second
volume de sa *Statique graphique* où il a développé cette solution.

Désignons par $\mathfrak{M}_k$ le moment fléchissant en un point quelconque F_k de la travée de longueur l_k, chargée, par unité de
longueur, d'un poids p_k et comprise entre les deux appuis A_k
et A_{k+1}; appelons aussi μ_k le moment fléchissant qui serait
produit en un point quelconque de la même travée par la même
charge si cette travée était une poutre simplement posée à ses
deux extrémités sur les appuis A_k, A_{k+1}; si x_k est la distance
de ce point quelconque à l'appui A_k, et u_k la distance de ce
même point à l'appui A_{k+1}, de sorte que $u_k = l_k - x_k$, nous
aurons

$$\mu_k = \frac{1}{2} p_k (l_k x_k - x_k^2) = \frac{1}{2} p_k x_k u_k.$$

M_k désignant toujours le moment fléchissant sur l'appui A_k,
l'équation (21) devient, avec ces nouvelles notations :

$$(26) \qquad \mathfrak{M}_k = M_k + (M_{k+1} - M_k) \frac{x_k}{l_k} + \mu_k$$

Nous aurons de même, dans la travée suivante,

(27) $$\mathfrak{M}_{k+1} = M_{k+1} + (M_{k+2} - M_{k+1}) \frac{x_{k+1}}{l_{k+1}} + \mu_{k+1}.$$

D'un autre côté, le théorème des trois moments, appliqué à ces deux travées, nous donne

(28) $$M_k l_k + 2 M_{k+1} (l_k + l_{k+1}) + M_{k+2} l_{k+1} + P_{k+1} = 0,$$

en faisant toujours comme précédemment

$$P_{k+1} = \frac{1}{4} (p_k l_k^3 + p_{k+1} l_{k+1}^3).$$

Entre ces trois équations, éliminons M_k et M_{k+2}, nous aurons

$$(\mathfrak{M}_k - \mu_k) \frac{l'_k}{u_k} + (\mathfrak{M}_{k+1} - \mu_{k+1}) \frac{l'_{k+1}}{x_{k+1}}$$
$$+ M_{k+1} \left[3 (l_k + l_{k+1}) - \frac{l'_k}{u_k} - \frac{l'_{k+1}}{x_{k+1}} \right] + P_{k+1} = 0.$$

Cette équation s'applique quels que soient les deux points F_k et F_{k+1} choisis arbitrairement dans les deux travées successives. Si nous les prenons de manière à annuler le coefficient de M_{k+1}, c'est-à-dire tels que

(29) $$\frac{l'_k}{u_k} + \frac{l'_{k+1}}{x_{k+1}} = 3 (l_k + l_{k+1}),$$

ce qui laisse encore arbitraire la position de l'un d'eux, l'équation se réduit à

(30) $$(\mathfrak{M}_k - \mu_k) \frac{l'_k}{u_k} + (\mathfrak{M}_{k+1} - \mu_{k+1}) \frac{l'_{k+1}}{x_{k+1}} + P_{k+1} = 0.$$

D'où ce théorème :

Étant donné le moment de flexion $\mathfrak{M}_k$ en un point arbitrairement choisi F_k d'une travée, il existe dans la travée suivante un point F_{k+1} où le moment de flexion $\mathfrak{M}_{k+1}$ se trouve directement par la résolution d'une équation unique à une inconnue, et vice versa.

Si nous supposons écrites toutes les équations analogues pour toutes les travées successives, équations que l'on obtient en faisant $k = 1, 2, 3 \ldots\ldots k - 1$, et si nous éliminons entre ces équations les $\mathfrak{M}$ intermédiaires, nous aurons une expression où n'entrera plus que $\mathfrak{M}_k$ et $\mathfrak{M}_1$, et qui établira ainsi une relation directe entre le moment fléchissant au point F_k d'une travée quelconque et celui qui existe au point correspondant F_1 de la première travée. Cette relation sera, en désignant par ρ le rapport $\frac{x}{u}$ qui existe entre les longueurs des deux parties de la travée séparées par le point F, c'est-à-dire en posant

$$(31) \qquad \rho_k = \frac{x_k}{u_k} = \frac{x_k}{l_k - x_k} = \frac{l_k - u_k}{u_k};$$

$$(32) \quad \left\{ \begin{aligned} \mathfrak{M}_k - \mu_k &= \frac{u_k}{l_k^2}\Big[-\rho_k P_k + \rho_k \rho_{k-1} P_{k-1} - \rho_k \rho_{k-1} \rho_{k-2} P_{k-2} + \rho_k \rho_{k-1} \rho_{k-2} \rho_{k-3} P_{k-3} - \cdots \\ &\pm \rho_k \rho_{k-1} \rho_{k-2} \cdots \rho_2 P_2 \pm \rho_k \rho_{k-1} \rho_{k-2} \cdots \rho_1 (\mathfrak{M}_1 - \mu_1) \frac{l_1^2}{u_1} \Big] = H_k \frac{u_1}{l_1} \end{aligned} \right.$$

en désignant, pour abréger, par H_k le quotient par l_k de la grande parenthèse.

Les quantités $P_1, P_2, \dots P_k$ sont données. Si donc, partant d'un point quelconque F_1 de la première travée, défini par son abscisse x_1 qui donne $u_1 = l_1 - x_1$ et $\rho_1 = \frac{x_1}{u_1}$, on calcule successivement, au moyen de l'équation (29), les abscisses $x_2, x_3, \dots x_k$ des points correspondants des travées suivantes, et par suite les rapports $\rho_2, \rho_3, \dots \rho_k$, toutes les quantités entrant dans le second membre seront connues et le moment $\mathfrak{M}_k$, au point F_k de la travée k, sera exprimé par une relation du premier degré en fonction du moment $\mathfrak{M}_1$ au point F_1 de la première travée.

Les rapports $\rho_1, \rho_2, \rho_3, \dots \rho_k$ sont indépendants des charges; ils ne dépendent que des longueurs des travées successives et peuvent être calculés une fois pour toutes.

Il y a toujours, dans la première travée, un point où le moment fléchissant $\mathfrak{M}_1$ est nul et par conséquent connu. Si la poutre est simplement posée à son extrémité, ce point est l'extrémité même de la poutre, pour lequel $x_1 = 0$. Le moment μ_1 y est également nul.

Si la poutre est encastrée à son extrémité, le point de la première travée où le moment fléchissant est nul, en la supposant uniformément chargée, se trouve au tiers de sa longueur. Nous pouvons en effet regarder l'encastrement comme équivalent à deux appuis simples, infiniment voisins, c'est-à-dire supposer la poutre prolongée par une travée fictive d'une longueur l_0 infiniment petite. Si, alors, dans l'équation (29) nous faisons $k = 0$, $u_0 = l_0$, et $l_0 = 0$, nous en déduisons $x_1 = \frac{l_1}{3}$.

Le moment fléchissant $\mathfrak{M}$, étant ainsi connu en un point déterminé de la première travée, l'équation (32) permettra de calculer le moment fléchissant $\mathfrak{M}_i$ au point correspondant d'une travée quelconque.

228. Définition et construction graphique des foyers. — Considérons le cas le plus ordinaire où la poutre repose à ses extrémités sur des appuis simples sans encastrement. Nous avons à chercher les points correspondants, dans chaque travée, à l'origine de la poutre, c'est-à-dire au point défini par $x_i = 0$ dans la travée l_i. La valeur de $\rho_i = \dfrac{x_i}{l_i - x_i}$ est égale à zéro. L'équation (29) donne alors, en y faisant $u_i = l_i$:

$$\frac{l_2^3}{x_2} = 2l_i + 3l_2;$$

D'où l'on déduit facilement

(33) $$\frac{x_2}{l_2 - x_2} = \rho_2 = \frac{l_2}{2\,(l_i + l_2)} \text{ ou } \frac{1}{\rho_2} = 2\left(1 + \frac{l_i}{l_2}\right).$$

On trouverait de même :

(34) $$\begin{cases} \dfrac{1}{\rho_3} = 2\left(1 + \dfrac{l_2}{l_3}\right) - \rho_2 \cdot \dfrac{l_2}{l_3}, \\[4pt] \cdots \cdots \cdots \cdots \cdots \cdots \\[4pt] \dfrac{1}{\rho_{k+1}} = 2\left(1 + \dfrac{l_k}{l_{k+1}}\right) - \rho_k\,\dfrac{l_k}{l_{k+1}} \end{cases}$$

Les points successifs ainsi déterminés dans chaque travée par les valeurs des $\dfrac{1}{\rho}$ portent le nom de *foyers* de ces travées. Il est facile de voir que toutes ces valeurs sont plus grandes que 2; chacun des foyers est donc compris dans le premier tiers de la travée correspondante, à partir de l'appui de gauche; on les appelle, pour cette raison, foyers de gauche. En partant de l'extrémité opposée de la poutre on trouverait, absolument de la même manière, dans chaque travée, un nouveau foyer compris dans le tiers de la travée adjacent à l'appui de droite; ce sont les foyers de droite.

La construction graphique de ces points successifs, ou des valeurs $\dfrac{1}{\rho}$, est extrêmement simple, comme on va le voir.

Soient A_1, A_2, A_3..... (fig. 189) les appuis de la poutre. Divisons

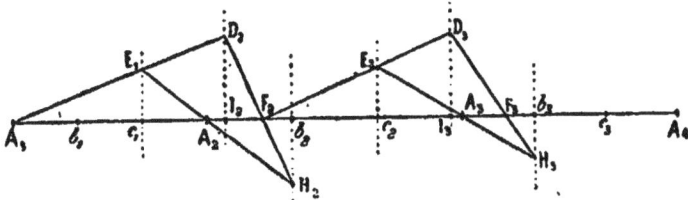

Fig. 189.

chacune des travées en trois parties égales aux points b_1, c_1; b_2, c_2; b_3, c_3;..... Dans chacun des intervalles $c_1 b_2$, $c_2 b_3$,.... comprenant le dernier tiers d'une travée et le premier tiers de la suivante, prenons des points I_2, I_3,.... à des distances $c_1 I_2 = A_2 b_2$ $= \frac{l_2}{3}$; $c_2 I_3 = A_3 b_3 = \frac{l_3}{3}$;...... ou bien, ce qui est la même chose,

$$I_2 b_2 = c_1 A_2 = \frac{l_1}{3}; \; I_3 b_3 = c_2 A_3 = \frac{l_2}{3}; \; .....$$

Par les points c_1, I_2, b_2, c_2, I_3, b_3,..... menons des verticales indéfinies. Par le point A_1, extrémité de la première travée, menons une oblique quelconque $A_1 D_2$ qui coupe en E_1 et en D_2 les verticales des points c_1 et I_2; menons la ligne $E_1 A_2$ que nous prolongeons jusqu'à la rencontre de la verticale de b_2 en H_2 et joignons $H_2 D_2$; cette droite coupe en F_2 l'horizontale $A_1 A_2 A_3$,... et ce point F_2 est le foyer de gauche de la seconde travée.

Pour trouver le foyer F_3 de la travée suivante, opérons de la même manière en partant de F_2 comme nous sommes partis de A_1 et ainsi de suite [1]. Nous aurons ainsi tous les foyers de gau-

_____

(1) Il est facile de vérifier l'exactitude de cette construction. Si nous appelons l_1, l_2, l_3,.... les longueurs $A_1 A_2$, $A_2 A_3$, $A_3 A_4$,.... des travées successives ; x_2, x_3,.... les longueurs $A_2 F_2$, $A_3 F_3$...; u_2, u_3,.... les longueurs $F_2 A_3$, $F_3 A_4$,.... on peut s'assurer que ces longueurs sont bien celles qui satisfont aux équations précédentes. Entre les points F_2 et F_3, on a, par exemple, les relations :

$$\frac{E_2 c_2}{b_2 H_2} = \frac{c_2 A_3}{A_3 b_3} = \frac{l_2}{l_3}; \; \frac{b_3 H_3}{I_3 D_3} = \frac{F_3 b_3}{I_3 F_3} = \frac{l_3 - 3 x_3}{3 x_3 - l_3 + l_2}; \; \frac{I_3 D_3}{E_2 c_2} = \frac{F_3 I_3}{F_2 c_2} = \frac{3 u_2 + l_3 - l_2}{3 u_2 - l_2}.$$

Le produit des premiers membres de ces trois équations est égal à l'unité ; il en est donc de même du produit des trois derniers, c'est-à-dire que l'on a

$$l_2 (l_3 - 3 x_3)(3 u_2 + l_3 - l_2) = l_3 (3 x_3 - l_3 + l_2)(3 u_2 - l_2);$$

ou bien, en réduisant :

$$\frac{l_2^2}{u_2} + \frac{l_3^2}{x_3} = 3 (l_2 + l_3).$$

Par conséquent, si F_2 est le foyer de la seconde travée, F_3 sera celui de la troisième, et ainsi de suite. Or, nous sommes partis de l'extrémité A_1 ; donc les points F_2, F_3.... sont les foyers correspondant à cette extrémité.

che ; et en recommençant la même construction depuis l'extrémité de droite de la poutre, nous aurons de même tous les foyers
de droite.

Si la poutre, au lieu d'être simplement posée en A_1, y était
encastrée, le foyer de la première travée serait au point b_1, à la

distance $A_1 b_1 = \frac{l}{3}$ et on construirait les foyers successifs en partant de ce point, au lieu de partir du point A_1.

229. Relation entre les moments fléchissants sur deux appuis consécutifs.

— Si maintenant nous désignons
par M_k et M_{k+1} les moments fléchissants sur deux appuis consécutifs A_k et A_{k+1}, le moment fléchissant $\mathfrak{M}_k$, en un point quelconque de la travée de longueur l_k, est, d'après l'équation (26),

$$\mathfrak{M}_k = \mu_k + M_k \left(1 - \frac{x_k}{l_k} \right) + M_{k+1} \frac{x_k}{l_k},$$

qui peut s'écrire

$$M_k (l_k - x_k) + M_{k+1} x_k = l_k (\mathfrak{M}_k - \mu_k);$$

ou, en divisant par $u_k = l_k - x_k$; et d'après l'équation (32)

$$M_k + f_k M_{k+1} = \frac{l_k}{u_k} (\mathfrak{M}_k - \mu_k) = \frac{l_k}{u_k} \cdot \frac{u_k}{l_k} H_k;$$

ou enfin

(35) $$M_k + f_k M_{k+1} = H_k.$$

Relation simple entre les moments fléchissants sur deux
appuis consécutifs, où tout est connu, puisque H_k et f_k peuvent
être calculés.

230. Expression du moment fléchissant sur un appui quelconque.

— En écrivant les équations semblables
pour un certain nombre de travées successives et en éliminant
entre elles les moments fléchissants sur les appuis intermédiaires, on aura une relation entre les moments fléchissants
sur deux appuis quelconques; c'est-à-dire qu'il suffira de connaître le moment fléchissant sur un seul appui pour avoir immédiatement tous les autres.

Or, si les extrémités de la poutre sont simplement posées, on
connaît les moments fléchissants sur les appuis extrêmes qui

sont nuls; on peut donc, au moyen de l'équation (35) et de proche
en proche, calculer les moments sur les appuis intermédiaires.
Mais cette équation, appliquée à la première travée de gauche,
ne donne rien que $0 = 0$, puisque M_1 et ρ_1 sont nuls; il faut donc
commencer par l'extrémité de droite. Si n est le nombre des travées, on a aussi $M_{n+1} = 0$ et on aura successivement les équations :

$$(36) \quad \begin{cases} M_n = H_n \\ M_{n-1} + \rho_{n-1} M_n = H_{n-1} \\ M_{n-2} + \rho_{n-2} M_{n-1} = H_{n-2} \\ \cdots\cdots\cdots\cdots \\ M_k + \rho_k M_{k+1} = H_k. \end{cases}$$

D'où l'on déduit facilement

$$(37) \quad M_k = H_k - \rho_k H_{k+1} + \rho_k \rho_{k+1} H_{k+2} - \rho_k \rho_{k+1} \rho_{k+2} H_{k+3} + \ldots \\ \pm \rho_k \rho_{k+1} \rho_{k+2} \ldots \rho_{n-1} H_n,$$

expression du moment fléchissant sur un appui quelconque,
en fonction de quantités connues. La valeur de H_k est définie par
l'équation (32) dans laquelle $\mathfrak{M}_1$ et μ_1 sont nuls, c'est-à-dire que
l'on a :

$$(38) \quad H_k = \frac{1}{l_k} \left[- \rho_k P_k + \rho_k \rho_{k-1} P_{k-1} - \rho_k \rho_{k-1} \rho_{k-2} P_{k-2} + \ldots \right. \\ \left. \pm \rho_k \rho_{k-1} \rho_{k-2} \ldots \rho_2 P_2 \right].$$

Les moments fléchissants sur les appuis étant ainsi calculés,
on en déduit, comme plus haut, aux n°ˢ 225 et 226, le moment
fléchissant et l'effort tranchant en un point quelconque de la
poutre.

Il est possible, alors, de trouver la plus grande valeur du
moment fléchissant, soit dans chaque travée, soit dans toutes
les travées; dans l'hypothèse où toutes les travées sont chargées ou bien dans celle où il n'y en a qu'un certain nombre.
Cette recherche, lorsqu'on l'aborde analytiquement, donne
lieu à des calculs assez compliqués, et il est d'usage, en général,
de la faire par les procédés graphiques qui donnent une approximation bien suffisante pour la pratique et qui font l'objet du
chapitre suivant.

CHAPITRE XII

DÉTERMINATION GRAPHIQUE
DES MOMENTS FLÉCHISSANTS ET DES EFFORTS TRANCHANTS
DANS LES PIÈCES DROITES

SOMMAIRE :

231. Exposé. — Le problème qui fait l'objet du chapitre précédent est un de ceux auxquels s'appliquent tout naturellement les procédés et les méthodes de la statique graphique. Nous ne pouvons faire ici un exposé complet de ces méthodes ni des principes sur lesquels elles reposent : la matière est assez étendue pour remplir plusieurs volumes et nous renverrons, pour cela, aux traités spéciaux sur la matière et principalement à celui de M. Maurice Lévy, ou bien au volume de statique graphique qui fait partie de l'Encyclopédie. Nous nous bornerons à exposer quelques solutions particulières, en montrant comment on peut les généraliser et les appliquer à la plupart des problèmes qui se rencontrent le plus souvent dans la pratique.

232. Poutre posée sur deux appuis simples. — Considérons d'abord une poutre (fig. 190) reposant sur deux appuis, à ses deux extrémités A, B, et chargée, en divers points C, D, E,.... de sa longueur, de poids isolés P_1, P_2, P_3,.... Nous

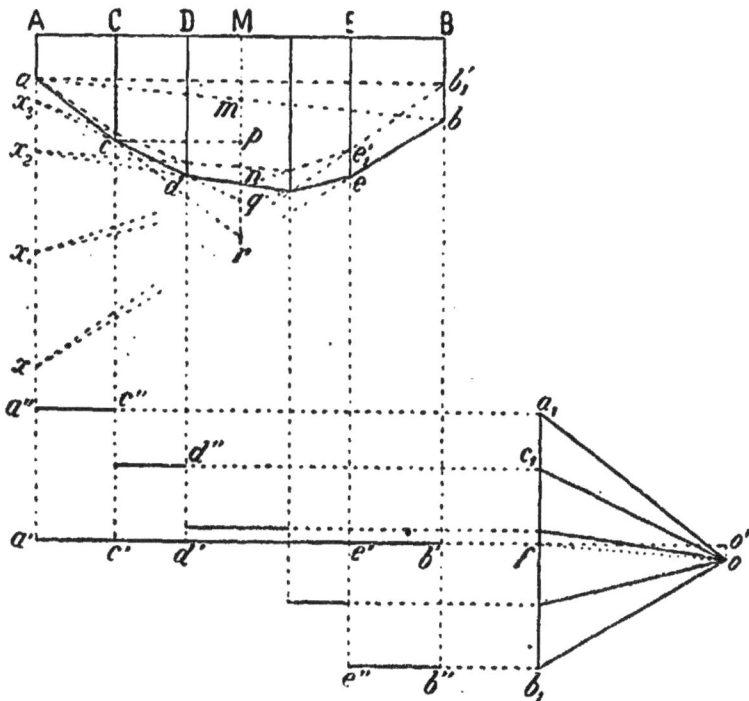

Fig. 190.

aurons d'abord à déterminer les réactions des appuis A, B. Ayant porté sur une verticale a_1b_1 des longueurs proportionnelles aux poids P_1, P_2, P_3,.... et construit le polygone des forces $o\,a_1b_1$ au moyen d'un pôle o arbitraire, nous construirons le polygone funiculaire $acdeb$ des forces données. Il s'agit, pour avoir les réactions des appuis A, B, de décomposer la résultante des charges en deux forces appliquées en ces points. Or, la résultante passe par le point d'intersection des côtés extrêmes ac, be

du polygone funiculaire. Si donc par ce point (qu'il est inutile de construire), nous menons deux droites quelconques, qui pourront être précisément les droites *ca* et *eb*, jusqu'à leur intersection avec les verticales des points A et B, la ligne *ab*, qui joindra les points d'intersection, sera parallèle à celle qui, dans le polygone des forces, joindra le point de division des deux réactions inconnues avec le pôle, déterminé par l'intersection de deux lignes parallèles à *ac* et à *be* menées par les extrémités d'une ligne *a b*, égale à la résultante. Il nous suffira donc, pour connaître ces réactions, de mener, par le point *o*, une parallèle *of* à la ligne *ab*; les longueurs *a,f* et *b,f* seront précisément ces deux réactions dont la somme égale celle *a,b,* des forces données.

La ligne *ab* est la *ligne finale* du polygone funiculaire (voir n° 108, page 190).

On voit que le polygone des forces donne immédiatement les efforts tranchants. Dans toute la partie AC de la poutre, l'effort tranchant est égal à la réaction *a,f* sur l'appui A, il est donc représenté par la ligne *a"c"* parallèle à *a'b'*. Dans la partie CD, l'effort tranchant est égal à $a,f - P,$, c'est-à-dire à *fc,*. On l'obtiendra donc en menant une parallèle à *a'b'* par le point *c,*, et ainsi de suite.

233. Expression graphique des moments fléchissants. — Quant aux moments fléchissants, proposons-nous de déterminer le moment de la force $P,$, appliquée en C, par rapport à un point M quelconque. Ce moment a pour valeur $P, \times \overline{CM}$. Par le sommet *c* du polygone funiculaire correspondant à la force $P,$, menons *cp*, parallèle à AB jusqu'à la rencontre de la verticale du point M, et prolongeons, jusqu'à cette même verticale, les côtés *ac, cd* du polygone funiculaire qui passent au point *c*; soient *r,q*, les points d'intersection. Les deux triangles *qcr* et *c,oa,* sont semblables, et si H est la *distance polaire*, c'est-à-dire la longueur de la perpendiculaire abaissée du point *o* sur la ligne *a,b,*, nous aurons, en observant que *a,c,* représente la force $P,$,

$$\frac{qr}{cp} = \frac{P}{H}, \qquad \text{d'où } P, \times cp = qr \times H;$$

ainsi, le moment d'une force quelconque P, par rapport à un point M est mesuré par le produit de la distance polaire H par la longueur qr interceptée, sur la verticale de ce point, par les deux côtés du polygone funiculaire qui comprennent la force dont il s'agit.

De même, en vertu de la similitude des deux triangles rma, a_fo, le moment de la réaction de l'appui A par rapport au point M est mesuré par le produit de la distance polaire H par la longueur mr comprise, sur l'ordonnée du point M, entre la ligne finale ab et le premier côté ac du polygone funiculaire.

Le moment fléchissant au point M, qui est la somme algébrique des moments, par rapport à ce point, de toutes les forces agissant depuis l'extrémité de la poutre jusqu'au point M, sera représenté ainsi par le produit de la distance polaire H par la somme algébrique des longueurs interceptées, sur la verticale du point M, entre les côtés du polygone funiculaire qui comprennent toutes ces forces, ou bien, en remarquant que le moment de la réaction de l'appui est de signe contraire à celui des autres forces, par la somme $mr - rq - qn$, c'est-à-dire par l'ordonnée mn comprise entre le polygone funiculaire et sa ligne finale ab.

Le polygone funiculaire $acd....eb$, avec sa ligne finale ab, n'est donc autre chose que le polygone représentant les moments fléchissants que nous avons construit (n° 210, page 342) en additionnant les moments fléchissants partiels, en chaque point, correspondant à chacune des forces données.

234. Transformation du polygone funiculaire. — Remarquons que rien n'est plus simple, par un changement dans la position du pôle, que de faire en sorte que le polygone funiculaire, qui représente les moments fléchissants, ait sa ligne finale ab horizontale. Il suffit, si l'on veut conserver la même distance polaire, de prendre pour pôle le point o' situé sur la verticale du premier pôle et sur l'horizontale menée par le point f.

En joignant ce nouveau pôle aux points $a_,,c_,,...b_,$ de division de la ligne $a_,b_,,$ et construisant le polygone funiculaire correspondant, il aura sa ligne finale horizontale.

Nous savons que, dans cette transformation, les côtés du

premier polygone funiculaire *acdeb* pivoteront autour de points fixes situés sur une parallèle à *oo'*. Si donc nous faisons pivoter la ligne finale *ab* autour du point *a*, tous les autres côtés pivoteront autour de points x, $x_,$, $x_,$,... situés sur la verticale de A, points que nous déterminerons en prolongeant ces côtés jusqu'à cette verticale. Cela nous permet de construire le nouveau polygone funiculaire sans recourir au polygone des forces *a*, *o'b*. Ayant mené *ab'*, parallèle à AB, et prenant *ab'*, comme ligne finale du nouveau polygone funiculaire, nous savons que son dernier côté passe par *b'*, et par x, centre de pivotement du côté *eb*, il sera donc *b',e',*.

Le point *c',*, ainsi déterminé, étant joint au centre de pivotement x, du côté précédent, donnera la position de ce côté et ainsi de suite jusqu'au point *a*.

235. Choix des échelles. —Dans toutes les constructions graphiques, il est extrèmement important de bien spécifier l'échelle que l'on adopte pour les figures et de se rendre compte de celle qui en résulte pour les quantités dont on construit la valeur. Lorsqu'il s'agit de moments fléchissants, comme ils sont représentés par le produit d'une ordonnée par la distance polaire et que celle-ci est arbitraire, on peut la choisir de manière à ce que les moments se trouvent naturellement représentés sur l'épure à une échelle déterminée à l'avance.

Si, par exemple, $\frac{1}{n}$ est l'échelle des longueurs, c'est-à-dire la fraction de mètre choisie pour représenter un mètre, et $\frac{1}{n'}$ l'échelle des forces, ou la fraction de mètre représentant un kilogramme, nous avons vu qu'un moment $M = F \times l$, produit d'une force F par une longueur l, était représenté par le produit $y \times H$ d'une ordonnée y par la distance polaire H. La force F étant représentée par une longueur $\frac{F}{n'}$, la longueur l par une longueur $\frac{l}{n}$, le moment M, de F. l kilogrammètres, est représenté par une fraction $\frac{Fl}{nn'}$ de mètre carré. D'un autre côté, nous savons qu'il est représenté par la surface y H, y et H étant exprimés par leur véritable grandeur mesurée sur l'épure; nous avons donc

$y H = \dfrac{Fl}{nn},$ ou $y = \dfrac{Fl}{nn'H}.$ La longueur de l'ordonnée y, qui représentera un kilogrammètre, ou l'unité de moment, sera par conséquent $\dfrac{1}{nn'H}.$ Si H, au lieu d'être exprimée en vraie grandeur, est considérée, de même que les autres longueurs de l'épure, comme représentant une longueur nH, l'échelle des moments fléchissants sera simplement $\dfrac{1}{n'H}.$ Ainsi, par exemple, si l'on a pris, pour l'échelle des longueurs $\dfrac{1}{n} = \dfrac{1}{200},$ soit $0^m,005$ pour un mètre; pour l'échelle des forces $\dfrac{1}{n'} = \dfrac{1}{100.000},$ soit $0^m,01$ pour 1000 kilogrammes, et pour distance polaire une longueur $H = 0^m,05$ représentant, à l'échelle des longueurs, une distance polaire de nH $=$ 10 mètres, les moments fléchissants seront représentés à l'échelle $\dfrac{1}{nn'H} = \dfrac{1}{200 \times 100.000 \times 0.05} = \dfrac{1}{1.000.000},$ soit un millimètre de longueur pour 1000 kilogrammètres.

Si l'on voulait que l'unité de longueur des ordonnées du polygone funiculaire représentât un certain nombre N de kilogrammètres, il faudrait adopter pour distance polaire $H = \dfrac{N}{nn'}.$ Ainsi, un millimètre de longueur de ces ordonnées représentera 1450 kilogrammètres par exemple, ou un mètre (l'unité de longueur) représentera 1.450.000 kilogrammètres si l'on a pris $H = \dfrac{1.450.000}{nn'} = \dfrac{1.450.000}{200 \times 100.000} = 0^m 0725,$ mesurés sur l'épure en vraie grandeur.

236. Cas d'une charge continue. — Si, au lieu de charges isolées, la poutre avait à supporter une charge continue, répartie d'ailleurs d'une façon quelconque, on pourrait, en divisant cette charge en parties aussi petites qu'on le voudrait, appliquées au centre de gravité de chacune d'elles, construire le polygone funiculaire qui représenterait les moments fléchissants dus à ces charges considérées comme isolées. Ce polygone, si l'on suppose que le nombre des côtés en soit indéfiniment augmenté, se transformera en une courbe qui sera la courbe des moments fléchissants, c'est-à-dire une courbe telle que le moment fléchissant, en un point quelconque, soit représenté par l'ordonnée de ce point comprise entre la courbe et la ligne finale, que l'on peut encore, comme précédemment, rendre horizontale.

Il convient de rappeler que, comme nous l'avons fait observer précédemment (n° 10, page 28), les côtés du polygone funiculaire construit dans l'hypothèse d'une certaine division de la charge sont tangents à la courbe des moments fléchissants avec laquelle ils se confondent lorsque leur nombre augmente indéfiniment, et que les points de contact se trouvent sur les verticales qui correspondent aux points de division de la charge. En construisant un polygone funiculaire, on a donc les tangentes à la courbe et les points de contact, ce qui rend très facile le tracé graphique de cette courbe. Les côtés extrêmes du polygone sont tangents à la courbe des moments fléchissants sur les verticales des appuis, c'est-à-dire à leurs points d'intersection avec la ligne finale.

La courbe des efforts tranchants se trace très facilement par points aussi nombreux qu'on le veut.

237. Cas d'une charge mobile. — Cette propriété du polygone funiculaire, construit sur des charges données, de représenter par ses ordonnées le moment fléchissant en chaque point d'une poutre, permet de résoudre facilement et simplement divers problèmes relatifs à la détermination de ces moments.

Reprenons, par exemple, celui que nous avons traité ci-dessus, (n° 211) et qui consiste à déterminer la position que doit occuper, sur une poutre de longueur donnée, une charge répartie sur plusieurs points, pour que le moment fléchissant prenne sa valeur maximum.

Soit, comme à ce paragraphe, AB (fig. 191) la poutre donnée, P la charge roulante totale, répartie sur un certain nombre de points et formée des charges partielles $P_1 + P_2 + P_3 + \ldots = P$. Construisons, au moyen d'un pôle O quelconque, le polygone funiculaire de ces charges partielles. Nous savons que, pour chacun des points d'application des charges partielles, le moment fléchissant prend sa plus grande valeur lorsque ce point est placé de telle manière que le milieu de la poutre divise en deux parties égales sa distance au point C d'application de la charge totale. Nous aurons donc le maximum du moment fléchissant au point M par exemple, point d'application de la charge partielle P_3, en prenant le milieu I de CM et en plaçant la poutre

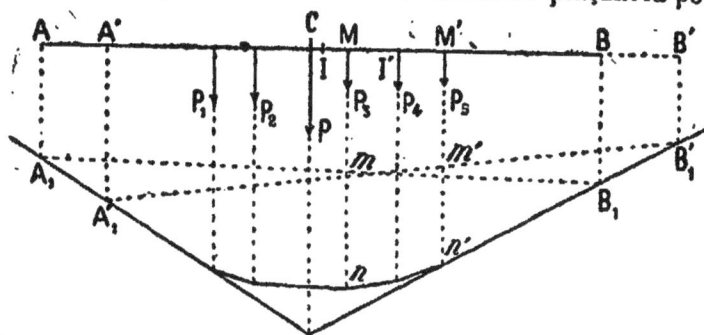

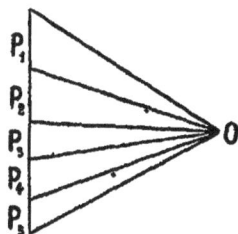

de manière que son milieu soit en I, c'est-à-dire en plaçant ses extrémités à des distances IA=IB égales chacune à sa demi-longueur. Dans cette position, la ligne finale du polygone funiculaire sera A_1B_1 et le moment fléchissant au point M sera représenté par l'ordonnée mn. C'est le maximum du moment fléchissant en M. En un autre point, M', d'application de la charge partielle P_5, par exemple, nous obtiendrons de même la plus grande valeur du moment fléchissant en prenant pour milieu de la poutre le point I', milieu de CM'. La poutre sera placée alors suivant A'B', la ligne finale du polygone funiculaire sera $A'_1B'_1$, et le moment fléchissant en M' sera $m'n'$. En opérant ainsi pour toutes les charges partielles, on n'aura qu'à prendre la plus grande des ordonnées telles que mn, $m'n'$, etc., qui représentera alors la plus grande valeur possible du moment fléchissant, l'on verra à quelle position relative de la charge et de la poutre correspond cette valeur, ce qui indiquera le point de la poutre le plus fatigué.

M. Lechatelier a remarqué (*Annales des Ponts et Chaussées*, 1884, 2ᵉ semestre), que lorsque les charges se déplacent, chacun des côtés du polygone des moments fléchissants pivote autour d'un point fixe auquel il donne le nom de nœud et dont on détermine facilement la position.

M. de Préaudeau (*Annales des Ponts et Chaussées*, 1886), a déduit de cette propriété un moyen de construire un polygone enveloppe de la courbe limite des moments fléchissants, qui peut, dans la pratique, être substitué à cette courbe dont il s'écarte

peu et à laquelle il est extérieur, de sorte que cette substitution
a pour conséquence de donner, pour la valeur du moment fléchissant maximum en chaque point, une valeur un peu plus grande
que la valeur exacte, ce qui est favorable à la résistance.

La même construction s'appliquerait évidemment au cas où la
charge totale aurait une longueur telle qu'elle dépasserait l'une
ou l'autre des extrémités de la poutre, de manière qu'une ou
plusieurs des charges partielles se trouvassent en dehors de cette
longueur. Mais alors la propriété du milieu de la poutre, de
faire connaître la position de la charge qui donne le moment
maximum, n'existe plus, et la recherche du maximum, pour
chacun des points d'application des charges partielles, doit se
faire par tâtonnement. Si l'on a construit (fig. 192) le polygone
funiculaire des charges partielles, la ligne finale de ce polygone,

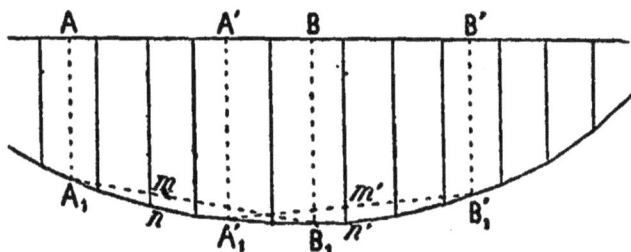

Fig. 192.

lorsque la poutre sera, par rapport à la charge, dans la position
AB, sera A_1B_1 et le moment fléchissant maximum se trouvera
sans doute en mn ; lorsque la poutre occupera, par rapport à la·
charge, la position A'B', la ligne finale sera $A'_1B'_1$ et le moment
maximum se trouvera quelque part en $m'n'$. En faisant varier
légèrement la position de la poutre et construisant les lignes
finales correspondant à chacune de ces positions, on trouvera
celle pour laquelle le moment fléchissant atteint sa plus grande
valeur.

On peut d'ailleurs remarquer que si on remplaçait un certain
nombre des charges partielles par une charge totale égale à leur
somme, et uniformément répartie entre leurs points d'application,
le polygone funiculaire serait, dans la partie correspondante,
remplacé par un arc de parabole tangent à ses côtés et, par conséquent, laissant en dehors de lui les sommets de ce polygone.
Il en résulte que le moment fléchissant maximum, quel qu'il soit,

qui correspondait primitivement à l'un de ces sommets et qui était mesuré par la distance verticale de ces sommets à la ligne finale, se trouvera, par le fait de la substitution de la charge continue à la charge discontinue, diminué de la distance verticale du sommet à la courbe, distance qui presque toujours est négligeable, surtout lorsque la distribution de la charge sur les divers points isolés s'écarte peu de l'uniformité, comme cela a lieu, en général, pour les trains de chemin de fer. (Voir, à ce sujet, le n° 213, page 348).

238. Méthode graphique de M. Collignon. — La construction du polygone des moments fléchissants peut, au moyen d'un procédé indiqué par M. Collignon, se faire sans avoir recours au polygone auxiliaire des forces, et d'une manière un peu plus simple.

Soit une poutre AB (fig. 193), chargée d'un certain nombre de poids P_1, P_2, P_3... placés d'une manière quelconque.

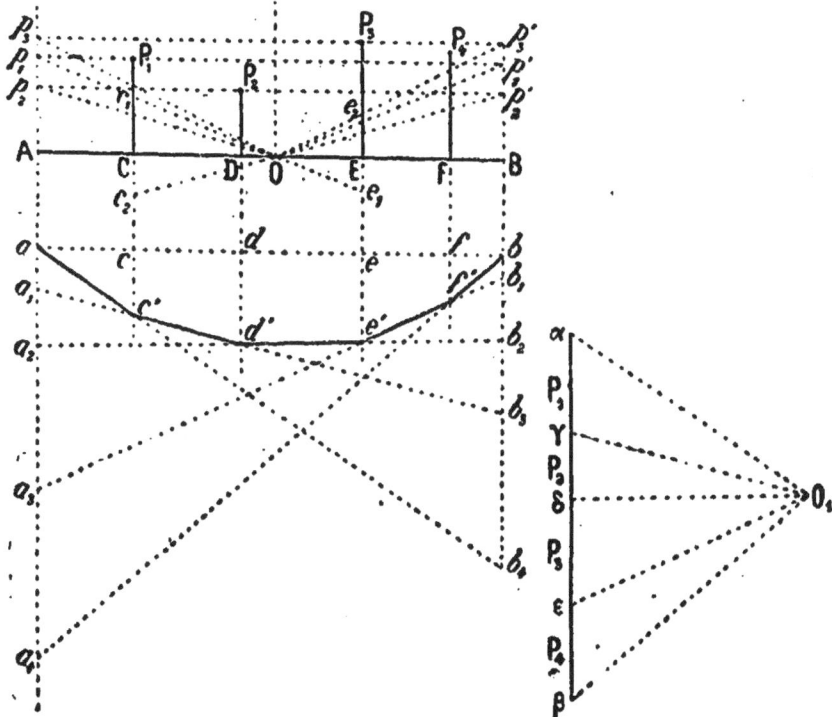

Fig. 193.

Supposons que nous ayons construit le polygone funiculaire $ac'd'e'f'b$ de ces forces par le procédé indiqué plus haut, au moyen d'un polygone de forces $\alpha\beta O$, dans lequel nous aurions pris pour distance polaire la demi-longueur $AO = OB$ de la poutre donnée. Prolongeons les côtés de ce polygone funiculaire jusqu'aux verticales des extrémités A et B, et soient a_1, a_2, a_3,..., b_1, b_2, b_3... les points d'intersection. De la similitude des deux triangles aa_1c' et $\alpha\gamma o_1$ nous déduisons $\dfrac{aa_1}{P_1} = \dfrac{ac}{AO}$, ou bien $aa_1 = P_1\dfrac{AC}{AO}$. Nous aurions de même $a_1a_2 = P_2\cdot\dfrac{AD}{AO}$, et ainsi de suite. Les longueurs aa_1, a_1a_2,... peuvent donc être construites facilement comme quatrièmes proportionnelles à trois longueurs connues. Si, par exemple, comme l'indique M. Collignon, nous menons par l'extrémité P_1 de la ligne CP_1, représentant la force P_1, une parallèle à AB, jusqu'à sa rencontre en p_1, p'_1 avec les verticales des extrémités A et B et si nous joignons p_1O, cette ligne rencontrera la verticale P_1 en un point c_1 tel que $P_1c_1 = aa_1$. Nous avons, en effet, dans les deux triangles semblables $P_1p_1c_1$ et p_1OA, la relation $\dfrac{P_1c_1}{Ap_1} = \dfrac{p_1P_1}{OA}$, ou bien $P_1c_1 = P_1\dfrac{AC}{OA} = aa_1$. De même, en joignant le point O au point p'_1 situé sur la verticale du point B, la ligne p'_1O prolongée viendra rencontrer la verticale P_1 en un point c_2 tel que $P_1c_2 = b_3b_4$.

En portant ainsi chacune des autres forces P_2, P_3... sur les verticales des appuis en Ap_2, Bp'_2; Ap_3, Bp'_3;.... et joignant au point O les points p_2, p'_2; p_3, p'_3... les lignes ainsi tracées intercepteront sur les verticales des forces P_2, P_3... des longueurs P_2d_1, P_2d_2; P_3e_1, P_3e_2,.... qui seront respectivement égales aux longueurs a_1a_2, b_2b_3; a_2a_3, b_1b_2;.... On pourra donc construire, sans avoir besoin de recourir au polygone des forces $\alpha\beta O_1$, ces longueurs aa_1, a_1a_2... bb_1, b_1b_2,.... et par suite construire le polygone funiculaire, ou des moments fléchissants, puisque l'on connaîtra deux points de chacun de ses côtés.

Comme vérification, ces côtés doivent avoir leurs intersections sur les verticales P_1, P_2....

Ce procédé de construction du polygone des moments fléchissants est plus exact et plus rapide que celui qui consiste à le tracer d'après un polygone des forces, tel que $\alpha\beta O_1$. On est en effet presque toujours obligé, après avoir construit une première fois le polygone funiculaire, de le reconstruire pour en rendre la ligne finale horizontale, tandis qu'avec le procédé de M. Collignon, la ligne finale se trouve tracée suivant la direction qu'on a voulu lui donner.

239. Modification de cette construction graphique.

— Le seul inconvénient de ce procédé est l'obligation qu'il entraîne d'adopter, pour distance polaire, la demi-longueur de la poutre; et il peut être commode ou même utile, afin de donner aux ordonnées représentant les moments une échelle déterminée, de pouvoir adopter une distance polaire quelconque.

Rien n'est plus facile en modifiant un peu la construction qui vient d'être indiquée.

Si AB est toujours la poutre donnée (fig. 194) et P_1, P_2, P_3.... les charges qu'elle supporte aux points C, D, E,... supposons que, par suite des nécessités de l'épure, nous soyons conduits à adopter une distance polaire quelconque AH; si l'on porte cette distance à partir de l'une des extrémités A de la poutre, si l'on ramène sur la verticale du point H toutes les lignes représentant ces forces : CP_1 en Hp_1; DP_2 en Hp_2; EP_3 en Hp_3;..... et si l'on joint à l'extrémité A les extrémités p_1, p_2, p_3 de ces ordonnées, les lignes obliques ainsi tracées intercepteront, sur les verticales des forces, des longueurs Cc_1, Dd_1, Ee_1,..... égales aux longueurs

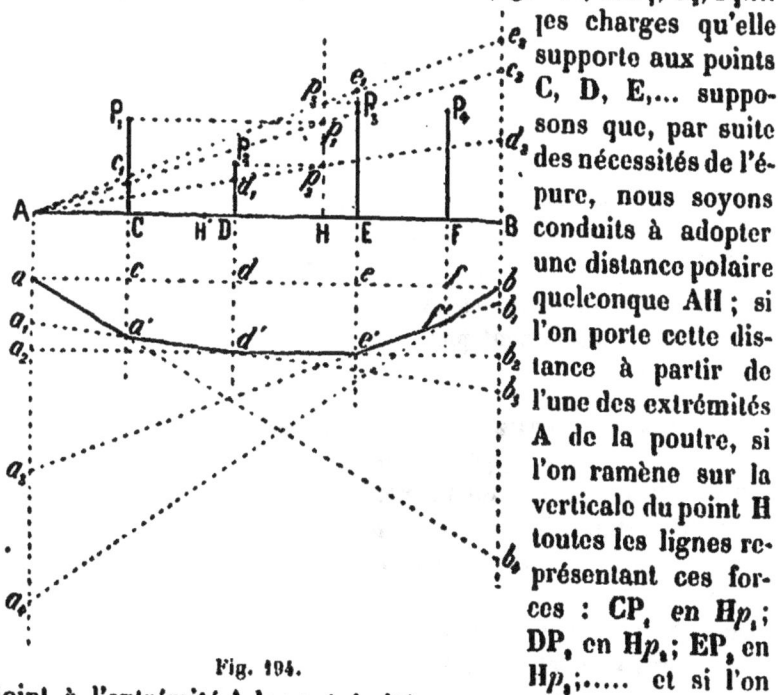
Fig. 194.

interceptées successivement par les côtés du polygone funiculaire sur la verticale du point A, c'est-à-dire que l'on aura $aa_i =$ Cc_i; $a_ia_i = Dd_i$, $a_ia_i = Ee_i$,...... On pourra ainsi construire le polygone funiculaire en partant du dernier point ainsi déterminé, a_i, que l'on joindra à l'extrémité b de la ligne ab choisie comme ligne finale, ce qui donnera le côté bf' de ce polygone; puis en joignant le point f' au point précédent a_i, on aura le côté $e'f'$, et ainsi de suite.

Les longueurs bb_i, b_ib_i, b_ib_i,..... interceptées sur la verticale du point B peuvent d'ailleurs être construites, comme vérification, en opérant à partir du point B comme on l'a fait en partant du point A, c'est-à-dire en prenant une longueur BH' égale à la distance polaire AH, et en ramenant, sur la verticale du point H', les ordonnées représentant les charges P_i, P_i,...

On peut se dispenser de faire cette nouvelle construction en remarquant que si l'on prolonge jusqu'à la verticale du point B les lignes obliques Ap_i, Ap_i... issues du point A et ayant servi à déterminer les longueurs aa_i, a_ia_i, a_ia_i...., les longueurs Bc_i, Bd_i, Be_i,..... qu'elles intercepteront sur cette verticale seront égales à la somme des deux longueurs $(aa_i + b_ib_i)$, $(a_ia_i + b_ib_i)$, $(a_ia_i + b_ib_i)$,..... interceptées sur les verticales des points A et B par les deux côtés adjacents du polygone funiculaire, qui comprennent entre eux la force considérée. On aura ainsi, par exemple, $b_ib_i = Bc_i - Cc_i$; $b_ib_i = Bd_i - Dd_i$; $b_ib_i = Be_i - Ee_i$;..... Ces longueurs, interceptées sur la verticale du point B, se trouveront donc simplement par différence entre deux longueurs déjà déterminées.

240. Construction de la ligne élastique. — Si, dans une poutre ayant à supporter une charge répartie en tous les points de sa longueur, nous considérons un élément de longueur dx, ayant à supporter la charge pdx, p étant d'ailleurs constant ou variable d'un point à l'autre, l'effort tranchant étant T dans la première des sections qui limitent l'élément dx et $T + dT$ dans la seconde, nous voyons qu'en écrivant l'équilibre de cet élément dans le sens vertical, c'est-à-dire en égalant à zéro la somme des projections sur la verticale des forces qui agissent sur lui, nous aurons $dT = -pdx$ ou, en valeur absolue, $dT = pdx$. D'où $\frac{dT}{dx} = p$. Or, T est la dérivée du moment fléchissant par rapport

à l'abscisse, $T = \frac{dM}{dx}$; nous avons donc, en valeur absolue,
$\frac{d^2M}{dx^2} = p$.

La courbe des moments fléchissants ayant ses ordonnées y égales à $\frac{M}{H}$ aura pour équation $\frac{d^2y}{dx^2} = \frac{p}{H}$.

D'un autre côté, la courbe affectée par la fibre neutre après sa déformation, que l'on appelle souvent la *ligne élastique*, a pour équation $\frac{d^2y}{dx^2} = \frac{M}{EI}$. Nous savons construire graphiquement la première, nous pourrons donc construire de même la seconde; il nous suffira, pour cela, d'imaginer que la poutre ait, en chaque point, à supporter une charge $p_1 = M$ par unité de longueur en prenant une distance polaire $H_1 = EI$. Ce que nous venons de dire des échelles, à propos de la courbe des moments fléchissants, s'appliquera entièrement aux ordonnées de la courbe élastique : un changement dans la grandeur de la distance polaire aura simplement pour effet de modifier, en rapport inverse, les grandeurs de ces ordonnées; nous pourrons donc toujours choisir une distance polaire telle que ces ordonnées soient représentées, sur l'épure, à une échelle déterminée, en vraie grandeur par exemple.

La charge M par unité de longueur, supposée ainsi en chaque point de la poutre pour construire la ligne élastique, sera, pour une longueur dx, Mdx; elle sera ainsi, en réalité, proportionnelle à la surface de la courbe des moments fléchissants. On divisera donc par des ordonnées cette surface en un certain nombre de parties, que l'on supposera concentrées en leur centre de gravité; et la construction de la courbe élastique se fera sans difficulté.

La distance polaire H étant proportionnelle à EI, on peut, à la rigueur, en admettant, comme on le fait généralement, que les formules de la flexion sont applicables aux poutres dont la section est peu variable, au lieu d'être constante comme nous l'avons toujours supposé, construire, par le même procédé, la courbe élastique d'une poutre dont la section varie en certains points; il suffira, en construisant le polygone des charges Mdx, de faire varier la distance polaire H proportionnellement à EI, c'est-à-dire au moment d'inertie I de la section transversale.

241. Remarque sur l'échelle à adopter. — Nous avons dit qu'il était possible et souvent commode d'avoir, sur l'épure, les ordonnées de la courbe élastique en vraie grandeur. Voici, en tout cas, comment on déterminera l'échelle à laquelle elles sont représentées.

Si, comme précédemment, $\frac{1}{n}$ est l'échelle des longueurs, $\frac{1}{n'}$ celle des forces et H la distance polaire qui a servi à construire la courbe des moments fléchissants, ceux-ci sont représentés à l'échelle de $\frac{1}{n\,n'\,H}$ pour un kilogrammètre. L'unité de charge adoptée pour le second polygone funiculaire (courbe élastique) sera un kilogrammètre par mètre de longueur, ou le produit d'un kilogrammètre par un mètre ; nous la désignerons sous le nom de kilogrammètre carré. Elle sera représentée, sur l'épure, par une fraction $\frac{1}{n\,n'\,H} \cdot \frac{1}{n}$ de mètre carré. Nous devons considérer cette unité comme une force et la représenter par une longueur; nous pouvons arbitrairement choisir l'échelle $\frac{1}{n''}$ de cette représentation, c'est-à-dire convenir qu'une fraction $\frac{1}{n''}$ de mètre représentera cette unité de charge le kilogrammètre carré.

Alors si H_1 est la distance polaire du second polygone funiculaire, les ordonnées de ce polygone, qui n'est autre que la courbe élastique, seront à l'échelle $\frac{1}{n\,n''\,H_1}$. Or, la distance H_1 doit être proportionnelle à EI ; nous pouvons donc écrire $H_1 = \frac{EI}{n'''}$, n''' étant un nombre que nous allons déterminer par la condition que les ordonnées y de la courbe élastique, qui seraient en vraie grandeur si, toutes les échelles étant égales à l'unité, la distance polaire EI elle-même était égale à l'unité, soient rapportées à une échelle donnée $\frac{1}{m}$ par exemple. Il faudra pour cela que $\frac{1}{m} = \frac{1}{n\,n''\,H_1} = \frac{n'''}{n\,n''}$.

Par exemple lorsque, comme dans l'exemple précédent, l'échelle des longueurs $\frac{1}{n} = \frac{1}{200}$, et celle des forces $\frac{1}{n'} = \frac{1}{100,000}$, si le premier polygone funiculaire a été construit avec une distance polaire $H = 0^m,05$, les ordonnées représentent les moments flé-chissants à l'échelle de $\frac{1}{nn'H} = \frac{1}{1000,000}$ ou un millimètre pour mille kilogrammètres.

Les charges $M dx$ sont représentées sur ce premier polygone par une fraction $\frac{1}{nn'H} \cdot \frac{1}{n} = \frac{1}{1000.000} \cdot \frac{1}{200} = \frac{1}{2.10^8}$ de mètre carré pour un kilogrammètre carré. Nous pouvons représenter cette surface-unité par une longueur quelconque qui sera une fraction $\frac{1}{n''}$ du mètre ; par exemple prendre $\frac{1}{n''} = \frac{1}{2.10^4}$ ou bien un milli-mètre pour 20.000 kilogrammètres carrés. Ce millimètre de longueur correspondra ainsi à $\frac{20,000}{2.10^4} = \frac{1}{10,000}$ de mètre carré ou à un centimètre carré de superficie de la courbe des moments fléchissants.

Alors, pour avoir en vraie grandeur les ordonnées de la courbe élastique ou pour que $\frac{1}{m} = 1$ ou $\frac{n'''}{nn''} = 1$, ce qui donnera $n''' = nn'' = 200 \times 2.10^4 = 4 \times 10^6$, il faudra que la distance polaire H_i soit égale à $\frac{EI}{nn''} = \frac{EI}{4 \times 10^6}$. Si par exemple $E = 2.10^{10}$, $I = 0,005$, on aura $H_i = \frac{2.10^{10} \times 0,005}{4 \times 10^6} = \frac{1}{40} = 0^m,025$.

242. Poutre encastrée à ses deux extrémités. — Considérons maintenant une poutre AB (fig. 195), encastrée à ses deux extrémités, et, pour plus de généralité, supposons que les encastrements ne soient pas horizontaux, mais fassent avec l'horizon des angles α, β donnés.

Supposons construite la courbe A_1FB_1 des moments fléchis-sants qui se produiraient dans la poutre donnée si elle était simplement posée à ses deux extrémités et chargée comme elle l'est réellement. Cette courbe est, pour ainsi dire, une donnée du problème, puisque sa construction résulte immédiatement de la connaissance des charges appliquées à la poutre.

Si nous connaissions les moments d'encastrement aux deux ex-trémités, en les représentant par les ordonnées proportionnelles élevées aux points A_1, B_1, et joignant les extrémités de ces ordon-nées par une ligne droite, les différences des ordonnées de cette droite et de la courbe seraient proportionnelles aux moments fléchissants réels. Supposons donc le problème résolu, et suppo-

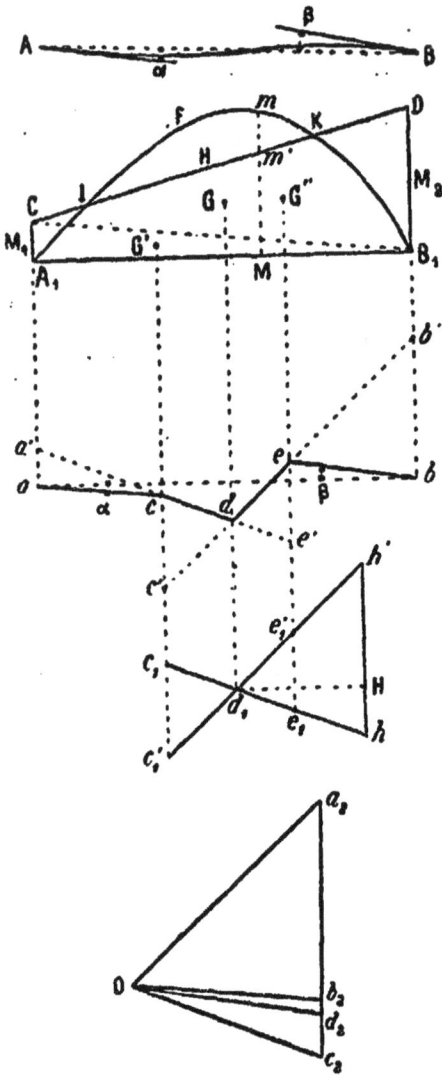

Fig. 105.

sons connus les moments d'encastrement M_1, M_2 aux deux extrémités. Portons-les, à l'échelle des moments, en A,C,B,D et joignons C D. Le moment fléchissant, en un point quelconque M sera la différence mm' des ordonnées de la courbe A_1FB_1 et de la droite CD. Il sera négatif entre C et I, positif de I à K, et négatif de K à D. Si nous voulons construire le second polygone funiculaire, nous devrons, en chaque point, supposer une charge proportionnelle à cette ordonnée, charge qui sera, comme cette ordonnée elle-même, positive ou négative; et, en appliquant le principe de la superposition des effets, nous pouvons supposer une charge positive proportionnelle à l'ordonnée Mm de la courbe et y ajouter l'effet d'une charge négative proportionnelle à l'ordonnée Mm' de la ligne droite. La totalité des charges positives sera ainsi représentée par la surface de la courbe A_1FB_1 et la totalité des charges négatives par celle du trapèze rectiligne A_1CDB_1. Quelle que soit la manière dont nous divisions les charges totales, pour construire le second polygone funiculaire, il satisfera toujours aux conditions suivantes : ses côtés extrêmes passeront par les extrémités *ab* de la poutre et seront tangents, en ces points, à la courbe élastique. Or, la courbe élastique, aux deux extrémités, a sa direction définie par les encastrements, nous connaissons donc, quelle que soit la division adoptée pour les charges, la direction des côtés extrêmes *ac*, *be*, du polygone dont il s'agit.

Cela posé, opérons la division des charges de la manière suivante :

Concentrons toutes les charges positives en une seule qui sera appliquée au centre de gravité G de la surface AFD, et divisons les charges négatives en deux, représentées par les surfaces des triangles CA_iB_i, CB_iD, et concentrées aux centres de gravité G', G" de ces deux triangles. Le point G est connu, ainsi que les verticales des points G', G" qui divisent en trois parties égales la longueur A_iB_i. Nous connaissons donc les sommets *c*, *e* du second polygone funiculaire situés sur les côtés *ac*, *be* dont la direction est celle des encastrements et sur les verticales connues des points G', G".

Si nous supposons construit, quelque part, le polygone des charges qui a servi à construire ce polygone funiculaire, dont les lignes ob_i, oa_i, od_i, oc_i seront respectivement parallèles aux côtés de ce polygone, les longueurs b_ia_i, a_id_i, d_ic_i seront respectivement proportionnelles aux charges supposées appliquées aux points G', G, G", c'est-à-dire aux surfaces respectives A_iCB_i, A_iFB_i, CB_iD. La première et la troisième de ces surfaces sont égales à $\frac{M_il}{2}$ et à $\frac{M_il}{2}$; désignons la seconde, A_iFB_i, par M'*l*, c'est-à-dire désignons par M' le moment fléchissant moyen de la poutre chargée, ou la hauteur du rectangle dont la surface serait équivalente à A_iFB_i. nous pouvons, en divisant par *l*, prendre $b_ia_i = \frac{1}{2}M_i$, $a_id_i = M'$, $d_ic_i = \frac{1}{2}M_i$. Les côtés intermédiaires *cd*, *de* du polygone funiculaire, qui sont encore inconnus, sont respectivement parallèles aux côtés oa_i, od_i du polygone des charges, lesquels interceptent, sur une verticale située à une distance polaire H du point *o*, une longueur $a_id_i = M'$. Si donc nous prenons, à partir d'un point d_i, situé sur la verticale du point G, une longueur horizontale d_iH égale à cette distance polaire et si. sur une verticale menée au point H, nous prenons une longueur

$hh' = M'$, en joignant d_1h, d_1h' nous aurons deux *transversales* qui intercepteront sur une verticale quelconque des longueurs égales à celles qui sont interceptées sur cette même verticale par les côtés cd, de; par conséquent, nous aurons $cc' = c_1c'_1$ et $ee' = e_1e'_1$. Cela est vrai, quelle que soit la distance polaire H que nous aurons prise pour construire le second polygone funiculaire : un changement de grandeur de cette distance polaire aurait simplement pour effet de modifier, en raison inverse, la grandeur des ordonnées du second polygone funiculaire. Prolongeons le côté cd jusqu'à sa rencontre en a' avec la verticale du point a; les deux triangles $a'ca$, a_2ob, étant semblables nous

donnent, en considérant que $a_2b_2 = \frac{1}{2}M_1$; $\dfrac{aa'}{\frac{1}{2}M_1} = \dfrac{\frac{1}{3}l}{H}$ ou $\dfrac{aa'}{M_1} = \dfrac{1}{6} \cdot \dfrac{l}{H}$.

Si donc nous avons pris la distance polaire d_1H égale à $\frac{1}{6}l$, nous aurons $aa' = M_1$; et de même $bb' = M_2$; c'est-à-dire que nous aurons, à l'échelle des moments, les moments d'encastrement cherchés.

En résumé, la construction graphique se traduit ainsi : la courbe A_1FB_1 des moments fléchissants dus à la charge supportée par la poutre étant construite comme si la poutre était simplement posée à ses extrémités, on détermine son centre de gravité G ainsi que sa surface, et l'on transforme celle-ci en un rectangle équivalent M'l, dont la hauteur est désignée par M'.

On mène la verticale du point G et celles qui passent par les points de division, en trois parties égales, de la portée A_1B_1. Par les extrémités a, b, de la droite ab représentant la poutre, on mène, jusqu'à ces deux dernières verticales, les côtés ac, be suivant les directions données des encastrements. A partir d'un point quelconque d_1, situé sur la verticale du point G, on porte horizontalement une longueur arbitraire $d_1H = H$, à l'extrémité de laquelle on construit une verticale $hh' = M'$, hauteur du rectangle équivalent à la surface A_1FB_1; on joint hd_1, $h'd_1$; ces *transversales* interceptent sur les deux verticales des points c, e, des longueurs $c_1c'_1$, $e_1e'_1$ que l'on porte, à partir des points c, e, en $cc' = c_1c'_1$, $ee' = e_1e'_1$; on mène les lignes $c'e$, ce' qui doivent se couper en un même point d de la verticale du point G et on les prolonge jusqu'à leur rencontre en a', b' avec les verticales des points a, b. Les moments d'encastrement cherchés M_1, M_2 ont respectivement pour valeurs $M_1 = aa'. \dfrac{H}{\frac{1}{6}l}$, $M_2 = bb'. \dfrac{H}{\frac{1}{6}l}$.

De sorte que si l'on n'a aucune raison d'attribuer à H une valeur quelconque et si l'on a pris $H = \frac{1}{6}l$, ces moments seront représentés par les ordonnées aa' et bb'.

Comme nous n'avions à considérer ici qu'une seule poutre de longueur l, nous avons pu supprimer le facteur commun l des trois surfaces $\frac{1}{2}M_1 l$, $M'l$, $\frac{1}{2}M_2 l$; mais il n'en est plus de même lorsque l'on doit établir une épure qui comprend plusieurs poutres de longueurs différentes, comme nous aurons à le faire dans le problème suivant.

Alors, l'ordonnée hh' doit être prise égale à $M'l$, c'est-à-dire à la surface de la courbe des moments fléchissants, les moments d'encastrement M_1, M_2 ont alors pour expressions

$$M_1 = aa'. \dfrac{H}{\frac{1}{6}l} \text{ et } M_2 = bb'. \dfrac{H}{\frac{1}{6}l} \text{ pour une distance polaire H.}$$

Les moments d'encastrement trouvés, on les portera en A_1C, B_1D et, en joignant CD, on aura, comme nous l'avons dit, le moment fléchissant en un point quelconque de la poutre et l'on pourra s'en servir pour faire telle construction que l'on voudra.

Il convient de remarquer que la méthode qui vient d'être exposée est encore applicable lorsque les point A, B ne sont pas sur une même horizontale. Il suffit de placer les points a, b du second polygone funiculaire à la hauteur relative qu'ils doivent avoir l'un par rapport à l'autre.

243. Poutre reposant sur plusieurs appuis. — Ce procédé de calcul des moments d'encastrement va nous servir à résoudre le problème de la détermination des moments fléchissants dans une poutre à plusieurs travées. Une travée d'une pareille poutre peut être considérée, en effet, comme encastrée à ses deux extrémités, seulement les directions des encastrements sont inconnues. En revanche, nous savons que ces directions doivent se raccorder sur deux travées consécutives et que le moment

d'encastrement, qui n'est autre chose que le moment fléchissant
sur l'appui, est aussi le même à l'extrémité d'une travée et au
commencement de la suivante. Ces deux conditions vont nous
permettre de résoudre le problème.

Considérons, par exemple, une poutre à quatre travées $A_1 A_2 A_3$...

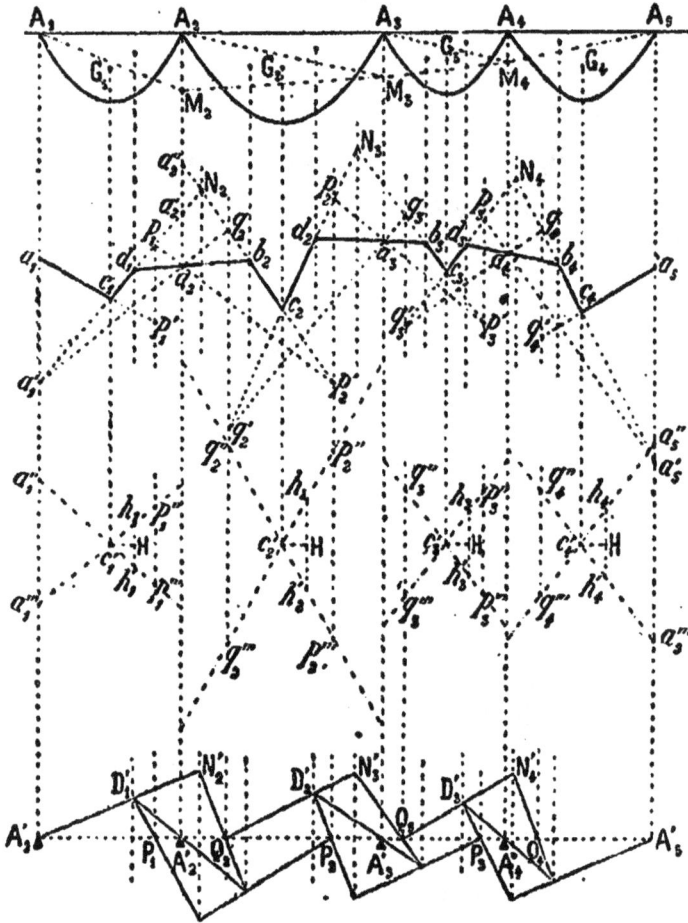

Fig. 196.

A_5 (fig. 196), de longueurs quelconques $l_1, l_2... l_4$ et chargées
d'une manière quelconque. Soient construits, comme précédemment, les courbes des moments fléchissants dans chaque travée,
comme si la poutre y était simplement posée aux deux extrémités et soient menées les verticales des centres de gravité G_1, G_2....
G_4 des surfaces de ces courbes, que nous transformerons en rec-

tangles équivalents $M'_1 l_1$, $M'_2 l_2$, $M'_3 l_3$, $M'_4 l_4$. Si nous supposons
connus les moments fléchissants sur les appuis, M_1, M_2,..... M_5,
nous pourrons les représenter par des ordonnées menées par les
appuis, et en menant par les extrémités de ces ordonnées une
ligne brisée, les moments fléchissants en un point quelconque
de la poutre seront représentés par les différences entre les
ordonnées de la courbe et de la ligne droite, en ce point.

Supposons, comme on le fait presque toujours, que la poutre
soit simplement posée à ses deux extrémités. Les moments M_1,
M_5 sont nuls et les trapèzes des travées extrêmes se réduisent à
des triangles. (Le cas où la poutre serait encastrée à ses extrémités se traiterait sans difficulté par l'application de la méthode qui
vient d'être décrite). Supposons partagés en deux triangles chacun des trapèzes qui représentent les moments négatifs et menons, comme précédemment, les verticales qui passent par les
centres de gravité de ces triangles, c'est-à-dire les verticales
qui partagent en trois parties égales la longueur de chacune des
travées.

Le second polygone funiculaire se composera, dans chaque
travée, de quatre lignes telles que $a_2 b_2$, $b_2 c_2$, $c_2 d_2$, $d_2 a_3$, limitées à
ces trois verticales. Dans les travées extrêmes, dans lesquelles
les moments sur les appuis extrêmes sont nuls, ce polygone
n'aurait que trois côtés $a_1 c_1$, $c_1 d_1$, $d_1 a_2$. Au droit de chaque appui,
les côtés des deux polygones correspondant aux deux travées
contiguës sont dans le prolongement l'un de l'autre, ainsi $a_2 b_2$
est dans le prolongement de $d_1 a_2$, et ainsi de suite.

Considérons les côtés $c_1 d_1$ et $b_2 c_2$ qui passent par les extrémités $d_1 b_2$, du côté $d_1 a_2 b_2$, et prolongeons-les jusqu'à leur point
d'intersection en N_1. Ce point d'intersection appartiendra à la
résultante des forces que l'on suppose agir sur les verticales des
points d_1 et b_2, forces qui sont respectivement représentées par
les surfaces des triangles $A_1 A_2 A'$, $A_2 A'_2 A_3$ et qui ont pour valeurs
$\frac{1}{2} M_2 l_1$, $\frac{1}{2} M_2 l_2$; ces deux forces sont ainsi proportionnelles à l_1 et
à l_2 et leur résultante partagera leur distance $\frac{l_1 + l_2}{3}$ en parties inversement proportionnelles. La verticale menée par le point N_1
sera donc à une distance $\frac{l_1}{3}$ de la verticale du point d_1 et à une
distance $\frac{l_2}{3}$ de celle du point b_2, et ainsi pour les autres points N_2,

N_4. Les verticales des póints N, que nous pouvons ainsi construire, portent le nom de *verticales auxiliaires;* elles coïncident
avec celles des appuis lorsque les longueurs des travées sont
égales.

Prolongeons le côté $d_4 c_4$ jusqu'à la verticale de l'appui a_4 en a'_4;
la longueur $a_4 a'_4$ sera déterminée par la valeur, connue, de la
surface de la courbe des moments fléchissants dans la première
travée. Prenons, en effet, sur la verticale c_4 un point quelconque
c', menons par ce point une horizontale $c'_4 H$ égale à une distance polaire arbitraire et, à l'extrémité H de cette horizontale,
une verticale $h_4 h'_4$ égale à $M'_4 l_4$, surface de la courbe des moments
fléchissants dans la première travée; menons les transversales
$h_4 c'_4$, $h'_4 c'_4$ qui intercepteront sur la verticale du point a une longueur $a''a''_4$, qui sera égale à celle $a_4 a'_4$ que les deux côtés du
polygone funiculaire aboutissant au sommet c_4 intercepteront sur
cette même verticale.

Le point a'_4 doit donc être considéré comme connu. Joignons-
le au point a_4 et prolongeons $a'_4 a_4$ jusqu'à sa rencontre en q_4 avec
le côté $N_4 b_4 c_4$ du polygone suivant; le triangle $d_4 N_4 b_4$ nous est
inconnu, mais nous savons que le côté $d_4 N_4$ passe par le point
a'_4, que le côté $d_4 b_4$ passe par le point a_4 et que ses trois sommets, d_4, N_4, b_4 sont nécessairement sur trois verticales fixes
données.

Quelle que soit la position de ce triangle, son troisième côté
$N_4 b_4$ passera par le point q_4 situé sur la ligne $a'_4 a_4$ qui joint les
deux autres points fixes [1]. Ce point q_4 est fixe si le point a'_4 lui-

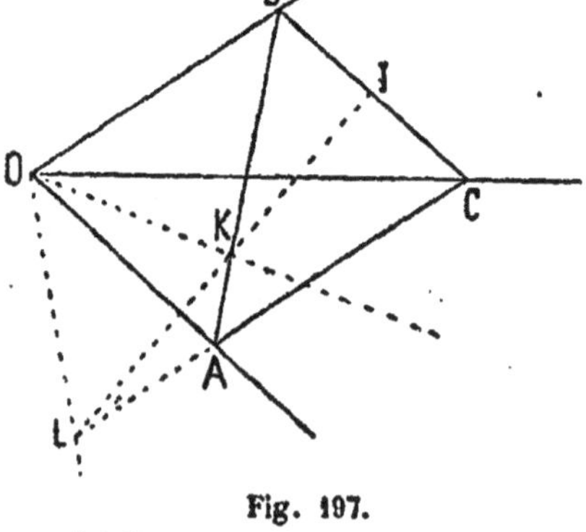

Fig. 197.
au point O (ou parallèle aux autres).

1. En vertu du théorème de Dé-
sargues. Lorsque les trois sommets
d'un triangle ABC (fig. 197) se meu-
vent sur trois droites OA, OB, OC,
concourantes en un point O (ou parallèles) et que deux côtés AB, BC
pivotent autour de deux points fixes
K, I, le troisième côté AC pivote lui-
même autour d'un point fixe L situé
sur la droite IK qui joint les deux
premiers.

Si, en même temps, le point I
étant seul fixe, le point K se déplace
sur la ligne OK concourant au point
O (ou sur une parallèle aux autres
droites) le point L se déplacera lui-
même sur une droite OL concourant

même est fixe, et il nous est facile de le construire en observant que si nous supposons pour un instant que le point a'_1 se déplace sur sa verticale, le point q_2 lui-même se déplacera sur une verticale, de sorte qu'il nous suffira de construire, dans une position arbitraire quelconque $d_1 N_2 b_2$ pour obtenir la verticale décrite par le point q_2. Menons donc, à partir du point A'_1 une droite quelconque $A'_1 D'_1 N'_2$ jusqu'à la rencontre de la verticale auxiliaire de N_2; joignons $D'_1 A'_2$ que nous prolongerons jusqu'à la verticale de b_2 en B'_2; joignons $N'_2 B'_2$ et $A'_1 A'_2$. Ces deux droites se rencontreront en un point Q_2 qui sera sur la verticale cherchée. Ce point est, comme on le voit, le foyer de gauche de la seconde travée (n° 228, page 379). La verticale de ce foyer étant tracée, il suffira de prolonger la ligne $a'_1 a_2$ jusqu'à sa rencontre pour avoir, en q_2 la véritable position du *point fixe* par lequel passe nécessairement le côté $b_2 c_2$ du second polygone funiculaire.

Passons maintenant à la seconde travée et construisons, avec la distance polaire H qui nous a servi pour la première, et avec la grandeur $M'_2 l_2$ de la surface de la courbe des moments fléchissants dans cette travée, des *transversales* $h_2 c'_2$, $h'_2 c'_2$ interceptant, sur la verticale menée à la distance H du point c'_2, une hauteur $h_2 h'_2 = M'_2 l_2$. Ces transversales nous feront connaître en $q'' q''_2$ la longueur interceptée sur la verticale du foyer Q_2 par les côtés intermédiaires $b_2 c_2$, $c_2 d_2$ du second polygone funiculaire, et il nous suffira de porter, à partir du point fixe q_2 la longueur $q_2 q'_2 = q'' q''_2$ pour avoir un nouveau point fixe q'_2 par lequel passera nécessairement le côté $c_2 d_2$ du polygone funiculaire. Ce nouveau point fixe q'_2 assimilable à a'_1 nous donnera, dans la travée suivante, un autre point fixe q_3 sur la verticale du foyer de gauche Q_3 de cette travée que nous déterminerons par une construction identique à celle qui nous a donné Q_2. Nous irons ainsi de q_2 en q'_2, de q'_3 en q_4, et enfin de q_4 en q'_4 par l'application des mêmes constructions. Ce dernier point q'_4, étant joint à l'extrémité a_5 de la poutre, donnera le dernier côté $c_4 a_5$ du polygone funiculaire de la dernière travée. On connaîtra ainsi le point c_4 qui joint au point fixe q_4 donnera le côté $c_4 b_4$ lequel permettra de construire $b_4 a_4 d_3$, puis par q'_3, $d_3 c_3$ et ainsi de suite.

Il convient de remarquer que si nous avions commencé la construction par l'autre extrémité de la poutre, nous aurions trouvé sur les côtés $c_4 d_4 N_4$, $c_3 d_3 N_3$, etc., des points *fixes* p_5, p_4..., situés sur les verticales des foyers de droite P_2, P_3,... que nous aurions déterminés absolument de la même manière que ceux de gauche, Q_2, Q_3... Nous aurions eu de même, par les transversales, les longueurs $p_2p'_2$, $p_3p'_3$... interceptées sur ces verticales par les côtés intermédiaires des polygones funiculaires, ce qui nous aurait donné de nouveaux points fixes p'_2, p'_3... pour les côtés $b_2 c_2$, $b_3 c_3$,... Nous avons ainsi la possibilité de connaître trois points par lesquels doivent passer chacun des côtés du polygone funiculaire, ce qui nous donne un grand nombre de vérifications.

Ce polygone funiculaire construit nous donnera les moments fléchissants sur chaque appui. Il nous suffira de prolonger, jusqu'à l'appui voisin, l'un des côtés intermédiaires de ce polygone pour avoir, sur la verticale de l'appui, une longueur qui, multipliée par $\dfrac{H}{\frac{1}{6}l}$, l étant la longueur de la travée à laquelle appartient le polygone dont on a prolongé le côté, donnera le moment fléchissant cherché. Ainsi, par exemple, le moment fléchissant sur l'appui a_2 aura pour valeur $a_2a'_2 \times \dfrac{H}{\frac{1}{6}l'_1}$ ou bien $a_2a''_2 \times \dfrac{H}{\frac{1}{6}l_2}$; valeurs égales comme on peut s'en assurer.

Les moments fléchissants sur les appuis étant connus, on en déduira facilement le moment fléchissant en un point quelconque de la poutre.

Il convient de remarquer que la position des verticales auxiliaires des points N et celle des verticales des foyers P et Q sont indépendantes des charges ; elles ne dépendent que des longueurs relatives de chacune des travées : celle de la verticale du foyer Q_2, par exemple, dépend des longueurs l_1 et l_2, celle du foyer Q_3, des longueurs l_1, l_2, l_3, etc.

On voit d'ailleurs que la distance de ces verticales aux appuis est toujours plus petite que le tiers de la longueur de la travée à laquelle elles appartiennent, cela résulte évidemment de la construction au moyen de laquelle on détermine leur position. La position des points fixes q, q', p, p' sur ces verticales dépend, au contraire, des charges. Ainsi, le point q_1 dépend de la longueur $a_1a'_1$ qui est fonction de la charge supportée par la première travée, la longueur $q_2q'_2$ est fonction de la charge supportée par la seconde travée, et par conséquent, la position du point q', et celle du point q_s, qui en résulte, dépendent de la charge des deux premières travées et ainsi de suite, et de même pour les points p, p', en commençant par l'autre extrémité.

Si la première travée n'a aucune charge à supporter, la longueur $a_i a'_i$ est nulle, le point a'_i coïncide avec a_i et le point q_s se trouve sur l'horizontale des appuis. Il en sera de même de q_3 si la seconde travée elle-même n'est pas chargée, et ainsi de suite, jusqu'à q_k si les $k-1$ premières travées sont vides. La même observation s'applique aux points p en commençant par l'autre extrémité de la poutre.

244. Cas où une seule travée est chargée. — Supposons qu'il n'y ait qu'une seule travée chargée. Dans cette travée, les points fixes p et q se trouvent ainsi sur l'horizontale des appuis en p_k, q_k. Si donc, en un point quelconque c'_k de la verticale du centre de gravité de la surface de la courbe des moments fléchissants dans cette travée, on mène des transversales embrassant, sur une verticale située à une distance H, une longueur h_k h'_k égale à M'$_k l_k$, c'est-à-dire à la surface de cette courbe, les longueurs interceptées par ces transversales sur les verticales des foyers P_k, Q_k nous donneront les points p'_k, q'_k et par suite la position des côtés intermédiaires $b_k c_k$, $c_k d_k$ du polygone funiculaire dans cette travée. La connaissance des points b_k, d_k donne d'ailleurs celle du sommet d de la travée précédente et celle du sommet b de la suivante. Le prolongement des côtés intermédiaires jusqu'aux verticales auxiliaires donne les points N_k, N_{k+}; en joignant $q'_k a_{k+}$, et $p'_k a_k$ et prolongeant jusqu'aux verticales des foyers, nous aurons les points fixes q de la travée suivante et p de la travée précédente, et par suite les côtés bd du polygone funiculaire dans chacune de ces travées, dans lesquelles le sommet c n'existe pas, puisqu'il n'y a pas de charge. Ces côtés bd passeront par les points fixes q de la travée précédente et p de la travée suivante, dans lesquels se confondent respectivement les points q, q' et p, p'. Prolongés jusqu'aux verticales auxiliaires, ces côtés permettront de passer aux travées voisines et ainsi de suite jusqu'aux extrémités de la poutre. Dans les travées non chargées, le polygone funiculaire se réduit ainsi à trois côtés, dont deux passent par les appuis, et le côté intermédiaire passe

par le foyer le plus éloigné de la travée chargée. Ce côté intermédiaire, prolongé jusqu'aux verticales des appuis, intercepte
sur ces verticales des longueurs qui sont proportionnelles aux
moments fléchissants sur ces appuis. On voit ainsi qu'en s'éloi-
gnant de la travée chargée, ces moments fléchissants sont alternativement positifs et négatifs et que leur valeur absolue va en
décroissant suivant une loi telle que celle de chacun d'eux est
inférieure à la moitié de celle du précédent.

La valeur du moment fléchissant, en chaque point de la travée,
est représentée par les ordonnées de la droite qui joint les extrémités de celles qui représentent les moments sur les appuis,
c'est-à-dire qu'elle est proportionnelle aux ordonnées de la droite
bd prolongée. Le moment fléchissant est donc nul au point où
cette droite coupe l'horizontale des appuis, c'est-à-dire au foyer
le plus éloigné de la travée chargée. L'axe longitudinal de la poutre présente, en ce point, un changement de courbure. Les points
d'inflexion des travées non chargées coïncident ainsi avec les
foyers.

La position de ces points étant, dans chaque travée, indépendante des charges, est la même quelle que soit la situation de la
travée chargée par rapport à celle que l'on considère. Il en résulte que, s'il y a plusieurs travées chargées situées du même
côté, toutes les droites représentant, dans celle-ci, les valeurs
des moments fléchissants dus à la charge de chacune de ces travées considérée comme existant seule, passeront par le même
foyer et que, par suite, la somme de tous ces moments sera représentée par une droite passant encore par le même point.

**245. Hypothèses variées pour la position de la sur-
charge.** — Lorsque l'on doit déterminer les moments fléchissants aux divers points d'une poutre reposant sur plusieurs
appuis, on fait des hypothèses variées sur la position de la
charge qu'elle a à supporter. On suppose ordinairement que
cette charge couvre entièrement certaines travées, alors que les
autres sont libres. Certaines de ces hypothèses sur la répartition
des travées chargées donnent, en chaque point, la plus grande
valeur possible au moment fléchissant. On peut voir, par exemple, dans l'ouvrage de M. Collignon, quelles sont ces hypothèses
et le nombre qu'il est nécessaire d'en examiner pour obtenir ces

plus grandes valeurs en tous les points de la poutre. Nous nous
bornerons à cette simple indication : au lieu de déterminer à
l'avance quelles sont, pour chaque point, les hypothèses les plus
défavorables, on peut simplement opérer de la manière suivante.

246. Moment fléchissant maximum en chaque point.

— Quelle que soit la répartition admise pour les travées chargées, on peut toujours, par l'application du principe de la superposition des effets des forces, trouver les moments fléchissants
qui se produisent en chaque point en considérant successivement
chacune des travées comme isolément chargée. Une seule travée
chargée donne, pour la courbe représentant les moments
fléchissants, une parabole dans cette travée, et dans les autres,
des droites inclinées successivement dans un sens et dans l'autre
et passant, dans chaque travée, par le foyer de cette travée, le
plus éloigné de la travée chargée. Cette courbe étant construite
depuis une extrémité de la poutre jusqu'à l'autre, en supposant
successivement chacune des travées chargée, à l'exclusion des
autres, il sera facile de construire, en chaque point, l'ordonnée
correspondant à l'hypothèse qui donne le plus grand moment
fléchissant ; cette ordonnée sera, en effet, la plus grande des deux
sommes des ordonnées positives et des ordonnées négatives de
la parabole et de toutes les droites qui y figurent les moments
fléchissants.

Dans une travée quelconque, ces courbes présenteront donc
une disposition analogue à celle qui est représentée dans la
figure 198 : une parabole EFH représentant les moments fléchissants, dans l'hypothèse où cette travée seule serait chargée, et
des droites MN, en nombre égal à celui des autres travées,
passant par les deux foyers P et Q, représentant les moments
fléchissants, quand chacune des autres est seule chargée [1]. Le
moment fléchissant en un point quelconque, correspondant à
une hypothèse quelconque sur la répartition de la surcharge,
s'obtiendra en additionnant les ordonnées des droites ou de la

---

[1]. On peut démontrer que si I est le milieu de AB et E le point de la parabole
qui se trouve sur la verticale de ce point, les lignes droites EF, EH passent par
les foyers P et Q (Voir Collignon, *Mécanique appliquée.* Résistance des matériaux, 4e édition, pages 418 et suivantes).

courbe correspondant à cette hypothèse, et si l'on fait, pour chaque point, la somme de toutes les ordonnées positives et la somme de toutes les ordonnées négatives, la plus grande des deux sommes donnera le plus grand moment fléchissant possible

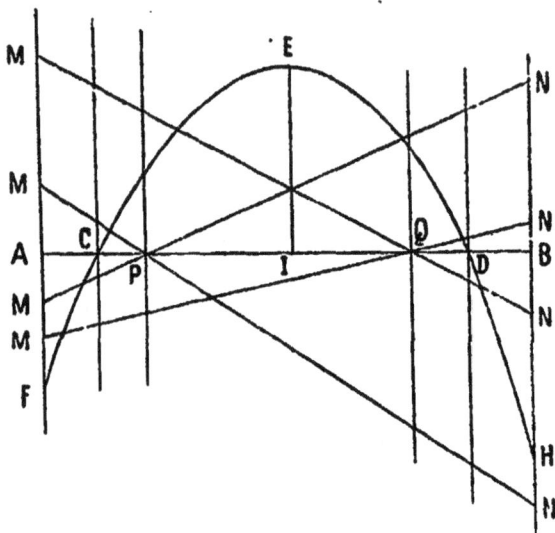

Fig. 198.

au point considéré, et l'hypothèse correspondante sera définie par les droites ou la courbe dont elle comprendra les ordonnées.

En réunissant par une nouvelle courbe toutes les extrémités de ces ordonnées repré- sentant en chaque point le moment fléchissant maximum, en valeur absolue, portées, sans distinction de signe, d'un même côté de l'axe des abscisses, on obtien- dra une courbe telle que CDEFGH (fig. 199), dont on se sert, comme nous

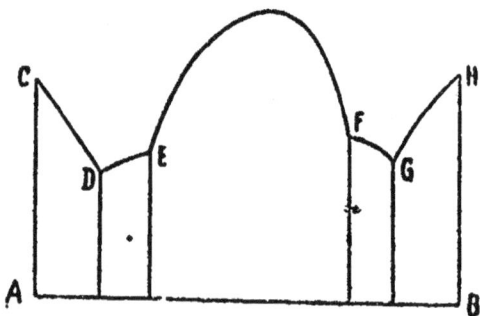

Fig. 199.

le verrons plus loin, pour déterminer les dimensions de la sec- tion transversale de la poutre.

Nous n'insisterons pas davantage sur cette étude qui rentre plus spécialement dans celle des ponts métalliques ; il est rare, en effet, que le problème se pose pour des constructions autres que des ponts à plusieurs travées solidaires.

L'emploi des poutres à travées solidaires, bien que théoriquement moins coûteux que celui des poutres à travées indépendantes, semble cependant moins fréquent, surtout à l'étranger. Le tassement d'un des appuis intermédiaires qui est sans conséquence pour ces dernières, peut devenir, pour une poutre continue, une cause de destruction, et, en tout cas, il a pour conséquence une modification très notable et souvent inquiétante des efforts qui s'exercent dans ses différentes parties.

On consultera avec fruit, sur ce sujet, le second volume de la *Statique graphique* de M. Maurice Lévy; un article de M. Collignon dans les *Annales des Ponts et Chaussées* (1886) et tous les ouvrages spéciaux.

CHAPITRE XIII

CALCUL DES DIMENSIONS TRANSVERSALES DES PIÈCES FLÉCHIES

247. Indétermination du problème. — La connaissance des moments fléchissants et des efforts tranchants en tous les points d'une poutre, sous les diverses charges qui lui sont appliquées, sert à calculer les dimensions de la poutre.

Le problème est le plus souvent indéterminé puisque l'on n'a, en tout, que deux relations exprimant que, d'une part, sous l'action du moment fléchissant, les fibres les plus comprimées ou les plus étendues n'ont pas à supporter d'effort supérieur à la charge de sécurité et qu'il en est de même des points les plus fatigués sous l'action de l'effort tranchant. Ces conditions ne seraient, à la rigueur, suffisantes que si la forme de la section transversale étant fixée à l'avance, il n'y avait à déterminer que deux de ses dimensions. Mais, dès que la forme de la section est elle-même indéterminée, le problème n'est plus susceptible d'une solution précise. Nous nous bornerons donc à donner des exemples de la manière dont on le traite dans un certain nombre de cas.

Dans la détermination des valeurs des moments fléchissants, nous avons, à plusieurs reprises, et principalement dans le cas de poutres reposant sur plusieurs appuis, supposé explicitement que la section transversale de la poutre était constante. Les formules et les constructions que nous avons données ne sont donc, en toute rigueur, applicables qu'à des poutres à section constante; cependant on les applique toujours, avec une approximation considérée comme suffisante, à des poutres dont la section est peu ou graduellement variable.

Ce qu'il faut alors chercher, par conséquent, c'est, une fois la forme de la section transversale déterminée, d'en proportionner les dimensions aux efforts qui se produiront en chacun des points de la poutre.

248. Poutre d'égale résistance. — On appelle *poutre d'égale résistance* une poutre dont les dimensions variables sont telles que, dans chacune des sections transversales, les points les plus fatigués subissent un même effort sous une charge déterminée. On ne peut évidemment, comme nous l'avons indiqué (page 233) pour les tiges soumises à l'extension simple, songer à constituer une poutre dont tous les points supporteraient le même effort en cas de flexion ; on doit se borner, comme l'exprime la définition, à réaliser cette égalité pour les points les plus fatigués.

La forme de la poutre d'égale résistance varie nécessairement suivant la répartition de la charge qu'elle doit supporter. Une poutre, d'égale résistance sous une charge donnée, ne l'est plus lorsque la charge est placée autrement.

Comme en général les efforts dus au moment fléchissant sont plus considérables que ceux que produit l'effort tranchant, c'est en considérant ces premiers seulement que l'on détermine la forme des poutres d'égale résistance. On se borne à constater ensuite que l'effort tranchant ne produit nulle part un effort supérieur à la charge de sécurité et, s'il y a lieu, on augmente un peu les sections transversales dans lesquelles cette inégalité ne serait pas satisfaite.

L'effort R dans la fibre la plus fatiguée, produit par un moment fléchissant M, est, comme nous l'avons vu, si v_i désigne la distance à l'axe neutre de la section de la fibre qui en est le plus éloignée et I le moment d'inertie de la section transversale,

$$R = \frac{Mv_i}{I}.$$

Si donc M est exprimé en fonction de x, distance de la section considérée à l'une des extrémités de la poutre, nous aurons, pour déterminer la forme de la poutre d'égale résistance, en attribuant à R une valeur constante, la seule équation :

$$\frac{I}{v_i} = \frac{M}{R}.$$

Considérons, par exemple, une poutre de longueur a posée sur deux appuis et uniformément chargée d'un poids p par unité de longueur, nous avons $M = \frac{p}{2}(ax - x^2)$ et, par conséquent, nous devrons avoir, dans chaque section,

$$\frac{I}{v_i} = \frac{p}{2R}(ax - x^2).$$

249. Exemples de poutres à section circulaire ou rectangulaire. — Cette unique relation ne nous permet que de déterminer une seule des dimensions de la section transversale, et il faut que nous fassions des hypothèses telles qu'il n'y ait qu'une seule indéterminée. Il en sera ainsi, par exemple, si nous supposons la section circulaire de rayon r ; nous aurons alors $I = \frac{\pi r^4}{4}$, $v_i = r$, et l'équation deviendra

$$r^3 = \frac{4p}{2\pi R}(ax - x^2),$$

et le rayon sera déterminé en chaque point de la poutre. Il en serait de même si l'on posait comme condition que la section transversale doit rester semblable à elle-même, géométriquement, dans toute l'étendue de la poutre ; il n'y aurait en effet qu'une seule dimension à déterminer pour fixer la grandeur de chaque section. Par exemple, si l'on veut que la section transversale ait toujours la forme d'un rectangle, de côtés b et c avec la condition $\frac{b}{c} = m$, m étant une quantité constante, nous aurons $I = \frac{bc^3}{12}$ et $v_1 = \frac{c}{2}$, en appelant c la dimension verticale du rectangle. L'équation précédente deviendra alors en remplaçant b par mc,

$$c^3 = \frac{9\,p}{2\,m\,\mathrm{R}}(ax - x^2),$$

qui déterminera c et, par suite, b en tous les points de la poutre.

On peut aussi se donner une section transversale dont toutes les dimensions soient constantes à l'exception d'une seule, variable. La condition exprimée par l'équation suffit à la déterminer.

Par exemple si l'on a une poutre encastrée à une extrémité, chargée d'un poids unique P à l'autre, et à section rectangulaire, de côtés b (horizontal) c (vertical), en mettant pour I et v_1 leurs valeurs, et remarquant qu'alors $M = Px$, il viendra $\frac{bc^2}{6} = \frac{Px}{R}$, relation qui déterminera b, en chaque point si c est constant, ou inversement. Si c'est la largeur qui est constante, on aura pour déterminer c, $c^2 = \frac{6Px}{bR}$; la hauteur

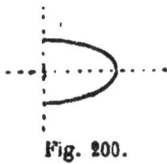

sera proportionnelle aux ordonnées d'une parabole (fig. 200); si c'est au contraire la hauteur c qui est constante, on aura $b = \frac{6P}{c^2 R}x$; on pourra donc, si l'on veut avoir une poutre symétrique par rapport à un plan vertical, la limiter par deux plans verticaux comprenant entre eux les largeurs b données par cette expression (fig. 201).

Fig. 200.

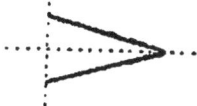

Fig. 201.

Si l'on a, comme précédemment, une poutre posée à ses deux extrémités, chargée uniformément d'un poids p par unité de longueur, et ayant encore la section rectangulaire bc, l'équation fondamentale devient

$$bc^2 = \frac{6\,p}{2\,R}(ax - x^2),$$

relation qui déterminera b en chaque point si c est constant, et inversement.

Dans le premier cas, la hauteur c du rectangle étant constante, il vient

$$b = \frac{6p}{2c^2 R}(ax - x^2)$$

la largeur b varie comme les ordonnées d'une parabole; on peut donc, si l'on veut en outre avoir une poutre symétrique par rapport à un plan vertical, la limiter latéralement par deux cylindres paraboliques (fig. 202) dont les ordonnées seraient pour chacun moitié des valeurs de b ci-dessus.

Fig. 202.

c'est-à-dire $\frac{1}{2} \cdot \frac{6p}{2c^3 R} (ax - x^3)$.

Dans le second cas, la largeur b étant constante, la hauteur c du rectangle sera donnée par l'équation

$$c^3 = \frac{6p}{2bR} (ax - x^3),$$

elle sera donc proportionnelle aux ordonnées d'une demi-ellipse; et si l'on veut donner à la poutre une forme symétrique par rapport à un plan horizontal, on la limitera par deux cylindres elliptiques (fig. 203) dont les ordonnées seront pour chacun la moitié des valeurs de c ainsi

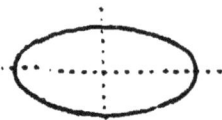

Fig. 203.

trouvées, c'est-à-dire $\frac{1}{2} \sqrt{\frac{6p}{2bR} (ax - x^3)}$. Les deux demi-ellipses constituent ensemble une ellipse entière dont les demi-axes sont $\frac{a}{2}$ et $\frac{a}{4} \sqrt{\frac{6p}{2bR}}$.

Ces exemples suffisent pour montrer comment on déterminera la forme d'une poutre d'égale résistance dans les diverses hypothèses que l'on pourra faire, tant sur la forme de la section transversale que sur le mode de répartition de la charge.

250. Considération de l'effort tranchant. — Les formes que nous venons de déterminer, pour les divers cas d'une poutre posée sur deux appuis, donnent, aux deux extrémités, des sections transversales nulles, comme le moment fléchissant lui-même. Dans ces sections, l'effort tranchant n'est pas nul; il a, pour le cas d'une charge uniformément répartie, la valeur $\frac{pa}{2}$, et il est nécessaire alors de le faire entrer en ligne de compte dans la détermination de la grandeur de la section. La superficie de cette section rectangulaire étant bc, nous avons vu que l'effort

27

maximum au point le plus chargé est égal aux $\frac{3}{2}$ de celui qui se produirait si l'effort tranchant était uniformément réparti sur toute la section; il a donc pour expression $\frac{3}{2}\frac{pa}{2bc}$, et il faut que cet effort soit au plus égal à la charge de sécurité par cisaillement que nous avons désignée plus haut par R''_0. Nous devons donc avoir

$$\frac{3}{2}\frac{pa}{2bc} \geqq R''_0,$$

ce qui impose à chacune des quantités b et c une limite inférieure au-dessous de laquelle elle ne doit pas descendre.

Lorsque les formules précédentes, qui donnent les dimensions de la section transversale de la poutre *d'égale résistance*, sous l'action du moment fléchissant, donneront pour b ou c une valeur plus petite que celle qui correspond à cette limite, on devra cesser de les appliquer, c'est-à-dire que, vers l'extrémité de la poutre, la section transversale ne devra pas continuer à décroître jusqu'à devenir nulle, mais devra rester constante sur une certaine longueur jusqu'à l'extrémité.

On pourrait même, dans cette partie voisine des extrémités, faire varier la section de manière que la poutre y fût d'égale résistance par rapport à l'effort tranchant. Celui-ci, dans le cas d'une charge uniformément répartie, ayant pour expression $p\left(\frac{a}{2}-x\right)$, il suffirait, si R''_0 est l'effort par unité de surface que l'on veut faire supporter, dans chaque section, au point le plus fatigué, d'écrire

$$\frac{3}{2}p\left(\frac{a}{2}-x\right)\frac{1}{bc} = R''_0, \quad \text{ou} \quad bc = \frac{3p}{2R''_0}\left(\frac{a}{2}-x\right).$$

ce qui déterminerait b en fonction de c ou inversement.

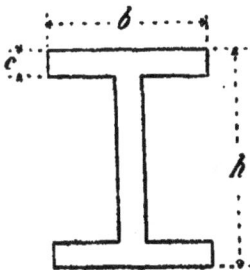

Fig. 204.

251. Poutre en forme de double T. — Nous allons donner encore un exemple de l'application des formules précédentes à la détermination des sections transversales d'une poutre en forme de double T (fig. 204). Désignons par b la largeur des semelles et par c leur épaisseur, supposée petite par rapport à la hauteur h de la poutre. Nous avons vu (n° 9) que l'on peut approxi-mativement prendre, pour valeur du moment d'inertie, $I = \dfrac{bch^2}{2}$;

on a d'ailleurs $v_1 = \dfrac{h}{2}$; de sorte que $\dfrac{I}{v_1} = bch$.

Cela posé, considérons encore une poutre de longueur a, posée sur deux appuis, et chargée uniformément d'un poids p par unité de longueur, nous aurons à écrire l'équation :

$$bch = \frac{p}{2R}(ax - x^2).$$

qui nous donnera l'une des trois dimensions b, c, ou h, lorsque les autres seront données.

Si b et c sont constants, h sera variable et proportionnel aux ordonnées de la parabole $h = \dfrac{p}{2bcR}(ax - x^2)$;

si b et h sont constants, c sera variable et proportionnel aux ordonnées de la parabole $c = \dfrac{p}{2bhR}(ax - x^2)$.

Les deux poutres ainsi construites seront l'une et l'autre d'*égale résistance*. Nous allons les comparer au point de vue de la quantité de matière qu'exigera la construction de chacune d'elles, en supposant négligeable le poids de l'âme, ou plutôt la différence des poids des âmes des deux poutres.

Pour la première, dans laquelle b et c sont constants, le volume V des semelles sera, pour la longueur a, $V = 2abc$, en ne comptant la longueur de chaque semelle que comme égale à la longueur a de la poutre, c'est-à-dire en négligeant l'augmenta-tion de longueur qui résulte pour elle de la variation de la hauteur h.

Si nous désignons par H la hauteur au milieu de la poutre, nous avons d'ailleurs, pour $x = \dfrac{a}{2}$.

$$H = \frac{pa^2}{8Rbc} \text{ ou } bc = \frac{pa^2}{8RH}, \text{ ou bien } V = \frac{pa^3}{4RH}.$$

Pour la seconde, le volume V' des semelles sera, puisque c est variable, $V' = 2b\displaystyle\int_0^a cdx = 2b\int_0^a \frac{p}{2bhR}(ax - x^2) = \frac{p}{hR}\cdot\frac{a^3}{6}$.

Les volumes V et V' seront égaux si la hauteur constante h de la seconde poutre est égale aux deux tiers de la hauteur maximum H de la première. Si ces deux hauteurs h et H sont égales, le volume V' de la seconde ne sera au contraire que les $\frac{2}{3}$ du volume V de la première. Ainsi, à égalité de hauteur maximum, la poutre de hauteur constante n'exigera pour ses semelles qu'un poids égal aux $\frac{2}{3}$ de celui qui entrerait dans celles de la poutre dont la hauteur serait diminuée suivant la loi parabolique. Elle présentera donc sur celle-ci une notable économie.

La poutre de hauteur constante présente encore un autre avantage, c'est d'être moins déformable que l'autre, c'est-à-dire de prendre une moindre flèche sous une charge donnée. On pourrait s'en assurer en calculant ces deux flèches, mais il suffit de remarquer que le rayon de courbure ρ de la fibre neutre déformée est lié au moment fléchissant par la relation $M = \frac{EI}{\rho}$ et qu'on a aussi $M = \frac{RI}{v_1}$ d'où $\rho = \frac{E}{R} v_1$. Ce rayon de courbure est donc, puisque R est supposé constant, proportionnel à v_1 ou à la hauteur h de la poutre. La courbure prise par la poutre est d'autant plus grande que cette hauteur est plus petite, c'est-à-dire que la poutre dont la hauteur est décroissante se déformera plus que celle dont la hauteur reste constante.

Ce raisonnement suppose, bien entendu, que la poutre de hauteur variable résiste à la manière d'une poutre droite et ne peut être assimilée à un arc.

252. Solution pratique. — Dans les poutres en fer, l'épaisseur des semelles ne peut pas varier d'une manière graduelle, en suivant exactement la loi donnée par la variation du moment fléchissant. Les semelles sont formées de feuilles de tôle, généralement de même épaisseur, superposées, de telle sorte que l'épaisseur totale ne peut en être qu'un multiple; il faut évidemment, pour n'avoir nulle part un effort supérieur à la charge de sécurité, que cette épaisseur soit partout au moins égale à celle qui serait donnée par le calcul.

Si, par exemple, les épaisseurs des semelles calculées sont représentées en chaque point par les ordonnées d'une courbe telle que AB (fig. 205) et si AA_1 est l'épaisseur d'une des feuilles

qui servent à les former, en menant à AB des parallèles équidistantes, pour représenter chacune de ces feuilles et en limitant
chacune d'elles au point où son plan inférieur rencontre la

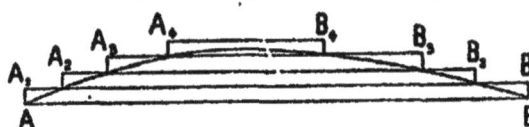

courbe on aura, en
chaque point, une
épaisseur au moins
égale à celle qui est
strictement néces-

Fig. 205.

saire, et le contour de la semelle, au lieu d'être la ligne courbe
AB, sera la ligne brisée AA,... A, B,... B qui lui est constamment extérieure.

253. Calcul de l'épaisseur des semelles. — La
courbe des moments fléchissants, supposée construite par des
procédés analytiques ou graphiques, peut servir, comme nous
allons le voir, à déterminer ces épaisseurs, sans qu'il soit nécessaire de construire une courbe spéciale.

Considérons, en effet, une poutre à double T, en fer, composée
d'une âme et de deux semelles qui y sont réunies par quatre cornières (fig. 206). Supposons que nous ayons calculé le moment

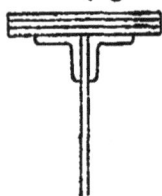

d'inertie de la poutre qui serait formée simplement de l'âme et des quatre cornières, abstraction
faite des semelles, et soit I_0 ce moment d'inertie.
Celui de la poutre dont les semelles auraient chacune une seule épaisseur de tôle pourra, en désignant par b la largeur des semelles, e cette épaisseur, et h la hauteur de la poutre, être considéré

Fig. 206.

comme approximativement égal à I_0 augmenté du produit de la
surface $2\,be$ des deux feuilles de tôle par le carré $\dfrac{h^2}{4}$ de leur distance $\dfrac{h}{2}$ à l'axe neutre, c'est-à-dire égal, à peu près, à $I_0 + \dfrac{bh^2}{2}\,e$.

Pour une poutre dont les semelles auraient chacune deux
feuilles, on considérant la hauteur h comme constante, c'est-à
dire en négligeant l'épaisseur e par rapport à la hauteur h, le
moment d'inertie serait de même $I_0 + \dfrac{bh^2}{2}\cdot 2\,e$, et ainsi de suite ;

c'est-à-dire que le moment d'inertie augmente proportionnellement à l'épaisseur des semelles.

D'un autre côté, puisque l'on considère comme constante la

hauteur de la poutre, le moment d'inertie nécessaire pour résister à un moment fléchissant donné est proportionnel à ce moment fléchissant à cause de la condition de sécurité $\frac{Mv_i}{I} \leq R_o$ dans laquelle v_i est constant et égal à $\frac{h}{2}$. On peut donc calculer le moment fléchissant M_o auquel pourrait résister la poutre simplement formée d'une âme et de quatre cornières et dont nous avons désigné le moment d'inertie par I_o, ce sera $M_o \leq \frac{2 R_o I_o}{h}$. La poutre dont les semelles auraient chacune une épaisseur de tôle pourra résister à un moment fléchissant dont la limite supérieure sera $\frac{2 R_o I_o}{h} + bh R_o e$; celle dont les semelles auraient chacune deux feuilles, résistera à un moment fléchissant au plus égal à $\frac{2 R_o I_o}{h} + bh R_o. 2e$, et ainsi de suite.

La courbe représentant les moments fléchissants, que nous supposerons figurée par la ligne quelconque ACDEFB (fig. 207),

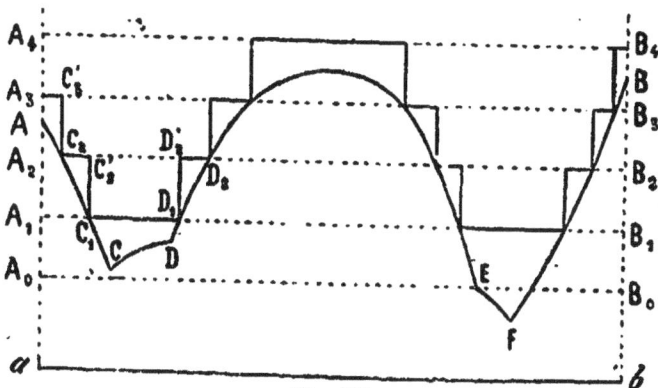

Fig. 207.

ayant donc été construite à une échelle déterminée, on calculera le moment $\frac{2 R_o I_o}{h}$ et l'on mènera une parallèle à ab à une distance représentant, à la même échelle, la valeur de ce moment, soit $A_o B_o$ cette parallèle. Toutes les parties de la poutre dans lesquelles la courbe des moments fléchissants se trouvera au-dessous de cette ligne pourraient, à la rigueur, n'être formées que d'une âme et de quatre cornières, mais il n'est pas d'usage d'interrompre complètement les semelles, et on leur conserve au moins une épaisseur de tôle pour la régularité et la facilité du travail, et pour ne pas diminuer la rigidité de la poutre dans le sens transversal. On calculera ensuite la valeur $bh R_e e$ du moment correspondant à une épaisseur de tôle, on la portera de A_e en A_1, de A_1 en A_2, etc... en menant par les divers points A_1, A_2... des parallèles à AB. Toutes les parties de la poutre dans lesquelles la courbe des moments fléchissants se trouvera au-dessous de la ligne A_1B_1 n'auront besoin, pour résister, que d'avoir des semelles ayant une seule épaisseur de tôle; toutes celles où elle se trouvera au-dessous de A_1B_1 n'auront besoin que de deux épaisseurs, et ainsi de suite, de sorte que la figure fera connaître immédiatement le nombre de feuilles de tôle nécessaire en chaque point et la longueur des feuilles, le contour de la semelle étant représenté par la ligne brisée $A_2C_1'C_1$......D_1......B_1 extérieure à la courbe des moments.

Il est intéressant, à ce propos, d'adopter, pour les moments fléchissants, une échelle qui donne immédiatement, sur l'épure, les épaisseurs réelles, en vraie grandeur, que l'on doit donner aux semelles. Il suffit, pour cela, que A_0A_1 soit égal à l'épaisseur e des feuilles de tôle; or A_1A_1 est égal à $bh R_0. e$, il faut donc que l'échelle de la figure soit $\frac{1}{bhR_0}$, c'est-à-dire que l'unité de moment fléchissant (le kilogrammètre) soit représentée par une fraction $\frac{1}{bhR_0}$ de l'unité de longueur (du mètre).

Si, par exemple, pour une poutre déterminée, on a $b = 0^m40$, $h = 3^m50$ et $R_e = 6.000.000$ kilog. par mètre carré, l'échelle devra être $\frac{1}{8.400.000}$, c'est-à-dire qu'un millimètre devra représenter 8.400 kilogrammètres.

Lorsque l'on construit l'épure des moments fléchissants par les procédés graphiques, rien n'est plus facile que de l'établir immédiatement à l'échelle indiquée; il suffit, pour cela, d'adopter une distance polaire convenable. Si l'échelle des longueurs est $\frac{1}{n}$, celles des forces $\frac{1}{n'}$, nous avons vu (n° 235) que si H est la distance polaire, l'échelle des moments fléchissants est $\frac{1}{nn'H}$; par exemple, avec $\frac{1}{n} = \frac{1}{500}$, $\frac{1}{n'} = \frac{1}{200.000}$, en prenant H $= 0,084$, l'échelle des moments fléchissants se trouvera précisément $= \dfrac{1}{8.400.000}$.

254. Calcul de l'épaisseur de l'âme. — On pourrait, par des constructions et des calculs du même genre, déterminer en chaque point l'épaisseur de l'âme qui doit être proportionnelle à l'effort tranchant; mais, en général, on la laisse constante, en s'assurant qu'elle présente une superficie suffisante pour résister à cet effort dans la section où il est le plus grand; nous avons vu que si b' et h' sont les dimensions de l'âme, $b'h'$ sa superficie, il faut, si T est l'effort tranchant maximum, que l'on ait $\dfrac{T}{b'\,h'} \geqq R''_o$.

En général, lorsque la hauteur h' est assez grande, cette formule donne pour l'épaisseur b' de l'âme une valeur très petite, que l'on est obligé d'augmenter pour conserver à cette pièce une rigidité suffisante et s'opposer au gauchissement de la poutre.

Les charges qui sont appliquées aux poutres n'agissent pas toujours rigoureusement, comme nous l'avons supposé, dans le plan vertical de symétrie, elles ont donc une tendance à faire fléchir la poutre dans le sens de la hauteur.

Pour tenir compte de ces inégalités, qu'il est difficile de soumettre au calcul, on donne généralement à l'âme des poutres à double T une épaisseur un peu plus grande que celle qui serait strictement nécessaire pour résister à l'effort tranchant. Il est rare que, pour des poutres de plus de $0^m,30$ de hauteur, on donne à l'âme une épaisseur inférieure à huit millimètres.

Lorsque le calcul montre que cette épaisseur n'est pas nécessaire pour résister à l'effort tranchant, on peut, tout en la conservant, profiter dans une certaine mesure de la diminution possible du poids du métal, en pratiquant dans l'âme, à des intervalles réguliers, des évidements de forme circulaire, rectangulaire ou autre, qui rendent la poutre plus légère en même temps qu'ils peuvent être un motif de décoration architectonique. L'effort tranchant se transmet alors par les parties conservées dont la dimension horizontale, sur l'axe, doit être suffisante pour résister au glissement longitudinal, calculé pour toute l'étendue d'un intervalle tel que AB (fig. 208) et supposé réparti sur la section restante CD de l'âme.

Lorsque la hauteur de la poutre est un peu grande, l'âme est d'ailleurs toujours insuffisante pour donner à la poutre assez de rigidité pour résister efficacement aux causes de gauchissement et de déformation latérale qui viennent d'être rappelées. On doit considérer, en outre, que les charges supportées par la poutre, et que les

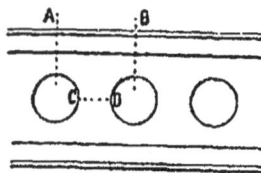

Fig. 208.

formules des chapitres précédents supposent appliquées sur son axe longitudinal, le sont, en réalité sur la semelle supérieure ou sur la semelle inférieure; de même les réactions des appuis ne s'exercent effectivement que sur la surface de la semelle inférieure. Tous ces efforts ne peuvent se transmettre soit à l'autre semelle, soit même à l'axe neutre, que par l'intermédiaire de l'âme, laquelle doit avoir ainsi une section transversale suffisante pour y résister. On admet généralement que la transmission de ces efforts s'effectue verticalement sur une zone d'une étendue égale à la longueur de l'assemblage ou du support par lequel ils s'exercent sur la semelle. En d'autres termes, si l'on considère deux plans verticaux, perpendiculaires à l'axe de la poutre et limitant soit la largeur d'une entretoise, soit celle d'un support, la portion de l'âme comprise entre ces deux plans verticaux devra avoir une section horizontale d'une étendue suffisante pour que la charge due à l'entretoise, ou la réaction de l'appui, supposée uniformément répartie sur cette section, ne dépasse pas la charge de sécurité du métal. On est conduit ainsi à renforcer l'âme, au droit des entretoises et des supports, y appliquant des fers à T, des cornières ou d'autres pièces analogues disposées verticalement qui ont en même temps pour effet de s'opposer à la flexion latérale et au gauchissement, aussi bien sous l'action des causes que nous avons indiquées plus haut que sous celle des forces qui pourraient agir latéralement sur la poutre, comme le vent. Ces pièces font partie du contreventement dont nous allons dire quelques mots au numéro 256.

255. Détermination de la hauteur. — Nous venons de voir que, dans une poutre à double T, soit de hauteur constante, soit de hauteur variable et diminuée du milieu aux extrémités suivant la loi parabolique, le volume des semelles était inversement proportionnel à la hauteur maximum de la poutre. Il y aurait donc intérêt à augmenter cette dimension le plus possible. Mais le poids de l'âme, que nous avons négligé, augmente avec la hauteur, puisque nous admettons que l'épaisseur ne peut descendre au-dessous d'une certaine limite. Il augmente même dans une proportion plus rapide que la hauteur parce que les pièces accessoires latérales, qui servent à renforcer l'âme et que l'on est obligé d'ajouter, doivent avoir d'autant plus d'importance que la hauteur est plus grande. Il s'établit donc, à partir d'une certaine hauteur, une compensation entre la diminution possible du poids des semelles, que l'on obtiendrait en augmentant cette hauteur, et l'augmentation qui en résulterait dans le poids de l'âme et du contreventement; et c'est cette hauteur, à laquelle la compensation commence, qui donne à la poutre son poids minimum. Il n'est pas possible, généralement, de la déterminer par le calcul. Très souvent, d'abord, la hauteur de la poutre est commandée par des circonstances locales; et d'ailleurs fût-elle absolument indéterminée, que la variété des pièces de contreventement rendrait difficile la solution analytique du problème. Ce ne serait que par tâtonnements que l'on arriverait à peu près à trouver la hauteur qui correspondrait au poids minimum.

En général, du moins en Europe, la hauteur des poutres est comprise entre le huitième et le douzième de la portée ; il y a cependant quelques exemples de poutres dont les hauteurs sont en dehors de ces limites. En Amérique, la hauteur des poutres est généralement un peu plus grande qu'en France. Les poutres de grande hauteur, en dehors de l'économie de poids qu'elles peuvent réaliser, ont l'avantage d'être moins déformables sous l'action des charges passagères; et cet avantage est très appréciable lorsqu'il s'agit de charges dont la vitesse est assez grande pour que leur inertie doive entrer en ligne de compte dans le calcul de la résistance, ainsi qu'il arrive pour des poutres supportant des voies ferrées.

256. Contreventement. — Les poutres, avons-nous dit, ne sont pas toujours simplement soumises, comme le supposent les formules de la flexion, à des forces verticales, c'est-à-dire dirigées dans le plan de flexion, passant par leur axe longitudinal. Indépendamment des irrégularités résultant du mode d'application des forces principales, qui agissent souvent en dehors de ce plan, elles peuvent être soumises à des efforts latéraux accidentels comme le sont, sur les poutres de pont, les effets du vent.

La pression exercée par le vent sur une surface verticale peut atteindre (voir page 89) 300 kilog. par mètre carré et c'est ce chiffre qu'il convient d'adopter pour des poutres établies à une assez grande hauteur au-dessus du sol, dans des endroits découverts, bien exposés au vent ou dans les gorges où il peut acquérir une grande vitesse. Lorsque les poutres supportent une voie ferrée, il faut ajouter à ce chiffre celui qui représente l'action du vent sur un train de chemin de fer supposé placé sur le pont ; la surface du train à compter n'est évidemment que celle qui dépasse la poutre et qui n'est pas garantie par elle, et, de plus, on peut admettre que le train exposé au vent supporte au plus 180 kilog. par mètre carré, puisqu'une pression plus grande aurait pour effet de le renverser.

L'action latérale du vent étant ainsi déterminée, voici les moyens que l'on peut adopter pour y résister. Une poutre n'est jamais isolée : un pont est constitué au moins par deux poutres parallèles et l'on se sert de chacune d'elles pour contreventer l'autre. Entre les semelles inférieures des deux poutres voisines, on établit des pièces AB, A' B', (fig. 209) dirigées perpendiculairement, et d'autres, telles que AB', BA',.... inclinées, formant avec les premières une sorte de poutre à treillis ou américaine, à âme horizontale, capable de résister à l'action du vent. On fait la même chose, lorsque cela est possible, entre les deux semelles supérieures. On calcule les pièces inclinées en supposant qu'elles résistent exclusivement à l'extension ; leur grande longueur ne leur permettant pas de résister efficacement à la compression ; et comme le vent peut agir alternativement dans un sens et dans le sens opposé, on est obligé, pour cela, d'avoir des pièces inclinées dans les deux directions sur l'axe du pont. Les pièces transversales AB se confondent naturellement avec

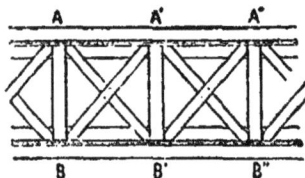

les entretoises destinées à reporter sur les poutres la charge du pont.

Les deux poutres AA$_1$, BB$_1$ (fig. 210), ainsi réunies par ces sortes de poutres à âme horizontale AB, A$_1$B$_1$, résisteront à l'action horizontale du vent; mais cette action aura pour effet, si les extrémités des semelles supérieures sont libres, de tendre à déformer, comme l'indiquent les lignes ponctuées, l'ensemble des deux poutres verticales et des poutres horizontales.

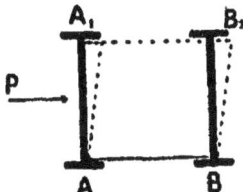

Fig. 210.

Pour résister à cet effet, on peut établir, au-dessus de chaque pièce transversale ou entretoise AB (fig. 211), deux autres pièces inclinées, en forme de croix de Saint-André. Si P désigne l'action du vent, c'est-à-dire le produit de la superficie de la portion de poutre correspondant à chaque entretoise par le chiffre qui représente cet effort par unité de surface, on déterminera, d'après la forme de la poutre, et d'après les règles de la statique, la façon dont cette action se répartit entre les deux points A et A$_1$. Supposons, par exemple, que l'on puisse admettre qu'elle se répartit également, ce qui a lieu lorsque la poutre est symétrique, on pourra considérer la croix de Saint-André AB$_1$, A$_1$B, comme soumise, en ses deux sommets A, A$_1$ à une force $\frac{P}{2}$. Mais l'une des deux extrémités, par exemple l'extrémité AB étant supposée fixe puisque la poutre repose sur des culées, la force $\frac{P}{2}$ appliquée en A$_1$ doit être considérée (en supposant que la pièce inclinée A$_1$B ne puisse pas résister à la compression), comme transmise en B$_1$ par la pièce A$_1$B$_1$ qui doit résister à ce genre d'effort, puis, décomposée au point B$_1$ suivant les deux directions B$_1$B et B$_1$A, elle donnera, en appelant α l'angle B$_1$A$_1$B des pièces inclinées avec l'horizontale, sur B$_1$B un effort de compression $\frac{P}{2}$ tang α qui s'ajoutera à l'effort tranchant et au moment fléchissant de la poutre BB$_1$, et sur

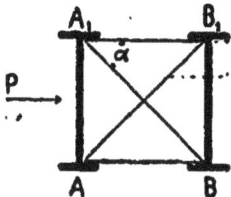

Fig. 211.

BA, un effort de traction $\dfrac{P}{2\cos\alpha}$ qui servira à déterminer la section transversale de cette pièce. La pièce A_1B servira de même à résister à l'effort du vent frappant la poutre BB_1 en sens contraire de celui dont nous venons de parler.

Cette disposition est possible lorsque l'espace situé entre les deux poutres peut être, sans inconvénient, occupé par les pièces du contreventement.

Lorsqu'il n'en est pas ainsi, et que les poutres ne peuvent pas non plus être réunies à leur partie supérieure, l'effort P, supposé toujours appliqué à la moitié de la hauteur h de la poutre AA_1 (fig. 242) produit, au point A, un moment fléchissant $P\dfrac{h}{2}$ auquel doit résister l'âme verticale AA_1. Ce moment servira à déterminer les dimensions des pièces accessoires que l'on appliquera verticalement, au droit de l'entretoise AB, sur l'une ou l'autre des deux faces de l'âme AA_1 pour lui donner une résistance suffisante. On doit considérer ces pièces verticales, y compris l'âme qu'elles renforcent, comme une poutre encastrée au point A, libre à son autre extrémité A_1 et soumise à une charge uniformément répartie à raison de $\dfrac{P}{h}$ par unité de longueur. La poutre BB_1 devra être consolidée de la même manière pour le cas où le vent soufflerait du côté opposé. Cette consolidation qui, en somme, a pour résultat de rendre invariable chacun des angles A_1AB, B_1BA, s'effectue souvent en partie avec les pièces mêmes qui servent à réunir les entretoises aux poutres. Les dispositions à adopter dans ce but sont très variées et dépendent surtout des dimensions relatives des diverses parties. Il suffit, ici, d'avoir indiqué d'après quels principes on peut se rendre compte de leurs dimensions.

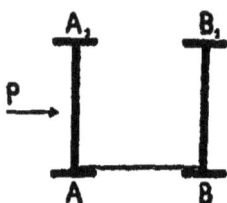

On ne doit pas négliger d'observer que le vent, qui frappe transversalement un pont formé de deux poutres parallèles, peut avoir pour effet de modifier assez notablement la répartition de la charge entre ces deux poutres. Imaginons, en effet, que cette charge soit un poids Q appliqué au milieu de l'intervalle qui les sépare, et que, par suite de contreventements bien cons-

Fig. 212.

truits, le rectangle formé par les deux poutres soit rendu absolument invariable dans sa forme ; si P est la pression du vent,
et si b désigne la largeur AB (fig. 213) et
h la hauteur de la poutre, les réactions faisant équilibre à ces forces seront, en A,
$\frac{Q}{2} - \frac{Ph}{2b}$, en B, $\frac{Q}{2} + \frac{Ph}{2b}$. Lorsque h est grand
par rapport à b, le terme $\frac{Ph}{2b}$ peut n'être pas
négligeable par rapport à Q et, dans tous les
cas, il est prudent d'en tenir compte dans le
calcul de la charge appliquée à des poutres de pont. Par exemple, pour un pont formé de deux poutres à âme pleine, distantes
de 5 mètres, et ayant 5 mètres de hauteur, on aurait, en supposant que le vent produisît une pression de 300 kilog. par mètre
carré, P = 1500 kil. par mètre courant, et $\frac{Ph}{2b} = 750$ kilog. par
mètre courant qu'il faudrait ajouter à la charge de chacune des
poutres.

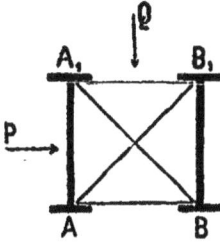

257. Poutres en treillis. — Nous avons dit que lorsque
l'âme atteint une certaine hauteur, on peut l'alléger en y pratiquant, de distance en distance, des évidements d'une forme
quelconque : si l'on suppose que ces
évidements aient la forme de losanges
superposés (fig. 214), on aura une poutre dont l'aspect extérieur sera absolument celui d'une poutre en treillis. La
nature et la direction des efforts qui
s'exerceront aux différents points ne
seront sans doute plus absolument les mêmes que dans la
poutre à âme pleine; mais cependant on peut, par analogie,
tirer certaines conclusions intéressantes. Ainsi, dans la poutre à âme pleine, les points de l'âme situés au milieu de la
hauteur sont soumis à des efforts de cisaillement dans le sens
vertical ou dans le sens horizontal, ou, ce qui revient au même,
à des efforts de tension et de compression suivant des directions
inclinées à 45 degrés sur la verticale. Ces efforts se produiront
encore dans la poutre évidée, et ils sont absolument assimilables
aux efforts de tension et de compression qui agissent sur les

barres de la poutre en treillis. Si l'on considère un point de
l'âme en dehors de l'axe, en se rapprochant des semelles, la direction des efforts principaux de tension et de compression y
fait avec la verticale des angles différents de 45 degrés et d'autant plus différents que le point considéré est plus rapproché des
semelles. Dans la poutre évidée, les points ainsi considérés
seront soumis à des efforts dont la direction sera différente de
celle des parties restées pleines, entre les évidements. Il doit en
être de même, par analogie, dans la poutre en treillis, de sorte
que ce n'est qu'au milieu de la hauteur que les barres du
treillis sont réellement soumises à des efforts de tension et de
compression dirigés dans le sens de leur longueur ; partout
ailleurs, ces efforts sont obliques sur leur direction et tendent à
les infléchir. Nous devons rappeler, en effet, que les calculs que
nous avons faits pour la poutre en treillis, dans la première
partie, n'étaient qu'une approximation obtenue en supposant
que cette poutre pouvait être assimilée à un système articulé,
c'est-à-dire que les différentes barres pouvaient tourner librement autour de leurs points d'attache. La réunion de toutes les
barres à leurs points d'intersection, qui est incompatible avec
cette hypothèse, introduit des efforts nouveaux qui se composent avec les efforts de tension et de compression, lesquels existe-
raient seuls dans le système articulé, et produisent précisément
ces actions obliques tout à fait analogues à celles que nous
avons trouvées dans les poutres à âme pleine.

L'analogie entre les deux systèmes de poutre est d'ailleurs
complète : le treillis, comme l'âme, résiste à l'effort tranchant ;
les semelles, dans les deux cas, au moment fléchissant.

Tout ce que nous avons dit, d'ailleurs, de la nécessité du contreventement, tant pour résister aux efforts latéraux que pour
donner à l'âme de la poutre une rigidité suffisante dans le sens
transversal, s'applique sans modification aux poutres en treillis,
pour lesquelles le contreventement est peut-être encore plus
nécessaire que pour celles à âme pleine.

CHAPITRE XIV

PROBLÈMES DIVERS CONCERNANT LA FLEXION
DES PIÈCES DROITES

§ 1er

PIÈCES CHARGÉES DEBOUT

258. Équation générale du problème. — Considérons une tige prismatique AB (fig. 215), de longueur a, soumise à l'action de deux forces F et —F, égales et directement opposées, agissant à ses deux extrémités dans la direction de son axe longitudinal et l'une vers l'autre, c'est-à-dire soumettant la pièce à un effort de compression. Si cette pièce est rigoureusement rectiligne, et

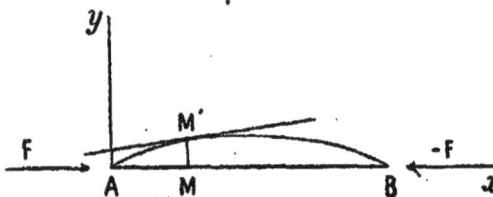

Fig. 215.

si les efforts appliqués à chaque extrémité sont bien exactement répartis d'une manière uniforme sur les sections transversales extrêmes, elle restera rectiligne, et si Ω est l'étendue de sa section transversale supposée constante, elle sera soumise, dans toute sa longueur, à un effort de compression mesuré par $\frac{F}{\Omega}$ par unité superficielle. Mais si, par suite d'une cause accidentelle quelconque, elle a pris une légère courbure, il pourra arriver que, sous l'action des forces appliquées aux extrémités, cette courbure augmente, ou bien, au contraire, que celles-ci ne soient pas assez énergiques pour la faire subsister, auquel cas la pièce tendra à reprendre sa forme rectiligne. Il y a donc une relation entre la flèche prise par la tige et la force appliquée à ses extrémités et c'est cette relation que nous allons chercher à déterminer.

Prenons pour axe des x la direction primitive de l'axe de la tige et pour axe des y une perpendiculaire menée, par l'extrémité A, dans le plan dans lequel s'est produite la flexion, et que nous déterminerons plus tard. Soit MM'$=y$ le déplacement, parallèle à l'axe des y, d'un point quelconque M de l'axe longitudinal; le moment fléchissant, dans la section M', a pour valeur absolue $F \times MM' = Fy$, mais il doit être affecté du signe — d'après nos conventions, puisqu'il tend à donner à l'axe une courbure négative; nous aurons donc, pour l'équation de l'axe neutre déformé,

(1)
$$EI\frac{d^2y}{dx^2} = -Fy,$$

équation différentielle linéaire du second ordre dont l'intégrale générale avec deux constantes arbitraires A, B est, comme on le sait,

$$y = A\cos\frac{x}{m} + B\sin\frac{x}{m}.$$

en faisant, pour abréger,

(2) $$m^2 = \frac{EI}{F} \text{ ou } m = \sqrt{\frac{EI}{F}}.$$

Les constantes A et B doivent être déterminées par les conditions du problème, savoir : que les extrémités de la tige restent sur l'axe des x ou bien que pour $x=0$, ou $x=a$, l'on ait $y=0$.

La première condition, $x=0$, $y=0$, nous donne A$=0$, l'équation se réduit donc à

(3) $$y = B \sin \frac{x}{m}.$$

La seconde condition $x=a$, $y=0$, donne, ou bien B$=0$, ce qui donnerait en tous points $x=0$, auquel cas la pièce resterait toujours rectiligne, ou bien $\sin \frac{a}{m} = 0$, c'est-à-dire

$$\frac{a}{m} = k\pi,$$

k étant un nombre entier quelconque. En mettant pour m sa valeur, cette condition devient

$$a\sqrt{\frac{E}{EI}} = k\pi, \quad \text{ou } F = EI\frac{k^2\pi^2}{a^2}.$$

259. Valeur minimum de la force capable de produire la flexion. — On peut y satisfaire d'une infinité de manières répondant à toutes les valeurs de F, données par cette formule, et dont la plus petite, qui correspond à $k=1$, est

(4) $$F = \frac{\pi^2 EI}{a^2}.$$

Si F a cette valeur, la flexion pourra avoir lieu ; mais l'équation précédente ne donne plus rien, puisque la constante arbitraire B n'est pas déterminée ; tout ce qu'on peut conclure de cette analyse, c'est que si F a une valeur inférieure à $\frac{\pi^2 EI}{a^2}$ la flexion est impossible, sous l'action de cette force seule, puisque l'équation ne peut être satisfaite que par B$=0$.

La valeur I du moment d'inertie à introduire dans cette formule est celle qui donne la plus petite valeur de F, c'est-à-dire le plus petit moment principal d'inertie de la section transversale. C'est donc dans le plan du plus petit des deux axes principaux d'inertie que la flexion se produit.

Si, au lieu d'être simplement assujettie à rester sur l'axe des x à ses deux extrémités, la tige était astreinte à la même obligation en certains points de sa longueur, on exprimerait les conditions de la même manière. Par exemple, si le milieu de la tige devait rester sur l'axe des x, on trouverait, en écrivant que $y = 0$ pour $x = \frac{a}{2}$,

$$F = EI \frac{4k^2\pi^2}{a^2},$$

et la plus petite valeur F serait alors $\frac{4\pi^2 EI}{a^2}$, quadruple de la précédente. Résultat facile à prévoir en considérant que l'on aurait pu traiter chaque moitié de la tige comme une tige de longueur $\frac{a}{2}$, et à généraliser si les points assujettis à rester fixes partagent la tige en un nombre quelconque de parties égales.

260. Relation entre la force et la flèche de flexion. — Si l'analyse que nous venons de faire ne nous donne pas la relation cherchée entre la flèche et la force qui agit aux extrémités, la cause en est que nous avons substitué, au rayon de courbure ρ de l'axe neutre déformé, l'inverse de $\frac{d^2y}{dx^2}$, en négligeant $\frac{dy}{dx}$ devant l'unité, alors que nous faisions entrer dans le calcul l'ordonnée y dont la grandeur est sensiblement du même ordre. Il faut donc revenir à l'équation exacte qui doit être écrite

(5) $$\frac{EI}{\rho} = -Fy.$$

Désignons par θ l'angle formé, avec l'axe des x, par la tangente à la courbe au point M'. Nous avons $\frac{1}{\rho} = \frac{d\theta}{ds}$, si ds est l'élément de l'arc de la courbe, et par suite

(6) $$EI \frac{d\theta}{ds} = -Fy;$$

d'où, en différentiant par rapport à ds,

$$EI \frac{d^2\theta}{ds^2} = -F \frac{dy}{ds} = -F \sin\theta.$$

Multiplions les deux membres de cette équation par $d\theta$ et intégrons depuis le point A jusqu'au point quelconque M', nous aurons, en désignant par θ_0 l'angle inconnu que fait au point A l'axe neutre déformé avec l'axe des x,

$$(7) \qquad \frac{EI}{2} \left(\frac{d\theta}{ds}\right)^2 = F(\cos\theta - \cos\theta_0);$$

D'où, en mettant pour $\frac{d\theta}{ds}$ sa valeur (6),

$$y^2 = 2\frac{EI}{F}(\cos\theta - \cos\theta_0).$$

La flèche f est évidemment, en raison de la symétrie, la valeur de y pour $\theta = 0$, c'est-à-dire au milieu de la pièce; nous avons ainsi

$$f^2 = 2\frac{EI}{F}(1 - \cos\theta_0), \quad \text{ou bien, d'après la valeur (2) de } m,$$

$$(8) \qquad\qquad f = 2\,m\sin\frac{\theta_0}{2}.$$

Nous aurons donc la relation cherchée si nous parvenons à exprimer θ_0 en fonction des données du problème. Pour cela, nous allons écrire que la longueur de la tige, après sa déformation, est égale à sa longueur primitive a[1].

De l'équation (7), nous tirons

$$ds = -d\theta . \frac{m}{\sqrt 2} \frac{1}{\sqrt{\cos\theta - \cos\theta_0}}.$$

nous mettons le signe — au second membre parce qu'il est facile de voir que θ diminue quand s augmente, ou que $d\theta$ et ds sont de signe contraire.

Intégrons depuis $\theta = \theta_0$ jusqu'à $\theta = 0$, c'est-à-dire pour la moitié de la longueur de la tige; le premier membre nous donnera $\frac{a}{2}$ et nous aurons

$$\frac{a}{2} = -\int_{\theta_0}^{0} \frac{m}{\sqrt 2} \frac{d\theta}{\sqrt{\cos\theta - \cos\theta_0}} = \frac{m}{\sqrt 2} \int_{0}^{\theta_0} \frac{d\theta}{\sqrt{\cos\theta - \cos\theta_0}}.$$

[1] Nous devrions écrire que la longueur de la tige est égale à la longueur primitive diminuée du raccourcissement dû à la compression longitudinale $\frac{F}{\Omega}$. c'est-à-dire à $a\left(1 - \frac{F}{E\Omega}\right)$; mais cette fraction $\frac{F}{E\Omega}$ est généralement négligeable devant l'unité. Nous la négligerons et cette simplification laisse au calcul une exactitude suffisante.

Lorsque θ et θ_0 sont de petits angles, tels que l'on puisse, avec une approximation suffisante, remplacer $\cos\theta_0$ par $1 - \frac{\theta_0^2}{2}$, l'intégrale ci-dessus est égale à $\frac{\pi}{\sqrt{2}}\left(1 + \frac{\theta_0^2}{16}\right)$[1] ; il en résulte :

$$\frac{a}{2} = \frac{m}{\sqrt{2}} \cdot \frac{\pi}{\sqrt{2}}\left(1 + \frac{\theta_0^2}{16}\right), \qquad \text{ou bien} \quad a = \pi m\left(1 + \frac{\theta_0^2}{16}\right);$$

d'où
$$\frac{\theta_0}{2} = 2\sqrt{\frac{a}{m\pi} - 1}.$$

Comme l'angle θ_0 est toujours petit, nous pouvons prendre pour $\sin\frac{\theta_0}{2}$ la valeur de $\frac{\theta_0}{2}$ et écrire la valeur (8) de la flèche f

(9) $\qquad f = 2m\sin\frac{\theta_0}{2} = 4m\sqrt{\frac{a}{m\pi} - 1} = 4\sqrt{m\left(\frac{a}{\pi} - m\right)};$

relation cherchée entre la flèche f et la force F appliquée aux

(1) Voici comment on peut arriver à cette valeur. Posons $1 - \cos\theta = u$, $1 - \cos\theta_0 = u_0$, nous en tirons $\sin\theta = \sqrt{1 - \cos^2\theta} = \sqrt{2u - u^2}$ et $d\theta = \frac{du}{\sin\theta} = \frac{du}{\sqrt{(2-u)u}}$, et par suite $\int_0^\theta \frac{d\theta}{\sqrt{\cos\theta - \cos\theta_0}} = \int_0^{u_0} \frac{du}{\sqrt{(2-u)(u_0-u)u}}$.

La quantité u étant très petite, nous pouvons remplacer $\sqrt{2-u} = \sqrt{2\left(1 - \frac{u}{2}\right)}$ par $\frac{\sqrt{2}}{1 + \frac{u}{4}}$ et écrire $\int_0^\theta \frac{d\theta}{\sqrt{\cos\theta - \cos\theta_0}} = \frac{1}{\sqrt{2}}\int_0^{u_0} \frac{\left(1 + \frac{u}{4}\right)du}{\sqrt{u(u_0 - u)}}$.

Posons encore $\frac{u}{u_0} = z^2$, d'où $du = 2u_0 z\,dz$, nous avons, en substituant et réduisant :

$$\int_0^\theta \frac{d\theta}{\sqrt{\cos\theta - \cos\theta_0}} = \frac{1}{\sqrt{2}}\int_0^1 \frac{2u_0 z\,dz}{\sqrt{u_0^2 z^2(1-z^2)}} + \frac{1}{4\sqrt{2}}\int_0^1 \frac{2u_0^2 z^3 dz}{\sqrt{u_0^2 z^2(1-z^2)}}$$
$$= \frac{2}{\sqrt{2}}\int_0^1 \frac{dz}{\sqrt{1-z^2}} + \frac{u_0}{2\sqrt{2}}\int_0^1 \frac{z^2 dz}{\sqrt{1-z^2}}.$$

Ou bien, en intégrant
$$= \frac{2}{\sqrt{2}}\left(\arcsin z\right)_0^1 + \frac{u_0}{2\sqrt{2}}\left(\frac{1}{2}\arcsin z - \frac{1}{2}z\sqrt{1-z^2}\right)_0^1$$
$$= \frac{2}{\sqrt{2}}\cdot\frac{\pi}{2} + \frac{u_0}{2\sqrt{2}}\frac{1}{2}\frac{\pi}{2} = \frac{\pi}{\sqrt{2}}\left(1 + \frac{u_0}{8}\right).$$

Et, en mettant pour u_0 sa valeur $1 - \cos\theta_0 = \frac{\theta_0^2}{2}$,
$$\int_0^\theta \frac{d\theta}{\sqrt{\cos\theta - \cos\theta_0}} = \frac{\pi}{\sqrt{2}}\left(1 + \frac{\theta_0^2}{16}\right).$$

deux bouts de la tige et qui, en mettant pour m sa valeur $\sqrt{\dfrac{EI}{F}}$, s'écrit

$$(10) \qquad f = 4\sqrt{\sqrt{\frac{EI}{F}}\left(\frac{a}{\pi} - \sqrt{\frac{EI}{F}}\right)}. \quad ^{\text{,}}$$

Cette valeur, qui devient imaginaire pour $\sqrt{\dfrac{EI}{F}} > \dfrac{a}{\pi}$ ou pour $F < \dfrac{\pi^2 EI}{a^2}$, confirme ce que nous avons dit plus haut, que les forces inférieures à cette limite ne produisent aucune flexion.

Cette équation, élevée au carré et résolue par rapport à F, donne

$$F = \frac{16\,EI}{f^2}\left[\frac{2a}{\pi f} - \sqrt{\frac{4\,a^2}{\pi^2 f^2} - 1}\right]^2 = \frac{16\,EI}{f^2}\left[\frac{2a}{\pi f}\left(1 - \sqrt{1 - \frac{\pi^2 f^2}{4\,a^2}}\right)\right]$$

Si, en considérant que f est toujours petit par rapport à a et que, par suite, $\dfrac{\pi^2 f^2}{4\,a^2}$ est très petit par rapport à l'unité, on développe $\sqrt{1 - \dfrac{\pi^2 f^2}{4\,a^2}}$ par la formule du binome, en négligeant les puissances de $\dfrac{\pi f}{2a}$ supérieures à la quatrième, il vient simplement

$$(11) \qquad F = \frac{\pi^2 EI}{a^2}\left(1 + \frac{\pi^2 f^2}{8\,a^2}\right);$$

Ou bien, en désignant par F_0 la valeur $\dfrac{\pi^2 EI}{a^2}$ de la force au-dessous de laquelle la flexion ne peut se produire

$$(12) \qquad F = F_0\left(1 + \frac{\pi^2 f^2}{8\,a^2}\right).$$

___

(1) Le carré de la flèche $f^2 = 16\,m\left(\dfrac{a}{\pi} - m\right)$ comprend un produit de deux facteurs m et $\dfrac{a}{\pi} - m$ dont la somme est constante, et qui a, par conséquent, un maximum correspondant à la valeur $m = \dfrac{a}{2\,\pi}$ ou $\dfrac{EI}{F} = \dfrac{a^2}{4\,\pi^2}$, ou bien $F = 4\,\dfrac{\pi^2 EI}{a^2}$. Cette valeur de la force est égale à quatre fois celle pour laquelle la flexion commence. Mais on a alors $f^2 = \dfrac{4\,a^2}{\pi}$ ou $f = \dfrac{2\,a}{\pi}$. La flèche n'est plus alors très petite, et la formule n'est plus applicable, puisqu'on ne peut plus remplacer, comme nous l'avons fait, $\cos\theta_0$ par $1 - \dfrac{\theta_0^2}{2}$.

Inversement, on peut déduire de cette formule la suivante, plus simple que (10), pour exprimer la flèche en fonction de F :

$$(13) \qquad f = \frac{8a}{\pi} \sqrt{\frac{F}{F_0} - 1}.$$

Ces deux expressions ne sont applicables, en raison des suppressions de termes au moyen desquelles elles ont été obtenues, que pour de très petites valeurs de f, ou pour des valeurs de la force F dépassant très peu la limite inférieure F_0, à partir de laquelle la flexion commence.

261. Valeur du moment fléchissant maximum. — Pour une de ces valeurs de F, le moment fléchissant maximum qui se produit au milieu de la poutre a pour valeur Ff, c'est-à-dire

$$\frac{8aF}{\pi} \sqrt{\frac{F}{F_0} - 1}.$$

L'effort que ce moment fléchissant fait supporter à une fibre quelconque est exprimé par $R = \frac{Mv}{I}$, de sorte que la fibre la plus fatiguée sera celle pour laquelle le rapport $\frac{v}{I}$ aura la valeur la plus grande. Lorsqu'il n'y a pas d'autres causes qui en déterminent le sens, la flexion, comme nous l'avons dit, se produit dans le plan de l'axe du plus petit moment d'inertie I, de la section transversale, de sorte que si v_1 est la distance correspondante de la fibre la plus éloignée, l'effort maximum est exprimé par

$$\frac{Mv_1}{I_1} = \frac{8aFv_1}{\pi I_1} \sqrt{\frac{F}{F_0} - 1}.$$

C'est, bien entendu, la même valeur de I qui doit être employée dans l'expression de F_0.

262. Effort de compression maximum. — L'effort qui vient d'être calculé est celui qui est dû à la flexion seule. Il convient d'y ajouter celui qui résulte de la compression longitudinale, qui se produirait alors même que la flexion n'existerait pas, et qui a pour valeur, si Ω est la section transversale de la pièce, $\frac{F}{\Omega}$.

Du côté des fibres étendues, l'effort maximum est égal à la

différence $\dfrac{8aFv_i}{\pi I_i}\sqrt{\dfrac{F}{F_0}-1}-\dfrac{F}{\Omega}$ qui représente l'excès de l'extension sur la compression longitudinale. Cet effort est une traction
si cette différence est positive, et une compression si elle est
négative. Du côté des fibres comprimées, l'effort maximum est

égal, en valeur absolue, à la somme $\dfrac{8aFv_i}{\pi I_i}\sqrt{\dfrac{F}{F_0}-1}+\dfrac{F}{\Omega}$ et c'est

évidemment de ce côté que l'effort est le plus grand. Si nous
désignons cet effort par R' nous aurons

$$R'=\frac{F}{\Omega}+\frac{8aFv_i}{\pi I_i}\sqrt{\frac{F}{F_0}-1}=\frac{F}{\Omega}\left[1+\frac{8a\Omega v_i}{\pi I_i}\sqrt{\frac{F}{F_0}-1}\right],$$

soit, en posant pour abréger

$$(14)\qquad\qquad k=\frac{8v_i}{\pi a}\sqrt{\frac{F}{F_0}-1},$$

$$(15)\qquad\qquad R'=\frac{F}{\Omega}\left(1+k\frac{\Omega a^2}{I_i}\right).$$

Le coefficient k, dont l'expression peut s'écrire

$$k=\frac{8}{\pi^2}\cdot\frac{v_i}{\sqrt{EI_i}}\cdot\sqrt{F-F_0},$$

dépend de la forme de la section transversale et de l'excès $F-F_0$ de la force F qui produit la flexion sur la force limite F_0.
Il s'annule pour $F=F_0$ et devient, comme la flèche, imaginaire,
pour les valeurs de F inférieures à cette limite. La formule (15)
n'est donc théoriquement applicable que lorsque la force de
compression dépasse la limite $\dfrac{\pi^2 EI}{a^2}$.

Dans ce cas, l'on peut observer que l'effort de compression
maximum, dû à la flexion seule, qui a pour expression

$$\frac{Mv_i}{I_i}=\frac{8}{\pi}a.\frac{Fv_i}{I_i}\sqrt{\frac{F}{F_0}-1},$$

est le même que celui qui serait produit par une charge
unique, placée au milieu de la pièce supposée horizontale et
simplement appuyée à ses deux extrémités, si cette charge avait
pour valeur

$$\frac{32}{\pi}F\sqrt{\frac{F}{F_0}-1},$$

valeur qui s'annule pour $F=F_0$, et qui reste toujours assez petite tant que les formules sont applicables , c'est-à-dire pour les valeurs de F qui, dépassent très peu la limite $F_0 = \frac{\pi^2 E I}{a^2}$.

263. Cas où la pièce est encastrée à ses extré-mités. — Les calculs qui précèdent sont faits dans l'hypothèse où les sections extrêmes de la pièce fléchie sont libres de pivoter autour de leur centre. Si elles étaient *encastrées*, on pourrait arriver facilement à des résultats analogues.

Considérons, par exemple, une pièce encastrée à l'une de ses extrémités A (fig. 216) et entièrement libre à l'autre, c'est-à-dire

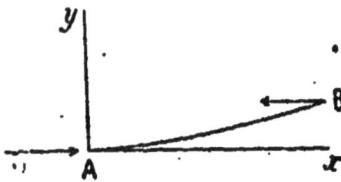

Fig. 216.

admettons qu'à cette seconde extrémité B la pièce puisse, non seulement s'infléchir suivant une direction quelconque, mais encore *s'écarter* de la ligne Ax qui était sa position primitive. Cette pièce AB peut être entièrement assimilée à la moitié d'une pièce semblable à celle que nous avons étudiée d'abord. Nous aurons donc les conditions de son équilibre en mettant, dans les formules précédentes, le double de la longueur a de la pièce. L'effort minimum capable de produire la flexion est alors $F_0 = \frac{\pi^2 E I}{4 a^2}$, et la formule (15), qui donne l'effort de compression minimum, devient

$$R' = \frac{F}{\Omega}\left(1 + \frac{4 k \Omega a^2}{I}\right)$$

Cela suppose, bien entendu, que l'encastrement soit parfait. Si l'extrémité non encastrée B (fig. 217), libre de s'infléchir suivant une direction quelcon-

Fig. 217.

que, est astreinte à rester sur la ligne Ax, les mêmes formules sont encore applicables à la condition d'introduire au lieu de la vraie longueur de la pièce, les deux tiers de cette longueur. De sorte que, pour ce cas, les formules seraient

$$F_0 = \frac{9 \pi^2 E I}{4 a^2} \quad \text{et} \quad R' = \frac{F}{\Omega}\left(1 + \frac{4 k \Omega a^2}{9 I}\right)$$

pour une pièce de longueur a.

Enfin, avec les deux extrémités encastrées (fig. 218) et as-
treintes à rester sur la ligne
primitivement occupée par l'axe
longitudinal, on devrait ne met-
tre que le tiers de la longueur, c'est-à-dire que, pour une
pièce de longueur a, on aurait les formules

Fig. 218.

$$F_0 = \frac{9\pi^2 EI}{a^2} \quad \text{et} \quad R' = \frac{F}{\Omega}\left(1 + \frac{k\Omega a^2}{9 I_e}\right).$$

Pour ces deux derniers cas, les formules sont établies en admettant que, comme nous l'avons vu au n° 227 (p. 378), l'encastrement d'une extrémité a pour effet d'annuler le moment fléchissant au point situé au tiers de la longueur de la poutre à
partir de cette extrémité. La partie de la poutre située au delà
se comporte alors comme celle qui fait l'objet du n° 258.

**264. Cas où la pièce supporte en même temps des
efforts transversaux.** — Nous avons, dans ce qui précède,
négligé le poids propre de la pièce chargée debout, que nous
avons supposée soumise exclusivement à deux forces de compression longitudinale, appliquées à ses deux extrémités.

Lorsque le poids de la pièce n'est pas négligeable, par rapport
à ces forces, ou bien lorsqu'elle doit en supporter d'autres, appliquées en divers points de sa longueur, les efforts, en chacun de
ces points, se déterminent par le principe de la superposition
des effets des forces.

Si, par exemple, la pièce A B (fig. 219), comprimée par les
forces F, est placée horizontalement et si elle doit supporter en
même temps une charge uni-
formément répartie à raison
de p par unité de longueur,

Fig. 219.

cette charge pouvant compren-
dre son poids propre, ou une surcharge extérieure qui lui serait effectivement appliquée, le moment fléchissant maximum dû à cette
charge serait, comme nous l'avons vu, en supposant les extrémités libres ou non encastrées, $\frac{pa^2}{8}$. D'un autre côté, le moment
qui provient de la force F a pour expression $\frac{8aF}{\pi}\sqrt{\frac{F}{F_0} - 1}$
et se produit, comme le précédent, au milieu de la pièce. Si les

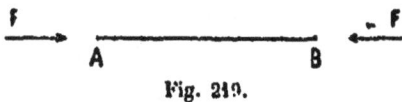

deux plans de flexion coïncident, c'est-à-dire si la charge *p* agit dans le plan du plus petit moment d'inertie de la section transversale, ces deux moments s'ajoutent, et le moment fléchissant maximum total est alors $M = \left(\dfrac{pa^2}{8} + \dfrac{8aF}{\pi} \sqrt{\dfrac{F}{F_0} - 1} \right)$ et c'est ce moment M qui, multiplié par le rapport $\dfrac{v_1}{I_1}$, donnera l'effort $R = \dfrac{Mv}{I_1}$ supporté par la fibre la plus fatiguée dans la section qui se trouve au milieu de la pièce. L'effort total sera, comme plus haut, la somme ou la différence de cet effort et de celui $\dfrac{F}{\Omega}$ de compression exercée par la force F, de sorte que la condition de sécurité pourrait alors s'écrire

$$R'_0 \geqq \frac{F}{\Omega} + \left(\frac{pa^2}{8} + \frac{8aF}{\pi} \sqrt{\frac{F}{F_0} - 1} \right) \frac{v_1}{I_1}.$$

Mais il se produit, alors, des conditions nouvelles pour ce qui concerne les effets de la force F.

Tandis que, dans les pièces chargées debout, soumises uniquement à cette force dirigée suivant leur axe, la flexion ne pouvait commencer que lorsqu'elle était supérieure à la limite F_0, elle se produit ici, sous l'action de la charge *p*, quelle que soit la force F, laquelle produit ainsi toujours une augmentation du moment fléchissant. L'équation du problème serait alors

$$\frac{EI}{\rho} = Fy + \frac{p}{2} (ax - x^2)$$

et il serait sans doute impossible de l'intégrer exactement.

265. Formule empirique approximative.

— A défaut d'une formule rationnelle que donnerait cette intégration, la plupart des constructeurs se contentent d'appliquer alors la formule (15) en donnant au coefficient *k* des valeurs fournies par l'expérience. En désignant par R'_0 la charge de sécurité de la matière dont la pièce est constituée, ils écrivent donc simplement, pour équation de résistance des pièces chargées debout

$$(16) \qquad R'_0 \geqq \frac{F}{\Omega} \left(1 + k \frac{\Omega a^2}{I_1} \right).$$

pour toutes les valeurs de la force comprimante F.

Cette formule, qui devient alors purement empirique, s'accorde assez bien avec les expériences de M. Hodgkinson en faisant

$$k = 0{,}00003 \text{ pour le fer,}$$
$$0{,}00045 \text{ pour la fonte,}$$
$$0{,}00035 \text{ pour le bois.}$$

Toutefois, il est probable que la forme de la section transversale influe sur la valeur de ce coefficient, et que s'il a été trouvé à peu près constant dans les expériences dont il s'agit, c'est que les sections transversales des pièces expérimentées étaient de formes à peu près semblables pour une même matière.

Ces formes sont d'ailleurs celles qui sont le plus usitées en pratique, de sorte que les valeurs moyennes trouvées pour le coefficient dont il s'agit peuvent être considérées comme approximativement applicables dans les circonstances ordinaires.

266. Justification théorique de la forme de cette formule. — On peut d'ailleurs justifier la forme de cette formule empirique par le raisonnement suivant :

Pour une forme donnée de la section transversale, la flèche f est, dans une certaine mesure, proportionnelle au carré de la longueur a de la pièce et inversement proportionnelle à la dimension v_1. On peut donc écrire, approximativement, $f = k\dfrac{a^2}{v_1}$, k étant un coefficient qui dépend de la forme de la section transversale. Le moment fléchissant, Ff, dû à une force longitudinale F, vaut alors $k\dfrac{Fa^2}{v_1}$ et l'effort sur la fibre la plus fatiguée, qui est le produit par $\dfrac{v_1}{I_1}$ de ce moment fléchissant, a pour valeur

$$k\frac{Fa^2}{v_1}\frac{v_1}{I_1} = k\frac{Fa^2}{I_1}.$$

Cet effort, s'ajoutant à la compression uniforme $\dfrac{F}{\Omega}$ due à la force F, donne, au total, pour l'effort R' que supporte la fibre la plus comprimée

$$R' = \frac{F}{\Omega} + k\frac{Fa^2}{I_1} = \frac{F}{\Omega}\left(1 + k\frac{\Omega a^2}{I_1}\right),$$

c'est-à-dire l'expression empirique qui précède.

Cette démonstration montre que le coefficient k doit dépendre, non seulement de la forme de la section transversale, mais encore de l'intensité de la force F; car, toutes choses égales, la flèche f, que nous avons exprimée par $k \frac{a^2}{v_1}$, dépend nécessairement de F.

Résolue par rapport à $\frac{F}{\Omega}$, la formule (16) donnera la force longitudinale maximum, rapportée à l'unité de surface de sa section transversale, que peut supporter une pièce donnée; on aura ainsi

$$\frac{F}{\Omega} \leqq \frac{R'_0}{1 + k \frac{\Omega a^2}{I_1}};$$

ou bien, en désignant par r_1 le rayon de gyration minimum de la section transversale, c'est-à-dire en faisant $I_1 = \Omega r_1^2$,

$$\frac{F}{\Omega} \leqq \frac{R'_0}{1 + k \frac{a^2}{r_1^2}}$$

c'est la formule de Rankine.

La valeur à donner au coefficient R'_0, qui représente la charge de sécurité des efforts de compression, est celle qui a été donnée plus haut, au chapitre VIII, page 232.

Le coefficient k doit être pris, suivant les divers matériaux, égal aux valeurs indiquées à la page 444.

Ces valeurs s'appliquent au cas où les deux extrémités de la pièce comprimée sont plates, c'est-à-dire où la pièce est, en quelque sorte, encastrée à ses deux extrémités. Lorsque, au contraire, les deux extrémités sont arrondies ou articulées, on doit, d'après Rankine, quadrupler, d'après d'autres auteurs (Résal, *Ponts métalliques*), doubler seulement la valeur du coefficient k. Si l'une des deux extrémités seulement est plate, l'autre étant arrondie ou articulée, on prend pour k une valeur intermédiaire.

Une pièce comprimée longitudinalement par une force F, et chargée, sur sa longueur, d'un poids uniformément réparti (comprenant son poids propre) égal à p par unité de longueur, aura ainsi, dans l'hypothèse de l'applicabilité de la formule (15), et dans l'hypothèse où la charge p agirait dans le plan du plus petit moment d'inertie I_1, de la section transversale à supporter de la part de la force F un effort donné par cette formule, et de la part de la charge p un effort $\frac{p\,a^{2}}{8}\frac{v_{1}}{I_{1}}$; ces deux efforts s'ajouteront, de sorte que la condition de sécurité pourra s'écrire alors

$$R'_{0} \geqq \frac{F}{\Omega}\left(1 + k\,\frac{\Omega a^{2}}{I_{1}}\right) + \frac{pa^{2}}{8}\frac{v_{1}}{I_{1}}.$$

267. Cas d'une pièce soumise à plusieurs forces longitudinales. — Si, au lieu d'être placée horizontalement, la pièce chargée debout était verticale, et si son poids p par unité de longueur n'était pas négligeable par rapport à la force F qui la comprime longitudinalement, il faudrait remarquer d'abord que, pour l'équilibre, la force verticale appliquée à l'extrémité inférieure A (fig. 220) devrait dépasser celle F, appliquée en B, de tout le poids pa de la pièce, qui se trouverait ainsi comprimée en B par la force F, en A, par la force $F+pa$. L'effort de compression dû à cette force supposée uniformément répartie, et indépendamment de toute flexion, serait donc $\frac{F}{\Omega}$ au point B, $\frac{F+pa}{\Omega}$ au point A, et $\frac{F+p(a-x)}{\Omega}$ à un point M quelconque situé à une hauteur x au-dessus du point A. En particulier, au milieu de la hauteur de la pièce, l'effort de compression serait $\frac{F+\dfrac{pa}{2}}{\Omega}$. La force F, appliquée au point B, et la portion, égale à F, de la réaction du point A produisent, comme précédemment, une flexion qui donne lieu, au milieu de la pièce, à un effort de compression maximum $\frac{F}{\Omega}\cdot k\,\frac{\Omega a^{2}}{I_{1}}$, et la somme de ces deux compressions constitue l'effort maximum supporté par le point le plus comprimé de la section du milieu de la pièce. Cet effort maximum sera ainsi :

$$\frac{p\,a}{2\,\Omega} + \frac{F}{\Omega}\left(1 + k\,\frac{\Omega a^{2}}{I_{1}}\right).$$

C'est en général dans cette section que la fatigue est la plus grande, car alors même que le poids pa n'est pas négligeable par rapport à F, il en est presque toujours une petite fraction, de sorte que la diminution de l'effort dû à la flexion produite par la force F, lorsque l'on s'écarte du milieu de la pièce, dépasse toujours de beaucoup la petite augmentation $\frac{p}{\Omega}\left(\frac{a}{2}-x\right)$ de la compression due au poids p, lorsque l'on considère des sections situées un peu au-dessous de ce milieu.

On opérerait évidemment de la même manière si, au lieu d'un poids p uniformément réparti sur la hauteur AB (fig. 220), la pièce comprimée aux deux bouts avait à supporter des charges diverses P_1, P_2... appliquées en des points déterminés M_1 M_2... de sa longueur.

Pour l'équilibre, l'effort en A devrait alors évidemment être égal à $F + P_1 + P_2 + \ldots$ et l'effort de compression dû à la charge uniformément répartie serait évidemment $\frac{F}{\Omega}$ pour la partie $B M_1$; $\frac{F+P_1}{\Omega}$ dans la partie $M_1 M_2$, et ainsi de suite. En ce qui concerne la flexion, on ne peut plus faire ici que des approximations. Si les points $M_1 M_2$... sont fixes, on considérera chacune des portions de la poutre comme isolée et on y appliquera les formules précédentes. Si, au contraire, ces points d'application des forces P sont tels que la pièce AB puisse fléchir librement, on pourra supposer transportées à l'extrémité la plus voisine les forces $P_1 P_2$... et traiter la question d'une manière approximative. En modifiant ainsi le point d'application des forces, on se placera, en général, dans des conditions de sécurité plus défavorables.

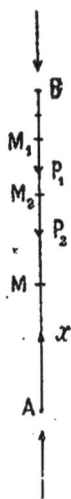

Fig. 220.

268. Cas d'une force excentrique. — Enfin, il peut arriver que la force appliquée à l'extrémité B (fig. 221) n'agisse pas sur l'axe longitudinal. mais à une distance $BC = b$ de cet axe. Le moment fléchissant en un point quelconque M est alors $F(b + f - y)$, si y est l'ordonnée de ce point après le déplacement, et en appelant f la flèche, c'est-à-dire le déplacement du point B, parallèlement à l'axe des y. Le moment fléchissant est évidemment maximum pour $y = 0$, c'est-à-dire pour le point A où la pièce doit alors être encastrée. Le moment d'encastrement

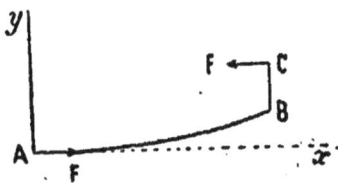

Fig. 221.

est égal à $F(b+f)$. L'intégration de l'équation différentielle de la courbe affectée par la fibre neutre défomrée donne alors, avec une approximation suffisante lorsque f reste petit, la forme de cette courbe et la flèche f. On a, en effet, $EI\dfrac{d^2y}{dx^2}=F(b+f-y)$, ou, en multipliant les deux membres par $\dfrac{dy}{dx}$:

$$EI.\frac{d}{dx}\cdot\left(\frac{dy}{dx}\right)\cdot\frac{dy}{dx}=F(b+f-y)\frac{dy}{dx}.$$

Intégrant les deux membres, en considérant, dans le premier, $\dfrac{dy}{dx}$ comme une variable nouvelle

$$EI.\frac{1}{2}\left(\frac{dy}{dx}\right)^2=F(b+f)y-\frac{1}{2}Fy^2.$$

D'où, en désignant encore par m l'expression $\sqrt{\dfrac{EI}{F}}$

$$\frac{dy}{dx}=\frac{1}{m}\sqrt{2(b+f)y-y^2}=\frac{1}{m}\sqrt{(b+f)^2-(b+f-y)^2},$$

ou bien

$$dx=m.\frac{\dfrac{dy}{b+f}}{\sqrt{1-\left(\dfrac{b+f-y}{b+f}\right)^2}},$$

et

$$x=m.\arccos\left(\frac{b+f-y}{b+f}\right),$$

sans addition de constante puisque pour $y=0$, l'on doit avoir $x=0$. L'équation de la fibre neutre est donc

$$y=(b+f)\left(1-\cos\frac{x}{m}\right),$$

et la flèche f, valeur de y pour $x=a$, sera

$$f=b\left(\frac{1}{\cos\dfrac{a}{m}}-1\right).$$

Le moment fléchissant en un point quelconque M sera

$$M=F(b+f-y)=F(b+f)\cos\frac{x}{m}=Fb\,\frac{\cos\dfrac{x}{m}}{\cos\dfrac{a}{m}}.$$

Cette expression, comme nous l'avons dit, ne s'applique qu'aux très petites valeurs de f, pour lesquelles $\cos \frac{a}{m}$ est voisin de l'unité, ce qui correspond aux très petites valeurs de $\frac{a}{m}$ ou de $\frac{a \sqrt{F}}{\sqrt{EI}}$, c'est-à-dire aux très petites valeurs de F. Lorsque F devient grand, elle donne des résultats inadmissibles. Ainsi, pour $\frac{a \sqrt{F}}{\sqrt{EI}} = \frac{\pi}{2}$ ou pour $F = \frac{\pi^2 EI}{4a^2}$, elle donnerait $\cos \frac{a}{m} = 0, M = \infty$, $f = \infty$.

269. Formule approximative. — On reculerait la limite jusqu'à laquelle on pourrait calculer les moments fléchissants en remplaçant alors la force F, appliquée en C, par une autre égale appliquée en B et par un couple de moment Fb. Nous avons vu plus haut que lorsque la force F était appliquée en B sur l'axe de la pièce, celle-ci étant encastrée à l'extrémité A, l'effort de compression maximum exercé dans la section d'encastrement pouvait être exprimé par $\frac{F}{\Omega}\left(1 + 4k\frac{\Omega a^2}{I_1}\right)$. D'un autre côté, le couple Fb seul imprime à la pièce une flexion simple ou circulaire (n° 175, page 286) en vertu de laquelle elle se courbe suivant un arc de cercle de rayon $\rho = \frac{EI_1}{Fb}$, ce qui produit une flèche supplémentaire égale à $\frac{a^2}{2\rho} = \frac{Fba^2}{2EI_1}$. Le moment fléchissant Fb donne lieu, dans chacune des sections transversales, à un effort maximum $Fb\frac{v}{I_1}$ qui s'ajoute au précédent; et l'effort total supporté par la fibre la plus comprimée de la section d'encastrement est ainsi

$$\frac{Fbv_1}{I_1} + \frac{F}{\Omega}\left(1 + 4k\frac{\Omega a^2}{I_1}\right).$$

La condition de résistance exprimant que cet effort est inférieur à la limite de sécurité R'_0, s'écrira donc

$$R'_0 \geqq \frac{F}{\Omega}\left[1 + \frac{\Omega}{I_1}\left(bv_1 + 4ka^2\right)\right].$$

Sous cette forme, la formule peut s'appliquer, approximati-

29

vement, aussi bien que la formule (16), à toutes les valeurs de la force F.

Si, au lieu de supposer, comme nous l'avons fait, la pièce encastrée à l'extrémité A, nous la supposons libre à ses deux extrémités, mais pressée longitudinalement par deux forces égales F, — F, appliquées toutes deux dans un même plan contenant un des axes principaux de ses sections transversales et à des distances égales, b, des centres de gravité de ses sections extrêmes, nous pourrons assimiler ce cas au précédent en considérant chacune des deux moitiés de cette pièce comme encastrée en son milieu, et alors, la formule à appliquer sera la précédente dans laquelle on devra remplacer a par $\frac{a}{2}$, si a désigne toujours la longueur totale de la pièce comprimée. La formule de résistance deviendra alors,

$$R'_0 \geqq \frac{F}{\Omega}\left[1 + \frac{\Omega}{I_1}(b\,v_1 + k\,a^2)\right].$$

On voit que, lorsque la pièce chargée debout est sollicitée par des forces qui n'agissent pas exactement suivant son axe longitudinal, mais s'en écartent légèrement, ce que l'on doit toujours admettre dans la pratique, il suffit, pour tenir compte des irrégularités de la construction qui ont pour effet d'écarter, du centre de gravité des sections, le point d'application des efforts longitudinaux, d'augmenter dans une certaine mesure la valeur du coefficient k. En effet, la parenthèse $(bv_1 + ka^2)$ dans laquelle l'écart b est alors inconnu peut se mettre sous la forme $\left(k + \frac{bv_1}{a^2}\right)a^2$ ou bien $k'a^2$, en désignant par k' un nouveau coefficient un peu supérieur à k, et dont la valeur dépend de l'écart possible du point d'application de la charge, par rapport au centre de gravité de la section extrême.

270. Meilleure forme de la section transversale. — Le moment d'inertie I_1, qui figure dans les formules précédentes, est le plus petit moment d'inertie de la section transversale de la pièce. Il y a intérêt à ce qu'il soit le plus grand possible. Les sections transversales les plus convenables, pour des pièces ayant à résister à des compressions longitudinales, seront donc, d'abord, celles dans lesquelles tous les moments d'inertie

seront égaux et surtout celles pour lesquelles, à égalité de surface, le moment d'inertie aura la plus grande valeur, c'est-à-
dire celles où la matière sera le plus éloignée possible du
centre.

Toutes les sections transversales ayant plus de deux axes de
symétrie satisfont à la première condition (n° 8). Ainsi les sections circulaires, en forme de polygones réguliers, en forme de
croix à branches égales, etc., qui ont tous leurs moments d'i-
nertie égaux, devront être choisies de préférence. A égalité de
matière, les sections creuses, évidées ou annulaires seront préfé-
rables aux sections pleines.

La comparaison des valeurs des moments d'inertie ne peut
laisser aucun doute sur la préférence à accorder à l'une ou à
l'autre de ces formes. Nous ne nous y arrêterons pas.

Parmi les sections transversales pour lesquelles tous les
moments d'inertie ne sont pas égaux, on devra choisir celles
dans lesquelles le plus petit moment d'inertie s'écarte le moins
possible du plus grand. C'est par des considérations du même
ordre que nous avons motivé (chap. X, n° 197) la préférence à
donner aux sections à double T sur les sections rectangulaires de
même superficie.

§ II

PIÈCES SOUMISES A DES FORCES OBLIQUES

271. Considérations générales. — Nous pouvons
maintenant, en appliquant le principe de la superposition des
effets des forces, étudier la flexion des pièces soumises à des
forces dirigées obliquement sur leur axe longitudinal. Supposons toujours, comme nous l'avons fait jusqu'ici, les forces
situées dans un plan contenant cet axe longitudinal et un des
axes principaux d'inertie de la section transversale. Nous pouvons décomposer chacune d'elles en deux, suivant l'axe longitudinal et suivant une direction perpendiculaire. Toutes les
composantes perpendiculaires à l'axe produisent la flexion ordinaire que nous avons étudiée d'abord; toutes celles qui sont

dirigées suivant l'axe s'ajoutent pour produire une compression ou une tension longitudinale ; et à l'effort $\frac{Mv}{I}$, produit dans une fibre quelconque par la flexion, il faut ajouter celui $\frac{F}{\Omega}$ que produit la résultante des composantes longitudinales. Ce dernier effort, extension ou compression, s'ajoutera à celui de même sens dû au moment fléchissant, et se retranchera de celui de sens contraire, ce qu'exprime la formule

$$R = \frac{Mv}{I} \pm \frac{F}{\Omega}.$$

Dans le cas où cet effort $\frac{F}{\Omega}$ est une compression, si F dépasse la limite F_0 des forces qui font fléchir, il y a lieu d'ajouter encore au moment fléchissant M celui qui provient de cette flexion spéciale et qui a pour valeur maximum Ff, f étant la flèche dont la valeur, dans les divers cas, a été donnée précédemment. Par exemple, pour le cas d'une pièce dont les deux extrémités sont libres, on aurait :

$$R = \left(M + \frac{8\,a\,F}{\pi} \sqrt{\frac{F}{F_0} - 1} \right) \frac{v}{I} \pm \frac{F}{\Omega}.$$

Dans tous les cas, il y aurait lieu d'ajouter au moment fléchissant M le produit Fy, représentant le moment de la force F par rapport au centre de gravité de la section transversale quelconque considérée, lequel s'est déplacé de y sous l'action des forces qui ont produit la flexion. Mais comme y est généralement petit, ce produit, à moins que F n'ait une très grande valeur par rapport à celles qui entrent dans le moment M, est presque toujours négligeable et on le néglige ordinairement dans les applications. Les forces longitudinales F n'entrent donc pas dans le calcul du moment fléchissant, à moins qu'elles ne dépassent a limite $F_0 = \frac{\pi^2 EI}{a^2}$ en agissant dans le sens de compressions.

Au-dessous de cette limite, ou bien lorsque ces forces exercent des tensions, on néglige leur effet sur la flexion des pièces.

272. Exemple d'un arbalétrier incliné. — Si nous considérons, par exemple, le cas d'un arbalétrier incliné AB (fig. 222) posé en A sur le sommet d'un mur et appuyé en B sur un mur vertical ou sur l'extrémité symétrique d'un autre arba-

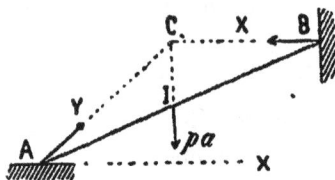

Fig. 222.

létrier semblable, de telle manière que la réaction X de l'appui B soit horizontale ; si nous désignons par a la longueur AB, par α l'angle BAX formé par l'axe de la pièce avec l'horizontale et si nous supposons que cette pièce supporte, par unité de sa longueur, une charge p, laquelle peut comprendre son poids propre, il faudra, pour l'équilibre, que la réaction Y de l'appui A passe au point de concours C des deux autres forces auxquelles. est soumis l'arbalétrier, et qui sont la réaction horizontale X appliquée en B, et le poids pa appliqué au milieu I. Il en résulte, en désignant par θ l'angle auxiliaire CAx, qui est une donnée du problème et qui est lié à α par la relation évidente $\tan \theta = 2 \tan \alpha$, les équations d'équilibre

$$ Y \cos \theta = X ; \quad Y \sin \theta = pa ; \quad X \, a \sin \alpha = pa . \frac{a}{2} \cos \alpha ; $$

d'où
$$ X = \frac{pa}{2 \tan \alpha} = \frac{p\,a}{\tan \theta} ; \quad Y = \frac{p\,a}{\sin \theta} . $$

Il est évident que la composante horizontale $Y \cos \theta = X$ de la réaction de l'appui A peut être produite, soit par le mur lui-même, soit par un tirant horizontal dont la tension serait X.

Les réactions X et Y étant ainsi déterminées, nous allons les décomposer, ainsi que la charge p elle-même, suivant deux directions, l'une parallèle, l'autre perpendiculaire à l'axe AB. Nous aurons,

pour la direction perpendiculaire :

en A, $Y \sin (\theta - \alpha) = \frac{1}{2} pa \cos \alpha,$

en B, $X \sin \alpha = \frac{1}{2} pa \cos \alpha,$

le long de la pièce par unité de longueur,

$p \cos \alpha,$

pour la direction parallèle :

$Y \cos (\theta - \alpha) = \frac{pa}{2} \left(\frac{1}{\sin \alpha} + \sin \alpha \right),$

$X \cos \alpha = \frac{pa}{2} \frac{\cos^2 \alpha}{\sin \alpha},$

$p \sin \alpha.$

La pièce se trouve donc soumise à deux systèmes de forces qui sont : 1° perpendiculairement à sa direction, une charge p cos α par unité de longueur, donnant à ses extrémités des réactions égales chacune à $\frac{1}{2} pa \cos \alpha$; 2° dans le sens de sa longueur, une charge $\frac{pa}{2}\frac{\cos^2\alpha}{\sin\alpha}$ appliquée en B, une charge $p\sin\alpha$ par unité de longueur dirigée de B vers A, ce qui donne pour réaction en A la somme $\frac{pa}{2}\frac{\cos^2\alpha}{\sin\alpha}+pa\sin\alpha=\frac{pa}{2}\left(\frac{1}{\sin\alpha}+\sin\alpha\right)\cdot$

Le premier système donne, en un point M quelconque situé à une distance x du point A, un moment fléchissant M égal, comme nous l'avons vu, à $\frac{p\cos\alpha}{2}(ax-x^2)$; le second donne au même point une compression $\frac{pa}{2}\frac{\cos^2\alpha}{\sin\alpha}+p\sin\alpha\,(a-x)=\frac{pa}{2}\left(\frac{1}{\sin\alpha}+\sin\alpha\right)$ $-px\sin\alpha$ que l'on peut, à une première approximation, supposer répartie uniformément sur toute l'étendue Ω de la section transversale.

Le moment fléchissant M donne lieu, dans la section considérée, à un effort de compression $\frac{Mv}{I}$ qui s'ajoute au précédent, et à un effort de tension ayant même valeur absolue et qui s'en retranche. La compression totale est donc

$$R'_1=\frac{p\cos\alpha}{2}(ax-x^2)\frac{v}{I}+\frac{pa}{2\Omega}\left(\frac{1}{\sin\alpha}+\sin\alpha\right)-\frac{px\sin\alpha}{\Omega}.$$

Le moment fléchissant M peut se représenter par les ordonnées d'une parabole ACB (fig. 223) dont l'ordonnée maximum CI est égale à $\frac{pa^2\cos\alpha}{8}$, et la compression qui en résulte peut se représenter par les ordonnées de la même parabole dans laquelle CI serait égale à $\frac{pa^2\cos\alpha}{8}\frac{v}{I}$. La compression due aux forces longitudinales est représentée par les ordonnées d'une droite DE, telle que $BE=\frac{pa}{2\Omega}\frac{\cos^2\alpha}{\sin\alpha}$ et $AD=\frac{pa}{2\Omega}\left(\frac{1}{\sin\alpha}+\sin\alpha\right)\cdot$ La com-

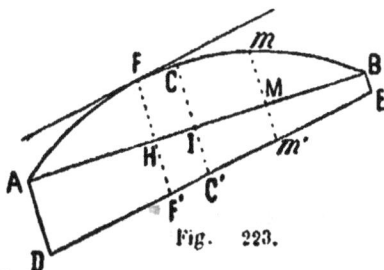

Fig. 223.

pression totale en un point M quelconque est représentée par la somme des deux ordonnées Mm et Mm' de la parabole et de la droite, c'est-à-dire par mm'. Le point F où elle est le plus grande s'obtiendra en menant à la parabole une tangente parallèle à DE. L'abscisse H de ce point s'obtiendra en égalant les coefficients angulaires des deux lignes, ce qui donnera $\dfrac{p \cos \alpha}{2}$

$(a - 2x) \dfrac{v}{1} = \dfrac{p}{\Omega} \sin \alpha$. D'où $x = \dfrac{a}{2} - \dfrac{1 \operatorname{tg} \alpha}{\Omega v_{1}}$.

La valeur de la compression totale en ce point s'obtiendra en mettant dans l'expression précédente de R', cette valeur de x.

273. Arbalétrier posé sur plusieurs appuis. — Le problème se résoudrait de la même manière si, au lieu d'être simplement appuyé à ses deux extrémités, comme nous l'avons supposé, l'arbalétrier incliné était supporté en un ou plusieurs points intermédiaires. On déterminerait comme précédemment les composantes des efforts qui s'exercent sur la pièce dans le sens de l'axe longitudinal et dans le sens perpendiculaire. On calculerait séparément, d'après les méthodes qui leur sont applicables, les efforts dus à ces deux systèmes, on les ajouterait dans chacune des sections transversales et on déterminerait celle où la somme est la plus grande.

Ainsi, par exemple, un arbalétrier ABC (fig. 224) de longueur

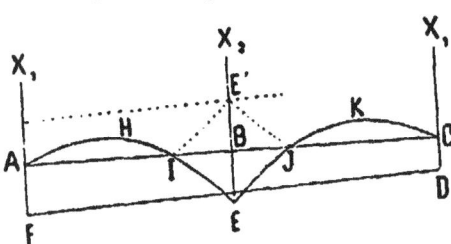

Fig. 224.

$AC = 2a$, supporté en son milieu B, 'et chargé d'un poids p par unité de longueur, soumis d'ailleurs aux points A et C à des réactions dirigées comme dans celui que nous venons d'étudier, pourra être considéré comme une poutre reposant sur trois appuis. La charge normale, à raison de $p \cos \alpha$ par unité de longueur, se répartira, entre les trois points d'appui A, B, C, d'après la loi qui résulte du théorème de Clapeyron, lequel, appliqué à ce cas particulier, où les moments en A et en C sont nuls, donne, pour le moment fléchissant M, sur l'appui du milieu B,

$$4a M_{,} = - \frac{1}{2} p a^{\bullet} \cos \alpha, \quad \text{ou} \quad M_{,} = - \frac{p a^{\bullet}}{8} \cos \alpha,$$

on a donc, en appelant X, la réaction normale aux points A ou C,

$$X_{,} a - \frac{p a^{\bullet}}{2} \cos \alpha = - \frac{p a^{\bullet}}{8} \cos \alpha; \quad \text{d'où} \quad X_{,} = \frac{3}{8} p a \cos \alpha.$$

On en déduit, pour la réaction normale X_2 de l'appui du milieu,

$$X_2 = \frac{5}{4} p \, a \cos \alpha.$$

La réaction longitudinale au point C, qui, composée avec la réaction normale X_1, doit avoir, par hypothèse, une résultante horizontale, sera par suite égale à $\frac{X_2}{\lg \alpha} = \frac{3}{8} pa \frac{\cos^2 \alpha}{\sin \alpha}$. La réaction longitudinale au point A sera égale à celle-ci, augmentée de la charge longitudinale $2 \, pa \sin \alpha$; elle aura donc pour valeur $\frac{pa}{8} \left(\frac{3}{\sin \alpha} + 13 \sin \right)$.

La compression due au moment fléchissant est représentée par les ordonnées des deux paraboles AHE, EKC, passant respectivement par les points A et C et par le point E dont l'ordonnée BE est égale à $\frac{pa^2}{8} \cos \alpha \frac{v_1}{I}$. Celle qui est due aux forces longitudinales est représentée par les ordonnées de la droite FD, telle que $CD = \frac{3pa}{8\Omega} \frac{\cos^2 \alpha}{\sin \alpha}$ et $AF = \frac{pa}{8\Omega} \left(\frac{3}{\sin \alpha} + 13 \sin a \right)$.

La compression totale est donc égale à la somme des deux ordonnées. Cette somme se trouve figurée par la distance des deux lignes dans les parties AHI, JKC, où les ordonnées des paraboles sont positives; pour la partie intermédiaire IEJ, il faut, pour représenter la somme des ordonnées, retourner la courbe dans une position symétrique IE'J. Les fibres les plus comprimées sont d'ailleurs à la partie supérieure de la pièce dans les parties AI, JC, tandis qu'elles se trouvent à la partie inférieure dans la partie intermédiaire IJ. Si, comme cela a lieu sur la figure, l'ordonnée $BE' = BE = \frac{pa^2}{8} \cos \alpha \frac{v_1}{I}$ est assez grande pour que la parallèle à FD, menée par le point E', passe au-dessus de la courbe AHI, c'est au point B que la compression est la plus forte, et elle a pour valeur $BE' + \frac{CD + AF}{2} = \frac{pa^2}{8} \frac{v_1}{I} + \frac{pa}{8\Omega} \left(\frac{\sin \alpha}{3} + 5 \sin \alpha \right)$. Si, au contraire, la parallèle à FD menée par le point E' coupe la branche AHI de la parabole, la plus grande compression se trouvera au point de contact de la tangente menée à cette courbe, parallèlement à FD. Les ordonnées de cette branche ayant pour valeur $\dfrac{p\cos\alpha}{2}\left(\dfrac{3}{4}ax-x^2\right)\dfrac{v_4}{I}$, l'abscisse

du point dont il s'agit se trouvera par l'équation $\dfrac{p\cos\alpha}{2}\left(\dfrac{3}{4}a-2x\right)$

$\dfrac{v_4}{I} = \dfrac{p}{\Omega}\sin\alpha$, elle aura donc pour valeur $x = \dfrac{3}{8}a - \dfrac{1}{\Omega v_4}\,\mathrm{tang}\,\alpha$.
On en déduira facilement la grandeur de la compression en ce
point.

Nous avons supposé que le point intermédiaire B de l'arbalétrier était absolument fixe. C'est à cette condition seule que la
répartition de la charge totale $2\,pa\cos\alpha$ se fait, entre les trois
points d'appui, comme nous l'avons trouvé : c'est-à-dire $\dfrac{5}{8}$ de cette

charge totale sur l'appui du milieu, et $\dfrac{3}{16}$ sur chacun des appuis

extrêmes. Un arbalétrier d'une ferme à la Polonceau (fig. 225),

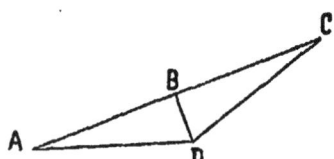
Fig. 225.

c'est-à-dire dont le milieu B est
supporté par une contrefiche BD
maintenue par des tirants AD, DC,
ne peut être que par approximation
assimilé à une pièce soutenue dans
ces conditions, ou du moins il faut,
pour cela, que la tension des tirants soit réglée de manière
que, sous l'action de la charge, les trois points A, B, C, restent
parfaitement en ligne droite. Lorsqu'il n'en est pas ainsi, on se
rend compte de la déformation comme nous le dirons plus loin
en parlant des poutres armées.

274. Pièce soumise à des forces quelconques. —
Nous avons étudié la flexion produite par des forces situées
dans le plan d'un des axes principaux d'inertie des sections
transversales et nous avons dit que, lorsque les forces qui sont
appliquées à une tige prismatique se trouvent dans des plans
quelconques, passant par son axe longitudinal, il suffisait, pour
ramener la question à celle que nous avons traitée, de décomposer ces forces suivant deux directions situées dans les plans
des axes principaux d'inertie. Si les forces sont d'ailleurs dirigées
d'une manière quelconque, on devra en outre les décomposer
dans une direction normale à l'axe longitudinal de la pièce et
dans une direction parallèle à cet axe : les composantes norma-

les produisant la flexion et la somme des composantes longitudinales exerçant, suivant le cas, une tension ou une compression longitudinale.

Soit pris pour axe des x l'axe longitudinal de la pièce, et
pour axes des y et des z les axes principaux d'inertie de la
section transversale située à l'une de ses extrémités. Si nous
avons décomposé ainsi toutes les forces qui agissent sur la pièce
en leurs trois composantes dirigées suivant les axes coordonnés,
et si nous considérons,
dans une section trans-
versale quelconque dont
l'abscisse $OP = x$ (fig. 226),
un point quelconque M
dont les coordonnées sont
$MQ = v$, $PQ = u$, nous
trouverons facilement l'ef-
fort qui s'exerce en ce point. En effet, toutes les composantes parallèles à l'axe des x de toutes les forces appliquées
à la pièce, depuis l'extrémité O jusqu'à la section transversale
considérée, donnent une somme que nous désignerons par F et
qui produit sur cette section, dont la superficie sera représentée
par Ω, une tension (ou compression) $\frac{F}{\Omega}$; toutes les composantes,
des mêmes forces, parallèles à l'axe des y, auront, par rapport
au point P, un moment total que nous désignerons par M et
qui produira, au point M, distant de v de l'axe neutre PQ, une
compression (ou une tension) $\frac{Mv}{I}$ en désignant par I le moment
d'inertie de la section par rapport à l'axe des z. De même, si
nous désignons par $M_{,}$ la somme des moments, par rapport au
point P, de toutes les composantes des mêmes forces parallèles
à l'axe des z, ce moment total, si $I_{,}$ est le moment d'inertie de
la section par rapport à OY, produira au point M, dont la distance
au plan XOY est représentée par u, une compression (ou tension)
$\frac{M_{,}u}{I_{,}}$. De sorte que l'effort total R au point M sera exprimé par
la somme

$$R = \frac{Mv}{I} + \frac{M_{,}u}{I_{,}} - \frac{F}{\Omega}.$$

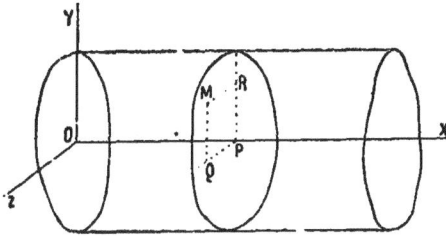
Fig. 226.

275. Point de chaque section où l'effort est maximum. — Dans l'étendue d'une même section transversale, M, M_1, I, I_1, F et Ω ont des valeurs constantes; l'effort R a donc la même valeur tout le long de la droite représentée par l'équation

$$\frac{Mv}{I} + \frac{M_1 u}{I_1} = \text{une constante, } m.$$

Cette droite coupe les axes des u et des v à des distances $\frac{m\,I}{M}$ et $\frac{m\,I_1}{M_1}$ de l'origine. Les points où R atteint sa valeur maximum sont ceux où m atteint sa plus grande valeur, c'est-à-dire les points où une ligne menée parallèlement à cette droite devient tangente au contour de la section.

Si donc on prend, à partir du centre de gravité de la section, sur les axes principaux d'inertie de cette section, des longueurs proportionnelles aux rapports $\frac{I}{M}$, $\frac{I_1}{M_1}$ des moments d'inertie aux moments fléchissants correspondants, si l'on joint les extrémités de ces longueurs, et si l'on mène, à la ligne ainsi tracée, des parallèles tangentes au contour de la section, les points de contact de ces tangentes seront ceux où s'exercera le plus grand effort, dans la section transversale considérée.

Les points ainsi déterminés dessineront une courbe sur la surface extérieure de la tige, et le maximum absolu de l'effort se trouvera en un certain point de cette courbe que l'on déterminera. conformément aux règles du calcul différentiel. Il faut remarquer qu'il ne se présente pas toujours un *maximum* proprement dit, dans le sens analytique du mot ; le plus souvent, au contraire, l'on n'a à considérer que la valeur *la plus grande* de l'effort qui se produit aux extrémités de la tige. Il faudra donc toujours prendre les valeurs du maximum de l'effort dans les sections extrêmes, chercher ensuite s'il existe, dans l'étendue de la tige, un autre maximum, et choisir, entre toutes ces valeurs, la plus grande en valeur absolue.

Dans ce calcul, la somme F des composantes longitudinales ne figure pas dans la valeur du moment fléchissant. L'effet de cette somme est, en réalité, presque toujours négligeable, au point de vue de la flexion, lorsqu'elle n'a qu'une grandeur comparable à celle des autres composantes : le moment de flexion

qu'elle produit est égal, en effet, au produit F par l'ordonnée
y ou z de la fibre moyenne déformée, et cette ordonnée est
toujours négligeable par rapport à l'abscisse qui figure dans la
valeur du moment fléchissant des composantes transversales.

Il n'en serait autrement que si la composante longitudinale F
avait une grandeur très supérieure aux autres, ou bien si elle
dépassait la limite $F_0 = \dfrac{\pi^2 \, EI}{a^2}$ des forces longitudinales capables
de produire la flexion. On devrait alors augmenter le moment de
flexion du moment de cette force par rapport au centre de gravité de chacune des sections.

On peut d'ailleurs empiriquement, comme nous l'avons dit,
n° 265, tenir compte, dans une certaine mesure, de la flexion produite par cette force longitudinale F, en substituant, dans l'équation de la page 458, au terme $\dfrac{F}{\Omega}$, l'expression (15) du n° 264, savoir $\dfrac{F}{\Omega}\left(1 + \dfrac{k\Omega a^2}{I_1}\right)$.

§ III

SIMILITUDE DES POUTRES AU POINT DE VUE
DE LA RÉSISTANCE A LA FLEXION

276. Définition de la similitude. — Lorsque l'on aura
calculé les conditions de résistance à la flexion d'une poutre
quelconque, on pourra, en appliquant le principe de la similitude, déterminer facilement celles de toute autre poutre ayant
une section de même forme et chargée de forces réparties de
la même manière. Voici comment ce principe de la similitude
peut être exposé, d'après M. Collignon.

Considérons deux poutres ayant des sections de même forme
et chargées de forces réparties de la même manière sur chacune
d'elles, c'est-à-dire supposons que l'on puisse passer de la première à la seconde de ces deux poutres en multipliant :

Toutes les longueurs, y compris les distances mutuelles des
points d'application des charges, par un même coefficient α ;

Toutes les dimensions en largeur de la section transversale, par un même coefficient β ;

Toutes les dimensions en hauteur, par un même coefficient γ ;

Toutes les forces, isolées ou réparties, par un même coefficient ε.

Supposons enfin que le coefficient d'élasticité soit E pour la première poutre et E' pour la seconde.

Si Ω est l'aire de la section transversale de la première poutre, celle Ω' de la seconde sera évidemment $\Omega' = \Omega\beta\gamma$, et si I est le moment d'inertie de la première section par rapport à un axe horizontal mené par son centre de gravité, comme l'on a $I = \Omega\rho^2$, ρ étant le rayon de giration de cette section, le moment d'inertie I' de la seconde section sera, en désignant par ρ' son rayon de giration, $I' = \Omega'\rho'^2$; mais ρ et ρ' sont évidemment dans le même rapport γ que les dimensions en hauteur de la section transversale, on a ainsi $\rho' = \rho\gamma$ et $I' = \Omega'\rho^2\gamma^2 = \Omega\beta\gamma \cdot \rho'^2\gamma^2 = I\beta\gamma^3$.

Si M est le moment fléchissant en un point quelconque de la première poutre, le moment fléchissant M' au point homologue de la seconde sera évidemment $M' = M\alpha\varepsilon$, car ces deux moments ne sont que des sommes de produits de forces par des longueurs, et en passant d'une poutre à l'autre, les forces sont multipliées par ε et les longueurs par α.

277. Rapport des efforts aux points homologues. — Cela posé, si l'effort R, produit par le moment fléchissant en un point quelconque d'une section transversale de la première poutre, défini par sa distance v à l'axe neutre, a pour valeur $R = \dfrac{Mv}{I}$, l'effort R' au point homologue de la seconde poutre et dont la distance à l'axe neutre est $v' = v\gamma$, aura pour expression $R' = \dfrac{M'v'}{I'} = \dfrac{M\alpha\varepsilon \cdot v\gamma}{I\beta\gamma^3} = \dfrac{Mv}{I} \cdot \dfrac{\alpha\varepsilon}{\beta\gamma^2} = R \cdot \dfrac{\alpha\varepsilon}{\beta\gamma^2}$.

Si donc on a calculé R pour un point quelconque de la première poutre, on aura R' pour le point homologue de la seconde.

278. Exemples. — On peut d'ailleurs faire toutes les hypothèses possibles sur les valeurs des coefficients $\alpha, \beta, \gamma, \varepsilon$.

Par exemple, pour deux poutres de même longueur ($\alpha = 1$), supportant les mêmes charges ($\varepsilon = 1$) et ayant des sections transversales de même largeur ($\beta = 1$), l'effort diminue en raison inverse du carré de la hauteur : $R' = R . \frac{1}{\gamma^2}$.

Pour deux poutres de même longueur, chargées de la même manière et ayant des sections transversales de même hauteur, l'effort diminue en raison inverse de la largeur de la section $R' = R . \frac{1}{\beta}$.

Si les deux poutres ont la même section transversale ($\beta = 1$, $\gamma = 1$) et si elles supportent les mêmes charges ($\varepsilon = 1$) placées en des points homologues de leur longueur, l'effort augmente proportionnellement à la longueur : $R' = R \alpha$. Si les charges, au lieu d'être les mêmes, sont proportionnelles à la longueur de la poutre ($\varepsilon = \alpha$), l'effort augmente en raison de la longueur : $R' = R \alpha \varepsilon = R \alpha^2$, et ainsi de suite.

279. Autres circonstances de la flexion. — Ce n'est pas seulement l'effort R' dû au moment fléchissant dans la seconde poutre, que l'on peut déduire ainsi de l'effort correspondant R dans la première. Toutes les autres circonstances de la flexion peuvent se déterminer d'une manière analogue.

Ainsi, par exemple, l'effort de cisaillement S produit en chaque point de la première poutre par l'effort tranchant T, a pour expression, en appelant u la largeur de la section transversale (voir n° 185, page 298) : $S = \dfrac{T}{u\,1} \displaystyle\int_o^{v_1} uv\,dv$.

Pour la seconde poutre, l'effort tranchant T' dans la section correspondante sera $T' = T\varepsilon$; on aura d'ailleurs $u' = u\beta$ et $v' = v\gamma$, et par conséquent l'effort de cisaillement S' aura pour expression

$$S' = \frac{T'}{u'\,1'} \int_{v_o}^{v'_1} u' v' dv' = \frac{T\varepsilon}{u\beta 1 \beta\gamma^3} \int_v^{v_1} u\beta v \gamma\, dv\, \gamma = \frac{T}{u\,1} \int_o^{v_1} uv\, dv . \frac{\varepsilon}{\beta\gamma} = S . \frac{\varepsilon}{\beta\gamma}.$$

Les ordonnées y de la courbe affectée par la fibre neutre de la première poutre après la flexion sont données par l'équation $\dfrac{d^2 y}{dx^2} = \dfrac{M}{EI}$. Celles y' de la seconde poutre seraient données par l'équation $\dfrac{d^2 y'}{dx'^2} = \dfrac{M'}{E'I'}$, ou, puisque $dx' = \alpha\, dx$, par $\dfrac{d^2 y'}{dx'^2} = \alpha^2 \dfrac{M'}{E'I'} = \alpha^2 \dfrac{M \alpha \varepsilon}{E'I \beta\gamma^3} = \dfrac{E}{E'} \dfrac{\alpha^3 \varepsilon}{\beta \gamma^3} \dfrac{d^2 y}{dx^2}$. Par conséquent, l'on aura

$y' = y \cdot \dfrac{E}{E'} \dfrac{\alpha^3 \varepsilon}{\beta \gamma^3}$, c'est-à-dire la forme de la fibre neutre de la seconde poutre, si l'on connaît celle de la première, et en particulier la flèche f' en fonction de la flèche f : $f' = f \cdot \dfrac{E}{E'} \dfrac{\alpha^3 \varepsilon}{\beta \gamma^3}$.

La flèche, dont l'inverse $\dfrac{1}{f}$ donne la mesure de la raideur de la poutre, varie en raison directe de la charge, du cube de la longueur et en raison inverse du coefficient d'élasticité, de la largeur de la section transversale et du cube de la hauteur de cette section.

On pourrait d'ailleurs répéter ici toutes les hypothèses faites plus haut sur les valeurs des coefficients α, β, γ, ε et en déduire les rapports correspondants soit des flèches, soit des efforts de cisaillement.

280. Rapports de similitude répondant à des conditions données. — Inversement, on peut déduire les rapports α, β, γ, ε ou quelques-uns d'entre eux, de conditions données relatives soit aux efforts, soit aux flèches, etc., des deux poutres que l'on compare.

Si, par exemple, l'on veut que les efforts dus au moment fléchissant soient les mêmes dans les deux poutres, ou que $R = R'$, il faut que l'on ait $\dfrac{\alpha \varepsilon}{\beta \gamma^2} = 1$ ou $\alpha \varepsilon = \beta \gamma^2$. Toutes les valeurs quelconques de ces quatre coefficients satisfaisant à cette condition donneront $R = R'$, c'est-à-dire que si, dans l'une des deux poutres, la matière supporte un effort égal à la limite admise pour la charge de sécurité, il en sera de même dans l'autre.

On peut choisir d'une infinité de manières différentes les coefficients, de telle sorte que cette condition $\alpha \varepsilon = \beta \gamma^2$ soit satisfaite.

Considérons d'abord une poutre n'ayant à supporter que son propre poids, lequel est proportionnel à l'aire Ω de sa section transversale et à sa longueur, nous aurons, si la matière de la seconde poutre a le même poids spécifique, $\varepsilon = \alpha \beta \gamma$, et, pour que $R' = R$, il faudrait que l'on eût $\gamma = \alpha^2$, c'est-à-dire que la hauteur de la poutre augmentât proportionnellement au carré de sa longueur.

Généralement, dans les poutres de pont de grande ouverture, la hauteur reste à peu près proportionnelle à la longueur; elle ne varie guère, en effet, que du $\frac{1}{8}$ au $\frac{1}{12}$ de cette dimension; on peut donc admettre, approximativement, que l'on a $\gamma = \alpha$. Alors, pour que R' soit égal à R, il faut que l'on ait $\varepsilon = \beta\gamma$, c'est-à-dire que la charge totale reste proportionnelle au poids propre de la poutre par unité de longueur. Si cette condition est satisfaite, ce n'est pas seulement l'effort dû au moment fléchissant R' = R qui est le même dans les deux poutres; il y a aussi égalité entre les actions produites par l'effort tranchant; on a en effet S' = S $\frac{\varepsilon}{\beta\gamma}$ et par conséquent S' = S·

281. Rapports de similitude donnant les mêmes efforts maximum. — On voit d'ailleurs que, réciproquement, pour que l'on ait à la fois S' = S et R' = R, il faut que l'on ait $\alpha = \gamma$ et $\varepsilon = \beta\gamma$, c'est-à-dire que la hauteur de la poutre doit varier proportionnellement à sa longueur et la charge totale qu'elle a à supporter doit être proportionnelle à son poids propre par unité de longueur.

Une poutre supporte généralement, par unité de longueur, outre son propre poids p proportionnel à l'aire de sa section transversale Ω, une charge permanente p_1 due aux pièces accessoires qui lui sont reliées : c'est le tablier s'il s'agit d'un pont, le hourdis et le parquet s'il s'agit d'une poutre de plancher, etc., et une surcharge accidentelle p_2 que nous supposerons aussi répartie uniformément. La charge totale est ainsi $p + p_1 + p_2$. Une seconde poutre supportera de même une charge totale $p' + p'_1 + p'_2$. Les poids p et p' sont entre eux comme les aires des sections transversales, c'est-à-dire que l'on a $p' = p\,\beta\gamma$; le rapport ε des forces totales appliquées aux deux poutres est d'ailleurs $\dfrac{(p' + p'_1 + p'_2)\,\alpha}{p + p_1 + p_2}$ et pour que l'on ait à la fois R' = R et S' = S, il faut que ce rapport soit égal à $\beta\gamma$. Nous aurons donc, en remplaçant p' par sa valeur $p\beta\gamma$, l'égalité

$$\frac{(p\,\beta\gamma + p'_1 + p'_2)\,\alpha}{p + p_1 + p_2} = \beta\gamma;$$

d'où, en observant que $\gamma = \alpha$, l'on déduit

$$\beta = \frac{p'_1 + p'_2}{p_1 + p_2 - p\,(\alpha - 1)};$$

équation qui détermine β en fonction de α, ou la loi suivant laquelle devra varier, avec la longueur de la poutre, la largeur de sa section transversale ou, réciproquement, α en fonction de β.

282. Limite des longueurs des poutres. — Par exemple, supposons que $\beta = 1$, c'est-à-dire que la largeur de la section transversale de la seconde poutre soit la même que celle de la première, on aura $\alpha = 1 + \dfrac{p_1 + p_2}{p} - \dfrac{p'_1 + p'_2}{p}$. Ce coefficient α sera plus grand ou plus petit que l'unité, suivant que $p'_1 + p'_2$, surcharge de la seconde poutre, sera plus petit ou plus grand que $p_1 + p_2$, surcharge de la première. La hauteur de la section transversale variera d'ailleurs comme la longueur de la poutre, puisque $\alpha = \gamma$.

L'expression ci-dessus de β devient infinie pour

$$p_1 + p_2 - p(\alpha - 1) = 0 \quad \text{ou pour} \quad \alpha = \frac{p + p_1 + p_2}{p}.$$

$p + p_1 + p_2$ est la charge totale supportée par la poutre par unité de longueur, et p est son poids propre. Cela veut dire que, si une poutre a été calculée pour supporter, avec une fatigue maximum déterminée, outre son poids propre p, une surcharge permanente p_1 et une surcharge accidentelle p_2, on pourra déterminer les dimensions horizontales de la section transversale d'une autre poutre semblable, plus longue, dont la hauteur soit augmentée proportionnellement à la longueur, et supportant d'ailleurs des surcharges données quelconques, à la condition que le rapport α de la nouvelle longueur à la première n'atteigne pas celui $\dfrac{p + p_1 + p_2}{p}$ de la charge totale au poids propre de cette poutre.

Lorsque le rapport α s'approche de cette limite, β acquiert de très grandes valeurs, et la nouvelle poutre devient, pratiquement, irréalisable.

283. Coefficient économique. — Pour les poutres de grands ponts, ayant plus de 25 à 30 mètres de portée, la limite dont il s'agit $\dfrac{p + p_1 + p_2}{p}$ varie à peu près en raison inverse de la longueur de la poutre; en d'autres termes, le rapport du poids propre de la poutre par unité de longueur au poids total, surcharge comprise, qu'elle supporte, est à peu près constant. M. Résal, qui a fait cette remarque, donne à ce rapport le nom de coefficient économique ; en le désignant par k et en appelant a la longueur de la poutre, on a ainsi :

$$k = \frac{p}{(p + p_1 + p_2)a}.$$

Dans les ponts en fer, le coefficient k varie de 0,004 à 0,006, lorsque le mètre est pris pour unité de longueur. Un pont dans lequel ce coefficient a la valeur 0,004 est un ouvrage très bien étudié, où le métal est bien employé, sans être surabondant, ou bien un ouvrage où l'on demande au fer des efforts trop considérables. La valeur 0,005 correspond aux conditions ordinaires ; et si le coefficient atteint 0,006, on peut dire que le métal est mal employé, soit que l'on ait des pièces inutiles, soit que l'on n'ait pas demandé au fer tout l'effort dont il est susceptible.

Cette remarque permet de calculer approximativement le poids propre p d'une poutre destinée à avoir une longueur donnée a, lorsque l'on connaît la surcharge permanente p_1 et la surcharge accidentelle p_2, auxquelles elle doit être soumise, par mètre courant de sa longueur. De l'expression précédente du coefficient économique k, l'on déduit en effet

$$p = \frac{p_1 + p_2}{\frac{1}{k\,a} - 1} = \frac{p_1 + p_2}{\frac{200}{a} - 1}$$

en donnant à ce coefficient la valeur moyenne 0,005.

On peut ainsi, avant tout projet, avoir une donnée suffisamment approchée du poids propre de la poutre.

M. Résal n'a vérifié cette valeur du coefficient économique que pour les poutres de pont de plus de 25 mètres de portée. Au-dessous, elle paraît s'appliquer également avec une exactitude suffisante, à la condition que la hauteur de la poutre soit comprise entre le huitième et le douzième de la portée. J'en ai vérifié alors la concordance avec la pratique pour plusieurs poutres de 6 à 10 mètres de portée et pour un grand nombre de fers à double T du commerce de hauteurs diverses comprises entre $0^m,08$ et $0^m,35$, correspondant à des portées de $0^m,75$ à $4^m,00$ environ.

On doit supposer, bien entendu, que l'effort maximum supporté par le métal est le même dans toutes les poutres dont il s'agit, et égal à 6 kilogrammes par millimètre carré. Si l'on adoptait un nombre différent pour cet effort maximum, la valeur du coefficient k serait modifiée en conséquence.

CHAPITRE XV

FLEXION D'UN SYSTÈME DE PIÈCES DROITES

§ 1er

POUTRES ARMÉES

284. — Exposé du problème général. — Nous avons, au chapitre VIII, nᵒˢ 147 à 149, indiqué la solution du problème de la déformation d'un système de pièces droites articulées à leurs extrémités. Lorsque les points de liaison de ces pièces se trouvent en des points quelconques de leur longueur, le problème, sans être beaucoup plus difficile en principe, devient alors beaucoup plus compliqué.

Pour le mettre en équation, on prendra comme inconnues les déplacements des nœuds ou points de liaison des diverses pièces du système, comme nous l'avons fait au chapitre VIII, puis on exprimera, en fonction de ces déplacements, les

efforts produits dans les pièces. Lorsque ces efforts sont simplement exercés dans le sens de la longueur, c'est-à-dire lorsque
les pièces ne sont soumises qu'à des forces appliquées à leurs
extrémités, ils sont proportionnels aux allongements ou accourcissements des pièces et c'est alors le problème du chapitre VIII ;
mais lorsque les efforts sont appliqués en divers points de la
longueur des barres ou poutres, des flexions se produisent,
et le problème devient alors celui-ci :

*Déterminer les forces qui doivent être appliquées en des
points donnés d'une barre pour qu'elle soit fléchie de manière
que ces points subissent des déplacements donnés.*

Cette question est en quelque sorte l'inverse de celle que
nous avons résolue dans le chapitre X, relatif à la flexion des
pièces droites et dans lequel nous avons déterminé les déplacements subis par les divers points d'une pièce fléchie sous l'action
de forces données. Elle se résout au moyen des mêmes équations en prenant *pour inconnues les forces appliquées à la
pièce fléchie*, en les exprimant en fonction des déplacements
de leurs points d'application qui restent ainsi les seules inconnues du problème.

Le plus souvent, la solution rigoureuse a un intérêt plus
théorique que pratique. Si l'on désire approfondir cette question, on trouvera au § 91 de la *Théorie de l'Elasticité des corps
solides* de Clebsch, pages 872 et suivantes de l'édition française,
les indications nécessaires, ainsi que les équations générales
de la résolution desquelles elle dépend. Nous nous bornerons
ici à montrer, sur un exemple simple, la marche à suivre et les
simplifications qu'elle peut comporter.

285. Poutre armée à une seule contrefiche. — Considérons (fig. 227) une poutre armée AB placée horizontalement, de longueur AB = 2*a*, soutenue en son milieu C par une
contrefiche de longueur CD = *c* dont l'extrémité D est réunie
aux extrémités de la pièce AB par deurs tirants AD, DB dont
nous désignerons la longueur par *b*. Prenons AB pour axe des
x et une perpendiculaire élevée au point A pour axe des *y*. La
charge totale, à raison de *p* par unité de longueur, étant 2*pa*,
chacun des appuis A et B supporte la moitié de cette charge, et
exerce, par conséquent, une réaction verticale égale à *pa*.

Mais, aux mêmes points A et B s'exercent les efforts des tirants que nous désignerons par T et dont les composantes verticales $T\frac{c}{b}$ se retranchent de la réaction de l'appui, et c'est la différence $pa - T\frac{c}{b}$

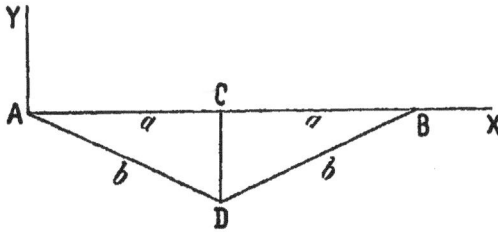

Fig. 227.

que nous désignerons, pour abréger, par X, qui doit entrer dans l'expression du moment de flexion de la poutre AB. L'équation de la fibre moyenne de cette poutre déformée sera, par conséquent

$$EI \frac{d^2y}{dx^2} = Xx - p\frac{x^2}{2}.$$

Intégrons et remarquons, pour déterminer la constante, que, en raison de la symétrie, la tangente à la courbe au point C doit rester horizontale, c'est-à-dire que $\frac{dy}{dx} = 0$ pour $x = a$, nous aurons

$$EI \frac{dy}{dx} = p\frac{a^3 - x^3}{6} - X\frac{a^2 - x^2}{2}.$$

Intégrons encore une fois sans ajouter de constante, puisque pour $x = 0$ nous avons $y = 0$, il vient

$$EI\, y = p\frac{a^3 x}{6} - p\frac{x^4}{24} - X\frac{a^2 x}{2} + X\frac{x^3}{6}.$$

Désignons par u l'abaissement du point C, milieu de la pièce, sous l'action de la charge p, au-dessous de la ligne primitive AB; u est la valeur de $-y$ pour $x = a$; nous avons donc

$$-EI\, u = \frac{pa^4}{8} - X\frac{a^3}{3} \quad \text{d'où} \quad X = \frac{3pa}{8} + \frac{3EI\, u}{a^3}.$$

Cette expression confirme ce que nous savions : lorsque $u = 0$, c'est-à-dire lorsque le point C ne s'abaisse pas, l'effort aux extrémités est $\frac{3pa}{8}$ ou les $\frac{3}{16}$ de la charge totale $2pa$, et si u atteint la valeur $\frac{5\,pa^4}{24\,EI}$ qui correspondrait à la flèche de la poutre

AB, de longueur $2a$, non soutenue en son milieu, l'effort X devient égal à pa.

L'abaissement u du milieu C de la poutre est d'ailleurs fonction des dimensions des pièces AD, DB et CD; voici comment on peut le déterminer. Désignons par u_1 l'abaissement du point D. La longueur c. de la pièce CD, sera devenue $c+u_1-u$; elle se sera allongée de u_1-u, et, par unité de longueur, de $\frac{u_1-u}{c}$. Cet allongement sera négatif si, comme il arrive généralement, u_1 est $<u$. Si Ω' est la section transversale et E' le coefficient d'élasticité de cette pièce CD, l'effort correspondant à sa déformation sera $E'\,\Omega'\,\frac{u_1-u}{c}$. Cet effort, au point D, fait équilibre aux composantes suivant DC des efforts exercés par les tirants DA, DB, efforts que nous avons désignés par T et dont les composantes verticales sont $T\,\frac{c}{b}$ pour chacun des tirants.

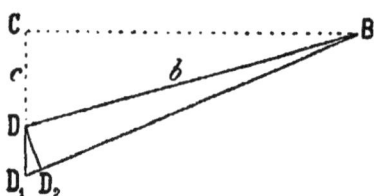

Fig. 228.

Nous avons donc l'équation
$$E'\Omega'\frac{u_1-u}{c}+2T\frac{c}{b}=0.$$

D'un autre côté, si D_1D_2 (fig. 228) est l'allongement du tirant BD, le déplacement DD_1 étant l'abaissement du point D, on a, en vertu de la similitude des deux triangles DD_1D_2, BDC,
$$\frac{D_1D_2}{DD_1}=\frac{CD}{BD} \quad \text{d'où} \quad D_1D_2=\frac{u_1c}{b},$$

et l'allongement, par unité de longueur de chacun des tirants AD, BD sera $\frac{u_1c}{b^2}$. Si E'' et Ω'' sont le coefficient d'élasticité et l'étendue de leur section transversale, on aura, pour l'effort T capable de produire cet allongement : $T=E''\Omega''\frac{u_1c}{b^2}$. Nous avons donc, entre les quatre inconnues X, T, u_1 et u, les quatre équations :
$$X=pa-T\frac{c}{b}; \quad X=\frac{3pa}{8}+\frac{3EI\,u}{a^3};$$
$$E'\,\Omega'\,\frac{u_1-u}{c}+2T\frac{c}{b}=0; \quad T=E''\Omega''\frac{u_1c}{b^2}.$$

T et X s'éliminent immédiatement et il reste, entre u et u_1, deux équations du premier degré dont la résolution ne présente aucune difficulté.

La valeur de u, ainsi trouvée, donne celle de X de laquelle dépend la valeur des moments fléchissants dans la pièce considérée.

Pour que u devienne égal à la flèche de flexion $\frac{5\,pa'}{24\,EI}$, qui donne $X = pa$, il faut que l'on ait $T = 0$, c'est-à-dire que les tirants AD, BD n'exercent aucune action, et que la poutre se comporte comme s'ils n'existaient pas.

Pour que $u = 0$, ou que le point C ne s'abaisse pas, c'est-à-dire pour que l'on ait $X = \frac{3pa}{8}$, ce qui donnerait, d'après la première équation, $T = \frac{5\,pab}{8c}$ et, d'après la troisième, $u_{\scriptscriptstyle 1} = -\frac{5\,pac}{4\,EI2}$, c'est-à-dire un relèvement du point D, au lieu d'un abaissement, il faudrait que les tirants AD, BD, soumis à un effort de traction, diminuassent de longueur au lieu de s'allonger; cet effet est donc impossible tant que les pièces restent dans leur état naturel. On le produit en raccourcissant ces tirants, après la mise en place, au moyen de clavettes, d'écrous ou autres procédés analogues.

286. Simplification du problème général. — C'est en supposant ce résultat obtenu, après la mise en place, par une modification convenable des longueurs de diverses pièces, que l'on peut arriver à aborder, d'une manière simple, le problème général. Si l'on considère une poutre armée d'une forme moins simple que celle que nous venons d'examiner: un arbalétrier d'une forme Polonceau à plusieurs contrefiches; une pièce longitudinale supposée continue d'une poutre Fink ou Bollmann (fig. 111 et 112, p. 188, 189), et si l'on admet qu'après la mise en place et sous l'action de la charge, les divers points d'attache des contrefiches avec la poutre fléchie restent sur une même ligne droite, la répartition des efforts entre ces diverses contrefiches sera la même qu'entre les divers appuis, supposés de niveau, d'une poutre à plusieurs travées, et les réactions de ces appuis, c'est-à-dire la répartition de la charge totale, se déterminera comme il a été dit au n° 226, page 375. On aura alors tout ce qu'il faut pour déterminer les efforts dans toutes les barres de l'armature, et la pièce principale elle-même se calculera comme une poutre à plusieurs travées.

Cela ne constitue, le plus souvent, qu'une approximation. Les résultats ne sont exacts que lorsqu'il s'agit de poutres armées supportant des charges constantes sans aucune variation. Si l'on a réglé les pièces de l'armature de manière que, sous l'action de ces charges, les points d'articulation soient en ligne droite, ils y resteront indéfiniment. Mais il n'en est plus de même si les charges sont variables. L'armature étant réglée de manière que les points d'articulation soient en ligne droite sous l'action de certaines charges (les charges permanentes, par exemple), ils n'y seront plus lorsqu'il surviendra une surcharge accidentelle, — une couche de neige, un coup de vent, etc., — et l'on devra, pour savoir exactement quels efforts supportent alors les diverses pièces, recourir à la solution générale, assez compliquée, dont nous venons de donner un exemple.

§ 2

POUTRES ARC-BOUTÉES

287. Cas d'une charge isolée. — Cette solution rigoureuse est au contraire très facile, et présente un grand intérêt, lorsqu'il s'agit de deux poutres arc-boutées. Elle forme alors une sorte d'introduction à celle de la flexion des pièces courbes, et nous allons la développer avec quelques détails.

Considérons un système de deux tiges prismatiques AC, CB (fig. 229) placées dans un même plan vertical, appuyées l'une sur l'autre à leur extrémité commune C, et reposant, à leurs autres extrémités A, B, sur des points d'appui extérieurs absolument fixes. Négligeons le poids de ces tiges et supposons que l'une d'elles AC soit chargée, en un point quelconque D de sa longueur, d'un poids isolé P. La tige ou poutre AC doit être en équilibre sous l'action des forces extérieures qui agissent sur elle et qui sont, outre le poids P, les réactions inconnues aux extrémités A et C. La réaction au point C, qui provient de la tige CB, ne peut avoir une direction différente de celle de cette tige; elle est par conséquent dirigée suivant son prolongement CE et, par suite, celle de l'appui A doit nécessairement passer par le

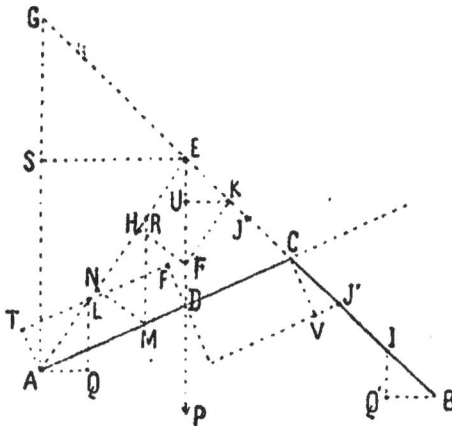

Fig. 229.

point d'intersection E de cette direction et de celle de la force P ; elle est donc dirigée suivant A E. Si nous prenons , sur la verticale E D, une longueur EF égale à la force P et si nous construisons , sur EC, EA, le parallélogramme EHFK, nous aurons, en EH, EK, les grandeurs des réactions qui sont exercées aux extrémités de la poutre A C. Cela nous donne les réactions des appuis A et B et nous permet de déterminer les conditions de résistance des deux tiges. Les réactions des appuis A et B sont évidemment égales, pour l'équilibre du système, aux composantes EH, EK de la force P suivant les deux directions AE, BE. Ces deux réactions ont leurs composantes horizontales égales et opposées, et l'on donne à cette composante horizontale le nom de *poussée horizontale* ou simplement de *poussée*. La tige CB, qui exerce au point C, suivant la direction de son axe longitudinal, une réaction représentée par EK, supporte à son extrémité B, de la part de l'appui fixe, une réaction égale; elle se trouve dans les conditions d'une pièce chargée debout. Quant à la poutre AC, elle est chargée, au point D, de la force P, oblique sur sa direction, laquelle est équilibrée par les réactions qui sont exercées à ses extrémités suivant CE et AE, et qui sont représentées par EK et EH. Le moment fléchissant, en un point M quelconque de cette poutre, est la somme des moments, par rapport à ce point, de toutes les forces qui agissent sur la poutre depuis ce point jusqu'à une extrémité. Si ce point M est, par exemple, entre A et D, cette somme se réduit au moment de la réaction de l'appui A, qui est représentée par AL = EH. Le moment fléchissant au point M sera donc le produit de cette réaction AL par la perpendiculaire MN abaissée du point M sur la direction AE. Menons au point M la verticale MR jusqu'à la rencontre de AE, et au point L la verticale LQ qui nous donne la *poussée* AQ de l'appui A; les deux triangles rectangles MNR, AQL, qui ont leurs angles aigus égaux, sont semblables, et nous en déduisons AL × MN = AQ × MR. Le moment fléchissant au point M, qui a pour expression AL × MN, est donc égal au produit de la poussée horizontale A Q, que nous désignerons par Q, par la distance verticale MR comprise entre l'axe de la poutre A C et la ligne A E.

Si le point M était entre D et C, nous trouverions de même que le moment fléchissant en ce point est égal au produit de la poussée Q par la distance verticale des deux lignes AC et EC.

La valeur de la poussée Q a d'ailleurs une expression très simple. Cette poussée est représentée sur la figure, par l'horizontale KU = AQ. Si nous menons la verticale A G jusqu'à la rencontre de BC prolongé et l'horizontale ES, nous aurons évidemment $\dfrac{ES}{AG} = \dfrac{KU}{EF} = \dfrac{Q}{P}$; d'où

$$Q = P . \frac{ES}{AG}.$$

La longueur AG ne dépend que de la position relative des appuis et de la forme du système des poutres, ES seul varie avec la position de la charge P. On voit que la poussée est, pour un système déterminé, proportionnelle au produit du poids P par sa distance à l'appui A, c'est-à-dire au moment de la charge par rapport à l'appui qui supporte l'extrémité de la poutre sur laquelle elle repose.

L'effort tranchant, entre A et D, est égal à la composante AT, perpendiculaire à AC, de la réaction AL de l'appui A. Entre D et C, il est égal à la composante CV, suivant la même direction, de la réaction CJ = EK du point C. Enfin, à cause de l'obliquité de ces réactions, la poutre AC est soumise en outre à une compression longitudinale qui est, entre A et D, égale à la composante LT, suivant son axe, de la réaction AL, et entre D et C égale à la composante VJ', suivant son axe, de la réaction CJ' du point C.

Avec toutes ces données, il sera facile de déterminer les dimensions à donner à la tige pour résister efficacement au poids P dont nous l'avons supposée chargée.

289. Cas de plusieurs charges. — Si, au lieu d'un poids isolé unique, la poutre AC devait en supporter plusieurs P_1, P_2,..., P_n (fig. 230) placés en des points déterminés de sa longueur, le pro-blème se résoudrait de la même ma-nière. Chacun des poids tel que P_1 dé-composé, en E_1, sui-vant les deux direc-tions AE_1 et E_1 CB donnerait deux composantes E_1H_1 et E_1K_1, qui seraient les réactions des appuis équilibrant ce poids P_1. Toutes les composantes tel-

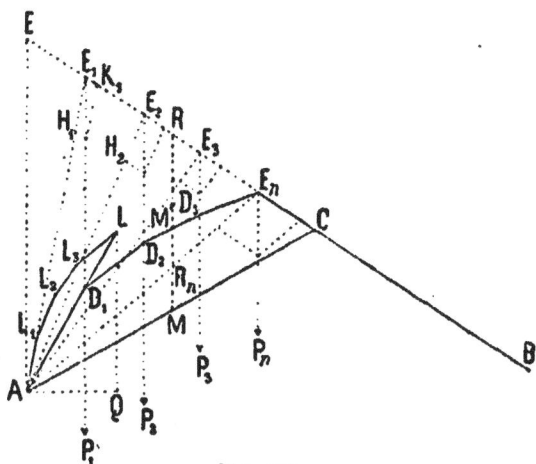

Fig. 230.

les que E_1K_1 représentant les réactions de l'appui B ou du point C, étant dirigées suivant la même droite ECB, s'ajoute-raient algébriquement et donneraient, pour la réaction totale de cet appui, une composante égale à leur somme. Toutes celles, telles que E_1H_1, qui représentent les réactions de l'appui A, ayant des directions différentes, s'additionneraient géométri-quement et leur composante serait représentée, en gran-deur et en direction, par la ligne AL qui fermerait le poly-gone AL_1L_2..... formé en les portant successivement, avec leurs directions, à la suite les unes des autres : AL_1 égal et parallèle à E_1H_1; L_1L_2 égal et parallèle à E_2H_2, etc. La réaction AL de l'appui A étant ainsi déterminée, en menant la verticale LQ, on aura en AQ la poussée horizontale Q de l'appui A, à laquelle est égale et contraire celle de l'appui B.

Pour avoir le moment fléchissant en un point quelconque M, nous pourrions, en appliquant le principe de la superposition des effets des forces, additionner les moments fléchissants dus à chacune des forces isolées P_1, P_2, P_n. Il faudrait déterminer, pour cela, les fractions Q_1, Q_2, Q_n de la poussée Q qui corres-pondent à chacune de ces forces et multiplier chacune d'elles par l'ordonnée verticale correspondante, c'est-à-dire par MR pour toutes les forces telles que P, P_4, comprises entre A et M, et par $MR_n,\dots$ pour toutes celles telles que P_n qui se trouveraient entre M et C. Mais nous pouvons obtenir le moment fléchissant d'une manière plus simple.

289. Détermination directe du moment fléchissant. Ligne d'équilibre. — Connaissant la réaction AL de l'appui A, dont la direction rencontre en D_1 celle de la première force P_1 appliquée à la poutre, composons en ce point ces deux forces en une seule dont la direction sera, par exemple, $D_1 D_2$ et qui aura évidemment même projection horizontale Q que AL. La direction $D_1 D_2$ étant prolongée jusqu'à la rencontre en D_2 de la direction de la seconde force P_2, et la force résultante appliquée suivant $D_1 D_2$ étant composée en ce point avec la force P_2 donnera un nouveau côté $D_2 D_3$, et ainsi de suite. En continuant ainsi, le dernier côté du polygone funiculaire ainsi construit devra venir passer au point E_n, intersection de la direction de la dernière force P_n avec la ligne BC prolongée.

Chacun des côtés de ce polygone funiculaire, lequel est tout à fait analogue à celui que nous avons construit plus haut, au chapitre V, pour ·ifier la stabilité des voûtes, représente en direction la résultante de toutes les forces qui agissent sur la poutre AC, depuis l'extrémité A jusqu'au point qui correspond verticalement à ce côté. Il en résulte que le moment fléchissant en un point quelconque M de la poutre AC est exprimé par le produit de la poussée horizontale Q par l'ordonnée verticale MM′ comprise entre la poutre AC et le polygone funiculaire. En effet, la résultante de toutes les forces qui agissent sur la poutre depuis l'extrémité A jusqu'au point M étant dirigée suivant le côté $D_2 D_3$ de ce polygone, le moment fléchissant en ce point sera le moment de cette résultante par rapport au point M. Décomposons, au point M′, cette résultante suivant la verticale et suivant une horizontale : la composante verticale, passant par M, donnera un moment nul; la composante horizontale, toujours égale à Q, aura pour moment $Q \times MM′$ et ce produit sera par conséquent l'expression du moment fléchissant au point M.

Ce polygone funiculaire, dont les ordonnées par rapport à A C sont proportionnelles aux moments fléchissants aux divers points de AC, porte le nom de polygone des *pressions* ou d'*équilibre*.

290. Cas d'une charge répartie. — Lorsqu'au lieu de poids isolés, la poutre AC doit supporter une charge répartie suivant une loi quelconque, le polygone devient une courbe qu'il est facile de tracer, comme celle qui donne les moments fléchissants d'une poutre droite ordinaire, en décomposant, par des lignes verticales, la charge répartie en un certain nombre de fragments supposés concentrés à leurs centres de gravité. Le polygone construit avec ces charges considérées comme isolées aura ses côtés tangents à la courbe d'équilibre, et les points de contact se trouveront, comme nous l'avons vu au n° 10, sur les verticales de division qui séparent les divers fragments de la charge.

Si, en particulier, la répartition de la charge est uniforme

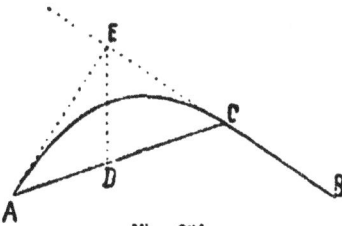

Fig. 231.

suivant l'horizontale, la courbe des pressions ou d'équilibre est une parabole du second degré à axe vertical. Lorsque cette charge est répartie sur toute la longueur de la poutre AC (fig. 231), la parabole passe par les points A et C, elle est tangente en C à la ligne CE, prolongement de BC, et en A à la ligne AE, obtenue en joignant le point A au point E qui se trouve, sur BC prolongé, verticalement au-dessus du milieu D de AC.

Lorsque la charge est répartie sur une partie seulement MN de la longueur de AC (fig. 232), le polygone des pressions se compose de deux droites AH, KC, correspondant aux parties non chargées AM, CN, et d'un arc de parabole HK, à axe vertical, tangent en H et K à ces deux droites, dont la seconde KC n'est autre chose que le prolongement de BC, et dont

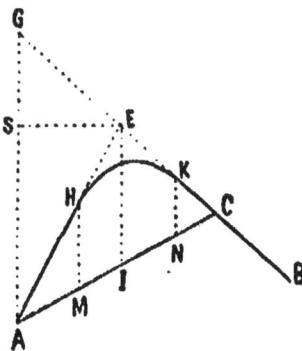

Fig. 232.

l'autre AH s'obtient en joignant le point A au point E, qui se trouve, sur BD prolongé, verticalement au-dessus du point I, milieu de la partie chargée MN. La poussée Q, dans le cas d'une charge uniformément répartie sur MN, est évidemment égale à celle qui serait produite si la charge était concentrée en son milieu I. Elle est donc égale à la charge multipliée, comme ci-dessus, par le rapport $\frac{ES}{AG}$. Il est inutile d'insister sur la démonstration de ces propositions qui sont la conséquence évidente de ce qui précède.

291. Cas où les deux poutres sont chargées simultanément. — Nous avons supposé jusqu'ici qu'une seule des deux poutres AC, CB était chargée. Ce que nous avons dit s'applique, bien entendu, sans modification, au cas où la charge serait appliquée à la fois aux deux poutres. Alors, la réaction de chaque appui, ainsi que la poussée, doit se déterminer en tenant compte des charges appliquées aux deux poutres que l'on peut considérer d'abord isolément, pour composer ensuite les résultats.

On peut aussi, en partant de l'une ou de l'autre de ces réactions, construire, comme plus haut, de proche en proche, le polygone ou la courbe des pressions, qui passe nécessairement par le point C (fig. 233) de jonction des deux poutres, puisqu'en ce point, le moment fléchissant est toujours nul sur l'une et l'autre poutre.

Dans le cas particulier d'une charge uniformément répartie suivant l'horizontale, depuis le point M jusqu'au point N, par exemple, la courbe des pressions est, comme ci-dessus, une parabole HCK à axe vertical passant par le point C, se terminant aux verticales MH, NK des points M et N, et prolongée par deux droites AH, BK, qui lui sont tangentes à ses extrémités, qui passent par les points d'appui A et B et qui concourent en un

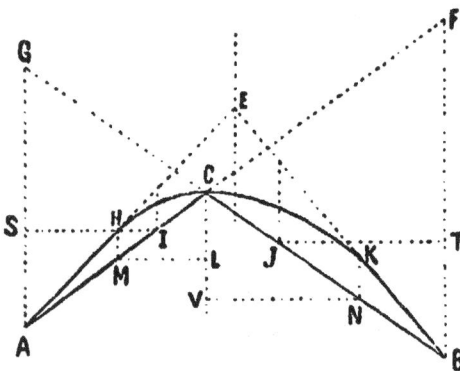

Fig. 233.

point E de la verticale menée à égale distance des points M et N. Le moment fléchissant, en un point quelconque de l'une ou de l'autre poutre, est mesuré par le produit de la poussée horizontale Q par l'ordonnée verticale comprise entre cette courbe et les axes longitudinaux AC, BC de chacune des poutres.

La poussée Q est alors la somme des poussées provenant des charges appliquées aux deux poutres ; c'est-à-dire que si l'on prend les milieux I et J des parties chargées CM et CN et si p est la charge par unité de longueur horizontale, la charge sur CM étant $p \times$ ML et la charge sur CN étant $p \times$ VN, la poussée totale Q sera la somme $p \times$ ML. $\frac{\text{IS}}{\text{AG}} + p \times$ VN. $\frac{\text{JT}}{\text{BF}}$.

292. Cas où les deux appuis sont de niveau. — Dans le cas particulier, qui présente un certain intérêt pratique, où les deux appuis A et B (fig. 234) sont au même niveau et où les

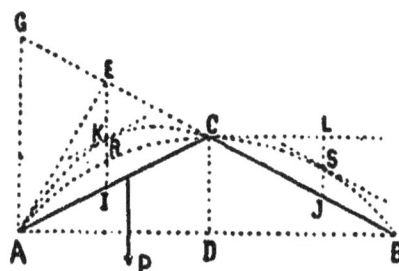

Fig. 234.

deux poutres sont de même longueur, le point C étant ainsi placé sur la verticale qui passe par le milieu de AB, si nous désignons par 2a la distance AB et par b la hauteur CD, nous avons alors AG $= 2b$ et la poussée Q, produite par un poids isolé P, agissant à une distance $x =$ PD de la verticale CD, sera

$$Q = P \cdot \frac{a-x}{2b}.$$

Une charge uniformément répartie sur toute la longueur d'une seule des deux poutres, AC, par exemple, à raison de p par unité de longueur horizontale, donnera une poussée

$$Q = pa \frac{a - \frac{a}{2}}{2b} = \frac{pa^2}{4b}.$$

La courbe des pressions sera alors une parabole CKA à axe vertical, tangente en C à la ligne BCE et en A à la ligne AE qui joint le point A au milieu E de CG. L'ordonnée maximum IK, qui mesure le moment fléchissant maximum, se trouve sur la verticale du point E et l'on a $IK = \frac{1}{2} EI = \frac{b}{2}$; le moment fléchissant maximum a donc pour expression $Q\frac{b}{2} = \frac{pa^2}{8}$.

Si la charge est uniformément répartie sur toute l'étendue des deux poutres, la poussée sera double, ou $Q = \frac{pa^2}{2b}$. La courbe des pressions sera alors une parabole à axe vertical passant par les trois points A, C, B. L'ordonnée maximum se trouverait encore aux points I et J, milieux de AC et de CB; elle aurait pour grandeur $JS = \frac{1}{2} JL = \frac{b}{4}$, et le moment fléchissant maximum exprimé par $Q \times JS$ aurait encore pour valeur $\frac{pa^2}{8}$, comme dans le cas précédent.

293. Arcs à triple articulation. — Tout ce qui vient d'être dit des poutres arc-boutées s'applique sans modification au cas où les deux poutres, au lieu d'être droites, seraient courbes et constitueraient ensemble un arc à triple articulation. Si, par exemple, AC et BC (fig. 235) sont ces deux poutres courbes, un poids isolé P, appliqué au point D de la poutre AC, donnera lieu, sur les appuis, à une poussée Q mesurée par le produit du poids P par le rapport $\frac{ES}{AG}$. La courbe des pressions ou d'équilibre, correspondant à ce poids unique P, se réduit à la ligne brisée AEB et le moment fléchissant en un point quelconque M a pour expression le produit de la poussée Q par l'ordonnée verticale MR comprise entre l'axe longitudinal de la poutre et cette courbe des pressions.

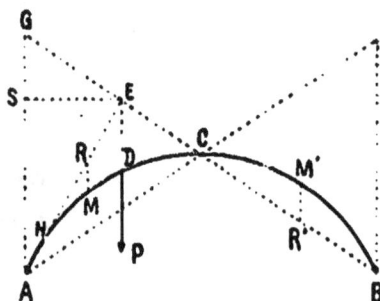

Fig. 235.

Lorsque la poutre CB était rectiligne, elle coïncidait avec la courbe d'équilibre due au poids P qui n'y produisait aucun moment fléchissant, mais maintenant que nous la supposons courbe, c'est-à-dire différente de la ligne droite CB, le moment fléchissant, en un point M' quelconque, est encore mesuré par le produit de la poussée Q par l'ordonnée verticale M'R'.

31

Il convient de remarquer que le signe de l'ordonnée change en même temps que celui du moment fléchissant. Au point M, la courbe d'équilibre est au-dessus de la poutre, le moment fléchissant tend à la courber vers le haut; il est donc positif, si nous conservons nos conventions antérieures; au point M', la courbe d'équilibre est au-dessous de la poutre, le moment fléchissant tend à la courber vers le bas et il devrait être affecté du signe —. Il pourrait en être de même vers le point A, si la droite AE coupait la courbe AC en un point N en deçà duquel elle se trouverait au-dessous; dans cette partie, la courbure de la poutre vers le bas tendrait à être augmentée par l'action du moment fléchissant et au point d'intersection N, où le moment fléchissant serait nul, la courbure ne serait pas modifiée.

Si, au lieu d'un poids unique P, l'arc en supportait plusieurs, ou bien s'il supportait une charge répartie d'une manière uniforme ou non, la courbe ou polygone d'équilibre se construirait absolument comme nous venons de le dire dans le cas de poutres droites arc-boutées et, en chaque point, le moment fléchissant serait égal au produit de la poussée Q par la distance verticale entre cette courbe et l'axe longitudinal de la pièce.

294. Arcs sans flexion. — La construction de la courbe d'équilibre étant absolument indépendante de la forme des poutres arc-boutées et ne dépendant que des charges et de leur répartition, supposons que, pour des charges données, nous ayons construit cette courbe et que nous la prenions pour axe longitudinal des poutres arc-boutées; le moment fléchissant sera nul en tous les points et les poutres seront simplement soumises à des efforts de compression dirigés suivant leur axe, et qui, agissant au centre de gravité de chaque section transversale, se répartiront uniformément sur toute l'étendue de cette section. Les poutres seront donc alors dans les meilleures conditions de résistance et la matière sera utilisée le mieux possible.

Mais ces conditions ne seront réalisées que pour la répartition des charges qui a servi de point de départ à la construction de la courbe d'équilibre ou pour toute autre répartition proportionnelle, car on doit remarquer que la forme de cette courbe est indépendante de la grandeur absolue des charges, elle ne dépend que de leurs grandeurs relatives, et reste la même si toutes les charges sont augmentées ou diminuées dans un même rapport. Pour toute autre répartition des charges, la courbe d'équilibre ne coïncidant plus avec l'axe longitudinal des poutres, le moment fléchissant ne serait plus nul partout.

Par exemple, si l'on donne aux deux poutres arc-boutées la forme de deux demi-paraboles ayant leur sommet commun au point de jonction C (fig. 236), toute charge répartie uniformément suivant l'horizontale sur toute l'étendue AB donnera lieu à une courbe d'équilibre qui coïncidera partout avec l'axe de ces pièces, et cela quelle que soit d'ailleurs l'intensité constante ou variable de la charge par unité de longueur, pourvu qu'elle soit toujours la même sur chaque unité de longueur horizontale. Il n'y aura donc, alors, aucun moment de flexion en aucun point de ces pièces qui n'auront à résister qu'à des efforts de compression longitudinale.

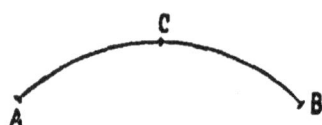

Fig. 236.

Mais il n'en sera plus de même si la charge n'est pas répartie uniformément sur toute la longueur, si, par exemple, elle n'est répartie que sur la moitié de la longueur, ou sur l'étendue correspondant à l'un des demi-arcs. La courbe d'équilibre, représentée alors (fig. 237) par la parabole AKC et la droite CB, ne coïnciderait plus avec l'axe longitudinal des poutres supposé être la parabole ARCSB. Le moment fléchissant en chaque point serait représenté alors par le produit de la poussée $Q = \frac{pa^2}{4b}$ par l'ordonnée verticale mesurant la distance des deux lignes. On voit qu'il

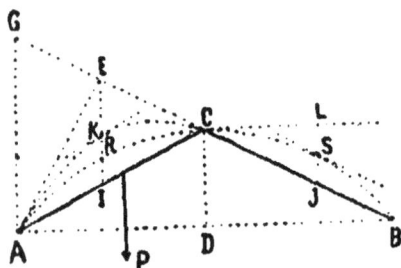

Fig. 237.

est maximum en R, où il est positif, et en S, où il est négatif. En chacun de ces deux points, sa valeur absolue est $Q \times KR = Q \times JS = Q\frac{b}{4} = \frac{pa^2}{16}$. Si la charge, au lieu d'être appliquée au demi-arc AC, était appliquée au demi-arc CB, les moments fléchissants maximum se produiraient aux mêmes points, c'est-à-dire au milieu de la longueur horizontale des arcs, et auraient les mêmes valeurs absolues $\frac{pa^2}{16}$; mais le maximum négatif remplacerait le maximum positif; et inversement.

On peut évidemment, en appliquant le principe de la superposition des effets des forces, déterminer le moment fléchissant en chaque point de poutres arc-boutées d'une forme quelconque soumises à des charges isolées ou réparties, distribuées d'une manière quelconque, et nous n'ajouterons rien à ce que nous venons de dire à ce sujet.

295. Détermination du moment fléchissant maximum. — Dans tous les cas, quelles que soient la forme de l'axe longitudinal des poutres et la disposition des charges, le moment fléchissant maximum se produira au point M où la tangente à cet axe sera parallèle à la tangente à la courbe d'équilibre au point N, qui correspond verticalement au premier (fig. 238). La

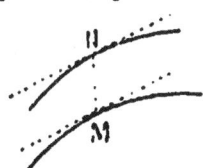

Fig. 238.

position de ce point se déterminera analytiquement si l'on connait les équations des courbes, ou par tâtonnement, dans le cas le plus ordinaire. La détermination du moment fléchissant maximum doit se faire dans toutes les hypothèses possibles de la répartition de la charge. On peut, lorsque celle-ci est répartie uniformément sur une étendue plus ou moins grande de l'ouverture horizontale, trouver facilement la position qu'elle doit occuper pour produire le moment fléchissant maximum en un point donné de la longueur des arcs.

Soient en effet les deux poutres arc-boutées AC, CB (fig. 239),

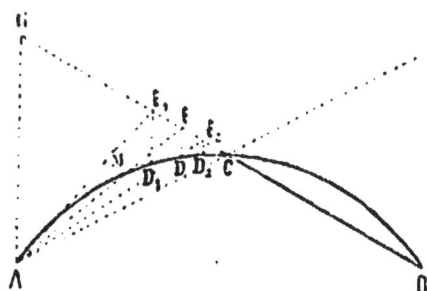

Fig. 239.

et un point M quelconque sur AC. Joignons AM, que nous prolongerons jusqu'à la rencontre en E de la droite BC prolongée et menons la verticale ED. Le moment fléchissant au point M se compose de deux termes, le moment de la réaction de l'appui A et la somme des moments des charges comprises entre A et M. Ce dernier terme, soustractif, est constant à la condition que la charge uniforme soit appliquée à toute l'étendue AM et quel que soit d'ailleurs le point où elle se termine au delà. Le maximum du moment fléchissant correspondra donc au maximum du moment, par rapport au point M, de la réaction de l'appui A. Or, toute charge appliquée en un point tel que D_i, situé entre A et D, augmentera ce moment. Elle donne, en effet, de la part de l'appui, une réaction dirigée suivant AE_i, laquelle a, par rapport au point M, un moment de même signe que celles qui proviennent des charges appliquées entre A et M. Il en sera de même jusqu'au point D. Mais si la charge dépasse le point D, le moment de la réaction de l'appui diminuera; en effet, une charge placée en un point quelconque D_2, situé au delà du point D, donnera, sur l'appui, une réaction AE_2 qui aura, par rapport au point M, un moment de signe contraire aux précédents. Le moment de la réaction de l'appui par rapport au point M est donc maximum lorsque la charge uniformément répartie s'arrête à la verticale DE, obtenue comme nous venons de le dire : il en est de même, par conséquent, du moment fléchissant au point M.

Ainsi, par exemple, dans l'arc de forme parabolique que nous venons d'examiner, nous avons trouvé que lorsque la charge uniformément répartie à raison de p par unité de longueur horizontale couvrait la moitié de l'ouverture entre les appuis, soit la totalité d'un demi-arc, le moment fléchissant maximum se produisait au milieu de la longueur de ce demi-arc et avait pour valeur $\frac{pa^2}{16}$; mais cette disposition de la charge n'est pas celle qui donne le plus grand moment fléchissant au milieu de l'arc. Le maximum se produit, au contraire, en appliquant la règle précédente, lorsque la charge ne couvre, à partir de l'appui, que les $\frac{4}{5}$ de la longueur horizontale de l'arc. La poussée est alors, d'après la construction donnée plus haut, $\frac{4pa}{5}\cdot\frac{\frac{2a}{5}}{2b} = \frac{4pa^2}{25b}$, et la distance verticale de la courbe des pressions au point milieu de l'arc parabolique est, comme on peut s'en assurer facilement, égale à $\frac{15}{32} b$. Le moment fléchissant au milieu de l'arc, dû à cette charge qui couvre les $\frac{4}{5}$ de sa longueur, est donc $\frac{4pa^2}{25b}\cdot\frac{15}{32} b$

$$= \frac{3pa'}{40} = \frac{6}{5} \cdot \frac{pa^2}{16},$$ ou bien les $\frac{6}{5}$ de celui $\frac{pa'}{16}$ qui est produit, au même point, par la charge couvrant la totalité de la longueur de l'arc.

Lorsqu'il s'agit de charges dont la position est variable, on doit donc toujours chercher le moment fléchissant maximum en chaque point, en donnant à la charge la position qui produit cette plus grande valeur.

296. Effort tranchant et compression longitudi-nale. — Le moment fléchissant n'est pas le seul effort auquel les pièces aient à résister; il faut déterminer encore l'effort tranchant et l'effort de compression longitudinale qui, lorsque l'axe longitudinal des poutres coïncide avec la courbe d'équilibre, est même le seul effort auquel elles soient soumises. Nous avons bien dit, plus haut, comment la construction même de la courbe d'équilibre donnait, en chaque point, la résultante de toutes les forces appliquées à la poutre, et comment on pouvait en déduire ces efforts de cisaillement et de compression; mais lorsque la construction de cette courbe se déduit de considérations géomé-triques, comme lorsqu'il s'agit de paraboles déterminées par plu-sieurs points ou tangentes, on peut encore facilement, connais-sant la poussée Q dont le calcul s'effectue toujours simplement par l'application de la règle du n° 287, déterminer en chaque point les efforts dont il s'agit. Il suffit, pour cela, de remarquer que si l'on considère un point quelconque de l'axe longitudinal des poutres, la résultante des forces qui agissent sur la poutre en ce point est représentée en direction par la tangente à la courbe d'équilibre au point qui est situé sur la même verticale que le premier, et que cette résultante a pour projection horizontale la poussée Q. Si donc MN (fig. 240) est l'axe longitudinal de la poutre, PRS la courbe d'équilibre, et si nous prenons un point quelconque M de la poutre auquel corres-pond verticalement, sur la courbe d'équi-libre, le point R, en menant au point R la tangente RT à cette courbe et l'horizontale RQ sur laquelle nous prendrons une longueur RQ = Q, et éle-vant la verticale QT, la ligne RT représentera, en grandeur

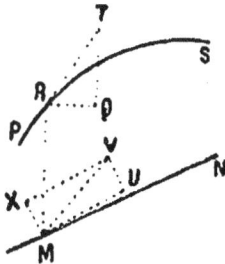
Fig. 240.

et en direction, l'effort total exercé sur la section transversale de la poutre au point M, et il suffira, pour avoir tous les efforts partiels, de transporter cette force RT parallèlement à elle-même en MV, au centre de gravité M de la section, ce qui peut légitimement se faire en ajoutant le couple ou moment fléchissant $Q \times MR$, puis de décomposer MV normalement et tangentiellement à cette section transversale. La composante normale MU sera l'effort de compression longitudinale tangentielle, $MX = VU$ sera l'effort tranchant.

297. Détermination des efforts aux divers points d'une même section transversale. — Dans la plupart des cas, l'effort tranchant est négligeable et il est rare qu'on ait à en tenir compte. S'il en était autrement, on le supposerait réparti sur la section transversale comme nous l'avons dit précédemment en parlant de la flexion ordinaire des poutres.

L'effort de compression longitudinale se répartit uniformément sur toute l'étendue de la section transversale, et si F représente l'intensité de cet effort, c'est-à-dire la composante MU, et Ω l'aire de la section transversale, l'effort par unité de surface sera, en chaque point, $\frac{F}{\Omega}$.

Quant au moment fléchissant, son effet se répartit sur la section horizontale comme nous l'avons dit en parlant de la flexion, c'est-à-dire qu'un point situé à une distance v de l'axe neutre supporte, si M est la valeur du moment fléchissant et I le moment d'inertie de la section transversale, un effort de traction ou de compression exprimé par $\frac{Mv}{I}$ et dont le maximum est $\frac{Mv_1}{I}$ si v_1 est la plus grande valeur de v. L'effort total sur la fibre la plus fatiguée est donc $\frac{F}{\Omega} \pm \frac{Mv_1}{I}$, le signe $+$ s'appliquant aux fibres comprimées et le signe $-$ aux fibres étendues. Les fibres comprimées sont évidemment celles qui sont situées à la partie inférieure de la section transversale, lorsque le moment fléchissant tend à courber la pièce vers le bas, c'est-à-dire lorsqu'il est négatif, ou qui sont situées vers le haut lorsque le moment fléchissant est positif.

CHAPITRE XVI

FLEXION DES ARCS

298. Équation générale de la flexion des pièces courbes. — Nous venons déjà, à propos des poutres arc-boutées, de dire un mot de la flexion de pièces courbes, mais nous allons en faire une étude plus complète pour le cas où les deux extrémités de la pièce sont assujetties d'une manière quelconque.

Nous considérerons, comme nous l'avons fait dans l'étude de la flexion des pièces droites, des pièces dont l'axe longitudinal ou la fibre moyenne, lieu des centres de gravité des sections transversales, est contenu dans un plan vertical qui renferme à la fois un axe principal d'inertie de chacune des sections et toutes les forces extérieures qui agissent sur la pièce. La flexion s'opère nécessairement dans ce plan. Soit AB (fig. 241) cette fibre moyenne, CD, EF les traces, sur le plan vertical, de deux sections infiniment voisines distantes de GH $= ds$ et concourant au centre de courbure O de la fibre moyenne, de manière que GO est le rayon de courbure ρ de cette fibre au point G. Supposons la pièce soumise à l'action d'un moment ou couple fléchissant qui agit dans le plan vertical et dont l'effet sera, comme nous l'avons dit à propos de la flexion des pièces droites, de modifier la position relative des deux sections considérées de telle sorte que l'une d'elles, CD, étant supposée fixe, la seconde, EF, aura tourné autour de son axe principal d'inertie projeté en H, en prenant une position telle que E'F'. Soit I le nouveau point

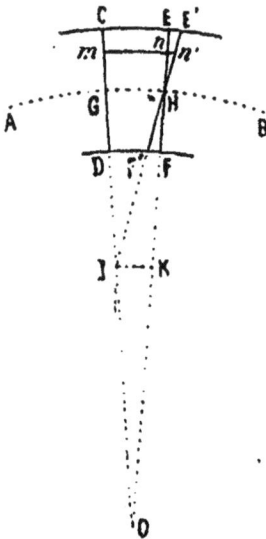

Fig. 211.

de concours de ces deux sections voisines, GI sera le nouveau rayon de courbure ρ' au point G de la fibre neutre déformée. Menons IK parallèle à GH. L'angle dont la seconde section a tourné par rapport à la première est mesuré par $\dfrac{EE'}{EH} = \dfrac{IK}{KH} = \dfrac{IK}{\rho'}$.

On a d'ailleurs, à cause de la similitude des triangles, $\dfrac{IK}{GH} = \dfrac{OI}{OG}$,

ou $\dfrac{IK}{ds} = \dfrac{\rho - \rho'}{\rho}$; par conséquent l'angle EHE', qui mesure la

déformation, a pour expression $\dfrac{IK}{\rho'} = \dfrac{(\rho - \rho')ds}{\rho\rho'} = ds\left(\dfrac{1}{\rho'} - \dfrac{1}{\rho}\right)$.

Considérons une fibre quelconque mn, parallèle à la fibre moyenne, à une distance $Gm = v$ de celle-ci. Soit ω l'aire de sa section transversale et E le coefficient d'élasticité de la matière qui constitue la pièce courbe. L'allongement relatif $\dfrac{nn'}{mn}$ de cette

fibre développera un effort $E\omega\,\dfrac{nn'}{mn}$, et nous devons écrire que la résultante de tous ces efforts fait équilibre au couple, ou moment fléchissant, que nous désignerons par M. Exprimons d'abord autrement le rapport $\dfrac{nn'}{mn}$. La longueur nn' est égale à

nH ou à v multiplié par l'angle EHE' qui est $ds\left(\dfrac{1}{\rho'}-\dfrac{1}{\rho}\right)$. Nous

avons donc $nn' = v ds\left(\dfrac{1}{\rho}-\dfrac{1}{\rho}\right)$ et $mn = ds$. L'effort correspondant

à l'allongement de la fibre mn a donc pour valeur $E\,\omega v\left(\dfrac{1}{\rho'}-\dfrac{1}{\rho}\right)$.

La somme de tous les efforts semblables doit se réduire à un couple ; il faut pour cela que la somme de leurs projections sur un axe horizontal soit nulle ou que l'on ait

$$\Sigma\,E\,\omega\,v\left(\frac{1}{\rho'}-\frac{1}{\rho}\right)=E\left(\frac{1}{\rho'}-\frac{1}{\rho}\right)\Sigma\,\omega\,v=0.$$

Cette équation exprime simplement ce que nous venons de dire que la rotation de la seconde section par rapport à la première se produit autour d'un axe projeté en H, au centre de gravité de la section transversale.

La somme des moments de tous les efforts par rapport au point G qui doit être égale au moment M, nous donne la nouvelle équation

$$\Sigma\,E\,\omega\,v\left(\frac{1}{\rho'}-\frac{1}{\rho}\right)\cdot v=M,\quad \text{ou bien}\quad E\left(\frac{1}{\rho'}-\frac{1}{\rho}\right)\Sigma\,\omega\,v'=M.$$

Si nous désignons par I le moment d'inertie de la section transversale par rapport à l'axe principal projeté en G, cette équation s'écrit

(1) $$EI\left(\frac{1}{\rho'}-\frac{1}{\rho}\right)=M;$$

et elle est tout à fait analogue à celle, $\dfrac{EI}{\rho}=M$, que nous avons trouvée au chapitre X, pour la flexion des pièces droites.

Les considérations que nous avons développées alors pourraient être répétées ici, sans modification. L'effort R exercé par unité de surface d'une fibre quelconque distante de v de l'axe neutre, que nous venons de trouver égal à $Ev\left(\dfrac{1}{\rho'}-\dfrac{1}{\rho}\right)$ soit $E\omega v$ $\left(\dfrac{1}{\rho'}-\dfrac{1}{\rho}\right)$ pour une fibre de section transversale ω, s'exprime, en fonction du moment fléchissant M, par la même formule $R=\dfrac{Mv}{I}$ que celle que nous avons trouvée pour les poutres droites ; et il en est de même de toutes les conséquences que nous avons déduites de ces formules.

Connaissant, en chaque point, le nouveau rayon de courbure ρ' de la pièce fléchie, il serait possible d'en tracer la forme par une série d'arcs de cercle successifs et, par suite, de déterminer les déplacements subis par chacun de ses points; mais cela suppose connu le moment fléchissant M en chaque point.

299. Problème de la détermination des réactions des appuis. — Dans les pièces courbes arc-boutées que nous avons considérées dans le chapitre précédent, nous avons pu, en effet, au moyen des seules considérations de la statique, déterminer ce moment fléchissant parce que la statique nous faisait connaître les réactions des appuis. Il n'en est plus de même, comme nous allons le voir, lorsque l'on considère un arc isolé, appuyé ou encastré d'une manière quelconque à ses extrémités. Quelles que soient, en effet, les conditions d'appui d'un arc AB (fig. 242) aux deux points A et B, les équations ordinaires de la statique, traduisant les conditions de l'équilibre entre les charges qu'il supporte et les réactions de ces appuis, seront au nombre de trois au plus: deux pour exprimer que les sommes des projections de toutes ces charges et des réactions sur deux directions rectangulaires sont nulles, et une pour exprimer que la somme des moments de ces mêmes forces par rapport à un point du plan est également nulle. Or, nous n'avons plus, dans ce cas, aucune indication sur la direction des réactions des appuis; chacune d'elles doit être déterminée en grandeur et en direction, ce qui comporte deux inconnues, ou, en d'autres termes, les deux composantes horizontale et verticale de chacune d'elles sont à trouver isolément, ce qui donne quatre inconnues que les trois équations sont insuffisantes à déterminer.

Fig. 242.

Une nouvelle équation nous sera donnée par celle que nous venons de trouver entre le moment fléchissant et les rayons de courbure : $EI \left(\dfrac{1}{\rho'} - \dfrac{1}{\rho} \right) = M$. Le moment fléchissant M comprend, dans son expression, les composantes inconnues des réactions qui entrent ainsi dans cette équation; et en exprimant, soit que les points d'appui sont fixes, soit qu'ils se sont déplacés de quantités données, d'après les conditions où se trouve placée la pièce courbe considérée, on aura une relation nouvelle entre ces composantes et des quantités données, et, avec les trois qui sont données par la statique, elle permettra de calculer les quatre composantes inconnues.

300. Équations générales de la déformation des arcs. — Il faut, pour cela, transformer cette équation EI $\left(\frac{1}{\rho'}-\frac{1}{\rho}\right) =$ M et y faire figurer, d'une manière explicite, les déplacements des divers points de la fibre moyenne de l'arc.

Rapportons ces points à deux axes de coordonnées rectangulaires, l'un horizontal, OX, l'autre vertical, OY (fig. 243). Soient A $(x_0,\ y_0)$ et B (x_1, y_1) les

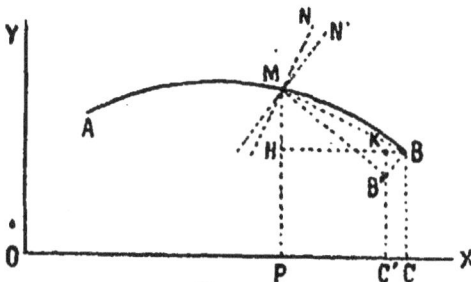

deux extrémités de l'arc et M $(x,\ y)$ un point quelconque de sa fibre moyenne. Abstraction faite de toute autre déformation, si la section transversale MN change de direction en tournant autour de l'horizontale

Fig. 243.

qui passe par son centre de gravité, de manière à venir en MN', la portion d'arc MB tournera tout entière de la même quantité autour du point M en suivant la section MN et l'extrémité B viendra en B', l'angle BMB' étant égal à NMN'. Le déplacement BB' de l'extrémité B, correspondant à une rotation infiniment petite de la section MN, mesurée par l'angle NMN' $= d\theta$, modifiera les coordonnées x_1, y_1 du point B, des quantités BK $= dx_1$ et KB' $= dy_1$. Or, les deux triangles semblables B'BK, BMH donnent $\frac{\text{BK}}{\text{MH}} = \frac{\text{B'K}}{\text{HB}} = \frac{\text{BB'}}{\text{BM}} = d\theta$; et l'on a MH $= y_1 - y$, et BH $= x_1 - x$; il en résulte :

(2) $dx_1 = -(y_1 - y)\, d\theta$ et $dy_1 = (x_1 - x)\, d\theta$.

Si cette rotation $d\theta$ est celle qui correspond à une longueur d'arc ds et à un moment fléchissant M, nous venons de voir qu'elle avait pour valeur $ds \left(\frac{1}{\rho'}-\frac{1}{\rho}\right) = \frac{\text{M}\,ds}{\text{EI}}$; remplaçant $d\theta$ par cette valeur, nous aurons :

$$dx_{i}=-(y_{i}-y)\frac{\mathrm{M}\,ds}{\mathrm{EI}}, \qquad dy_{i}=(x_{i}-x)\frac{\mathrm{M}\,ds}{\mathrm{EI}}.$$

Additionnons maintenant tous les déplacements analogues subis par le point B, pour tous les éléments d'arc ds formant la longueur totale AB, nous aurons, en appelant x'_i et y'_i les nouvelles coordonnées du point B et en supposant d'abord que le point A soit resté fixe, ainsi que la direction de la section transversale en ce point :

$$x_{i}'-x_{i}=-\int_{s_0}^{s_i}\frac{\mathrm{M}\,(y_{i}-y)}{\mathrm{EI}}\,ds; \qquad y_{i}'-y_{i}=\int_{s}^{s_i}\frac{\mathrm{M}\,(x_{i}-x)}{\mathrm{EI}}\,ds.$$

Si le point A s'est lui-même déplacé de telle sorte que ses coordonnées x_0, y_0, soient devenues x'_0, y'_0, le point B aura subi un déplacement identique et ses coordonnées nouvelles devront être augmentées des différences x'_0-x_0 et y'_0-y_0.

Si enfin la section transversale au point A a tourné d'un angle $\theta'_0-\theta_0$, en appelant θ_0 et θ'_0 les angles qu'elle fait avec la verticale avant et après son déplacement, cette rotation a pour conséquence un nouveau déplacement du point B dont les coordonnées suivant les x et les y se trouvent respectivement augmentées, d'après les expressions (2) de dx_i et dy_i, des quantités

$$-(y_{i}-y_{0})(\theta_{0}'-\theta_{0}), \qquad (x_{i}-x_{0})(\theta_{0}'-\theta_{0}).$$

De sorte qu'en faisant la somme de ces divers déplacements, nous aurons :

$$(3)\begin{cases} x_{i}'-x_{i}=x_{0}'-x_{0}-(y_{i}-y_{0})(\theta_{0}'-\theta_{0})-\int_{s_0}^{s_i}\frac{\mathrm{M}\,(y_{i}-y)}{\mathrm{EI}}\,ds. \\[2mm] y_{i}'-y_{i}=y_{0}'-y^{0}+(x_{i}-x_{0})(\theta_{0}'-\theta_{0})+\int_{s_0}^{s_i}\frac{\mathrm{M}\,(x_{i}-x)}{\mathrm{EI}}\,ds. \end{cases}$$

Nous n'avons considéré jusqu'ici que l'action du moment fléchissant, qui ne modifie pas la longueur de la fibre moyenne AB de l'arc. Si l'arc est soumis, en chacun de ses points, à un effort de compression longitudinale F, chaque élément ds subira un accourcissement $\frac{F\,ds}{E\Omega}$, en désignant par Ω l'aire de la section transversale. Cette déformation diminuera la longueur des éléments dx, dy correspondants des coordonnées x, y de quantités proportionnelles, c'est-à-dire respectivement de

$\dfrac{F\,dx}{E\Omega}$, $\dfrac{F\,dy}{E\Omega}$. Les coordonnées du point B, par suite de cette compression, auront donc été diminuées respectivement, par rapport à celles du point A, de $\displaystyle\int_{s_0}^{s_1}\dfrac{F\,dx}{E\Omega}$, $\displaystyle\int_{s_0}^{s_1}\dfrac{F\,dy}{E\Omega}$.

Enfin, si la température a changé et s'est élevée, par exemple, de t degrés centigrades, et si α est le coefficient de dilatation de la matière de l'arc, chaque élément ds a subi un allongement $\alpha\,t\,ds$, qui a augmenté les éléments dx et dy correspondants des coordonnées de $\alpha\,t\,dx$ et $\alpha\,t\,dy$. Les coordonnées du point B, par suite de cette déformation, auront été augmentées respectivement, par rapport à celles du point A, de $\alpha\,t\,(x_1 - x_0)$, $\alpha\,t\,(y_1 - y_0)$.

Ajoutant ces nouveaux déplacements du point B à ceux que nous avons évalués plus haut, nous avons les expressions définitives suivantes de ses nouvelles coordonnées :

$$(4)\begin{cases} x_1' - x_1 = x_0' - x_0 - (y_1 - y_0)(\theta_0' - \theta_0) - \displaystyle\int_{s_0}^{s_1}\dfrac{M(y_1 - y)}{EI}ds - \int_{s_0}^{s_1}\dfrac{F}{E\Omega}dx + \alpha\,t\,(x_1 - x_0), \\[2mm] y_1' - y_1 = y_0' - y_0 + (x_1 - x_0)(\theta_0' - \theta_0) + \displaystyle\int_{s_0}^{s_1}\dfrac{M(x_1 - x)}{EI}ds - \int_{s_0}^{s_1}\dfrac{F}{E\Omega}dy + \alpha\,t\,(y_1 - y_0). \end{cases}$$

À ces deux formules générales, nous joindrons les deux suivantes qui expriment la variation totale de la longueur de l'arc et le changement d'inclinaison des sections transversales extrêmes, et qui résultent immédiatement de ce qui précède :

$$(5)\begin{cases} s_1' - s_1 = s_0' - s_0 - \displaystyle\int_{s_0}^{s_1}\dfrac{F\,ds}{E\Omega} + \alpha\,t\,(s_1 - s_0), \\[2mm] \theta_1' - \theta_1 = \theta_0' - \theta_0 + \displaystyle\int_{s_0}^{s_1}\dfrac{M\,ds}{EI}. \end{cases}$$

Les indices 0 des diverses lettres s'appliquent à l'extrémité A, les indices 1 à l'extrémité B. Les lettres sans accents correspondent à la position primitive de ces deux points et les lettres accentuées à leur position après la déformation.

301. Indication de la solution générale. — L'une ou l'autre de ces quatre formules générales, suivant les conditions imposées aux extrémités de l'arc, fournira une relation dans laquelle entreront, dans M et F, les réactions des appuis, et qui s'ajoutera à celles que donne la statique pour les déterminer.

On peut d'ailleurs les appliquer à une portion définie quelconque d'un arc, car les points A et B ne sont pas nécessairement les extrémités de l'arc entier, ils peuvent être simplement les extrémités d'une portion considérée. Dans tous les cas, toutes les intégrales doivent être prises entre les limites correspondant à ces points.

Les réactions des appuis étant connues, on aura tout ce qu'il faut pour déterminer, en chaque point, les efforts qui agissent sur l'arc; le moment fléchissant, l'effort tranchant et celui de compression longitudinale. On pourra, par exemple, comme nous l'avons fait au chapitre précédent pour les poutres arc-boutées, construire de proche en proche, en partant de l'un des appuis, la courbe des pressions, donnant en chaque point la résultante de toutes les forces qui agissent sur la portion d'arc comprise entre ce point et l'une des extrémités, et ce que nous avons dit à ce propos sera encore applicable. Si l'arc n'est soumis qu'à des forces verticales, la composante horizontale de cette résultante, constante en tous les points, sera égale à la composante horizontale des réactions des appuis ou à la *poussée*, et le moment fléchissant en chaque point sera exprimé par le produit de cette poussée par la distance verticale entre la courbe des pressions et l'axe longitudinal de l'arc. La courbe des pressions étant construite, la direction de sa tangente permettra de calculer la grandeur de l'effort de compression longitudinale et de l'effort tranchant en chaque point.

Le problème se réduit donc à déterminer la réaction des appuis, et nous allons donner un exemple de sa solution pour un cas particulier.

302. Cas d'un arc à section constante, articulé sur ses appuis. — Considérons un arc, à section transversale constante, articulé sur des appuis fixes, c'est-à-dire supporté par deux points d'appui, dont la position est invariable, de telle manière que son axe longitudinal puisse s'infléchir suivant une direction quelconque autour de ces points d'appui. Supposons que cet arc, de forme d'ailleurs quelconque, soit symétrique par rapport à la verticale qui passe au milieu de ces deux points, et supposons, en outre, qu'il soit soumis seulement à des charges

vert... es placées symétriquement par rapport à la même verticale. Les deux moitiés AC, BC (fig. 244) de cet arc étant identiques l'une à l'autre
et soumises aux
mêmes charges, se
déformeront de la
même manière et
resteront symétri-
ques après la défor-

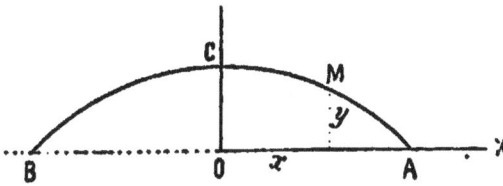
Fig. 244.

mation; la tangente à la fibre moyenne au point C restera
horizontale et le point C se déplacera suivant la verticale CO.
Prenons pour axes coordonnés la verticale CO et l'horizontale OA
passant par les points d'appui ; appelons $2a$ l'ouverture totale
AB de l'arc, et b la hauteur OC qui porte le nom de *montée*, ou
flèche, et appliquons au demi-arc CA les formules générales ci-
dessus. Par suite des hypothèses que nous avons faites, la coordonnée x de chacune des deux extrémités C, A de ce demi-arc
n'ayant pas changé, non plus que l'inclinaison θ sur la verticale
de la section transversale au point C, nous avons $x'_1 - x_1 = 0$;
$x'_0 - x_0 = 0$ et $\theta'_0 - \theta_0 = 0$. Nous connaissons ainsi, dans la première des formules (4), le premier membre et les trois premiers
termes du second membre qui sont nuls ; nous n'introduirons
donc pas, en l'employant, de nouvelle inconnue, et elle nous
donnera la relation cherchée entre les réactions inconnues et des
quantités données. Il n'en serait pas de même de l'une des trois
autres formules : elle contiendrait, outre ces réactions, des quantités telles que y'_0, s'_1, θ'_1, relatives à la position prise par l'arc
après sa déformation et qui sont encore inconnues, mais que ces
formules serviront au contraire à calculer lorsque l'on aura
trouvé les valeurs des réactions des appuis. Ce sera donc cette
première équation seule que nous emploierons. Elle devient, si
nous comptons les longueurs s à partir du point C, si nous appelons l la longueur du demi-arc AC, de sorte que $s_0 = 0$ et $s_1 = l$,
et si nous remarquons que $y_1 = 0$ et $x_1 - x_0 = a$:

$$0 = \int_0^l \frac{My}{EI}\,ds - \int_0^a \frac{F}{E\Omega}\,dx + \alpha\,l\,a.$$

Nous allons y introduire explicitement les valeurs des réactions cherchées.

303. Expression de la poussée. — D'après notre hypothèse, l'arc n'étant soumis qu'à des charges verticales, disposées symétriquement par rapport à OC, les composantes verticales des réactions seront égales, en valeur absolue, à la somme des charges qui sont appliquées à chaque demi-arc. Il ne reste d'inconnue que la composante horizontale, ou *poussée*, que nous désignerons par Q.

Le moment fléchissant M, en un point quelconque M, défini par les ordonnées x et y, se compose : 1° du moment de la poussée horizontale Q, qui a pour valeur $- Qy$; 2° du moment des forces verticales agissant sur l'arc depuis ce point jusqu'à une extrémité, y compris celui de la composante verticale de la réaction de l'appui. Ce moment a identiquement la même valeur que celui qui se produirait au point, défini par la même abscisse x, d'une poutre droite de longueur $2a = AB$, qui serait appuyée à ses extrémités A et B et qui serait soumise aux mêmes charges que l'arc. Il se calculera, d'après la disposition de ces charges, comme nous l'avons dit à propos des poutres droites, et nous le désignerons par M_1; nous aurons ainsi $M = M_1 - Qy$. Remplaçant, dans l'équation précédente, M par cette valeur, on a

$$\int_0^l \frac{M_1 \, y \, ds}{EI} + a \times l = \int_0^l \frac{Q \, y^2 \, ds}{EI} + \int_0^a \frac{F \, dx}{E\,\Omega},$$

équation dans laquelle tout est connu à l'exception de la poussée Q et de l'effort F de compression longitudinale en chaque point.

Cet effort peut, d'une manière approximative, s'exprimer en fonction de la poussée. En un point quelconque M (fig. 245), la somme des composantes horizontales des efforts qui s'exercent sur une section transversale est nécessairement égale à la poussée Q et ces efforts sont, à part le couple fléchissant, qui donne une projection nulle, l'effort tranchant que nous désignerons par A, dont la projection horizontale est $- A \sin \theta$ et l'effort de compression longitudinale F, dont la projection est $F \cos \theta$; nous avons donc $Q = F \cos \theta - A \sin \theta$. L'effort tranchant A est toujours très petit : il est proportionnel, en effet, au sinus de l'angle que forment entre elles les tangentes

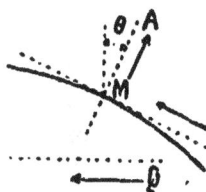

Fig. 245.

à la courbe des pressions et à la fibre moyenne de l'arc aux
deux points qui se correspondent sur une même verticale, et
ces deux courbes sont généralement voisines l'une de l'autre ;
de plus, lorsque l'arc est surbaissé, l'angle θ lui-même n'acquiert jamais une grande valeur et le produit A sin θ peut,
avec une approximation suffisante, être négligé devant Q. On a
alors simplement $Q = F \cos θ = F \dfrac{dx}{ds}$. Nous pouvons donc,
dans la dernière intégrale, remplacer approximativement F dx
par Q ds, et écrire

(6) $$\int_0^l \frac{M_1\,yds}{EI} + a\,\alpha\,t = \int_0^l \frac{Q\,y^2\,ds}{EI} + \int_0^l \frac{Q\,ds}{E\,\Omega}.$$

et si nous tenons compte de ce que, la section transversale de
l'arc étant supposée constante, Ω et I sont constants, nous pouvons les faire sortir, ainsi que E et Q des signes d'intégration,
et l'équation, en remarquant que la dernière intégrale, réduite à
$\int_0^l ds$, est identiquement égale à l, devient

(7) $$\frac{1}{EI} \int_0^l M_1\,yds + a\,\alpha\,t = \frac{Q}{EI} \int_0^l y^2\,ds + \frac{Q\,l}{E\,\Omega}.$$

Désignons par r le rayon de gyration de la section transversale par rapport à l'horizontale qui passe par son centre de gravité, nous avons $I = \Omega\,r^2$, et si nous introduisons cette valeur
nous avons

$$\int_0^l M_1\,yds + E\,\Omega\,r^2\,a\,\alpha\,t = Q \int_0^l y^2\,ds + Q\,l\,r^2.$$

D'où nous déduisons enfin la valeur de Q

(8) $$Q = \frac{\displaystyle\int_0^l M_1\,yds + E\,\Omega\,r^2\,a\,\alpha\,t}{\displaystyle\int_0^l y^2\,ds + l\,r^2}$$

en fonction de quantités connues.

Le second terme du numérateur, $E\Omega r^2 a\alpha t$, représente évidemment, dans cette expression, l'influence, sur la valeur de la
poussée, des changements de température. Toutes choses égales
d'ailleurs, la poussée horizontale augmente, pour une augmenta-

tion de température de t degrés centigrades, d'une quantité $Q = \dfrac{E \Omega r' a \alpha t}{\displaystyle\int_0^l y' \, ds + b'^2}$, qui est indépendante des charges, qui dépend seulement de la forme de l'arc et de sa section transversale, et qu'il sera toujours facile de calculer. Nous la laisserons de côté, provisoirement, en supposant que la température reste constante, et nous nous bornerons à étudier l'autre partie de la poussée, qui dépend des charges

$$(9) \qquad Q = \frac{\displaystyle\int_0^l M_1 y \, ds}{\displaystyle\int_0^l y' \, ds + b'^2}.$$

304. Partie principale de la poussée. — Désignons

par Q_1 le rapport $\dfrac{\displaystyle\int_0^l M_1 y \, ds}{\displaystyle\int_0^l y' \, ds}$ qui serait la valeur de la poussée si

nous n'avions pas tenu compte de la compression longitudinale F, ce qui nous aurait conduit à négliger le dernier terme de chacune des diverses équations précédentes, nous pourrons écrire

$$(10) \qquad Q = Q_1 \cdot \frac{1}{1 + \dfrac{b'^2}{\displaystyle\int_0^l y' \, ds}}.$$

La poussée Q est ainsi égale au produit de Q_1, que l'on appelle *partie principale de la poussée*, par un coefficient correctif plus petit que l'unité, et qui est indépendant des charges.

305. Coefficient correctif. — La forme de ce coefficient

que nous désignerons par K et dont la valeur est ainsi :

$$(11) \qquad K = \frac{1}{1 + \dfrac{b'^2}{\displaystyle\int_0^l y' \, ds}},$$

peut être légèrement modifiée pour en rendre le calcul plus facile.

Le terme $\dfrac{b^2}{\displaystyle\int_0^l y^2\,ds}$ est égal à $\dfrac{r^2}{\displaystyle\int_0^l y^2\,\dfrac{ds}{l}}$; lorsque l'arc est surbaissé on

peut, sans grande erreur et par une sorte de moyenne, remplacer $\dfrac{ds}{l}$ par $\dfrac{dx}{a}$ et alors ce terme devient $\displaystyle\int_0^a y^2\,dx$ et l'intégrale du dénominateur se trouve très facilement lorsque l'équation de la courbe affectée par la fibre moyenne de l'axe est donnée.

Si, par exemple, cette courbe est une parabole ayant son axe vertical et son sommet au point C, son équation étant $y = \left(1 - \dfrac{x^2}{a^2}\right)$ on aura

$$\int_0^a y^2\,dx = \int_0^a b^2 \left(1 - \dfrac{x^2}{a^2}\right)^2 dx = b^2 \int_0^a \left(1 - \dfrac{2x^2}{a^2} + \dfrac{x^4}{a^4}\right) dx = \dfrac{8}{15}\,ab^2.$$

et alors le coefficient de correction K est approximativement

(11 *bis*) $$K = \dfrac{1}{1 + \dfrac{15}{8}\dfrac{r^2}{b^2}}.$$

Lorsque l'arc est surbaissé, on peut toujours le considérer comme s'écartant peu de cette parabole, et ce coefficient correctif peut être appliqué, avec une exactitude suffisante, à un arc de forme quelconque. Par exemple, lorsque l'arc est circulaire,

M. Bresse a trouvé, pour la valeur du coefficient, $\dfrac{1 - \dfrac{1}{7}\dfrac{b^2}{a^2}}{1 + \dfrac{15}{8}\dfrac{r^2}{b^2}}$;

le second terme du numérateur $\dfrac{1}{7}\dfrac{b^2}{a^2}$ ne vaut que $\dfrac{1}{63}$ pour $\dfrac{b}{a} = \dfrac{1}{4}$,

et $\dfrac{1}{175}$ pour $\dfrac{b}{a} = \dfrac{1}{5}$, il est donc en général négligeable devant l'unité. Quelle que soit la forme de l'arc surbaissé, on peut prendre pour valeurs de ce coefficient celles qui conviennent soit à l'arc parabolique, soit à l'arc circulaire de même ouverture, et de même montée, et qui, pour ce dernier, sont données par des tables dressées par M. Bresse, dont voici un extrait destiné à montrer comment il varie dans les limites ordinaires de la pratique. L'un des arguments de ces tables est le carré $\dfrac{r^2}{a^2}$ du rapport du rayon de gyration r de la section transversale à la demi-ouverture a. L'autre est, pour les arcs circulaires, le rapport de la longueur de l'arc à celui de la demi-circonférence à laquelle il appartient, rapport exprimé par $\frac{2\varphi}{\pi}$ si φ désigne l'angle formé avec la verticale par le rayon qui joint le centre du cercle à l'un des appuis. On peut y substituer, soit l'angle au centre total 2φ, soit, en vue de l'application à des arcs surbaissés non circulaires, le surbaissement $\frac{b}{2a}$, c'est-à-dire le rapport de la montée b à l'ouverture $2a$.

ANGLES au CENTRE 2φ	RAPPORT $\frac{2\varphi}{\pi}$	SURBAISSE-MENT $\frac{b}{2a}$	VALEURS DU RAPPORT $\frac{r^2}{a^2}$				
			0,0005	0,0010	0,0015	0,0020	0,0025
22°,50′	0,13	0,05	0,91	0,84	0,78	0,72	0,68
27°,20′	0,15	0,06	0,94	0,88	0,84	0,79	0,75
31°,50′	0,18	0,07	0,95	0,91	0,87	0,84	0,80
36°,20′	0,20	0,08	0,96	0,93	0,90	0,87	0,84
40°,50′	0,23	0,09	0,97	0,94	0,92	0,89	0,87
45°,15′	0,25	0,10	0,98	0,95	0,93	0,91	0,89
54°,0′	0,30	0,12	0,98	0,97	0,95	0,94	0,92
62°,35′	0,35	0,14	0,99	0,98	0,96	0,95	0,94
71°,0′	0,39	0,16	0,99	0,98	0,97	0,96	0,95
79°,10′	0,44	0,18	0,99	0,99	0,98	0,97	0,96
87°,15′	0,48	0,20	0,99	0,99	0,98	0,98	0,97

La valeur de ce coefficient correctif étant ainsi connue, la poussée sera déterminée si l'on en connaît ce que nous avons appelé la partie principale Q_1 qui a pour expression

$$(12) \qquad Q_1 = \frac{\displaystyle\int_0^l M_1\, y\, ds}{\displaystyle\int_0^l y^2\, ds}$$

et qui dépend du mode de répartition des charges, ainsi que de la forme de la courbe affectée par la fibre moyenne de l'arc.

306. Cas d'une charge uniformément répartie sur l'horizontale. — Lorsqu'il s'agit d'un arc surbaissé, qui peut être assimilé à une parabole, on peut, dans le cas d'une charge uniformément répartie sur l'horizontale, déterminer facilement la valeur de Q_i ; on a, dans ce cas,

$$M_i = pa\,(a-x) - p\,(a-x)\,\left(\frac{a-x}{2}\right) = \frac{p\,a^2}{2}\left(1 - \frac{x^2}{a^2}\right) = \frac{p\,a^2}{2\,b}\,y,$$

et par suite

$$\int_0^l M_i\,y\,ds = \frac{p\,a^2}{2\,b}\int_0^l y^2\,ds,$$

d'où

(13) $$Q_i = \frac{p\,a^2}{2\,b}.$$

Ce résultat pouvait être prévu. La partie principale de la poussée représente, comme nous l'avons dit, ce que serait la poussée si l'on ne tenait pas compte de la compression longitudinale F, ou si l'on supposait nul l'accourcissement de la fibre moyenne produit par cette compression. D'un autre côté, la fibre moyenne, sous l'action seule du moment fléchissant, ne change pas de longueur ; elle ne pourrait conserver sa longueur primitive que si, par la flexion, elle affectait une forme nouvelle, partie intérieure, partie extérieure à sa courbe primitive, et cela ne pourrait avoir lieu que si sa courbure devenait en certains points plus grande, en d'autres plus petite que sa courbure avant la flexion. Il faudrait, pour cela, que le moment fléchissant fût tantôt positif, tantôt négatif. Or, la courbe des pressions ou d'équilibre, pour une charge également répartie sur l'horizontale, est un arc de parabole à axe vertical qui passe par les deux points d'appui et qui ne peut être que tout entier extérieur, ou tout entier intérieur à l'arc parabolique affecté par la fibre moyenne. Le moment fléchissant a donc le même signe en tous les points de l'arc et celui-ci ne peut conserver sa longueur primitive que si ce moment est nul partout, c'est-à-dire que si la courbe d'équilibre coïncide avec la fibre moyenne de l'arc ; et alors, comme nous l'avons vu au chapitre précédent, la poussée a pour expression $\frac{pa^2}{2b}$. Ce sera donc aussi l'expression de la partie principale Q_i de la poussée pour un arc parabolique ou, approximativement, pour un arc surbaissé quelconque, chargé d'un poids p uniformément réparti suivant l'horizontale.

Nous avons désigné par K le coefficient de correction dont
es valeurs sont données au tableau de la page 501, et nous avons
ainsi, pour exprimer la poussée d'un arc dans ces conditions,
la formule

$$(14) \qquad Q = K. \frac{p\, a^2}{2\, b}.$$

307. Cas général. — Lorsqu'il s'agit d'un arc de forme
quelconque, chargé d'une manière uniforme ou non, le calcul
exact des intégrales $\int_0^l M_1 y\, ds$ et $\int_0^l y^2\, ds$ qui entrent dans l'expression de Q_1 ne peut plus, en général, se faire exactement. Dans
la pratique, on le fait par la méthode des quadratures, en divisant la longueur l de l'arc en un certain nombre de parties Δs pour
le point milieu de chacune desquelles on mesure ou on calcule
M_1 et y, et l'on fait les sommes des produits $M_1 y \Delta s$, $y^2 \Delta s$ pour
toute l'étendue de l'arc. Lorsqu'il s'agit d'arcs circulaires, ds
ainsi que les coordonnées x et y peuvent s'exprimer en fonction
de l'angle au centre et du rayon, et l'on peut effectuer exactement les intégrations, mais le calcul est extrêmement laborieux. Il a été fait par M. Bresse, à l'ouvrage duquel nous nous
bornerons à renvoyer, pour le cas d'une charge uniformément
répartie suivant l'horizontale ou suivant la longueur de la fibre
moyenne et pour celui d'un poids isolé, placé en un point quelconque de l'arc. M. Bresse a donné des tables numériques qui
dispensent de refaire les calculs et qui permettent, en appliquant le principe de la superposition des effets des forces, de calculer la partie principale de la poussée pour le cas d'une charge
placée d'une manière quelconque. On peut toujours, en effet,
quelle que soit la charge, la supposer divisée en un certain
nombre de parties que l'on considère comme des poids isolés
appliqués chacun au centre de gravité de la partie correspondante et qui donnent lieu à des poussées dont la table donne la
valeur. Nous donnons, à titre de renseignement, un extrait de
cette table. La partie principale Q_1 de la poussée due à un poids
isolé P agissant sur un arc circulaire, à une distance c du sommet de cet arc, est exprimée par $Q_1 = P.B$, le coefficient B étant
pris dans la table dont les arguments sont, d'abord, comme
dans la table précédente, soit l'angle 2φ, ou $\dfrac{2\varphi}{\pi}$, ou le surbaisse-

ment $\frac{b}{2a}$ et ensuite le rapport $\frac{c}{a}$ à la demi-ouverture a, de la distance c, au sommet de l'arc, du point où est appliqué le poids P.

ANGLES au CENTRE 2φ	RAPPORT $\frac{2\varphi}{\pi}$	SURBAISSE-MENT $\frac{b}{2a}$	VALEURS DU RAPPORT $\frac{c}{a}$					
			0,00	0,25	0,50	0,65	0,80	0,90
22°,50′	0,13	0,05	3,91	3,62	2,79	2,07	1,23	0,63
27°,20′	0,15	0,06	3,25	3,00	2,31	1,72	1,02	0,52
31°,50′	0,18	0,07	2,78	2,58	1,97	1,48	0,88	0,44
36°,30′	0,20	0,08	2,43	2,25	1,73	1,29	0,76	0,39
40°,20′	0,23	0,09	2,16	2,00	1,54	1,15	0,69	0,35
45°,15′	0,25	0,10	1,94	1,80	1,39	1,03	0,61	0,31
54°,0′	0,30	0,12	1,61	1,49	1,15	0,86	0,51	0,26
62°,35′	0,35	0,14	1,37	1,27	0,98	0,73	0,45	0,22
71°,0	0,39	0,16	1,19	1,11	0,86	0,64	0,38	0,19
79°,10′	0,44	0,18	1,06	0,98	0,76	0,57	0,33	0,17
87°,15′	0,48	0,20	0,94	0,87	0,68	0,51	0,29	0,15

308. Formule approximative pour les arcs surbaissés. — A défaut de cette table, lorsque l'arc est surbaissé, on peut trouver approximativement la valeur de la partie principale de la poussée correspondant à un poids isolé P de la manière suivante : soit ACB (fig. 246) l'arc symétrique et P le

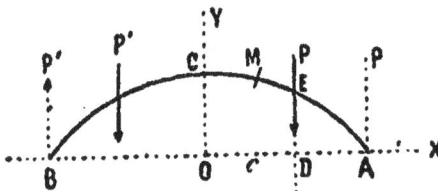

poids isolé qu'il a à supporter au point E situé à une distance horizontale OD $= c$ de son sommet C. Pour rétablir la symétrie des charges et rendre applicables les formules qui

Fig. 246.

précèdent, faisons supporter à l'autre demi-arc CB, un poids P′ égal à P et à même distance du sommet. La poussée totale due à ces deux poids sera évidemment double de celle qui serait due à l'un des deux pris isolément; et si nous désignons par Q, la partie principale de cette dernière, nous aurons.

$$2\,Q_1 = \frac{\displaystyle\int_0^l M_1\,y\,ds}{\displaystyle\int_0^l y^2\,ds}.$$

Le moment fléchissant M_1 dû aux forces verticales est ici facile à exprimer : l'arc étant symétriquement chargé, ces forces se réduisent, en effet, pour le demi-arc CA à la réaction verticale P de l'appui A et au poids isolé P. Le moment fléchissant M_1 en un point quelconque M dont l'abscisse est x, somme des moments de ces forces par rapport à ce point, a pour expression : $M_1 = P\,(a - x) - P\,(c - x) = P\,(a - c)$ lorsque l'abscisse du point M est inférieure à c, et $M_1 = P\,(a - x)$ lorsqu'elle est comprise entre c et a. La somme $\displaystyle\int_0^l$ doit donc se composer de deux parties $\displaystyle\int_0^{CE} P\,(a - c)\,y\,ds$ et $\displaystyle\int_{CE}^{EA} P\,(a - x)\,y\,ds$. Supposons maintenant que l'arc surbaissé puisse être assimilé à la parabole $y = b\left(1 - \dfrac{x^2}{a^2}\right)$ et que le surbaissement soit tel que nous puissions, sans grande erreur, substituer dx à ds tant au numérateur qu'au dénominateur de l'expression précédente, elle deviendra :

$$2\,Q_1 = \frac{\displaystyle\int_0^c P\,(a - c)\,b\left(1 - \frac{x^2}{a^2}\right)dx + \int_0^a P\,(a - x)\,b\left(1 - \frac{x^2}{a^2}\right)dx}{\displaystyle\int_0^a b^2\left(1 - \frac{x^2}{a^2}\right)^2 dx}.$$

En effectuant les intégrations, on trouve, toutes réductions faites :

$$2\,Q_1 = \frac{P\,b\left(\frac{5}{12}\,a^2 - \frac{c^2}{2} + \frac{c^4}{12\,a^2}\right)}{\frac{8}{15}\,a b^2};$$

d'où

(15) $$Q_1 = P.\frac{5}{64}.\frac{a}{b}\left(5 - 6\,\frac{c^2}{a^2} + \frac{c^4}{a^4}\right).$$

Cette expression, donnée par M. Darcel (*Annales des Ponts et Chaussées, 1862*), fournit, à très peu près, les mêmes résultats que les tables de M. Bresse; elle peut en tenir lieu dans la plupart des cas, et elle est d'autant plus exacte que les arcs sont plus surbaissés.

La partie principale Q_i de la poussée étant ainsi trouvée, soit par cette formule, soit par les tables, soit par le calcul direct des intégrales $\int_0^l M_i y\, ds$ et $\int_0^l y'\, ds$, on en déduira la valeur de la poussée Q en la multipliant par le coefficient de correction K dont nous avons indiqué plus haut la valeur et qu'on trouvera également dans les tables.

309. Poussée produite par la dilatation. — Nous avons laissé de côté la poussée provenant d'une variation de la température et que nous avons trouvée avoir pour valeur

(16)
$$Q_i = \frac{E\Omega r' a\, \alpha\, t}{\displaystyle\int_0^l y'\, ds + l r'^2}$$

Nous pouvons, à l'aide des hypothèses que nous avons faites, rendre cette expression plus simple. Nous supposons que l'arc surbaissé peut être assimilé approximativement à la parabole $y = b\left(1 - \frac{x'}{a'}\right)$ et qu'en raison du surbaissement nous pouvons substituer dx à ds et a à l; l'intégrale $\int_0^l y'\, ds$ peut alors (page 500) être remplacée par $\frac{8}{15} ab'$ et nous avons

(17)
$$Q_i = \frac{E\Omega \alpha\, t}{1 + \frac{8}{15}\frac{b'}{r'}}$$

expression d'une exactitude très suffisante pour les arcs surbaissés, qui sont ceux pour lesquels la poussée dont il s'agit doit, en général, être prise en considération. Dans les arcs peu surbaissés, elle est ordinairement négligeable, à l'exception peut-être de ceux de très grande dimension. On trouvera, dans les tables de M. Bresse, les valeurs calculées du coefficient par lequel il faut multiplier $\frac{E\Omega r'}{a'}$ pour obtenir la grandeur de cette poussée.

Il est bien évident que la poussée Q_i, dont nous venons de donner l'expression, serait la même si la dilatation $a \alpha t$, que nous avons attribuée à la température, était due à une autre cause quelconque ; et inversement, un rapprochement $\Delta a = a \alpha t$ des deux points d'appui A et B' de l'arc, produit par le calage de l'arc, le serrage des coins, produira le même effet que si l'arc s'était allongé de la quantité correspondante, et la poussée Q produite par cette diminution Δa de la distance des points d'appui, sera, en remplaçant αt par $\dfrac{\Delta a}{a}$:

(18)
$$Q = \frac{\Delta a}{a} \cdot \frac{E\Omega}{1 + \dfrac{8}{15}\dfrac{h^2}{r^2}}.$$

La poussée totale due aux diverses causes ayant été ainsi déterminée, nous donnera, comme nous l'avons dit, la valeur, en tous les points, du moment fléchissant, de l'effort de compression longitudinale et de l'effort tranchant, par conséquent tout ce qui est nécessaire pour calculer les dimensions de la section transversale.

310. Comparaison d'un arc surbaissé et d'une poutre droite.

— Dans le cas particulier que nous avons examiné, d'un arc surbaissé assimilable à un arc parabolique, chargé uniformément suivant l'horizontale, le moment fléchissant, en un point quelconque de la fibre moyenne, défini par les coordonnées x, y, est, comme nous l'avons vu : $M = M_1 - Qy$. Or M_1, dans ce cas, a pour valeur

$$M_1 = pa.(a - x) - p.(a - x)\left(\frac{a - x}{2}\right) = \frac{p}{2}(a^2 - x^2) = \frac{pa^2}{2b} \cdot y.$$

Q a la valeur $KQ_1 = K\dfrac{pa^2}{2b}$ que nous avons trouvée ; nous avons donc, pour le moment fléchissant en un point quelconque

$$M = \frac{pa^2}{2b}y - K\frac{pa^2}{2b}y = (1 - K)\frac{pa^2}{2b}y.$$

Ce moment est proportionnel à l'ordonnée y du point considéré. Il est donc nul aux appuis et maximum au sommet de l'arc, où il atteint la valeur

$$M = (1 - K)\frac{pa^2}{2}.$$

Dans une poutre droite posée sur les mêmes appuis, le moment fléchissant maximum, au milieu de la poutre, serait $\frac{pa^2}{8}$. Il sera donc, dans l'arc, plus grand ou plus petit que dans la poutre droite suivant que la fraction $(1 - K)$ sera plus grande ou plus petite que $\frac{1}{4}$. Or, si l'on consulte le tableau des valeurs de K, page 501, on verra qu'en général, sauf pour des arcs très surbaissés et dans lesquels le rapport $\frac{r^2}{a^2}$ serait grand, c'est-à-dire dans lesquels la section transversale serait très haute par rapport à l'ouverture, K est en général supérieur à $\frac{3}{4}$ ou 0,75. On peut même dire que, dans la plupart des cas, il est supérieur à 0,90, de sorte que $1 - K$ est inférieur à $\frac{1}{10}$ et que le moment fléchissant, au sommet d'un arc, est toujours très notablement inférieur à celui qui se produirait dans une poutre droite de même portée.

Pour des arcs d'un surbaissement moyen, d'environ $\frac{1}{7}$ ou $\frac{1}{8}$, et dans lesquels le rapport $\frac{r^2}{a^2}$ a sa valeur la plus ordinaire, de 0,0005 à 0,0010; K ne diffère de l'unité que de deux ou trois centièmes, et le moment fléchissant maximum, dans l'arc, s'exprime alors par $0,02 \frac{pa^2}{2}$ ou $0,03 \frac{pa^2}{2}$. Il n'est plus que le dixième, environ, de ce qu'il serait dans la poutre droite.

La section transversale ne peut cependant pas être réduite dans la même proportion, car la matière de l'arc doit résister, en outre, à l'effort de compression longitudinale qui n'existe pas dans la poutre. Cet effort, à l'inverse du moment fléchissant, est minimum au sommet de l'arc où il a la valeur de la poussée $K \frac{pa^2}{2b}$ et maximum aux naissances. Pour en obtenir la valeur en un point quelconque, on doit construire la courbe des pressions dont la tangente donnera, en direction, la résultante des efforts qui s'exercent en chaque point de la fibre moyenne. Or, la courbe des pressions est facile à déterminer. La distance verticale de chacun de ses points à ceux de la fibre moyenne multipliée par la poussée $K \frac{pa^2}{2b}$ doit donner le moment fléchissant $(1 - K)\frac{pa^2}{2b} y$;

cette distance verticale est donc égale à $\frac{1-K}{K}\,y$. Elle est proportionnelle aux ordonnées y de la parabole et au rapport $\frac{1-K}{K}$ que nous venons de trouver très petit. La courbe des pressions diffère donc, en général, très peu de la fibre moyenne et on peut, avec une approximation suffisante, pour ce qui est de la détermination de la compression longitudinale, considérer ces deux courbes comme se confondant. Alors la compression longitudinale, en un point quelconque de la fibre moyenne, s'obtiendra en menant à cette courbe sa tangente sur laquelle on prendra une longueur qui ait pour projection horizontale la poussée K $\frac{pa^2}{2b}$. connue. Si θ est l'angle de cette tangente avec l'horizontale, ou de la section transversale avec la verticale, la compression longitudinale F aura ainsi pour expression approximative :

$$F = \frac{Q}{\cos\theta} = K\,\frac{pa^2}{2\,b\cos\theta}.$$

Aux naissances, l'angle θ est maximum, ainsi que F ; dans l'arc parabolique on a, en ce point, $tg\,\theta = \frac{2b}{a}$ ou $\cos\theta = \frac{a}{\sqrt{a^2+4b^2}}$, et par suite la valeur maximum de la compression longitudinale est

$$F = K\,\frac{pa}{2b}\sqrt{a^2+4\,b^2}.$$

Il est à peine utile de faire remarquer que le moment fléchissant est positif dans toute l'étendue de l'arc, c'est-à-dire qu'il agit dans le même sens que dans une poutre droite placée sur les mêmes appuis. Il est représenté, dans les deux cas, par les coordonnées d'une parabole passant par les points d'appui et ayant son sommet au milieu de la portée.

La courbe des pressions, qui est aussi une parabole, est située tout entière au-dessus de la fibre moyenne.

311. Cas d'une charge isolée. — Si l'arc avait à supporter un poids isolé P, la courbe d'équilibre se composerait de deux droites inclinées, faciles à tracer dès que l'on connaît la poussée Q que nous venons d'apprendre à calculer.

Soit, en effet, ACB l'arc, et P, le poids appliqué en E. Ce poids est équilibré par les réactions des appuis dont les directions doivent, par conséquent, concourir en un même point G de la verticale qui le représente. Voici comment on peut, simplement, trouver ce point. Les composantes verticales AR, BS (fig. 247)

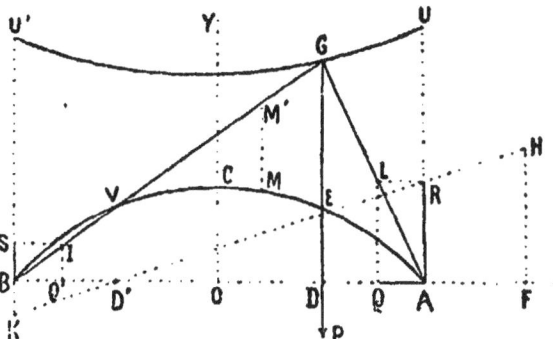

Fig. 247.

des réactions des appuis doivent, statiquement, équilibrer la force P, c'est-à-dire que l'on doit avoir $AR + BS = P$ et $\frac{AR}{BS} = \frac{DB}{DA}$. Prenons le point D' symétrique du point D par rapport au milieu, et à partir de ce point D' portons sur l'horizontale une longueur $D'F = AB$, puis élevons la verticale FH que nous prendrons égale à la force donnée P. Joignons HD' que nous prolongerons jusqu'à sa rencontre en K avec la verticale du point B, la longueur AR, interceptée sur la verticale du point A, représentera la composante verticale de la réaction de cet appui, et celle de l'appui D sera de même représentée par la longueur BK que nous aurons à porter en sens inverse, en BS. Ces composantes verticales étant connues, ainsi que la composante horizontale qui est la poussée Q et que nous porterons en BQ' et en AQ, nous donneront les réactions résultantes BI et AL qui concourront au point G de la direction de la force P.

La courbe des pressions ou d'équilibre est alors formée par l'ensemble des deux droites BG et GA, et le moment fléchissant, en un point quelconque M, a pour valeur le produit de la poussée Q par l'ordonnée verticale MM' comprise entre ces droites et la fibre moyenne. Dans ce cas, on voit qu'en général le moment fléchissant ne conserve pas le même signe dans toute l'étendue de l'arc; il change de signe en s'annulant au point V où la fibre moyenne est rencontrée par l'une des deux droites ; il pourrait y avoir deux changements de signe, si la seconde droite GA coupait aussi la fibre moyenne. Entre les points B et V, où le moment est négatif, la charge a pour effet d'augmenter la courbure de l'arc vers le bas.

Le maximum du moment fléchissant se produit, en général, au point E où la charge est appliquée. Il a pour valeur, en ce point, $Q \times GE$. Si c représente l'abscisse OD du point d'application de la force P, nous avons, par suite du parallélisme de GD et de LQ, $\dfrac{GD}{LQ} = \dfrac{DA}{QA} = \dfrac{a-c}{Q}$; or, LQ ou RA est la composante verticale de la réaction de l'appui A et nous avons $\dfrac{LQ}{RF} =$ $\dfrac{D'A}{D'F}$ ou bien $\dfrac{LQ}{P} = \dfrac{a+c}{2a}$. D'où $GD = \dfrac{P}{Q} \cdot \dfrac{a^2 - c^2}{2a}$ et, par suite, GE $= GD - DE = \dfrac{P}{Q} \cdot \dfrac{a^2 - c^2}{2a} - y$.

Le moment fléchissant M au point E a ainsi pour valeur $Q \times GE$, ou

$$M = P \cdot \frac{a^2 - c^2}{2a} - Qy.$$

que nous aurions pu déduire immédiatement de l'application de la formule générale $M = M_1 - Qy$, le moment M_1 des forces verticales se réduisant alors au moment de la composante verticale de la réaction du point A, laquelle a pour valeur $P \dfrac{a+c}{2a}$ et pour bras de levier $a - c$, de sorte que l'on a bien $M_1 = P \dfrac{a^2 - c^2}{2a}$.

312. Courbe enveloppe des courbes de pression. — Le lieu des points G, pour toutes les positions d'un même poids isolé, placé successivement en un point quelconque de l'arc, est une courbe telle que UU', appelée courbe enveloppe des courbes de pression. Considérons un point V quelconque de la fibre moyenne de l'arc, menons les droites AV, BV qui joignent ce point aux deux appuis et prolongeons-les jusqu'à leur rencontre en G, G' avec cette courbe enveloppe (la droite AV, qui ne rencontrerait pas cette courbe, n'a pas été tracée, et le point G' n'existe pas sur la figure) ; il est évident que tout poids placé dans la partie U'G donnera, au point V, un moment fléchissant positif, et qu'au contraire, tout poids placé dans la partie GU donnera, en ce même point, un moment négatif. Si donc nous considérons une charge répartie uniformément suivant l'horizontale sur une étendue plus ou moins grande de l'arc, cette charge donnera, au point V, le moment fléchissant positif maximum lorsqu'elle s'étendra depuis l'extrémité B jusqu'au point E correspondant au point G. Elle donnera, au même point, le moment fléchissant négatif maximum lorsqu'elle couvrira, au contraire, la partie AE. La courbe enveloppe des courbes de pression sert donc à déterminer, d'une manière très simple, les positions que l'on doit attribuer à la charge supposée mobile pour produire successivement, en chacun des points de l'arc, la plus grande valeur possible du moment fléchissant.

313. Détermination pratique des efforts en chaque point. — Quelle que soit d'ailleurs la répartition des charges, discontinues ou non, qui sont appliquées à un arc, l'application de la formule générale $M = M_1 - Qy$, qui donne le moment fléchissant en chaque point, permet de trouver facilement la valeur de ce moment. Il faut d'abord, et avant tout, calculer la valeur de la poussée Q. On décomposera, pour cela, la charge répartie en un certain nombre de portions que l'on considérera comme concentrées en leur centre de gravité, appliquées suivant les verticales de ces points, et que l'on traitera comme des charges isolées, P_1, P_2, P_3... (fig. 248). Puis on construira, avec une distance polaire $OH = Q$, le polygone funiculaire $BD_1 D_2 D_3$... A de ces charges isolées, et l'on ramènera la ligne finale de ce polygone à être horizontale et à coïncider avec la ligne AB des appuis. Alors, pour un point quelconque M, le moment

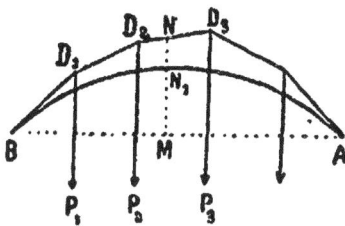

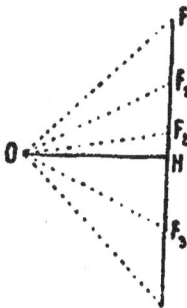

Fig. 248.

M_1, qui est, comme nous l'avons dit, le moment fléchissant des charges verticales supposées appliquées à une poutre droite de même portée que l'arc, sera représenté par le produit de la distance polaire $OH = Q$ par l'ordonnée MN de ce polygone funiculaire : $M_1 = Q \times MN$. Par conséquent, le moment fléchissant au point N_1 de l'arc, qui a pour expression $M = M_1 - Qy = M_1 - Q \times MN_1$, aura pour valeur $Q \times NN_1$. Le polygone $BD_1D_1....A$, ainsi construit, ne sera autre chose que la courbe d'équilibre, et on pourra s'en servir, comme nous l'avons dit dans le chapitre précédent, pour déterminer en chaque point le moment fléchissant, l'effort tranchant et celui de compression longitudinale.

314. Approximations successives. — On opère, généralement, pour les arcs, comme nous l'avons fait pour les poutres droites : on calcule la poussée en supposant l'arc à section constante, puis on se sert de la valeur trouvée pour calculer les dimensions variables de la section ; de même que, dans les poutres à plusieurs travées solidaires, nous avons calculé les moments fléchissants sur les appuis en supposant constante la section transversale de la poutre et que nous avons, ensuite, appliqué les valeurs trouvées au calcul des sections transversales supposées variables. Ce mode de calcul donne, presque toujours, une exactitude suffisante.

Cependant pour les très grands arcs, il peut être utile de chercher une approximation plus grande. On l'obtient facilement, lorsque l'on a, par un premier calcul, déterminé provisoirement l'étendue et les dimensions des sections transversales, en recommençant le calcul de la poussée par la formule générale, et en calculant les intégrales définies par la méthode des quadratures. Au lieu de faire sortir, comme plus haut, du signe d'intégration les quantités Ω et I que nous avons considérées comme constantes, on les y laisse, et ayant divisé la longueur de l'arc en un certain nombre de parties Δs, on calcule, pour le point milieu de chacune d'elles, la valeur de la fonction de M_1, y, Ω, I, qui doit être intégrée, et on fait la somme des produits d'une façon presque aussi simple que dans le cas d'une section constante. On trouve ainsi une nouvelle valeur, plus exacte, de la poussée ; on en déduit les valeurs correspondantes des efforts dans les diverses sections et l'on s'assure que les dimensions qui leur ont été attribuées sont convenables, ou bien on les modifie

33

en conséquence. Il est rare, si le premier calcul a été bien conduit, que l'on ait à faire, aux dimensions qu'il a données, des
modifications importantes ; s'il en était autrement, il serait prudent de recommencer encore une fois le calcul et de déterminer
une troisième valeur de la poussée sur laquelle on opérerait
comme sur les précédentes.

315. Circonstances principales de la déformation.
— La valeur de la poussée, une fois connue, permet, au moyen
des formules générales, de déterminer les circonstances principales de la déformation de l'arc. Par exemple, dans le cas que
nous avons considéré, d'un arc symétrique et symétriquement
chargé, la seconde de ces formules générales (4), page 494, nous
donnerait, en fonction de quantités connues, la valeur de $y'_0 - y_0$
qui représente le déplacement vertical du point C, correspondant
à la flèche de flexion des poutres droites et que nous représenterons par f, en mesurant f de haut en bas, c'est-à-dire en sens
contraire de y, ce qui revient à faire $y'_0 - y_0 = -f$; nous aurons,
en remarquant que $y'_1 - y_1 = 0$, $0'_0 - 0_0 = 0$, $x_1 = a$, $y_0 = b$ et
$y_1 = 0$:

(19)
$$f = \int_0^l \frac{M(a-x)}{EI} \, ds - \int_0^l \frac{F \, dy}{E\Omega} - alb.$$

Laissons de côté l'influence de la variation de la température
en faisant $t = 0$. Négligeons aussi d'abord la variation de flèche
produite par l'effet de la compression longitudinale F, l'expression
de la flèche se réduira à $f = \int_0^l \frac{M(a-x)}{EI} \, ds$, laquelle sera, en
général, suffisamment exacte. Nous calculerons la flèche en
mettant pour M sa valeur $M_1 - Qy$, où M_1 est, comme nous l'a-
vons vu, le moment fléchissant des forces verticales, y compris
la réaction verticale des appuis, et Q la valeur trouvée de la
poussée.

Appliquons cette formule au cas d'un arc surbaissé, que
nous pourrons assimiler à la parabole $y = b \left(1 - \frac{x^2}{a^2}\right)$, chargé
uniformément suivant l'horizontale à raison de p par unité de
longueur. Le moment fléchissant M_1, par rapport à un point dont
l'abscisse est x, a pour valeur :

$$M_1 = pa.(a-x) - p.\frac{a-x}{2}.(a-x) = \frac{p}{2}(a^2-x^2) = \frac{pa^2}{2b}y.$$

nous avons donc :

$$M = M_1 - Qy = \left(\frac{pa^2}{2b} - Q\right)y = \left(\frac{pa^2}{2b} - Q\right)b\left(1 - \frac{x^2}{a^2}\right).$$

Introduisons cette valeur de M dans l'expression de f et intégrons, en remplaçant, comme nous l'avons fait, ds par dx, nous avons :

$$f = \left(\frac{pa^2}{2b} - Q\right)\frac{b}{EI}\int_0^a \left(1 - \frac{x^2}{a^2}\right)(a-x)\,dx = \left(\frac{pa^2}{2b} - Q\right)\frac{b}{EI}.\frac{5}{12}a^2.$$

Or, dans le cas dont il s'agit, d'un arc surbaissé, chargé uniformément suivant l'horizontale, nous avons trouvé, pour la valeur (14) de la poussée Q,

$$Q = K.\frac{pa^2}{2b} = \frac{pa^2}{2b}\left(\frac{1}{1 + \frac{15}{8}\frac{r^2}{b^2}}\right)$$

en prenant, pour le coefficient correctif K, la valeur (11 *bis*) approximative que nous avons donnée (page 500). Mettant pour Q cette valeur, dans l'expression de f, nous obtenons enfin, en remplaçant aussi I par Ωr^2,

$$f = \frac{5\,a^2\,b}{12\,EI}.\frac{pa^2}{2b}.\frac{\frac{15}{8}\frac{r^2}{b^2}}{1 + \frac{15}{8}\frac{r^2}{b^2}} = \frac{25}{64}\frac{pa^4}{E\Omega b^2}.\frac{1}{1 + \frac{15}{8}\frac{r^2}{b^2}}.$$

Comme la flèche f est généralement petite, on peut avec une approximation suffisante négliger le dernier terme et écrire simplement :

(20) $$f = \frac{25}{64}\frac{pa^4}{E\Omega b^2};$$

Cette formule n'est plus, au contraire, assez exacte lorsque l'arc n'est pas surbaissé. On doit alors effectuer les intégrations indiquées, soit exactement lorsque cela est possible, soit par la méthode des quadratures. Pour les arcs circulaires, on trouvera les résultats de ces intégrations dans l'ouvrage de M. Bresse.

A la même approximation que nous avons admise jusqu'ici, un arc surbaissé, assimilé à une parabole, qui ne serait soumis à aucune charge, mais aux extrémités A et B duquel on exercerait une poussée horizontale Q, subirait une flexion par suite de laquelle son sommet C se déplacerait d'une quantité f donnée par la formule ci-dessus $f = \int_0^l \frac{M(a-x)}{EI} \, ds$ dans laquelle on mettrait pour M le moment fléchissant en chaque point, lequel, dans cette hypothèse, se réduit à $-\,Q\,y$. On aurait donc alors

$$f = -\frac{Q}{EI} \int_0^l (a-x) \, y \, ds,$$

ou bien, en mettant pour y sa valeur $b\left(1 - \frac{x^2}{a^2}\right)$ et dx pour ds

$$(21) \qquad f = -\frac{Qb}{EI} \int_0^a (a-x)\left(1 - \frac{x^2}{a^2}\right) dx = -\frac{Q}{EI}\cdot\frac{5}{12}\,ba^2.$$

Le signe — indique ici un relèvement, puisque nous comptons la flèche f de haut en bas. Le sommet se relève lorsque la poussée Q est positive, c'est-à-dire tend à rapprocher les deux extrémités de l'arc ; il s'abaisse dans le cas contraire.

Nous avons laissé de côté la flèche produite par une variation de température. Si l'arc était absolument libre en tous ses points, sans être soumis à aucune action extérieure, une augmentation de température de t degrés centigrades augmenterait toutes ses dimensions de $\alpha\,t$ par unité de longueur et la montée $OC = b$ se trouverait augmentée de $b\alpha t$.

Mais si les extrémités A et B sont fixes, cette variation de température développe, de la part des appuis, une poussée Q dont l'effet s'ajoute à celui de la température pour élever le sommet de la quantité qui vient d'être calculée $\frac{5Qba^2}{12EI}$, et le sommet se trouve ainsi déplacé, en totalité, de $b\alpha t + \frac{5Qba^2}{12EI} = -\,]f$. Or, la poussée Q, produite par la variation t de la température, est égale, d'après (17), à

$$Q = \frac{E\Omega\alpha t}{1 + \frac{8}{15}\frac{b^2}{r^2}};$$

substituons dans l'expression de — f, il vient

$$-f = b\alpha t\left(1 + \frac{5E\Omega a^2}{12EI\left(1 + \frac{8}{15}\frac{b^2}{r^2}\right)}\right) = b\alpha t\left(1 + \frac{25a^2}{32b^2}\cdot\frac{1}{1 + \frac{15r^2}{8b^2}}\right).$$

On peut encore ici négliger le dernier terme correctif et écrire simplement :

$$-f = b \, \alpha \, t \left(1 + \frac{25 a'^2}{32 b^2} \right).$$

Cette expression est susceptible de recevoir une forme plus simple. Désignons par ρ le rayon du cercle qui passerait par les trois points A,C,B, c'est-à-dire de l'arc de cercle qui aurait même flèche, $2a$, même montée b que l'arc considéré ; nous aurons $\rho = \frac{a^2 + b^2}{2b}$, et, par suite,

$$-f = \alpha t \left(\frac{25 a^2 + 25 b^2 + 7 b^2}{32 b} \right) = \alpha t \left(\frac{25}{16} \rho + \frac{7}{32} b \right).$$

En général, et surtout lorsqu'il s'agit d'arcs surbaissés, ρ est grand par rapport à b, le second terme de la parenthèse n'est donc qu'une petite fraction du premier et en le négligeant encore on arrive à la formule

(22) $$-f = \frac{25}{16} \alpha \, t \rho.$$

qui est suffisamment exacte pour la pratique lorsqu'on ne considère que des arcs surbaissés. On voit qu'une élévation de température produit un relèvement du sommet de l'arc, et inversement.

La seconde des formules générales (5) donnerait de même l'angle $\theta'_1 - \theta_1$ dont la fibre moyenne de l'arc s'est inclinée aux naissances, et la précédente, la modification de longueur $s'_1 - s_1$ qu'elle a subie ; mais ces résultats n'ont qu'un intérêt médiocre.

316. Arcs encastrés aux naissances. — Au lieu de supposer l'arc simplement posé sur ses points d'appui, et pouvant pivoter librement sur eux, nous aurions pu le supposer encastré aux naissances. Les appuis, par analogie avec ce que nous avons dit de l'encastrement des poutres, donnent lieu alors, non seulement à des réactions qui passent par ces points, mais encore à des couples agissant sur la fibre moyenne à la manière du moment fléchissant et qui ont pour effet de maintenir sa direction absolument invariable.

La solution du problème, dans ce cas, ne serait pas plus difficile que dans celui où l'arc est simplement posé sur ses appuis, et elle serait encore donnée par les mêmes formules générales.

Nous allons en indiquer les résultats principaux, pour le cas d'un arc symétrique et symétriquement chargé, de section constante, dont nous assimilerons (pour faciliter les intégrations) la fibre moyenne à un arc de parabole, et assez surbaissé pour que nous soyons autorisé à remplacer *ds* par *dx* comme nous l'avons fait dans ce qui précède. Nous suivrons la même marche et les mêmes raisonnements, dont nous ne répéterons que ce qui sera strictement nécessaire.

La première des formules générales (4) et la seconde des formules (5) appliquées au cas dont il s'agit, c'est-à-dire en y faisant $x'_1 - x_1 = 0$, $x'_0 - x_0 = 0$, $\theta'_0 - \theta_0 = 0$, $\theta'_1 - \theta_1 = 0$, $y_1 = 0$, $x_1 = a$, $x_0 = 0$, $s_0 = 0$, $s_1 = l$, deviennent

$$(23) \qquad \int_0^l \frac{My\,ds}{EI} - \int_0^a \frac{F}{E\Omega}\,dx + a\alpha t = 0; \qquad \int_0^l \frac{M\,ds}{EI} = 0.$$

La réaction de chaque appui étant une force et un couple, si nous décomposons la force, passant par le point d'appui, suivant les deux directions horizontale et verticale, la composante verticale P devra, comme dans le cas de l'arc appuyé, être égale, en valeur absolue, à la somme des charges qui agissent sur chacun des demi-arcs ; nous devons donc la considérer comme connue. La composante horizontale, Q, composée avec le couple, donnera une résultante horizontale de même grandeur Q, mais située à une distance verticale $z = AD$ (fig. 249) du point d'appui, telle que le produit Qz soit égal au moment du couple. Ces deux quantités Q et z sont les deux inconnues du problème ; et nous avons, pour les déterminer, les deux équations que nous venons d'écrire et où nous allons les intro-

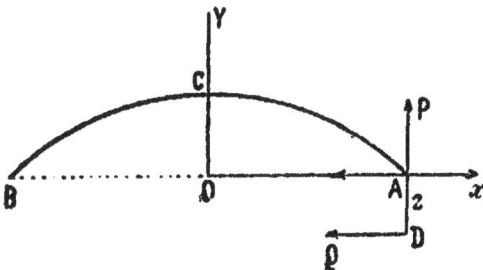

Fig. 249.

duire explicitement. Nous compterons les z positifs de haut en bas, en sens inverse des y.

Substituons, dans ces équations (23), $M_1 - Q(z + y)$ à M et $Q\,ds$ à $F\,dx$, elles deviennent :

$$(24) \quad \begin{cases} \displaystyle\int_0^l \frac{M_1\, y\, ds}{EI} + a\,\alpha\,t = Qz \int_0^l \frac{y\, ds}{EI} + \frac{Q}{EI} \int_0^l \frac{y'\, ds}{EI} + Q \int_0^l \frac{ds}{E\Omega}, \\[2ex] \displaystyle\int_0^l \frac{M_1\, ds}{EI} = Qz \int_0^l \frac{ds}{EI} + Q \int_0^l \frac{y\, ds}{EI}. \end{cases}$$

Ω et I étant regardés comme constants, y remplacé par $b\left(1 - \dfrac{x^2}{a^2}\right)$

et ds par dx, on a : $\displaystyle\int_0^l y\, ds = \frac{2}{3} ab$, $\displaystyle\int_0^l y'\, ds = \frac{8}{15} ab'$, et $\displaystyle\int_0^l ds = a$,

et par suite,

$$\frac{1}{EI} \int_0^a M_1\, y\, dx + a\,\alpha\,t = \frac{Qz}{EI} \cdot \frac{2}{3} ab + \frac{Q}{EI} \cdot \frac{8}{15} ab' + \frac{Qa}{E\Omega},$$

$$\frac{1}{EI} \int_0^a M_1\, dx = \frac{Qz}{EI}\, a + \frac{Q}{EI} \cdot \frac{2}{3} ab.$$

Posant encore $I = \Omega\, r^2$, r étant le rayon de giration de la section transversale, il vient :

$$(25) \quad \begin{cases} \displaystyle\frac{1}{a} \int_0^a M_1\, y\, dx + E\,\Omega\, r^2\, \alpha\, t = \frac{2}{3} Qzb + \frac{8}{15} Qb' + Qr^2, \\[2ex] \displaystyle\frac{1}{a} \int_0^a M_1\, dx = Qz + \frac{2}{3} Qb. \end{cases}$$

Éliminant z, il reste, pour déterminer Q, l'équation

$$\frac{1}{a} \int_0^a M_1\, y\, dx - \frac{2\,b}{3\,a} \int_0^a M_1\, dx + E\,\Omega\, r^2\, \alpha\, t = Q\left(\frac{4}{15} b' + r^2\right).$$

Le dernier terme du premier membre nous donne immédiatement la valeur de la poussée due à une variation de la température, et que nous avons désignée plus haut par Q_t; nous avons ici

$$(26) \qquad Q_t = \frac{E\,\Omega\, \alpha\, t}{1 + \dfrac{4}{45}\dfrac{b^2}{r^2}}. \qquad [1]$$

---

1. M. Résal, à la page 453 de son *Traité des Ponts métalliques*, donne à tort, pour cette valeur Q_t de la poussée produite par la dilatation, la formule

$$Q_t = \frac{E\,\Omega\, \alpha\, t}{\dfrac{b^2}{5} + r^2}$$

comme se déduisant de la formule générale établie par lui pour les arcs circulaires à section constante et qui est (page 452 du même ouvrage) :

Laissons de côté cette partie de la poussée, en supposant la température constante, nous avons alors

$$(27) \qquad Q = \frac{3\int_0^a M_1 y\,dx - 2b\int_0^a M_1\,dx}{\dfrac{4ab^3}{15}\left(1 + \dfrac{45}{4}\dfrac{r^2}{b^2}\right)}.$$

La poussée se présente donc encore comme formée d'une partie principale Q_1 qui aurait pour expression

$$(28) \qquad Q_1 = \frac{3\int_0^a M_1 y\,dx - 2b\int_0^a M_1\,dx}{\dfrac{4ab^3}{15}},$$

et qui devrait être multipliée, pour donner la poussée totale, par

$$Q = \frac{EIa l}{\rho^3}\cdot\frac{1}{\dfrac{\varphi}{\sin\varphi}\left(\dfrac{1}{2}+\dfrac{r^3}{\rho^3}\right)+\dfrac{\cos\varphi}{2}-\dfrac{\sin\varphi}{\varphi}} = \frac{EIal}{\rho^3\left(\dfrac{\varphi}{2\sin\varphi}+\dfrac{\cos\varphi}{2}-\dfrac{\sin\varphi}{\varphi}\right)+\dfrac{r^3\varphi}{\sin\varphi}}$$

Nous avons signalé cette erreur à M. Résal, qui l'a reconnue en refaisant son calcul de la manière suivante :

Si, dans cette formule, on suppose l'angle φ assez petit pour négliger les puissances de $\sin\varphi$ supérieures à la 4e, on a, en vertu de formules connues :

$$\varphi = \sin\varphi + \frac{1}{6}\sin^3\varphi + \frac{3}{40}\sin^5\varphi + \dots$$

$$\cos\varphi = 1 - \frac{1}{2}\sin^2\varphi - \frac{1}{8}\sin^4\varphi + \dots$$

$$\frac{\sin\varphi}{\varphi} = 1 - \frac{1}{6}\sin^2\varphi - \frac{17}{360}\sin^4\varphi + \dots$$

On en déduit

$$\frac{\varphi}{2\sin\varphi}+\frac{\cos\varphi}{2}-\frac{\sin\varphi}{\varphi} = \left(\frac{1}{2}+\frac{1}{2}-1\right)+\left(\frac{1}{12}-\frac{1}{4}+\frac{1}{6}\right)\sin^2\varphi$$

$$+\left(\frac{3}{80}-\frac{1}{16}+\frac{17}{360}\right)\sin^4\varphi + \dots = \frac{1}{45}\sin^4\varphi + \dots$$

Nous avons donc

$$Q = \frac{EIal}{\dfrac{r^3\sin^4\varphi}{45}+\dfrac{r^3\varphi}{\sin\varphi}};$$

Mais, d'un autre côté, l'on a $b = \rho\,(1 - \cos\varphi) = \rho\,\dfrac{\sin^2\varphi}{2}$ en négligeant $\sin^4\varphi$ devant $\sin^2\varphi$, ou bien $\rho\sin^2\varphi = 2b$, soit $\rho^2\sin^4\varphi = 4b^2$.

Si, enfin, on remplace $\dfrac{r^3\varphi}{\sin\varphi}$ par r^2, on trouve bien :

$$Q = \frac{EIal}{\dfrac{4}{45}b^2 + r^2}.$$

Cette rectification conduit à modifier un peu les conclusions que M. Résal tire un coefficient correctif K' plus petit que l'unité, et ayant pour valeur

(29)
$$K' = \frac{1}{1 + \frac{45}{4}\frac{r^2}{b^2}}.$$

Nous allons, comme nous l'avons fait pour le cas d'un arc appuyé, calculer la partie principale de la poussée pour le cas d'une charge également répartie suivant l'horizontale. On a alors

$$M_t = \frac{pa^2}{2}\left(1 - \frac{x^2}{a^2}\right), \quad \int_0^a M_t\,y\,dx = \frac{4pa^3b}{15}, \text{ et } \int_0^a M_t\,dx = \frac{pa^3}{3}.$$

Il en résulte, toutes réductions faites,

$$Q_t = \frac{pa^2}{2\,b},$$

de sa formule. Ainsi, lorsque r^2 est très petit par rapport à b^2, l'encastrement augmente la poussée due à la dilatation dans le rapport de $\frac{8}{15}$ à $\frac{4}{45}$ soit de 6 à 1. La poussée est donc *sextuplée* et non simplement triplée comme le dit M. Résal (bas de la p. 453 et 1re ligne de la p. 454). Le tableau qu'il donne, p. 454, pour comparer les moments fléchissants dans l'arc articulé et dans l'arc encastré, doit être corrigé de la manière suivante :

EFFETS DE LA DILATATION.	ARC ARTICULÉ.	ARC ENCASTRÉ.
Poussée	$EI\,a\,l\,\dfrac{1}{r^2 + \frac{8}{15}b^2}$	$EI\,a\,l\,\dfrac{1}{r^2 + \frac{4}{45}b^2}$
Moment fléchissant aux naissances, $y = 0$.	0	$-EI\,a\,l\,\dfrac{b}{\frac{3}{2}r^2 + \frac{2}{15}b^2}$
— — aux reins, $y = \frac{2}{3}b$.	$+EI\,a\,l\,\dfrac{b}{\frac{3}{2}r^2 + \frac{1}{5}b^2}$	0
— — à la clef, $y = b$.	$+EI\,a\,l\,\dfrac{b}{r^2 + \frac{8}{15}b^2}$	$+EI\,a\,l\,\dfrac{b}{3r^2 + \frac{4}{15}b^2}$

Le moment fléchissant à la clef ne serait donc, dans l'arc encastré, plus faible que dans l'arc articulé, que si l'on avait $r^2 > \frac{2}{15}b^2$, ce qui n'a pas lieu généralement : r^2 est toujours beaucoup plus petit que b^2 et inférieur aux $\frac{2}{15}$ de cette quantité. *Le moment fléchissant à la clef est donc toujours plus grand dans l'arc encastré que dans l'arc articulé.*

comme dans le cas d'un arc appuyé. Seulement le coefficient correctif K' est plus petit que celui K qui correspond à l'arc reposant simplement sur ses appuis.

Le bras de levier z de la poussée est donné par la seconde équation (25) d'où l'on tire :

$$z = -\frac{2}{3}b + \frac{1}{aQ}\int_0^a M_t\, dx = \frac{2b}{3}\cdot\frac{45}{4}\frac{r^2}{b^2},$$

et par conséquent, le moment d'encastrement Qz a pour valeur

$$(30)\; Qz = \frac{pa^2}{2b}\cdot\frac{2b}{3}\cdot\frac{45}{4}\frac{r^2}{b^2}\cdot\frac{1}{1+\frac{45}{4}\frac{r^2}{b^2}} = \frac{15\,pa^2\,r^2}{4b^2}\cdot\frac{1}{1+\frac{45}{4}\frac{r^2}{b^2}} = K'\frac{15\,pa^2\,r^2}{4b^2}.$$

Le point où le moment fléchissant s'annulera sera donné par l'équation

$$M_t = Q(z+y). \quad \text{Or } M_t = \frac{pa^2}{2b}y, \text{ et } Q = K'\frac{pa^2}{2b};$$

on en déduit

$$y = K'(z+y) \text{ ou } y = z.\frac{K'}{1-K'} = z.\frac{1}{\frac{45\,r^2}{4b^2}} = \frac{2b}{3}.$$

L'ordonnée du point où le moment fléchissant s'annule est

M. Résal est alors amené à modifier, ainsi qu'il suit, les conclusions de la page 435 :

Le moment fléchissant est plus considérable, pour le cas de l'encastrement que pour celui de la double articulation, dans le voisinage de la clef aussi bien que dans le voisinage des naissances. Cette infériorité de l'encastrement est d'autant plus marquée que le rayon de giration r de la section transversale de l'arc est plus petit. Dans le cas limite où l'on considère r^2 comme nul ou comme absolument négligeable devant une fraction quelconque de b^2, les zones pour lesquelles l'encastrement donne lieu à un travail à la flexion plus important que la double articulation, sont comprises entre les limites suivantes :

à la clef $y = b,$ $y = \frac{4b}{5} = 0,80\,b;$

aux naissances $y = \frac{4}{7}b = 0,57\,b,$ $y = 0.$

Au contraire, dans la zone centrale, correspondant aux reins de l'arc, comprise entre les limites $y = \frac{3b}{5}$ et $y = \frac{4b}{5}$, le moment fléchissant est toujours plus fort dans le cas de l'articulation que dans le cas de l'encastrement. Cette zone, très restreinte dans l'hypothèse limite $r = 0$, est, dans les conditions pratiques, d'autant plus étendue que le rapport $\frac{r^2}{b^2}$ est plus élevé. Si, par exemple, l'on a $r^2 = \frac{1}{15}b^2$, ce qui est probablement une limite supérieure, très rarement atteinte, de donc les $\frac{2}{3}$ de l'ordonnée b du sommet de l'arc, et par suite l'abscisse x est égale à $\frac{a}{\sqrt{3}}$ ou à peu près $\frac{4}{7} a$.

La partie principale Q_1 de la poussée due à un poids isolé P appliqué à une distance horizontale c du sommet sera, comme ci-dessus, la moitié de la partie principale $2Q_1$ de la poussée due à ce poids et à un autre placé symétriquement, et l'on aura en appliquant la formule générale :

$$2Q_1 = \frac{3\int_0^a M_1 y\,dx - 2b\int_0^a M_1\,dx}{\frac{4ab^2}{15}}.$$

Et en mettant pour M_1 sa valeur qui est $P(a-c)$ pour x compris entre 0 et c et $P(a-x)$ pour x compris entre c et a, on aura

$$2Q_1 = \frac{3\int_0^c P(a-c)y\,dx + 3\int_c^a P(a-x)y\,dx - 2b\int_a^c P(a-x)dx - 2b\int_c^a P(a-x)dx}{\frac{4ab^2}{15}}$$

la valeur de r, on trouve que la zone centrale, pour laquelle l'encastrement diminue le moment fléchissant, est comprise entre les limites :

$$y = \frac{9}{10} b = 0,90 b \text{ et } y = \frac{9}{17} b = 0,53 b.$$

Il en résulte que l'on ne doit jamais attribuer une section constante aux arcs encastrés, et qu'il faut toujours adopter la disposition indiquée par la figure 277, page 464.

D'autre part, il est bien certain qu'il n'y a pas toujours avantage, au point de vue de la température, à encastrer les arcs aux naissances. C'est une question d'espèce à examiner, le cas échéant. Toutefois, lorsque l'arc présente une très grande rigidité, correspondant à une valeur notable de r, et qu'il est très surbaissé, l'encastrement peut présenter, à ce point de vue, une supériorité réelle sur la double articulation, ce qui offre d'autant plus d'intérêt que c'est dans ce cas des arcs très rigides et très surbaissés que les efforts moléculaires dus à la température peuvent atteindre une valeur considérable. Dans le cas où r est très petit et b très grand, l'articulation est préférable, mais, comme, alors, les efforts produits par les variations de température sont toujours insignifiants, les dispositions des retombées ne peuvent avoir d'influence sensible sur les conditions de résistance de l'arc.

M. Résal se sert plus loin, page 468 et suivantes, de la formule qu'il a trouvée pour Q_1, à l'effet d'examiner la valeur d'un système particulier d'arc, imaginé par M. Cadiat. Les conclusions qu'il en tire sont a fortiori incontestables, la valeur de la poussée qui résulte de la formule exacte étant supérieure à celle que donne la formule erronée.

En faisant les intégrations et réduisant, il viendra

$$(31) \qquad Q_{,} = P . \frac{15\,a}{32\,b}\left(1 - \frac{c^{*}}{a^{*}}\right)^{*}.$$

Cette expression est, pour les arcs encastrés, analogue à celle (15) donnée par M. Darcel pour les arcs articulés aux naissances.

Nous avons trouvé pour la poussée due à une élévation de température de t degrés centigrades :

$$(32) \qquad Q_{,} = \frac{E\,\Omega\,\alpha\,t}{1 + \frac{4}{45}\frac{b^{*}}{r^{*}}}.$$

L'ordonnée z du point d'application de cette poussée se trouve d'après la seconde équation (25), dans laquelle on fait $M_{,} = 0$, puisque l'on suppose l'arc soustrait à toute autre influence que celle de la température. On en déduit $z = -\frac{2}{3}\,b$, c'est-à-dire que l'ordonnée de la poussée est égale aux $\frac{2}{3}$ de celle du sommet de la parabole, et située du même côté que ce sommet (puisque nous comptons les z en sens inverse des y). Dans ce cas, la courbe des pressions se réduit à la droite horizontale $y = \frac{2}{3}\,b$, et le moment fléchissant est nul aux points de l'arc situés sur cette droite, c'est-à-dire précisément aux mêmes points où il s'annule sous l'action d'une charge uniformément répartie suivant l'horizontale.

Tous ces résultats, que nous trouvons approximativement pour des arcs surbaissés assimilables à une parabole, s'appliquent avec une exactitude très suffisante dans la pratique aux arcs circulaires encastrés, ainsi que M. Résal l'a établi dans son traité des *Ponts métalliques* par des calculs laborieux, analogues à ceux qu'avait faits M. Bresse pour les arcs simplement appuyés.

Nous pouvons en déduire la valeur du moment fléchissant M en un point quelconque.

Nous avons, dans ce cas, $M = M_{,} - Q\,(z + y)$. Or, pour une charge uniformément répartie suivant l'horizontale,

$$M_{,} = \frac{pa^{*}}{2b}\,y \quad \text{et} \quad Q = K'\,\frac{pa^{*}}{2b}.$$

Par conséquent

$$M = \frac{pa^2}{2b} y - K' \frac{pa^2}{2b} (z + y) = \frac{pa^2}{2b} [y (1 - K') - K' z].$$

ou bien, en remplaçant K' et z par leurs valeurs

$$K' = \frac{1}{1 + \frac{45}{4} \frac{r^2}{b^2}}, \text{ et } z = \frac{2b}{3} \cdot \frac{45}{4} \frac{r^2}{b^2},$$

(33) $$M = \frac{pa^2}{2b} \left(y - \frac{2}{3} b \right) \frac{1}{1 + \frac{4}{45} \frac{b^2}{r^2}}.$$

Le moment fléchissant, en chaque point, est proportionnel à $\left(y - \frac{2}{3} b \right)$, c'est-à-dire aux ordonnées M N (fig. 250) de la fibre moyenne, mesurées à partir de la droite D E menée parallèlement à l'axe des x, à une distance $A E = \frac{2}{3} OC$. Le moment flé-

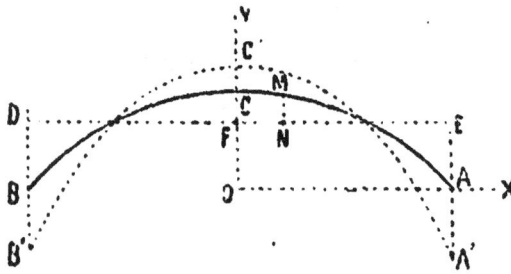

Fig. 250.

chissant sera donc représenté par une courbe telle que B' C' A', dont les ordonnées par rapport à cette ligne D E seront celles de la fibre moyenne amplifiées dans une certaine proportion. Le moment fléchissant aux naissances sera, par conséquent, double de ce qu'il sera au sommet, puisque A E = 2 C F. Sa valeur au sommet sera, en faisant $y = b$,

(34) $$M = \frac{pa^2}{6} \cdot \frac{1}{1 + \frac{4}{45} \frac{b^2}{r^2}};$$

et aux naissances, ou pour $y = 0$,

(35) $$M = -\frac{pa^2}{3} \frac{1}{1 + \frac{4}{45} \frac{b^2}{r^2}}.$$

valeur double de la précédente, et égale (bien qu'exprimée sous une autre forme) à celle (30) que nous avons donnée plus haut du moment d'encastrement.   •

Lorsque, dans l'une ou l'autre de ces expressions, on fait $b = 0$, ce qui transforme l'arc en une poutre droite encastrée, on trouve, pour le moment fléchissant au milieu de la poutre $M = \dfrac{pa^2}{6}$, et aux extrémités $M = \dfrac{pa^2}{3}$, ce qui concorde bien avec ce que nous avons trouvé pour la poutre droite.

317. Comparaison des arcs encastrés et des arcs articulés. — Dans l'arc appuyé à ses deux extrémités, nous avons trouvé que le moment fléchissant maximum, au sommet, avait pour valeur

$$M = (1 - K) \frac{pa^2}{2} = \frac{pa^2}{2} \cdot \frac{1}{1 + \dfrac{8b^2}{15r^2}};$$

nous trouvons, pour l'arc encastré

$$M = \frac{pa^2}{6} \cdot \frac{1}{1 + \dfrac{4b^2}{45r^2}}.$$

Ces deux quantités sont égales pour $2 + \dfrac{16}{15}\dfrac{b^2}{r^2} = 6 + \dfrac{24}{15}\dfrac{b^2}{r^2}$ ou pour $\dfrac{b^2}{r^2} = 7,5$ soit $\dfrac{b}{r} = 2,74$. Cette valeur exceptionnellement faible du rapport $\dfrac{b^2}{r^2}$ ne pourrait être réalisée que dans un arc extrêmement surbaissé. En général, ce rapport est beaucoup plus grand et le moment fléchissant, dans l'arc simplement appuyé, est plus faible que dans l'arc encastré. Par exemple, si l'on a seulement $\dfrac{b}{r} = 6$, ou $\dfrac{b^2}{r^2} = 36$, ce qui se rapproche davantage de la pratique, on aura pour l'arc simplement appuyé $M = \dfrac{5}{202} pa^2$ et pour l'arc encastré $M = \dfrac{5}{46} pa^2$, soit une valeur près de quatre fois et demie plus grande que dans l'autre cas. Aux naissances, où le moment fléchissant est double de ce qu'il est au sommet, il atteindrait, dans l'arc encastré, une valeur près de neuf fois plus grande que son maximum au sommet de l'arc simplement appuyé.

L'encastrement des arcs est donc une disposition qu'il faut soigneusement éviter. Rien n'est plus facile d'ailleurs, et l'expérience des grands arcs du Douro, de Garabit, de Szegedin le

démontre, que d'établir aux extrémités des arcs des articulations qui permettent à la fibre moyenne de s'infléchir sans
obstacle dans toutes les directions. Lorsqu'un arc doit supporter
un longeron horizontal et que ces deux pièces sont réunies par
un tympan rigide, la direction de la fibre moyenne de chacune
d'elles se trouve maintenue d'une manière à peu près invariable.
Cette disposition, représentée par la figure 251, ne constitue pas

Fig. 251.

cependant un encastrement parfait,
puisque cette direction n'est pas absolument fixe, mais elle s'en rapproche
beaucoup. Elle présente donc, un peu
atténués peut-être, les inconvénients de l'encastrement, et les
obstacles apportés par la rigidité des tympans à l'inflexion de
la fibre moyenne doivent avoir pour conséquence d'accroître,
dans une proportion moindre que si l'encastrement était parfait,
mais encore fort appréciable, les moments fléchissants au
sommet de l'arc et aux naissances.

Ce mode de construction n'est donc pas à recommander.
Lorsque l'arc doit supporter un longeron horizontal, les pièces
qui servent à reporter sur lui le poids de ce longeron doivent
être aussi peu nombreuses que possible, et établies de manière
à ne pas s'opposer aux changements de direction de la fibre

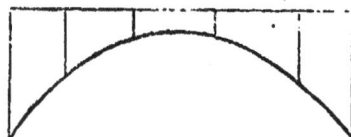

Fig. 252.

moyenne de l'arc (fig. 252). Dans
les grands arcs du Douro et de Garabit il n'y a, entre les naissances
et le sommet, qu'un seul point d'appui formé par une sorte de pile
verticale, intermédiaire, et ce support n'est pas fixé d'une manière invariable au longeron sur lequel il peut s'infléchir.

Beaucoup d'arcs métalliques, au lieu d'être terminés aux
naissances par de véritables articulations, reposent sur leurs

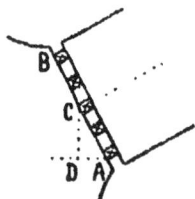

Fig. 253.

appuis par l'intermédiaire de surfaces planes,
plus ou moins étendues, et de coins ou cales
que l'on peut serrer à volonté (fig. 253).
Cette disposition n'est pas, à proprement
parler, un encastrement: elle ne peut y être
assimilée que pour les efforts qui donneraient
aux naissances un moment fléchissant tel que
le point d'application de la poussée restât dans l'étendue de la

surface d'appui. Si l'ordonnée z de ce point d'application, calculée d'après les formules (25), était trouvée plus grande que la demi-hauteur verticale CD de cette surface, l'arc ne pourrait plus être considéré comme encastré; car, évidemment, le bras de levier de la poussée ne peut dépasser cette dimension. Les limites inférieure et supérieure des points d'application de la poussée sont données par les points extrêmes A et B de la base d'appui; ou, en d'autres termes, le moment d'encastrement ne peut avoir une valeur supérieure à $\pm\,Q \times CD$. Tant qu'il reste au-dessous de cette limite, l'arc ne cesse pas de s'appuyer sur toutes les cales, et la répartition des efforts qu'il exerce sur chacune d'elles se détermine d'après la loi du plan (n° 18). Au contraire, si le moment fléchissant aux naissances, calculé par les formules (25), était trouvé avoir une valeur supérieure, cela voudrait dire que l'arc n'est plus encastré, mais qu'il repose sur sa culée par un seul point A ou B, autour duquel il doit être considéré comme articulé. Un arc ainsi appuyé n'a donc pas les graves inconvénients de l'arc encastré, puisque son moment d'encastrement, aux naissances, ne peut dépasser une limite généralement assez faible, et toujours fort inférieure à la valeur qu'il atteindrait si l'encastrement était parfait. M. Résal dans son *Traité des Ponts métalliques* donne à ces arcs le nom de *demi-encastrés*.

318. Méthode graphique. — La méthode graphique, appliquée précédemment à la détermination des efforts qui s'exercent aux divers points des poutres droites à une ou plusieurs travées, s'applique également à la solution de ce même problème en ce qui concerne les arcs. Plusieurs procédés qui, en réalité, diffèrent surtout par la forme, ont été proposés et sont appliqués par divers constructeurs. Nous nous bornerons à donner celui qui semble le plus usité, et qui est déduit de la méthode de Culmann.

Nous avons trouvé (page 497) la relation suivante entre la poussée horizontale Q, exercée par un arc sur ses appuis, et le moment M, des forces verticales agissant sur l'arc, depuis un point quelconque jusqu'à une extrémité, y compris la composante verticale de la réaction de l'appui.

(36)
$$\int_0^l \frac{M_1\, y\, ds}{EI} + a\alpha t = \int_0^l \frac{Qy^0 ds}{EI} + \int_0^a \frac{F\, dx}{E\Omega}.$$

Négligeons d'abord l'effet de la variation de température et celui de la compression longitudinale F, ce qui revient à supprimer les derniers termes de chacun des deux membres de cette équation, elle devient

(37)
$$\int_0^l \frac{M_1\, y\, ds}{EI} = \int_0^l \frac{Qy^0 ds}{EI}.$$

Appliquons-la au calcul de la poussée Q produite par une charge verticale unique P, placée sur l'arc, à des distances horizontales $AD = ma$, et $DB = (1 - m)\, a$ des verticales des appuis A et B (fig.

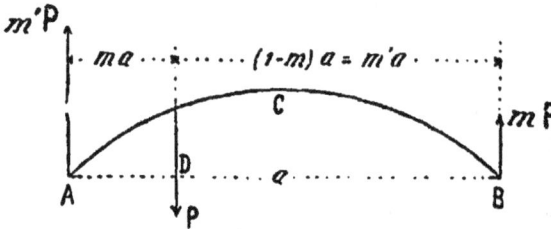

Fig. 254.

254). Soit, pour abréger, $(1 - m) = m'$.

Les réactions verticales des appuis A et B seront respectivement $m'P$ et $m P$. Cela étant, l'intégrale $\int_0^l \frac{M_1\, y\, ds}{EI}$ peut être considérée comme la somme de deux autres prises, la première entre le point A et la force P, la seconde entre cette force et l'autre appui B, c'est-à-dire

$$\int_0^l \frac{M_1\, y\, ds}{EI} = \int_0^{ma} \frac{M_1\, y\, ds}{EI} + \int_{ma}^l \frac{M_1\, y\, ds}{EI}.$$

Or, dans la première partie, le moment M_1 pour un point quelconque dont l'abscisse est x a pour expression $m'Px$; dans la seconde, il a pour expression $m'Px - P(x - ma) = m P(a - x) = mPx'$, en posant $a - x = x'$. L'équation précédente (37) s'écrira donc

$$\int_0^{ma} m'\, Px\, \frac{y\, ds}{EI} + \int_{ma}^l m\, Px'\cdot \frac{y\, ds}{EI} = \int_0^l \frac{Q\, y^0 ds}{EI},$$

ou bien, en faisant sortir des signes d'intégration les quantités constantes,

34

$$(38) \qquad P \left\{ m' \int_0^{ma} xy \, \frac{ds}{EI} + m \int_{ma}^l x'y \, \frac{ds}{EI} \right\} = Q \int_0^l y' \, ds.$$

L'esprit de la méthode graphique dont il s'agit consiste à construire, au moyen des données du problème, les coefficients de P et de Q, d'en exprimer la grandeur par des lignes, de telle sorte que la valeur de Q s'obtienne par une quatrième proportionnelle.

Pour cela, on substitue aux intégrales, c'est-à-dire aux sommes d'infiniment petits, des sommes de grandeurs finies que l'on calcule en divisant la longueur de l'arc en éléments Δs assez nombreux et assez petits pour que, dans l'étendue de chacun d'eux, la valeur du moment d'inertie I de la section transversale puisse être considérée comme constante. On écrit alors l'équation

$$(39) \qquad P \left\{ m' \sum_0^{ma} xy \, \frac{\Delta s}{EI} + m \sum_{ma}^l x'y \, \frac{\Delta s}{EI} \right\} = Q \sum_0^l y' \, \frac{\Delta s}{EI}.$$

Posons, pour simplifier,

$$\frac{\Delta s}{EI} = \Delta \sigma \, ;$$

les $\Delta \sigma$ seront des quantités données d'après la longueur de Δs et la valeur I du moment d'inertie moyen applicable à chacun de ces éléments. Considérons les $\Delta \sigma$ comme des forces dirigées horizontalement et appliquées au milieu de chacun des éléments Δs. Le centre de ces forces parallèles que nous déterminerons facilement au moyen du polygone funiculaire sera tel que si y_σ est sa distance à l'axe des x, et σ, la somme de tous les $\Delta \sigma$, nous aurons

$$\sigma . \, y_\sigma = \Sigma y \Delta \sigma.$$

Par exemple, si nous avons divisé l'arc en 5 éléments Δs dont les milieux sont aux points 1, 2, 3, 4, 5, par lesquels nous menons des horizontales représentant les lignes d'action des $\Delta \sigma$ considérés comme des forces, et si ayant calculé, pour chacun de ces éléments, la valeur $\frac{\Delta s}{EI} = \Delta \sigma$, nous portons ces valeurs en 1, 2, 3, 4, 5, le long d'une ligne horizontale ab (fig. 255), la longueur totale ab de cette ligne nous représentera ce que nous avons appelé σ.

Élevons, au milieu de ab, une perpendiculaire sur laquelle

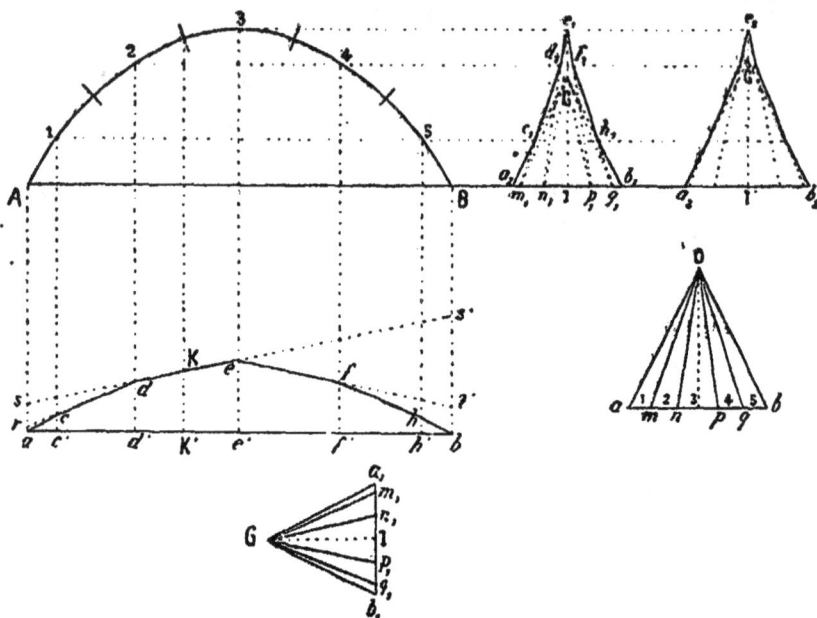

Fig. 255.

nous prendrons un pôle O à une distance polaire égale à ab ou à σ, et construisons, en $a_1 c_1 \ldots b_1$ le polygone funiculaire des $\Delta\sigma$. Le point d'intersection G des côtés extrêmes $a_1 c_1$, $b_1 h_1$ de ce polygone sera situé sur la résultante des forces parallèles $\Delta\sigma$ et, par suite, nous aurons

$$GI = y_\sigma = \frac{\Sigma y \Delta\sigma}{\sigma}.$$

Remarquons d'ailleurs que si nous prolongeons jusqu'à l'horizontale $a_1 b_1$, deux côtés quelconques de ce polygone funiculaire, la distance $m_1 n_1$, interceptée sur $a_1 b_1$, aura pour valeur $\frac{y\Delta\sigma}{\sigma}$; en effet, les deux triangles $m_1 d_1 n_1$, $m o n$ étant semblables, on a :

$$\frac{m_1 n_1}{m n} = \frac{y}{\sigma} \text{ ou } m_1 n_1 = \frac{y \Delta\sigma}{\sigma}.$$

Considérons ces quantités, $\frac{y\Delta\sigma}{\sigma}$, comme de nouvelles forces appliquées horizontalement sur les mêmes lignes d'action que les premières. Elles se trouvent portées les unes à la suite des autres, en grandeur, en $a_1 m_1$, $m_1 n_1$,... $q_1 b_1$; leur somme $\Sigma \frac{y\Delta\sigma}{\sigma}$

est donc représentée par $a_{i}b_{i} = $ GI, puisque nous avons pris le point O à une distance de ab égale à ab ou à σ. Si, prenant le point G comme pôle et la ligne $a_{i}b_{i}$ comme polygone des forces, nous construisons le polygone funiculaire $a_{i}e_{i}...b_{i}$ de ces nouvelles forces, la distance G'I' $= a_{i}b_{i}$ du point d'intersection G' des côtés extrêmes de ce polygone, à la ligne $a_{i}b_{i}$ aura pour

expression : $\text{G'I'} = \dfrac{\Sigma y \cdot \dfrac{y \Delta \sigma}{\sigma}}{\Sigma \dfrac{y \Delta \sigma}{\sigma}} = \dfrac{\Sigma y^2 \Delta \sigma}{\Sigma y \Delta \sigma}.$

Désignons par y'_{σ} cette ordonnée G'I', nous aurons

$$\sum_{o}^{l} y^2 \frac{\Delta s}{\text{EI}} = \sum y^2 \Delta \sigma = y'_{\sigma} \sum y \Delta \sigma = y'_{\sigma} \cdot y_{\sigma} \cdot \sigma.$$

Divisons par σy_{σ} les deux membres de l'équation (39), elle se mettra sous la forme

(40) $\qquad P \left\{ m' \displaystyle\sum_{o}^{ma} \frac{xy \Delta \sigma}{y_{\sigma} \sigma} + m \sum_{ma}^{a} \frac{x'y \Delta \sigma}{y_{\sigma} \sigma} \right\} = Q y'_{\sigma}.$

Il nous reste à construire la valeur de la quantité entre parenthèses.

Pour cela, considérons les quantités $\dfrac{y \Delta \sigma}{\sigma}$, dont les valeurs sont représentées en $a_{i}m_{i}......b_{i}$ comme des forces verticales appliquées aux milieux des divisions de l'arc, c'est-à-dire aux points 1, 2, 3, 4, 5. Construisons le polygone funiculaire $acd... b$ de ces forces, au moyen d'un polygone des forces $a_{i} G...b_{i}$ qui ne sera autre que celui qui porte les mêmes lettres dans le haut de la figure tourné de 90° afin de rendre verticales les forces supposées horizontales dans le premier. La comparaison de deux triangles semblables quelconques, rsd et $m_{i}n_{i}$ G par exemple, donnera $\dfrac{rs}{m_{i}n_{i}} = \dfrac{ad'}{\text{GI}} = \dfrac{x}{y_{\sigma}};$

d'où $\qquad rs = \dfrac{x}{y_{\sigma}} \cdot m_{i}n_{i} = \dfrac{x}{y_{\sigma}} \cdot \dfrac{y \Delta \sigma}{\sigma}.$

On aurait de même $\qquad s'\ell' = \dfrac{x'y \Delta \sigma}{y_{\sigma} \sigma}.$

Les côtés de ce polygone funiculaire, prolongés jusqu'aux verticales des appuis, interceptent donc sur ces verticales des longueurs proportionnelles aux quantités $\dfrac{xy\Delta\sigma}{y_\sigma\sigma}$, ou $\dfrac{x'y\Delta\sigma}{y_\sigma\sigma}$; et pour avoir la somme de ces quantités, entre des limites données, il suffira d'ajouter toutes ces longueurs, c'est-à-dire de mesurer la distance verticale comprise entre les points a, ou b, et les points s,s', par exemple, où ces verticales sont rencontrées par le côté du polygone qui correspond à cette limite.

Mais si nous cherchons maintenant la valeur d'une ordonnée K'K, par exemple d'un côté de ce polygone, correspondant à une abscisse $a\mathrm{K}' = ma$ ou $\mathrm{K}'b = m'a$, nous aurons évidemment

$$\mathrm{KK}' = as + (bs' - as)\frac{a\mathrm{K}'}{ab} = as.\frac{\mathrm{K}'b}{ab} + bs'.\frac{a\mathrm{K}'}{ab} = m'. as + m. bs';$$

mais on a, d'après ce qui vient d'être dit,

$$as = \sum_0^{ma} \frac{xy\Delta\sigma}{y_\sigma\sigma} \qquad \text{et} \quad bs' = \sum_{ma}^{a} \frac{x'y\Delta\sigma}{y_\sigma\sigma}.$$

Donc l'ordonnée K K' d'un point du polygone funiculaire $acd\dots b$ mesurera la grandeur du coefficient de P. Si nous désignons ce coefficient par u_x nous pourrons écrire

$$u_x = m' \sum \frac{xy\Delta\sigma}{y_\sigma\sigma} + m \sum \frac{x'y\Delta\sigma}{y_\sigma\sigma} = \mathrm{KK}'.$$

La relation entre Q et P prend alors la forme simple

$$Qy'_\sigma = Pu_x \quad \text{d'où} \quad Q = \frac{Pu_x}{y'_\sigma}.$$

La poussée Q étant ainsi déterminée, si l'on observe que la réaction verticale de l'appui A est égale à m'P, il suffira, pour avoir la direction de la réaction de l'appui, de tracer une ligne faisant avec l'horizontale un angle dont la tangente trigonométrique soit égale à $\dfrac{m'\mathrm{P}}{\mathrm{Q}}$ ou à $\dfrac{m'y'_\sigma}{u_x}$.

Si donc, au-dessous d'un arc AB (fig. 256), on a construit le polygone funiculaire ab, dont il vient d'être question, et dont l'ordonnée mn représente u_x; si, à l'extrémité d'une ligne horizontale a_1b_1 on porte une verticale a_1c représentant y'_σ et si l'on joint cb_1, la verticale d'une charge P quelconque interceptera, entre ces deux lignes cb_1 et a_1b_1, une longueur $m_1n_1 = m'y'_\sigma$. Il suffira donc de prendre, à partir du point A, sur l'horizontale AB, une longueur $Ad = mn = u_o$ et d'élever en d une ordonnée de = $m_1 n_1$ pour, en joignant Ae, avoir la direction de la réaction de l'appui A, due à la charge P. Cette ligne Ae, prolongée jusqu'à sa rencontre en M avec la direction de la charge P, donnera un point M de la courbe enveloppe des courbes de pression UU', dont on déterminera, de la même manière, les points correspondants à toutes les autres charges. Cette

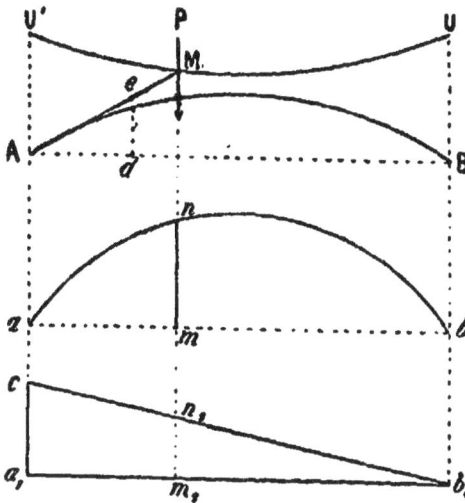

Fig. 256.

courbe étant tracée servira, comme on l'a indiqué plus haut (n° 312), à déterminer les positions des surcharges les plus défavorables, et le problème se trouvera ainsi entièrement résolu.

Nous avons négligé le terme exprimant l'influence des variations de température. Rien n'est plus facile que d'en tenir compte. Il suffit d'ajouter à la poussée, calculée comme il vient d'être dit, la poussée due à cette variation qui a pour expression

$$Q_t = \frac{a\,\alpha\,t}{\displaystyle\int \frac{y^2\,ds}{EI}} \text{ ou bien } Q_t = \frac{a\,\alpha\,t}{\Sigma y^2\,\Delta\sigma},$$

c'est-à-dire

$$Q_t = \frac{a\,\alpha\,t}{y_\sigma y'_\sigma\,\sigma}.$$

qu'il est facile de construire puisque l'on a déterminé les longueurs y_σ, y'_σ et σ.

Nous nous bornerons à ces indications en renvoyant, pour plus amples développements, aux ouvrages spéciaux sur les ponts métalliques et sur la statique graphique.

CHAPITRE XVII

FLEXION DES SURFACES

SOMMAIRE :

§ 1er

PLAQUES CIRCULAIRES

319. Équations générales de la flexion des plaques circulaires. — La théorie de la flexion des surfaces planes ne peut être abordée rigoureusement qu'au moyen des équations générales de l'élasticité. Cependant M. Brune, professeur à l'École des Beaux-Arts, a réussi à donner une théorie de la flexion des plaques circulaires qui fournit des résultats exacts, bien que les équations qui lui servent de point de départ ne soient qu'approximatives. Voici comment il l'a exposée dans les *Annales des Ponts et Chaussées*, 1876, 2° semestre.

Considérons, dans une plaque circulaire mince placée horizontalement, un anneau compris entre deux circonférences concentriques de rayons r et $r + dr$ et, dans cet anneau, un secteur ABGH (fig. 257) compris entre deux plans méridiens faisant entre eux un angle 2α.

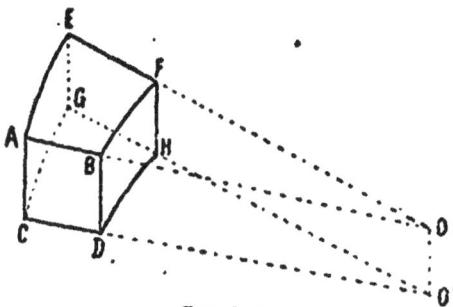

Fig. 257.

Désignons par 2ε l'épaisseur OO' de la plaque supposée très petite.

Tous les secteurs semblables d'un même anneau sont évidemment, si la charge de la plaque est symétriquement distribuée, dans les mêmes conditions de résistance, c'est-à-dire, par exemple, que toutes les actions moléculaires qui s'exercent à travers la face ABCD seront les mêmes que celles qui s'exerceront à travers la face EFGH; de même celles qui s'exerceront sur la surface cylindrique DBFH seront égales à celles qui s'exerceront sur toute autre surface égale du même cylindre.

Désignons par T la somme des composantes verticales de toutes ces actions *par unité de longueur* horizontale, sur la surface cylindrique DBFH; cette somme T, qui sera l'effort tranchant par unité de longueur exercé par la partie intérieure à la surface sur la partie extérieure, sera constante tout le long de ce cylindre et ne dépendra que de r. Nous pourrons de même représenter par $T + dT$ l'effort tranchant par unité de longueur sur la surface cylindrique ACGE de rayon $r + dr$.

Appelons m la somme des moments, par rapport à un axe horizontal mené dans la surface DBFH considérée comme plane, des couples de flexion qui agissent sur cette surface par unité de longueur horizontale; $m + dm$ la somme analogue pour la surface ACGE, et m' la somme des moments par rapport à un axe horizontal mené dans le plan ABDC des couples de flexion qui agissent sur cette surface, par unité de longueur horizontale. Écrivons l'équilibre de l'élément parallélépipède ABGH. Les forces T, $T + dT$ et les charges appliquées à la plaque étant

verticales, donnent une projection horizontale nulle ; il doit en
être de même de toutes les autres forces : c'est pourquoi elles se
réduisent bien aux couples fléchissants dont nous avons désigné
les moments par m et $m+dm$.

La projection sur un axe vertical de tous ces couples sera
nulle et nous aurons simplement, pour satisfaire à la seconde
condition d'équilibre, à exprimer l'égalité entre la somme des
projections des efforts tranchants et celle des forces extérieures
appliquées à l'élément. Si p désigne l'intensité de la charge par
unité de surface au point où se trouve l'élément considéré, p étant
une fonction supposée connue de r, la charge sur l'élément sera
$p \cdot r 2\alpha\, dr$. Les efforts tranchants T et $T+d$T sont appliqués respectivement aux longueurs $2\alpha r$ et $2\alpha\,(r+dr)$; on a donc, pour
l'équation d'équilibre,

$$\text{T}.2\alpha r - (\text{T} + d\text{T}).2\alpha\,(r+dr) + p.\,r\,2\alpha\,dr = 0.$$

Réduisant, négligeant le terme $d\text{T}\,dr$, infiniment petit du second ordre, et divisant par 2α, il vient

(1) $\qquad \text{T}\,dr + r\,d\text{T} = pr\,dr \quad \text{ou} \quad \dfrac{d.\,(\text{T}r)}{dr} = pr.$

équation qui servira à déterminer T lorsque p sera connu.

Enfin, nous devons, pour l'équilibre, égaler à zéro la somme
des moments de toutes les forces par rapport à un axe quelconque. Prenons les moments par rapport à un axe horizontal mené
dans la face DBFH considérée comme plane ; la force T aura un
moment nul ; l'effort tranchant sur l'autre face aura pour bras de
levier dr, et par suite pour moment $(\text{T}+d\text{T})\,2\alpha\,(r+dr)\,dr$. Les
moments m et $m+dm$ des couples fléchissants étant pris au-
tour d'axes parallèles à celui que nous considérons, figureront
dans l'équation pour leurs valeurs respectives ; quant aux couples dont le moment est m', l'axe autour duquel ce moment est
mesuré faisant l'angle $\left(\dfrac{\pi}{2} - \alpha\right)$ avec celui autour duquel nous
prenons les moments, nous devrons le multiplier par le cosinus
de cet angle ou par $\sin\alpha$. Nous aurons ainsi l'équation

$(\text{T}+d\text{T})2\alpha(r+dr)dr+m\,2\alpha r-(m+dm)\,2\alpha(r+dr)+2m'dr\sin\alpha=0.$

Nous pouvons supposer l'angle α assez petit pour que son sinus lui soit égal ; nous aurons alors, en divisant par $2\alpha dr$ et réduisant :

(2) $$m' = m + r\left(\frac{dm}{dr} - \mathrm{T}\right).$$

Considérons maintenant les actions élémentaires qui produisent les couples dont les moments sont m et m'; désignons ces actions, en un point quelconque d'un même plan horizontal, par q et q'. Nous pouvons regarder l'élément parallélépipède ABGH comme faisant partie d'une enveloppe cylindrique supportant à l'intérieur une pression q, et q' sera l'effort moléculaire correspondant, dirigé tangentiellement à la circonférence. Nous avons trouvé, entre ces efforts (voir chapitre VIII, page 249) que nous avions désignés alors respectivement par p et R , une relation (8) qui, avec les nouvelles notations, s'écrira

$$(q' - q)(1 + \eta) + r\left(\frac{dq'}{dr} - \eta \frac{dq}{dr}\right) = 0.\ ^{\text{(1)}}$$

Les efforts q et q' étant supposés dans un même plan horizontal, si nous prenons leurs moments par rapport à un axe horizontal, nous devrons les multiplier par un même bras de levier qui se trouvera en facteur commun dans l'équation et qui pourra être effacé, de sorte que les moments de ces efforts élémentaires q et q' satisferont à l'équation précédente ; il en sera de même des sommes de tous les moments semblables que nous avons désignées par m et m', et nous aurons ainsi

$$(m' - m)(1 + \eta) + r\left(\frac{dm'}{dr} - \eta \frac{dm}{dr}\right) = 0.$$

(1) C'est dans cette assimilation avec l'enveloppe cylindrique que l'analyse de M. Brune n'est qu'approximative.

Dans l'enveloppe cylindrique, toutes les sections telles que ABEF, CDGH, et celles qui seraient faites par des plans parallèles à ceux-là, se trouvent identiquement dans les mêmes conditions, au point de vue des efforts moléculaires qu'elles reçoivent et transmettent; il n'en est pas de même dans l'élément de plaque que nous considérons.

Toutefois, par une heureuse compensation des approximations, il se trouve que si l'on met pour η, dans les formules que l'on déduit de ce calcul, la valeur $\frac{1}{4}$ que la théorie lui assignerait pour les corps isotropes, supposés soumis à un effort longitudinal et libres sur leurs faces latérales, les formules auxquelles on parvient concordent exactement avec celles que donnerait la théorie rigoureuse, établie en tenant compte des conditions réelles de la résistance des diverses sections de la plaque.

Voir la Théorie de l'élasticité des corps solides de *Clebsch*, note du § 45.

Retranchant de cette équation la précédente (2) multipliée par $(1+\eta)$ et réduisant, il reste

(3)
$$\frac{dm'}{dr}+\frac{dm}{dr}=(1+\eta)\,T.$$

Les deux équations (2) et (3) nous permettront de déterminer m et m' en fonction de T, que nous avons déjà calculé en fonction des données de la question.

320. Expression des moments fléchissants. — La résolution de ces deux équations est facile. Nous pouvons d'abord en éliminer m' ; il suffit de différentier la première par rapport à r. Elle donne

$$\frac{dm'}{dr}=\frac{dm}{dr}+\left(\frac{dm}{dr}-T\right)+r\left(\frac{d^2m}{dr^2}-\frac{dT}{dr}\right).$$

En substituant cette valeur de $\frac{dm'}{dr}$ dans la seconde et réduisant, elle devient

$$3\,\frac{dm}{dr}+r\,\frac{d^2m}{dr^2}=(2+\eta)\,T+r\,\frac{dT}{dr}.$$

et on peut l'écrire

$$2\,\frac{dm}{dr}+\frac{d}{dr}\cdot r\,\frac{dm}{dr}=\frac{d.Tr}{dr}+(1+\eta)\,T.$$

Intégrant et désignant par $2\,C$ une constante à déterminer, il vient,

$$2\,m+r\,\frac{dm}{dr}=Tr+(1+\eta)\int T\,dr+2C.$$

Multipliant les deux membres par r, le premier membre est la dérivée du produit mr^2, intégrant et désignant par C une nouvelle constante, on a

$$mr^2=\int Tr^2\,dr+(1+\eta)\int r\,dr\int T\,dr+Cr^2+C';$$

on peut intégrer par parties le deuxième terme du second membre et l'on a

$$\int r\,dr\int T\,dr=\frac{r^2}{2}\int T\,dr-\int\frac{Tr^2}{2}\,dr,$$

d'où, en substituant, réduisant et divisant par r^2,

(4) $$m = \frac{1-\eta}{2\,r^2} \int T\,r^2 dr + \frac{1+\eta}{2} \int T\,dr + C + \frac{C'}{r^2};$$

et par suite

$$\frac{dm}{dr} = \frac{1-\eta}{2\,r^3} T\,r^2 - \frac{1-\eta}{r^3} \int T\,r^2 dr + \frac{1+\eta}{2} T - \frac{2C'}{r^3}$$

$$= T - \frac{1-\eta}{r^3} \int T\,r^2 dr - \frac{2C'}{r^3}.$$

Substituant ces valeurs dans l'équation (2), il vient,

(5) $$m' = - \frac{1-\eta}{3\,r^3} \int T\,r^2 dr + \frac{1+\eta}{2} \int T\,dr + C - \frac{C'}{r^3}.$$

Pour que m et m' ne deviennent pas infinis pour $r=0$, c'est-à-dire au centre de la plaque, ce qui serait une impossibilité, à moins que la plaque ne fût percée au centre, il faut que $C'=0$.

Si la plaque est percée au centre d'un trou circulaire de rayon r_0 la constante C' se déterminera par la condition que pour $r=r_0$ le moment m soit égal à zéro. Laissons de côté cette hypothèse, nous avons alors $C'=0$ et les expressions des moments m et m' sont simplement

(6) $$m = \frac{1-\eta}{2\,r^2} \int T\,r^2 dr + \frac{1+\eta}{2} \int T\,dr + C,$$

(7) $$m' = - \frac{1-\eta}{2\,r^2} \int T\,r^2 dr + \frac{1+\eta}{2} \int T\,dr + C.$$

Les moments m et m' des couples fléchissants étant ainsi déterminés, on pourra en déduire les circonstances de la flexion.

Si l'on considère d'abord un rectangle faisant partie de la surface cylindrique de rayon r, ayant pour hauteur l'épaisseur $2e$ de la plaque et pour largeur l'unité de longueur, le moment de flexion qui agit sur ce rectangle étant m, l'effort R qui s'exercera dans le sens du rayon de la plaque en un point situé à une distance v de l'axe horizontal passant par son centre de gravité sera, par assimilation avec ce que nous avons trouvé dans la flexion des tiges, $R = \frac{mv}{I}$, si l'on appelle I le moment d'inertie du rectangle autour de cet axe. Or, ce moment d'inertie a pour valeur $I = \frac{(2e)^3}{12} = \frac{2}{3} e^3$; nous aurons donc

(8)
$$R = \frac{3mv}{2\varepsilon^3}.$$

De même, si nous désignons par R' l'effort exercé, dans le sens perpendiculaire au rayon, sur un élément plan situé dans un plan diamétral, à la même distance v de l'axe horizontal passant par le milieu de la hauteur de la plaque, nous aurons

(9)
$$R' = \frac{3m'v}{2\varepsilon^3}.$$

Sous l'influence de l'effort R, la fibre dirigée suivant le rayon s'allonge de $\frac{R}{E}$ par unité de longueur et sous l'influence de l'effort R' qui agit dans le sens perpendiculaire, elle s'accourcit de $\eta \frac{R'}{E}$. Son allongement total est donc, par unité de longueur, $\frac{R}{E} - \eta \frac{R'}{E} = \frac{3v}{2E\varepsilon^3}(m - \eta m')$. Si ρ est le rayon de courbure de la courbe affectée par la fibre moyenne, dirigée suivant le rayon, après la flexion, l'allongement par unité de longueur est égal, comme il est facile de le voir, à $\frac{v}{\rho}$. Nous aurons alors

$$\frac{1}{\rho} = \frac{3}{2E\varepsilon^3}(m - \eta m');$$

ou bien si, comme nous l'avons fait pour les tiges, nous remplaçons l'inverse $\frac{1}{\rho}$ du rayon de courbure par $\frac{d^2z}{dr^2}$, z étant l'ordonnée, après la flexion, d'un point de la fibre moyenne situé à une distance r du centre, nous pourrons écrire

(10)
$$\frac{d^2z}{dr^2} = \frac{3}{2E\varepsilon^3}(m - \eta m').$$

Cette équation est celle de la courbe affectée par la fibre moyenne et cette courbe sera la méridienne de la surface de révolution en laquelle sera transformée la plaque circulaire plane.

Si dans les expressions de R et de R' on fait $v = \pm \varepsilon$, on aura l'effort maximum au point le plus chargé, et la condition de résistance s'obtiendra en exprimant que ce maximum est inférieur ou au plus égal à la charge de sécurité R_0 admise pour la matière qui constitue la plaque.

L'effort tranchant T est d'ailleurs connu. Si on le suppose réparti comme il le serait dans les tiges, sur la surface $2s$ du rectangle sur lequel il agit, il donnera lieu, au point le plus fatigué, qui sera au milieu de la hauteur, à un effort de cisaillement égal aux $\frac{3}{2}$ de l'effort moyen, soit à $\frac{3T}{4s}$, et ce maximum devra aussi, pour la résistance, être inférieur à la charge de sécurité T_0 admise pour les efforts tangentiels.

321. Application aux plaques circulaires uniformément chargées. — Nous allons voir, par quelques exemples, comment on peut appliquer ces formules.

Considérons une plaque circulaire de rayon a, posée tout autour sur un appui de forme circulaire et de même rayon, chargée d'un poids uniformément réparti sur toute son étendue, à raison de p par unité de surface.

L'équation (1) $\dfrac{d.Tr}{dr} = pr$, dans laquelle p est alors constant, nous donnera, pour l'effort tranchant T,

$$Tr = \frac{pr^2}{2}, \text{ ou } T = \frac{pr}{2},$$

Introduisant cette valeur dans les expressions (6) et (7) de m et de m', effectuant les intégrations et réduisant, nous avons

$$m = \frac{pr^2}{16}(3+\eta)+C, \qquad m' = \frac{pr^2}{16}(1+3\eta)+C.$$

La plaque étant simplement posée à son pourtour, le moment fléchissant m doit être nul pour $r = a$, ce qui donne

$$C = -\frac{pa^2}{16}(3+\eta);$$

et, par suite, les valeurs définitives des moments m et m' sont

(11) $$m = -\frac{3+\eta}{16}p(a^2-r^2), \ m' = -\frac{p}{16}[(3+\eta)a^2-(1+3\eta)r^2].$$

Les valeurs des efforts R et R' sont, par conséquent :

$$R = -\frac{3(3+\eta)}{32s^2}pv(a^2-r^2), \ R' = -\frac{3pv}{32s^2}[(3+\eta)a^2-(1+3\eta)r^2].$$

Les maximums de ces efforts, pour $v = \pm \varepsilon$, acquièrent leurs plus grandes valeurs pour $r=0$, c'est-à-dire au centre de la plaque. On a ainsi

$$\text{max. R} = \text{max. R'} = \frac{3(3+\eta)}{32\,\varepsilon^2}\, pa^2.$$

Et la condition de résistance sera

$$\frac{3(3+\eta)}{32\,\varepsilon^2}\, pa^2 \leq R_0;$$

D'où, pour l'épaisseur 2ε de la plaque, la limite inférieure

$$(12)\qquad 2\varepsilon \geq a\sqrt{\frac{3(3+\eta)}{8}}\sqrt{\frac{p}{R_0}},$$

Le coefficient η, qui représente la contraction latérale produite par une dilatation longitudinale prise pour unité, doit, comme nous l'avons dit à la note de la page 538, être remplacé par la valeur $\frac{1}{4}$, relative aux corps isotropes, pour que les formules donnent des résultats exacts. On a alors $\frac{3(3+\eta)}{8} = \frac{39}{32}$ et

$$(12\,bis)\qquad 2\varepsilon \geq 1.10\, a\sqrt{\frac{p}{R_0}}.$$

L'effort tranchant $T = \frac{pr}{2}$ atteint son maximum pour $r=a$ et l'action maximum qu'il produit est égale, comme nous l'avons dit, à $\frac{3T}{4\varepsilon}$, c'est-à-dire à $\frac{3pa}{8\varepsilon}$. En écrivant que cette valeur est au plus égale à la limite T_0 admise pour les efforts de cisaillement, on obtient, pour l'épaisseur 2ε, une nouvelle limite

$$(13)\qquad 2\varepsilon \geq \frac{3}{2}\, a\, \frac{T_0}{p}.$$

Comme R_0 et T_0 sont à peu près de même grandeur et que p est toujours, dans la pratique, beaucoup plus petit que l'un et l'autre, $\sqrt{\frac{p}{R_0}}$ est toujours plus grand que $\frac{p}{T_0}$, de sorte que c'est la première limite, seule, que l'on doit prendre en considération.

On voit que, toutes choses égales, l'épaisseur de la plaque doit être proportionnelle à son rayon et à la racine carrée de la charge par unité de surface. Ou bien, si l'on remarque que la charge totale P, supportée par la plaque, est $P = p \cdot \pi a^2$, et que la limite de l'épaisseur peut s'écrire $2\varepsilon \geqq \dfrac{1.10}{\sqrt{\pi}} \sqrt{\dfrac{P}{R_o}}$, on peut dire que l'épaisseur doit être proportionnelle à la racine carrée de la charge totale, quel que soit d'ailleurs le rayon de la plaque. En d'autres termes, la charge totale, uniformément répartie, que peut supporter une plaque circulaire, est indépendante de son rayon.

La courbe affectée par la fibre moyenne déformée ou la méridienne de la surface de révolution affectée, après la flexion, par le feuillet moyen de la plaque, a pour équation, comme nous avons vu (10) :

$$\frac{d^2 z}{dr^2} = \frac{3}{2\,E\,\varepsilon^3}(m - \eta m');$$

mettant, pour m et m', leurs valeurs (11) ci-dessus et réduisant, on a

$$\frac{d^2 z}{dr^2} = \frac{3\,p\,(1 - \eta)}{32\,E\,\varepsilon^3}[3\,r^2\,(1 + \eta) - a^2\,(3 + \eta)];$$

intégrant deux fois et déterminant les constantes par la condition que pour $r = 0$ on ait $\dfrac{dz}{dr} = 0$ et que pour $r = a$ on ait $z = 0$, on trouve

$$z = \frac{3\,p\,(1 - \eta)}{32\,E\,\varepsilon^3}\left[\frac{a^4}{4}(3 + \eta) - \frac{a^2\,r^2}{2}(3 + \eta) + \frac{r^4}{4}(1 + \eta)\right].$$

La flèche centrale f, ou la valeur de z pour $r = 0$, est ainsi

$$f = \frac{3\,(1 - \eta)\,(3 + \eta)}{128}\frac{p a^4}{E\,\varepsilon^3} = \frac{3\,(1 - \eta)\,(3 + \eta)}{16}\frac{p a^4}{E\,(2\,\varepsilon)^3};$$

expression dans laquelle il faut faire $\eta = \dfrac{1}{4}$, ce qui donne

(14) $$f = \frac{189}{256}\frac{p a^4}{E\,(2\,\varepsilon)^3}.$$

322. Cas où la plaque est encastrée à son pourtour. — Considérons maintenant une plaque circulaire encastrée à son pourtour, c'est-à-dire maintenue par son support dans une direction horizontale invariable. Si cette plaque est encore chargée d'un poids uniformément réparti sur toute son étendue à raison de p par unité de surface, nous aurons toujours

$$T = \frac{pr}{2}, \quad m = \frac{pr^2}{16}(3+\eta) + C, \quad m' = \frac{pr^2}{16}(1+3\eta) + C;$$

mais nous ne pouvons plus déterminer la constante C par condition que le moment fléchissant soit nul au bord de la plaque. Il faut que nous exprimions, qu'au bord, la fibre moyenne reste horizontale ou qu'on y a $\frac{dz}{dr} = 0$. L'équation de la fibre moyenne est

$$\frac{d^2z}{dr^2} = \frac{3}{2\,E\,\varepsilon^3}(m - \eta m') = \frac{3(1-\eta)}{2\,E\,\varepsilon^3}\left[\frac{3pr^2}{16}(1+\eta) + C\right].$$

Intégrons une fois et remarquons que, puisque pour $r = 0$ on a $\frac{dz}{dr} = 0$, il n'y a pas de nouvelle constante à ajouter; nous avons

(15) $$\frac{dz}{dr} = \frac{3(1-\eta)}{2\,E\,\varepsilon^3}\left[\frac{pr^3}{16}(1+\eta) + Cr\right].$$

D'où, pour satisfaire à la condition que pour $r = a$, on ait $\frac{dz}{dr} = 0$,

(16) $$C = -\frac{(1+\eta)}{16}pa^2.$$

Introduisant cette valeur dans les expressions de m et de m', elles deviennent

(17) $$m = -\frac{p}{16}[a^2(1+\eta) - r^2(3+\eta)], \quad m' = -\frac{p}{16}\left[a^2(1+\eta) - r^2(1+3\eta)\right].$$

Le moment m prend sa plus grande valeur pour $r = a$, car η doit être fait égal à $\frac{1}{4}$. Cette valeur du moment d'encastrement est $m = \frac{pa^2}{8}$.

Le moment maximum étant $\frac{pa^2}{8}$, l'effort maximum R correspondant, pour les fibres les plus éloignées du feuillet moyen de la plaque, a pour valeur $R = \frac{3m}{2\varepsilon^2} = \frac{3pa^2}{16\varepsilon^2}$, et la condition de résistance sera

(18) $$\frac{3pa^2}{16\varepsilon^2} \leqq R_0, \quad \text{d'où } 2\varepsilon \geqq \frac{\sqrt{3}}{2}a\sqrt{\frac{p}{R_0}} = 0,87\,a\sqrt{\frac{p}{R_0}}.$$

33

L'épaisseur est alors indépendante du coefficient η, elle est de $0,87\,a\sqrt{\dfrac{p}{R_0}}$ au lieu de $1,10\,a\sqrt{\dfrac{p}{R_0}}$ que nous avions trouvé pour la plaque simplement posée au pourtour.

L'encastrement permet donc de réduire d'environ un cinquième l'épaisseur de la plaque circulaire.

L'équation de la fibre moyenne déformée s'obtiendrait en intégrant l'équation (15) dans laquelle on mettrait pour C sa valeur (16), et en déterminant la constante de manière que pour $r = a$ on ait $z = 0$; cela donne

$$z = \frac{3\,(1-\eta)}{32\,E\,\varepsilon^3}\,p\,(1+\eta)\left(\frac{a^4}{4} - \frac{a^2 r^2}{2} + \frac{r^4}{4}\right).$$

On en déduit pour la flèche, valeur de z pour $r = 0$,

$$f = \frac{3\,(1-\eta^2)}{128\,E\,\varepsilon^3}\,p\,a^4 = \frac{3\,(1-\eta^2)}{16\,E\,(2\,\varepsilon)^3}\,p\,a^4$$

ou bien, en remplaçant η par sa valeur $= \dfrac{1}{4}$,

(19)
$$f = \frac{45.\,p\,a^4}{256\,E.\,(2\,\varepsilon)^3}.$$

On voit que l'encastrement diminue la flèche dans la proportion de 189 à 45 ou de 21 à 5.

On traiterait de la même manière le problème de la plaque percée au centre d'un trou circulaire. L'expression générale du moment m contient alors deux constantes C et C' que l'on détermine par les deux conditions qu'au bord du trou ce moment soit nul, et qu'au pourtour de la plaque le moment soit également nul si la plaque est simplement posée, ou bien la fibre moyenne reste horizontale si elle est encastrée.

Nous avons supposé la charge uniformément répartie sur toute l'étendue de la plaque, c'est-à-dire p constant ou indépendant de r. Nous pourrions, avec un peu plus de complication dans les calculs, mais avec autant de facilité, supposer que la charge p varie en fonction du rayon suivant une loi donnée quelconque, nous déterminerions d'abord T en fonction de r par l'équation (1), page 537, et nous obtiendrions ensuite m et m' comme précédemment.

Nous nous bornerons à ces simples indications.

§ II

PLAQUES RECTANGULAIRES.

323. Equation différentielle générale de la flexion des plaques minces. — Si M. Brune est parvenu à traiter simplement le problème des plaques circulaires, chargées symétriquement autour de leur centre, c'est qu'il n'y a, en réalité, qu'une seule variable indépendante, le rayon r, en fonction duquel varient toutes les autres quantités. Pour une autre plaque de forme quelconque, ou même pour une plaque circulaire qui ne serait pas symétriquement chargée, il faudrait considérer deux variables indépendantes qui seraient, par exemple, les coordonnées x et y ou r et α d'un point quelconque.

Le problème général des plaques minces ne peut être abordé alors qu'en appliquant les équations générales de la théorie de l'élasticité et des considérations qui ne rentrent pas dans le cadre de cet ouvrage. Nous nous bornerons à dire que l'équation générale donnant la forme de la surface du feuillet moyen de la plaque après la déformation, si x et y sont des coordonnées rectangulaires comptées dans le plan primitif de ce feuillet moyen et z le déplacement vertical d'un point quelconque, est

$$(20) \quad \frac{d^2}{dx^2}\left(\frac{d^2z}{dx^2} + \frac{d^2z}{dy^2}\right) + \frac{d^2}{dy^2}\left(\frac{d^2z}{dx^2} + \frac{d^2z}{dy^2}\right) = \frac{3(1-\eta)}{2\,\mathrm{E}\varepsilon^3}\,f(x,y)\,';$$

$f(x,y)$ étant la valeur de la charge appliquée au point x, y de la plaque.

Cette équation ne s'intègre facilement que pour les plaques circulaires et son intégration conduit, d'une façon très simple, aux résultats que nous venons de donner.

324. Résultat de son intégration, pour les plaques rectangulaires. — Pour les plaques rectangulaires, Navier a

---

1. A l'inverse de ce qui a lieu plus haut, pour les formules déduites de l'analyse de M. Brune, celle-ci et les suivantes sont absolument rigoureuses et générales ; elles s'appliquent à tous les corps solides quelle que soit la valeur du coefficient η que l'on devra faire égal à $\frac{1}{4}$ s'il s'agit d'un corps isotrope, mais qui pourra recevoir toute autre valeur, sans que les formules cessent d'être exactes.

donné l'intégrale sous la forme d'une série double. Si l'on prend pour origine des coordonnées l'un des angles de la plaque, pour axe des x le côté de longueur a et pour axe des y l'autre côté de longueur b, et si l'on suppose la plaque chargée uniformément sur toute son étendue d'un poids p par unité de surface, on a

$$(21) \qquad z = \frac{24p\,(1-\eta^2)}{\pi^6 \mathrm{E}\,\varepsilon^3} \sum_{m=1}^{m=\infty} \sum_{n=1}^{n=\infty} \frac{1}{mn} \frac{\sin\dfrac{m\pi x}{a}\sin\dfrac{n\pi y}{b}}{\left(\dfrac{m^2}{a^2}+\dfrac{n^2}{b^2}\right)^2};$$

m et n étant la série des nombres impairs 1, 3, 5,... jusqu'à l'infini.

La flèche centrale f, ou la valeur de z pour $x=\frac{a}{2}$ et $y=\frac{b}{2}$, a pour expression

$$(22) \qquad f = \frac{24p(1-\eta^2)}{\pi^6 \mathrm{E}\,\varepsilon^3} \sum_{m=1}^{m=\infty} \sum_{n=1}^{n=\infty} \frac{1}{mn\left(\dfrac{m^2}{a^2}+\dfrac{n^2}{b^2}\right)^2}.$$

La plus grande courbure se produit au centre de la plaque et dans une direction parallèle au plus petit côté, à l'axe des x, par exemple, si nous supposons $a < b$. Elle a pour valeur

$$(23) \qquad -\frac{d^2 z}{dx^2} = \frac{24p(1-\eta^2)}{\pi^4 \mathrm{E}\,\varepsilon^3} \sum_{m=1}^{m=\infty} \sum_{n=1}^{n=\infty} \frac{m}{a^2 n} \frac{(-1)^{\frac{m-1}{2}}(-1)^{\frac{n-1}{2}}}{\left(\dfrac{m^2}{a^2}+\dfrac{n^2}{b^2}\right)^2}.$$

Ces séries sont heureusement très convergentes : par exemple, dans celle qui donne la flèche f, le second terme, correspondant à $m=3$, $n=1$, et le troisième, correspondant à $m=1$, $n=3$, ne sont que le $\frac{1}{75}$ du premier lorsque $a=b$, et le quatrième, correspondant à $m=3$, $n=3$ n'en est que le $\frac{1}{729}$. On peut donc, pour les applications pratiques, se borner au premier terme de chacune d'elles.

La surface affectée par le feuillet moyen fléchi aura donc approximativement pour équation

$$(24) \qquad z = \frac{24\,p\,(1-\eta^2)}{\pi^6 \mathrm{E}\,\varepsilon^3}\,\frac{a^4 b^4}{(a^2+b^2)^2}\,\sin\frac{\pi x}{a}\,\sin\frac{\pi y}{b}.$$

La flèche centrale, ou la valeur de z pour $x = \dfrac{a}{2}$, $y = \dfrac{b}{2}$ sera

(25)
$$f = \frac{24\,(1 - \eta^2).}{\pi^5\,E\,\varepsilon^3} \cdot \frac{a^3\,b^3}{(a^2 + b^2)^2} \cdot p\,ab$$

La plus grande courbure, au centre de la plaque et parallèlement à son plus petit côté a, aura pour expression

(26)
$$-\frac{d^2z}{dx^2} = \frac{24\,(1 - \eta^2)}{\pi^4\,E\,\varepsilon^3} \cdot \frac{ab^3}{(a^2 + b^2)^2} \cdot p\,ab.$$

Cette plus grande courbure, étant multipliée par la demi-épaisseur ε de la plaque, donne la dilatation maximum au point le plus fatigué, et c'est cette dilatation maximum qui doit, pour la sécurité, rester inférieure au rapport $\dfrac{R_0}{E}$ de la charge limite R_0 au coefficient d'élasticité E de la matière. Nous aurons donc, pour l'équation de résistance de la plaque rectangulaire de côtés a, b, a étant $< b$

(27)
$$\frac{24\,(1 - \eta^2)}{\pi^4\,\varepsilon^2}\,\frac{ab^3}{(a^2 + b^2)^2} \cdot p\,ab \leqq R_0.$$

Lorsque $\eta = \dfrac{1}{4}$, corps isotropes, cette équation devient

(28)
$$\frac{90}{\pi^4\,(2\,\varepsilon)^2}\,\frac{ab^3}{(a^2 + b^2)^2} \cdot p\,ab \leqq R_0;$$

d'où, pour l'épaisseur 2ε de la plaque

(29)
$$2\,\varepsilon \geqq \frac{3\sqrt{10}}{\pi^2}\,b \cdot \frac{ab}{a^2 + b^2}\sqrt{\frac{p}{R_0}} = 0,96\,b \cdot \frac{ab}{a^2 + b^2}\sqrt{\frac{p}{R_0}}.$$

Nous avons dit plus haut, page 206, que, pour certains fers laminés, le coefficient η avait une valeur voisine de 0,50. Si nous substituons cette valeur dans l'équation (27), elle donne la même formule que (28), avec le coefficient 72 au lieu de 90. Il en résulte, pour l'épaisseur de la plaque

(30)
$$2\,\varepsilon \geqq \frac{6\sqrt{2}}{\pi^2}\,b \cdot \frac{ab}{a^2 + b^2}\sqrt{\frac{p}{R_0}} = 0,85\,b\,\frac{ab}{a^2 + b^2}\sqrt{\frac{p}{R_0}}.$$

Le coefficient η pour les corps ordinaires est généralement compris entre 0,25 et 0,50 ; la formule donnant l'épaisseur d'une plaque rectangulaire sera donc généralement comprise entre les formules (29) et (30), c'est-à-dire que le coefficient affectant le second membre sera compris entre 0,96 et 0,85. A défaut d'indication certaine, on devra prendre 0,96.

L'équation de résistance (27) peut se mettre sous la forme

$$(31) \qquad \frac{24\,(1-\eta^2)}{\pi^2 \varepsilon^2} \frac{\dfrac{b^2}{a^3}}{\left(1+\dfrac{b^2}{a^2}\right)^2} \cdot p\,ab \lessgtr \mathrm{R_0}.$$

On voit alors que la charge totale *pab* que peut supporter avec sécurité une plaque rectangulaire ne dépend que du rapport $\frac{b}{a}$ de ses côtés et nullement de leur grandeur absolue. Cette remarque, analogue à celle que nous avons faite plus haut pour les plaques circulaires, avait été énoncée par Mariotte dès 1686[1], pour les plaques carrées.

Si, au lieu d'une charge uniformément répartie sur toute l'étendue de la plaque rectangulaire, celle-ci n'a à supporter qu'un poids unique P, placé en son centre, les conditions de la flexion se déterminent de même par des séries doubles très convergentes dont on peut se borner généralement à conserver les premiers termes.

Voici les principaux résultats approximatifs que l'on obtient ainsi :

La surface affectée par le feuillet moyen a pour équation

$$z = \frac{6\,\mathrm{P}\,(1-\eta^2)}{\pi^4\,\mathrm{E}\,ab\,\varepsilon^3} \frac{a^2\,b^2}{(a^2+b^2)^2} \cdot \sin\frac{\pi x}{a} \sin\frac{\pi y}{b}.$$

1. Le même poids, dit Mariotte (*OEuvres complètes*, édition de la Haye, 1740, p. 467), distribué sur toute l'étendue d'un carré plat de bois sec ou de verre, posé sur un cadre, et qui le rompra, rompra tout autre carré de même épaisseur, de quelque largeur qu'il soit.

Il le démontre par ce théorème que les poids uniformément distribués capables de rompre deux tringles ou règles de mêmes matière, largeur et épaisseur, posées à leurs extrémités, sont en raison inverse de leurs longueurs. D'où il suit que si l'on a deux plaques carrées dont l'une ait son côté double de celui de l'autre, et si l'on y taille, vers le milieu, des bandes d'égale largeur, la bande du plus grand rompra sous un poids moitié moindre que ne fera celle du plus petit; mais si, par compensation, la bande du plus grand a une largeur double, elles rompront toutes deux sous la même charge totale. Il en sera de même, ajoute-t-il, si, au lieu d'une seule bande dans chaque plaque, il y en a deux qui se croisent à angles droits et si, dans les deux sens, on en ajoute d'autres de part et d'autre de celles-là, etc. D'où le théorème énoncé ou ce qu'il fallait démontrer.

L'assimilation d'une plaque à deux systèmes croisés de règles jointives manque sans doute d'exactitude, mais on comprend que néanmoins la conclusion puisse être juste.

La flèche centrale f a pour valeur

(32)
$$f = \frac{6(1-\eta^2)}{\pi^2 E \varepsilon^3} \cdot \frac{a^3 b^3}{(a^2+b^2)^2} \cdot P.$$

Pour une même charge $P = pab$, on voit que la flèche est augmentée, par la concentration de la charge, dans la proportion de 4 à π^2 ou sensiblement de 2 à 5.

Enfin, l'équation de résistance est, en supposant toujours $a < b$,

(33)
$$\frac{6(1-\eta^2)}{\pi^2 \varepsilon^2} \cdot \frac{ab^3}{(a^2+b^2)^2} \cdot P \leqq R_0.$$

Comme dans le cas de la charge répartie, le poids total que peut supporter, en son centre, une plaque rectangulaire, ne dépend que du rapport de ses côtés et non pas de la grandeur absolue de leurs dimensions. Cette équation, lorsqu'on suppose $\eta = \frac{1}{4}$, donne, pour l'épaisseur 2ε à adopter pour une plaque rectangulaire chargée en son centre d'un poids P

(34)
$$2\varepsilon \geqq \frac{3\sqrt{10}}{2\pi} \frac{b\sqrt{ab}}{a^2+b^2} \sqrt{\frac{P}{R_0}} = 1{,}51 \sqrt{\frac{a}{b} \frac{1}{\frac{a^2}{b^2}+1}} \sqrt{\frac{P}{R_0}}.$$

Toutes ces formules s'appliquent, bien entendu, aux plaques carrées : il suffit d'y faire $a = b$.

§ III

PORTES D'ÉCLUSES.

325. Indication de la méthode approximative ordinaire. — Les portes d'écluses sont généralement constituées par des entretoises horizontales, appuyées à leurs deux extrémités soit sur le chardonnet et l'enclave, lorsqu'il n'y a qu'un seul vantail, soit sur le chardonnet et le poteau busqué, lorsqu'il y a deux vantaux busqués. Ces entretoises, plus ou moins espacées, sont recouvertes, du côté d'amont, par un bordage que

nous supposerons constitué par des aiguilles ou pièces verticales jointives.

Lorsque l'on fait abstraction de la résistance du bordage à la
flexion, ce qui est suffisamment approximatif dans les portes de
petite dimension, ou dans celles où le bordage est formé par
une tôle mince, on peut considérer chaque entretoise comme
supportant la pression de l'eau correspondante à la hauteur
comprise entre les deux lignes horizontales qui divisent en deux
parties égales les distances aux entretoises voisines. Cette pièce
est alors assimilable à une poutre appuyée ou encastrée à ses
deux extrémités, suivant le mode d'assemblage adopté, et soumise à une charge uniformément répartie suivant sa longueur.

Le calcul de ses dimensions ne présente alors rien de particulier, non plus que celui du bordage, dont l'épaisseur se règle
alors plutôt par des considérations relatives à l'usure des matériaux employés qu'à la résistance proprement dite à la pression
exercée par l'eau.

Mais ce procédé simple de calcul n'est plus suffisant lorsque
la résistance du bordage à la flexion n'est plus négligeable. La
question devient alors, il est vrai, beaucoup plus compliquée.
Nous allons indiquer sommairement, d'après M. Lavoinne
(*Annales des Ponts et Chaussées*, 1867, 1er semestre), comment on
peut la traiter. Nous résumerons son remarquable travail en n'en
conservant que les parties absolument indispensables et en y
renvoyant pour tout ce qui n'aura pas trouvé place ici.

**326. Équations différentielles générales de la
flexion, dans l'hypothèse de Lavoinne.** — Supposons
que les entretoises soient, comme le bordage, formées de pièces
jointives. Admettons que ces pièces, verticales dans le bordage,
horizontales dans les entretoises, soient en nombre infini et
infiniment étroites dans le sens perpendiculaire à leur longueur,
de manière que leur flexion puisse s'opérer isolément et indépendamment les unes des autres.

Prenons pour origine des coordonnées l'un des angles supérieurs de la porte, pour axe des x son côté supérieur OA et pour
axe des z l'un de ses côtés latéraux OB (fig. 258). Soit $2a =$ OA
la longueur commune de toutes les entretoises et $b =$ OB la

hauteur de la porte. Nous négligeons le poids de toutes les pièces et nous supposons que la porte est exclusivement soumise à une charge produite par la pression de l'eau agissant sur toute la hauteur et d'un seul côté.

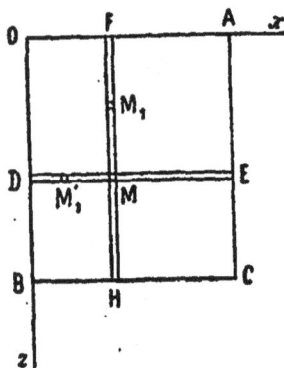

Appelons :

x et z les coordonnées DM, FM d'un point quelconque M,

y la flèche commune du bordage et de l'entretoise en ce point, c'est-à-dire la quantité dont il s'est déplacé horizontalement sous l'action de la charge,

Fig. 258.

π la réaction qui s'exerce en ce point entre l'entretoise et le bordage rapportée à l'unité de surface,

i_a le moment d'inertie des entretoises, pour l'unité de hauteur,

i_b celui du bordage, pour l'unité de largeur,

E_a, E_b les coefficients d'élasticité de la matière constituant respectivement les entretoises et le bordage,

p le poids spécifique de l'eau qui produit la pression sur la porte, de sorte que la pression au point M, par unité de surface, soit pz.

Considérons l'élément d'entretoise DE de hauteur dz; nous pouvons l'assimiler à une poutre de longueur $2a$, appuyée à ses deux extrémités et supportant, aux divers points de sa longueur, une charge πdz par unité de longueur, π étant une fonction encore inconnue de x. Cette poutre étant d'ailleurs symétriquement chargée, chacun des appuis D et E exerce une réaction égale à la moitié de la charge totale, soit à $dz \int_0^a \pi\, dx$.

Sur un élément M'$_1$ quelconque de cette entretoise, dont l'abscisse DM'$_1$ $= x_1$ et dont la longueur est dx_1, la charge sera $\pi\, dz\, dx_1$, et le moment de cette charge par rapport au point M dont l'abscisse est x sera $\pi\,(x-x_1)\, dz\, dx_1$; la somme de tous les moments analogues pour tous les éléments compris entre D et M sera $\int_0^x \pi\,(x-x_1)\, dz\, dx_1$, et le moment fléchissant au point M, qui est la différence entre cette somme et le moment de la réaction de l'appui D, dont le bras de levier est x, aura pour expression

$$dz \int_0^x \pi (x - x_1) \, dx_1 - x \, dz \int_0^a \pi \, dx.$$

D'un autre côté, le moment d'inertie de cet élément d'entretoise est $i_a \, dz$; on a donc, pour l'équation différentielle de la courbe affectée par sa fibre neutre déformée

$$(1) \qquad E_a \, i_a \, dz \frac{d^2y}{dx^2} = dz \int_0^x \pi (x - x_1) \, dx_1 - x \, dz \int_0^a \pi \, dx.$$

dz, facteur commun à tous les termes, peut être supprimé, mais nous pouvons faire subir, à cette équation, une autre transformation. Nous avons identiquement

$$\int_0^x \pi (x - x_1) \, dx_1 = \int_0^x \pi x \, dx_1 - \int_0^x \pi x_1 \, dx_1 = x \int_0^x \pi \, dx - \int_0^x \pi x \, dx,$$

et

$$\int_0^x \pi x \, dx = x \int_0^x \pi \, dx - \int_0^x dx \int_0^x \pi \, dx;$$

Donc

$$(2) \qquad \int_0^x \pi (x - x_1) \, dx_1 = \int_0^x dx \int_0^x \pi \, dx.$$

L'équation différentielle ci-dessus peut ainsi s'écrire :

$$(3) \qquad E_a i_a \frac{d^2y}{dx^2} = \int_0^x dx \int_0^x \pi \, dx - x \int_0^a \pi \, dx = \int_0^x dx \int_a^x \pi \, dx.$$

En l'intégrant deux fois et remarquant que, pour $x = a$, on doit avoir $\frac{dy}{dx} = 0$ et que pour $x = 0$, $y = 0$, on a

$$(4) \qquad y = \frac{1}{E_a \, i_a} \int_0^x dx \int_a^x dx \int_0^x dx \int_a^x \pi \, dx.$$

Considérons maintenant l'élément de bordage FH de largeur dx. C'est une poutre dont le moment d'inertie est $i_b \, dx$ et qui supporte par unité de surface, d'un côté la pression de l'eau pz, de l'autre la réaction des entretoises π. Sur un élément quelconque M, compris entre F et M, ayant une ordonnée $FM_1 = z_1$ et une superficie $dx \, dz_1$, la charge supportée par le bordage sera la différence $(pz - \pi) dx \, dz_1$. Le moment de cette pression par rapport au point M s'obtiendra en la multipliant par son bras de levier $(z-z_i)=MM_i$, et la somme de tous les moments des forces analogues, s'exerçant sur les éléments compris entre F et M, sera

$\int_0^z (pz-\pi)(z-z_i)\,dx\,dz_i$. Cette somme sera le moment fléchissant au point M, car les extrémités F et H de cette sorte de poutre ne supportent pas d'autre réaction que celle π des entretoises; nous aurons donc, pour l'équation différentielle définissant la flexion de ce bordage :

$$E_b\,i_b\,dx\frac{d^2y}{dz^2}=dx\int_0^z (pz-\pi)(z-z_i)\,dz_i.$$

Supprimant le facteur commun dx, et faisant subir à l'intégrale du second membre la même transformation que celle que nous venons d'opérer pour l'entretoise, et qui est résumée par l'équation (2), nous obtenons :

$$(5)\qquad E_b\,i_b\frac{d^2y}{dz^2}=\int_0^z dz\int_0^z (pz-\pi)\,dz.$$

Intégrant deux fois, ayant égard à ce que, pour $z=b$, y doit être égal à zéro, et désignant par $\varphi(x)$ une fonction de x, indépendante de z, nous avons

$$(6)\quad y=\frac{1}{E_b\,i_b}\Big[\int_b^z dz\int_0^z dz\int_0^z dz\int_0^z (pz-\pi)\,dz+(z-b)\,\varphi(x)\Big].$$

En égalant ce déplacement horizontal du point quelconque M du bordage à celui que nous avons trouvé plus haut pour le même point de l'entretoise, nous aurons l'équation générale du problème :

$$(7)\qquad \frac{1}{E_a\,i_a}\int_0^x dx\int_a^x dx\int_0^x dx\int_a^x \pi\,dx$$

$$=\frac{1}{E_b\,i_b}\Big[\int_b^z dz\int_0^z dz\int_0^z dz\int_0^z (pz-\pi)\,dz+(z-b)\,\varphi(x)\Big].$$

Différentions deux fois par rapport à x et deux fois par rapport à z chacun des deux membres de cette équation, puis trois fois, puis quatre fois, nous aurons, en posant pour abréger $\frac{E_a\,i_a}{E_b\,i_b}=\tau$, τ étant un nombre abstrait mesurant le rapport de la résistance à la flexion, ou de la raideur du système horizontal des entretoises au système vertical du bordage :

$$(8) \qquad \int_o^x dx \int_a^x \frac{d^2\pi}{dz^2} dx = - \tau \int_o^z dz \int_o^z \frac{d^2\pi}{dx^2} dz,$$

$$(9) \qquad \int_a^x \frac{d^3\pi}{dz^2} dx = - \tau \int_o^z \frac{d^3\pi}{dx^3} dz,$$

$$(10) \qquad \frac{d^4\pi}{dz^4} = - \tau \frac{d^4\pi}{dx^4}.$$

A ces équations, il faut joindre celle qui exprime que la somme des moments de toutes les forces qui agissent sur un élément de bordage, pris par rapport au seuil, est nulle, c'est-à-dire

$$dx \int_o^b (pz - \pi)(b - z) dz = 0,$$

ou bien

$$(11) \qquad \int_o^b \pi (b - z) \, dz = \int_o^b pz \, (b - z) \, dz = \frac{1}{6} pb^3.$$

327. Intégration de ces équations. — Pour satisfaire à l'équation aux dérivées partielles (10), M. Lavoinne pose

$$\pi = \chi(z) + \Sigma \, F(\alpha x) f(\beta z),$$

$\chi(z)$ étant une fonction de z à déterminer, $F(\alpha x)$ et $f(\beta z)$ étant les fonctions suivantes

$$(12) \quad F(\alpha x) = 2 \frac{\cos\alpha \coh\alpha \cos\alpha \frac{x-a}{a} \coh\alpha \frac{x-a}{a} - \sin\alpha \sih\alpha \sin\alpha \frac{x-a}{a} \sih\alpha \frac{x-a}{a}}{\cos 2\alpha + \coh 2\alpha},$$

$$(13) \qquad f(\beta z) = A\cos\beta\frac{z}{b} + B\sin\beta\frac{z}{b} + C\coh\beta\frac{z}{b} + D\sih\beta\frac{z}{b};$$

et la somme Σ étant celle de tous les produits, en nombre infini, des valeurs que prennent les fonctions F et f pour les valeurs des arguments α et β que nous définirons plus loin.

---

(1) Nous avons substitué, aux exponentielles employées par M. Lavoinne, les sinus, cosinus et tangente hyperboliques, définis comme on le sait par les équations sih $u = \frac{e^u - e^{-u}}{2}$, coh $u = \frac{e^u + e^{-u}}{2}$, tah $u = \frac{e^u - e^{-u}}{e^u + e^{-u}}$.

Cette modification donne plus de symétrie aux formules. Nous avons substitué aussi, aux arguments α et β de M. Lavoinne, les quantités $\frac{\alpha}{a}$ et $\frac{\beta}{b}$, ce qui rend, comme on verra, β indépendant de b.

A, B, C, D sont des constantes, c'est-à-dire des nombres indépendants de x et de z et qui ne dépendent que de l'argument β.

On vérifie facilement que, pour satisfaire aux équations (8), (9), (10) et (11), il faut poser :

(14) $\quad \chi(z) = P + Qz$, (15) $\quad \dfrac{P}{2} + \dfrac{Qb}{6} = \dfrac{1}{6}pb$, (16) $\quad a'\beta' = 4\tau a'b'$,

(17) $\qquad\qquad -A\cos\beta - B\sin\beta + C\coh\beta + D\sih\beta = 0$,

(18) $\qquad -B + D = 0$, $\qquad\qquad$ (19) $\qquad -A + C = 0$.

Enfin, on vérifie aussi que l'équation fondamentale (7) est satisfaite si l'on pose, outre ces conditions, les suivantes :

(20) $\qquad\qquad\qquad\qquad P + Qb = 0$,

(21) $\qquad \varphi(x) = -\dfrac{P}{b\tau}\left[\dfrac{(x-a)^4-a^4}{1.2.3.4.} - \dfrac{a'(x-a)^2-a'^2}{1.2.1.2}\right]$.

(22) $\qquad\qquad A\cos\beta + B\sin\beta + C\coh\beta + D\sih\beta = 0$,

(23) $\displaystyle\sum \int_b^z dz \int_o^z dz \int_o^z dz \int_o^z f(\beta z) = (p-Q)\dfrac{z^5-b^5}{1.2.3.4.5} - P\dfrac{z^4-b^4}{1.2.3.4}$.

Les équations (15) et (20) donnent immédiatement

$$P = \tfrac{1}{2}pb, \quad Q = -\tfrac{1}{2}p;$$

ce qui définit la fonction $\chi(z)$, laquelle est ainsi

(24) $\qquad\qquad\qquad\qquad \chi(z) = \tfrac{1}{2}p(b-z)\cdot$

Il s'agit de déterminer maintenant les arguments α et β ou plutôt l'un des deux, puisque l'autre s'en déduira par l'équation (16). Les équations (17) et (22) conduisent à

(25) $\qquad\qquad\qquad\qquad \tang\beta = \tah\beta;$

équation transcendante qui nous donnera toutes les valeurs de β, en nombre infini. Nous allons les déterminer.

Comme la tangente hyperbolique $\tah\beta$ est toujours positive et comprise entre 0 et 1, cette équation ne peut être satisfaite que par des valeurs de β dont la tangente trigonométrique $\tang\beta$ est positive et au plus égale à 1, c'est-à-dire par β compris entre 0 et $\dfrac{\pi}{4}$, entre π et $\dfrac{5\pi}{4}$, entre 2π et $\dfrac{9\pi}{4}$, ... entre $n\pi$ et $\dfrac{(4n+1)\pi}{4}$. Dans le premier intervalle on n'a tang $\beta =$ tah β que pour $\beta = 0$, car, pour toute autre valeur de β, la tangente circulaire est supérieure à la tangente hyperbolique.

Dans le deuxième intervalle on a $\tang \dfrac{5\pi}{4} = 1$, $\tah \dfrac{5\pi}{4} = 0,99922$,

dans le troisième. . . . . . . $\tang \dfrac{9\pi}{4} = 1$, $\tah \dfrac{9\pi}{4} = 0,999998$,

etc.; d'où il suit que l'on peut prendre pour racines, avec un degré suffisant d'approximation,

$$(26) \quad \begin{cases} \beta_1 = \dfrac{5\pi}{4} = 3,927 ; \ \beta_2 = \dfrac{9\pi}{4} = 7,069 ; \ \beta_3 = \dfrac{13\pi}{4} = 10,210 ; \\[2ex] \qquad\qquad \beta_4 = \dfrac{27\pi}{4} = 13,352, \text{ etc.} \\[2ex] \text{et par suite} \qquad \tang \beta_1 = \tang \beta_2 = \tang \beta_3 = \ldots\ldots = 1. \end{cases}$$

Ces valeurs de β donnent les valeurs correspondantes de α, au moyen de l'équation (16) $\alpha = \dfrac{a}{b} \beta \sqrt[4]{\dfrac{1}{4\tau}}$. On calculera ainsi α_1, α_2, $\alpha_3,\ldots$

Il ne reste plus, pour avoir complètement déterminé la valeur de π, qu'à trouver les valeurs des quatre coefficients A, B, C, D. Les équations (18) et (19) qui donnent C = A et D = B réduisent à deux le nombre des inconnues. Les équations (17) et (22) donnent

$$\frac{B}{A} = -\frac{1}{\tang \beta},$$

soit, en tenant compte des valeurs (26)

$$B = -A, \quad C = A, \quad D = B = -A.$$

La fonction $f(\beta z)$ n'a donc plus qu'un seul coefficient indéterminé et peut s'écrire

$$f(\beta z) = A\left[\cos \beta \frac{z}{b} - \sin \beta \frac{z}{b} + \coh \beta \frac{z}{b} - \sih \beta \frac{z}{b} \right].$$

Pour déterminer les valeurs de ce coefficient A, différentions quatre fois de suite par rapport à z les deux membres de l'équation (23) : nous aurons

$$\Sigma f(\beta z) = (p - Q) z - P = \frac{1}{2} p (3z - b),$$

équation qui, en désignant par A_1, A_2, $A_3,\ldots$ les valeurs successives de A, équivaut à

$$A_1 \left(\cos \beta_1 \frac{z}{b} - \sin \beta_1 \frac{z}{b} + \coh \beta_1 \frac{z}{b} - \sih \beta_1 \frac{z}{b} \right) +$$

$$+ A_2 \left(\cos \beta_2 \frac{z}{b} - \sin \beta_2 \frac{z}{b} + \coh \beta_2 \frac{z}{b} - \sih \beta_2 \frac{z}{b} \right) +$$

$$+ A_3 \left(\cos \beta_3 \frac{z}{b} - \sin \beta_3 \frac{z}{b} + \coh \beta_3 \frac{z}{b} - \sih \beta_3 \frac{z}{3} \right) + \ldots\ldots = \frac{1}{2} p \, (3\,z - b).$$

Les valeurs inconnues A_1, A_2.... doivent être telles que cette équation soit satisfaite pour toutes les valeurs de z.

Si nous supposons que le premier membre de cette équation soit développé suivant les puissances croissantes de z, d'après la formule connue de Mac-Laurin, les coefficients de ces puissances successives, à un facteur numérique près, ne seront autres que les dérivées successives du premier membre où l'on aura fait $z = 0$. Si donc les coefficients A_1, A_2.... sont tels que, pour $z = 0$, ces dérivées successives du premier membre soient égales à celles du second membre, on sera assuré que l'équation sera identiquement satisfaite pour toutes les valeurs de z.

Or, pour $z = 0$, chaque parenthèse de l'équation ci-dessus devient égale à 2 et le second membre à $-\frac{1}{2} pb$.

En la différentiant une première fois par rapport à z, chaque parenthèse du premier membre, affectant alors les coefficients $A_1 \frac{\beta_1}{b}$, $A_2 \frac{\beta_2}{b}$.... est, pour $z = 0$, égale à -2, et le second membre à $\frac{3}{2} p$.

Toutes les dérivées suivantes du second membre sont identiquement nulles; les parenthèses du 1er membre deviennent aussi zéro, pour la 2e et la 3e dérivée. La quatrième et la cinquième donnent respectivement $+2$ et -2 et ainsi de suite et l'on a ainsi, en divisant par 2 et multipliant par b, b^4, b^5....

$$A_1 + A_2 + A_3 + A_4 + \ldots\ldots \qquad = -\frac{1}{4} pb,$$

$$A_1 \beta_1 + A_2 \beta_2 + A_3 \beta_3 + A_4 \beta_4 + \ldots\ldots = -\frac{3}{4} pb,$$

$$A_1 \beta_1^4 + A_2 \beta_2^4 + A_3 \beta_3^4 + A_4 \beta_4^4 + \ldots\ldots = 0,$$

$$A_1 \beta_1^5 + A_2 \beta_2^5 + A_3 \beta_3^5 + A_4 \beta_4^5 + \ldots\ldots = 0,$$

$$A_1 \beta_1^6 + A_2 \beta_2^6 + A_3 \beta_3^6 + A_4 \beta_4^6 + \ldots = 0,$$

$$A_1 \beta_1^7 + A_2 \beta_2^7 + A_3 \beta_3^7 + A_4 \beta_4^7 + \ldots = 0,$$

Système d'équations du premier degré, en nombre infini, servant à déterminer les coefficients A_1, A_2, A_3..., etc.

La résolution de ces équations ne peut évidemment se faire que par approximations successives; on peut, par exemple, prendre d'abord les deux premières équations en n'y conservant que les inconnues A_1, A_2, puis les quatre premières équations avec des inconnues A_1, A_2, A_3, A_4, et ainsi de suite.

On reconnaîtra que l'approximation est suffisante lorsque, en prenant deux équations de plus, les valeurs trouvées pour les inconnues ne diffèrent pas sensiblement de celles que l'on avait calculées d'abord. Nous n'effectuerons pas ce calcul et nous nous bornerons à donner, sans les vérifier, les valeurs trouvées par M. Lavoinne pour les quatre premiers coefficients :

$$A_1 = -0,353\,pb, \quad A_2 = 0,135\,pb, \quad A_3 = -0,044\,pb, \quad A_4 = 0,009\,pb.$$

Les valeurs de A_1, A_2, A_3,... sont alternativement positives et négatives et indéfiniment décroissantes; elles forment donc une série convergente.

Tout est connu maintenant, dans l'expression de π, et si nous représentons, pour abréger, par $f_1\,(\beta z)$ la fonction

$$f_1(\beta z) = \cos\beta\,\frac{z}{b} - \sin\beta\,\frac{z}{b} + \coh\beta\,\frac{z}{b} - \sih\beta\,\frac{z}{b},$$

la fonction $F\,(\alpha x)$ ayant la signification définie par l'équation (12), nous aurons :

$$(27)\quad \pi = \frac{1}{2}\,p(b-z) - pb\left[\begin{array}{l} 0,353\,F(\alpha_1 x)f_1(\beta_1 z) - 0,135\,F(\alpha_2 x)f_1(\beta_2 z) \\ + 0,044\,F(\alpha_3 x)f_1(\beta_3 z) - 0,009\,F(\alpha_4 x)f_1(\beta_4 z) \end{array}\right],$$

β_1, β_2, β_3, β_4, ayant les valeurs (26) et les α étant :

$$\alpha_1 = 3,927\,\frac{a}{b}\sqrt[4]{\frac{1}{4\,\tau}}, \quad \alpha_2 = 7,069\,\frac{a}{b}\sqrt[4]{\frac{1}{4\,\tau}},$$

$$\alpha_3 = 10,210\,\frac{a}{b}\sqrt[4]{\frac{1}{4\,\tau}}, \quad \alpha_4 = 13,352\,\frac{a}{b}\sqrt[4]{\frac{1}{4\,\tau}}.$$

Remarquons d'ailleurs que a, b et τ étant constants pour une porte donnée, les α sont proportionnels aux β et que chacun d'eux s'exprime, en fonction du premier de sa série, de la manière suivante :

$$\beta_1 = \frac{5\pi}{4}, \quad \beta_2 = \frac{9}{5}\beta_1, \quad \beta_3 = \frac{13}{5}\beta_1, \quad \beta_4 = \frac{17}{5}\beta_1, \ldots$$

$$\alpha_1 = \alpha_1, \quad \alpha_2 = \frac{9}{5}\alpha_1, \quad \alpha_3 = \frac{13}{5}\alpha_1, \quad \alpha_4 = \frac{17}{5}\alpha_1, \ldots$$

Les nombres β sont les mêmes pour toutes les portes d'écluses ; les nombres α dépendent au contraire des dimensions de la porte.

Le coefficient α_1 duquel dépendent tous les autres α, et dont la valeur définit en quelque sorte une porte donnée, a pour expression :

$$\alpha_1 = 3{,}927\, \frac{a}{b} \sqrt[4]{\frac{E_b\, i_a}{4\, E_a\, i_a}}.$$

Les valeurs de $f_1(\beta z)$, pour les valeurs croissantes de β, restent toujours finies, tandis que celles de $F(\alpha x)$, pour les valeurs croissantes de α, décroissent indéfiniment ; comme il en est de même des coefficients numériques A_1, A_2,..., la série qui exprime π est rapidement convergente et donnera la valeur de π avec une approximation aussi grande qu'on le voudra.

328. Calcul du moment fléchissant dans le bordage. — Cette expression générale de π permet de calculer le moment fléchissant maximum soit dans le bordage, soit dans les entretoises.

Nous avons vu plus haut que le moment fléchissant, en un point quelconque du bordage, avait pour expression

$$\int_0^z dx \int_0^z (pz - \pi)\, dz.$$

Remplaçons π par sa valeur (27) et désignons ce moment par m, nous aurons

$$m = \int_0^z dz \int_0^z dz \left(\frac{3}{2} pz - \frac{1}{2} pb + pb [0{,}353\, F(\alpha_1 x) f_1(\beta_1 z) \right.$$
$$\left. - 0{,}135\, F(\alpha_2 x) f_1(\beta_2 x) + \ldots] \right).$$

Effectuons l'intégration et désignons par $f_2(\beta z)$ la fonction

$$f_2(\beta z) = \frac{1}{\beta^2} \left(\cos \frac{\beta z}{b} - \sin \frac{\beta z}{b} - \coth \frac{\beta z}{b} + \sinh \frac{\beta z}{b} \right),$$

nous obtenons

36

$$m = \frac{1}{4} p z^2 (z-b) - p b^3 [0,353 \, \mathrm{F}(\alpha_1 x) f_1(\beta_1 z) - 0,135 \, \mathrm{F}(\alpha_2 x) f_2(\beta_2 z) + \dots].$$

La recherche analytique du maximum de m serait sans doute impraticable ; on peut y suppléer en calculant les valeurs de ce moment pour un certain nombre de valeurs de z, correspondant aux points de division de la hauteur b de la porte en un certain nombre de parties égales. On a ainsi, en fonction de x, la valeur du moment fléchissant m dans le bordage, sur chacune des lignes horizontales de division ; on peut, sur chacune d'elles, trouver le point où ce moment atteint sa plus grande valeur et voir quelle est la plus grande de toutes ces valeurs maximum.

M. Lavoinne a calculé les valeurs de la fonction $f_1(\beta z)$ pour les valeurs de $z = 0$, $\dfrac{b}{10}$, $\dfrac{2b}{10}$, $\dfrac{3b}{10} \dots \dfrac{9b}{10}$. Voici, à titre d'exemple, la valeur qu'il a trouvée pour le moment m, tout le long de la ligne horizontale située à une distance $z = \dfrac{b}{10}$ du sommet de la porte :

$$m_1 = p b^3 - [0,00225 + 0,00307 \, \mathrm{F}(\alpha_1 x) - 0,00103 \, \mathrm{F}(\alpha_2 x) \dots].$$

Il donne neuf équations analogues pour les autres lignes horizontales de division. On les trouvera dans son mémoire.

$\mathrm{F}(\alpha x)$ est toujours compris entre $\mathrm{F}(0) = 1$ et $\mathrm{F}(\alpha a)$ qui est plus petit que l'unité ; il en résulte, dit M. Lavoinne, que, les termes du développement de chaque valeur de m étant d'ailleurs de plus en plus petits, c'est pour $x = a$ que chacune des valeurs de m données ci-dessus, où l'on peut généralement négliger tous les termes à partir du second, sera maxima en valeur absolue.

Pour avoir, en conséquence, la plus grande valeur de chacun des moments m, il suffira, dans les expressions qui précèdent, de faire $x = a$, c'est-à-dire de substituer à $\mathrm{F}(\alpha x)$ les valeurs de $\mathrm{F}(\alpha a) = \dfrac{2 \cos \alpha \cosh \alpha}{\cos 2\alpha + \cosh 2\alpha}$. Cette substitution faite, on verra quel est le plus grand des neuf coefficients de $p b^3$ et l'on aura ainsi le plus grand moment fléchissant. M. Lavoinne a fait ce calcul et voici, pour diverses valeurs de α_1, le plus grand des coefficients de $p b^3$ dans l'expression du moment fléchissant du bordage, rapporté à l'unité de largeur.

Valeurs de α_i	Coefficient maximum q_b	Numéro de la division correspondante.	Valeurs de α_i	Coefficient maximum q_b	Numéro de la division correspondante.	Valeurs de α_i	Coefficient maximum q_b	Numéro de la division correspondante.
0,6	0,0104	8	1,1	0,0252	7	1,6	0,0373	7
0,7	0,0135	8	1,2	0,0286	7	1,7	0,0386	7
0,8	0,0150	8	1,3	0,0316	7	1,8	0,0394	7
0,9	0,0180	8	1,4	0,0341	7	1,9	0,0401	7
1,0	0,0214	7	1,5	0,0359	7	2,0	0,0405	7

Ce coefficient maximum, désigné par q_b, étant ainsi connu pour toute valeur de α, c'est-à-dire pour une porte quelconque, il suffira de le multiplier par pb^3 pour avoir le moment fléchissant maximum du bordage, par unité de largeur.

329. Calcul du moment fléchissant dans les entretoises. — On déterminera, de la même manière, le moment fléchissant maximum par mètre de hauteur en chaque point du système horizontal constituant les entretoises.

Le moment fléchissant en un point quelconque de ce système a pour expression $\int_o^y dx \int_a^y \pi dx\cdot$ Substituons à π sa valeur (27), effectuons les intégrations et désignons par $F_1(\alpha x)$ la fonction

$$F_1(\alpha x)=\frac{1}{\alpha^3}\frac{\cos\alpha\,\text{coh}\,\alpha\sin\alpha\,\frac{x-a}{a}\,\text{sih}\,\alpha\,\frac{x-a}{a}--\sin\alpha\,\text{sih}\,\alpha\cos\alpha\,\frac{x-a}{a}\,\text{coh}\,\alpha\,\frac{x-a}{a}}{\cos 2\alpha+\text{coh}\,2\alpha};$$

nous aurons, pour la valeur de ce moment fléchissant,

$$-\frac{1}{4}p(b-z)(x^2-ax)+pba^2\,[0,353F_1(\alpha_1 x)f_1(\beta_1 z)$$
$$-0,135F_1(\alpha_2 x)f_1(\beta_2 z)+0,044F_1(\alpha_3 x)f_1(\beta_3 z)....]$$

Si l'on introduit, dans cette formule, les valeurs calculées de $f_1(\beta z)$ pour les valeurs $z = 0, \frac{b}{10}, \frac{2b}{10}, \cdots \frac{9b}{10}$, on aura, pour déterminer le moment fléchissant sur chacune des lignes horizontales, des équations, analogues à celles que nous avons écrites plus haut pour le bordage, où le moment fléchissant sera exprimé par $\frac{pa^2 b}{4}$ multiplié par une suite de termes en $F_1(\alpha_1 x)$, $F_1(\alpha_2 x)$...

affectés de coefficients numériques qui sont, comme f_{i} (βz), les mêmes pour toutes les portes d'écluses et que l'on trouvera dans le mémoire de M. Lavoinne.

Le maximum a toujours lieu pour $x = a$; il suffira donc, pour avoir le moment fléchissant maximum, de faire, dans ces équations, $x = a$, c'est-à-dire de remplacer les F_{i} (αx) par F_{i} (αa), laquelle a pour valeur

$$F_{i}(\alpha a) = -\frac{1}{\alpha^{2}}\frac{\sin\alpha\,\sinh\alpha}{\cos 2\alpha + \cosh 2\alpha}.$$

Le tableau suivant donne, pour diverses valeurs de α_{i}, les valeurs des coefficients q_{a} ainsi obtenus, et par lesquels il faut multiplier $\frac{pa^{2}b}{4}$ pour avoir le maximum du moment fléchissant sur chacune des lignes horizontales de division, le maximum ayant toujours lieu au milieu de la longueur des entretoises.

VALEURS DE α_{i}	VALEURS DU COEFFICIENT q_a, POUR $z =$								
	0	$\frac{b}{10}$	$\frac{2b}{10}$	$\frac{3b}{10}$	$\frac{4b}{10}$	$\frac{5b}{10}$	$\frac{6b}{10}$	$\frac{7b}{10}$	$\frac{8b}{10}$	$\frac{9b}{10}$
0.50	— 0,039	0,177	0,142	0,650	0,917	1,152	1,313	1,317	1,164	0,673
0.60	— 0,051	0,191	0,439	0,692	0,951	1,162	1,301	1,284	1,050	0,593
0.70	— 0,035	0,217	0,474	0,727	0,967	1,146	1,236	1,169	0,942	0,525
0,80	0,018	0,265	0,515	0,732	0,902	1,101	1,152	1,061	0,834	0,459
0,90	0,108	0,331	0,556	0,703	0,937	1,042	1,058	0,955	0,730	0,400
1,00	0,249	0,406	0,594	0,765	0,900	0,972	0,962	0,853	0,646	0,345
1,05	0,277	0,445	0,613	0,764	0,889	0,934	0,914	0,803	0,605	0,324
1,10	0,335	0,642	0,631	0,762	0,859	0,899	0,870	0,756	0,566	0,302
1,15	0,395	0,521	0,647	0,754	0,836	0,862	0,825	0,712	0,529	0,281
1,20	0,419	0,556	0,663	0,754	0,815	0 829	0,784	0,671	0,495	0,256
1,25	0,496	0,586	0,678	0,751	0,799	0,800	0,749	0.638	0,466	0,240
1,30	0,551	0,624	0,691	0,746	0,777	0,766	0,708	0,597	0,434	0,228
1,35	0,594	0,648	0,702	0,742	0 760	0,740	0,677	0,566	0,416	0,215
1,40	0,638	0,676	0,711	0,739	0,743	0,714	0,646	0,536	0,386	0,201
1,50	0,710	0,722	0,732	0,732	0,715	0,674	0,595	0,480	0,347	0,180
1,60	0,769	0,779	0,746	0,727	0,692	0,635	0,553	0,446	0,315	0 163
1,80	0,837	0,812	0,767	0,717	0,657	0,584	0,495	0,389	0,270	0,138
2,00	0,917	0,849	0,781	0,710	0,633	0,548	0,456	0,352	0,240	0,123

A l'inspection de ce tableau on voit :

1° Que, quelle que soit la valeur de α_{i}, c'est-à-dire le rapport de la raideur du système vertical à celle du système horizontal, les entretoises qui sont placées aux environs des $\frac{3}{10}$ de la hauteur de la porte à partir du sommet supportent toujours à peu près le même moment fléchissant maximum, lequel a, en ce point, une valeur qui s'écarte peu de $0,75 \frac{pa^2b}{4}$.

2° Que, pour de très faibles valeurs de α_i, c'est-à-dire lorsque le bordage a peu de raideur, le maximum maximorum du moment fléchissant se produit sur les entretoises inférieures aux $\frac{2}{3}$ environ de la hauteur de la porte à partir du sommet.

Les maxima correspondant aux entretoises du haut de la porte sont très faibles, et même, au sommet de la porte, le moment fléchissant au milieu de l'entretoise supérieure devient négatif, ce qui indique une courbure, très faible il est vrai, de cette entretoise vers l'amont. La valeur de π est elle-même alors négative, c'est-à-dire que le bordage exerce sur l'entretoise supérieure une traction au lieu d'une pression.

3° Qu'au contraire, lorsque α_i augmente, c'est-à-dire lorsque le bordage a une grande raideur par rapport à celle du système horizontal, ce sont les entretoises du haut de la porte qui supportent le moment fléchissant maximum.

4° Enfin, que la valeur la plus petite que puisse avoir le coefficient du moment fléchissant maximum est d'environ 0,732 et qu'elle correspond à la valeur $\alpha_i = 1,50$ environ ; de sorte que, au point de vue de la flexion des entretoises, c'est cette valeur de α_i qui est la plus avantageuse.

Nous verrons plus loin comment on peut se servir des valeurs de q_0 données par le tableau précédent.

330. Réaction réciproque des vantaux. — Lorsque la porte d'écluse se compose de deux vantaux busqués, il faut ajouter à l'effort provenant de la flexion et que nous venons de calculer, celui qui est produit par la réaction réciproque des vantaux. Soit AB (fig. 259) une entretoise, BB' l'axe de l'écluse et A le poteau-tourillon. L'ensemble des forces π appliquées aux divers points de cette entretoise peut se composer en une résultante $P = \int_0^{2a} \pi \, dx$ appliquée au milieu C de AB, puisque les

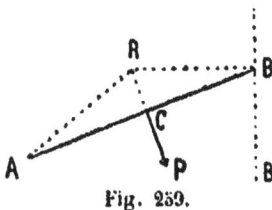
Fig. 259.

deux moitiés AC et CB sont soumises à des actions égales et symétriques par rapport au point C. Cette force résultante P est équilibrée par la réaction de l'entretoise correspondante du second vantail, laquelle, par raison de symétrie, ne peut être dirigée autrement que suivant la perpendiculaire BR à l'axe de l'écluse, et par la réaction du tourillon qui, devant avec ces deux autres forces constituer un système en équilibre, doit passer par leur point de concours R et par suite être dirigée suivant AR.

Si nous désignons par θ l'angle ABR du buse avec la normale à l'axe de l'écluse, et par R la réaction dirigée suivant BR, nous aurons, en prenant les moments par rapport au point A :

$$P a = 2\,a \sin \theta \text{ ou } R = \frac{P}{2 \sin \theta}.$$

Cette réaction R, ainsi que celle qui provient du tourillon, qui est dirigée suivant AR et qui est aussi égale à R, se décompose en deux, une composante normale à AB égale à $R \sin \theta$ ou à $\frac{P}{2}$ qui équilibre l'ensemble des efforts π et dont nous avons tenu compte dans le calcul des moments fléchissants de l'entretoise, et une composante dirigée suivant AB qui a pour valeur $R \cos \theta$ ou $\frac{P \cos \theta}{2 \sin \theta}$ qui exerce une pression normale sur l'entretoise en agissant suivant son axe longitudinal. Cet effort normal $\frac{P}{2} \frac{\cos \theta}{\sin \theta} = \cot \theta \int_0^a \pi dx$ ne se répartit pas simplement sur la section transversale de l'entretoise, il augmente, en outre, le moment fléchissant de la quantité $y . \cot \theta \int_0^a \pi dx$. Or y a pour

valeur $y = \frac{1}{E_0 i_0} \int_0^x dx \int_a^x dx \int_0^x dx \int_a^x \pi dx$, ou bien, en mettant pour π sa valeur (22) et intégrant quatre fois,

$$y = \frac{1}{E_0 i_0} \left[\frac{1}{2} p\,(b-z) \cdot \frac{1}{12}\,(x^4 - 6 a x^3 + 6 a^2 x^2 - 10 a^3 x) + \frac{p b a^4}{4} \left\{ \frac{0.353}{\alpha_1^4}\,F(\alpha_1 x) f_1(\beta_1 z) - \frac{0.135}{\alpha_2^4}\,F(\alpha_2 x) f_2(\beta_2 z) + \frac{0.044}{\alpha_3^4}\,F(\alpha_3 x) f_3(\beta_3 z) - \dots \right\} \right].$$

La flèche maximum f, ou la valeur de y pour $x = a$, est

$$f = \frac{1}{E_0 i_0} \frac{a^4 p}{4} \left[\frac{3}{2}\,(b-z) - b \left\{ \frac{0.353}{\alpha_1^4}\,F(\alpha_1 a) f_1(\beta_1 z) - \frac{0.135}{\alpha_2^4}\,F(\alpha_2 a) f_2(\beta_2 z) + \dots \right\} \right];$$

les $F(\alpha a)$ ayant pour valeur l'expression donnée (page 562)

$$F(\alpha a) = \frac{2\cos\alpha\coh\alpha}{\cos 2\alpha + \coh 2\alpha}.$$

Le moment fléchissant maximum se trouve augmenté, par le fait de la réaction des vantaux, de la quantité :

$$f\cot\theta\int_0^a \pi\,dx.$$

Si, pour abréger, on désigne, comme nous l'avons déjà fait en commençant, par $\Sigma F(\alpha x)f(\beta z)$, la somme que nous avons plusieurs fois écrite, de termes tels que $F(\alpha x)f(\beta z)$ affectés des coefficients numériques calculés plus haut : $0,353, -0,135, +0,044, -0.009\ldots$ et par $F_s(\alpha a)$ l'expression

$$F_s(\alpha a) = \frac{1}{\alpha}\frac{\sin 2\alpha + \sih 2\alpha}{\cos 2\alpha + \coh 2\alpha},$$

on aura, pour l'expression de cette quantité dont le moment fléchissant maximum est augmenté

$$f\cot\theta\int_0^a \pi\,dx = \frac{\cot\theta}{E_a i_a}\cdot\frac{pa^4}{4}\left[\frac{3}{2}(b-z) - b\Sigma F(\alpha a)f_s(\beta z)\right]$$
$$\left[\frac{1}{2}p(b-z)a + pba\Sigma F_s(\alpha a)f_s(\beta z)\right]$$
$$= \frac{p^2a^5b^2\cot\theta}{4 E_a i_a}\left[\frac{3}{2}\left(1-\frac{z}{b}\right) - \Sigma F(\alpha a)f_s(\beta z)\right]\left[\frac{1}{2}\left(1-\frac{z}{b}\right) + \Sigma F_s(\alpha a)f_s(\beta z)\right].$$

Le calcul de ce produit de deux séries serait assez laborieux et il n'a d'ailleurs qu'un médiocre intérêt : la flèche f est toujours fort petite, de sorte que le produit $f\cot\theta\int_a^a \pi\,dx$ est toujours une petite fraction du moment fléchissant précédemment calculé. On peut, dans la plupart des cas, le négliger. La composante longitudinale de la réaction des vantaux exerce, sur chaque unité de hauteur d'entretoise, une compression mesurée par sa valeur :

$$\cot\theta\int_0^a \pi\,dx = \cot\theta\cdot\frac{pab}{2}\left[\left(1-\frac{z}{b}\right) + 2\Sigma F_s(\alpha a)f_s(\beta z)\right].$$

M. Lavoinne admet, pour simplifier les calculs, que le coefficient qui, dans cette expression, multiplie $\frac{pab}{2}\cot\theta$ est sensiblement le même, pour les mêmes valeurs de α, et de z, que le coefficient q_a dont nous avons donné plus haut le tableau. La différence est négligeable surtout si l'on tient compte de ce que l'effort de compression qu'il s'agit d'évaluer est généralement faible par rapport aux effets du moment fléchissant.

331. Équations de résistance. — Tous les efforts et moments étant ainsi déterminés, on peut écrire les équations de résistance, tant du bordage que des entretoises, afin de s'assurer que leurs dimensions sont suffisantes pour qu'en aucun point l'effort moléculaire ne dépasse la limite de sécurité admise pour la matière qui les constitue.

Soit, par exemple :

R_a la charge de sécurité, par unité de surface, pour la matière qui constitue les entretoises,

R_b la même charge pour le bordage,

v_a la distance à l'axe neutre du point de la section transversale des entretoises qui en est le plus éloigné,

v_b la distance analogue pour le bordage;

ω_a la section transversale des entretoises, par unité de hauteur.

Le moment fléchissant maximum étant, pour le bordage, $m = p\, b^2 . q_b$, le point le plus fatigué supportera un effort $\frac{mv_b}{i_b}$ et par conséquent, l'équation de résistance s'écrira

$$\frac{p\,b^2 v_b}{i_b}. \; q_b \leq R_b.$$

Le moment fléchissant maximum, pour le système horizontal constituant les entretoises, est $M = \frac{pa'b}{4}. \; q_a$. Le point le plus fatigué de ce système supporte un effort $\frac{Mv_a}{i_a}$, auquel il faut ajouter, du côté des fibres comprimées, l'effort $q_a \frac{pab}{2\omega_a} \cot \alpha$ provenant de la réaction des vantaux. L'équation de résistance sera donc

$$\left(\frac{pa'bv_a}{4\,i_a} + \frac{pab}{2\omega_a}\cot\alpha\right) q_a \leq R_a,$$

ou bien

$$q_a . \frac{pab}{2}\left(\frac{a\,v_a}{2\,i_a} + \frac{\cot\alpha}{\omega_a}\right) \leq R_a .$$

332. Extension des formules au cas d'entretoises non jointives et de bordage renforcé. — Toute l'analyse qui précède s'applique à l'hypothèse que nous avons admise où les entretoises, comme le bordage, seraient formées d'un nombre infini de pièces infiniment minces dont la flexion s'opérerait indépendamment les unes des autres. On comprend que si l'on partage la hauteur de la porte en un nombre assez grand de parties égales, on puisse, avec une approximation suffisante, remplacer toutes les entretoises infiniment minces, comprises dans chacun de ces intervalles et distinctes les unes des autres, par une entretoise unique dont la hauteur serait celle de l'intervalle. Cette substitution aura simplement pour effet de rendre solidaires, dans chaque intervalle, les entretoises infiniment étroites qui le composaient, et, si le nombre des intervalles est assez grand, l'effet sera absolument négligeable. Allant plus loin, on pourra supposer encore, sans erreur sensible, que toutes ces entretoises jointives, en nombre égal à celui des intervalles, sont relevées d'une quantité égale à la demi-hauteur d'un de ces intervalles, de manière que leur axe coïncide avec les lignes horizontales de division, au lieu de passer à mi-distance de chacune d'elles. Si le nombre des intervalles est assez grand, de dix, par exemple, le déplacement de chacune de ces entretoises ne sera que d'un vingtième de la hauteur de la porte, ce qui ne modifiera pas d'une manière appréciable les efforts auxquels elle sera soumise, surtout s'il s'agit des entretoises intermédiaires : il ne pourrait y avoir quelque différence que pour les entretoises extrêmes.

Enfin, au lieu d'entretoises toujours jointives et égales chacune en hauteur aux intervalles de division de la porte, on peut admettre que l'on ait des entretoises ayant même axe, même moment d'inertie, même section transversale que ces entretoises jointives, et l'on se trouve alors avoir des entretoises égales et également espacées.

Dans ces conditions, si I_a est le moment d'inertie de chacune des entretoises égales et également espacées, n leur nombre, le moment d'inertie total du système horizontal pour la hauteur b sera nI_a, et nous aurons, par conséquent,

$$i_a = \frac{nI_a}{b}.$$

Si, de même, Ω_a est la section transversale de chacune des entretoises isolées que nous considérons maintenant, nous aurons

$$\omega_a = \frac{n \, \Omega_a}{b},$$

et, en substituant ces valeurs dans les expressions précédentes, les formules seront applicables au système de ces entretoises isolées.

Il en sera de même pour le bordage.

Si le bordage, au lieu d'être formé uniquement de pièces verticales de même épaisseur, présente, à des intervalles réguliers, des renforts qui augmentent sa rigidité, on considérera l'un de ces renforts et les deux portions de bordage qui le joignent, jusqu'aux verticales qui divisent en deux parties égales les distances mutuelles des renforts voisins. Si I_b est le moment d'inertie de l'un de ces systèmes et n' leur nombre, on aura

$$i_b = \frac{n' I_b}{2a},$$

et en mettant, au lieu de i_b, cette valeur dans les formules qui précèdent, elles seront applicables au cas du bordage ainsi renforcé.

Ces substitutions transforment de la manière suivante les deux équations de résistance que nous venons d'écrire :

(28)
$$q_a \cdot \frac{pa^4b}{4} \cdot \frac{v_a}{I_a} \cdot \frac{b}{n} \left(1 + \frac{2 \, I_a \cot \alpha}{a \, v_a \, \Omega_a} \right) \leqq R_a.$$

(29)
$$q_b \cdot p b^3 \cdot \frac{r_b}{I_b} \cdot \frac{2a}{n'} \leqq R_b.$$

L'argument α_1, par lequel nous avons défini la porte que nous considérions, a alors pour expression

$$\alpha_1 = 3{,}927 \, \frac{a}{b} \sqrt[4]{\frac{n' b E_b I_b}{8 n a E_a I_a}} = 2{,}335 \, \frac{a}{b} \sqrt[4]{\frac{n' b E_b I_b}{n a E_a I_a}},$$

ou bien

(30)
$$\alpha_1{}' = 29{,}75 \, \frac{a^3}{b^3} \cdot \frac{E_b}{E_a} \cdot \frac{n' I_b}{n I_a}.$$

Voici, alors, comment on devra, d'après M. Lavoinne, faire usage de ces formules.

S'il n'y a pas de raison déterminante de donner à l'un des deux systèmes, vertical et horizontal, une résistance prépondérante, on prendra d'abord $\alpha_1 = 1{,}50$, valeur qui correspond à la moindre charge des entretoises et, au moyen de cette expression (30), on déterminera le rapport $\frac{n' I_b}{n I_a}$ du moment d'inertie du bordage à celui des entretoises. Puis on calculera, au moyen de l'équation (28), les dimensions à donner aux entretoises, comme on le ferait pour une poutre quelconque. On prendra pour cela, dans le tableau de la page 564, la valeur $q_a = 0,732$, maximum correspondant à $\alpha_1 = 1.50$.

Ces dimensions détermineront le moment d'inertie I_a des entretoises, et, par suite, celui I_b du bordage, en admettant toujours $\alpha_1 = 1.50$.

On cherchera ensuite si, avec un bordage ayant ce moment d'inertie, on peut satisfaire à l'équation (29), q_b ayant la valeur donnée par le tableau de la page 563, c'est-à-dire 0,036 pour $\alpha_1 = 1.50$. Si cela n'est pas possible, on devra modifier les dimensions et par suite le moment d'inertie I_a des entretoises; cela entraînera une modification correspondante dans le moment d'inertie du bordage, de telle sorte que cette équation (29) puisse être aussi satisfaite.

Si cela n'est pas possible, on sera amené à prendre pour α_1 une valeur différente de 1.50, et l'on opérera, alors, de la même manière, jusqu'à ce que l'on arrive à satisfaire à la fois aux deux conditions de résistance (28) et (29).

333. Conclusions pratiques. — L'équation (28) de la résistance des entretoises donne lieu à la remarque suivante.

Si l'on fait abstraction de la résistance du bordage, et si l'on calcule les entretoises par le procédé approximatif que nous avons indiqué au commencement, une entretoise aura à supporter une charge d'eau correspondant à une hauteur $\frac{b}{n}$ de la porte, et si z est la profondeur de son axe au-dessous du sommet, la pression qu'elle aura à supporter, par unité de sa longueur, sera $p\frac{bz}{n}$. Cette pression, uniformément répartie, donnera lieu à un moment fléchissant maximum $\frac{pbz}{n} \cdot \frac{a^2}{2}$.

En tenant compte de la résistance du bordage, ce moment fléchissant maximum est $q_a \frac{pa'b}{4} \cdot \frac{b}{n}$; dans les conditions les plus favorables pour l'entretoise, c'est-à-dire dans le cas où $\alpha_, = 1.50$, ce maximum est $0,732 \frac{pa^{\cdot}b^{\cdot}}{4n}$; et il se produit sur l'entretoise située entre les 0,2 et les 0,3 de la hauteur de la porte. Ces deux quantités sont égales pour $z = 0,366\ b =$ environ $\frac{3}{8}\ b \cdot$

Ainsi, la résistance du bordage a pour effet de réduire le moment fléchissant maximum des entretoises à ce qu'il serait pour une entretoise placée aux $\frac{3}{8}$ de la hauteur de la porte, et l'entretoise qui supporte cet effort maximum est celle qui se trouve un peu au-dessus des 0,3 de la hauteur à partir du sommet.

Si l'on observe qu'en négligeant le bordage, on aurait, pour l'entretoise inférieure, un moment fléchissant $\frac{pb}{n} \cdot \frac{(n-1)b}{n} \cdot \frac{a^{\cdot}}{2}$, on verra que le bordage réduit la charge de l'entretoise la plus fatiguée à la fraction $\frac{0,366\,n}{n-1}$ de ce qu'elle serait si l'on ne tenait pas compte du bordage.

Le tableau des valeurs de q_a (page 564) nous montre encore que, lorsque la résistance du bordage, sans être négligeable, est cependant plus faible que celle qui donnerait la charge minimum aux entretoises (c'est-à-dire pour des valeurs de $\alpha_,$ comprises entre 1 et 1.25), c'est l'entretoise du milieu de la hauteur de la porte qui supporte la charge maximum, et que même, lorsque la résistance du bordage diminue beaucoup (jusqu'à la valeur de $\alpha_, = 0,60$ environ), l'entretoise la plus chargée se trouve aux 0,6 de la hauteur de la porte à partir du sommet. Cela justifie la recommandation formulée par M. Guillemain, inspecteur général des Ponts et Chaussées, dans son *Ttaité de navigation intérieure*, pour les portes des écluses des canaux où la résistance du bordage est généralement faible, de *renforcer le milieu de la porte*.

Lorsqu'au contraire la résistance du bordage augmente et dépasse, même légèrement, celle qui correspond à la moindre fatigue des entretoises (c'est-à-dire pour des valeurs de $\alpha_,$ supérieures à 1.50), c'est l'entretoise supérieure qui supporte la plus grande charge.

Ajoutons qu'il nous semble que les formules et tableaux précédents, bien qu'établis dans l'hypothèse d'entretoises jointives infiniment minces et d'égale résistance sur toute la hauteur de la porte, et que nous avons appliquées, par extension, au cas d'entretoises égales et également espacées, nous paraissent, par une nouvelle extension, pouvoir être appliquées avec une approximation suffisante au calcul d'entretoises également espacées, mais de section différente, à la condition que les différences ne soient pas trop considérables.

Pour le moment d'inertie L qui sert à déterminer α, on prendrait alors, ou bien la moyenne des moments d'inertie de toutes les entretoises, ou bien, ce qui serait plus exact, on prendrait, pour chaque entretoise ayant un moment d'inertie différent, la valeur correspondante de α, qui, ainsi, ne serait pas la même pour les diverses entretoises et qui donnerait pour chacune, eu égard à sa distance au sommet, la valeur de q_a destinée à calculer le moment fléchissant maximum.

La valeur de q_b, servant à calculer le moment fléchissant maximum du bordage, serait ou bien celle qui correspondrait à la valeur moyenne de α_i, ou mieux celle qui correspondrait à la plus grande des valeurs de ce coefficient pour les diverses entretoises.

CHAPITRE XVIII

FLEXION DES RESSORTS. — EFFETS DES CHOCS ET DES CHARGES ROULANTES.

SOMMAIRE :

§ Ier

FLEXION DES RESSORTS.

334. Définitions et formule générale. — La théorie de la flexion des ressorts de suspension des voitures a été faite par M. Phillips, ingénieur des mines, dans un mémoire inséré aux *Annales des Mines*, 5e série, tome Ier, 1852, page 195, auquel nous emprunterons tout ce qui va suivre.

Un ressort présente toujours deux qualités qui dominent toutes les autres et qui lui sont demandées à des degrés très divers suivant les différents cas.

La première est la *flexibilité*, c'est-à-dire la flexion ou diminution de flèche que le ressort éprouve sous un effort déterminé. La *raideur* est la propriété inverse.

La seconde est la *résistance propre* du ressort, c'est-à-dire la plus grande charge ou le plus grand choc que celui-ci puisse supporter sans que son élasticité soit altérée.

Soit LL, L, L,... (fig. 260), un ressort composé d'un nombre quelconque de feuilles étagées entre elles d'une manière quelconque. Soient L, L,, L,, L,,... les demi-longueurs de ces feuilles; r, r,, r,, r,,... leurs rayons de courbure de fabrication, rayons qui peuvent être variables d'un point à l'autre de la même feuille; E le coefficient d'élasticité de la matière qui les compose et I, I,, I,, I,,... les moments d'inertie des sections transversales de chacune de ces feuilles autour d'un axe horizontal passant par leur centre de gravité, moments qui peuvent aussi varier dans l'étendue d'une même feuille.

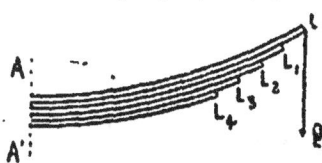

Fig. 260.

En admettant que chaque feuille se comporte dans sa flexion comme une lame prismatique, si le rayon de courbure en un point quelconque au lieu de r est devenu ρ, l'allongement ou le raccourcissement proportionnel α d'un élément situé à une distance v du cylindre de ses fibres neutres sera, comme nous l'avons vu dans la théorie des pièces courbes,

$$(1) \qquad \alpha = v\left(\frac{1}{\rho}-\frac{1}{r}\right) \quad \text{ou } \alpha = v\left(\frac{1}{r}-\frac{1}{\rho}\right).$$

suivant qu'il y a raccourcissement ou allongement.

335. Variation du rayon de courbure. — Cherchons maintenant la manière dont varie le rayon de courbure sous l'action d'un poids donné Q appliqué à chacune des extrémités du ressort. Considérons d'abord la partie LL, de la maîtresse feuille au delà de la seconde. Si λ désigne la longueur de cette feuille comprise entre le milieu AA' et une section quelconque, le moment de la force Q sera, par rapport à cette section, $Q(L - \lambda)$ et l'on aura

$$Q(L - \lambda) = EI\left(\frac{1}{r} - \frac{1}{\rho}\right)\lambda,$$

d'où

$$\frac{1}{\rho} = \frac{1}{r} - \frac{QL}{EI} + \frac{Q}{EI}\lambda.$$

Posons, pour abréger :

$$A = \frac{1}{r} - \frac{QL}{EI} \text{ et } B = \frac{Q}{EI},$$

nous aurons simplement

(2) $$\frac{1}{\rho} = A + B\lambda.$$

Cette formule n'est applicable qu'à la partie LL, de la maîtresse feuille. Pour les autres points de cette même feuille, il faut tenir compte des pressions qui lui sont transmises par les feuilles qui sont au-dessous d'elle. Nous supposons que ces feuilles ne bâillent pas, c'est-à-dire qu'elles soient, en tous leurs points, exactement appliquées les unes sur les autres.

Cela posé, considérons la partie de la première feuille comprise entre L_1 et L_2, c'est-à-dire au-dessous de laquelle se trouve une seule autre feuille, et une section quelconque située à une distance λ du milieu AA′ du ressort. Le moment fléchissant sur cette section se composera du moment de la force Q, qui a pour valeur $Q(L - \lambda)$, diminué de la somme des moments des pressions provenant de la feuille inférieure pour la partie comprise entre λ et L_1. Si nous désignons par p l'intensité de cette pression en un point dont la distance au milieu est représentée par l, la pression sur un élément dl sera $p\,dl$, et le moment de cette pression élémentaire par rapport à la section λ sera $p(l - \lambda)\,dl$, de sorte que la somme des moments de toutes ces pressions élémentaires, depuis L_1 jusqu'à la section λ, sera $\int_\lambda^{L_1} p(l - \lambda)\,dl$. Nous aurons ainsi l'équation :

$$EI\left(\frac{1}{r} - \frac{1}{\rho}\right) = Q(L - \lambda) - \int_\lambda^{L_1} p(l - \lambda)\,dl.$$

Si, ensuite, nous considérons la partie de la seconde feuille comprise entre L_1 et L_2, le moment fléchissant dans une

section située à une distance λ du milieu de la feuille sera
$\int_{\lambda}^{L_1} p\,(l-\lambda)\,dl$. Le rayon de courbure de cette feuille, après la
flexion, sera celui ρ de la première augmenté de la distance des
axes neutres des deux feuilles, que nous pouvons, avec une
approximation suffisante, négliger par rapport à ρ. Nous aurons
ainsi, pour cette partie de la seconde feuille, l'équation

$$EI_1\left(\frac{1}{r_1}-\frac{1}{\rho}\right)=\int_{\lambda}^{L_1} p\,(l-\lambda)\,dl.$$

Ajoutant membre à membre ces deux équations, il vient

$$EI\left(\frac{1}{r}-\frac{1}{\rho}\right)+EI_1\left(\frac{1}{r_1}-\frac{1}{\rho}\right)=Q(L-\lambda);$$

et, en posant, pour abréger,

$$\frac{\dfrac{EI}{r}+\dfrac{EI_1}{r_1}-QL}{EI+EI_1}=A_1,\quad\text{et}\quad\frac{Q}{EI+EI_1}=B_1.$$

on a simplement

3.
$$\frac{1}{\rho}=A_1+B_1\lambda.$$

En continuant de la même manière, de proche en proche, on
trouvera que le rayon de courbure ρ de la maîtresse feuille, en
un point situé à une distance λ du milieu, et compris entre L_2
et L_3, c'est-à-dire dans la partie où cette feuille en recouvre deux
autres, est exprimé par

$$\frac{1}{\rho}=A_2+B_2\lambda,$$

A_2 et B_2 ayant les significations suivantes :

$$A_2=\frac{\dfrac{EI}{r}+\dfrac{EI_1}{r_1}+\dfrac{EI_2}{r_2}-QL}{EI+EI_1+EI_2},\qquad B_2=\frac{Q}{EI+EI_1+EI_2};$$

et, en général, si la distance λ du point considéré au milieu de
la feuille correspond à une partie où la maîtresse feuille en recouvre k autres situées au-dessous d'elles, on aura

(4)
$$\frac{1}{\rho}=A_k+B_k\lambda;$$

avec

$$A_k=\frac{\dfrac{EI}{r}+\dfrac{EI_1}{r_1}+\dots+\dfrac{EI_k}{r_k}-QL}{EI+EI_1+\dots+EI_k}\qquad\text{et }B=\frac{Q}{EI+EI_1+\dots+EI_k},$$

37

Ces formules montrent que lorsque, dans un ressort, l'épaisseur d'une feuille et son rayon de courbure de fabrication ne varient pas d'un point à l'autre, le rayon de courbure, après la flexion, varie en sens inverse de λ, c'est-à-dire va en augmentant à mesure qu'on se rapproche du milieu du ressort, dans chacun des intervalles correspondant à l'étagement des feuilles. De plus, si dans les formules (1) et (2) nous faisons $\lambda = L_{1}$, de manière à comparer les rayons de courbure dans les deux parties de la feuille qui se réunissent en L_{1}, nous aurons, en appelant ρ_{0} le rayon de courbure en deçà du point L_{1} et ρ_{1} celui de la même feuille au delà du même point, et en retranchant l'une de l'autre les équations ainsi obtenues,

$$\frac{1}{\rho_{1}} - \frac{1}{\rho_{0}} = \frac{EI_{1}}{EI(EI+EI_{1})}\left[EI\left(\frac{1}{r_{1}} - \frac{1}{r}\right) + Q(L-L_{1})\right].$$

En général, r_{1} n'est pas inférieur à r, on a donc

$$\frac{1}{\rho_{1}} - \frac{1}{\rho_{0}} > 0 \quad \text{ou } \rho_{1} < \rho_{0}.$$

Ainsi la courbure augmente brusquement à l'instant où l'on passe du premier intervalle au second. L'expression précédente montre qu'on atténue cet effet en faisant, en ce point, EI_{1} très-petit par rapport à EI, c'est-à-dire en aiguisant la seconde feuille et en réduisant son épaisseur. Le même raisonnement se continue pour toute l'étendue de la maîtresse feuille, et l'on vérifie ainsi l'utilité de ce fait pratique que tous les bons ressorts ont les extrémités de leurs feuilles aiguisées et amincies.

La connaissance des rayons de courbure après la flexion donne les allongements ou accourcissements qui ont lieu en des points quelconques et qui sont exprimés par la formule (1).

Le maximum de α correspond au maximum de v, c'est-à-dire à la surface de chaque feuille. On voit aussi que l'allongement ou l'accourcissement va en croissant, dans chaque étage, à mesure qu'on se rapproche du milieu de la feuille, lorsque, bien entendu, l'épaisseur et le rayon primitif de fabrication sont constants dans une même feuille.

336. Calcul de la flèche. — Il faut maintenant calculer flèche sous charge. On pourrait la déduire de la connaissance

des rayons de courbure en chaque point, en traçant par arcs
de cercle successifs la forme prise, après la flexion, par la maîtresse feuille; mais on peut en trouver l'expression analytique.

Pour cela, rapportons la fibre neutre de la maîtresse feuille à
deux axes de coordonnées rectangulaires, l'un vertical, passant
par le milieu du ressort, l'autre horizontal, mené par le point où
l'axe neutre de la maîtresse feuille rencontre l'axe vertical, et
posons $\frac{dy}{dx} = p$, nous avons

$$\frac{1}{\rho} = \frac{\frac{d^2y}{dx^2}}{\left[1 + \left(\frac{dy}{dx}\right)^2\right]^{\frac{3}{2}}} = \frac{\frac{dp}{dx}}{\left(1 + p^2\right)^{\frac{3}{2}}}.$$

Au lieu de $\frac{dp}{dx}$, nous pouvons écrire approximativement $\frac{dp}{d\lambda}$, et
alors

$$\frac{1}{\rho} = \frac{\frac{dp}{d\lambda}}{\left(1 + p^2\right)^{\frac{3}{2}}} = a + b\lambda,$$

en désignant par a et b l'un quelconque des coefficients A, A,.
A,..... B, B, B,... qui entrent dans l'expression de $\frac{1}{\rho}$ et dont nous
avons donné plus haut les valeurs pour les diverses parties de la
feuille. L'équation ci-dessus peut s'écrire

$$\frac{dp}{(1 + p^2)^{\frac{3}{2}}} = (a + b\lambda)d\lambda;$$

ou, en intégrant et en désignant par C une constante arbitraire,

$$\frac{p}{\sqrt{1 + p^2}} = C + a\lambda + \frac{b}{2}\lambda^2.$$

Or, puisque $p = \frac{dy}{dx}$, on a $\frac{p}{\sqrt{1 + p^2}} = \frac{dy}{\sqrt{dx^2 + dy^2}} = \frac{dy}{d\lambda}$ et par
suite

$$dy = (C + a\lambda + \frac{b}{2}\lambda^2)d\lambda;$$

et, en intégrant une seconde fois et en appelant C' une nouvelle
constante,

$$y = C' + C\lambda + \frac{a}{2}\lambda^2 + \frac{b}{6}\lambda^3.$$

Ces intégrations supposent que a et b ne varient pas avec λ, c'est-à-dire que le rayon de fabrication et l'épaisseur ne varient pas d'un point à l'autre de la même feuille. C'est le cas qui se présente le plus ordinairement en pratique; nous nous bornerons à renvoyer au mémoire de M. Phillips pour le cas contraire.

L'équation précédente, dans laquelle on mettra successivement, pour a et b, les valeurs A, A_1, A_2.... B, B_1, B_2...., représente le lieu géométrique des diverses parties de la maîtresse feuille. Il s'agit de déterminer, pour chacun des intervalles, les constantes C et C' qui auront, comme les a, b eux-mêmes, des valeurs distinctes pour chacun des intervalles.

Désignons par C_k, C'_k, les valeurs de ces constantes pour l'intervalle dans lequel la maîtresse feuille en recouvre k autres et pour lequel les coefficients a, b sont eux-mêmes représentés par A_k, B_k. Soit $n+1$ le nombre total des feuilles du ressort; de sorte qu'au milieu, la maîtresse feuille recouvrant n feuilles, les constantes soient représentées par C_n, C'_n. Au milieu de cette feuille, c'est-à-dire pour $\lambda = 0$, on a $y = 0$ et, à cause de la symétrie, $p = \dfrac{dy}{dx} = 0$. Il en résulte

$$C_n = 0 \text{ et } C'_n = 0.$$

L'équation de la fibre neutre devient ainsi, pour le premier intervalle,

$$y = \frac{A_n}{2} \lambda^2 + \frac{B_n}{6} \lambda^3.$$

Pour déterminer C_{n-1} et C'_{n-1}, nous remarquerons que pour $\lambda = L_n$ les valeurs de y et de p ou de $\dfrac{p}{\sqrt{1+p^2}}$ doivent être les mêmes pour le premier et pour le second intervalle de la maîtresse feuille. Cela donne les deux équations

$$C'_{n-1} + C_{n-1} L_n + \frac{A_{n-1}}{2} L_n^2 + \frac{B_{n-1}}{6} L_n^3 = \frac{A_n}{2} L_n^2 + \frac{B_n}{6} L_n^3.$$

$$C_{n-1} + A_{n-1} L_n + \frac{B_{n-1}}{2} L_n^2 = A_n L_n + \frac{B_n}{2} L_n^2.$$

On en tire

$$C_{n-1} = L_n(A_n - A_{n-1}) + \frac{L_n^2}{2}(B_n - B_{n-1}),$$

et

$$C'_{n-1} = -\frac{L_n^2}{2}(A_n - A_{n-1}) - \frac{L_n^3}{3}(B_n - B_{n-1}).$$

En continuant de la même manière, on trouverait, pour un intervalle quelconque,

$$C_{n-k} = L_n (A_n - A_{n-1}) + \frac{L'_n}{2} (B_n - B_{n-1})$$

$$+ L_{n-1} (A_{n-1} - A_{n-2}) + \frac{L'_{n-1}}{2} (B_{n-1} - B_{n-2}) + \dots$$

$$+ L_{n-k+1} (A_{n-k+1} - A_{n-k}) + \frac{L'_{n-k+1}}{2} (B_{n-k+1} - B_{n-k}).$$

$$C'_{n-k} = -\frac{L'_n}{2} (A_n - A_{n-1}) - \frac{L'_n}{3} (B_n - B_{n-1})$$

$$-\frac{L'_{n-1}}{2} (A_{n-1} - A_{n-2}) - \frac{L'_{n-1}}{3} (B_{n-1} - B_{n-2}) \dots$$

$$-\frac{L'_{n-k+1}}{2} (A_{n-k+1} - A_{n-k}) - \frac{L'_{n-k+1}}{3} (B_{n-k+1} - B_{n-k}).$$

L'ordonnée y d'un point quelconque situé dans un intervalle où la maîtresse feuille en recouvre k autres, et situé à une distance λ du milieu AA', aura ainsi pour expression

$$y = C'_{n-k} + C_{n-k} \lambda + \frac{A_{n-k}}{2} \lambda^2 + \frac{B_{n-k}}{6} \lambda^3,$$

$A_{n-k}, B_{n-k}, C_{n-k}$ et C'_{n-k} ayant les valeurs données ci-dessus.

Ce qui est surtout intéressant à connaître, c'est la flexion de l'extrémité du ressort. Il suffit, pour cela, de faire, dans cette formule, $k = n$ et $\lambda = L$ et d'en retrancher la valeur de celle qu'elle prend pour $Q = 0$; on a alors, en mettant pour les A, B, C... leurs valeurs en fonction de Q et des I, et en désignant par i cette flexion de l'extrémité du ressort :

$$i = \frac{QL^3}{3EI} + QL_1 \frac{EI_1}{(EI + EI_1) EI} \cdot \left(LL_1 - \frac{L'_1}{3} - L^2 \right)$$

$$+ QL_2 \frac{EI_2}{(EI + EI_1 + EI_2)(EI + EI_1)} \left(LL_2 - \frac{L'_2}{3} - L^2 \right) + \dots$$

$$+ QL_n \frac{EI_n}{(EI + EI_1 + \dots EI_n)(EI + EI_1 + \dots EI_{n-1})} (LL_n - \frac{L'_n}{3} - L^2).$$

Lorsque toutes les feuilles sont de même épaisseur et que l'on a par conséquent $I = I_1 = I_2 \dots = I_n$ et qu'en même temps les étagements sont égaux, c'est-à-dire que

$$L - L_1 = L_1 - L_2 = L_2 - L_3 = \dots = L_{n-1} - L_n = l,$$

cette expression peut être ramenée, en appelant n le nombre total des feuilles (au lieu de $n + 1$), à la forme suivante :

$$i = \frac{Q}{3EI}\left[\frac{L^3}{n} + l^3 \left\{ \frac{(n-1)(n-2)}{2} + \frac{1}{2} + \frac{1}{3} + \frac{1}{4} + \ldots + \frac{1}{n} \right\}\right].$$

Cette formule très simple ne tient pas compte des amincissements des extrémités des feuilles qui ont, en général, peu d'influence, et dont nous indiquerons plus loin le tracé.

En tenant compte de ces amincissements, M. Phillips a trouvé que le coefficient qui, dans la formule précédente, affecte le facteur l^3, peut être pris égal à $\frac{n^3}{2}$ et qu'alors la flexion i produite par un poids Q sur un ressort composé de n lames d'égale épaisseur, dont la plus grande a une longueur 2 L et dont l'étagement est l, a pour expression

$$i = \frac{Q}{6nEI}[2L^3 + (nl)^3].$$

Si le ressort est *complet*, c'est-à-dire si le nombre des lames est tel que la dernière n'ait plus qu'une longueur $2l$ égale au double de l'étagement, on a alors $nl = L$ et cette formule devient

$$i = \frac{Q}{2EI}L^2 l.$$

337. Expression de l'allongement maximum. —

Dans ce cas particulier, où toutes les feuilles sont de même épaisseur, et où la courbure de fabrication de la maîtresse feuille est la même pour tous les points, c'est-à-dire où l'on a $I = I_1 = I_2 \ldots = I_n$; et $r = r_1 = r_2 \ldots = r_n$, la valeur ci-dessus du rayon de courbure ρ au milieu de la maîtresse feuille, soit pour $k = n$ et pour $\lambda = 0$, devient

$$\frac{1}{\rho} = \frac{n\frac{EI}{r} - QL}{nEI} = \frac{1}{r} - \frac{QL}{nEI};$$

et l'allongement proportionnel au milieu du ressort, sur la face supérieure de la maîtresse feuille, s'obtiendra en faisant dans la formule (1) $v = \frac{e}{2}$, si e désigne l'épaisseur de cette feuille, et en mettant pour $\frac{1}{\rho}$ la valeur qui précède. On a alors simplement

$$a = \frac{e}{2} \cdot \frac{QL}{nEI}.$$

Pour qu'un ressort soit bien construit, il faut qu'il puisse être

aplati complètement, c'est-à-dire que sous l'action d'une charge
P appliquée à chacune de ses extrémités, les rayons de courbure
de la maîtresse feuille deviennent infinis. Si cette condition est
réalisée, l'allongement proportionnel sera le même en tous les
points de la maîtresse feuille, dont toutes les sections seront
ainsi soumises à un même effort. En effet on a

$$\alpha = \frac{e}{2}\left(\frac{1}{r} - \frac{1}{\rho}\right)$$

et si ρ est infini en tous les points, on a partout $\alpha = \frac{e}{2r}$ = constante.

Ou voit, pour la même raison, que si les autres lames n'ont
pas de bande initiale, $\frac{1}{r} - \frac{1}{\rho}$ sera sensiblement le même pour
elles que pour la maîtresse feuille; et si l'on veut que l'allongement proportionnel y soit le même, il faut que l'épaisseur e soit
la même pour toutes. Si, au contraire, quelques-unes ont une
bande initiale, $\frac{1}{r} - \frac{1}{\rho}$ y étant plus grand que dans la maîtresse
feuille, il faudra, pour que l'allongement proportionnel α y soit
le même que dans la maîtresse feuille lorsque le ressort est
complètement aplati, c'est-à-dire lorsque ρ devient infini, que
l'on ait $e = 2r\alpha$, c'est-à-dire que son épaisseur soit proportionnelle à son rayon de fabrication.

**338. Condition nécessaire pour que le ressort
puisse s'aplatir complètement.** — Cherchons la condition
pour que le rayon de courbure de la maîtresse feuille puisse
devenir infini en tous ses points sous l'action d'une charge P appliquée à chacune de ses extrémités. Si nous prenons d'abord
les expressions du rayon de courbure ρ aux points L_1, L_2, L_3....
correspondant aux divers étagements, et si nous égalons à zéro
les inverses de ses rayons, nous aurons successivement

$$\frac{EI}{r} - P(L - L_1) = 0,$$

$$\frac{EI}{r} + \frac{EI}{r_1} - P(L - L_2) = 0,$$

$$\frac{EI}{r} + \frac{EI}{r_1} + \frac{EI}{r_2} - P(L - L_3) = 0, \text{ etc.}$$

D'où nous tirons

$$L - L_1 = \frac{EI}{Pr}, \quad L_1 - L_2 = \frac{EI}{Pr_1}, \quad L_2 - L_3 = \frac{EI}{Pr_2}, \text{ etc...}$$

si toutes les feuilles ont la même épaisseur et si elles n'ont pas de bande initiale, on a $I = I_1 = I_2..., r = r_1 = r_2...$; il en résulte $L - L_1 = L_1 - L_2 = L_2 - L_3 = $ etc. $= \frac{EI}{Pr}$. Tous les étagements sont égaux à $\frac{EI}{Pr}$.

Pour que le rayon de courbure devienne infini aux points intermédiaires entre deux étagements, il faut que l'on ait, de même, pour une section quelconque dont la distance au milieu est représentée par λ, dans chacun des intervalles successifs :

$$\frac{EI}{r} - P(L - \lambda) = 0,$$

$$\frac{EI}{r} + \frac{EI}{r_1} - P(L - \lambda) = 0,$$

$$\frac{EI}{r} + \frac{EI}{r_1} + \frac{EI}{r_2} - P(L - \lambda) = 0, \text{ etc.}$$

Nous en déduisons

$$\frac{EI}{L - \lambda} = Pr, \quad \frac{EI_1}{L_1 - \lambda} = Pr_1, \quad \frac{EI_2}{L_2 - \lambda} = Pr_2, \text{ etc.}$$

ce qui donne la loi suivant laquelle il faut faire varier les moments d'inertie I de la section transversale de chaque lame, en fonction de la distance λ au milieu de la feuille. Si les lames sont rectangulaires et si on conserve cette forme aux sections transversales dans les parties amincies, on a $I = \frac{ae^3}{12}$, en appelant a la largeur de cette section. Et si l'on désigne par x la distance $L - \lambda$ d'une section quelconque à l'extrémité de la feuille, on a, pour chacune d'elles, $\frac{E\,ae^3}{12\,x} = Pr$ ou bien $\frac{ae^3}{x} = $ const.

Telle est la loi qui devra être suivie dans les amincissements des extrémités des feuilles.

330. Relation entre la flexibilité d'un ressort et son poids. — Considérons un ressort à feuilles d'égale épaisseur, et soit, avec les notations précédentes, H sa hauteur totale ; nous avons $H = ne$. Mais, d'autre part, $L = nl$, et nous avons vu que l'étagement l devait être égal à $\frac{EI}{Pr}$. Il en résulte

$$\frac{L}{n} = \frac{EI}{Pr};$$

ou, en remplaçant n par $\frac{H}{e}$ et I par $\frac{ae^3}{12}$,

$$H = \frac{12 P L r}{E a e^3}.$$

D'un autre côté, l'allongement proportionnel α, subi par le ressort lorsqu'il est complètement aplati, est $\alpha = \frac{e}{2r}$; et si f est la flèche de fabrication, on a $f = \frac{L^2}{2r}$. Introduisons ces nouvelles notations en éliminant r et e, nous aurons

$$H = \frac{6 P f}{E \alpha^2 a L}.$$

Le ressort ayant une flèche f sous une charge nulle et une flèche réduite à zéro sous la charge $2 P$, la diminution de flèche qu'il éprouve sous chaque unité de poids, sous chaque kilogramme par exemple composant la charge $2 P$, est le rapport $\frac{f}{2 P}$. Désignons-le par k; ce rapport est la mesure de la flexibilité du ressort. Remplaçons, dans l'expression précédente, f par $2 k P$, elle devient

$$H = \frac{12 P^2 k}{E \alpha^2 a L}.$$

On voit qu'il y a avantage, pour diminuer l'épaisseur d'un ressort, à rendre la longueur et la largeur de la maîtresse feuille les plus grandes possibles.

Le volume V d'un ressort est HLa, par conséquent

$$V = \frac{12 P^2 k}{E^2 \alpha^2}.$$

On voit que cette expression ne dépend nullement des dimensions du ressort : *Tous les ressorts ayant même flexibilité k et même résistance $2 P$ ont sensiblement le même volume et par suite le même poids.*

340. Effets des chocs sur les ressorts. — Lorsque

les ressorts ont à supporter des chocs, voici comment on peut se rendre compte des efforts qu'ils subissent.

Considérons un ressort se déformant sous l'action d'un choc; soit, à un instant quelconque φ sa flexion et $2\,q$ la pression équivalente à cette flexion, ou q la charge qui, appliquée à chacune de ses extrémités, produirait la flexion φ. Nous aurons

$$\varphi = 2\,k\,q,$$

k étant le coefficient de flexibilité qui vient d'être défini. Le travail résistant élémentaire de chacune des deux moitiés du ressort, pour un accroissement $d\varphi$ de la flexion, sera donc

$$q\,d\varphi = 2\,k\,q\,dq.$$

Supposons que, sous l'action du choc, le ressort prenne une flexion totale i, et soit $2\,Q$ la charge totale statique capable de produire cette flexion ou

$$i = 2kQ.$$

Le travail résistant développé pendant la compression est, pour chacune des moitiés du ressort, la somme des travaux élémentaires $q\,d\varphi$ pour toutes les valeurs de φ comprises entre 0 et i, c'est-à-dire :

$$\int_0^i q\,d\varphi = \int_0^Q 2\,k\,q\,dq = 2\,k\,\frac{Q^2}{2} = \frac{i}{2}\,Q,$$

ou iQ pour les deux moitiés ensemble.

Si le produit Fh représente le travail moteur servant de mesure au choc qui a comprimé le ressort, on aura ainsi

$$Fh = iQ = 2kQ^2; \quad \text{d'où } 2Q = \sqrt{\frac{2\,Fh}{k}}.$$

D'un autre côté, si $2\,P$ est la charge limite du ressort, qui en produit l'aplatissement complet, nous avons, entre cette charge et la flèche f de fabrication, la relation

$$f = 2kP.$$

En éliminant k au moyen de cette expression, il vient

$$2Q = 2\sqrt{\frac{P\,Fh}{f}}.$$

L'une ou l'autre de ces relations donnera la valeur de la charge statique $2\,Q$ qui, placée en équilibre sur le ressort, produirait la même flexion qu'un choc mesuré par $F\,h$; et cette flexion aura pour expression :

$$i = 2kQ = \sqrt{2\kappa\,Fh} = \sqrt{\frac{Fhf}{P}}.$$

Ces relations permettront de transformer les effets des chocs en effets statiques ou inversement.

· 341. Formules pratiques pour le calcul d'un ressort. — Lorsqu'il s'agit de calculer un ressort, on se donne ordinairement

1° La largeur des feuilles $= a$,

2° La flexibilité ou flexion par unité de poids $= k$,

3° La charge normale, ou habituelle $= 2 Q$,

4° L'allongement correspondant à la charge normale $= \alpha$,

5° La longueur de la première feuille entre les points d'appui $= 2 L$.

On fait en sorte que, lorsque le ressort est entièrement aplati, l'allongement proportionnel maximum ne dépasse pas une certaine proportion, ordinairement, pour l'acier, 0,005. Les charges étant proportionnelles aux allongements, il en résulte que la charge $2 P$ capable de produire l'aplatissement complet est

$$2P = 2Q \cdot \frac{0,005}{\alpha}.$$

L'allongement α correspondant à la charge normale est ordinairement choisi entre 0,002 et 0,003 et presque toujours aux environs de 0,0022.

La charge maximum $2 P$ produisant l'aplatissement étant déterminée, on en déduit la flèche de fabrication

$$f = 2kP,$$

d'où le rayon moyen des feuilles

$$r = \frac{L'}{2f} = \frac{L'}{4kP};$$

et enfin leur épaisseur au moyen de l'allongement maximum supposé égal à 0,005

$$e = 2r \times 0,005 = 0,005 \times \frac{L'}{2kP} = \frac{\alpha L'}{2kQ}.$$

L'étagement l se détermine ensuite par la formule

$$l = \frac{EI}{Pr} = \frac{E\,ae^{3}}{12Pr},$$

où tout est connu. On adopte ordinairement pour E la valeur 2×10^{10}. Enfin le nombre de feuilles sera

$$n = \frac{L}{l}.$$

On ne peut, dans la pratique, prendre pour *n* qu'un nombre entier. Si la valeur ci-dessus est fractionnaire, on prend le nombre entier immédiatement inférieur, et quelquefois même il n'y a aucun inconvénient à le diminuer encore d'une unité, les dernières feuilles n'ayant sur la flexibilité et la résistance du ressort qu'une influence tout à fait négligeable. Il est beaucoup plus important d'avoir pour *e* une valeur exprimée par un nombre entier de millimètres, sans aucune fraction, afin de faciliter la fabrication. On peut toujours y arriver en faisant varier légèrement la flexibilité *k* qui, bien que donnée, peut généralement être modifiée un peu, sans inconvénient, à moins qu'il ne s'agisse de ressorts de précision.

On opère de la même manière lorsqu'il s'agit d'employer des feuilles d'une épaisseur donnée *e*, pour faire un ressort ayant une résistance et une flexibilité données, et que l'on prend alors pour inconnue la longueur $2 L$ de la maîtresse feuille.

M. Lévy-Lambert, élève externe à l'École des Ponts et Chaussées, a eu l'idée (*Annales des Ponts et Chaussées*, 1880, 2e semestre) de faciliter les calculs auxquels donne lieu l'application de ces formules en dressant des tableaux graphiques qui représentent les variations des diverses quantités connues ou à déterminer entre lesquelles elles établissent des relations. Les tableaux qu'il a donnés s'appliquent à une valeur particulière du coefficient α; ils devraient être complétés par d'autres relatifs aux autres valeurs de ce coefficient; c'est pourquoi nous ne les reproduisons pas ici.

§ II

CHOC LONGITUDINAL.

342. Importance de la question. — Les barres, tiges, poutres et pièces prismatiques en général, qui entrent dans les constructions, y éprouvent non seulement des actions constantes, produites par exemple par le poids de corps solides au repos, mais encore des actions ou *impulsions* variables qui tendent, comme les premières, à les déformer, à altérer leur contexture et à les rompre, et que nous allons étudier.

Nous examinerons d'abord l'effet d'un choc longitudinal produit sur une barre prismatique par un corps solide qui vient heurter l'une de ses extrémités avec une certaine vitesse dirigée suivant son axe. Ce problème a une grande importance pratique, les constructions nombreuses que l'on peut considérer comme des systèmes articulés étant disposées de manière que leurs pièces ne supportent des actions que dans le sens de leur longueur.

343. Solution approximative en négligeant l'inertie de la barre heurtée. — Considérons une tige prismatique AB (fig. 261), de section transversale constante, fixée d'une manière invariable à l'une de ses extrémités B, heurtée à son autre extrémité libre A par un corps Q, animé d'une vitesse V parallèle à son axe longitudinal Nous compterons cette vitesse positivement lorsqu'elle sera dirigée de B vers A, c'est-à-dire lorsque le choc longitudinal aura pour premier effet d'allonger la barre. Le choc peut avoir lieu de cette façon si, par exemple, le corps heurtant Q a la forme d'un collier ou d'un manchon embrassant la barre, et exerce son impulsion sur un bourrelet ou arrêt saillant à son extrémité libre. La vitesse serait considérée comme négative si le corps Q venait heurter l'extrémité libre en sens contraire, ou si elle était dirigée de A vers B.

Soit a la longueur AB de la barre, σ l'aire de sa section transversale, ρ sa densité, et P son poids égal à $\rho g a \sigma$.

Désignons par u l'allongement (ou accourcissement si V est négatif) inconnu produit par le choc. Si nous ne tenons pas compte de l'inertie de la barre, c'est-à-dire si nous supposons qu'à un instant quelconque l'allongement u, produit à son extrémité libre, s'est propagé proportionnellement sur toute son étendue, comme s'il avait été produit par une charge statique, la réaction élastique de la barre, provenant de cet allongement $\frac{u}{a}$ par unité de longueur, aura pour expression $E \sigma \frac{u}{a}$. Elle était nulle au commencement du choc, elle a crû proportionnellement à l'allongement, de sorte que son travail total, correspondant à l'allongement total u, est égal à $\frac{1}{2} E \sigma \frac{u^2}{a}$. Puisque nous négligeons l'inertie de la barre, c'est-à-dire que nous ne tenons pas compte de la force vive correspondant aux vitesses de ses différents points, il doit y avoir égalité entre ce travail et la demi-force vive $\frac{Q}{g}\frac{V'}{2}$ que possédait le corps heurtant et qui a été entièrement dépensée lorsque, à la fin de la période correspondant à l'allongement u, sa vitesse s'est annulée. A cette demi-force vive il faut cependant ajouter, lorsque la barre est disposée verticalement comme dans la figure, le travail Qu, produit par le corps Q descendant de la hauteur u, travail qui au contraire ne doit pas entrer en ligne de compte lorsque la barre est horizontale.

Désignons par u_s l'allongement *statique* correspondant au poids Q, c'est-à-dire l'allongement qui donne lieu, dans la barre, à une réaction élastique faisant équilibre au poids Q supposé immobile, nous avons

$$\frac{u_s}{a} = \frac{Q}{E\sigma}, \quad \text{ou } u_s = \frac{Qa}{E\sigma},$$

Nous écrirons alors, pour déterminer l'allongement u, les équations :

Dans le cas de la barre horizontale :

$$\frac{1}{2}E\sigma\frac{u^2}{a} = \frac{Q}{g}\frac{V'}{2}, \quad \text{d'où } u = V\sqrt{\frac{1}{g}.\frac{Qa}{\sigma E}} = V\sqrt{\frac{u_s}{g}}.$$

Dans le cas de la barre verticale :

$$\frac{1}{2}E\sigma\frac{u^2}{a} = \frac{Q}{g}\frac{V'}{2} + Qu; \quad \text{d'où } u = u_s + \sqrt{u_s^2 + V'\frac{u_s}{g}}.$$

Lorsque, dans ce dernier cas (barre verticale), $V = 0$, c'est-à-dire lorsque le corps Q est posé, sans vitesse, à l'extrémité A, on a

$$u = 2u_s$$

c'est-à-dire que l'allongement est double de l'allongement statique; c'est ce que nous avons déjà constaté plus haut (page 216).

Nous avons en même temps exprimé la *résistance vive* ou la force vive à laquelle peut résister une barre prismatique en écrivant que l'allongement par unité de longueur $\frac{u}{a}$ doit être inférieur ou au plus égal à celui qui correspond à la charge de sécurité R_s et qui a pour expression $\frac{R_s}{E}$. Nous avons ainsi $\dfrac{u}{a} \leqq \dfrac{R_0}{E}$, et par conséquent, dans le cas de la barre horizontale par exemple, si nous remplaçons $\dfrac{u}{a}$ par cette valeur, il vient

$$\frac{1}{2} E \sigma a \frac{R_0^2}{E^2} \geqq \frac{Q}{g} \frac{V^2}{2} \quad \text{ou} \quad \frac{Q}{g} \frac{V^2}{2} \leqq \frac{\sigma a}{2} \cdot \frac{R_0^2}{E}.$$

La résistance vive est égale à la moitié du volume σa de la barre, multipliée par le coefficient $\dfrac{R_0^2}{E}$ qui dépend de la matière dont elle est formée et que nous avons appelé le *coefficient de résistance vive*.

Cela suppose, comme nous venons de le dire, que l'on néglige l'inertie de la barre. On peut, dans la même hypothèse, étudier les vibrations de l'extrémité A. Les efforts élastiques étant, à chaque instant, supposés proportionnels aux allongements, positifs ou négatifs, de la barre, cette extrémité se trouve sollicitée par une force dont la valeur, à chaque instant, est proportionnelle à la distance où elle se trouve de sa position initiale. Son mouvement est alors celui d'un point matériel astreint à se mouvoir sur une droite et soumis à une force proportionnelle à sa distance à un point fixe. On sait (ce problème est traité dans la plupart des cours de Mécanique) que le point matériel exécute, autour du point fixe, des oscillations d'égale amplitude de part et d'autre, et qu'il se meut sur la droite comme le ferait la projection d'un point assujetti à parcourir d'un mouvement uniforme une circonférence ayant son centre au point fixe. Nous ne nous arrêterons pas plus longtemps à cette hypothèse, qui s'écarte beaucoup de la réalité lorsque le poids de la barre n'est pas négligeable par rapport à celui du corps qui vient la heurter.

344. Loi de la propagation des ébranlements. Vitesse du son. — Quand cette condition n'est pas remplie, l'inertie de la barre ne peut plus être négligée. Le mouvement imprimé à son extrémité libre ne se transmet pas instantanément à toute son étendue, sa propagation d'une section transversale à une section voisine exige un certain temps, nécessaire pour vaincre l'inertie de la masse qui les sépare.

Désignons par ω la *célérité* de cette propagation[1]. Une force, que nous représentons par $E\sigma\frac{u}{a}$, étant appliquée à l'extrémité libre de la barre, allongera d'abord le premier élément d'une proportion $\frac{u}{a}$ de sa longueur; cet allongement se transmettra au suivant, et ainsi de suite, de manière qu'au bout d'un temps t la longueur sur laquelle l'action se fera sentir sera ωt, et l'allongement de cette partie, à raison de $\frac{u}{a}$ par unité de longueur de chacun de ses éléments, sera, en totalité, $\omega t\,\frac{u}{a}$. L'extrémité de la barre, s'étant déplacée de cette quantité pendant le temps t, a une vitesse $\omega\frac{u}{a}$. La masse mise en mouvement au bout du temps t est $\rho\,\sigma\,\omega\,t$, la quantité de mouvement, correspondant à la vitesse $\omega\frac{u}{a}$, sera $\rho\,\sigma\,\omega t.\,\omega\frac{u}{a}$, et cette quantité doit être égale à l'impulsion, pendant le temps t, de la force qui l'a produite et qui est $E\sigma\frac{u}{a}$. On a donc

(1)
$$\rho\,\sigma\,\omega t.\,\omega\frac{u}{a}=E\sigma\frac{u}{a}.\,t;\text{ d'où }\omega=\sqrt{\frac{E}{\rho}}.$$

Telle est la valeur de la *célérité* de la propagation des actions moléculaires. C'est la formule bien connue, dite *newtonienne*, de la vitesse du son; le son n'est autre chose, en effet, qu'une succession de petits ébranlements, se composant alternativement de compressions et de dilatations, qui se propage de proche en proche, comme la déformation que nous venons d'examiner.

Si la vitesse de l'extrémité de la barre est, au premier instant, supposée égale à celle V du corps heurtant Q, on a alors $V=\omega\frac{u}{a}$, et si l'on veut que l'allongement proportionnel, à l'extrémité, reste au-dessous de la limite de sécurité, il faut que l'on ait $\frac{u}{a}\leqq\frac{R_0}{E}$ ou bien $\frac{V}{\omega}\leqq\frac{R_0}{E}$, que l'on peut écrire

(2)
$$V\leqq\omega.\frac{R_0}{E}.\quad\text{ ou bien }V'=\frac{1}{\rho}.\frac{R'_0}{E}.$$

1. Nous employons, avec M. de Saint-Venant, aux travaux duquel est empruntée toute cette étude, le mot *célérité* pour désigner la vitesse apparente de propagation des actions moléculaires, réservant le mot *vitesse* pour les mouvements vrais des molécules ou particules solides.

Si la vitesse du corps heurtant est supérieure à cette limite, quelle que soit la masse de ce corps par rapport à celle de la barre, la limite des déformations non dangereuses sera dépassée. On doit remarquer toutefois que, pour que cette formule soit applicable, il faut que le choc se produise de telle sorte que la totalité de la section transversale extrême de la barre acquière la même vitesse que le corps qui vient la heurter. Il n'en serait pas ainsi si ce corps était assez petit pour ne mettre en mouvement qu'une partie des molécules de cette section extrême.

345. Mise en compte de l'inertie de la barre heurtée. — Mais la vitesse V du corps heurtant ne se transmet pas intégralement à l'extrémité de la barre; cela n'aurait lieu que si cette extrémité seule, de masse supposée négligeable, se mettait en mouvement; et comme elle entraîne avec elle, dans une certaine mesure, toute la masse de la barre dont il faut vaincre l'inertie, ce n'est qu'à la fin d'un temps très court, imperceptible, pendant lequel dure l'*acte du choc*, que l'extrémité de la barre a pris la même vitesse que celle, diminuée pendant ce même temps, du corps qui est venu la heurter.

Soit V_i cette vitesse à la fin de l'*acte* du choc. Nous pouvons la déterminer en appliquant, à l'ensemble du système formé par le corps Q et la barre, le théorème des vitesses ou des travaux virtuels. Nous exprimerons l'*équilibre* entre la quantité de mouvement $\frac{Q}{g}$ V du commencement de cet acte, et celle de sa fin, prise en signe contraire, en choisissant, pour déplacements virtuels, ceux de la fin de cet acte, comme il faut toujours le faire pour que ce principe soit applicable.

La quantité de mouvement du corps Q, à ce moment, sera $\frac{Q}{g} V_i$.

Désignons par v_i la vitesse, à ce même instant, d'un élément quelconque dP de la barre, sa quantité de mouvement sera $\frac{dP}{g} v_i$, et si nous exprimons la nullité de la somme des produits, par les déplacements virtuels de la fin de l'acte du choc, des quantités de mouvement au commencement et à la fin de ce même acte, celles de la fin étant prises en signe contraire, nous

38

aurons, en désignant par $\int_P$ une intégrale étendue à toute la barre de poids P,

$$\frac{Q}{g} V . V_i \, dt - \frac{Q}{g} V_i V_i \, dt - \int_P \frac{dP}{g} v_i . v_i \, dt = 0.$$

Divisant par $\frac{V_i \, dt}{g}$, il vient

(3) $$QV = V_i \left[Q + P \int_P \left(\frac{v_i}{V_i}\right)^2 \frac{dP}{P} \right];$$

ou, en désignant par k l'intégrale du second membre, c'est-à-dire en posant

(4) $$k = \int_P \left(\frac{v_i}{V_i}\right)^2 \frac{dP}{P}.$$

(5) $$QV = V_i (Q + kP), \quad \text{d'où } V_i = V . \frac{1}{1 + k\frac{P}{Q}}.$$

Le coefficient k est inconnu et, pour en trouver la valeur, il faudrait connaître les vitesses v_i, à la fin de l'acte du choc, des divers éléments dP de la barre, ou les rapports $\frac{v_i}{V_i}$ de ces vitesses

---

1. Cette équation peut être obtenue, un peu moins simplement, si l'on ne veut pas faire usage du principe des travaux virtuels, par l'application du théorème dit de Carnot exprimant qu'il y a égalité entre la perte de force vive, pendant le choc, et la force vive due aux vitesses perdues.

La demi-force vive avant le choc est $\frac{Q}{g} \frac{V^2}{2}$.

Après le choc elle est $\frac{Q}{g} \frac{V_i^2}{2} + \int_P \frac{dP}{g} . \frac{v_i^2}{2}$, ou bien, eu égard à la signification ci-dessus du coefficient k, $\frac{Q}{g} \frac{V_i^2}{2} + \frac{kP}{g} \frac{V_i^2}{2}$.

La demi-force vive perdue pendant le choc a donc pour expression

$$\frac{Q}{g} \frac{V^2}{2} - \frac{Q}{g} \frac{V_i^2}{2} - \frac{kP}{g} \frac{V_i^2}{2}.$$

Les vitesses perdues sont $V - V_i$ pour le corps Q, et $- v_i$ pour l'élément dP, la demi-force vive correspondant aux vitesses perdues est donc

$$\frac{Q}{g} \frac{(V - V_i)^2}{2} + \int_P \frac{dP}{g} \frac{(-v_i)^2}{2} = \frac{Q}{g} \frac{(V - V_i)^2}{2} + \frac{kP}{g} \frac{V_i^2}{2}.$$

Egalons cette expression à la précédente, nous aurons :

$$\frac{Q}{g} \frac{V^2}{2} - \frac{Q}{g} \frac{V_i^2}{2} - k \frac{P}{g} \frac{V_i^2}{2} = \frac{Q}{g} \frac{(V - V_i)^2}{2} + \frac{kP}{g} \frac{V_i^2}{2};$$

et après réduction

$$QV = V_i (Q + kP), \quad \text{comme plus haut.}$$

à celle du point qui a été heurté. Ces rapports sont les mêmes que ceux des déplacements simultanés des divers points de la barre au déplacement de son extrémité. En l'absence de toute indication sur ce que peuvent être ces déplacements, nous ne pouvons que faire une hypothèse. Supposons que ces déplacements soient précisément ceux qui se produiraient dans l'état statique, c'est-à-dire que si x désigne l'abscisse d'un point quelconque, mesurée à partir de l'extrémité fixe B, le déplacement de ce point soit proportionnel à x. Nous aurons alors $\frac{v_1}{V_1} = \frac{x}{a}$ et comme $\frac{dP}{P}$ est évidemment égal à $\frac{dx}{a}$, nous trouverons, pour le coefficient k,

$$k = \int_b^a \left(\frac{v_1}{V_1}\right)^2 \frac{dP}{P} = \int_0^a \frac{x^2}{a^2} \cdot \frac{dx}{a} = \frac{1}{a^3} \int_0^a x^2\, dx = \frac{1}{3}.$$

Nous aurons donc alors

$$V_1 = V \frac{1}{1 + \frac{1}{3}\frac{P}{Q}}.$$

La quantité de mouvement primitive $\frac{Q}{g}V$ et la force vive primitive $\frac{Q}{g} \cdot \frac{V^2}{2}$, qui sont respectivement après le choc $\left(\frac{Q}{g} + \frac{1}{3}\frac{P}{g}\right) V_1$ et $\frac{V_1^2}{2g}(Q + \frac{1}{3}P)$, se partagent alors, entre le corps heurtant et la barre heurtée, comme si la masse de la barre était réduite au tiers de sa valeur.

Quelle que soit d'ailleurs la valeur, que nous laisserons indéterminée, du coefficient k, nous pouvons, connaissant la force vive après le choc $\frac{V_1^2}{2g}(Q + kP)$, revenir sur les résultats que nous avions trouvés au commencement, en négligeant l'inertie de la barre.

La force vive après le choc, augmentée, s'il y a lieu, de Qu, lorsque la barre est verticale, doit être égalée à $\frac{1}{2}E\sigma\frac{u_d^2}{a}$ travail des actions moléculaires ou des forces élastiques pour un allongement dynamique représenté par u_d. On a ainsi pour le cas d'une barre horizontale :

$$\frac{1}{2} E\sigma \frac{u_d{}^2}{a} = \frac{V_*{}^2}{2g}(Q + kP) = \frac{V^2}{2g} \frac{1}{\left(1 + k\frac{P}{Q}\right)} \cdot (Q + kP);$$

d'où

$$u_d = V\sqrt{\frac{1}{g} \cdot \frac{Qa}{E\sigma}} \cdot \sqrt{\frac{1}{1 + k\frac{P}{Q}}} = V\sqrt{\frac{u_*}{g} \cdot \frac{1}{1 + k\frac{P}{Q}}};$$

ou bien, en introduisant la valeur de la célérité ω de la propagation des actions moléculaires, $\omega = \sqrt{\dfrac{E}{\rho}}$, et remarquant que $P = \rho g a \sigma$,

$$\frac{u_d}{a} = \frac{V}{\omega}\sqrt{\frac{Q}{P}} \cdot \sqrt{\frac{1}{1 + k\frac{P}{Q}}}.$$

C'est cette valeur de l'allongement proportionnel $\dfrac{u_d}{a}$ qui doit, pour la sécurité, rester inférieure à la limite $\dfrac{R_o}{E}$.

346. Vibrations de l'extrémité libre. — Nous pouvons aussi calculer approximativement l'amplitude et la durée des vibrations de l'extrémité libre de la barre. Désignons par u son allongement à un instant quelconque du temps qui suit l'acte du choc, c'est-à-dire de la période pendant laquelle l'extrémité de la barre, ayant acquis la vitesse V_*, la perd peu à peu et acquiert l'allongement dynamique u_d. Si nous supposons que, pendant cette période, les réactions élastiques exercées par l'extrémité de la barre soient les mêmes, pour des allongements déterminés, que pour les mêmes allongements statiques, à l'allongement u, ou $\dfrac{u}{a}$ par unité de longueur, correspondra un effort moléculaire $E\sigma \dfrac{u}{a}$. La vitesse de l'extrémité est d'ailleurs $\dfrac{du}{dt}$ et son déplacement pendant le temps dt est $\dfrac{du}{dt} dt$. La barre, étant supposée horizontale, pour n'avoir pas à tenir compte du travail dû au déplacement du poids Q, nous pourrons égaler à zéro la somme des travaux de toutes les forces, y compris les inerties qui agissent sur les différents éléments de la barre.

A l'extrémité libre, les forces sont d'abord l'effort moléculaire $E\sigma \dfrac{u}{a}$ et l'inertie du corps Q, laquelle a pour expression $\dfrac{Q}{g} \dfrac{d^2u}{dt^2}$.

Ces deux forces agissent dans le même sens, et leur travail, pour le déplacement $\frac{du}{dt} dt$, est $\left(E\sigma \frac{u}{a} + \frac{Q}{g} \frac{d^2u}{dt^2}\right) \frac{du}{dt} dt$.

A ce travail il faut ajouter celui des inerties des divers éléments dP de la barre qui sont animées de vitesses v, et dont les déplacements, proportionnels aux rapports $\frac{v}{V_1}$ de ces vitesses à celle de l'extrémité, sont par conséquent $\frac{v}{V_1} u$. Leur accélération est $\frac{d^2}{dt^2}\left(\frac{v}{V_1} u\right) = \frac{v}{V_1} \frac{d^2u}{dt^2}$ et leur déplacement pendant le temps dt est $\frac{d}{dt}\left(\frac{v}{V_1} u\right) dt = \frac{v}{V_1} \frac{du}{dt} dt$. Le travail de leur inertie sera donc en totalité $\int \frac{dP}{g} \cdot \frac{v}{V_1} \frac{d^2u}{dt^2} \cdot \frac{v}{V_1} \cdot \frac{du}{dt} dt = \frac{kP}{g} \frac{d^2u}{dt^2} \frac{du}{dt} dt$.

Ajoutons ce travail au précédent et égalons la somme à zéro, nous aurons, en supprimant le facteur commun $\frac{du}{dt} dt$:

$$E\sigma \frac{u}{a} + \left(\frac{Q}{g} + \frac{kP}{g}\right) \frac{d^2u}{dt^2} = 0,$$

ou, en remplaçant $\frac{Qa}{E\sigma}$ par l'allongement statique u_s,

$$\frac{d^2u}{dt^2}\left(1 + k\frac{P}{Q}\right) + g\frac{u}{u_s} = 0.$$

L'intégrale de cette équation est, comme on sait, de la forme $u = A \sin Bt$, puisque pour $t = 0$, on doit avoir $u = 0$.

Les constantes A et B se déterminent d'après la condition que pour $t = 0$ la vitesse $\frac{du}{dt} = AB \cos Bt$ soit égale à V_1, ce qui donne $AB = V_1 = \dfrac{V}{1 + k\dfrac{P}{Q}}$, et que lorsque cette vitesse s'annule, ou pour $Bt = \frac{\pi}{2}$, on ait $u = u_d$, ce qui donne $A = u_d = V\sqrt{\dfrac{u_s}{g} \cdot \dfrac{1}{1 + k\dfrac{P}{Q}}}$. L'expression de u est ainsi

$$u = V\sqrt{\frac{u_s}{g} \cdot \frac{1}{1 + k\dfrac{P}{Q}}} \cdot \sin t. \sqrt{\frac{g}{u_s} \frac{1}{1 + k\dfrac{P}{Q}}} \cdot$$

Il en résulte, pour la durée T de la période du mouvement vibratoire :

$$T = 2\pi \sqrt{\frac{u_i}{g}} \sqrt{1 + k\frac{P}{Q}}.$$

347. Indication des résultats de l'analyse exacte du phénomène.

— Ces résultats ne sont qu'approximatifs; nous avons dû, en effet, pour les obtenir, supposer que les réactions élastiques de la barre étaient les mêmes dans l'état de mouvement que dans l'état statique, ce qui n'est certainement pas exact. Ils sont cependant plus rapprochés de la réalité que ceux que nous avions obtenus d'abord en négligeant tout à fait l'inertie de la barre heurtée.

Pour aller plus loin et traiter la question dans toute sa rigueur, il faut, abstraction faite de toute hypothèse, écrire simplement l'équation d'équilibre d'un élément quelconque de la barre. On arrive alors à une équation aux dérivées partielles de second ordre, que M. Boussinesq a intégrée en termes finis; mais les calculs auxquels donne lieu cette intégration sont fort compliqués; nous nous bornerons, après avoir posé l'équation générale, à en faire connaître les principaux résultats.

Prenons pour origine des coordonnées l'extrémité heurtée de la barre. Soit x l'abscisse d'une section transversale quelconque et u son déplacement. L'allongement proportionnel, en ce point, sera $\frac{du}{dx}$ et la force élastique correspondante $E\sigma\frac{du}{dx}$. Au point dont l'abscisse est $x + dx$, l'allongement proportionnel sera $\frac{du}{dx} + \frac{d^2u}{dx^2}\,dx$, la force élastique sera le produit de cet allongement par $E\sigma$, et l'élément dx devra être en équilibre sous l'action de ces deux forces, qui agissent en sens inverse à ses extrémités, et de son inertie qui a pour expression $\rho\sigma\,dx\,\frac{d^2u}{dt^2}$. On a donc, pour l'équation d'équilibre :

$$E\sigma\left(\frac{du}{dx} + \frac{d^2u}{dx^2}\,dx\right) - E\sigma\frac{du}{dx} - \rho\sigma\,dx\,\frac{d^2u}{dt^2} = 0;$$

d'où

$$\frac{d^2u}{dt^2} = \frac{E}{\rho}\frac{d^2u}{dx^2}, \qquad \text{ou bien } \frac{d^2u}{dt^2} = \omega^2\frac{d^2u}{dx^2}.$$

A cette équation générale, applicable à tous les points de la barre, il faut joindre une équation relative à l'extrémité heurtée et qui sera, comme celle-ci, une équation d'équilibre entre la réaction élastique de la barre $E\sigma \frac{du}{dx}$, l'inertie de la masse heurtante $-\frac{Q}{g}\frac{d^2u}{dt^2}$, et la pression, variable avec le temps, exercée par cette masse sur l'extrémité de la barre, que nous désignerons par $\frac{Q}{g}F(t)$. Nous aurons ainsi à l'extrémité heurtée, ou pour $x = 0$,

$$E\sigma \frac{du}{dx} - \frac{Q}{g}\frac{d^2u}{dt^2} + \frac{Q}{g}F(t) = 0.$$

La valeur de u s'exprime par une fonction de la forme

$$u = f(\omega t - x) \pm f(\omega t + x - 2a),$$

le signe $-$ correspondant au cas où la seconde extrémité de la barre est fixe. le signe $+$ au cas où elle est libre. La fonction f a des formes différentes lorsque sa variable est comprise entre 0 et $2a$, entre $2a$ et $4a$, etc... Voici sa valeur, et celle de sa dérivée f' lorsque sa variable, représentée en général par ζ, est comprise entre 0 et $2a$,

$$f\left(\zeta = \frac{2a}{0}\right) = \frac{Qa}{P}\frac{V}{\omega}\left(1 - e^{-\frac{P\zeta}{Qa}}\right); \qquad f'\left(\frac{2a}{0}\right) = \frac{V}{\omega}e^{-\frac{P\zeta}{Qa}},$$

et sa forme devient de plus en plus compliquée.

On peut en déduire l'allongement proportionnel $\frac{du}{dx}$ en chaque point et en chercher le maximum. On trouve que, dans le cas de la barre fixée à un bout, c'est toujours à l'extrémité fixe que se produit cet allongement maximum ∂_m qui, pour la sécurité, doit rester inférieur à $\frac{R_o}{E}$. Son expression varie suivant la grandeur du rapport $\frac{Q}{P}$ des poids des corps heurtant et heurté. Par exemple. lorsque $\frac{Q}{P}$ est plus petit que 5,686, on trouve, pour cet allongement maximum

$$\partial_m = 2\frac{V}{\omega}\left(1 + e^{-\frac{2P}{Q}}\right),$$

ce qui donne approximativement $\partial_m = 2\frac{V}{\omega}$, si $\frac{Q}{P}$ est très petit.

L'expression de ∂_m devient beaucoup plus compliquée pour les valeurs supérieures du rapport $\frac{Q}{P}$; mais, fort heureusement, lorsque ce rapport $\frac{Q}{P}$ dépasse 4 ou 5, on peut substituer à la valeur exacte de ∂_m la suivante qui en diffère très peu et qui est d'un calcul facile :

$$\partial_m = \frac{V}{\omega}\left(\sqrt{\frac{Q}{P}} + 1\right).$$

Le lecteur trouvera, aux Comptes rendus des séances de l'Académie des sciences, des 16, 23, 30 juillet et 6 août 1883, la démonstration complète de ces formules et l'étude détaillée des phénomènes qui se produisent dans la barre heurtée.

§ III

CHOC TRANSVERSAL.

348. Solution approximative, en négligeant l'inertie de la barre heurtée. — Considérons une poutre horizontale AB (fig. 262), de longueur $2a$, reposant à ses deux extrémités sur deux appuis fixes autour desquels elle puisse s'infléchir sans pouvoir s'en écarter, heurtée en son milieu C par un corps Q, animé d'une vitesse V, perpendiculaire à sa direction et que nous supposerons aussi horizontale, afin de n'avoir pas à tenir compte du travail du poids Q pendant la flexion de la barre.

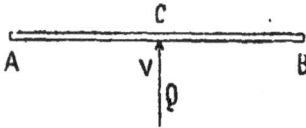

Fig. 262.

Nous savons que si nous prenons une des extrémités A pour origine des abscisses et si nous comptons les y dans le sens dans lequel agirait une force statique égale à Q, appliquée en son milieu, la déformation statique s'obtient en intégrant deux fois l'équation différentielle $EI\frac{d^2y}{dx^2} = -\frac{Q}{2}x$. ce qui donne, eu

égard à ce que, en raison de la symétrie, on doit avoir, pour $x = a$,
$\frac{dy}{dx} = 0 : EI \frac{dy}{dx} = \frac{Q}{2} \cdot \frac{a^2 - x^2}{2}$ et $EI\, y = \frac{Q}{2}\left(\frac{a^2 x}{2} - \frac{x^3}{6}\right)$ sans addition de
constante, puisque pour $x = 0$, on a $y = 0$. Cette expression peut
se mettre sous la forme

$$y = \frac{Q\, a^3}{6\, EI}\left(\frac{3}{2}\frac{x}{a} - \frac{1}{2}\frac{x^3}{a^3}\right);$$

ou bien, en désignant par f_* la flèche statique produite par la
force Q, c'est-à-dire en posant $f_* = \frac{Q a^3}{6 EI}$,

(1) $$y = f_*\left(\frac{3}{2}\frac{x}{a} - \frac{1}{2}\frac{x^3}{a^3}\right).$$

Remarquons que le rapport de la force Q à la flèche qu'elle a
produite est constant pour une poutre donnée et a pour valeur

$$\frac{Q}{f} = \frac{6 EI}{a^3}.$$

Négligeons d'abord, comme nous l'avons fait dans le cas du
choc longitudinal, l'inertie de la poutre. Pour une flèche quelconque f, l'effort sera $\frac{6 EI}{a^3} \cdot f$ et, pour une augmentation df de
cette flèche. le travail de cet effort sera $\frac{6 EI}{a^3} f df$. La somme de
tous ces travaux élémentaires, depuis l'origine de la déformation $(f = 0)$ jusqu'au moment où la flèche a acquis la valeur f_D
que nous appellerons flèche dynamique, qui correspond au
moment où la vitesse V est entièrement détruite, c'est-à-dire où
toute la force vive $\frac{Q}{g} \cdot \frac{V^2}{2}$ du corps heurtant est absorbée, sera

$\int_0^{f_D} \frac{6 EI}{a^3} f df = \frac{6 EI}{a^3} \cdot \frac{f_D^2}{2}.$ Egalant ce travail à la demi-force vive
du corps heurtant, nous avons

$$\frac{6 EI}{a^3} \frac{f_D^2}{2} = \frac{Q}{g} \frac{V^2}{2}, \qquad \text{d'où } f_D = V\sqrt{\frac{a^3 Q}{6 g EI}} = V\sqrt{\frac{f_*}{g}}.$$

Le moment fléchissant maximum M, au milieu de la poutre,
est mesuré par le produit, par $\frac{a}{2}$, de l'effort qui correspond à
une flèche déterminée; il sera donc, pour la flèche f_D :

$$M = \frac{a}{2} \cdot \frac{6\,EI}{a^3}\, f_{\scriptscriptstyle D}.$$

Or ce moment M donne lieu, sur la fibre la plus fatiguée, à un effort $R = \frac{Mh}{2I}$, si h est la hauteur de la poutre supposée symétrique ; et cet effort doit, pour la sécurité, rester inférieur à la limite R_0 dépendant de la matière de la poutre. Nous avons donc, pour la condition de sécurité, $\frac{a}{2} \cdot \frac{6\,EI}{a^3}\, f_{\scriptscriptstyle D} \cdot \frac{h}{2I} \le R_0.$

Remplaçons $f_{\scriptscriptstyle D}$ par sa valeur ci-dessus, réduisons, et élevons les deux membres au carré, il viendra

$$\frac{3\,h^2 E}{4\,a\,I} \cdot \frac{QV^2}{2g} \le R_0^2 ;$$

ou bien, en remplaçant I par σr^2, σ désignant l'aire de la section transversale et r son rayon de giration,

$$\frac{QV^2}{2g} \le \frac{4}{3}\frac{h^2}{r^2} \cdot a\sigma \cdot \frac{R_0^2}{E}.$$

La *résistance vive* de la poutre est égale au produit du coefficient de résistance vive, $\frac{R_0^2}{E}$, par le volume de la poutre, $a\sigma$, et par un coefficient $\frac{4}{3}\frac{h^2}{r^2}$ qui dépend de la forme de la section transversale. Comme dans le cas du choc longitudinal, la résistance vive du corps heurté est proportionnelle à son *volume*.

340. Propagation des ébranlements. — Supposons maintenant que, sous l'action du choc, le point C, milieu de la barre, se soit trouvé animé d'une vitesse V" dans le sens de l'impulsion qui lui est donnée par le corps Q ; il aura parcouru, pendant un temps t très court, un espace V"t.

Pendant ce temps, que nous supposerons assez faible pour que l'ébranlement moléculaire ne soit pas encore parvenu jusqu'aux extrémités de la barre, cet ébranlement se sera étendu, de chaque côté du point heurté, sur une longueur ωt. Abstraction faite des deux parties de la barre qui n'en ont pas encore ressenti l'effet, la partie infléchie peut donc être assimilée à une poutre de longueur $2\,\omega t$, qui aurait pris, sous l'action d'une force appliquée en son milieu, une flèche V"t ; mais cette portion de poutre, faisant suite à ces deux autres, entre lesquelles elle est comprise et qui n'ont encore pris aucun mouvement, doit être considérée comme encastrée à ses deux extrémités, et alors, pour une pareille poutre, de longueur 2 ωt, l'effort capable de produire une flèche V′t a pour expression [1]

$$\frac{24 EI}{\omega^3 t^3} \, V^{\prime\prime} t = \frac{24 V^{\prime} EI}{\omega^3 t^3}.$$

En appliquant le principe des quantités de mouvement, nous aurons, pour l'impulsion de cet effort pendant le temps t : $\frac{24 V^{\prime} EI}{\omega^3 t^3} \cdot t = \frac{24 V^{\prime} EI}{\omega^3 t}$, et cette impulsion doit être égale à la somme des produits, par leurs vitesses, des masses des éléments déplacés. Les vitesses v prises par chacun de ces éléments sont inconnues et nous ne pouvons que supposer qu'elles sont proportionnelles aux déplacements vt qu'ils ont acquis au bout du temps t, c'est-à-dire que les rapports de ces vitesses v à celle V′ du point heurté sont égaux aux rapports des déplacements y à la flèche V′t. Or, si nous comptons les x à partir de l'origine de cette sorte de poutre encastrée, nous aurons

$$\frac{y}{V^{\prime} t} = \frac{3 x^2}{\omega^2 t^2} - \frac{2 x^3}{\omega^3 t^3}.$$

La masse d'un élément dx est $\rho\sigma\,dx$ et sa quantité de mouvement est $\rho\sigma v\,dx = \rho\sigma V^{\prime} . \frac{v}{V^{\prime}} dx$; si nous mettons pour $\frac{v}{V^{\prime}}$ la valeur ci-dessus de $\frac{y}{V^{\prime} t}$ que nous lui supposons égale, nous aurons, pour la somme des quantités de mouvement des deux moitiés de la portion de poutre assimilée à une poutre encastrée,

$$2 . \rho\sigma V^{\prime} \int_0^{\omega t} \frac{v}{V^{\prime}} dx = 2 \rho\sigma V^{\prime} \int_0^{\omega t} \left(\frac{3 x^2}{\omega^2 t^2} - \frac{2 x^3}{\omega^3 t^3} \right) dx = \rho\sigma V^{\prime} . \omega t.$$

---

1. Soit 2a la longueur d'une poutre encastrée à ses deux extrémités, P la charge unique qu'elle supporte en son milieu; on a, en appelant μ le moment d'encastrement : $-\text{EI} \frac{d^2 y}{dx^2} = \frac{P \cdot x}{2} - \mu$; $-\text{EI} \frac{dy}{dx} = \frac{P \cdot x^2}{4} - \mu x$, d'où, puisque l'on a $\frac{dy}{dx} = 0$ pour $x = a$: $\mu = \frac{Pa}{4}$ ou $-\text{EI} \frac{dy}{dx} = \frac{P}{4} (x^2 - ax)$ et enfin $-\text{EI} y = \frac{P}{4} \left(\frac{x^3}{3} - a \frac{x^2}{2} \right)$. La flèche $f a$ donc pour expression $f = \frac{Pa^3}{24 \, EI}$ et y peut se mettre sous la forme $-y = f \left(\frac{2 x^3}{a^3} - \frac{3 x^2}{a^2} \right)$, ou $y = f \left(\frac{3 x^2}{a^2} - \frac{2 x^3}{a^3} \right)$. Le moment fléchissant maximum est $\frac{Pa}{4}$.

Égalons cette quantité de mouvement à l'impulsion de l'effort qui l'a produite, nous aurons :

$$\frac{24 \, V' \, EI}{\omega^3 \, l} = \rho \sigma \, V' \omega \, l,$$

ou bien $\quad \omega^4 l^2 = 24 \dfrac{EI}{\rho \sigma}, \quad$ ou $\omega^2 l = \sqrt{24} \sqrt{\dfrac{EI}{\rho \sigma}}.$

Le moment fléchissant maximum, dans la poutre encastrée que nous considérons, a pour valeur $\dfrac{1}{4} \cdot \dfrac{24 V' EI}{\omega^3 l^3} \cdot \omega \, l = M.$ Si h est la hauteur de la section transversale, supposée symétrique, $\dfrac{h}{2}$ est la distance de la fibre la plus éloignée de l'axe neutre, et ce moment fléchissant y produit un effort $\dfrac{M}{I} \cdot \dfrac{h}{2}$ qui se traduit par un allongement $\partial = \dfrac{M}{EI} \cdot \dfrac{h}{2},$ soit

$$\partial = \frac{1}{4} \cdot \frac{24 \, V' \, EI}{\omega^3 \, l^3} \cdot \omega \, l \cdot \frac{1}{EI} \cdot \frac{h}{2} = \frac{3 \, V' \, h}{\omega^2 \, l},$$

ou bien, en mettant pour $\omega^2 l$ sa valeur ci-dessus, remplaçant $\sqrt{\dfrac{E}{\rho}}$ par ω et $\sqrt{\dfrac{I}{\sigma}}$ par le rayon de giration r de la section transversale,

$$\partial = \frac{3 \, V' \, h}{\sqrt{24} \cdot \omega \, r} = \frac{1}{1,33} \cdot \frac{V'}{\omega} \cdot \frac{h}{r}.$$

La vitesse V', prise par le point C, est nécessairement inférieure à celle V du corps heurtant Q, surtout dans le premier instant du choc. M. Boussinesq, par une analyse exacte, a trouvé pour l'allongement maximum produit par le choc

$$\partial = \frac{1}{2} \frac{V}{\omega} \cdot \frac{h}{r},$$

de sorte qu'on aurait approximativement $\dfrac{V'}{1,63} = \dfrac{V}{2}$ ou $V' = 0,81 \, V.$

Quelle que soit la masse du corps heurtant Q (à la condition, bien entendu, que toute la section transversale du milieu de la barre acquière, sous son impulsion, une même vitesse), si la vitesse V de ce corps est telle que

$$\frac{1}{2} \frac{V}{\omega} \frac{h}{r}$$

soit plus grand que la limite $\frac{R_o}{E}$ des allongements compatibles avec la sécurité de la matière, cette limite sera dépassée au point heurté et la barre y subira des déformations permanentes avant que les parties voisines se soient mises en mouvement. On comprend, pour la même raison, qu'une vitesse suffisante du corps heurtant produise la rupture de la barre, au point heurté, sans que les autres parties subissent aucun ébranlement par l'effet du choc.

350. Mise en compte de l'inertie de la barre heurtée. — Nous pouvons d'ailleurs, en opérant exactement de la même manière que dans le cas du choc longitudinal, par les mêmes raisonnements, et les *mêmes équations*, déterminer la vitesse V_1 prise par le point heurté et le corps heurtant, à la fin de l'acte du choc. Appliquons, comme nous l'avons fait alors, le principe des travaux virtuels, en égalant à zéro la somme des produits, par les déplacements à la fin de l'acte du choc, des quantités de mouvement au commencement et à la fin de cet acte, ces dernières étant prises en signe contraire, nous aurons encore

$$\frac{Q}{g} V \cdot V_1 \, dt - \frac{Q}{g} V_1 \cdot V_1 \, dt - \int_r^{s} \frac{dP}{g} v_1 \cdot v_1 \, dt = 0;$$

ou, en désignant par k la somme

$$k = \int_r^{s} \left(\frac{v_1}{V_1}\right)^2 \frac{dP}{P},$$

nous obtiendrons, toutes réductions faites :

(2) $$V_1 = V \cdot \frac{1}{1 + k\frac{P}{Q}}.$$

Mais la valeur du coefficient k n'est pas la même que dans le cas du choc longitudinal. Supposons que les vitesses v_1 des divers points soient proportionnelles à leurs déplacements y, c'est-à-dire que l'on ait $\frac{v_1}{V_1} = \frac{y}{f} = \frac{3}{2}\frac{x}{a} - \frac{1}{2}\frac{x^3}{a^3}$ lorsque la poutre est simplement appuyée à ses deux extrémités, nous aurons, en remarquant que $\frac{dP}{P} = \frac{dx}{2a}$ et que l'intégrale $\int_r$ doit, pour être étendue à toute la barre, être égale à $2\int_o^{a}$.

$$k = \int_{P} \left(\frac{v_i}{V_i}\right)^2 \frac{dP}{P} = 2 \int_0^a \left(\frac{3}{2}\frac{x}{a} - \frac{1}{2}\frac{x^3}{a^3}\right)^2 \frac{dx}{2a} = \frac{17}{35}.$$

Pour une barre encastrée à ses deux extrémités, on aurait

$$\frac{v_i}{V_i} = \frac{y}{f} = \frac{3x^2}{a^2} - \frac{2r^3}{a^3}, \text{ et } k = 2 \int_0^a \left(\frac{3x^2}{a^2} - \frac{2x^3}{a^3}\right)^2 \frac{dx}{2a} = \frac{13}{35}.$$

Pour une barre de longueur $(b+c)$, simplement posée à ses deux extrémités et heurtée ailleurs qu'au milieu, en un point C distant de b de l'une d'elles et de c de l'autre, nous aurions de même, en appliquant les équations des deux courbes affectées, sous une charge statique, par les deux portions de la barre, et que nous avons données (page 340), en y mettant en évidence la flèche au point chargé qui est $\frac{Pb^2c^2}{3(b+c)}$ et opérant les intégrations de la même manière que ci-dessus :

$$k = \frac{1}{105} \left[1 + 2 \left(1 + \frac{(b+c)^2}{bc} \right)^2 \right].$$

Quelle que soit la valeur du coefficient k, la force vive après le choc, comme la quantité de mouvement, se répartit entre les deux corps comme si la barre heurtée était réduite à la fraction $k\frac{P}{g}$ de sa masse. La demi-force vive après le choc est égale, en effet, à

$$\frac{Q}{g}\frac{V_i^2}{2} + \int \frac{dP}{g}\frac{r_i^2}{2} = \frac{Q}{g}\frac{V_i^2}{2} + k\frac{P}{g}\frac{V_i^2}{2} = \frac{V_i^2}{2g}(Q + kP).$$

En mettant pour V_i sa valeur en fonction de la vitesse V du corps heurtant que nous venons de trouver, elle a pour expression :

$$\frac{QV^2}{2g} \cdot \frac{1}{1 + k\frac{P}{Q}};$$

nous devons l'égaler au travail des actions moléculaires qui

---

1. On voit que, dans ce cas, le coefficient k n'est pas toujours plus petit que l'unité. Pour $\frac{b}{b+c} = \frac{1}{10}$ on trouverait $k = 2,803$. La barre heurtée entre alors, dans le partage de la force vive et de la quantité de mouvement, pour une masse plus grande que sa masse réelle. Cela s'explique par le voisinage du point d'appui qui amortit une grande partie de l'effet du choc.

pour produire la flèche dynamique f_D a pour valeur $\dfrac{6\,\mathrm{EI}}{a^3}\dfrac{f_D^2}{2}$. Nous en déduisons

$$f_D = \mathrm{V}\sqrt{\frac{Q\,a^3}{6g\,\mathrm{EI}}}\,\frac{1}{\sqrt{1+k\dfrac{P}{Q}}} = \mathrm{V}\sqrt{\frac{f_s}{g}}\cdot\frac{1}{\sqrt{1+k\dfrac{P}{Q}}}.$$

Si, au lieu de supposer horizontale la vitesse V du corps heurtant Q, nous l'avions supposée verticale, dirigée de haut en bas, et si, après le choc, le corps pesant Q continuait à s'appuyer sur la barre, la flèche serait plus grande que celle que nous venons de calculer. Désignons-la, alors, sous le nom de flèche totale et représentons-la par f_T, nous devrons, pour la trouver, ajouter à la force vive après le choc le travail du poids Q, descendant de f_T. Nous aurons l'équation

$$\frac{Q\mathrm{V}^2}{2g}\,\frac{1}{1+k\dfrac{P}{Q}}+Q.f_T = \int_0^{f_T}\frac{6\,\mathrm{EI}}{a^3}f\,df = \frac{6\,\mathrm{EI}}{a^3}\frac{f_T^2}{2}.$$

Mais, la demi-force vive après le choc, que représente le premier terme de cette équation, peut être exprimée en fonction de la flèche dynamique f_D que nous venons de déterminer, elle est égale à $\dfrac{6\,\mathrm{EI}}{a^3}\dfrac{f_D^2}{2}$. Substituons cette expression, et remplaçons $\dfrac{6\,\mathrm{EI}}{a^3}$ par $\dfrac{Q}{f_s}$, nous aurons, en multipliant tous les termes par $\dfrac{f_s}{Q}$:

$$f_T^2 - 2f_s f_T - f_D^2 = 0,$$

d'où
$$f_T = f_s + \sqrt{f_s^2 + f_D^2};$$

expression où l'on doit faire

$$f_s = \frac{Q a^3}{6\,\mathrm{EI}}\quad\text{et}\quad f_D = \mathrm{V}\sqrt{\frac{Q a^3}{6g\,\mathrm{EI}}}\cdot\frac{1}{\sqrt{1+k\dfrac{P}{Q}}}.$$

On voit que dans le cas particulier où V=0, le corps Q étant posé sans vitesse sur le milieu de la barre, $f_D = 0$, et $f_T = 2f_s$. La flèche totale prise par la poutre est double de la flèche statique. Ce résultat est absolument identique à celui que nous avons trouvé dans le cas du choc longitudinal (page 590) et il s'explique de la même manière (voir aussi n° 192, page 308).

351. Moment fléchissant et effort maximum. —
Ayant calculé la flèche f prise par la poutre, qui, suivant les cas,
sera f_8, f_D, f_T, nous pouvons déterminer l'effort maximum qui en
résulte dans la poutre, sur la fibre la plus fatiguée. Cette flèche
correspond en effet à un effort statique proportionnel qui sera,
par exemple, $\dfrac{6\,EI}{a^3} f$ si la poutre est appuyée aux deux bouts ;
$\dfrac{24EI}{a^3} f$ si elle est encastrée à ses deux extrémités, etc. L'effort
statique correspondant à la flèche, considéré comme une charge
appliquée au point heurté, donne le moment fléchissant en chaque point de la poutre, par conséquent, le moment fléchissant
maximum M et l'effort de la fibre la plus fatiguée, $\dfrac{Mv}{I}$, si v est la
distance de cette fibre à l'axe neutre. Il sera donc toujours possible de calculer les conséquences, pour une poutre déterminée,
du choc transversal d'un corps solide quelconque.

Le moment fléchissant maximum M ainsi calculé a, pour une
flèche f, les valeurs suivantes :

1° Pour une poutre de longueur $2a$, posée aux deux bouts,
heurtée au milieu,

$$M = \frac{3EI}{a^3} \cdot f ;$$

2° Pour une poutre de longueur $2a$, encastrée aux deux
bouts, heurtée au milieu,

$$M = \frac{6EI}{a^3} \cdot f ;$$

3° Pour une poutre de longueur a, encastrée à un bout, heurtée à l'autre,

$$M = \frac{3EI}{a^3} \cdot f ;$$

4° Pour une poutre de longueur $(b+c)$, posée aux deux bouts,
heurtée en un point distant de b et de c de ses extrémités,

$$M = \frac{3EI}{bc} \cdot f ;$$

etc.

Il n'est pas inutile de faire remarquer que si la poutre heurtée
doit entraîner dans son mouvement des pièces avec lesquelles

elle est reliée, comme un plancher, un tablier de pont, etc., c'est la masse mise en mouvement qui doit figurer, multipliée par le coefficient k, dans le partage de la force vive et de la quantité de mouvement après le choc. P doit représenter alors le poids de la poutre et le poids de toutes les parties accessoires qui y sont reliées et se déplacent avec elle.

Les résultats de l'analyse qui précède, bien qu'étant simplement approximatifs, ont été confirmés par l'expérience.

Un très grand nombre d'expériences de flexion par impulsion brusque, ou choc transversal, ont été faites sous la direction de M. Eaton Hodgkinson [1]. Les précautions les plus minutieuses ont été prises pour placer les barres dans les conditions que suppose la théorie, les flèches ont été mesurées, ainsi que les vitesses du corps heurtant, avec le plus grand soin; les résultats de tous les mesurages ont été remarquablement concordants entre eux, et leur moyenne, pour les barres simplement appuyées aux deux bouts, s'accorde avec ceux que donneraient les formules ci-dessus en attribuant au coefficient k la valeur 0,47. La théorie nous a indiqué, pour ce coefficient, la valeur $k = \dfrac{17}{35} = 0,4857$. Il est difficile d'obtenir une vérification plus parfaite.

352. Vibrations transversales. — La barre heurtée transversalement exécute des vibrations comme celle qui reçoit un choc longitudinal. La mise en équation de ces mouvements se fait exactement de la même manière et *par les mêmes équations* que dans cet autre cas, en remplaçant, bien entendu, $u_,$ l'allongement statique, par $f_,$ flèche statique. Nous ne reproduirons pas ce que nous avons dit à ce sujet. L'équation différentielle du mouvement serait, en appelant f la flèche à un instant t quelconque,

$$\frac{d^2 f}{dt^2}\left(1 + k\,\frac{\mathrm{P}}{\mathrm{Q}}\right) + g\,\frac{f}{f_*} = 0;$$

l'équation finie est

$$f = \mathrm{V}\sqrt{\frac{f_*}{g}\,\frac{1}{1 + k\,\dfrac{\mathrm{P}}{\mathrm{Q}}}}\,\sin t.\sqrt{\frac{g}{f_*}\,\frac{1}{1 + \dfrac{\mathrm{P}}{\mathrm{Q}}}};$$

et la durée de l'oscillation complète est

1. Report of the Commissioners appointed to inquire into the application of Iron to Railways Structures. London, 1849. Voir surtout l'appendice 4.

$$T = 2\pi \sqrt{\frac{f_1}{g} \cdot \left(1 + k\frac{\mathrm{P}}{\mathrm{Q}}\right)}.$$

353. Indication des résultats de l'analyse exacte.
— La solution exacte du problème du choc transversal d'une
barre ne peut être obtenue : l'intégration de l'équation aux dérivées partielles à laquelle il conduit ne peut être effectuée en
termes finis, elle ne peut se faire que par des séries, sommes de
termes en nombre infini dont chacun est une fonction, généralement compliquée, d'un paramètre qui doit recevoir successivement toutes les valeurs, racines d'une équation transcendante.

Chacun des termes de ces séries représente une des vibrations
qui se superposent et dont l'ensemble constitue le mouvement
des divers points de la barre. On ne peut rien conclure, analytiquement, de cette forme très compliquée de la fonction qui représente le mouvement, et si M. de Saint-Venant a pu, dans un
cas simple, arriver à quelques résultats, ce n'est qu'au prix d'un
travail considérable et de calculs laborieux dont il a traduit les
résultats graphiquement.

Nous nous bornerons à renvoyer à son travail dont les extraits
ont été insérés aux Comptes rendus de l'Académie des sciences
de 1857, et surtout à la Note très étendue qu'il a insérée sur ce
sujet dans la traduction annotée de Clebsch. (Note du § 61, pages
490 à 627).

L'approximation au moyen de laquelle nous avons déduit de
la flèche prise par la barre sous l'action d'un choc l'effort
maximum supporté par la fibre la plus fatiguée, suppose que la
barre se courbe sous l'action du choc, exactement comme elle le
ferait sous une charge statique ; or, il n'en est pas ainsi. A cette
déformation principale se superposent des vibrations secondai-
res qui ont pour effet, sans modifier d'une manière appréciable
la flèche totale, de donner à la fibre moyenne des courbes bien
différentes de celles qu'elle prendrait sous le seul effet d'une
charge immobile. Ces courbures, dues à des vibrations secondai-
res extrêmement rapides et d'une durée presque inappréciable, ont-elles, au point de vue de la résistance de la matière,
les mêmes dangers que si elles étaient dues à la vibration principale, beaucoup plus lente? c'est ce que l'expérience seule
pourrait apprendre.

Pour une flèche donnée f la courbure maximum est ainsi notablement supérieure à celle qui résulte du calcul du moment fléchissant que nous avons indiqué plus haut, et il en est de même de l'effort supporté par la fibre la plus fatiguée; mais, par une heureuse compensation empirique, qui a été constatée par M. de Saint-Venant dans le cas de la poutre posée aux deux bouts et heurtée au milieu, pour les valeurs de $\frac{P}{Q} = \frac{1}{2}$, 1, 2, et qui se vérifierait sans doute avec une certaine approximation dans les autres cas, on peut avoir une expression à peu près exacte de l'effort supporté par la fibre la plus fatiguée en mettant, dans les expressions précédentes du moment fléchissant maximum (page 608), pour la flèche dynamique f_0 au lieu de sa valeur

$$f_0 = V \sqrt{\frac{L}{g} \cdot \frac{1}{1 + k\frac{P}{Q}}},$$ celle qu'on lui attribuerait en négligeant l'inertie de la barre heurtée, c'est-à-dire $f_0 = \sqrt{\frac{L}{g}}$. On introduit ainsi, dans la formule, une valeur de f_0 trop forte, qui compense à peu près ce qui lui manque pour donner la véritable grandeur de l'effort dans la fibre la plus fatiguée.

§ IV

CHARGE ROULANTE.

354. Cas d'une charge roulante isolée. — Considérons une poutre horizontale AA_1 (fig. 263) reposant à ses deux extrémités sur deux appuis fixes, sur laquelle une charge Q se déplace de A

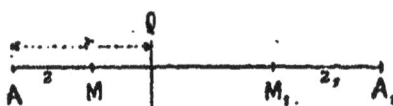

Fig. 263.

vers A_1 avec une vitesse horizontale V. Désignons par P le poids de la poutre, y compris la charge permanente qui se met en mouvement avec elle, par $2a$ sa longueur

AA, et par $x = Vt$ l'abscisse du point où se trouve appliquée la charge Q à l'époque t; appelons z l'abscisse AM d'un point quelconque M de la partie AQ, u le déplacement vertical du point M sous l'action de la charge en mouvement, u' le déplacement statique de ce même point M, c'est-à-dire la valeur du déplacement u si la charge Q était immobile, y le déplacement vertical du point Q, c'est-à-dire la valeur de u pour $z = x$; enfin appliquons les mêmes lettres affectées de l'indice 1 aux déplacements d'un point quelconque M_1 de la partie A_1Q, les abscisses z_1 des points M_1 étant comptées à partir de l'extrémité A_1 comme les abscisses z des points M le sont à partir de l'extrémité A.

Nous allons d'abord déterminer les déplacements u', u'_1 des points quelconques M, M_1 en supposant la charge Q immobile. Nous suivrons, pour cela, la marche que nous avons indiquée au chapitre de la flexion. Les réactions verticales des appuis sont, dans cette hypothèse :

pour l'appui A, $\dfrac{P}{2} + Q\dfrac{2a - x}{2a}$; pour l'appui A_1, $\dfrac{P}{2} + Q\dfrac{x}{2a}$.

Alors, les moments fléchissants au point M et au point M_1 auront pour valeurs les seconds membres des équations suivantes, qui serviront à déterminer les déplacements statiques u', u'_1, comptés positivement de haut en bas :

$$-EI\frac{d^2u'}{dz^2} = \left(\frac{P}{2} + Q\frac{2a-x}{2a}\right)z - \frac{Pz}{2a}\cdot\frac{z}{2}; \quad -EI\frac{d^2u'_1}{dz_1^2} = \left(\frac{P}{2} + \frac{Qx}{2a}\right)z_1 - \frac{Pz_1}{2a}\cdot\frac{z_1}{2}.$$

Intégrons une première fois et désignons par C, C_1 deux constantes, nous avons :

$$\cdot\, EI\frac{du'}{dz} = \left(\frac{P}{2} + Q\frac{2a-x}{2a}\right)\frac{z^2}{2} - \frac{P}{4a}\cdot\frac{z^3}{3} + C; \quad -EI\frac{du'_1}{dz_1} = \left(\frac{P}{2} + \frac{Qx}{2a}\right)\frac{z_1^2}{2} - \frac{P}{4a}\cdot\frac{z_1^3}{3} + C_1.$$

En exprimant qu'au point Q les deux portions de la poutre se raccordent tangentiellement, c'est-à-dire que pour $z = x$, $\dfrac{du'}{dz}$ a la même valeur que $\dfrac{du'_1}{dz_1}$ pour $z_1 = 2a - x$, mais avec un signe contraire, nous aurons l'équation :

$$\left(\frac{P}{2} + Q\frac{2a-x}{2a}\right)\frac{x^2}{2} - \frac{P}{4a}\frac{x^3}{3} + C + \left(\frac{P}{2} + \frac{Qx}{2a}\right)\frac{(2a-x)^2}{2} - \frac{P}{4a}\frac{(2a-x)^3}{3} + C_1 = 0.$$

Intégrons une seconde fois, en observant qu'il n'y a pas lieu d'ajouter de constante, puisque u' s'annule pour $z = 0$, et u'_1 pour $z_1 = 0$, il vient

$$-\mathrm{El}\,u' = \left(\frac{\mathrm{P}}{2} + \mathrm{Q}\frac{2a-x}{2a}\right)\frac{z^3}{6} - \frac{4a}{\mathrm{P}}\cdot\frac{z^5}{12} + \mathrm{C}z; \quad -\mathrm{El}\,u_1' = \left(\frac{\mathrm{P}}{2} + \frac{\mathrm{Q}x}{2a}\right)\frac{z_1^3}{6} - \frac{\mathrm{P}}{4a}\cdot\frac{z_1^5}{12} + \mathrm{C}_1 z_1.$$

Exprimons que, pour $z = x$, u' a la même valeur que u'_1 pour $z_1 = 2a - x$:

$$\left(\frac{\mathrm{P}}{2} + \mathrm{Q}\frac{2a-x}{2a}\right)\frac{x^3}{6} - \frac{\mathrm{P}}{4a}\cdot\frac{x^5}{12} + \mathrm{C}x = \left(\frac{\mathrm{P}}{2} + \frac{\mathrm{Q}x}{2a}\right)\frac{(2a-x)^3}{6} - \frac{\mathrm{P}}{4a}\frac{(2a-x)^5}{12} + \mathrm{C}_1(2a-x).$$

Nous avons ainsi deux équations du premier degré qui nous permettront de déterminer les valeurs des constantes C et C₁. En les résolvant et substituant les valeurs trouvées à C et C₁ dans les équations précédentes, nous aurons, toutes réductions faites, les valeurs suivantes de u' et u'_1 :

(1) $\quad u' = \mathrm{Q}\dfrac{2a-x}{12\,a\,\mathrm{El}}[(4\,ax - x^2)z - z^3] + \mathrm{P}.\dfrac{8\,a^3 z - 4\,az^3 + z^4}{48\,a\,\mathrm{El}}.$

(2) $\quad u_1' = \mathrm{Q}\dfrac{x}{12\,a\,\mathrm{El}}[(4\,a^2 - x^2)z_1 - z_1^3] + \mathrm{P}.\dfrac{8a^3 z_1 - 4az_1^3 + z_1^4}{48\,a\,\mathrm{El}}.$

La seconde de ces équations devient, évidemment, identique à la première lorsqu'on y remplace x par $2a - x$.

La flèche statique f_s, lorsque le poids Q se trouve au milieu de la poutre, s'obtient en faisant d'abord $x = a$, puis z ou $z_1 = a$ dans ces équations,

(3) $\qquad f_s = \dfrac{\mathrm{Q}a^3}{6\mathrm{El}} + \mathrm{P}.\dfrac{5\,a^3}{48\mathrm{El}} = \dfrac{a^3}{6\mathrm{El}}\left(\mathrm{Q} + \dfrac{5}{8}\,\mathrm{P}\right).$

Si, dans la première de ces équations, on fait $z = x$, ou si, dans la seconde, on fait $z_1 = 2a - x$, on a u' ou $u_1' = y$, déplacement du point Q. Le lieu des positions occupées par ce point, en supposant la charge placée successivement aux divers points de la poutre, sans tenir compte d'aucune vitesse, est ainsi la courbe représentée par l'équation :

(4) $\quad y = \mathrm{Q}\dfrac{2a-x}{12\,a\,\mathrm{El}}[(4\,ax - x^2)x - x^3] + \mathrm{P}\dfrac{8\,a^3 x - 4\,ax^3 + x^4}{48\,a\,\mathrm{El}}.$

355. Première approximation, d'après M. Phillips. — Comme approximation, et pour faire entrer en ligne de compte l'influence du mouvement de la charge, nous supposerons, avec M. Phillips, que, dans son mouvement, elle parcourt précisément cette courbe, c'est-à-dire qu'à chaque instant, le point où elle est appliquée s'abaisse, au moment où elle y passe, de la même quantité qu'il ferait si elle y était placée statiquement et immobile.

Cela posé, pour avoir le déplacement dynamique u, nous devrons égaler $EI \dfrac{d^2 u}{dz^2}$ à la somme des moments fléchissants qui se produisent pendant le mouvement et qui sont :

1° Le moment fléchissant M dû aux charges statiques, et que nous avons évalué plus haut;

2° Le moment fléchissant M' dû à l'inertie de la charge roulante ;

3° Le moment fléchissant M" dû à l'inertie de la poutre.

Ces deux derniers moments, que nous allons calculer, étant trouvés, nous aurons ainsi, pour déterminer u, l'équation

(5)
$$EI \frac{d^2 u}{dz^2} = M + M' + M''.$$

La charge roulante Q parcourt, par hypothèse, avec une vitesse V, la courbe dont nous venons de donner l'équation. En chacun des points de sa trajectoire, son inertie, qui n'est autre que la force centrifuge due à ce mouvement, a pour expression, si ρ est le rayon de courbure de la courbe, $-\dfrac{Q}{g} . \dfrac{V^2}{\rho}$. Nous pouvons admettre, avec une approximation suffisante, que cette force, normale à la courbe, est verticale. Elle se répartit alors, entre les appuis, comme le ferait une force verticale isolée appliquée au point Q, à raison de $-\dfrac{Q}{g} . \dfrac{V^2}{\rho} . \dfrac{2a - x}{2a}$ pour l'appui A et $-\dfrac{Q}{g} . \dfrac{V^2}{\rho} . \dfrac{x}{2a}$ pour l'appui A_1. La réaction de l'appui A donne, au point M quelconque, dont l'abscisse est z, un moment fléchissant qui a pour expression

$$M' = -\frac{Q}{g} . \frac{V^2}{\rho} \frac{2a - x}{2a} . z.$$

Ou bien, en mettant pour $\dfrac{1}{\rho}$ la valeur de $\dfrac{d^2 y}{dx^2}$ déduite de l'équation ci-dessus de la trajectoire et qui est

$$\frac{d^2 y}{dx^2} = Q \frac{4 a^2 - 12 ax + 6 x^2}{3 a EI} + P \frac{x^2 - 2 ax}{4 a EI}.$$

$$M' = \frac{QV^2}{g}\left(\frac{2a - x}{2a}\right)z\left[\frac{12\,ax - 4\,a^2 - 6\,x^2}{3\,a\,EI}\cdot Q + \frac{2\,ax - x^2}{4\,a\,EI}\cdot P\right].$$

Pour avoir le moment fléchissant M'' dû à l'inertie de la poutre, appelons $i\,dz$ l'inertie d'un élément dz situé au point M et $i_1\,dz_1$ l'inertie d'un élément dz_1, au point M_1; u étant le déplacement vertical de l'élément dz, son accélération est $\frac{d^2u}{dt^2}$, sa masse est $\frac{P\,dz}{2ag}$, nous avons donc

$$i\,dz = -\frac{P\,dz}{2\,ag}\cdot\frac{d^2u}{dt^2}\cdot \text{ et de même } i_1\,dz_1 = -\frac{P\,dz}{2\,ag}\frac{d^2u_1}{dt^2}.$$

Les dérivées secondes de u ou de u_1, qui figurent dans ces expressions, sont prises par rapport au temps t qui est la seule variable indépendante; nous considérons, en effet, ce qui se passe aux points M et M_1 pour des valeurs données, fixes, de z et de z_1 qui doivent être regardées comme des constantes. Ces dérivées secondes ne sont donc pas des dérivées partielles, mais bien les dérivées totales de u et u_1. Dans ces conditions, la différentielle dt de la variable peut être remplacée, en fonction de x, par $dt = \frac{dx}{V}$; nous avons donc

$$i\,dz = -\frac{P\,dz}{2\,ag}V^2\frac{d^2u}{dx^2}; \qquad i_1\,dz_1 = -\frac{P\,dz_1}{2\,ag}V^2\frac{d^2u_1}{dx^2}.$$

Au lieu de $\frac{d^2u}{dx^2}$ et $\frac{d^2u_1}{dx^2}$, nous pouvons, approximativement, mettre $\frac{d^2u'}{dx^2}$ et $\frac{d^2u_1'}{dx^2}$, ce qui revient à remplacer les déplacements dynamiques inconnus u, u_1 par les déplacements statiques u', u_1', que nous avons déterminés. La différence, ou l'erreur commise, ne peut être bien considérable.

Différentions donc deux fois par rapport à x, en considérant z ou z_1 comme constantes, les valeurs de u et u_1, données plus haut, nous aurons

$$\frac{d^2u'}{dx^2} = \frac{Q}{2\,a\,EI}(-2a + x)\,z, \qquad \frac{d^2u_1'}{dx^2} = \frac{Q}{2\,a\,EI}(-x)\cdot z_1;$$

par conséquent

$$i\,dz = \frac{PV^2}{2\,ag}\cdot\frac{Q}{2\,a\,EI}(2a - x)\,z\,dz; \qquad i_1\,dz_1 = \frac{PV^2}{2\,ag}\cdot\frac{Q}{2\,a\,EI}\,x\,z_1\,dz_1.$$

Ces inerties doivent être considérées comme des charges appliquées à la poutre et variant proportionnellement aux distances z, z_i de chacun des points aux extrémités A, A, de la poutre. Pour déterminer le moment fléchissant auquel elles donnent lieu, il faut d'abord trouver les réactions des appuis, résultant de ces charges. Soit R la réaction de l'appui A ; en égalant à zéro la somme des moments de cette réaction et de toutes les charges élémentaires par rapport à l'autre appui A, nous aurons l'équation

$$\text{R}.2a - \int_0^x idz.(2a-z) - \int_0^{2a-x} i_, dz_,.z_, = 0;$$

ou bien, en divisant par $2a$ et mettant pour $i\,dz$. $i_,dz_,$ leurs valeurs,

$$\text{R} = \frac{\text{PQV}^\bullet}{8\,a^3g\,\text{El}}\left[\int_0^x (2a-x)(2a-z)z\,dz + \int_0^{2a-x} x\,z_,^2 dz_,\right];$$

ou encore, en effectuant les intégrations et réduisant :

$$\text{R} = \frac{\text{PQV}^\bullet}{24\,a^3g\,\text{El}}\,x(2a-x)(4a-x).$$

Cette réaction de l'appui A, due à l'inertie de la poutre, étant connue, nous aurons, pour le moment fléchissant M" dû à cette inertie, le moment Rz de cette réaction par rapport au point M, diminué de la somme des moments, par rapport à ce même point, des charges ou inerties de tous les éléments compris entre l'extrémité A et le point M. Si nous désignons par z' l'abscisse d'un quelconque de ces éléments dz', le moment fléchissant M" sera

$$\text{M}'' = \text{R}z - \int_0^z idz'\,(z-z') = \text{R}z - \int_0^z \frac{\text{PQV}^\bullet}{4\,a^3g\,\text{El}}(2a-x)z'(z-z')dz'.$$

Effectuant l'intégration, mettant pour R sa valeur et réduisant, il vient enfin

$$\text{M}'' = \frac{\text{PQV}^\bullet}{24\,a^3g\,\text{El}}\cdot z(2a-x)(4ax-x^2-z^2).$$

Et, par conséquent, l'équation différentielle du déplacement u d'un point quelconque, sous l'action de la charge en mouvement, sera, en portant, dans l'équation (5), les valeurs de M, M' et M" :

$$(6) \quad -\,\text{El}\frac{d^2u}{dz^2} = \left(\frac{\text{P}}{2}+\text{Q}\frac{2a-x}{2a}\right)z - \frac{\text{P}z^2}{4a}+\frac{\text{QV}^\bullet(2a-x)}{g}\cdot\frac{2a-x)}{2a}\cdot z\left[\frac{12ax-4a^2-6x^2}{3a\,\text{El}}\cdot()\right.$$
$$\left.+\,\text{P}\frac{2ax-x^2}{4a\,\text{El}}\right]+\frac{\text{PQV}^\bullet}{24\,a^3g\,\text{El}}\cdot z(2a-x)(4ax-x^2-z^2).$$

Cette équation, et une semblable que l'on trouverait pour $\frac{d^2 u}{dz_1^2}$, déterminent la forme prise par la fibre neutre pour chacune des valeurs de x correspondant à toutes les positions de la charge Q dans son mouvement.

On intégrera ces deux équations différentielles comme nous l'avons fait plus haut pour celles qui déterminent les déplacements statiques, et on calculera les constantes d'intégration de la même manière. Le calcul est un peu long, mais il n'a rien de difficile ; en voici les résultats :

$$u = \frac{Qz}{12a\,EI}(2a-x)[x(4a-x)-z^2]\Big\{1+\frac{2QV^2}{3ag\,EI}[3x(2a-x)-2a^2]\Big\}$$
$$+\frac{Pz}{48a\,EI}\Big[(8a^3-4az^2+z^3)+\frac{1}{20}\cdot\frac{2QV^2}{3ag\,EI}(2a-x)\Big\{3z^3+x\Big(64a^3$$
$$+x[(24a-11x)(12a-3x)-16a^2]-20z^2(5a-2x)\Big)\Big\}\Big],$$

$$u_1 = \frac{Qz_1}{12a\,EI}x[(2a-x)(2a+x)-z_1^2]\Big\{1+\frac{2QV^2}{3ag\,EI}\Big[3x(2a-x)-2a^2\Big\}$$
$$+\frac{Pz_1}{48a\,EI}\Big[(8a^3-4az_1^2+z_1^3)+\frac{1}{20}\cdot\frac{2QV^2}{3ag\,EI}x\Big\{3z_1^3+(2a-x)\Big(64a^3$$
$$+(2a-x)(2a+11x)(6a+3x)-16a^2-20z_1^2(a+2x)\Big)\Big\}\Big].$$

356. Expression de la flèche maximum. — La flèche dynamique f_0 qui se produit au milieu de la poutre, ou pour $z = z_1 = a$, lorsque la charge Q y passe, c'est-à-dire lorsqu'on a aussi $x = a$, a pour expression

$$f_0 = \frac{Qa^3}{6EI}\Big(1+\frac{2QV^2a}{3g\,EI}\Big)+\frac{5Pa^3}{48EI}\Big(1+\frac{118}{100}\cdot\frac{2QV^2a}{3g\,EI}\Big);$$

ou bien, si nous posons, pour abréger,

$$\frac{2QV^2a}{3g\,EI}=2\cdot\frac{4}{a^2}\cdot\frac{Qa^3}{6EI}\cdot\frac{V^2}{2g}=\frac{1}{\beta},$$ [1]

---

[1]. Le nombre que nous désignons par $\frac{1}{\beta}$ est le double du rapport, au carré $\frac{a^2}{4}$ du quart $\frac{a}{2}$ de la longueur de la poutre, du produit de la flèche statique $\frac{Qa^3}{6EI}$ qui serait occasionnée par la seule charge Q appliquée au milieu, par la hauteur $\frac{V^2}{2g}$ due à la vitesse V avec laquelle elle se meut.

Il en résulte que, dans la pratique, $\frac{1}{\beta}$ est toujours plus petit et souvent beaucoup plus petit que l'unité. Il dépasse rarement $\frac{1}{20}$.

la flèche dynamique s'exprime par

(7) $$f_n = \frac{Qa^3}{6EI}\left(1 + \frac{1}{\beta}\right) + \frac{5Pa^3}{48EI}\left(1 + \frac{118}{100}\frac{1}{\beta}\right).$$

Les formules précédentes donnent u et u_1 en fonction de x, c'est-à-dire, puisque $x = Vt$, en fonction du temps. Elles expriment donc la loi du mouvement vertical de chacun des points de la poutre. Toutefois il convient de se rappeler qu'elles ne sont qu'approximatives : elles ont été obtenues en effet en supposant que la trajectoire de la charge était la courbe exprimée par l'équation (4), lieu des positions statiques qu'elle occuperait si elle était placée successivement aux divers points de la poutre, sans tenir compte d'aucune vitesse. On pourrait, si on le voulait, obtenir une seconde approximation en adoptant, comme trajectoire, celle qui serait définie par les équations de la page 617 dans lesquelles on ferait u ou $u_1 = y$ et $z = x$ ou bien $z_1 = 2a - x$. Cette nouvelle hypothèse donnerait lieu à des calculs fort laborieux et n'aurait pas pour effet de modifier sensiblement les résultats obtenus par la première, qui donne une approximation suffisante.

357. Moment fléchissant maximum. — Ce qu'il est intéressant de connaître, c'est, outre la flèche dynamique, dont nous venons de donner la valeur, le maximum du moment fléchissant. Nous l'obtiendrons facilement en cherchant successivement le maximum des trois parties dont il se compose, car, pour chacune d'elles, la plus grande valeur a lieu pour $x = a$, c'est-à-dire lorsque la charge passe au milieu de la poutre, et aussi pour z ou $z_1 = a$, c'est-à-dire au milieu même de la poutre.

En effet, le moment fléchissant statique

$$M = \left(\frac{P}{2} + Q\frac{2a-x}{2a}\right) z - \frac{Pz^2}{4a}$$

a son maximum pour $z = x$ et pour $x = a$, et sa plus grande valeur est alors :

$$\text{max. } M = \frac{Qa}{2} + \frac{Pa}{4}.$$

Le moment fléchissant dû à l'inertie de la charge Q qui a pour expression

$$M' = \frac{QV^2}{g} \cdot \frac{2a-x}{2a} z \left[\frac{12ax - 4a^2 - 6x^2}{a \text{EI}} Q + P\frac{2ax - x^2}{4a \text{EI}} \right]$$

a aussi son maximum pour $z = x$ et pour $x = a$. Sa plus grande valeur est

(8) $\qquad$ max. $M' = \left(\frac{Qa}{2} + \frac{3}{4} \cdot \frac{Pa}{4} \right) \cdot \frac{2QV^2 a}{3g\text{EI}} = \frac{1}{\beta} \left(\frac{Qa}{2} + \frac{3}{4} \frac{Pa}{4} \right).$

Le moment fléchissant M'' dû à l'inertie de la poutre est

$$M'' = \frac{PQV^2}{24 a^2 g\text{EI}} z (2a - x)(4ax - x^2 - z^2).$$

Pour une valeur donnée de x, sa plus grande valeur s'obtiendra en différentiant par rapport à z le produit $z(4ax - x^2 - z^2)$ et en égalant la dérivée à zéro. On a ainsi

$$4ax - x^2 - z^2 - 2z^2 = 0, \quad \text{ou bien } z = \sqrt{\frac{4ax - x^2}{3}}.$$

Par conséquent, pour une valeur donnée de x, le moment fléchissant maximum M'' a pour expression

$$\frac{PQV^2}{24 a^2 g\text{EI}} \sqrt{\frac{4ax - x^2}{3}} (2a - x) \left(4ax - x^2 - \frac{4ax - x^2}{3} \right);$$

et pour avoir la valeur de x qui la rendra maximum, il faut différentier par rapport à x et égaler la dérivée à zéro, ce qui donne

$$4\sqrt{4ax - x^2}(3a - x)(a - x) = 0;$$

équation satisfaite par $x = 0$, $x = a$, $x = 3a$, $x = 4a$. La seule valeur admissible est $x = a$ et alors, le maximum du moment fléchissant M'' est

$$\text{max } M'' = \frac{PQV^2}{24 a^2 g\text{EI}} \cdot 2a^2 = \frac{2QV^2 a}{3g\text{EI}} \cdot \frac{Pa}{8} = \frac{1}{\beta} \cdot \frac{Pa}{8}.$$

La plus grande valeur du moment fléchissant total s'obtiendra en ajoutant les maximum des trois parties dont il se compose, puisque ces maximum se produisent au même point $z = a$ et au même instant $x = a$. Elle sera ainsi :

(9) $\frac{Qa}{2}\left(1 + \frac{1}{\beta}\right) + \frac{Pa}{4}\left(1 + \frac{3}{4}\frac{1}{\beta} + \frac{1}{2}\frac{1}{\beta}\right) = \frac{Qa}{2}\left(1 + \frac{1}{\beta}\right) + \frac{Pa}{4}\left(1 + \frac{5}{4}\frac{1}{\beta}\right).$

358. Cas d'une charge continue, indéfinie. —· Lorsqu'au lieu d'une charge isolée c'est une charge uniformément répartie sur toute la longueur de la poutre qui se meut avec une vitesse V, le problème se simplifie beaucoup. Il n'y a plus alors, en effet, à tenir compte de l'abscisse x de la charge, puisque celle-ci recouvre constamment la totalité de la longueur de la poutre.

Considérons (fig. 264) une poutre horizontale AB, de longueur $2a$, d'un poids p par unité de longueur, sur laquelle se meut, avec une vitesse V, une charge uniformément répartie à raison de q par unité de longueur.

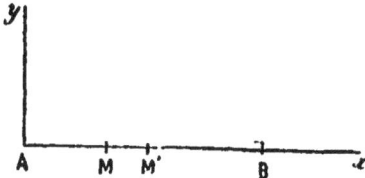

Fig. 264.

Prenons AB pour axe des x, A pour origine des coordonnées et la verticale dirigée de bas en haut pour axe des y. En un point M dont l'abscisse est x, l'effort tranchant étant représenté par T, il sera, au point M' infiniment voisin, à l'autre extrémité de l'élément MM' $= dx$, $T + \frac{dT}{dx} dx$. Si nous écrivons l'équilibre de cet élément sous l'action des forces verticales qui agissent sur lui, nous devrons égaler à zéro la somme de toutes ces forces qui sont, outre ces efforts tranchants aux deux extrémités, le poids de la poutre pdx, et celui de la charge mobile qdx, et enfin l'inertie de cette dernière dont la masse est $\frac{qdx}{g}$, la vitesse V, et qui parcourt une courbe dont le rayon de courbure peut être désigné par ρ. Cette inertie est alors $\frac{qdx}{g} \frac{V^2}{\rho}$. On peut la considérer, approximativement, comme étant dirigée suivant la verticale. Nous aurons ainsi, en attribuant à ces diverses forces les signes convenables, l'équation :

$$(1) \qquad T - \left(T + \frac{dT}{dx} dx \right) - p\,dx - q\,dx - \frac{qdx}{g} \frac{V^2}{\rho} = 0.$$

Si nous désignons par M le moment fléchissant au point M, nous savons que l'effort tranchant T est égal à la dérivée, par rapport à x, de ce moment fléchissant, $T = \frac{dM}{dx}$, et par suite $\frac{dT}{dx} = \frac{d^2M}{dx^2}$. D'un autre côté, si I est le moment d'inertie de la section transversale de la poutre et E son coefficient d'élasticité, on a, entre le moment fléchissant M et le rayon de courbure ρ, la relation connue $\dfrac{EI}{\rho} = M$. Substituant ces valeurs dans l'équation précédente, réduisant, et divisant par dx, elle devient

$$(2) \qquad -\frac{d^2M}{dx^2} = p + q + M\,\frac{q\,V^2}{g\,EI};$$

ou bien, si nous posons, pour simplifier :

$$(3) \qquad \frac{q\,a^2\,V^2}{g\,EI} = \alpha^2,$$

α^2 étant un nombre généralement beaucoup plus petit que l'unité, nous pourrons l'écrire :

$$(4) \qquad -\frac{d^2M}{dx^2} = p + q + \frac{\alpha^2}{a^2}\,M.$$

Cette équation s'intègre facilement. Si nous posons :

$$u = 1 + \frac{\alpha^2\,M}{a^2(p+q)}, \quad \text{et } z = \frac{\alpha}{a}\,x,$$

elle devient

$$\frac{d^2u}{dz^2} = -u,$$

dont l'intégrale générale est, B et C étant des constantes à déterminer,

$$u = B\cos z + C\sin z;$$

ou bien, en remplaçant u et z par leurs valeurs,

$$1 + \frac{\alpha^2\,M}{a^2(p+q)} = B\cos\frac{\alpha}{a}\,x + C\sin\frac{\alpha}{a}\,x.$$

Les constantes B et C se déterminent par la condition que le moment fléchissant M s'annule aux extrémités de la poutre, c'est-à-dire pour $x = 0$ et pour $x = 2a$, ce qui donne :

$$B = 1, \text{ et } 1 = B\cos 2\alpha + C\sin 2\alpha;$$

$$\text{d'où} \quad C = \frac{\sin\alpha}{\cos\alpha},$$

et par suite, après substitution et réduction :

$$(5) \qquad M = \frac{(p+q)a^2}{\alpha^2}\left\{\frac{\cos\left(\alpha\,\dfrac{x-a}{a}\right)}{\cos\alpha} - 1\right\}.$$

359. Moment fléchissant maximum. — La plus grande valeur absolue de ce moment fléchissant se produit pour $x = a$, et elle est

$$\text{max. (M)} = (p + q)\frac{a^2}{\alpha^2}\left(\frac{1}{\cos\alpha} - 1\right);$$

Ou bien, en développant $\frac{1}{\cos\alpha}$ suivant les puissances de α et s'arrêtant aux premiers termes, ce qui est suffisamment approché puisque α est toujours petit,

$$(6) \qquad \text{max. (M)} = (p + q)\frac{a^2}{\alpha^2}\left(1 + \frac{\alpha^2}{2} + \frac{5}{24}\alpha^4 + \dots - 1\right)$$

$$= \left(\frac{p + q}{2}\right)a^2\left(1 + \frac{5}{12}\alpha^2 + \dots\right).$$

Si la charge était immobile, le moment fléchissant maximum, pour $x = a$, serait $\frac{(p+q)a^2}{2}$; l'influence du mouvement se traduit donc par le terme suivant : $\frac{5}{12}\alpha^2 = \frac{5}{12}\cdot\frac{qa^2 V^2}{gEI}$.

360. Courbe affectée par la poutre déformée. — La connaissance du moment fléchissant maximum suffit généralement dans les applications, cependant on peut encore se proposer de trouver la forme de la courbe affectée par la fibre neutre de la poutre. Le moment fléchissant M étant connu en fonction de x, il suffit d'en égaler la valeur à $EI\frac{d^2y}{dx^2}$ pour avoir l'équation différentielle de cette courbe qui est ainsi :

$$EI\frac{d^2y}{dx^2} = \frac{(p+q)}{\alpha^2}\left\{\frac{\cos\left(\alpha\frac{x - a}{a}\right) - 1}{\cos\alpha}\right\};$$

et, en l'intégrant deux fois, ce qui est très facile, et en déterminant les constantes, de manière que pour $x = 0$, et pour $x = 2a$, y soit égal à zéro, on trouverait, en termes finis, l'équation de cette courbe. Elle ne présente aucun intérêt, et la présence, au dénominateur, de la quantité α^2, toujours très petite et qui ne se réduit pas avec les autres termes, en rend la discussion difficile.

On peut au contraire donner à l'équation différentielle une autre forme intéressante.

Reprenons l'équation (1) (page 620) réduite et divisée par dx :

(7)
$$\frac{d\mathrm{T}}{dx} + p + q + \frac{\mathrm{V}^2}{\rho} \cdot \frac{q}{g} = 0 ;$$

remplaçons-y $\frac{d\mathrm{T}}{dx}$ par $\frac{d^2\mathrm{M}}{dx^2}$, et $\frac{1}{\rho}$ par $\frac{d^2y}{dx^2}$, elle devient :

$$\frac{d^2\mathrm{M}}{dx^2} + (p + q) + \frac{q\mathrm{V}^2}{g} \frac{d^2y}{dx^2} = 0.$$

Intégrons deux fois, nous avons successivement, en désignant par C et C' deux constantes :

$$\frac{d\mathrm{M}}{dx} + (p+q)x + \frac{q\mathrm{V}^2}{g} \cdot \frac{dy}{dx} = C.$$

$$\mathrm{M} + (p+q)\frac{x^2}{2} + \frac{q\mathrm{V}^2}{g} \cdot y = Cx + C'.$$

Or, pour $x = 0$, on a $y = 0$, et $\mathrm{M} = 0$, on a donc $C' = 0$. Pour $x = 2a$, on a aussi $y = 0$ et $\mathrm{M} = 0$; donc $C = -(p+q)a$ et, par suite, cette dernière équation devient :

(8)
$$\mathrm{M} = \frac{p+q}{2}(2ax - x^2) - \frac{q\mathrm{V}^2}{g} \cdot y.$$

Le moment fléchissant se compose ainsi de deux parties : la première $\frac{p+q}{2}(2ax - x^2)$ due au poids de la poutre et à la charge supposée immobile, et la seconde $-\frac{q\mathrm{V}^2}{g}y$ due au mouvement dont la vitesse est V. Cette dernière est la même que le moment fléchissant qui serait produit par deux forces dirigées suivant l'axe de la poutre, agissant à ses deux extrémités, égales chacune à $\frac{q\mathrm{V}^2}{g}$ et tendant à la comprimer, à la manière d'une poutre chargée debout. Nous avons vu que, pour une poutre de longueur $2a$, ainsi chargée, la plus petite force produisant la flexion a pour valeur $\frac{\mathrm{EI}\pi^2}{4a^2}$. Nous aurions donc, alors,

$$\frac{q\mathrm{V}^2}{g} = \frac{\mathrm{EI}\,\pi^2}{4a^2} \quad \text{ou} \quad \frac{\mathrm{V}^2 q a^2}{g\,\mathrm{EI}} = \alpha^2 = \frac{\pi^2}{4},$$

soit
$$\alpha = \frac{\pi}{2} ;$$

mais cette valeur de α, portée dans l'expression (5) du moment

fléchissant, la rend infinie, en annulant cos α qui est au dénominateur. La vitesse V de la charge en mouvement doit donc
rester inférieure à la valeur correspondant à celle de la force
longitudinale capable de produire la flexion, c'est-à-dire que
l'on doit toujours avoir

$$V < \frac{\pi}{2a}\sqrt{\frac{g\,EI}{q}}.$$

Cette limite n'est jamais atteinte dans la pratique; en effet, la
flèche des poutres, sous l'action de la charge immobile, est presque toujours au-dessous, et souvent beaucoup au-dessous du
$\frac{1}{800}$ de leur longueur $2\,a$, et cette flèche, pour une charge q, est
$\frac{5}{8}\frac{qa^3}{EI}$; on a donc toujours $\frac{5}{8}\frac{qa^3}{EI} < \frac{2a}{800}$ soit $\frac{1}{a}\sqrt{\frac{EI}{q}} > 15,8$ et par
suite $\frac{\pi}{2a}\sqrt{\frac{g\,EI}{q}} > 76,1$. Or les vitesses des trains de chemin de
fer les plus rapides, assez longs pour couvrir toute l'étendue
d'une poutre, ne dépassent pas 25 à 30 mètres par seconde.

En général, comme nous l'avons dit, le nombre α est notablement plus petit que l'unité et l'on peut, pour calculer le moment fléchissant maximum, se servir du développement que nous
avons donné, limité à la seconde puissance de α :

$$(9) \qquad \text{max. } M = \left(\frac{p+q}{2}\right)a^2\left(1 + \frac{5}{12}\alpha^2\right).$$

et cela permet de calculer l'effort maximum au point le plus
chargé, et par suite de limiter efficacement la vitesse V en fonction des dimensions de la poutre pour que cet effort ne
dépasse pas la limite de sécurité.

Tout ce qui vient d'être dit sur les charges mobiles, soit isolées, soit réparties, suppose que la poutre est primitivement
droite et horizontale. Si, comme on le fait généralement, on lui
avait donné une contre-flèche, et si la charge mobile était astreinte
à suivre exactement la direction de l'axe longitudinal, il arriverait que la courbure de la trajectoire, au lieu d'être dirigée
vers le haut, comme nous l'avons supposé, serait dirigée vers le
bas, et l'inertie de la charge agirait en sens inverse, c'est-à-dire
qu'au lieu de s'ajouter au poids pour augmenter le moment
fléchissant, elle s'en retrancherait : l'effet de la charge mobile
serait moindre que celui de la charge au repos.

Mais ordinairement, surtout pour les ponts de chemins de fer, lors même que l'on aurait donné à la poutre une contre-flèche, on dispose la voie horizontalement ou suivant la pente uniforme qui résulte du profil en long, et alors, sous l'influence de la charge, mobile ou non, quand même la flexion de la poutre ne suffirait pas à faire disparaître la contre-flèche, la voie, primitivement rectiligne, se courbe vers le haut, et l'inertie de la charge qui la parcourt est bien dirigée vers le bas, comme nous l'avons admis pour établir les formules qui précèdent.

On peut remarquer que les équations qui expriment la valeur du moment fléchissant ou la forme de la courbe affectée par la fibre neutre sous l'action d'une charge roulante ne renferment pas de termes fonctions périodiques du temps t. Elles ne peuvent donc rien apprendre sur les vibrations transversales qui se produisent au passage d'une pareille charge.

Dans son remarquable ouvrage, intitulé : *Application des potentiels à l'étude de l'équilibre et du mouvement des solides élastiques*, p. 560, M. Boussinesq est parvenu à combler cette lacune, et à donner les équations du mouvement vibratoire exécuté par la poutre. Nous nous bornerons à y renvoyer le lecteur.

FIN

TABLE ALPHABÉTIQUE

Paris. — Imprimerie G. ROUGIER et Cⁱᵉ, rue Casselle, 1.

www.ingramcontent.com/pod-product-compliance
Lightning Source LLC
Chambersburg PA
CBHW060827220326

41599CB00017B/2285